Springer-Lehrbuch

Gert Böhme

Algebra

Anwendungsorientierte Mathematik

1. Nachdruck der 7. Auflage 1992

Mit 245 Abbildungen

Springer-Verlag
Berlin Heidelberg New York London
Paris Tokyo Hong Kong Barcelona Budapest

Professor Dr. GERT BÖHME †
Fachhochschule Furtwangen/Schwarzwald
Fachbereich Allgemeine Informatik

ISBN-13: 978-3-540-55016-7 e-ISBN-13: 978-3-642-85526-9
DOI: 10.1007/978-3-642-85526-9

CIP-Titelaufnahme der Deutschen Bibliothek
Böhme, Gert: Algebra
Anwendungsorientierte Mathematik
7., verb. Aufl. – 1992
Berlin; Heidelberg; NewYork; London; Paris; Tokyo; Hong Kong; Barcelona; Budapest; Springer. Früher u.d.T.: Böhme, Gert: Mathematik. NE: Böhme, Gert [Hrsg.]
(Springer-Lehrbuch)

ISBN-13: 978-3-540-55016-7

Satz: Macmillan India Ltd., Bangalore 25

60/3020/5 4 3 2 1 – Gedruckt auf säurefreiem Papier

Vorwort zur siebenten Auflage

Die Aufnahme der wichtigsten algebraischen Konzepte und Methoden der Fuzzy-Logik hat eine breite Akzeptanz gefunden, insbesondere die auf den Anwender von Mathematik zugeschnittene, leicht verständliche Aufbereitung der Materie. Diese Erweiterung des Buches, verbunden mit der seit langem bewährten strukturalgebraischen Konzeption und ihrer Darstellung mit verfahrensorientierten und exemplarischen Mitteln dürfte dazu geführt haben, daß die sechste Auflage schon nach kurzer Zeit vergriffen war. Der gesamte Text wurde einer gründlichen Durchsicht unterzogen und dabei von Druck- und Rechenfehlern gesäubert. Für diese Arbeit und für eine größere Zahl von Verbesserungsvorschlägen bin ich ein weiteres Mal Frau Diplom-Mathematikerin Ingeborg Kettern zu großem Dank verpflichtet. Dem Verlag danke ich für die zügige Herausgabe der neuen Auflage.

Furtwangen, im Oktober 1991 Gert Böhme

Vorwort zur sechsten Auflage

Die nunmehr in der 6. Auflage vorliegende „Algebra“ ist in fast allen Abschnitten überarbeitet und um ein viertes Kapitel (Fuzzy-Algebra) erweitert worden. Anstöße lieferten die wissensbasierten Systeme mit den auf der Prädikatenlogik basierenden Programmiersprachen sowie die schnelle Verbreitung fuzzymathematischer Methoden in Planungs- und Wirtschaftswissenschaften, in der Praxis der Steuerungssysteme und der Fuzzy-Logik-Computer-Entwicklung, wie sie besonders in Japan vorangetrieben wird.

Hinsichtlich der didaktischen Gestaltung des Textes hatte die Verständlichkeit Vorrang vor allen anderen Parametern. Auch diese Auflage ist für Studienanfänger vornehmlich der Ingenieur-, Informatik- und Wirtschaftswissenschaften geschrieben. Viele Passagen gehören zum Schulstoff und sollten eigentlich bekannt sein. Sie werden hier noch einmal erläutert und zugleich in einen umfassenderen, strukturorientierten Zusammenhang gestellt. Wie schon die früheren Auflagen ist auch dieses Buch nicht etwa „aus meinen Vorlesungen hervorgegangen“, es sind vielmehr meine Vorlesungen und Übungen, die ich seit vielen Jahren regelmäßig für Informatikstudenten halte, in allen Einzelheiten und mit der Ausführlichkeit, die eine effiziente Vermittlung gebietet.

Für die inhaltliche Überarbeitung standen folgende Gesichtspunkte im Vordergrund: die enge Verwandschaft zwischen Mengenalgebra und Prädikatenkalkül, die vielseitigen Anwendungen der Relationenalgebra, eine stark exemplarisch betonte Behandlung der endlichen Gruppen und ihrer Darstellbarkeit, eine besonders ausführliche Behandlung der verknüpfungstreuen Abbildungen, die Entwicklung der Aussagenlogik als Modell der Booleschen Algebra mit besonderem Bezug auf die Formalisierung sprachlicher Strukturen, schließlich die lineare Algebra unter dem methodischen Aspekt der Lösung linearer Gleichungssysteme.

Das neu aufgenommene Kapitel Fuzzy-Algebra ist als konsequente Verallgemeinerung der klassischen Mengen- und Relationenalgebra aufgebaut. Die bekannten Konzepte werden übernommen, hier jedoch fuzzifiziert durch eine Mitgliedsgrad-Bewertungsfunktion der Elemente. Der auf Zadeh (1965) zurückgehende Ansatz besticht durch seine Einfachheit und Entfaltungsfähigkeit. Es war mir aber auch daran gelegen, den Zusammenhang mit den von Lukasiewicz (seit 1920) begründeten mehrwertigen Logikkalkülen aufzuzeigen, die nun für einen weiten Kreis von Anwendern zu neuer Geltung gelangen. Dies ist nicht mehr als ein erster Einstieg, aber er soll dem Leser eine Grundlage bieten, die es ihm ermöglicht, in späteren Spezialvorlesungen mitzuhalten.

Mit der Aufnahme in die Reihe der Springer-Lehrbücher erhielt die Neuauflage ein recht ansprechendes Design. Allen mit der Herstellung des Buches beteiligten Mitarbeitern des Springer-Verlages bin ich zu Dank verpflichtet. Frau Dipl.-Math. I. Kettern hat auch für diese Auflage interessante Anregungen gegeben und die Korrekturen mitgelesen. Schöne Anwendungen für Fuzzygraphen hat Herr Dipl.-Inf. N. Staiger beigesteuert. Nicht zuletzt bin ich Frau A. Klein für die mühevolle Anfertigung des Maschinenskripts sowie meiner lieben Frau für die sorgfältige Erstellung des Sachwortverzeichnisses herzlich verbunden. Über allem aber steht das Wort aus der Offenbarung 7, 12.

Furtwangen, im Juli 1990

Gert Böhme

Vorwort zur dritten Auflage

In zunehmendem Maße gewinnen auch für den Anwender mathematischer Methoden algebraische Denk- und Verfahrensweisen an Bedeutung. Der Kreis der Geistesbereiche, welche sich der Exaktheit und Eindeutigkeit mathematischer Darstellungsformen bedienen, beschränkt sich heute längst nicht mehr auf die klassischen Natur- und Ingenieurwissenschaften, vielmehr ist das mathematische Instrumentarium auch in Wirtschaft, Organisation, Planung und Datenverarbeitung zu einem unentbehrlichen Hilfsmittel geworden. Dieser Entwicklung muß die mathematische Grundausbildung unserer Ingenieure und Wirtschaftswissenschaftler Rechnung tragen.

Mit dem Titel „Anwendungsorientierte Mathematik“ verbinde ich eine konkrete curriculare Konzeption. Sie unterscheidet sich sowohl von der rein theoretischen Darstellung als auch von der angewandten Mathematik, versucht jedoch zwischen beiden didaktischen Standpunkten eine Brücke zu schlagen. Dahinter steht die Erfahrung, daß sinnvolle Anwendung mathematischer Methoden sich nicht auf die verfahrenstechnische Komponente des Problems beschränken kann, sondern ein fundiertes Verständnis des wissenschaftlichen Kerns als notwendige Voraussetzung haben muß.

Im ersten Band sind die wichtigsten Teilgebiete der Algebra behandelt. Ihre Auswahl erfolgte nach anwendungsrelevanten Gesichtspunkten, ihre Darstellung orientiert sich nach Inhalt und Umfang an guter Lesbarkeit und leichter Verständlichkeit. Das bedeutet: bewußter Verzicht auf eine systematisch-geschlossene Abhandlung, Beschränkung auf eine Einführung bei Berücksichtigung relativ geringer Vorkenntnisse, Auflockerung des Textes durch möglichst viele Beispiele, Bezugnahme auf typische Anwendungen aus verschiedenen Gebieten, Veranschaulichung des Textes durch Abbildungen, Ergänzung der Theorie durch Übungsaufgaben (und Lösungen) zu jedem Abschnitt, womit ein Selbststudium des Buches erleichtert wird.

Um jedem Studienanfänger einen Einstieg in die Algebra zu ermöglichen, habe ich die einleitenden Abschnitte über Mengen, Relationen, Abbildungen, Verknüpfungen und Strukturen verhältnismäßig ausführlich gehalten. Diese Themenkreise gehören zwar nach der Reform des Mathematikunterrichts zum Lehrstoff aller Schulen bis zum Abitur, werden jedoch erfahrungsgemäß oft nur unvollständig behandelt. Insbesondere berücksichtige ich damit auch die bereits im Beruf stehenden Fachleute, die sich an Hand dieses Buches in die moderne Algebra einarbeiten wollen.

Von den Hauptkapiteln finden sich einige bereits längere Zeit in den Lehrplänen der Hochschulen, so etwa die Vektoralgebra, Schaltalgebra, Matrizenrechnung und die Algebra komplexer Zahlen. Sie werden auch hier gebührend behandelt, zugleich jedoch ergänzt und vertieft um einige weitere Themen wie Gruppentheorie, Boolesche und Aussagenalgebra sowie eine gründliche Einführung in die lineare Algebra. Letztere erscheint gemäß der Grundkonzeption dieses Werkes allerdings nicht als eine axiomatisch aufgebaute Theorie der Vektorräume -darüber gibt es genügend andere Veröffentlichungen-, sondern rückt die Behandlung linearer Gleichungssysteme in den Mittelpunkt, ergänzt durch eine Betrachtung linearer Ungleichungssysteme im Hinblick auf die Anwendungen in der linearen Optimierung.

Bei dieser Vielzahl von Einzelgebieten besteht für den Leser leicht die Gefahr, den Überblick aus den Augen zu verlieren und den Inhalt als eine Sammlung zusammenhangloser Einzeldarstellungen aufzufassen. Aus diesem Grund habe ich die Gesamtdarstellung unter einen hierfür geeigneten didaktischen Leitbegriff gestellt: den Begriff der algebraischen Struktur. Sinn und Zweck dieses Vorgehens habe ich in den einzelnen Kapiteln immer wieder transparent gemacht und an möglichst vielen Stellen auch durch konkrete Anwendungen untermauert. Der mündige Student erwartet heute von einer Lehrveranstaltung wie auch von einem guten Lehrbuch eine überzeugende Begründung der curricularen Relevanz des Lehrstoffes in wissenschaftlicher Sicht wie auch im Hinblick auf seine spätere berufliche Tätigkeit. Nicht zuletzt habe ich von daher eine Synopse von sinnvollen Anwendungsmöglichkeiten und wissenschaftlichem Selbstverständnis der Strukturalgebra angestrebt.

Für die Durchsicht des Manuskriptes bin ich Herrn Dr. Niemeier und Herrn Dipl.-Math. Ongyert zu Dank verpflichtet. Anregungen zum Text erhielt ich auch von Herrn Professor Dipl.-Ing. Simon. Meiner Frau bin ich für die mühevolle Anfertigung des Schreibmaschinenmanuskriptes auch dieser Auflage besonders herzlich verbunden. Schließlich habe ich dem Springer-Verlag für sein Verständnis bei der Konzeption der Neufassung sowie für die Summe der mit der Herstellung des Buches verbundenen Arbeiten zu danken.

Berlin, im August 1974

Gert Böhme

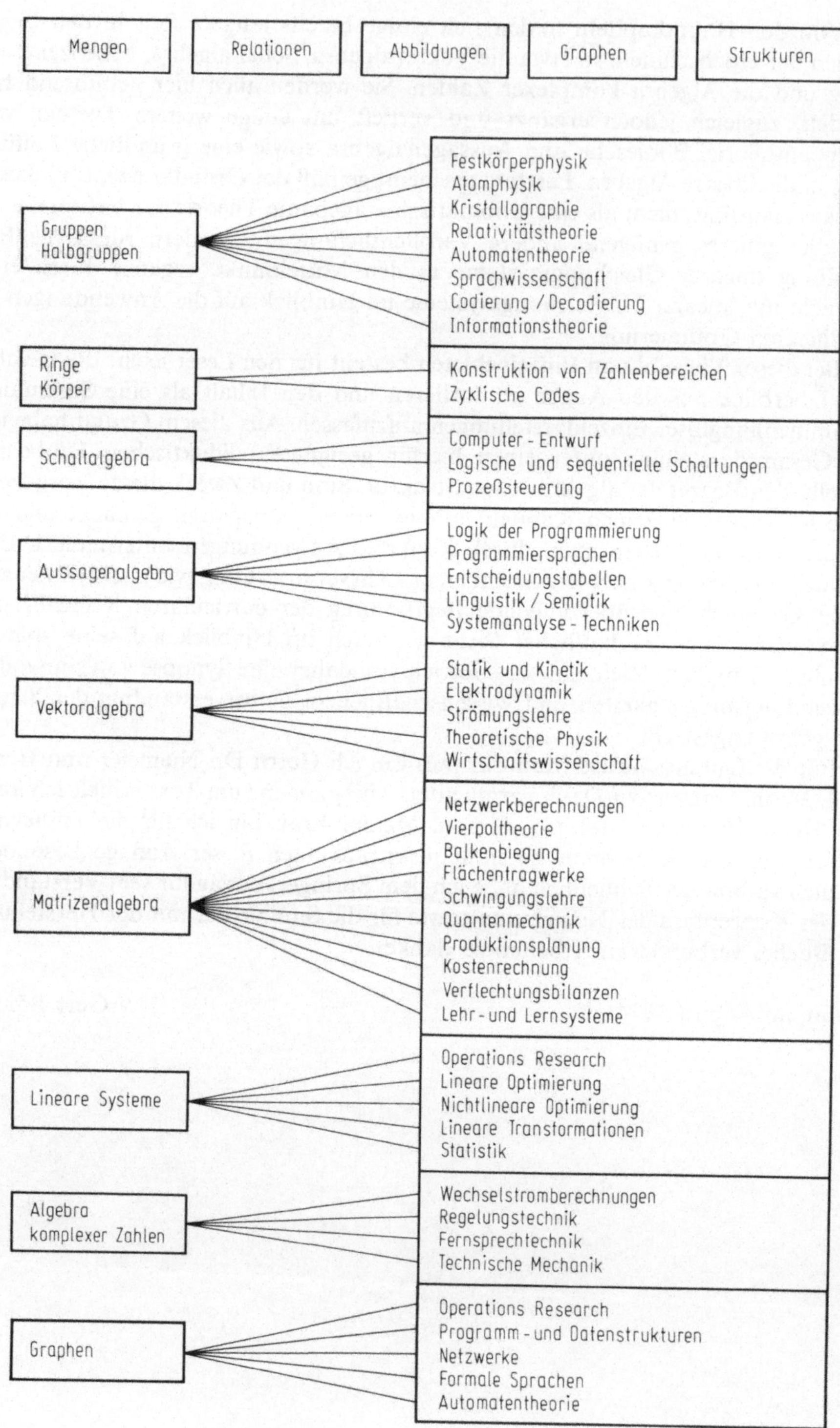
Mengen
Relationen
Abbildungen
Graphen
Strukturen
Gruppen
Halbgruppen
Festkörperphysik
Atomphysik
Kristallographie
Relativitätstheorie
Automatentheorie
Sprachwissenschaft
Codierung / Decodierung
Informationstheorie
Ringe
Körper
Konstruktion von Zahlenbereichen
Zyklische Codes
Schaltalgebra
Computer - Entwurf
Logische und sequentielle Schaltungen
Prozeßsteuerung
Aussagenalgebra
Logik der Programmierung
Programmiersprachen
Entscheidungstabellen
Linguistik / Semiotik
Systemanalyse - Techniken
Vektoralgebra
Statik und Kinetik
Elektrodynamik
Strömungslehre
Theoretische Physik
Wirtschaftswissenschaft
Matrizenalgebra
Netzwerkberechnungen
Vierpoltheorie
Balkenbiegung
Flächentragwerke
Schwingungslehre
Quantenmechanik
Produktionsplanung
Kostenrechnung
Verflechtungsbilanzen
Lehr- und Lernsysteme
Lineare Systeme
Operations Research
Lineare Optimierung
Nichtlineare Optimierung
Lineare Transformationen
Statistik
Algebra
komplexer Zahlen
Wechselstromberechnungen
Regelungstechnik
Fernsprechtechnik
Technische Mechanik
Graphen
Operations Research
Programm - und Datenstrukturen
Netzwerke
Formale Sprachen
Automatentheorie

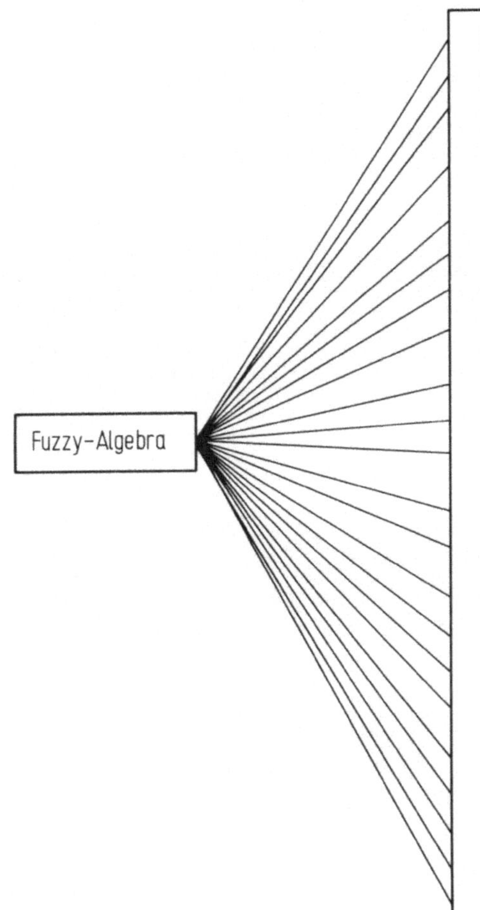
Fuzzy-Algebra
Entscheidungsmodelle
Optimierungsverfahren
Operations Research
Managementtechniken
Automatische Kameras
Fuzzy-Steuerung
Wettervorhersage
Instandhaltungsmodelle
Medizinische Diagnostik
Psychologie
Kognitionswissenschaft
Sozialwissenschaften
Linguistik
Wissens-Akquisition
Relationale Datenbanken
Expertensysteme
Mustererkennung
Programmiersprachen
Real-Time Prozeßsteuerung
Fuzzy C-Compiler
Fuzzy-Chip-Einsatz
Neuronale Netze

Inhaltsverzeichnis

1 Grundlagen der Algebra

1.1 Mengen

1.1.1 Begriff und Beschreibung einer Menge

Für den gesamten Aufbau der Mathematik ist der Mengenbegriff von entscheidender Bedeutung. Nahezu alle mathematischen Begriffe lassen sich auf den Begriff der Menge zurückführen. Insofern durchdringt die Mengenlehre heute sämtliche mathematischen Disziplinen, erlaubt eine ökonomische und logisch präzise Beschreibung und gestaltet die Mannigfaltigkeit mathematischer Entwicklungen durchsichtiger und bis zu einem gewissen Maße einheitlich.

Aus der Vielzahl der Anwendungen seien neben Physik und Informatik besonders die Organisations- und Wirtschaftswissenschaften hervorgehoben. Strukturelle und system-orientierte Verfahrens- und Denkweisen haben auch in der Algebra logischer Schaltungen und der Künstlichen Intelligenz – Forschung neue Bereiche erschlossen.

Bei der Erklärung des Mengenbegriffs sei zunächst darauf hingewiesen, daß „Menge“ ein mathematischer Grundbegriff ist, der sich nicht definieren läßt (wie „Punkt“ in der Geometrie oder „wahr“ in der Logik). Wir können jedoch eine Beschreibung geben, die sich an die ursprüngliche CANTORsche[1] Erklärung anlehnt. Danach soll unter einer Menge eine Gesamtheit von wirklichen oder gedachten Objekten verstanden werden, wenn vor der Zusammenfassung von jedem Objekt einwandfrei feststeht bzw. entschieden werden kann, ob es der Gesamtheit angehört oder nicht. Die Objekte heißen Elemente und werden im allgemeinen mit kleinen Buchstaben bezeichnet, während für Mengennamen große Buchstaben Verwendung finden. Wir schreiben

$a \in M$, falls a Element der Menge M ist $a \notin M$, falls a nicht Element der Menge M ist

Es gibt drei Möglichkeiten zur Beschreibung einer Menge:

(1) durch eine (unmißverständliche) verbale Formulierung. Beispiel: M sei die

---

[1] G. Cantor (1845–1918), deutscher Mathematiker (Begründer der Mengenlehre)

Menge aller zum 1.1.1992 amtlich zugelassenen Kraftfahrzeuge in der Bundesrepublik Deutschland.

(2) durch Angabe (Auflisten) sämtlicher Elemente. Die Namen der Elemente werden verabredungsgemäß von geschweiften Klammern eingeschlossen. Beispiel: $M = \{1, 3, 7, 10\}$.
Umfangreichere endliche Mengen werden in der Praxis durch Listen, Kataloge, Verzeichnisse etc. dargestellt: Telefonbücher, Gewinnlisten, Zahlentafeln, Zeichenvorräte usw. Vergleiche das Sachverzeichnis am Ende dieses Buches!

(3) durch Angabe einer Grundmenge G und einer als Auslesebedingung zu verstehenden Eigenschaft (*Prädikat*) P für die zur Menge gehörenden Elemente. Man schreibt

$$M = \{x \mid x \in G,\ Px\},$$

wobei die Variable x für die Namen der Elemente steht und M aus den und nur den („genau den") x bestehen soll, für die das Prädikat P erfüllt ist. Beispiel: Grundmenge G seien alle ganzen Zahlen zwischen 1 und 20, P das Primzahlprädikat; damit wird

$$\begin{aligned} M &= \{x \mid x \in G,\ Px\} \\ &= \{2, 3, 5, 7, 11, 13, 17, 19\} \end{aligned}$$

Es hat sich in der Fachliteratur eingebürgert, einige besonders häufig vorkommende Zahlenmengen mit Doppelstrich-Buchstaben zu bezeichnen:

die Menge $\mathbb{N}$ der natürlichen Zahlen: $\mathbb{N} = \{1, 2, 3, \ldots\}$

die Menge $\mathbb{Z}$ der ganzen Zahlen: $\mathbb{Z} = \{0, 1, -1, 2, -2, \ldots\}$

die Menge $\mathbb{Q}$ der rationalen Zahlen:

$$\mathbb{Q} = \left\{x \mid x = \frac{a}{b},\ a \in \mathbb{Z},\ b \in \mathbb{N}\right\}$$

$= \{x \mid x$ ist endlicher oder periodisch-unendlicher Dezimalbruch mit beliebigem Vorzeichen$\}$

die Menge $\mathbb{R}$ der reellen Zahlen:

$\mathbb{R} = \{x \mid x$ ist endlicher oder unendlicher Dezimalbruch mit beliebigem Vorzeichen$\}$

die Menge $\mathbb{C}$ der komplexen Zahlen:

$$\mathbb{C} = \{x \mid x = a + bj,\ a \in \mathbb{R},\ b \in \mathbb{R},\ j^2 = -1\}$$

Es kann vorkommen, daß die Eigenschaft (das Prädikat) für kein x erfüllt ist. Um solche Fälle nicht jedesmal ausschließen zu müssen, erklären wir eine Menge ohne Elemente.

Definition

Die Menge, welche kein Element enthält, heißt *leere Menge* $\emptyset$.

Leer ist beispielsweise die Menge aller negativen reellen Quadratzahlen:

$$\{x \mid x \in \mathbb{R},\ x^2 < 0\} = \emptyset$$

oder die Lösungsmenge L der Gleichung $x^2 - 3 = 0$ in der Menge der rationalen Zahlen:

$$L = \{x \mid x^2 - 3 = 0,\ x \in \mathbb{Q}\} = \emptyset$$

Wählt man $\mathbb{R}$ als Grundmenge, so wird dieselbe Gleichung lösbar, und man hat dann eine nicht-leere Lösungsmenge

$$L = \{x \mid x^2 - 3 = 0,\ x \in \mathbb{R}\} = \{\sqrt{3},\ -\sqrt{3}\}\,.$$

Wegen der Abhängigkeit einer durch eine Eigenschaft (ein Prädikat) definierten Menge M von einer Grundmenge G ist die Angabe von G bei der Beschreibung von M immer dann erforderlich, wenn G nicht schon im Kontext erklärt ist. Die Schreibweise $M = \{x \mid x \in G,\ Px\}$ bringt bereits einen Zusammenhang zwischen Mengen einerseits und Prädikaten andererseits zum Ausdruck: bestimmten mengenalgebraischen Beziehungen/Verknüpfungen entsprechen bestimmte prädikatenlogische Beziehungen/Verknüpfungen. Diese Verflechtungen wollen wir jetzt näher untersuchen.

Aufgaben zu 1.1.1

1. Geben Sie die folgenden Lösungsmengen in aufzählender Form an:
   a) $\{x \mid x^2 + 2x - 15 = 0,\ x \in \mathbb{N}\}$
   b) $\{x \mid x^2 + 2x - 15 = 0,\ x \in \mathbb{Z}\}$
   c) $\{x \mid x^2 + 4 = 0,\ x \in \mathbb{R}\}$
2. Beschreiben Sie die folgenden Mengen durch Angabe wenigstens einer Eigenschaft (eines Prädikats) für x:
   a) $\{1, 4, 9, 16, 25, 36, 49, 64, 81\}$
   b) $\{2, 11, 101, 1001\}$
   c) $\{1, -1\}$
3. Welche der folgenden vier Aussagen ist richtig:
   a) $3 \in \{3\}$; b) $\{3\} \in \{3\}$; c) $\{3\} \in 3$; d) $3 \in 3$?

Die Lösungen der Aufgaben findet man im Anhang des Buches.

1.1.2 Beziehungen zwischen Mengen

Bei der Darstellung mathematischer Sachverhalte hat es sich als zweckmäßig erwiesen, bestimmte Formulierungen durch Verwendung logischer Zeichen zu formalisieren. Wir stellen die wichtigsten Symbole in einer Tabelle zusammen.

Zeichen	Bedeutung
$\wedge$	und; Konjunktions-Verknüpfung
$\vee$	oder (im einschließenden Sinne oder/und); Disjunktions-Verknüpfung
$\neg$	nicht; Negations-Verknüpfung
$\rightarrow$	wenn-dann; Subjunktions-Verknüpfung
$\leftrightarrow$	dann und nur dann-wenn (genau dann-wenn); Bijunktions-Verknüpfung
$\Rightarrow$	daraus folgt (einseitig); allgemeingültige Implikations-Beziehung, beweisbedürftig
$\Leftrightarrow$	daraus folgt (zweiseitig); allgemeingültige Äquivalenz-Beziehung, beweisbedürftig
$\Leftrightarrow:$	definitionsgemäß äquivalent; „:" steht bei der definierten Aussage
$\bigwedge_x$ oder $\forall_x$	für alle x gilt . . . ; Allquantor als generalisierte Konjunktion
$\bigvee_x$ oder $\exists_x$	es gibt (wenigstens) ein x mit . . . ; Existenzquantor als generalisierte Disjunktion

Tafel logischer Symbole

Eine erste Anwendung dieser Symbolik bieten die Teilmengen- und Gleichheitsbeziehung zwischen Mengen. Näheres zur Logik siehe 1.8.4.

Definition

Gehören alle Elemente einer Menge A zugleich einer Menge B an, so heißt A *Teilmenge* von B und man schreibt A ⊂ B:

$$A \subset B :\Leftrightarrow \bigwedge_{x \in G} (x \in A \rightarrow x \in B)$$ [1]

Bei anschaulicher Darstellung der Teilmengenbeziehung (Inklusion) mit einem

[1] Lies: Für alle x der Grundmenge G gelte: Wenn x Element von A ist, dann soll x auch Element von B sein. Für diesen Sachverhalt werde vereinbarungsgemäß gesagt: „A ist Teilmenge von B" und „A ⊂ B" geschrieben.

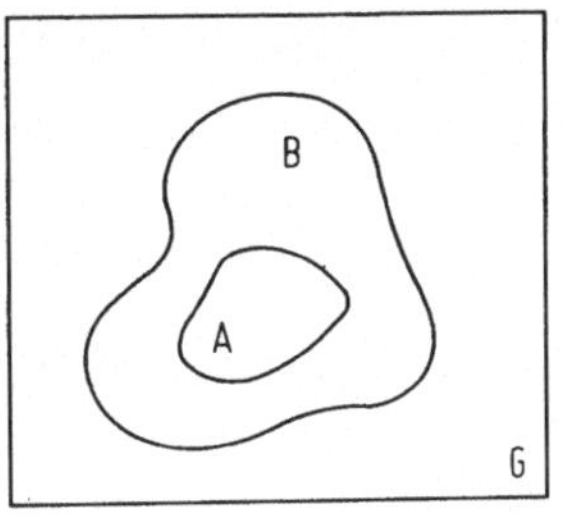

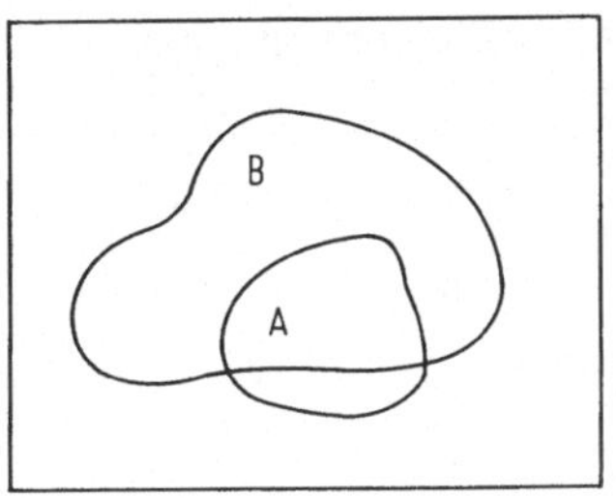

Abb. 1

Abb. 2

VENN-Diagramm[2] (Abb. 1) erkennt man: alle Punkte innerhalb der Begrenzungslinie von A (d.s. alle $x \in A$) liegen auch innerhalb der Umrandung von B (d.s. alle $x \in B$). Die Grundmenge G ist als rechteckige Begrenzung gezeichnet. Stets sind alle betrachteten Mengen Teilmengen der Grundmenge.

Die Negation der Teilmengenbeziehung bedeutet: A ist nicht Teilmenge von B, in Zeichen: $A \not\subseteq B$, wenn nicht alle Elemente von A auch zu B gehören, wenn es also mindestens ein Element von A gibt, das nicht zugleich Element von B ist (Abb. 2):

$$A \not\subseteq B :\Leftrightarrow \bigvee_{x \in G} (x \in A \wedge x \notin B)$$

Definition

Zwei Mengen A, B heißen *gleich*, in Zeichen $A = B$, wenn beide Mengen die gleichen Elemente besitzen:

$$A = B :\Leftrightarrow \bigwedge_{x \in G} (x \in A \leftrightarrow x \in B)$$

Die beiden wichtigsten Konsequenzen dieser Erklärung sind:

(1) Bei der Aufzählung der Elemente einer Menge ist deren Reihenfolge belanglos. Beispiele:

$$\{1, 9, 7, 6, 4\} = \{1, 4, 7, 6, 9\}$$

$$\{a, b\} = \{b, a\}$$

[2] John Venn (1834–1923), englischer Philosoph und Logiker. Die nach ihm benannten Diagramme sind indes eine Entdeckung von Leonhard Euler (1707–1783), der in seinen „Briefen an eine deutsche Prinzessin" bereits 1760 damit die Syllogismen der Prädikatenlogik anschaulich erklärte.

(2) Es genügt, jedes Element nur einmal zu nennen. Wiederholungen sind überflüssig. Beispiele:

$$\{1, 1, 4, 4, 4, 5\} = \{1, 4, 5\}$$

$$\{a, a\} = \{a\}$$

Der Leser beachte besonders den *Zusammenhang* zwischen Mengen und Prädikaten:

$$A = \{x \mid Px\}, \quad B = \{x \mid Qx\}, \quad C = \{x \mid Rx\}$$

$A \subset B$ entspricht der prädikatenlogischen Implikation $Px \Rightarrow Qx$
$B = C$ entspricht der prädikatenlogischen Äquivalenz $Qx \Leftrightarrow Rx$

Exemplarisch: Px: x ist durch 4 teilbar
Qx: x ist durch 2 teilbar
Rx: x ist eine gerade Zahl

Satz

| Die Mengengleichheits-Relation ist eine „Äquivalenzrelation"

Beweis (vgl. 1.2.3): Die Gleichheitsbeziehung ist sicher

reflexiv:	$A = A$
symmetrisch:	$A = B \Rightarrow B = A$
transitiv:	$A = B \wedge B = C \Rightarrow A = C$

Genau diese drei Eigenschaften bestimmen aber eine Äquivalenzrelation.

Satz

| Die Teilmengenrelation ist eine „Ordnungsrelation".

Beweis (vgl. 1.2.4): Die Teilmengenbeziehung ist sicher

reflexiv:	$A \subset A$
identitiv:	$A \subset B \wedge B \subset A \Rightarrow A = B$
transitiv:	$A \subset B \wedge B \subset C \Rightarrow A \subset C$

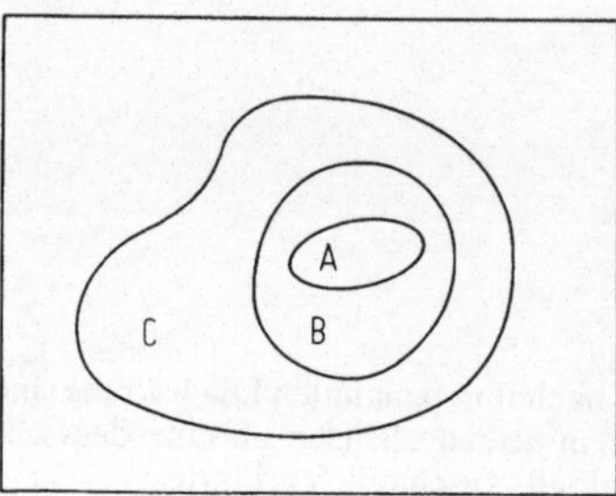

Abb. 3

Die letzte Eigenschaft kann auch unmittelbar aus dem VENN-Diagramm der Abb. 3 abgelesen werden. Damit ist „$\subset$" als Ordnungsrelation bereits nachgewiesen.

Satz

Die leere Menge ist Teilmenge jeder Menge.

Beweis (indirekt): Wir nehmen das Gegenteil der Behauptung an und zeigen dessen Unmöglichkeit, indem wir auf einen Widerspruch schließen[1]. Die Annahme lautet hier: es gibt eine Menge M mit $\emptyset \not\subset M$. Dann muß aber

$$\bigvee_{x \in G} (x \in \emptyset \wedge x \notin M)$$

gelten. Mit $x \in \emptyset$ ist jedoch der Widerspruch (zur Definition der leeren Menge) bereits gefunden.

Beispiel

Es sei M die Belegschaft eines Betriebes, M_1 die Menge der männlichen, M_2 die Menge der weiblichen Betriebsangehörigen. Dann gilt *stets* $M_1 \subset M$ und $M_2 \subset M$. Arbeiten im Betrieb nur Männer, so ist $M_1 = M$, $M_2 = \emptyset$, ohne daß die Teilmengenbeziehungen verletzt würden.

Definition

Die Menge P(M) aller Teilmengen einer Menge M,

$$P(M) = \{X \mid X \subset M\}$$

heißt die *Potenzmenge* von M.

Man beachte, daß die Elemente der Potenzmenge *Mengen* sind. Das ist zulässig, denn wir hatten bei der Erklärung des Mengenbegriffs keine Einschränkung hinsichtlich der Art der Elemente (Objekte) getroffen. Mitunter werden solche Mengen, deren Elemente selbst wieder Mengen sind, „Mengensysteme" genannt.

Satz

Ist M eine endliche Menge und bezeichnet $|M|$ die Anzahl ihrer Elemente (Mächtigkeit von M), so gilt für die Elementeanzahl der Potenzmenge

$$|P(M)| = 2^{|M|}$$

---

[1] Dem liegt die stets und stillschweigend geltende logische Voraussetzung zu Grunde, daß es keine Alternative zu den beiden Möglichkeiten „eine Aussage ist wahr" und „eine Aussage ist falsch" gibt (sogenanntes „tertium non datur": Prinzip vom ausgeschlossenen Dritten).

Beweis: Im einfachsten Fall ist $M = \varnothing$ die leere Menge, dann hat diese nur sich selbst zur Teilmenge:

$$M = \varnothing \Rightarrow |M| = 0 \Rightarrow P(\varnothing) = \{\varnothing\} \Rightarrow |P(\varnothing)| = 1 = 2^0$$

Ist $M = \{a\}$ einelementig, so kann die Potenzmenge nur die leere Menge und M selbst als Elemente besitzen:

$$P(\{a\}) = \{\varnothing, \{a\}\} \Rightarrow |P(\{a\})| = 2 = 2^1$$

Für $M = \{a, b\}$ wird die Potenzmenge bereits vierelementig:

$$P(\{a, b\}) = \{\varnothing, \{a\}, \{b\}, \{a, b\}\} \Rightarrow |P(\{a, b\})| = 4 = 2^2$$

und bei $|M| = 3$ achtelementig:

$$P(\{a, b, c\}) = \{\varnothing, \{a\}, \{b\}, \{c\}, \{a, b\} \{a, c\}, \{b, c\}, \{a, b, c\}\}$$
$$\Rightarrow |P(\{a, b, c\})| = 8 = 2^3$$

Damit erkennt man das Bildungsgesetz für die Anzahl der Teilmengen: eine n-elementige Menge M hat vermutlich 2^n Teilmengen.

Wir führen den Beweis durch *Vollständige Induktion* nach n. Nachdem wir die Gültigkeit des Satzes bereits bis $n = 3$ gezeigt haben, nehmen wir nun allgemein seine Richtigkeit für ein beliebiges $n \in \mathbb{N}$ an und versuchen, daraus die Gültigkeit für $n + 1$ herzuleiten. Gelingt uns das, so ist der Satz für alle $n \in \mathbb{N}$ richtig (Beweisprinzip). Sei $M = \{a_1, a_2, \ldots, a_n, a_{n+1}\}$ eine Menge mit $n + 1$ Elementen. Dann gibt es nach unserer Induktionsannahme genau 2^n Teilmengen, die nur die Elemente $a_1, a_2, \ldots, a_n$ enthalten. Zu jeder dieser 2^n Teilmengen kann man a_{n+1} hinzugeben, das ergibt noch einmal 2^n Teilmengen, insgesamt also $2 \cdot 2^n = 2^{n+1}$. Teilmengen, und gerade das wollten wir zeigen. Wir erwähnen noch, daß es für den Beweis genügt hätte, die Gültigkeit des Satzes für einen Anfangswert von n (hier für $n = 0$) zu zeigen und dann von n auf $n + 1$ zu schließen. Allerdings muß man die Form des Satzes für n allgemein formulieren können.

Aufgaben zu 1.1.2

1 Formulieren Sie die folgenden Aussagen formal in Zeichen:
   a) die Ungleichheit zweier Mengen: $A \neq B$
   b) die Relation

   „A ist echte Teilmenge von B“: $A \underset{\text{echt}}{\subset} B$

   wenn $A \subset B$ gilt und es wenigstens ein $x \in B$ gibt, das nicht zu A gehört.

2. Man stelle eine Kette von Teilmengenbeziehungen für die Mengen $\mathbb{R}$, $\mathbb{Q}$, $\mathbb{N}$, $\mathbb{C}$, $\mathbb{N}_0$ und $\mathbb{Z}$ auf! Wie verkleinert sich diese Kette, wenn man die Menge $\mathbb{R}^+$ der positiven reellen Zahlen mit einbezieht? Es bedeutet $\mathbb{N}_0$ die Menge $\{0, 1, 2, 3, \ldots\}$.
3. Auf der Grundmenge G aller Dreiecke seien folgende Mengen erklärt:
   $A = \{x \mid x \text{ ist gleichseitiges Dreieck}\}$
   $B = \{x \mid x \text{ ist gleichschenkliges Dreieck}\}$

$C = \{x \mid x \text{ ist rechtwinkliges Dreieck}\}$
$D = \{x \mid x \text{ ist Dreieck mit wenigstens einem } 45°\text{-Winkel}\}$
Stellen Sie die Beziehungen zwischen diesen Mengen in einem VENN-Diagramm dar!

4. Gegeben seien die Mengen
   $A = \{1, 2\}$, $B = \{1, 2, 3\}$, $C = \{2\}$, $M = \{1, A, B, C\}$
   Welche der folgenden Beziehungen sind richtig:
   a) $1 \in B$ b) $A \subset B$ c) $A \in M$ d) $A \subset M$ e) $2 \in M$
   f) $1 \in M$ g) $\emptyset \in C$ h) $\emptyset \subset M$ i) $C \in B$ j) $1 \subset M$
   k) $\{1\} \subset M$ l) $C \subset A$ m) $C \subset M$ n) $C \in M$ o) $\{C\} \subset M$
5. Man zeige durch Angabe eines Beispiels, daß die Mitgliedschaftsrelation „$\in$" nicht transitiv ist!

1.1.3 Verknüpfungen von Mengen

Verknüpfungen sind Ihnen als Rechenoperationen zwischen reellen Zahlen bekannt. Mengen werden so miteinander verknüpft, daß sich stets wieder eine Menge ergibt (sogenannte innere Verknüpfungen). Dabei spielen die Begriffe „und" ($\wedge$), „oder" ($\vee$) and „nicht" ($\neg$) eine dominierende Rolle.

Definition

Die Menge aller Elemente, die sowohl einer Menge A als auch einer Menge B angehören, bilden die *Durchschnittsmenge* (den Durchschnitt) von A *und* B:

$$A \cap B := \{x \mid x \in A \wedge x \in B\}$$

Erfüllen die Elemente von A das Prädikat P, die Elemente von B das Prädikat Q, so erfüllen die Elemente der Durchschnittsmenge $A \cap B$ beide Prädikate P *und* Q, formal

$$A \cap B = \{x \mid x \in G, Px \wedge Qx\},$$

d.h. dem *Durchschnitt* der Mengen entspricht die *Konjunktion* der Prädikate.

Im VENN-Diagramm (Abb. 4) ist der Durchschnitt schraffiert gezeichnet. Haben beide Mengen keine gemeinsamen Elemente, so ist ihr Durchschnitt leer

$$A \cap B = \emptyset$$

A, B heißen in diesem Fall elementefremd (disjunkt) (Abb. 5).
Aus der Definition folgt unmittelbar:

$$A \cap A = A, A \cap \emptyset = \emptyset \cap A = \emptyset$$
$$A \cap B = A \Leftrightarrow A \subset B$$
$$A \cap B = B \Leftrightarrow B \subset A$$

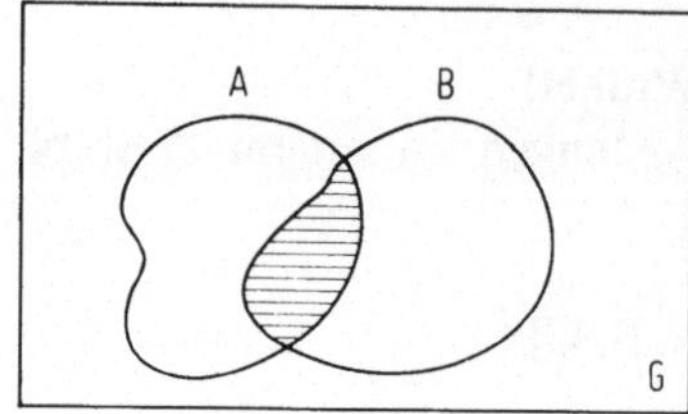

Abb. 4

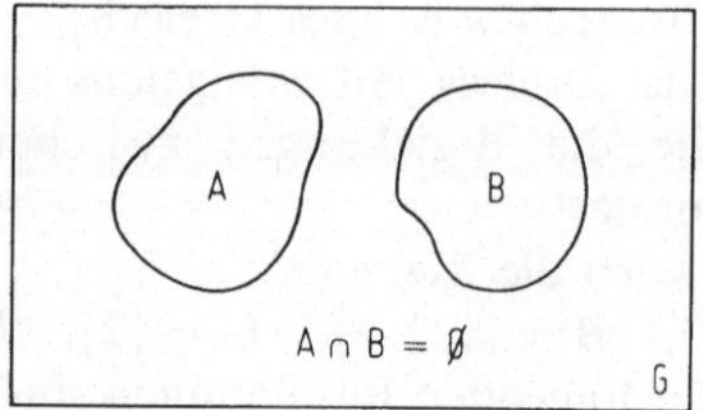

Abb. 5

Beispiele

1. $A = \{x \mid x \in \mathbb{N} \wedge x \text{ ist teilbar durch } p\ (p \in \mathbb{N})\}$
   $B = \{x \mid x \in \mathbb{N} \wedge x \text{ ist teilbar durch } q\ (q \in \mathbb{N})\}$
   $\Rightarrow A \cap B = \{x \mid x \in \mathbb{N} \wedge x \text{ ist teilbar durch das kgV } (p, q)\}$,
   wenn kgV(p, q) das kleinste gemeinsame Vielfache der Zahlen p und q bedeutet.
2. $R_1 = \{x \mid x \text{ ist Rechteck}\}$, $R_2 = \{x \mid x \text{ ist Raute}\}$
   $\Rightarrow R_1 \cap R_2 = \{x \mid x \text{ ist Quadrat}\}$, denn das Quadrat ist durch die Konjunktion ($\wedge$) der Forderungen von Rechteck (Gleichwinkligkeit) und Raute (Gleichseitigkeit) bestimmt.

Satz

Die Mengendurchschnitts-Verknüpfung ist *kommutativ* und *assoziativ*:

$$A \cap B = B \cap A$$
$$A \cap (B \cap C) = (A \cap B) \cap C =: A \cap B \cap C$$

Vorbemerkung: Es gibt im wesentlichen vier Methoden, um mengenalgebraische Gesetze zu beweisen.

(1) *Die logische Methode.* Sie basiert auf den Gesetzen der mathematischen Logik (Aussagen- und Prädikatenlogik). Bestimmte algebraische Eigenschaften der aussagenlogischen Junktoren „$\wedge$", „$\vee$" und „$\neg$" übertragen sich auf die mengenalgebraischen Operationen „$\cap$", „$\cup$" und „—". Dahinter steht die Isomorphie der betreffenden algebraischen Strukturen.

(2) *Die tabellarische Methode.* Ihr liegt die Tatsache zugrunde, daß Mengenalgebra, (Aussagenalgebra, Schaltalgebra und allgemein BOOLEsche Algebra) „finite Strukturen" sind, d.h. in ihren Gesetzmäßigkeiten durch endlich viele Fallunterscheidungen vollständig erfaßt werden können. Sind in einer allgemeingültigen Beziehung n Mengen beteiligt, so umfaßt die Tafel 2^n Zeilen. In der Aussagenalgebra sind diese Tabellen als Wahrheitstafeln bekannt. Ihre Programmierung repräsentiert einen sehr einfachen Entscheidungsalgorithmus.

(3) *Die graphische Methode.* Die hierbei vewendete Bildersprache operiert mit VENN-Diagrammen. Durchschnitte, Vereinigungen und Komplemente werden etwa durch Schraffuren gekennzeichnet und graphisch verknüpft. Zwei mengenalgebraische Terme sind gleich dann und nur dann, wenn sie im VENN-Diagramm durch das gleiche Gebiet umrandet werden. Die Vorgehensweise ist einfach und aus dem Schulunterricht bekannt. Sie wird auch in diesem Buch zur Veranschaulichung, als „Beweisskizze" mengenalgebraischer Beziehungen verwendet.

Ergänzt man die VENN-Diagramme bezüglich Darstellung und Handhabung durch eine wohldefinierte Syntax und Semantik, so gewinnt man eine voll beweiskräftige Bildersprache. In dieser müssen n-stellige Mengenterme so dargestellt werden, daß jeder der 2^n Minterme der kanonischen disjunktiven Normalform durch ein Teilgebiet graphisch repräsentiert ist. Am bekanntesten sind die nach KARNAUGH und VEITCH benannten Tafeln zur graphischen Umformung (Vereinfachung) mengen- bzw. schaltalgebraischer Terme (vgl. 1.8.3). Ein Verfahren zum exakten Nachweis aussagenlogischer und mengenalgebraischer Gesetze mit VENN-Diagrammen hat GEISSLER[1] angegeben. Diese Methode hat sich jedoch nicht durchgesetzt.

(4) *Die deduktive Methode.* Ausgehend von bestimmten Gesetzen („Axiomen") lassen sich alle übrigen nach bestimmten Regeln des Operierens rein formal ableiten (deduzieren). Man spricht auch von der axiomatischen Methode. Ein streng axiomatischer Aufbau der Mengenlehre steht für den Anwender nicht zur Diskussion[2]. Um die Methode als solche zu beleuchten, wird in Kapitel 1.8.1 die BOOLEsche Algebra deduktiv eingeführt (auch wenn es sich dabei nicht um ein rein logisches Kodifikat handelt). Andererseits gehört das formale Operieren mit mengenalgebraischen Ausdrücken (z. B. Umformungen, Vereinfachungen) selbstverständlich zum Handwerkszeug des Benutzers von Mathematik, wobei einer ökonomischen Form der Darstellung eine besondere Bedeutung zukommt.

Es folgt der *Beweis* für die Kommutativität and Assoziativität der Durchschnittsoperation mit der „logischen Methode". Über einer gemeinsamen Grundmenge G seien die Mengen A, B und C durch die Prädikate P, Q bzw. R charakterisiert:

$$A = \{x \mid Px\}, \quad B = \{x \mid Qx\}, \quad C = \{x \mid Rx\}$$

$$A \cap B = \{x \mid Px \wedge Qx\}, \quad B \cap A = \{x \mid Qx \wedge Px\}$$

In der Aussagenalgebra (vgl. 1.8.4) wird die Kommutativität der Konjunktion „ $\wedge$ " gezeigt, d.h. es gilt die Äquivalenz

$$Px \wedge Qx \Leftrightarrow Qx \wedge Px$$

---

[1] Geißler, S.: Logische Diagramme. In „Der Mathematikunterricht" 13/1967, Heft 5, S. 44–68.

[2] Interessierten Lesern sei empfohlen: Schmidt, J.: Mengenlehre 1, BI-Hochschultaschenbücher Bd. 56/56a, Mannheim 1966.

Äquivalente prädikatenlogische Ausdrücke bestimmen aber gleiche Mengen.[1] Deshalb ist – und beachten Sie auch die äußere Ähnlichkeit der Zeichen „$\wedge$" und „$\cap$"–

$$A \cap B = B \cap A .$$

Entsprechend ergibt sich für drei Mengen zunächst

$$(A \cap B) \cap C = \{x \mid (Px \wedge Qx) \wedge Rx\}$$

$$A \cap (B \cap C) = \{x \mid Px \wedge (Qx \wedge Rx)\}$$

und auf Grund der Assoziativität von „$\wedge$" (vgl. 1.8.4)

$$(Px \wedge Qx) \wedge Rx \Leftrightarrow Px \wedge (Qx \wedge Rx)$$

$$(A \cap B) \cap C = A \cap (B \cap C) .$$

Die Eigenschaft der Assoziativität der Durchschnittsoperation gestattet eine Verallgemeinerung dieser Verknüpfung auf mehr als zwei Mengen ohne Klammersetzung.

Definition

Seien $A_1, A_2, \ldots, A_n$ Mengen über einer gemeinsamen Grundmenge G. Dann ist der Mengenterm

$$\boxed{A_1 \cap A_2 \cap \ldots \cap A_n =: \bigcap_{i=1}^{n} A_i}$$

eindeutig bestimmt und heißt *generalisierter Durchschnitt* („$\bigcap$") von A_1, $A_2, \ldots, A_n$.

Beispiel

Hochwertige technische Erzeugnisse werden einer Vielzahl von Kontrollen unterworfen, bevor sie in den Vertrieb kommen. Interpretieren wir A_i als die Menge der Produkte, welche die i-te Kontrolle fehlerfrei passiert haben, so wird nach n Prüfungen gerade die Menge

$$\bigcap_{i \in I} A_i$$

für den Vertrieb freigegeben, da genau diese Erzeugnisse sämtliche Prüfungen

[1] Umgangssprachlich: gleiche Eigenschaften bestimmen gleiche Begriffe. Auf der Grundmenge aller Vierecke bestimmen die äquivalenten Eigenschaften „drei rechte Winkel" und „die Diagonalen sind gleich lang und halbieren sich gegenseitig" die gleiche Menge von Vierecken, nämlich die Menge der Rechtecke.

überstehen konnten. „$i \in I$" bedeutet: für alle Indizes i der Indexmenge $I = \{1, 2, \ldots, n\}$.

Definition

Die Menge der Elemente, die wenigstens einer der Mengen A oder B angehören, heißt die *Vereinigungsmenge* (die Vereinigung) der Mengen A, B:

$$A \cup B := \{x \mid x \in A \vee x \in B\}$$

Versteht man die Mengen A, B wieder als Erfüllungsmengen für die prädikatenlogischen Ausdrücke Px, Qx für Elemente x einer Grundmenge G, so verlangt die Vereinigungsmenge die Erfüllung wenigstens einer der beiden Eigenschaften:

$$A \cup B = \{x \mid Px \vee Qx\} ,$$

d.h. der *Vereinigung* der Mengen entspricht die *Disjunktion* der Prädikate. Im VENN-Diagramm der Abb. 6 erkennen Sie die Vereinigung an der Schraffur. Man beachte, daß der Durchschnitt stets mit zur Vereinigung gehört

$$[x \in A \cap B \Rightarrow x \in A \cup B] \Rightarrow (A \cap B) \subset (A \cup B)$$

Genau dieser Sachverhalt kommt im *einschließenden* oder ($\vee$) — im Gegensatz zum entweder/oder — zum Ausdruck. Für ein Element x der Vereinigung ist stets genau einer der folgenden drei Sachverhalte erfüllt (Abb. 7):

I	x gehört *nur zu* A:	$x \in A \wedge x \notin B$
II	x gehört *nur zu* B:	$x \in B \wedge x \notin A$
III	x gehört *zu* A *und zu* B:	$x \in A \wedge x \in B$.

Daraus folgt, ein Element gehört nicht der Vereinigung an, wenn es weder Element der einen noch der anderen Menge ist (und umgekehrt):

$$x \notin A \cup B \Leftrightarrow x \notin A \wedge x \notin B .$$

Während zwei nicht-leere Mengen durchschnittsleer (disjunkt) sein können, ist

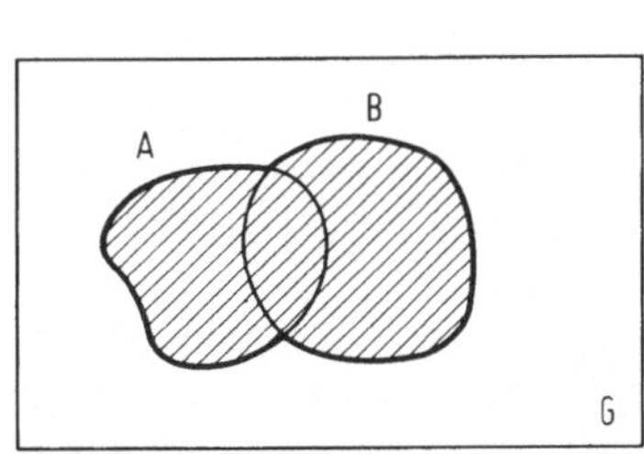

Abb. 6

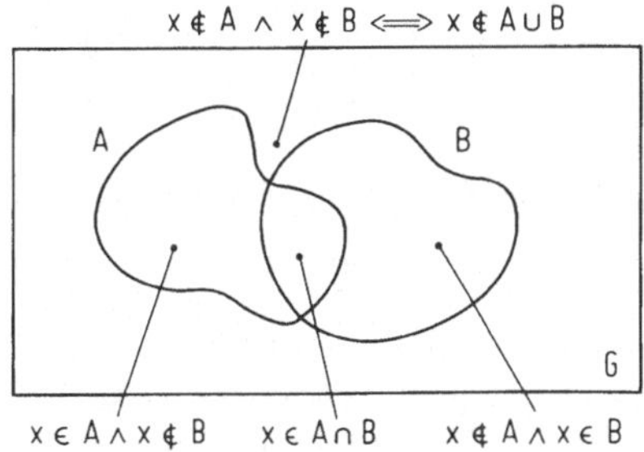

Abb. 7

die Vereinigungsmenge dann und nur dann leer, wenn jede einzelne Menge leer ist:

$$A \cup B = \emptyset \Leftrightarrow A = \emptyset \wedge B = \emptyset .$$

Weitere unmittelbar verständliche Konsequenzen der Definition von $A \cup B$ sind

$$A \cup A = A, \quad A \cup \emptyset = \emptyset \cup A = A$$
$$A \cup B = A \Rightarrow B \subset A$$
$$A \cup B = B \Rightarrow A \subset B .$$

Satz

Die Vereinigungsverknüpfung ist kommutativ und assoziativ, in Zeichen:

$$A \cup B = B \cup A$$
$$A \cup (B \cup C) = (A \cup B) \cup C$$

Beweis: Für die Kommutativität wollen wir den Beweis tabellarisch erbringen. Dies ist in der Mengenalgebra möglich, weil es für jedes Element nur endlich viele Möglichkeiten gibt, in unserem Fall:

I $\quad x \in A \wedge x \in B \Rightarrow x \in A \cup B$ und $x \in B \cup A$

II $\quad x \in A \wedge x \notin B \Rightarrow x \in A \cup B$ und $x \in B \cup A$

III $\quad x \notin A \wedge x \in B \Rightarrow x \in A \cup B$ und $x \in B \cup A$

IV $\quad x \notin A \wedge x \notin B \Rightarrow x \notin A \cup B$ und $x \notin B \cup A$

Mit einer „Zugehörigkeitstafel" läßt sich das Verfahren schematisieren und vereinfacht darstellen:

	A	B	$A \cup B$	$B \cup A$
I	$\in$	$\in$	$\in$	$\in$
II	$\in$	$\notin$	$\in$	$\in$
III	$\notin$	$\in$	$\in$	$\in$
IV	$\notin$	$\notin$	$\notin$	$\notin$

Der Tabelle entnehmen Sie sofort den Sachverhalt

$$x \in A \cup B \Leftrightarrow x \in B \cup A$$

(für alle $x \in G$), und damit ist die Kommutativität bewiesen. Der Nachweis der Assoziativität kann in formal analoger Weise wie bei der Durchschnittsverknüpfung oder mit einer (achtzeiligen) Tafel erbracht werden und sei dem Leser überlassen.

Definition

Seien $A_1, A_2, \ldots, A_n$ Mengen über einer gemeinsamen Grundmenge G. Dann ist der (klammerfreie!) Mengenterm

$$\boxed{A_1 \cup A_2 \cup \ldots \cup A_n =: \bigcup_{i=1}^{n} A_i}$$

eindeutig bestimmt und heißt *generalisierte Vereinigung* der Mengen $A_1, \ldots, A_n$.

Eine wichtige Anwendung dieses Sachverhalts besteht in der *Zerlegung von Mengen* in Teilmengen. Dies ist ein ähnlicher Vorgang wie die Zerlegung von Zahlen in Summanden. Im allgemeinen lassen sich mehrere Zerlegungen angeben. Die für die Praxis wichtigsten Zerlegungen werden so vorgenommen, daß sich die Teilmengen nicht überlappen, d.h. der Durchschnitt von zwei verschiedenen Teilmengen ist leer. Andererseits sollen aber die Teilmengen selbst nicht leer sein und die generalisierte Vereinigung aller Teilmengen wieder die ganze Menge ergeben. Solche Teilmengen nennt man *Klassen*—der Leser braucht nur an die Menge aller Schüler einer bestimmten Schule zu denken und deren Aufteilung in Schulklassen. Der Extremfall einer solchen Klassenzerlegung liegt dann vor, wenn alle Teilmengen aus nur einem Element bestehen:

$$\{a_1, a_2, \ldots, a_n\} = \{a_1\} \cup \{a_2\} \cup \ldots \cup \{a_n\} = \bigcup_{i=1}^{n} \{a_i\}$$

Für den allgemeinen Fall geben wir die folgende

Definition

Zerlegt man eine gegebene Menge A in paarweise disjunkte und nicht-leere Teilmengen, deren generalisierte Vereinigung wieder die Menge A liefert, so heißt das Mengensystem $\mathfrak{z}$ dieser Teilmengen eine *Zerlegung* (Partition, Klasseneinteilung) von A (Abb. 8):

$$\boxed{\begin{array}{l} \mathfrak{z} := \{A_1, A_2, \ldots, A_n\} \\ A = \bigcup_{i=1}^{n} A_i \wedge \bigwedge_{\substack{i,j=1 \\ i \neq j}}^{n} [A_i \cap A_j = \emptyset \wedge A_i \neq \emptyset] \end{array}}$$

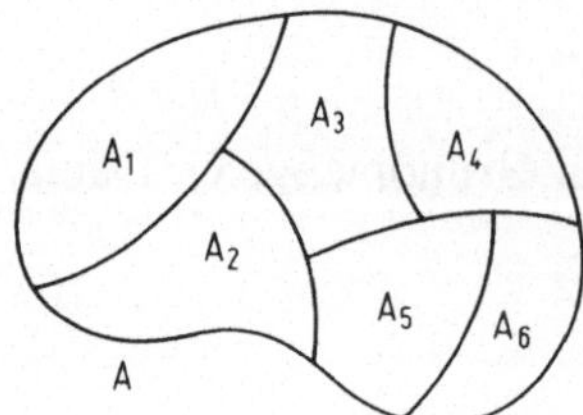

Abb. 8

Beispiele

1. Die reellen Zahlen lassen sich bekanntlich in 0, die positiven und negativen Zahlen einteilen:

$$\mathbb{R}^+ := \{x|x \in \mathbb{R} \wedge x > 0\}, \quad \mathbb{R}^- := \{x|x \in \mathbb{R} \wedge x < 0\}$$
$$\Rightarrow \mathbb{R} = \mathbb{R}^- \cup \{0\} \cup \mathbb{R}^+$$

   Somit ist die zugehörige Zerlegung durch die dreielementige Menge

$$\mathfrak{z} = \{\mathbb{R}^+, \mathbb{R}^-, \{0\}\}$$

   bestimmt: Keine dieser Teilmengen von $\mathfrak{z}$ ist leer, keine zwei haben ein gemeinsames Element!
2. Um die Mannigfaltigkeit technischer Objekte zu ordnen und zu vereinheitlichen, erklären Normenausschüsse Klasseneinteilungen. So wird z.B. die Grundmenge aller Papierformate mit einem Seitenverhältnis von $1:\sqrt{2}$ in neun Teilmengen zerlegt, die mit {DIN-A0, DIN-A1, . . . , DIN-A8} bezeichnet werden. Unabhängig von sonstigen Eigenschaften definiert jedes A-Format eine Teilmenge von Papierbögen allein durch ein bestimmtes Seitenmaß.

Satz

Durchschnitts- und Vereinigungsverknüpfung sind wechselseitig *distributiv* übereinander:

$$A \cap (B \cup C) = (A \cap B) \cup (A \cap C)$$
$$A \cup (B \cap C) = (A \cup B) \cap (A \cup C)$$

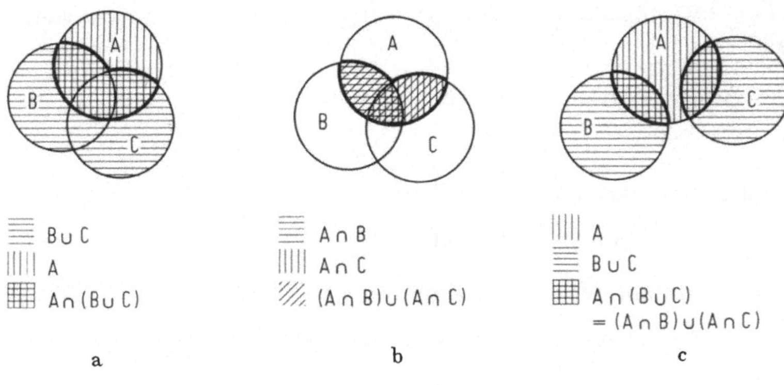

Abb. 9

Beweis: Abb. 9 zeigt die Distributivität von „$\cap$" über „$\cup$": das Gebiet mit doppelter Schraffur in a) ist das gleiche wie mit schräger Schraffur in b). Schließlich zeigt c) den gleichen Sachverhalt für den Sonderfall $A \cap B \cap C = \emptyset$. Die Distributivität von „$\cup$" über „$\cap$" zeigen wir tabellarisch: achten Sie auf *die Übereinstimmung der Zeichenfolge* $\in$, $\notin$ in der 5. und 8. Spalte!

A	B	C	$B \cap C$	$A \cup (B \cap C)$	$A \cup B$	$A \cup C$	$(A \cup B) \cap (A \cup C)$
$\in$	$\in$	$\in$	$\in$	$\in$	$\in$	$\in$	$\in$
$\in$	$\in$	$\notin$	$\notin$	$\in$	$\in$	$\in$	$\in$
$\in$	$\notin$	$\in$	$\notin$	$\in$	$\in$	$\in$	$\in$
$\in$	$\notin$	$\notin$	$\notin$	$\in$	$\in$	$\in$	$\in$
$\notin$	$\in$	$\in$	$\in$	$\in$	$\in$	$\in$	$\in$
$\notin$	$\in$	$\notin$	$\notin$	$\notin$	$\in$	$\notin$	$\notin$
$\notin$	$\notin$	$\in$	$\notin$	$\notin$	$\notin$	$\in$	$\notin$
$\notin$	$\notin$	$\notin$	$\notin$	$\notin$	$\notin$	$\notin$	$\notin$

Satz

Als Sonderfälle der Distributivgesetze gelten die *Absorptionsgesetze*

$$A \cap (A \cup B) = A; \; A \cup (A \cap B) = A$$

Beweis: Jede Menge ist Teilmenge ihrer Vereinigung mit einer anderen Menge, also

$$A \subset (A \cup B) \Rightarrow A \cap (A \cup B) = A$$

Ebenso ist jede Durchschnittsmenge Teilmenge von jeder der geschnittenen Mengen, demnach gilt

$$(A \cap B) \subset A \Rightarrow (A \cap B) \cup A = A \cup (A \cap B) = A\,.$$

Beispiel
Man vereinfache den mengenalgebraischen Term

$$T := A \cup (A \cap B) \cup [A \cap (B \cup C \cup A)]$$

Wir beginnen mit dem Inhalt der eckigen Klammern:

$$A \cap (B \cup C \cup A) = A \cap (A \cup B \cup C) = A \cap (A \cup (B \cup C)) = A$$

$$\Rightarrow T = A \cup (A \cap B) \cup A = [A \cup (A \cap B)] \cup A = A \cup A = A\,.$$

Definition

Die Menge der Elemente einer Menge A, die nicht zugleich noch einer Menge B angehören, heißt die *Differenzmenge* „A ohne B“:

$$A \setminus B := \{x \mid x \in A \wedge x \notin B\}$$

Sind A, B durch Prädikate P, Q bestimmt, etwa $A = \{x \mid Px\}$, $B = \{x \mid Qx\}$, so lautet die Prädikatisierung der Differenzmenge $A \setminus B$: alle x (der Grundmenge scil.), welche das Prädikat P erfüllen („Px“), hingegen das Prädikat Q nicht erfüllen („$\neg Qx$“):

$$A \setminus B = \{x \mid Px \wedge \neg Qx\}$$

Abb. 10 zeigt $A \setminus B$, ferner $B \setminus A$ und damit die Ungültigkeit des Kommutativgesetzes:

$$\neg (A \setminus B = B \setminus A)^1$$

Da ferner die Mengen $A \setminus B$, $B \setminus A$, $A \cap B$ und $G \setminus (A \cup B)$ paarweise disjunkt sind und als Vereinigung G ergeben, stellt

$$\mathfrak{z} = \{(A \setminus B),\quad (A \cap B),\quad (B \setminus A),\quad [G \setminus (A \cup B)]\}$$

eine Klasseneinteilung der Grundmenge G dar, falls nur keine dieser Mengen leer

---

[1] Beachte: die Formulierung „$A \setminus B \neq B \setminus A$“ für die Ungültigkeit des kommutativen Gesetzes hieße, $A \setminus B$ ist *stets*, d.h. für alle Mengen A, B verschieden von $B \setminus A$, was schon für $A = B$ falsch ist. Hingegen heißt $\neg (A \setminus B = B \setminus A)$: <u>nicht</u> für <u>alle</u> Mengen A, B besteht die Gleichheitsbeziehung zwischen den Differenzmengen $A \setminus B$ und $B \setminus A$. Beide Formulierungen bringen also verschiedene Sachverhalte zum Ausdruck! Der Leser beachte auch, daß es in der Mathematik in vielen Fällen üblich ist, allgemeingültige Aussagen (Gesetze, Formeln etc.) ohne Allquantor, bzw. den Zusatz „für alle...“ zu formulieren, nämlich dann, wenn sich dieser Zusatz aus dem Kontext von selbst versteht. Obiges Beispiel: Vollständige Formulierung von „$\neg (A \setminus B = B \setminus A)$“ ist mit der Potenzmenge P(M) als Grundmenge:

$$\neg \bigwedge_{A,B \in P(M)} (A \setminus B = B \setminus A)$$

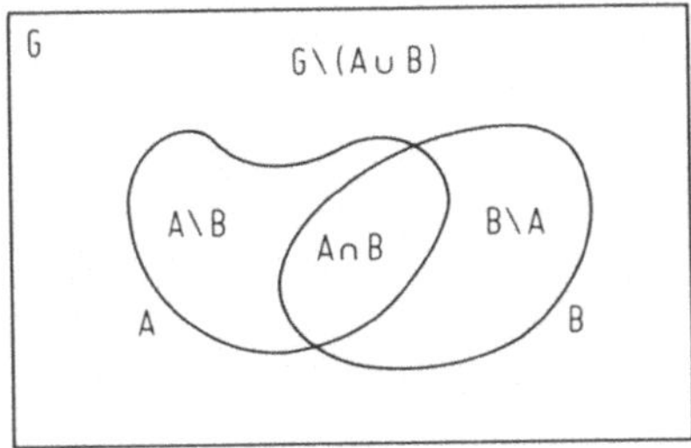

Abb. 10

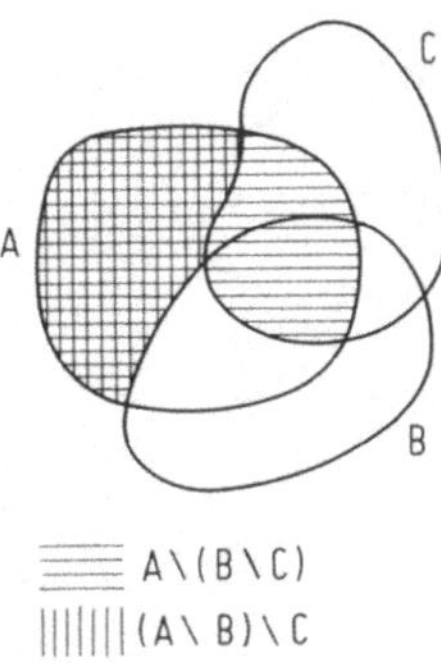

Abb. 11

ist. Diese Zerlegung wird umgangssprachlich mit den Vokabeln „nur zu A“, „zu A und B“, „nur zu B“ und „weder zu A noch zu B“ zum Ausdruck gebracht. — Schließlich ersieht man aus Abb. 11 mit einem Blick, daß die Verknüpfung „\“ nicht assoziativ ist:

$$\neg[(A\setminus B)\setminus C = A\setminus(B\setminus C)]$$

Hingegen besteht der folgende

Satz

Die Differenzmengen- Verknüpfung ist *rechtsseitig distributiv* über der Durchschnitts- und Vereinigungs-Verknüpfung:

$$(A\cap B)\setminus C = (A\setminus C)\cap(B\setminus C)$$

$$(A\cup B)\setminus C = (A\setminus C)\cup(B\setminus C)$$

Beweis (erste Aussage): Über einer Grundmenge G seien prädikativ erklärt:

$$A = \{x|Px\},\quad B = \{x|Qx\},\quad C = \{x|Rx\}$$

Linke Seite: $(A\cap B)\setminus C = \{x|Px \wedge Qx \wedge \neg Rx\}$

Rechte Seite: $A\setminus C = \{x|Px \wedge \neg Rx\}$

$$B\setminus C = \{x|Qx \wedge \neg Rx\}$$

$$(A\setminus C)\cap(B\setminus C) = \{x|(Px \wedge \neg Rx) \wedge (Qx \wedge \neg Rx)\}\ .$$

Die Gleichheit beider Seiten folgt aus der prädikatenlogischen Äquivalenz

$$(Px \wedge \neg Rx) \wedge (Qx \wedge \neg Rx) \Leftrightarrow Px \wedge Qx \wedge \neg Rx$$

(„$\wedge$“ ist kommutativ, assoziativ und idempotent, vgl. 1.8.4)
Die Gültigkeit des zweiten Gesetzes illustriert Abb. 12.

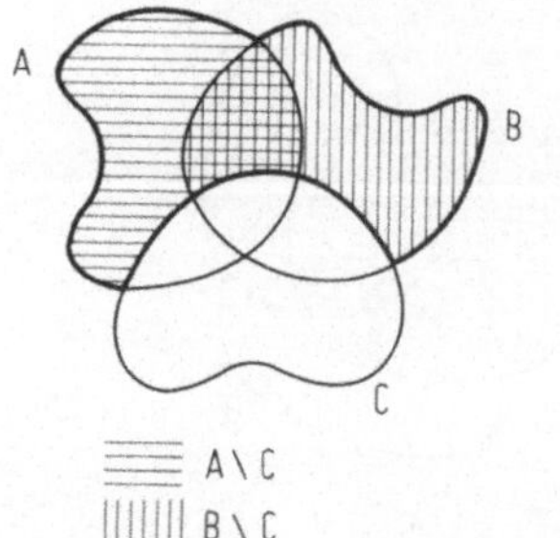

Abb. 12

Definition

Ist G Grundmenge für eine Menge A, so heißt die Differenzmenge $G \setminus A$ die *Komplementärmenge* (das Komplement) zu A und man schreibt

$$K(A) := A' := G \setminus A = \{x \mid x \in G \wedge x \notin A\}$$

Gilt wieder $A = \{x \mid Px\}$, so umfaßt die Komplementärmenge A' alle Elemente der Grundmenge, die die Eigenschaft P *nicht* haben: $A' = \{x \mid \neg Px\}$, d.h. der *Komplementäroperation* bei den Mengen entspricht die logische *Negation* bei den Prädikaten.

Direkte Folgerungen (Abb. 13) sind die „Komplementgesetze":

$$A \cap K(A) = A \cap A' = \emptyset$$

$$A \cup K(A) = A \cup A' = G .$$

Bildet man das Komplement vom Komplement von A („doppeltes Komplement"),

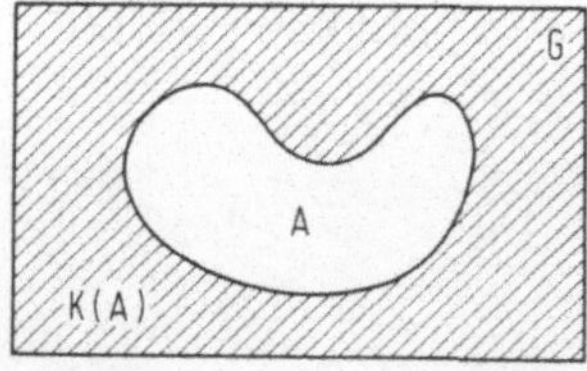

Abb. 13

so gewinnt man wieder die ursprüngliche Menge A:

$$K(A) = \{x \mid x \notin A\} \Rightarrow K(K(A)) = \{x \mid x \notin K(A)\}$$

$$= \{x \mid x \in A\} = A, \text{ denn stets gilt die Alternative}$$

$$\bigwedge_{x \in G} [(x \in A' \leftrightarrow x \notin A) \vee (x \in A \leftrightarrow x \notin A')]$$

Satz (*DE MORGAN Gesetze*[1])

Das Komplement der Vereinigung (des Durchschnitts) zweier Mengen ist gleich dem Durchschnitt (der Vereinigung) der Komplemente der einzelnen Mengen:

$$K(A \cup B) = K(A) \cap K(B)$$
$$K(A \cap B) = K(A) \cup K(B)$$

Beweis: Wir zeigen beide Gesetze mit einer Zugehörigkeitstafel

A	B	A'	B'	$A \cap B$	$A' \cap B'$	$(A \cap B)'$	$A \cup B$	$A' \cup B'$	$(A \cup B)'$
$\in$	$\in$	$\notin$	$\notin$	$\in$	$\notin$	$\notin$	$\in$	$\notin$	$\notin$
$\in$	$\notin$	$\notin$	$\in$	$\notin$	$\notin$	$\in$	$\in$	$\in$	$\notin$
$\notin$	$\in$	$\in$	$\notin$	$\notin$	$\notin$	$\in$	$\in$	$\in$	$\notin$
$\notin$	$\notin$	$\in$	$\in$	$\notin$	$\in$	$\in$	$\notin$	$\in$	$\in$

Eine wichtige Anwendung der DE MORGANschen Gesetze besteht darin, jeden mengenalgebraischen Term so umformen zu können, daß entweder keine Durchschnitte oder keine Vereinigungen mehr auftreten:

$$A \cap B = (A' \cup B')' = K(K(A) \cup K(B))$$
$$A \cup B = (A' \cap B')' = K(K(A) \cap K(B))$$

Durchforstet man sämtliche in diesem Abschnitt gebrachten Aussagen über mengenalgebraische Verknüpfungen, so stellt man fest, daß jedes Gesetz zweimal auftritt:

Satz (Dualität der Mengenalgebra)

Jede allgemeingültige Aussage („Gesetz“) der Mengenalgebra, welche die Verknüpfungen Durchschnitt, Vereinigung oder Komplement verwendet, besitzt ein duales Gesetz, das durch Tausch der Zeichen „ $\cap$ “ und „ $\cup$ “ sowie „ $\emptyset$ “ und „G“ (Grundmenge) entsteht.

---

[1] A. de Morgan (1806–1871). englischer Mathematiker, Freund und Förderer von G. Boole.

Beweis: Es genügt, die Gesetze in einer Übersicht zusammenzustellen. Zueinander duale Aussagen stehen jeweils auf gleicher Zeile.

Kommutativgesetze	$A \cap B = B \cap A$	$A \cup B = B \cup A$
Assoziativgesetze	$A \cap (B \cap C) = (A \cap B) \cap C$	$A \cup (B \cup C) = (A \cup B) \cup C$
Distributivgesetze	$A \cap (B \cup C)$ $= (A \cap B) \cup (A \cap C)$	$A \cup (B \cap C)$ $= (A \cup B) \cap (A \cup C)$
Absorptionsgesetze	$A \cap (A \cup B) = A$	$A \cup (A \cap B) = A$
Idempotenzgesetze	$A \cap A = A$	$A \cup A = A$
Komplementgesetze	$A \cap A' = \emptyset$	$A \cup A' = G$
DE MORGAN-Gesetze	$(A \cap B)' = A' \cup B'$	$(A \cup B)' = A' \cap B'$
Gesetze für $\emptyset$ und G	$A \cap G = A$ $A \cap \emptyset = \emptyset$ $G' = \emptyset$	$A \cup \emptyset = A$ $A \cup G = G$ $\emptyset' = G$
Doppeltes Komplement	$(A')' = A$	

Satz

Jeder mengenalgebraische Term $T(A_1, A_2, \ldots, A_n) \neq \emptyset$ läßt sich als Vereinigung von $r \leqq 2^n$ Durchschnitten aller n Mengen bzw. deren Komplemente darstellen. Die entstandene Darstellung heißt die (kanonische) *disjunktive Normalform* von T und ist eindeutig.

Beweis: Durch Anwendung obiger Gesetze kann jeder Term zunächst so umgeformt werden, daß er als Vereinigung von Durchschnitten erscheint. Fehlt in einem Durchschnitt eine Menge A_k $(1 \leqq k \leqq n)$, so expandiere (schneide) man diesen mit $G = A_k \cup A'_k$ und wende das Distributivgesetz an. Dabei entstehen zwei Durchschnitte, die beide die Menge A_k bzw. A'_k enthalten. Dieses Verfahren setze man so lange fort, bis jeder Durchschnitt sämtliche Mengen A_1 bis A_n bzw. deren Komplemente aufweist. Damit hat man die kanonische disjunktive Normalform von T gewonnen.[1]

Beispiel

Man bestimme die Normalform des Terms

$$T(A, B, C) = (A' \cup B')' \cup (B \cap C) \cup (A' \cap B \cap C')$$

Die Anwendung des DE MORGANschen Satzes liefert

$$T = (A \cap B) \cup (B \cap C) \cup (A' \cap B \cap C')$$

[1] Auf den Beweis der Eindeutigkeit verzichten wir an dieser Stelle.

Expansion mit $C \cup C'$ und $A \cup A'$ ergibt

$$T = [(A \cap B) \cap (C \cup C')] \cup [(B \cap C) \cap (A \cup A')] \cup (A' \cap B \cap C')$$

und mit Hilfe des Distributivgesetzes

$$T = (A \cap B \cap C) \cup (A \cap B \cap C') \cup (A' \cap B \cap C) \cup (A' \cap B \cap C')$$

die gesuchte Normalform. Abb. 14 zeigt, daß die Durchschnitte elementefremd sind und, vereinigt, die Menge B ergeben: $T(A, B, C) = B$ ist die kürzeste Form des Terms. Abb. 15 zeigt übrigens die vollständige Zerlegung der Grundmenge G in die $2^3 = 8$ disjunkten Durchschnitte von je drei Mengen bzw. deren Komplemente.

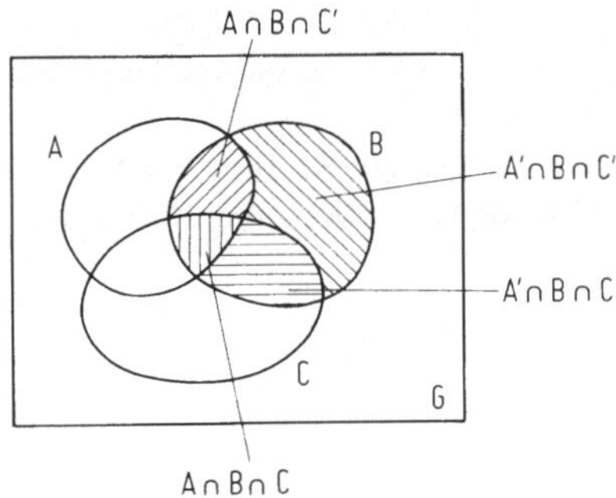

Abb. 14

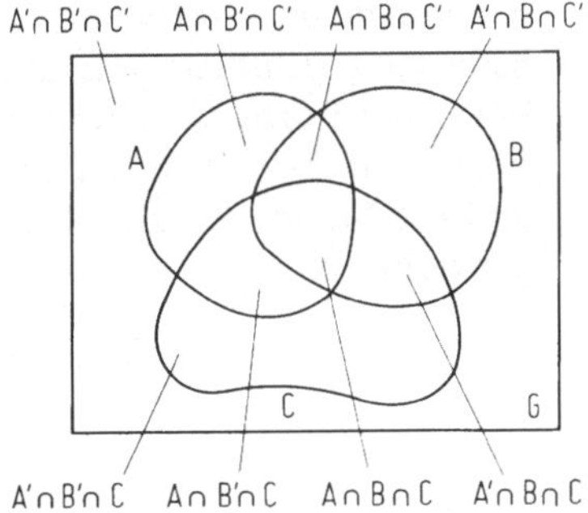

Abb. 15

Aufgaben zu 1.1.3

1. Eine Fertigungsserie Werkstücke wurde auf Abmessung und Verarbeitung geprüft. Von den insgesamt 45 fehlerhaften Stücken hatten 36 Stücke Abmessungsfehler, 12 waren sowohl in den Abmessungen als auch in der Verarbeitung fehlerhaft. Wieviele Werkstücke hatten Verarbeitungsfehler, und wie groß war die Anzahl der Werkstücke, die ausschließlich fehlerhaft verarbeitet worden waren? Man finde nun noch den allgemeinen Zusammenhang zwischen $|A|$, $|B|$, $|A \cap B|$ und $|A \cup B|$, wenn $|A|$ etc. die (endliche) Anzahl der Elemente von A bezeichnet. Wie lautet die entsprechende Beziehung für drei Mengen?
2. Die Menge $A * B$ der Elemente, die entweder zu A oder zu B gehören (ausschließendes oder!), wird als „Symmetrische Differenz" bezeichnet. Darstellung von $A * B$ im VENN-Diagramm? Formale Definition von $A * B$ mit logischen Zeichen? Darstellung von $A * B$ mit „$\cup$", „$\cap$" und „\"? Nachweis der Kommutativität?
3. Wie lautet die vollständige Klasseneinteilung einer Grundmenge G bei vier Teilmengen A, B, C und D? Darstellung dieser 16 Durchschnitte im VENN-Diagramm?
4. Beweisen Sie die Gültigkeit der DE MORGANschen Gesetze für drei Mengen (unter Ausnutzung ihrer Gültigkeit für zwei Mengen) und geben Sie die Formulierung für n Mengen $A_1, \ldots, A_n$ an!

5. Wandeln Sie die beiden folgenden Terme so um, daß
   a) $T = A' \cap (B' \cap C)$ ohne „$\cap$"
   b) $T = (A' \cap B) \cup (C' \cup D')$ ohne „$\cup$"
   dargestellt wird.
6. Wie lautet die kürzeste (d.h. mit einem Minimum an Zeichen schreibbare) Form und die kanonische disjunktive Normalform des Termes
$$T = A \cup (A' \cap B) \cup (A' \cap B' \cap C)?$$
7. Ein Junggeselle beabsichtigt eine Frau dann zu heiraten, wenn sie von den drei Eigenschaften „arbeitsam", „begütert", „charmant" wenigstens zwei besitzt oder bei Fehlen von zwei dieser Eigenschaften doch wenigstens charmant ist. Man bezeichne die damit erklärten Mengen mit A, B, C und bilde die Vereinigung derjenigen (disjunkten) Durchschnittsmengen, deren „Elemente" obige Heiratsbedingung erfüllen. Wie lautet die Normalform und die Verbalisierung der kürzesten Form des damit bestimmten Terms?
8. Auf der Grundmenge G aller Parallelogramme sei die Menge Re aller Rechtecke und die Menge Ra aller Rauten gegeben. Beschreiben Sie die folgenden Mengenverknüpfungen ausschließlich mit Worten:

   a) $Re \cup Ra$ b) $Re \cap Ra$ c) $K(Re \cap Ra)$ d) $K(Re \cup Ra)$

   e) $Re \cap K(Ra)$ f) $K(G)$

1.2 Relationen

1.2.1 Begriff und Beschreibung von Relationen

Zusammenfassungen von Objekten auf Grund bestimmter Eigenschaften definieren Mengen; Beziehungen zwischen Objekten führen zu Relationen. Ein Element kann einer Menge angehören oder nicht, entsprechend kann eine bestimmte Relation zwischen gegebenen Elementen bestehen oder nicht bestehen.

Vorbehaltlich einer exakten Definition verstehen wir die Begriffe Beziehung und Relation synonym. Dabei beschränken wir uns zunächst auf den einfachsten Fall einer „zweistelligen Relation": ausgehend von zwei Mengen A und B und einer vorgegebenen Beziehung zwischen den Elementen von A und B untersuchen wir je ein $x \in A$ und ein $y \in B$ daraufhin, ob zwischen diesen die betreffende Beziehung besteht. Ist dies der Fall, so bringen wir diese Eigenschaft mathematisch dadurch zum Ausdruck, daß wir diese beiden Elemente zu einem Elementepaar[1] (x, y) zusammenfassen. Die Menge aller Paare dieser Art beschreibt dann vollständig die in der betreffenden Beziehung stehenden Elemente. Sie wird der Definition des mathematischen Relationsbegriffes zugrundegelegt werden.

[1] „Paar" versteht sich in diesem Buche stets synonym mit „geordnetes Paar".

Ausdrücklich sei auf den Unterschied zwischen Elementepaar (a, b) und zweielementiger Menge $\{a, b\}$ hingewiesen. Für das Paar *fordern* wir

$$(1)\ (a, b) \neq (b, a) \text{ für } a \neq b$$

$$(2)\ (a, b) = (c, d) \Leftrightarrow a = c \wedge b = d\ ,$$

während für eine Menge von zwei Elementen bekanntlich

$$\{a, b\} = \{b, a\}$$

$$\{a, b\} = \{c, d\} \Leftrightarrow (a = c \wedge b = d) \vee (a = d \wedge b = c)$$

gilt. Umso interessanter ist der

Satz (*KURATOWSKI*)

Der Paarbegriff kann auf den Mengenbegriff zurückgeführt werden.

Beweis: Man setze

$$(a, b) := \{\{a\}, \{a, b\}\}$$

und zeige die Gültigkeit der Eigenschaften (1) und (2).

(1) Für $a \neq b$ ist auch $\{a\} \neq \{b\}$ und damit
$(b, a) = \{\{b\}, \{b, a\}\} = \{\{b\}, \{a, b\}\} \neq \{\{a\}, \{a, b\}\}$
$(b, a) \neq (a, b)$.

(2) Aus $a = c \wedge b = d$ folgt
$(a, b) = \{\{a\}, \{a, b\}\} = \{\{c\}, \{c, d\}\} = (c, d)$.
Aus $(a, b) = (c, d)$ folgt $\{\{a\}, \{a, b\}\} = \{\{c\}, \{c, d\}\}$.
1. Möglichkeit: $\{a\} = \{c\} \wedge \{a, b\} = \{c, d\}$. Damit ist $a = c$ und wegen $\{c, b\} = \{c, d\}$ auch $b = d$.
2. Möglichkeit: $\{a\} = \{c, d\} \wedge \{a, b\} = \{c\}$. Damit ist $a = c = d$ und $a = b = c$, d.h. auch $a = c$ und $b = d$.

Definition

Die Menge aller Paare (x, y) mit $x \in A$ und $y \in B$ heißt die *Produktmenge* oder das kartesische Produkt der Mengen A und B; man schreibt

$$\boxed{A \times B := \{(x, y) \mid x \in A \wedge y \in B\}}$$

Abb. 16 zeigt eine anschauliche Darstellung von $A \times B$. Da es bei der Paarbildung auf die Reihenfolge der Elemente — oft auch „Koordinaten" genannt — ankommt, ist diese Mengenverknüpfung sicher nicht kommutativ:

$$\neg(A \times B = B \times A)$$

Bevor man eine Aussage über die Assoziativität von „ד treffen kann, bedarf es einer Erweiterung des Paarbegriffs auf mehr als zwei geordnete Koordinaten.

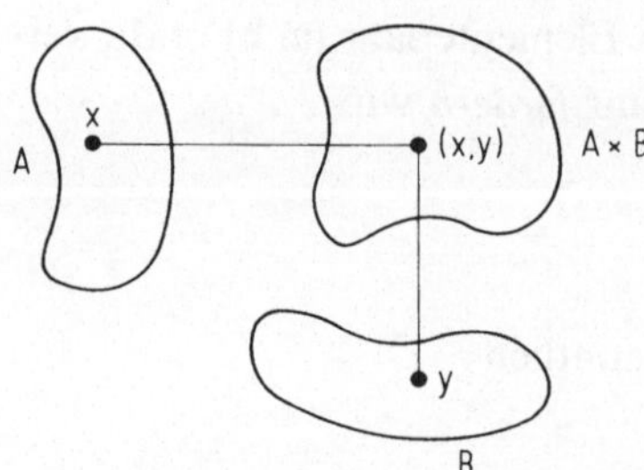

Abb. 16

Definition

Durch Zurückführung auf den Paarbegriff erklärt man rekursiv

$$(a_1, a_2, a_3) := ((a_1, a_2), a_3) \qquad \textit{für das Tripel}$$

$$(a_1, a_2, a_3, a_4) := ((a_1, a_2, a_3), a_4) \qquad \textit{für das Quadrupel}$$

und allgemein für jedes $n \in \mathbb{N}$

$$(a_1, \ldots, a_{n-1}, a_n) := ((a_1, \ldots, a_{n-1}), a_n) \qquad \textit{für das n-tupel}$$

Ein Tripel ist demnach ein Paar, dessen erste Koordinate selbst ein Paar ist, entspechend ist ein Quadrupel ein Paar, dessen erstes Element ein Tripel ist usw. Demgemäß ist scharf zu trennen zwischen

$$(A \times B) \times C = \{((x, y), z) | (x, y) \in A \times B \wedge z \in C\}$$

und

$$A \times (B \times C) = \{(x, (y, z)) | x \in A \wedge (y, z) \in B \times C\}$$

und als Folge der Negation

$$\neg [((x, y), z) = (x, (y, z))]$$

das Nichtbestehen der Assoziativität:

$$\neg [(A \times B) \times C = A \times (B \times C)]$$

Satz

Das kartesische Produkt ist beiderseitig distributiv über der Durchschnitts- und Vereinigungsverknüpfung:

$$A \times (B \cap C) = (A \times B) \cap (A \times C) \quad (1)$$

$$A \times (B \cup C) = (A \times B) \cup (A \times C) \quad (2)$$

$$(A \cap B) \times C = (A \times C) \cap (B \times C) \quad (3)$$

$$(A \cup B) \times C = (A \times C) \cup (B \times C) \quad (4)$$

Beweis für (1): $(x, y) \in A \times (B \cap C)$

$$\Leftrightarrow x \in A \wedge y \in B \cap C \Leftrightarrow x \in A \wedge y \in B \wedge y \in C$$

$$\Leftrightarrow (x \in A \wedge y \in B) \wedge y \in C$$

$$\Leftrightarrow (x \in A \wedge y \in B) \wedge (x \in A \wedge y \in C)$$

$$\Leftrightarrow (x, y) \in A \times B \wedge (x, y) \in A \times C$$

$$\Leftrightarrow (x, y) \in (A \times B) \cap (A \times C)$$

Man beachte, daß die Aussagen (3) und (4) wegen der fehlenden Kommutativität von „ × “ wesentlich und beweisbedürftig sind. Die Durchführung der drei übrigen Beweise sei dem Leser überlassen.

Beispiel

Wir erklären zwei Mengen A, B in der folgenden Weise:

$$A = \{x \mid x \in \mathbb{N}_0 \wedge x \leqq 23\}, \quad B = \{y \mid y \in \mathbb{N}_0 \wedge y \leqq 59\}$$

Dann bedeutet

$$A \times B = \{(x, y) \mid x \in A \wedge y \in B\}$$

die Menge aller Zeitangaben in Stunden und Minuten, wie sie etwa eine Digitaluhr anzeigt.

Nehmen wir nun eine Menge A × B und fordern wir zusätzlich eine Beziehung zwischen $x \in A$ und $y \in B$, dann wird die Menge der Paare (x, y), welche in der genannten Beziehung stehen, eine Teilmenge von A × B bilden. Abb. 17 zeigt anschaulich die Menge aller Paare mit ganzzahligen Koordinaten zwischen 1 und 10, zugleich (Kreuze!) die Teilmenge R, welche aus nur den Paaren $(x, y) \in A \times B$ besteht, für die x ein Teiler von y ist. Für solche Teilmengen geben wir die

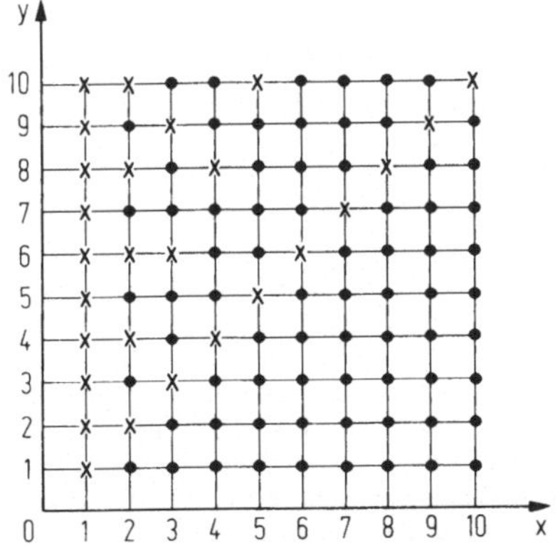

Abb. 17

Definition

Jede Teilmenge R des kartesischen Produktes $A \times B$ heißt eine (zweistellige) *Relation* von A nach B:

$$R = \{(x, y) | x \in A \wedge y \in B \wedge Rxy\}$$

Bemerkungen:

1. Die Relationsvorschrift[1] Rxy soll das Bestehen der Beziehung R zwischen x und y zum Ausdruck bringen. Offenbar ist Rxy gleichbedeutend mit $(x, y) \in R$. Umgekehrt heißt $(x, y) \notin R$, daß x *nicht* in der Beziehung R zu y steht, d.h. $\neg Rxy$. In der Literatur ist auch die „Infix-Notation" xRy bzw. $\neg xRy$ üblich.
2. A heißt in diesem Zusammenhang *Quellmenge*, B *Zielmenge* der Relation R.
3. Die Menge V_R aller 1. Koordinaten („Vorderglieder") von R heißt *Vorbereich* der Relation

$$V_R = \{x | x \in A \wedge Rxy\}, \; V_R \subset A$$

$$x \in V_R \Leftrightarrow \bigvee_{y \in B} (x, y) \in R$$

Bei $V_R = A$ spricht man von „Deckung im Vorbereich" oder „Linkstotalitat".

4. Die Menge N_R aller 2. Koordinaten („Hinterglieder") von R heißt *Nachbereich* der Relation

$$N_R = \{y | y \in B \wedge Rxy\}, \; N_R \subset B$$

$$y \in N_R \Leftrightarrow \bigvee_{x \in A} (x, y) \in R$$

Bei $N_R = B$ spricht man von „Deckung im Nachbereich" oder „Rechtstotalität".

5. Setzt man $A \times B = G$, so nennt man Teilmengen $R \subset (A \times B)$ Relationen „auf G". Dies gilt auch für $A = B = G$ (Grundmenge!).

Beispiele

1. Gegeben seien
Quelle: $A = \{1, 2, 3\}$, Ziel: $B = \{2, 3, 4\}$, Relationsvorschrift: $x - y + 2 = 0$.
Damit ist folgende Relation R bestimmt:

$$R = \{(1, 3), (2, 4)\}$$

Vorbereich: $V_R = \{1, 2\}$, Nachbereich $N_R = \{3, 4\}$

---

[1] Mit der „Relationsvorschrift" Rxy meinen wir die verbal oder formal zum Ausdruck gebrachte inhaltliche Beschreibung der Beziehung, wie etwa „x ist die Hauptstadt des Landes y" oder „$x < y$". Die Schreibweise Rxy kommt aus der *Prädikatenlogik*, worin R ein zweistelliges Prädikat, x und y sog. Individuenvariable bezeichnen. Zur Prädikatenlogik kann der Leser bei Böhme, G.: Einstieg in die mathematische Logik, München und Wien 1981, eine leicht verständliche Einführung nachlesen.

2. Das Sachverzeichnis am Ende dieses Buches besteht aus einer (endlichen) Menge — vom Autor ausgewählter — Fachausdrücke und den zugehörigen Seitennummern. Falls mehrere Seiten angegeben sind, sollen diese als Zusammenfassung mehrerer Paare aufgefaßt werden, z.B. „Komposition 47, 65“ für (Komposition, 47), (Komposition, 65).
Damit ist das Sachverzeichnis algebraisch eine zweistellige Relation mit

— der Menge aller Wörter des Buches als Quellmenge
— der Menge der im Sachverzeichnis aufgeführten Wörter als Vorbereich
— der Menge $\mathbb{N}_0$ als Zielmenge (oder auch anders)
— der Menge der Seitennummern mit Fachausdrücken als Nachbereich

Aufgaben zu 1.2.1

1. Es sei $A = B = \{1, 2, 3, 4, 5\} =: M$. Zwei Elemente $x, y \in M$ mögen genau dann in Beziehung zueinander stehen, wenn ihr größter gemeinsamer Teiler gleich 1 ist. Wie lautet die Menge R in aufzählender Form?
2. Ein Theater verfüge über 27 Reihen zu je 19 Plätzen. Jeder Platz ist durch seine Reihennummer r und seine Sitznummer s, also das Paar (r, s) eindeutig festgelegt (Eintrittskarte!). Im Rahmen einer Systembeschreibung werde jede Vorstellung M als Menge der verkauften Plätze verstanden. Dann ist offenbar $M \subset R \times S$, wenn R die Menge der Reihennummern, S die Menge der Sitznummern bezeichnet. Mathematisieren Sie damit folgende Sachverhalte:
   a) von jeder Reihe wurde mindestens ein Platz verkauft;
   b) die Vorstellung ist ausverkauft;
   c) die Menge aller möglichen Vorstellungen;
   d) keine Karte wurde verkauft;
   e) wenigstens eine Reihe ist vollständig besetzt.
3. Erklärt man das dreifache kartesische Produkt gemäß

$$(A \times B) \times C =: A \times B \times C = \{(x, y, z) | x \in A \wedge y \in B \wedge z \in C\}$$

und allgemein das n-fache kartesische Produkt als

$$A_1 \times \ldots \times A_n := \bigtimes_{i=1}^{n} A_i := \left\{(x_1, \ldots, x_n) \middle| \bigwedge_{i=1}^{n} x_i \in A_i\right\},$$

so lassen sich Teilmengen dieser Verknüpfungen als drei- bzw. n-stellige Relationen definieren, etwa

$$R = \{(x, y, z) | x \in A \wedge y \in B \wedge z \in C \wedge Rxyz\}$$

wobei der prädikatenlogische Ausdruck Rxyz das Bestehen der betreffenden Beziehung zwischen x, y und z im Sinne einer „Auslesebedingung“ ausdrücken soll!
   a) Sei $M = \{0, 1\}$. Geben Sie $M^3 := M \times M \times M$ an!
   b) Sei $P = \{-1, 0, +1\}$, $R = \{(a, b, c) | a \in P \wedge b \in P \wedge c \in P \wedge a^2 + b^2 = c^2\}$. R in aufzählender Form?
   c) Welche Formel gilt für die Elementeanzahl eines endlichen kartesischen Produkts $A_1 \times A_2 \times \ldots \times A_n$?

1.2.2 Eigenschaften zweistelliger Relationen

In die Mannigfaltigkeit aller Relationen läßt sich eine gewisse Transparenz bringen, wenn man sie auf spezielle Eigenarten hin untersucht. Dabei zeigt es sich, daß bereits eine geringe Anzahl von Eigenschaften genügt, um die wichtigsten Relationentypen herauszuheben. Wir beschränken uns auf zweistellige (binäre, dyadische) Relationen.

Definition

Sei A = B =: G. Eine Relation R auf G, welche die Eigenschaft hat, unverändert zu bleiben, falls man die Koordinaten jedes Paares vertauscht, heißt *symmetrisch*:

$$\text{R symmetrisch} :\Leftrightarrow \bigwedge_{x \in G} \bigwedge_{y \in G} [(x, y) \in R \rightarrow (y, x) \in R]$$

Bei anschaulicher Darstellung einer symmetrischen Relation durch einen *Relationsgraph* (Rxy wird mit einem Pfeil von x nach y, Rxx durch eine Schlaufe symbolisiert) kommen ausschließlich Doppelpfeile oder Schlaufen, also keine Einfachpfeile vor (Abb. 18). Stehen x, y für Zahlen, so kann man sich auch des üblichen kartesischen Koordinatensystems bedienen und erkennt dann die Symmetrieeigenschaft an der spiegelbildlichen Lage der Punkte bezüglich der Winkelhalbierenden von x- und y-Achse (Abb. 19, 20). Schließlich kann man endliche Relationen

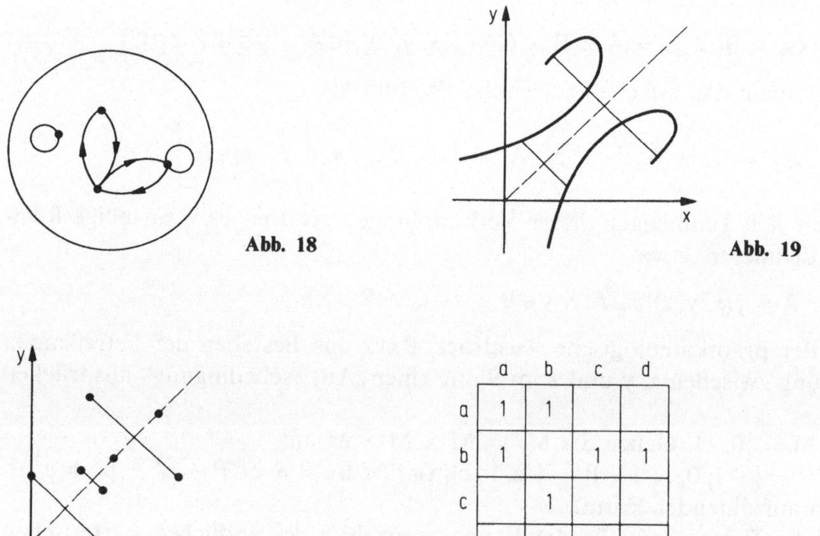

	a	b	c	d
a	1	1		
b	1		1	1
c		1		
d		1		1

Abb. 18

Abb. 19

Abb. 20

Abb. 20a

als Relationsmatrix (Abb. 20a) aufzeichnen. Die mit 1 besetzten Felder kennzeichnen die in der Relation auftretenden Paare. Bei symmetrischen Relationen liegen die mit 1 besetzten Felder spiegelbildlich zur Hauptdiagonalen (von links oben nach rechts unten). Nichtauftretende Paare werden mit Nullen markiert, bzw. das betreffende Feld erhält keine Markierung.

Beispiel

Es sei A = B die Menge aller männlichen Familienangehörigen, Rxy bedeute „x ist Bruder von y". Dann ist stets auch y Bruder von x: $Rxy \Leftrightarrow Ryx$. Man beachte, daß die Symmetrieeigenschaft i.a. verloren geht, wenn A = B die ganze Familie (mit weiblichen Angehörigen) ausmacht!

Definition

Eine Relation $R \subset A \times B$ heißt *asymmetrisch*, wenn kein Paar $(x, y) \in R$ vertauschbar ist:

$$R \text{ asymmetrisch} :\Leftrightarrow \bigwedge_{x \in A} \bigwedge_{y \in B} [(x, y) \in R \rightarrow (y, x) \notin R]$$

Im Relationsgraph einer asymmetrischen Relation treten weder Doppelpfeile noch Schlaufen, also nur Einfachpfeile auf (Abb. 21). Schlaufen sind deshalb nicht möglich, weil hier für *kein* x $(x, x) \in R$ gilt.

Beispiel

Sei $A = \{x \mid x \in \mathbb{R}^+ \cup \{0\}\}$, $B = \{y \mid y \in \mathbb{R} \wedge y \geqq 1\}$, $R = \{(x, y) \mid x^2 - y + 1 = 0 \wedge x \in A \wedge y \in B\}$. Die Asymmetrie von R ersieht man aus Abb. 22; rechnerisch: die Relationsvorschriften

$$Rxy :\Leftrightarrow: x^2 - y + 1 = 0 \quad \text{und} \quad Ryx :\Leftrightarrow: y^2 - x + 1 = 0$$

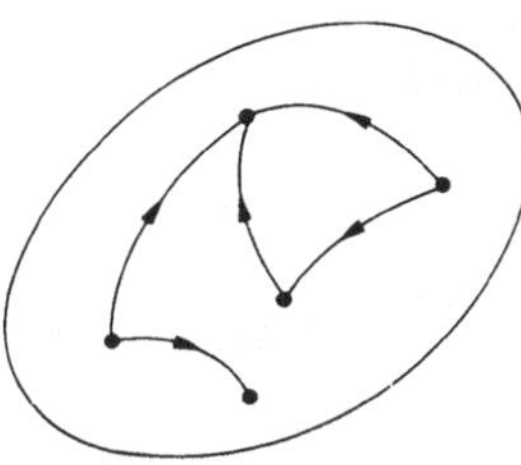

Abb. 21

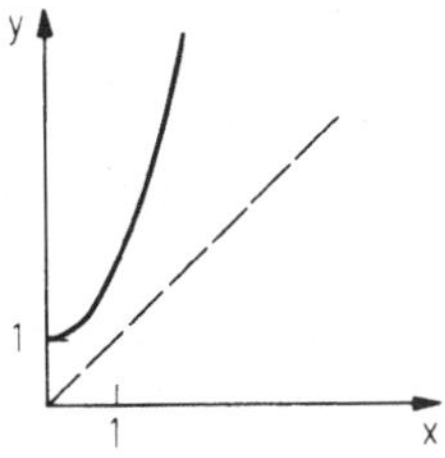

Abb. 22

werden von keinem Paar (x, y) gleichzeitig erfüllt, da die Gleichung $x^2 + 1 = \sqrt{x-1}$ in $\mathbb{R}$ unlösbar ist ($x^2 + 1 > \sqrt{x-1}$ für alle $x \in B$!).

Definition

Eine Relation $R \subset A \times A$ heißt *reflexiv*, wenn jedes $x \in A$ mit sich selbst in der Beziehung R steht

$$R \text{ reflexiv} :\Leftrightarrow \bigwedge_{x \in A} (x, x) \in R$$

Im Pfeildiagramm einer reflexiven Relation muß demnach jeder Punkt eine Schlaufe besitzen (Abb. 23).

Im allgemeinen formuliert man $R \subset A \times A =: A^2$ (man setzt $A^n := A \times A \times \ldots \times A$ für das kartesische Produkt von n gleichen Mengen A ($n \in \mathbb{N}$)).

Beispiel

Sei $A = B = P(M)$ die Potenzmenge einer Menge M. Die Elemente von P(M) sind Teilmengen von M. Zwischen diesen erklären wir die Teilmengenrelation (1.1.2)

$$R = \{(X, Y) | X \in P(M) \wedge Y \in P(M) \wedge X \subset Y\}$$

Da jede Menge Teilmenge von sich selbst ist, ist R notwendig reflexiv: für alle $X \in P(M)$ gilt $X \subset X$. Der Leser beachte, daß die *echte* Teilmengenrelation (vgl. die 1. Aufgabe zu 1.1.2) nicht reflexiv ist!

Definition

Sei $A = B =: G$. Dann heißt eine Relation R auf G identitiv (antisymmetrisch[1]), wenn für verschiedene Koordinaten $x \neq y$ niemals Rxy und Ryx zugleich gilt:

$$R \text{ identitiv} :\Leftrightarrow \bigwedge_{x \in G} \bigwedge_{y \in G} [x \neq y \wedge (x, y) \in R \rightarrow (y, x) \notin R]$$

Nur eine andere Formulierung der Identitivität (Antisymmetrie) ist:

$$R \text{ identitiv} \Leftrightarrow \bigwedge_{x \in G} \bigwedge_{y \in G} [(x, y) \in R \wedge (y, x) \in R \rightarrow x = y]$$

M.a.W. bei einer identitiven Relation sind *nur solche* (x, y) vertauschbar, die

[1] Die Bezeichnungen identitiv und antisymmetrisch sind synonym zu verstehen.

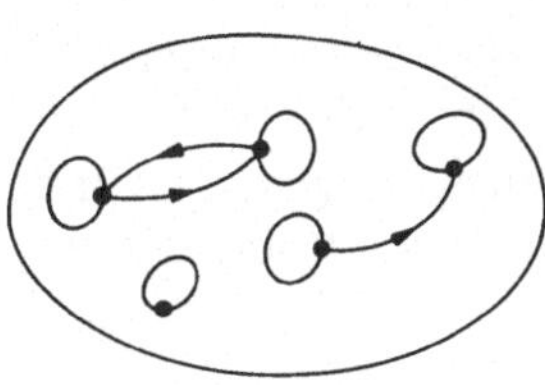

Abb. 23

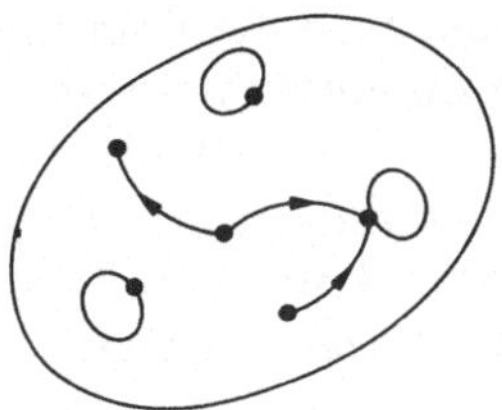

Abb. 24

gleiche Koordinaten, $x = y$, haben. Beachte: die Umkehrung ist trivial und gilt bei jeder Relation! Einen Beweis für die Äquivalenz der beiden Definitionen findet der Leser im Kapitel Aussagenalgebra (1.8.4).

Relationsgraphen identitiver Relationen dürfen keine Doppelpfeile aufweisen. Zwei verschiedene Punkte sind entweder durch einen Einfachpfeil oder überhaupt nicht verbunden (Abb. 24). Da das Verbot von Doppelpfeilen eine Eigenschaft asymmetrischer Relationen ist, bilden diese eine Teilmenge der Menge der identitiven Relationen. Aus formal-logischen Gründen muß einer Relation R auch dann die Eigenschaft identitiv zuerkannt werden, wenn für kein x und für kein y die Konjunktion $(x, y) \in R \wedge (y, x) \in R$ erfüllt ist.

Beispiel

Wir untersuchen die „nicht-kleiner"-Relation zwischen reellen Zahlen: $R \subset \mathbb{R} \times \mathbb{R}$, $R = \{(x, y) \mid x \geqq y\}$. Für $x \neq y$ ist niemals $x \geqq y$ und zugleich $y \geqq x$. Aber das Bestehen von $Rxy \Leftrightarrow x \geqq y$ und $Ryx \Leftrightarrow y \geqq x$ impliziert $x = y$ für alle $x, y \in \mathbb{R}$.

Definition

Eine Relation $R \subset A \times B$ heißt *transitiv*, wenn aus Rxy und Ryz stets auch Rxz folgt:

$$R \text{ transitiv} :\Leftrightarrow \bigwedge_{x \in A} \bigwedge_{y \in A \cap B} \bigwedge_{z \in B} [(x, y) \in R \wedge (y, z) \in R \rightarrow (x, z) \in R]$$

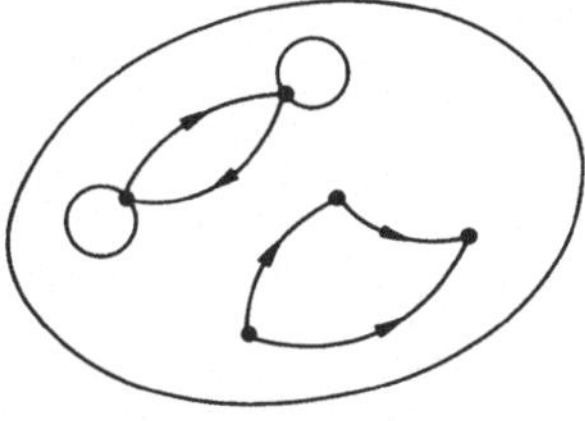

Abb. 25

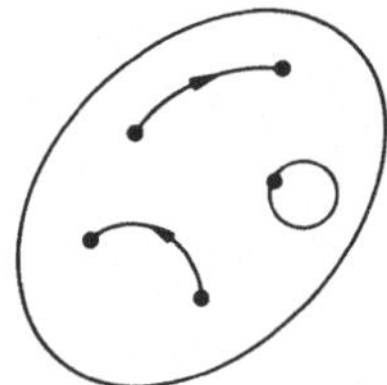

Abb. 26

Im Relationsgraph erkennt man die Transitivität daran, daß es zu je zwei Pfeilen, von denen der zweite im Endpunkt des ersten ansetzt, stets auch den direkten Pfeil vom Anfangspunkt des ersten zum Endpunkt des zweiten gibt. Für Doppelpfeile hat dies Schlaufen in beiden Punkten zur Folge (Abb. 25). Formal-logische Gründe verlangen übrigens auch dann die Transitivität, wenn die Voraussetzung $(x, y) \in R \wedge (y, z) \in R$ von *keinem* Tripel (x, y, z) erfüllt wird (Abb. 26).

Beispiel

Es sei $A = B$ die Menge der Familienangehörigen. Dann ist die Relation R mit $Rxy \Leftrightarrow$ „x ist Schwester von y" transitiv. Sind x, y, z drei Schwestern, so ist dies klar. Sind x, y Schwestern, z ein Bruder derselben, so folgt aus $(x, y) \in R$ und $(y, z) \in R$ ebenfalls $(x, z) \in R$. In allen anderen Fällen ist die Voraussetzung $Rxy \wedge Ryz$ nicht erfüllt.

Satz

Ist $R \subset A^2$ eine Relation mit Deckung im Vorbereich, die symmetrisch und transitiv ist, so ist R auch reflexiv.

Beweis: Wegen $V_R = A$ gibt es zu jedem $x \in A$ ein $y \in A$ mit $(x, y) \in R \wedge (y, x) \in R$ (Symmetrie) $\Rightarrow (x, x) \in R$ (Transitivität). Da $(x, x) \in R$ für alle $x \in A$ gilt, ist R reflexiv.

Definition

Eine Relation $R \subset A \times B$ heißt *rechtseindeutig*, wenn sie keine zwei Paare mit gleicher erster, aber verschiedener zweiter Koordinate enthält

$$R \text{ rechtseindeutig} :\Leftrightarrow \bigwedge_{x \in A} \bigwedge_{y \in B} \bigwedge_{z \in B} [(x, y) \in R \wedge (x, z) \in R \rightarrow y = z]$$

Im Relationsgraph geht von jedem Punkt $x \in A$ *höchstens ein* (von jedem $x \in V_R$

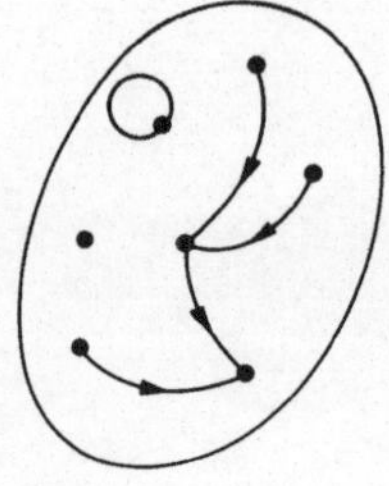

x	y
1	5
2	3
3	4
4	7
6	7
9	7

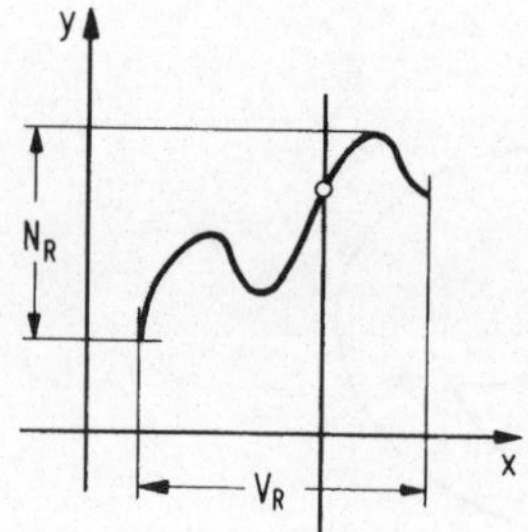

Abb. 27

x	y
1	4
2	5
2	1
3	3
6	2
10	7

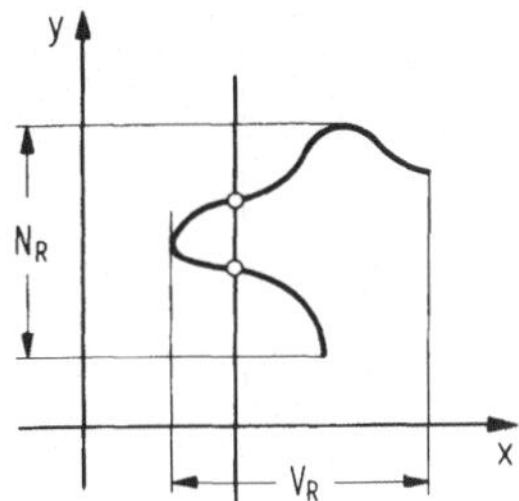

Abb. 28

genau ein) Pfeil aus. Bei tabellarischer Darstellung tritt jedes $x \in V_R$ genau einmal auf. Bei Darstellung in einem Koordinatensystem wird der Graph (als kontinuierliche Punktfolge) von jeder Parallelen zur y-Achse höchstens einmal geschnitten oder berührt (Abb. 27). Rechtsmehrdeutige Relationen zeigt Abb. 28.

Beispiel

In der Menge M aller Menschen ist die Relation

$$R = \{(x, y) | (x, y) \in M^2 \wedge x \text{ hat } y \text{ zum Vater}\}$$

rechtseindeutig; hingegen die Relation

$$R' = \{(x, y) | (x, y) \in M^2 \wedge x \text{ ist Vater von } y\}$$

rechtsmehrdeutig.

Definition

Eine Relation $R \subset A \times B$ heißt *linkseindeutig*, wenn es in R kein Paar mit gleicher zweiter, aber verschiedener erster Koordinate gibt

$$R \text{ linkseindeutig} :\Leftrightarrow \bigwedge_{x \in A} \bigwedge_{y \in B} \bigwedge_{z \in A} [(x, y) \in R \wedge (z, y) \in R \rightarrow x = z]$$

Bei Linkseindeutigkeit mündet in jedem Punkt des Relationsgraphen *höchstens ein* Pfeil. In der Relationstabelle müssen alle Elemente des Nachbereichs (y-Spalte) paarweise verschieden sein. Läßt sich R als kontinuierlicher Graph in einem kartesischen Koordinatensystem aufzeichnen, so hat jede Parallele zur x-Achse höchstens einen Punkt mit dem Graph gemeinsam (Abb. 29). Linksmehrdeutige Relationen sind in Abb. 30 dargestellt.

Beispiel

Sei A die Menge aller Einwohner West-Berlins, B die Menge aller höchstens achtstelligen ganzen positiven Zahlen. Dann ist die Relation $R \subset A \times B$ mit der

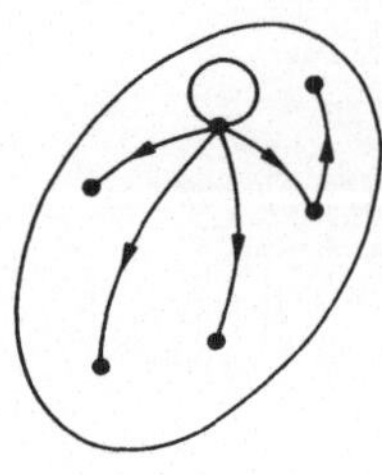

x	y
2	3
1	7
1	1
3	2
9	4
7	5

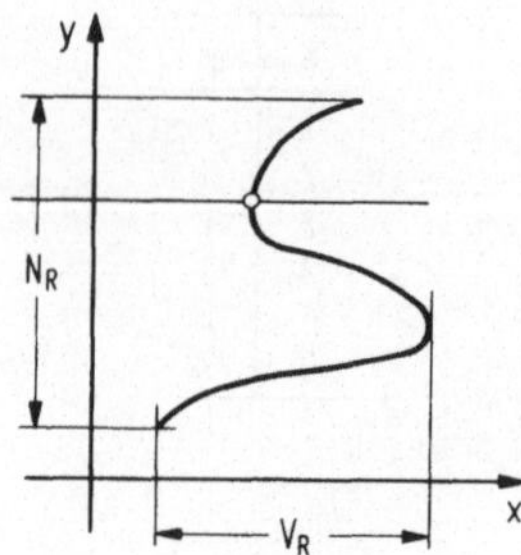

Abb. 29

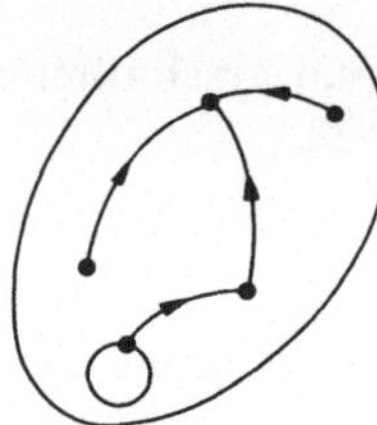

x	y
1	2
9	1
2	3
7	3
4	3
3	4

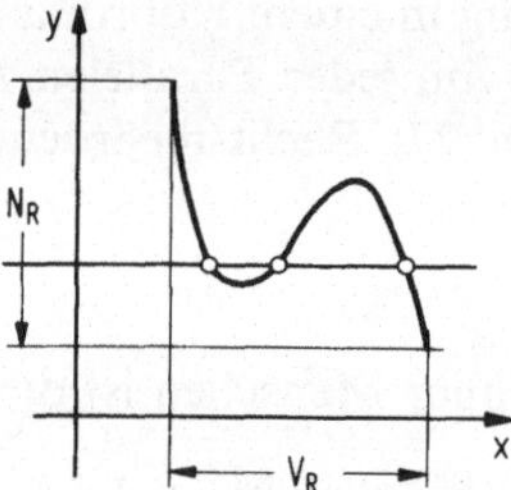

Abb. 30

Vorschrift „der Fernsprechteilnehmer x hat die örtliche Rufnummer y" sicher linkseindeutig, denn zu einer Rufnummer gibt es höchstens einen (im amtlichen Fernsprechverzeichnis aufgeführten) Teilnehmer. Die gleiche Relation ist aber rechtsmehrdeutig, da ein Teilnehmer mehrere Anschlüsse (Rufnummern) haben kann.

Definition

Eine Relation $R \subset A \times B$ heißt *eineindeutig*, wenn sie rechtseindeutig und linkseindeutig ist.

Beispiel

Auf der Menge M aller (mit dem Recht in Einklang handelnden) Bundesbürger ist die Relation „x ist am 1.1.1990 mit y verheiratet" eineindeutig. —

Oft treten im Zusammenhang mit Relationen Fragestellungen auf, die von einer Teilmenge X des Vorbereichs V_R ausgehen und nach der Menge Y der zugeordneten zweiten Koordinaten des Nachbereichs N_R fragen, etwa:

R: „x ist Fachbereich (Studiengang) an der Hochschule y". Frage: An welchen Hochschulen kann man Maschinenbau studieren?

R: „x ist Einwohnerzahl einer deutschen Stadt y". Frage: Welche deutschen Städte haben mehr als 100000 Einwohner?

R: „x ist Hubraumgröße eines Personenkraftwagens y“. Frage: Welche PKW-Fabrikate haben weniger als 1200 cm^3?

Um diesen Sachverhalt mathematisch in den Griff zu bekommen, geben wir die

Definition

Die Menge Y der Nachbereichselemente einer Relation R, die einer Menge X von Vorbereichselementen zugeordnet sind, heißt das *Relationsbild* R[X]:

$$Y = R[X] := \{y \mid (x, y) \in R \wedge x \in X \subset V_R\}$$

Im Sonderfall ist der vollständige Nachbereich Relationsbild des Vorbereichs

$$X = V_R \Rightarrow Y = N_R = R[V_R]$$

Abb. 31 zeigt ein Relationsbild bei kontinuierlichem Relationsgraphen. Falls es zu jeder einelementigen Teilmenge des Vorbereichs $X = \{x\} \subset V_R$ ein einelementiges Relationsbild $R[\{x\}] = \{y\} \subset N_R$ gibt, so ist diese Eigenschaft notwendig und hinreichend für die Rechtseindeutigkeit der Relation R.

Beispiele

1. Ausgangsproblem sei die Frage: Wie hießen die Olympiasieger (1972) im Kanuslalom? Dazu bilden wir die Relation

$$R = \{(x, y) \mid y \text{ ist Olympiasieger (1972) in der Disziplin } x\}$$

Eine Teilmenge X des Vorbereichs V_R ist dann

$$X = \{\text{Einer-Kajak, Einer-Kanadier, Zweier-Kanadier}\}$$

Das zugehörige Relationsbild R[X] liefert die Menge der (Namen der) zugehörigen Olympiasieger:

$$R[X] = \{\text{Horn (DDR), Eiben (DDR), Hoffmann-Amend (DDR)}\}$$

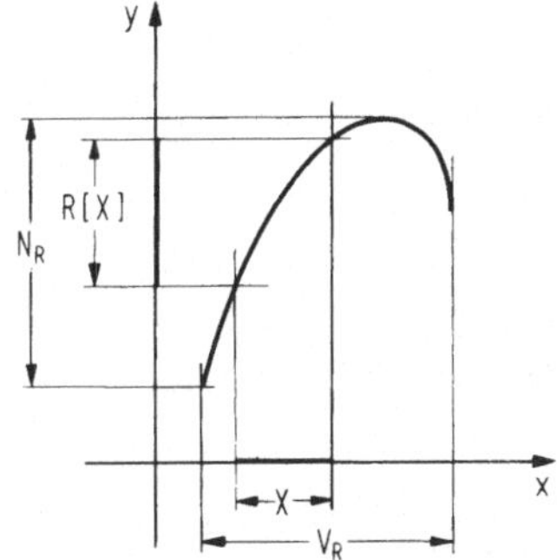

Abb. 31

Beachten Sie, daß aus der Angabe von X und R[X] nicht schon die Paare zugehöriger Elemente folgen, da ja über die Reihenfolge der Elemente einer Menge keine Vorschrift gemacht wird.

2. Frage: An welchen Fachhochschulen Baden-Württembergs kann man Informatik studieren? Als „mathematisches Modell" dient uns die Relation

$$R = \{(x, y) | x \text{ ist Studienrichtung an einer baden-württembergischen Fachhochschule } y\}$$

und Antwort auf unsere Frage liefert das Relationsbild

$$R[\{x\}] = \{\text{FH Eßlingen, FH Furtwangen, FH Karlsruhe, FH Konstanz, FH Mannheim, FH Ulm}\}$$

wenn x die Studienrichtung Informatik bedeutet. Diese Relation R ist offensichtlich rechtsmehrdeutig.

Im Anschluß an das zweite Beispiel sei kurz erläutert, wie eine rechtsmehrdeutige Relation R auf M zur Erzeugung einer rechtseindeutigen Relation R^* herangezogen werden kann. Man bildet dazu die Relation R^* auf der Potenzmenge P(M), indem man jeder Teilmenge $X \subset V_R$ ihr „Relationsbild" R[X] zuordnet. Diese Methode macht man sich z.B. beim Aufbau von Datenbanken zunutze.

Definition

Die von einer Relation R auf M erzeugte rechtseindeutige Relation R^* auf P(M) wird aus allen Paaren (X, Y) gebildet, wobei Y das Relationsbild zu X ist:

$$R^* = \{(X, Y) | X \in P(V_R) \wedge Y = R[X]\}$$

Für Vor- und Nachbereich von R^* gilt dabei

$$V_{R^*} = P(V_R), \quad N_{R^*} \subset P(N_R)$$

Aufgaben zu 1.2.2

1. Welche der Eigenschaften

Symmetrie	(a)
Asymmetrie	(b)
Reflexivität	(c)
Identitivität (Antisymmetrie)	(d)
Transitivität	(e)
Rechtseindeutigkeit	(f)
Linkseindeutigkeit	(g)

sind bei den folgenden Relationen vorhanden

(1) $R = \{(x, y) | x \in \mathbb{R} \wedge y \in \mathbb{R} \wedge x = y\}$

(2) $R = \{(X, Y) | X \in P(G) \wedge Y \in P(G) \wedge Y = K(X) = X'\}$
falls G die Grundmenge, P(G) die Potenzmenge von G und K(X) die Komplementärmenge von X bezeichnet;

(3) $R = \{(x, y) | x \in \mathbb{R} \wedge y \in \mathbb{R} \wedge x < y\}$

(4) $R = \{(x, y) | x \in \mathbb{N}_0 \wedge y \in \mathbb{N}_0 \wedge x \text{ ist das Quadrat von } y\}$

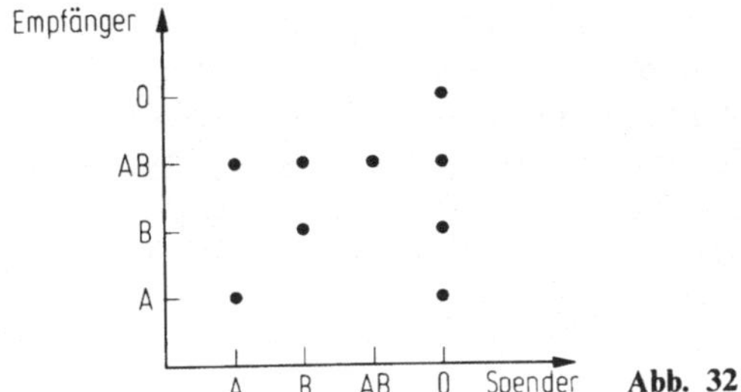

Abb. 32

(5) $R = \{(x, y) | x \in \mathbb{Z} \wedge y \in \mathbb{Z} \wedge x + y \text{ gerade}\}$
(6) $R = \{(x, y) | x \in \mathbb{Z} \wedge y \in \mathbb{Z} \wedge x + y \text{ ungerade}\}$

2. Vorgelegt sei die Relation $R \subset \mathbb{N}^2$ mit

$$R = \{(2; 3), (3; 4), (x; 4), (1; y)\}$$

   a) Welche Eigenschaft hat R bei jeder Belegung von x, y?
   b) Wie sind x und y zu belegen, damit R asymmetrisch wird?
   c) Mit welcher Belegung von x, y erreichen Sie, daß R transitiv wird?
3. Die folgenden vier Relationen $R \subset \mathbb{R}^2$ haben kontinuierliche Graphen:
   a) $R = \{(x, y) | x^2 + y^2 = 1\}$
   b) $R = \{(x, y) | x = y^2\}$
   c) $R = \{(x, y) | y = \sin x\}$
   d) $R = \{(x, y) | y = \ln x\}$

   Welche der Eigenschaften rechtseindeutig (RED), rechtsmehrdeutig (RMD), linkseindeutig (LED), linksmehrdeutig (LMD), eineindeutig (EED) liegen vor? Es empfiehlt sich, die Graphen zu skizzieren!
4. Auf der Menge $M = \{A, B, AB, 0\}$ der vier Haupt-Blutgruppen läßt sich eine Blutspender-Empfänger Relation R definieren. Es ist R durch den Graphen der Abb. 32 erklärt.
   a) Zeichnen Sei den Relationsgraph für R
   b) Durch welchen mathematischen Term wird die Frage „welchen Empfängern kann die Blutgruppe B spenden" beantwortet?
   c) Welche rechtseindeutige Relation R* wird von R induziert? (R* in aufzählender Form angeben!)
5. Die Relation $R \subset G^2$ mit $G = \{1, 2, 3\}$ und

$$R = \{(1, 1), (1, 2), (2, 1), (2, 2)\}$$

   ist symmetrisch und transitiv. Warum ist sie dennoch nicht reflexiv?

1.2.3 Äquivalenzrelationen

Heuristisch gelangt man auf folgendem Wege zum Begriff der Äquivalenzrelation: Ausgehend von einer nicht-leeren Menge M sichtet man deren Elemente bezüglich eines bestimmten Merkmals und setzt jeweils zwei Elemente in Relation, wenn sie das gleiche Merkmal besitzen. Denkt man sich für M die Menge der Bundesbürger und wählt als Merkmal „im gleichen Bundesland geboren“, so bestimmt dies eindeutig eine Relation R. Zu R gehören zwei Bundesbürger dann und nur dann, wenn ihre Geburtsorte im gleichen Bundesland gelegen sind, also je zwei Bayern, je zwei Hessen usw. Symmetrie und Transitivität von R sind sofort einzusehen, die Reflexivität versteht sich hier in dem Sinne, daß zwei einander identische Bundesbürger natürlich auch im gleichen Bundesland geboren sind.

Definition

Eine Relation R auf $M \neq \emptyset$ mit den Eigenschaften reflexiv, symmetrisch und transitiv heißt eine *Äquivalenzrelation.*

Wir können sagen, das Merkmal „im gleichen Bundesland geboren“ erzeugt eine Äquivalenzrelation. Zugleich wird an diesem Beispiel deutlich, daß damit die Grundmenge M in elementefremde Teilmengen zerlegt werden kann (die „Bayern“ etc.), die eine Klasseneinteilung von M darstellen.

Definition

Ist R eine Äquivalenzrelation auf M, so nennen wir zwei in der Beziehung R zueinanderstehende Elemente *äquivalent*

$$Rxy \Leftrightarrow (x, y) \in R :\Leftrightarrow x \sim y$$

und die Menge aller zu einem Element $a \in M$ äquivalenten Elemente

$$\boxed{[a] = \{x \mid x \in M \wedge x \sim a\}}$$

eine *Äquivalenzklasse* mit a als Repräsentanten.

So sind in unserem Beispiel alle Niedersachsen untereinander äquivalent und bilden die Äquivalenzklasse „der Niedersachsen“. Als Repräsentanten der insgesamt 16 Bundesländer (Äquivalenzklassen) könnte man die Ministerpräsidenten nehmen (natürlich nur dann, wenn sie im betreffenden Bundesland geboren sind).

Satz

Ist R eine Äquivalenzrelation „$\sim$“ auf M und sind ($a, b \in M$)

$$[a] := \{x \mid x \in M \wedge x \sim a\}, \quad [b] := \{x \mid x \in M \wedge x \sim b\}$$

zwei Äquivalenzklassen, so sind diese gleich genau dann, wenn die Repräsentanten äquivalent sind

$$\boxed{[a] = [b] \Leftrightarrow a \sim b}$$

Beweis:
1. „$\Rightarrow$“: $a \in [a] \Rightarrow a \in [b] \Rightarrow a \sim b$
2. „$\Leftarrow$“: $a \in [a] \wedge a \sim b \Rightarrow b \sim a$ (Symmetrie!) $\Rightarrow b \in [a]$.
Sei nun c ein beliebiges Element der Klasse [b]: $c \in [b]$. Dann gilt $c \sim b$, mit $b \sim a$ also $c \sim a$ (Transitivität) und somit $c \in [a]$. Also $[b] \subset [a]$.
Nun nehmen wir umgekehrt ein beliebiges $d \in [a]$ an:

$$d \sim a \wedge a \sim b \Rightarrow d \sim b \Rightarrow d \in [b] \Rightarrow [a] \subset [b].$$

$[a] \subset [b] \wedge [b] \subset [a] \Rightarrow [a] = [b]$ (Identitivität der Teilmengenrelation!)

In Konsequenz dieses Satzes kann man die Äquivalenz zwischen Elementen durch die *Gleichheit* der entsprechenden Klassen ersetzen. Damit wird ein Abstraktionsprozeß realisiert, der von den Objekten zu den Klassen führt. In der Praxis begegnet uns dieser Sachverhalt überall dort, wo größere Objektmengen nach merkmalsgerechten Gesichtspunkten sortiert oder klassifiziert werden. Oft kommt dies schon in der Umgangssprache zum Ausdruck. Wir sprechen von Gewichtsklassen beim Sport, von Schulklassen, botanischen Klassen, soziologisch definierten Klassen, PKW-Klassen. In anderen Fällen „verbirgt“ sich hinter einem Begriff eine Klasse äquivalenter Elemente, so etwa steht „Richtung“ als Klasse aller zu einer bestimmten Geraden parallelen Geraden, oder „Freier Vektor“ steht für eine Klasse von Strecken, die sämtlich gleich lang und parallel sind, oder: „Großrechner“ steht für die Klasse aller Computer, die mit einer Wortlänge von 32 Bit oder mehr arbeiten, oder: „DIN-A 4-Format“ steht für die Klasse aller rechteckigen Papierbögen der Größe $210 \times 297\ \text{mm}^2$.

Satz

Die von einer Äquivalenzrelation R auf M erzeugten Äquivalenzklassen [x] führen zu einer *Zerlegung* der Menge M, genannt die Klassenmenge oder Quotientenmenge M/R von M nach R:

$$\boxed{M/R = \{[x] \mid x \in M\}}$$

Beweis: zu zeigen ist (vgl. die Definition von „Zerlegung“ im 1.1.3)

(1) $\bigwedge_{a \in M} [a] \neq \emptyset$

(2) $\bigwedge_{a,b \in M} [a] \neq [b] \rightarrow [a] \cap [b] = \emptyset$

(3) $\bigcup_{a \in M} [a] = M$

(1) gilt, da voraussetzungsgemäß keine leeren Äquivalenzklassen gebildet werden.
(2) zeigen wir indirekt: angenommen

$$\bigvee_{a \in M} \bigvee_{b \in M} [a] \neq [b] \wedge [a] \cap [b] \neq \emptyset,$$

dann müssen [a] und [b] wenigstens ein gemeinsames Element x besitzen:

$$\bigvee_{x \in M} x \in [a] \wedge x \in [b] \Rightarrow x \sim a \wedge x \sim b \Rightarrow a \sim b \Rightarrow [a] = [b]$$

im Widerspruch zur Annahme. Auch bei (3) führt das Gegenteil der Behauptung auf einen Widerspruch: die Negation von (3) hätte nämlich zur Folge, daß die generalisierte Vereinigung aller Klassen eine echte Teilmenge von M ist. Dann müßte es aber ein $x \in M$ geben, daß keiner Klasse angehört. Dies ist jedoch unmöglich, da R als Äquivalenzrelation reflexiv ist, mithin jedes $x \in M$ mit wenigstens einem Element äquivalent ist: $(x, x) \in R$. Damit ist $[x] \neq \emptyset$ und $x \in [x]$.

Beispiel: *Restklassen. Kongruenzen*

Es sei R eine Relation auf $\mathbb{N}_0$ mit der Vorschrift: Rxy genau dann, wenn x und y bei Division durch 3 den gleichen Rest lassen, formal dargestellt durch die „Kongruenz" $Rxy \Leftrightarrow: x \equiv y \bmod 3$ (lies: „x kongruent y modulo 3"), also

$$R = \{(x, y) \mid x \in \mathbb{N}_0 \wedge y \in \mathbb{N}_0 \wedge x \equiv y \bmod 3\}$$

Der Leser rechne nach:

$$(17; 8) \in R, \quad (31; 100) \in R, \quad (22; 27) \notin R.$$

Ferner gilt: Lassen zwei Zahlen x, y bei Division durch 3 den gleichen Rest, so unterscheiden sie sich durch ein ganzes Vielfaches von 3:

$$\frac{x}{3} =: q_1 + \frac{r_1}{3} \Rightarrow r_1 = x - 3q_1 \quad (0 \leqq r_1 < 3, q_1 \in \mathbb{N}_0)$$

$$\frac{y}{3} =: q_2 + \frac{r_2}{3} \Rightarrow r_2 = y - 3q_2 \quad (0 \leqq r_2 < 3, q_2 \in \mathbb{N}_0)$$

$$r_1 = r_2 \Rightarrow x - 3q_1 = y - 3q_2 \Rightarrow x = y + 3(q_1 - q_2)$$

Setzen wir für $q_1 - q_2 =: \lambda$ ($\lambda \in \mathbb{Z}$!), dann heißt das also:

$$Rxy \Leftrightarrow x \equiv y \bmod 3 \Leftrightarrow \bigvee_{\lambda \in \mathbb{Z}} x = y + 3\lambda$$

Damit können wir die Relationseigenschaften formal-rechnerisch prüfen:

(1) Reflexivität Rxx?
Es ist $x = x + 3\lambda$ mit $\lambda = 0$ erfüllbar! D.h. R ist reflexiv.

(2) Symmetrie $Rxy \Rightarrow Ryx$?
Aus $x = y + 3\lambda$ mit $\lambda \in \mathbb{Z}$ folgt $y = x + 3(-\lambda)$ mit $-\lambda \in \mathbb{Z}$,
d.h. R ist symmetrisch.

(3) Transitivität $Rxy \wedge Ryz \Rightarrow Rxz$?
Aus $x = y + 3\lambda$ mit $\lambda \in \mathbb{Z}$ und $y = z + 3\lambda'$ mit $\lambda' \in \mathbb{Z}$ folgt
$x = z + 3(\lambda + \lambda') = z + 3\lambda''$ mit $\lambda'' := \lambda + \lambda' \in \mathbb{Z}$,
d.h. R ist auch transitiv und damit eine Äquivalenzrelation.

Die Äquivalenzklassen heißen hier *Restklassen* (modulo 3) und sind wie folgt darstellbar:

$$[0] =: \bar{0} = \{0, 3, 6, 9, 12, \ldots\} = \{x | x = 3\lambda \wedge \lambda \in \mathbb{N}_0\}$$

$$[1] =: \bar{1} = \{1, 4, 7, 10, 13, \ldots\} = \{x | x = 3\lambda + 1 \wedge \lambda \in \mathbb{N}_0\}$$

$$[2] =: \bar{2} = \{2, 5, 8, 11, 14, \ldots\} = \{x | x = 3\lambda + 2 \wedge \lambda \in \mathbb{N}_0\}$$

Der Leser erkennt damit sofort die drei Klasseneigenschaften:

— keine Klasse ist leer
— je zwei verschiedene Klassen sind elementefremd
— die generalisierte Vereinigung aller Klassen ergibt wieder die Grundmenge $\mathbb{N}_0$

$$\bar{0} \cup \bar{1} \cup \bar{2} = \{0, 1, 2, 3, 4, 5, \ldots\} = \mathbb{N}_0$$

Diese *Vereinigung* der Klassen darf nicht verwechselt werden mit der *Menge* der Klassen, der sog, Quotientenmenge

$$\mathbb{N}_0/R = \{\bar{0}, \bar{1}, \bar{2}\} = \{[0], [1], [2]\}.$$

Diese Quotientenmenge wird uns im Abschnitt 1.6 (Gruppen) wieder begegnen, wo sie z.B. als Grundmenge für eine Verknüpfung von Restklassen auftritt.

Man kann nun auch umgekehrt vorgehen, indem man eine Klasseneinteilung $K^* = \{[x] = K | x \in M\}$ von M vorgibt und nach der zugehörigen Äquivalenzrelation fragt.

Satz

Ist K^* eine gegebene Klasseneinteilung (Klassenmenge, Quotientenmenge) einer Menge $M \neq \emptyset$ und erklärt man auf M eine Relation R gemäß Rab genau dann, wenn a und b dergleichen Klasse $K \in K^*$ angehören, so ist R eine Äquivalenzrelation auf M.

Beweis: (1) R ist reflexiv! Da nämlich M die Vereinigung aller Klassen ist, muß jedes $a \in M$ in genau einer Klasse liegen: $a \in K \Rightarrow a \sim a$. (2) R ist symmetrisch! $a \sim b \Rightarrow a \in K \wedge b \in K \Rightarrow b \in K \wedge a \in K \Rightarrow b \sim a$. (3) R ist transitiv! $a \sim b \wedge b \sim c \Rightarrow (a \in K_1 \wedge b \in K_1) \wedge (b \in K_2 \wedge c \in K_2) \Rightarrow b \in K_1 \cap K_2 \Rightarrow K_1 = K_2$ ($K_1 \neq K_2$ hätte $K_1 \cap K_2 = \emptyset$ zur Folge!). Daraus folgt $c \in K_1 \Rightarrow a \sim c$ ($K_1, K_2 \in K^*$).

Auch diesem Sachverhalt begegnen wir überall in Technik und Wissenschaft. Wenn wir heute die Menge aller Motoren in Verbrennungs- und Elektromotoren einteilen, so ist dies eine Klasseneinteilung, hinter der eine Äquivalenzrelation steckt. Ist uns diese Zerlegung zu grob, so können wir sie verfeinern und etwa die Verbrennungsmotoren ihrerseits in Klassen einteilen (Viertaktmotor, Zweitaktmotor etc.). In jedem Fall werden dabei äquivalente "Elemente" unter dem Namen der Klasse als „Oberbegriff" subsumiert. Intuitiv geläufig ist dem Leser die „Verfeinerung" des Wahlgebietes Bundesrepublik in Wahlkreise, Gemeinden und Wahlbezirke z.B. bei einer Bundestagswahl.

Definition

Aus einer gegebenen Klasseneinteilung einer Menge M gewinnt man eine verfeinerte Klasseneinteilung (Verfeinerung), indem man vorhandene Klassen in Teilklassen zerlegt.

Bei diesem Verfeinerungsprozeß dürfen also bestehende Klassengrenzen nicht verletzt werden: Je feiner die Zerlegung, desto mehr Klassen entstehen, desto weniger Elemente sind in den Klassen. Bei der feinsten Zerlegung sind alle Klassen einelementig; bei der gröbsten gibt es nur eine Klasse, die Menge M selbst. Aus formalen Gründen ist jede Klasseneinteilung eine („unechte") Verfeinerung von sich selbst.

Beispiel

Die Menge $M = \{1, 2, 3\}$ gestattet genau fünf Klasseneinteilungen $K_1^*, \ldots, K_5^*$. Jede von diesen bestimmt eindeutig eine Äquivalenzrelation, die aus der Menge der Paare besteht, deren Koordinaten äquivalent sind, d.h. der gleichen Klasse angehören:

$$K_1^* = \{\{1\}, \{2\}, \{3\}\} \Leftrightarrow R_1 = \{(1, 1), (2, 2), (3, 3)\}$$

$$K_2^* = \{\{1, 2\}, \{3\}\} \Leftrightarrow R_2 = \{(1, 1), (1, 2), (2, 1), (2, 2), (3, 3)\}$$

$$K_3^* = \{\{1, 3\}, \{2\}\} \Leftrightarrow R_3 = \{(1, 1), (1, 3), (3, 1), (3, 3), (2, 2)\}$$

$$K_4^* = \{\{2, 3\}, \{1\}\} \Leftrightarrow R_4 = \{(2, 2), (2, 3), (3, 2), (3, 3), (1, 1)\}$$

$$K_5^* = \{\{1, 2, 3\}\} \Leftrightarrow R_5 = \{(1, 1), (1, 2), (1, 3), (2, 1), (2, 2)$$
$$(2, 3), (3, 1), (3, 2), (3, 3)\}$$

K_1^*, die „feinste Zerlegung", ist eine Verfeinerung jeder Klasseneinteilung und insbesondere eine „echte" Verfeinerung der K_2^* bis K_5^*. K_2^*, K_3^* und K_4^* sind Verfeinerungen von sich selbst und von K_5^*, echte Verfeinerungen aber nur von K_5^*. K_5^* schließlich, die „gröbste Zerlegung", ist Verfeinerung nur von sich selbst. — Für eine vierelementige Menge bekommt man 15 Klasseneinteilungen, die jeweils 15 Äquivalenzrelationen definieren. Der Leser bestimme diese und erläutere die einzelnen Verfeinerungen!

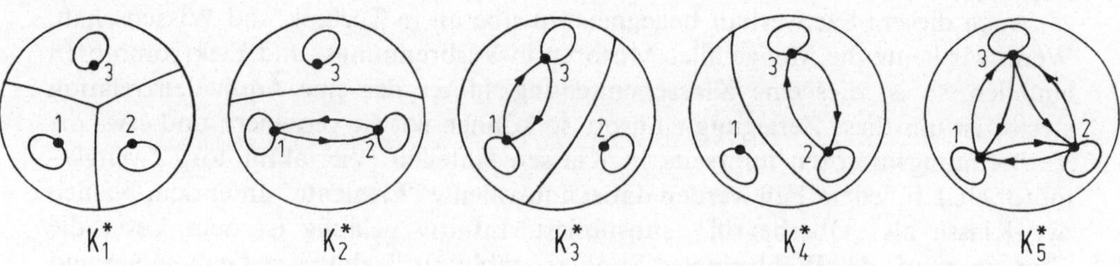

Abb. 33

Beispiel *„Fehlererkennender Code“*

Zeichenketten als Verschlüsselungen persönlicher oder sachlicher Daten (Kontennummern, Ausweisnummern, Rechnungsnummern, Warenbestandsdaten etc.) müssen vor Fehlern geschützt werden. Wir wollen dies am Beispiel der „Internationalen-Standard-Buch-Nummer“ (ISBN) erläutern. Im neunstelligen Informationsteil sind (von links nach rechts) ein Zeichen (z_{10}) für die Nationalität, drei Zeichen ($z_9 z_8 z_7$) für den Verlag und fünf ($z_6 \ldots z_2$) für den Titel vorgesehen. Die Fehlererkennung wird nun dadurch ermöglicht, daß ein zusätzliches Zeichen (z_1), das „Kontrollsymbol“, angehängt wird. Im Fall der ISBN soll es so berechnet werden, daß die beiden statistisch häufigsten Eingabe-Verfälschungen

— Vertauschen zweier Nachbarziffern (Fehler „1. Art“)
  (z.B. ... 74 ... statt ... 47 ...)
— Verfälschung einer Ziffer (Fehler „2. Art“)
  (z.B. ... 9 ... statt ... 8 ...)

in jedem Fall erkannt werden. Damit erreicht man zwar nicht genau 100% aller möglichen Fehler, benötigt dafür aber nur ein einziges zusätzliches Zeichen. Schreibt man die ISBN in der Form

z_{10}	$z_9 z_8 z_7$	$z_6 z_5 z_4 z_3 z_2$	z_1

,

dann ist also das Kontrollsymbol

$$z_1 = f(z_{10}, z_9, \ldots, z_2)$$

so zu ermitteln, sprich: f so zu konstruieren, daß eine einmalige Verfälschung der ISBN entweder 1. Art oder 2. Art erkannt wird. Wir behaupten: dies ist tatsächlich möglich! Man bestimmte z_1 bei vorgegebenem Informationsteil so, daß die „indexgewichtete Quersumme“ durch 11 teilbar ist, d.h. daß

$$\sum_{i=1}^{10} i z_i \equiv 0 \bmod 11$$

gilt. Für z_1 folgt daraus als Bestimmungsgleichung die Kongruenz

$$z_1 + \sum_{i=2}^{10} i z_i \equiv 0 \bmod 11$$

$$z_1 \equiv -\sum_{i=2}^{10} i z_i \bmod 11$$

mit $0 \leqq z_1 \leqq 10$,

wobei für $z_1 = 10 =: X$ geschrieben wird (um einstellig zu bleiben). Beispiel: Das im Springer-Verlag Berlin etc. erschienene Buch „Algebra" von G. Böhme (5. Auflage 1987) hat den ISBN-Informationsteil

3 540 17479.

Für z_1 ergibt sich mit $10 \cdot 3 + 9 \cdot 5 + 8 \cdot 4 + 7 \cdot 0 + 6 \cdot 1 + 5 \cdot 7 + 4 \cdot 4 + 3 \cdot 7 + 2 \cdot 9 = 203$

$$\begin{array}{rl} z_1 \equiv & -203 \bmod 11 \\ 0 \equiv & 209 \bmod 11 \qquad (209 = 19 \cdot 11) \\ \hline z_1 \equiv & 6 \bmod 11 \quad , \quad \text{d.h. } z_1 = 6 \end{array}$$

Die vollständige ISBN für dieses Buch lautet also

3 540 17479 6

Nachweis für Fehler der 1. Art:

Korrekte Quersumme $q := \sum_{i=1}^{10} i z_i = \ldots + (k+1) z_{k+1} + k z_k + \ldots$

Verfälschte Quersumme $q' := \ldots + (k+1) z_k + k z_{k+1} + \ldots$

(die Nachbarziffern z_k, z_{k+1} wurden vertauscht, alle anderen Zeichen stimmen überein)

$$\begin{aligned} \Rightarrow q - q' &= (k+1)(z_{k+1} - z_k) + k(z_k - z_{k+1}) \\ &= z_{k+1} - z_k \\ \Rightarrow \quad q' &= q + z_k - z_{k+1} \end{aligned}$$

Nach Voraussetzung ist $q \equiv 0 \bmod 11$, also ist

$$q' \equiv z_k - z_{k+1} \bmod 11,$$

während die Zifferndifferenz $|z_k - z_{k+1}|$ sicher ungleich null und kleiner als 11 ist, d.h. $z_k - z_{k+1} \not\equiv 0 \bmod 11$ und deshalb

$$q' \not\equiv 0 \bmod 11,$$

d.h. der Fehler wird erkannt (die verfälschte Quersumme q' ist nicht mehr durch 11 teilbar!)

Nachweis für Fehler der 2. Art:
Korrekte Quersumme $q = \ldots + k z_k + \ldots$
Verfälschte Quersumme $q' = \ldots k z'_k + \ldots \quad (z'_k \neq z_k)$

$$\Rightarrow q - q' = k(z_k - z'_k) \Rightarrow q' = q + k(z'_k - z_k).$$

Nach Voraussetzung ist wieder $q \equiv 0 \bmod 11$, also

$$q' \equiv k(z'_k - z_k) \bmod 11.$$

Nun ist aber wegen $0 < k < 11$ und $0 < |z'_k - z_k| < 11$

$$k \not\equiv 0 \bmod 11$$

$$z'_k - z_k \not\equiv 0 \bmod 11$$

$$k(z'_k - z_k) \not\equiv 0 \bmod 11$$

und zwar deshalb, weil 11 ein *Primzahl*modul ist (für Nicht-Primzahl-Moduln ist der zuletzt gemachte Schluß nämlich nicht zwingend, z.B. ist $3 \not\equiv 0 \bmod 12$, $8 \not\equiv 0 \bmod 12$, aber $3 \cdot 8 = 24 \equiv 0 \bmod 12$). Damit wird zugleich 11 als Modul verständlich: die nächstkleinere Primzahl 7 würde eine sechsstellige ISBN (5 Informationsstellen!) bedingen und somit nicht ausreichen, um alle erforderlichen Daten unterzubringen. Die nächstgrößere Primzahl 13 brächte eine nicht benötigte Vergrößerung der ISBN mit sich.[1]

Aufgaben zu 1.2.3

1. Gegeben sei eine Äquivalenzrelation R auf $M = \{1, 3, 4, 5, 7, 8, 9\}$ gemäß

$$R = \{(1, 8), (3, 7), (4, 4), (9, 8), (7, 3), (5, 5), (9, 1), (8, 9), (8, 1), (1, 9), (3, 3), (8, 8), (7, 7), (1, 1), (9, 9)\}$$

Zeichnen Sie den Relationsgraph! Geben Sie alle Klassen jeweils äquivalenter Elemente in aufzählender Form an!

2. Auf der Menge $M = \mathbb{R} \times \mathbb{R}$ erklären wir: Zwei Zahlenpaare (a, b) und (c, d) aus M sollen genau dann einer Relation R angehören, wenn zwischen ihren Koordinaten die Gleichung $a^2 + b^2 = c^2 + d^2$ gilt.
   a) Zeigen Sie, daß R eine Äquivalenzrelation ist!
   b) Wie lauten die Äquivalenzklassen?
   c) Geometrische Bedeutung der Menge aller Äquivalenzklassen („Quotientenmenge")?

3. Gegeben sei die Klasseneinteilung (Zerlegung, Klassenmenge)

$$K^* = \{\{a, b\}, \{c\}, \{d\}\}$$

auf der Menge $M = \{a, b, c, d\}$. Geben Sie die damit bestimmte Äquivalenzrelation R auf M an (Aufzählen der Elemente)!

4. Wie lautet die Menge aller Äquivalenzklassen der Äquivalenzrelationen R_1 bzw. R_2 auf M, welche 1) die feinste, 2) die gröbste Zerlegung von M in Klassen bewirkt?

1.2.4 Ordnungsrelationen

Ordnungsrelationen dienen dazu, Mengen nach bestimmten Gesichtspunkten (Merkmalen, Eigenschaften) zu „ordnen". Freilich bedarf es dazu einer Präzisie-

[1] Für interessierte Leser sei auf das Standardwerk: Heise, W., Quattrocchi, P.: Informations- und Codierungstheorie, Berlin etc. 1983, hingewiesen.

rung des umgangssprachlichen Ordnungsbegriffes. Wir wollen diesen Sachverhalt am Beispiel eines Produktionsprozesses erläutern. Ein Maschinenteil werde in einer Folge von nacheinander ausführbaren Arbeitsgängen gefertigt. Als Relationsvorschrift für R wählen wir „der Arbeitsgang x wird nicht vor dem Arbeitsgang y ausgeführt". Sicher kann der Arbeitsgang x nicht vor sich selbst ausgeführt werden, d.h. $(x, x) \in R$, R ist reflexiv. Ebenso klar ist die Transitivität von R. Wird x nicht vor y und zugleich y nicht vor x ausgeführt, so ist dies genau dann möglich, wenn x und y den gleichen Arbeitsgang bezeichnen: $(x, y) \in R \wedge (y, x) \in R \Rightarrow x = y$. Damit ist unsere Relation auch identitiv. Das sind offenbar Eigenschaften, die sich auch mit unseren intuitiven Vorstellungen von einer Ordnungsrelation decken.

Allerdings ändert sich der Sachverhalt sofort, wenn wir unsere Relationsvorschrift geringfügig modifizieren: „der Arbeitsgang x wird vor dem Arbeitsgang y ausgeführt". Hier ist die Reflexivität verletzt, während die Transitivität bestehen bleibt. Charakteristisch für diese Relation ist ferner, daß niemals zugleich x vor y und y vor x zur Ausführung kommen kann, da $(x, x) \in R$ für kein x möglich ist: hier gilt also $(x, y) \in R \Rightarrow (y, x) \notin R$ ohne Einschränkung, und dies kennzeichnet die Asymmetrie der Relation. Damit haben wir einen „zweiten Typ" von Ordnungsrelationen gefunden.

Definition

Eine Relation R auf M mit den Eigenschaften reflexiv, transitiv und identitiv (antisymmetrisch) heißt (nicht-strenge) *Ordnungsrelation.* Eine Relation R auf einer Menge M mit den Eigenschaften asymmetrisch und transitiv heißt eine *strenge Ordnungsrelation.*

Zu den strengen Ordnungsrelationen gehören Relationen mit Vorschriften wie „x ist kleiner als y", „x ist echte Teilmenge von y", „x kommt in der Warteschlange vor y", „x ist von besserer Qualität als y". Indes hüte sich der Leser davor, eine Relation durch eine solche Vorschrift allein als mathematisch exakt gegeben zu betrachten. Die Angabe der Grundmengen ist wesentlich! So ist die Relation „$x|y$" (x ist Teiler von y) auf $\mathbb{N}$ eine Ordnungsrelation:

Reflexivität: $\bigwedge_{x \in \mathbb{N}} x|x$

Transitivität: $\bigwedge_{x \in \mathbb{N}} \bigwedge_{y \in \mathbb{N}} \bigwedge_{z \in \mathbb{N}} [x|y \wedge y|z \rightarrow x|z]$

Identitivität: $\bigwedge_{x \in \mathbb{N}} \bigwedge_{y \in \mathbb{N}} [x|y \wedge y|x \rightarrow x = y]$

Wechselt man bei gleicher Vorschrift die Grundmenge $\mathbb{N}$ gegen die Menge $\mathbb{Z}$ aller ganzen Zahlen aus, so geht die Identitivität verloren, z.B. ist für $5 \in \mathbb{Z}$, $-5 \in \mathbb{Z}$:

$$-5|5 \wedge 5|-5 \quad \text{aber} \quad 5 \neq -5$$

das heißt, auf $\mathbb{Z}$ ist die Relation „$x|y$" keine Ordnungsrelation mehr! —

Zwischen beiden Typen von Ordnungsrelationen besteht ein einfacher Zusammenhang, der in folgendem Satz zum Ausdruck kommt.

Satz

Jede strenge Ordnungsrelation R′ läßt sich in eindeutiger Weise in eine Ordnungsrelation R umwandeln, und umgekehrt kann man aus jeder Ordnungsrelation eindeutig eine strenge Ordnungsrelation gewinnen.

Beweis: 1. Teil. Sei R′ eine strenge Ordnungsrelation auf M und bezeichne I_M die „Identitätsrelation" auf M:

$$I_M = \{(x, x) | x \in M\}$$

Dann bilde man die Vereinigungsmenge

$$R = R' \cup I_M$$

R ist dann sicher reflexiv (da $I_M \subset R$) und identitiv, also eine Ordnungsrelation auf M. 2. Teil. Sei R eine Ordnungsrelation auf M, so entziehe man R die identischen Paare gemäß

$$R' = R \backslash I_M$$

und erhält damit in R′ eine asymmetrische (und nicht-reflexive) Relation. Da (bei beiden Prozessen) die Transitivität erhalten bleibt, ist R′ eine strenge Ordnungsrelation.

Beispiel

Auf $M = \{1, 2, 3, 4\}$ ist die „Kleiner-Relation" R gemäß

$$R = \{(x, y) | x \in M \wedge y \in M \wedge x < y\}$$

eine strenge Ordnungsrelation:

$$R = \{(1, 2), (1, 3), (1, 4), (2, 3), (2, 4), (3, 4)\}.$$

Vereinigt man R mit der Menge I_M der identischen Paare auf M

$$R \cup I_M = R \cup \{(1, 1), (2, 2), (3, 3), (4, 4)\} =: R'$$

so ist mit R′ die „Kleiner oder gleich-Relation" entstanden

$$R' = \{(x, y) | x \in M \wedge y \in M \wedge x \leqq y\}$$

die zweifellos eine (nicht-strenge) Ordnungsrelation darstellt. Wegen der Eineindeutigkeit der Zuordnung $R \to R'$ gewinnt man gemäß $R = R' \backslash I_M$ wieder die ursprüngliche strenge Ordnungsrelation R.

Die Einteilung der Ordnungsrelationen in strenge und nicht-strenge ist nicht die einzig mögliche. Wir erläutern eine andere Alternative zunächst exemplarisch. Sei M die Menge aller Bundesbürger mit Berufsausbildung. Die Vorschrift Rxy bedeute „x hat eine mindestens ebenso lange Berufsausbildung als y". Dann gilt offenbar für *je zwei* (verschiedene) $x, y \in M$ entweder Rxy oder Ryx. Modifizieren wir R geringfügig gemäß $R'xy \Leftrightarrow$ „x besitzt eine längere Berufsausbildung als y", so gibt es sicher Paare $(x, y) \in M^2$, für die weder R′xy noch R′yx gilt. Die Eigenschaft von R, daß je zwei Elemente $x \neq y$ aus M vergleichbar sind, ist bei R' verlorengegangen! Dazu geben wir genauer die

Definition

Sei R eine strenge oder nicht-strenge Ordnungsrelation auf M. Gilt dann für je zwei voneinander verschiedene Elemente $x \neq y$ aus M entweder $(x, y) \in R$ oder $(y, x) \in R$, so heißt R *linear* oder *vollständig*.

Man beachte demnach, daß die Eigenschaft linear (vollständig) unabhängig vom Typ der Ordnungsrelation (streng oder nicht-streng) ist. Die Benennung „linear" soll auf die Möglichkeit hinweisen, die Elemente aus M in diesem Fall zu einer „Kette" anordnen zu können (Reihenfolge!). M selbst heißt dann auch eine linear geordnete Menge. Abb. 34 zeigt eine endliche Kette für die Relation „$<$" auf $M = \{1, 2, 3, 4, 5\}$. Diese höchst einfache Veranschaulichung ist als gleichwertig mit dem Relationsgraph der Abb. 35 zu verstehen. Da die Transitivität allen (strengen oder nicht-strengen) Ordnungsrelationen gemeinsam ist, kann man die direkten Pfeile bei der Aufzeichnung weglassen, wenn es eine Verbindung durch Umwegpfeile gibt, ebenso die Schlaufen (für die Reflexivität) bei den Ordnungsrelationen. Schließlich kann man sich die Angabe der Pfeilrichtung sparen, wenn man etwa verabredet, daß bei $(x, y) \in R$ der Punkt x unterhalb des Punktes y liegt. Solcherart vereinfachte (und nur für Ordnungsrelationen (beider Typen) brauchbare) Relationsgraphen heißen *HASSE-Diagramme*[1]. Abb. 36 zeigt das HASSE-Diagramm, zusammen mit dem ihm gleichwertigen Relationsgraph, für die Relation „x ist Teiler von y" auf der Menge $M = \{3, 9, 15, 135\}$. Diese Relation ist übrigens nicht linear, da weder 9 Teiler von 15, noch 15 Teiler von 9 ist, weshalb das Diagramm nicht als Kette gezeichnet werden kann.

Beispiel: *Lexikalische Ordnung*

Es sei A eine endliche, linear geordnete Menge (ein „Alphabet"). Dann bezeichnet A^n die Menge aller n-tupel $(x_1, \ldots, x_n)$ der *Fest*länge n mit $x_i \in A$ („1. Fall").

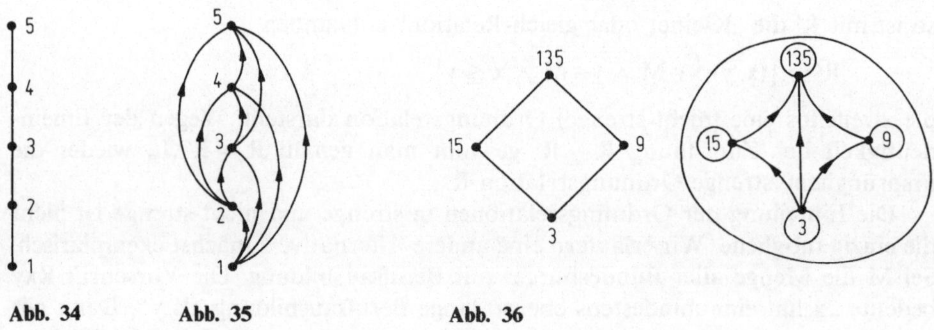

Abb. 34 **Abb. 35** **Abb. 36**

[1] H. Hasse (1898–1979), deutscher Mathematiker (Zahlentheorie, Algebra)

während

$$A \cup A^2 \cup A^3 \cup \ldots \cup A^n = \bigcup_{i=1}^{n} A^i$$

für die Menge aller i-tupel der *Höchst*länge n („2. Fall") steht. Für beide Fälle können wir eine *lineare* Ordnungsrelation R' für die Tupeln als Fortsetzung der *linearen* Ordnungsrelation R auf A folgendermaßen erklären: $(x_1, \ldots, x_k)$ komme vor $(y_1, \ldots, y_r)$, wenn genau eine der folgenden Bedingungen erfüllt ist (dabei sei ohne Einschränkung der Allgemeinheit $k \leqq r$ vorausgesetzt):

(1) $(x_1, \ldots, x_k) = (y_1, \ldots, y_k)$
(2) $x_1 \neq y_1$ und x_1 kommt vor y_1 im Alphabet A
(3) $\bigwedge_{i=1}^{m} x_i = y_i$ und $m < k$ und $x_{m+1} \neq y_{m+1}$ und x_{m+1} kommt im Alphabet A vor y_{m+1}.

Ist keine dieser Bedingungen erüllt, so kommt $(y_1, \ldots, y_r)$ vor $(x_1, \ldots, x_k)$.

Wir exemplifizieren den ersten Fall, indem wir für A die Ziffernmenge des Dezimalsystems wählen und die Ziffern nach aufsteigendem Wert ordnen: $A = \{0, 1, 2, 3, 4, 5, 6, 7, 8, 9\}$. Ferner wählen wir die hier feste Länge $n = 4$. Die Ziffernquadrupel können dann als vierstellige Ziffernketten geschrieben werden. Nach (1) kommt 7743 vor 7743 was hier ohne praktische Bedeutung ist (vgl. aber den 2. Fall!). Nach (2) kommt 4081 vor 5981, und nach (3) kommt 2865 vor 2893. Damit werden alle vierstelligen Dezimalzahlen der Größe nach geordnet, 0000 ist kleinstes, 9999 größtes Element. Wir betrachten nun noch ein Modell für den zweiten Fall: $A = \{a, b, c, \ldots, z\}$ sei das bekannte Alphabet der kleinen lateinischen Buchstaben, als Höchstlänge setzen wir $n = 7$ fest. Die Tupeln können als Buchstabenketten („Wörter") geschrieben werden. Nach (1) kommt dann ball vor ball, was hier auf Grund der Äquivokation durchaus praktische Bedeutung hat, ebenso aber auch paul vor paula. Mit (2) rangiert post vor rost, und nach (3) ordnen vor ordnung. Selbstverständlich bezieht sich dies auch auf Wörter ohne sprachliche Bedeutung: a ist kleinstes (erstes), zzzzzzz größtes (letztes) Tupel in der Ordnungskette.

Aufgaben zu 1.2.4

1. Untersuchen Sie die folgenden Relationen (1) bis (5) auf folgende Eigenschaften
   (a) Ordnungsrelation
   (b) strenge Ordnungsrelation
   (c) linear (vollständig)
   (1) $R = \{(X, Y) | X \in P(M) \wedge Y \in P(M) \wedge X \subset Y\}$

   ($P(M)$: Potenzmenge der Menge M)

   (2) $M = \{a, b, c, d\}, \quad R = \{(a, c), (b, c), (b, d), (c, d), (a, d)\}$

   (3) $M = \{a, b, c\}, \quad R = \{(a, a), (b, b), (c, c), (a, b), (b, c), (a, c)\}$

   (4) M: Menge aller Personen vor einer Theaterkasse, $R = \{(x, y) | x$ befindet sich in der Warteschlange vor $y\}$

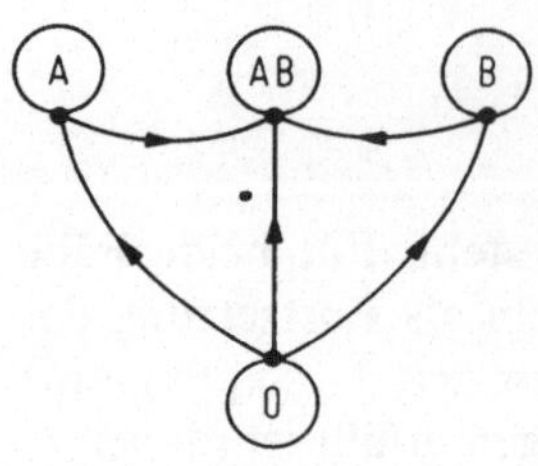

Abb. 37

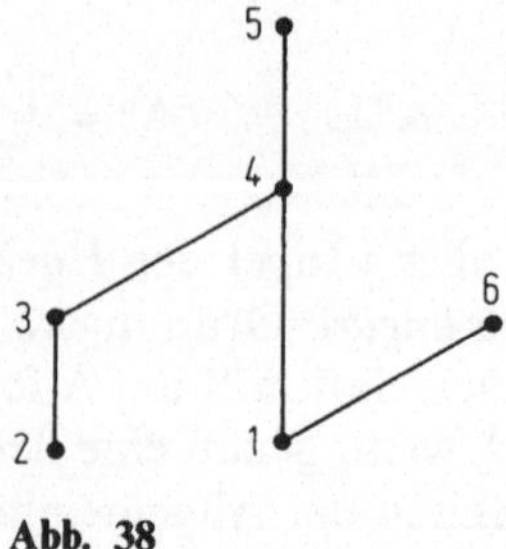

Abb. 38

(5) M = {A, B, AB, 0}: Menge der Haupt-Blutgruppen, R ist die „Blutspender-Relation“ gemäß Abb. 37

2. Welche Relation R wird durch das HASSE-Diagramm der Abb. 38 dargestellt? Geben Sie R in aufzählender Form an!
3. Sei $M = \{1, 2, 3, 4, 5, 6\}$, $R = \{(x, y) | x \text{ ist echter Teiler von } y\}$. Wie lautet die R eindeutig zugeordnete (nicht-strenge) Ordnungsrelation R′ in aufzählender Form? Relationsvorschrift von R′ verbal?

1.2.5 Verknüpfungen von Relationen

Da wir Relationen auf M als Teilmengen von $M \times M$ erklärt haben, sind als Verknüpfungen die aus der Mengenalgebra bekannten Operationen Durchschnitt, Vereinigung und Komplementbildung möglich. Es gibt aber darüber hinaus zwei Verknüpfungen von relationen-theoretischer Bedeutung, nämlich Verkettung (Komposition) und Umkehrung (Inversion), die in Theorie und Praxis eine größere Rolle spielen.

Definition

Sind R_1 und R_2 (zweistellige) Relationen auf einer Menge M, so heißt die Verknüpfung

$$R_2 * R_1 := \{(x, z) | \bigvee_{y \in M} [(x, y) \in R_1 \wedge (y, z) \in R_2]\}$$

Verkettung oder *Komposition* der Relationen R_1 und R_2.

Soll die Relation $R_2 * R_1$ nicht leer sein, so muß es wenigstens ein Element y des Nachbereichs von R_1 geben, das zugleich im Vorbereich von R_2 liegt, denn über

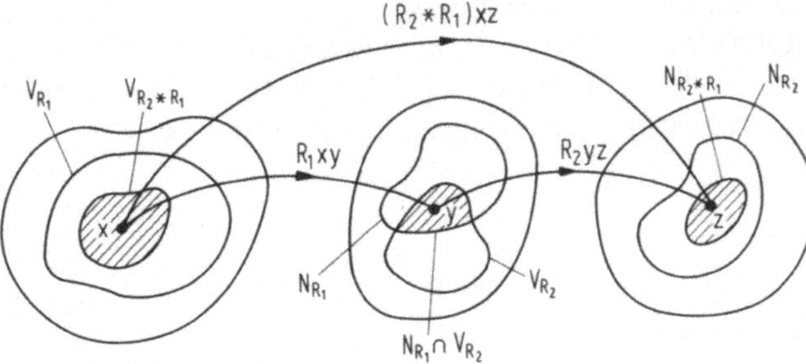

Abb. 39

genau diese Elemente werden die Paare miteinander verkettet. Achten Sie besonders auf die Reihenfolge: *zuerst* R_1, *danach* R_2 (von rechts nach links!). Im übrigen veranschaulicht Abb. 39 die Verknüpfung.

Satz

Die Verkettung ist assoziativ, aber nicht kommutativ:

$$R_3 * (R_2 * R_1) = (R_3 * R_2) * R_1 =: R_3 * R_2 * R_1$$

$$\neg(R_2 * R_1 = R_1 * R_2)$$

falls R_1, R_2, R_3 Relationen auf einer Menge M bezeichnen.

Beweis[1]: $R_2 * R_1 = \left\{ (x, z) \,\middle|\, \bigvee_{y \in M} [(x, y) \in R_1 \wedge (y, z) \in R_2] \right\}$

$$\begin{aligned} R_3 * (R_2 * R_1) &= \left\{ (x, w) \,\middle|\, \bigvee_{z \in M} [(x, z) \in R_2 * R_1 \wedge (z, w) \in R_3] \right\} \\ &= \left\{ (x, w) \,\middle|\, \bigvee_{z \in M} \left[\bigvee_{y \in M} [(x, y) \in R_1 \wedge (y, z) \in R_2] \wedge (z, w) \in R_3 \right] \right\} \\ &= \left\{ (x, w) \,\middle|\, \bigvee_{y \in M} \left[(x, y) \in R_1 \wedge \bigvee_{z \in M} [(y, z) \in R_2 \wedge (z, w) \in R_3] \right] \right\} \\ &= \left\{ (x, w) \,\middle|\, \bigvee_{y \in M} [(x, y) \in R_1 \wedge (y, w) \in R_3 * R_2] \right\} \\ &= (R_3 * R_2) * R_1 \end{aligned}$$

[1] Der mit dem Prädikatenkalkül nicht so vertraute Leser kann den Beweis übergehen und sei auf das anschliessende Beispiel verwiesen.

Für die Ungültigkeit des Kommutativgesetzes braucht man nur ein Beispiel zu erbringen. Es seien R_1, R_2 Relationen auf einer Menge von Familienangehörigen, R_1xy bedeute „x ist Sohn von y“, R_2xy bedeute „x ist Bruder von y“. Dann folgt $(R_2 * R_1)xy$ „x ist Neffe von y“, hingegen $(R_1 * R_2)xy$ „x ist Sohn von y“.

Definition

Ist R eine Relation auf einer Menge M, so heißt R^{-1} die *Umkehrung* (Umkehrrelation, Inversion) von R, wenn gilt

$$R^{-1} := \{(x, y) | (y, x) \in R\}$$

Formal gewinnt man aus R die Umkehrung R^{-1}, indem man die Koordinaten sämtlicher Paare von R vertauscht. Im Relationsgraph (Abb. 40) werden dabei die Pfeilrichtungen umgekehrt, bei graphischer Darstellung in einem kartesischen Koordinatensystem jeder Punkt in seinen Spiegelpunkt bezüglich der Winkelhalbierenden der Koordinatenachsen überführt. Zugleich vertauschen Vor- und Nachbereich ihre Rollen:

$$V_{R^{-1}} = N_R, \quad N_{R^{-1}} = V_R$$

Unmittelbar klar ist ferner die auf R zurückführende Umkehrung der Umkehrung

$$(R^{-1})^{-1} = R$$

Schließlich gestatten Relation und Umkehrrelation eine besonders einfache Formulierung der in 1.2.2 gebrachten Eigenschaften von Relationen (R, R^{-1} auf M),

R reflexiv	$\Leftrightarrow I_M \subset R$
R symmetrisch	$\Leftrightarrow R = R^{-1}$
R asymmetrisch	$\Leftrightarrow R \cap R^{-1} = \emptyset$
R identitiv (antisymmetrisch)	$\Leftrightarrow (R \cap R^{-1}) \subset I_M$
R transitiv	$\Leftrightarrow (R * R) \subset R,$

falls I_M wieder die Menge der identischen Paare auf M (Identitätsrelation) ist.

Der zuletzt aufgezeigte Zusammenhang zwischen Transitivität und Komposition „*“ läßt sich noch verdichten: aus einer beliebigen Relation R läßt sich eine

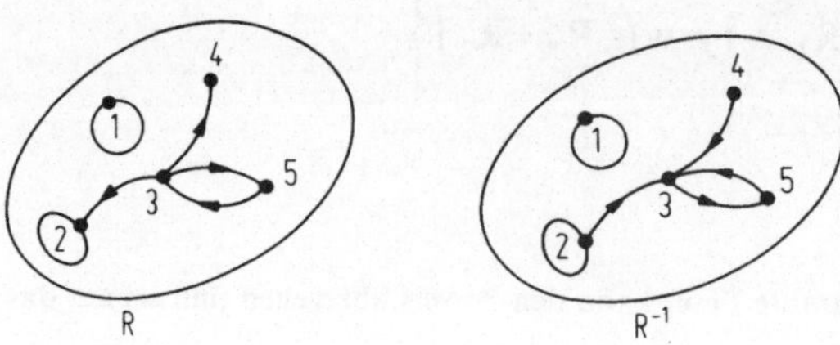

Abb. 40

transitive Relation R durch folgende Vorschrift gewinnen

$$\hat{R} = R \cup (R * R) \cup (R * R * R) \cup \ldots = \bigcup_{n \in N} R^n,$$

wenn man $R^2 = R * R$, $R^3 = R * R * R$ etc. setzt. $\hat{R}$ heißt die *Transitive Hülle* von R. Bei endlichen Relationen wird $\hat{R}$ mit endlich vielen Schritten erreicht.

Beispiel: *Verkehrsnetz*

In Abb. 41 ist ein vergröberter Ausschnitt des westberliner U-Bahnnetzes dargestellt. Die Abkürzungen der Stationen bedeuten folgende Linien:

Linie 1: Ruhleben (R) — Wittenbergplatz (W) — Hallesches Tor (H) — Görlitzer Bahnhof (G) — Schlesisches Tor (S)
Linie 2: Breitenbachplatz (B) — Fehrbelliner Platz (F) — Wittenbergplatz (W)
Linie 3: Alt-Mariendorf (A) — Tempelhof (T) — Hallesches Tor (H) — Kochstraße (K)

Unser Ziel ist die mengen- und relationstheoretische Formalisierung dieses „Systems", wobei es darauf ankommt, möglichst viele reale Sachverhalte mathematisch eindeutig zu beschreiben. Eine eindeutige Lösung dieser (von der Fragestellung her) „offenen" Aufgabe gibt es nicht, vielmehr soll der (die) Studierende von sich aus nach Problemen suchen. Wir geben einige Möglichkeiten an.

a) Jede U-Bahnlinie kann man als Menge ihrer Bahnstationen erklären

$$L_1 := \{R, W, H, G, S\}, \quad L_2 := \{B, F, W\}, \quad L_3 := \{A, T, H, K\}$$

Die Umsteigestationen sind dann durch die Durchschnitte bestimmt:

— umsteigen zwischen L_1 und L_2: $L_1 \cap L_2 = \{W\}$

— umsteigen zwischen L_1 und L_3: $L_1 \cap L_3 = \{H\}$

— umsteigen zwischen L_2 und L_3: $L_2 \cap L_3 = \emptyset$,

d.h. zwischen L_2 und L_3 ist kein Umsteigen möglich. Andererseits wird das Gesamtnetz (gemäß Abb. 41) mit der Vereinigung

$$L_1 \cup L_2 \cup L_3$$

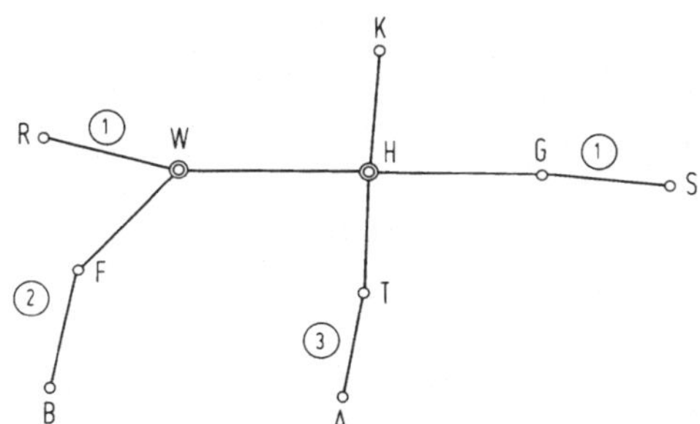

Abb. 41

beschrieben; „Teilnetze“ (für Wochenkarten etc.) von 2 Linien sind $L_1 \cup L_2$ und $L_1 \cup L_3$, nicht hingegen $L_2 \cup L_3$. Jede Linie ist bekanntlich orientiert, man unterscheidet zwischen Haupt- und Gegenrichtung. Die Hauptrichtungen seien

bei Linie 1 von S nach R
bei Linie 2 von B nach W
bei Linie 3 von K nach A

b) Wir erklären nun Relationen R_i auf L_i ($i \in \{1, 2, 3\}$):

$R_i xy :\Leftrightarrow$ Fahrt auf der Linie i in Hauptrichtung von der Station x zur Station y

Dann ist etwa für $i = 2$:

$$R_2 = \{(B, B), (B, F), (B, W), (F, F), (F, W), (W, W)\} ,$$

wobei wir die identischen Paare als Betreten und Verlassen des Bahnsteiges interpretieren (zwingt bei — in einigen Fällen noch vorhandenen — „Sperren“ zur Lösung einer Fahrkarte). Die Fahrten in Gegenrichtung der Linie 2 sind dann durch die Umkehrrelation bestimmt:

$$R_2^{-1} = \{(B, B), (F, B), (W, B), (F, F), (W, F), (W, W)\} .$$

Irgendeine Fahrt auf der Linie i ist Element der Vereinigung $R_i \cup R_i^{-1}$.

c) Die Relationen R_i haben folgende Eigenschaften: sie sind reflexiv, transitiv und identitiv ($R_i \cap R_i^{-1} = I_{L_i}$), jedoch nicht symmetrisch und nicht asymmetrisch. Ferner kann man an jeder Station ein- oder aussteigen. Alle R_i (und folglich auch alle R_i^{-1}) sind demnach lineare Ordnungsrelationen. Hätten wir die identischen Paare nicht mit hinzugenommen, so wären lineare, strenge Ordnungsrelationen entstanden. Die Relationen $R_i \cup R_i^{-1}$ sind reflexiv, symmetrisch und transitiv, also Äquivalenzrelationen. Da alle Elemente äquivalent sind, entsteht jeweils nur eine Klasse (gröbste Faserung). Reale Interpretation: beim Lösen einer Zeitkarte für die Linie i sind alle Fahrten auf dieser Linie abgegolten.

d) Eine Fahrt von der Station $x \in L_i$ zur Station $y \in L_j$ ($i \neq j$) kann durch einmaliges Umsteigen realisiert werden, falls nur

$$L_i \cap L_j \neq \varnothing$$

ist. Die Gesamtfahrt von x nach y, also das Element (x, y), ist dann jeweils Element einer der Relationsverkettungen

$$R_j * R_i,\ R_j^{-1} * R_i,\ R_j * R_i^{-1},\ R_j^{-1} * R_i^{-1};$$

so ist etwa die Fahrt von Ruhleben nach Fehrbelliner Platz

$$(R, W) \in R_1^{-1} \wedge (W, F) \in R_2^{-1} \Rightarrow (R, F) \in R_2^{-1} * R_1^{-1}$$

e) Das Fahren von $x \in L_2$ nach $y \in L_3$ ist nur bei zweimaligem Umsteigen möglich; so gelangt man z.B. vom Fehrbelliner Platz nach Tempelhof mit Umsteigen auf

Wittenbergplatz und Hallesches Tor:

$$(F, W) \in R_2 \wedge (W, H) \in R_1^{-1} \wedge (H, T) \in R_3 \Rightarrow (F, H) \in R_1^{-1} * R_2$$

$$\Rightarrow (F, T) \in R_3 * (R_1^{-1} * R_2) = R_3 * R_1^{-1} * R_2$$

f) Eine Hin- und Rückfahrt auf der gleichen Linie i kann nicht als Umsteiger gelöst werden: die Gesamtfahrt muß dabei nicht notwendig auf der gleichen Station, an der sie angetreten wurde, auch beendet werden. Jede solche Fahrt ist Element einer der Verkettungen

$$R_i * R_i^{-1} \quad \text{oder} \quad R_i^{-1} * R_i.$$

Diese Relationen sind Äquivalenzrelationen; sie enthalten mit

$$I_{L_i} = R_i \cap R_i^{-1} = R_i^{-1} \cap R_i \subset R_i * R_i^{-1}$$

die Menge der Hin- und Rückfahrkarten mit gleicher Anfangs- und Endstation.

Aufgaben zu 1.2.5

Es sind Relationen und deren Verkettungen auf der Menge $M = \{P, H, E, O, B, K, W, T\}$ folgender Familienangehörigen zu bestimmen:

P: Paula (Seniorin der Familie)
H: Henriette (Schwiegertochter von P)
E: Emil (Ehemann von H)
O: Oskar (Bruder von E)
B: Barbara (Tochter der H, E)
K: Kurt (Sohn der H, E)
W: Walther (Ehemann von B)
T: Thilo (Sohn der B, W)

Weiter bedeute R_1xy: „x ist Sohn von y", R_2xy: „x ist Tochter von y", R_3xy: „x ist Mutter von y".

Geben Sie die folgenden Relationen

a) durch Aufzählen sämtlicher Elemente
b) mit der üblichen Verwandtschaftsbezeichnung an:

1) R_1 2) $R_1 * R_1$ 3) R_2 4) $R_2 * R_2$ 5) $R_1 * R_2$ 6) $R_2 * R_1$

7) $R_1 * R_2 * R_1$ 8) R_3 9) $R_3 * R_1$ 10) $R_3 * R_3$

1.3 Abbildungen

1.3.1 Der Begriff der Abbildung

Zweistellige Relationen, die jedem Element der Quellmenge *genau ein* Element des Nachbereichs zuordnen, spielen in Theorie und Praxis seit jeher eine große Rolle. Die dafür gebräuchlichen Bezeichnungen „Abbildung" und „Funktion" werden

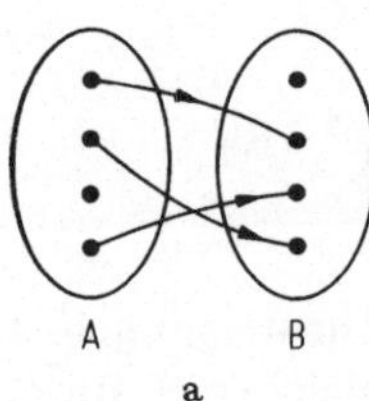

a

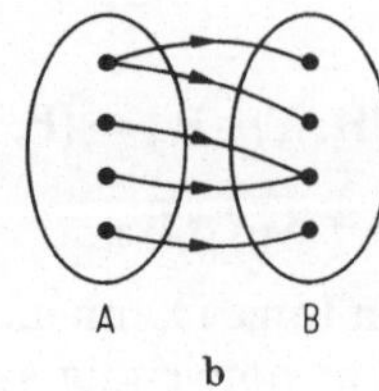

b

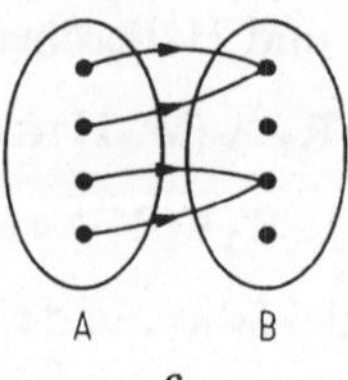

c

Abb. 42

heute synonym verwendet, wenngleich es nach wie vor üblich ist, in den algebraischen und geometrischen Disziplinen mehr von „Abbildungen", in den analytischen Gebieten (Analysis, Differentialgleichungen, Funktionentheorie etc.) mehr von „Funktionen" zu sprechen. Charakteristisch für den modernen Funktionsbegriff ist seine mengentheoretische Erklärung.

Definition

Eine Relation $R \subset A \times B$ heißt *Abbildung* von A in B, wenn

(1) R rechtseindeutig und
(2) R linkstotal ist.

Die in Abb. 42 als „Pfeildiagramme" gezeigten Relationen sind bei a) und b) keine Abbildungen, nur c) stellt eine Abbildung dar.

Bemerkungen

1. Nach dieser Definition sind Abbildungen (Funktionen) Mengen, nämlich Paarmengen mit den Eigenschaften (1) und (2). Vgl. jedoch Bemerkung 9.
2. A heißt bei Abbildungen *Definitionsmenge* (Urbildmenge, Originalmenge, Definitionsbereich, Argumentebereich), B *Zielmenge.*
3. Ist f eine Abbildung von A in B, so gilt nach Punkt (2) der Definition für den Vorbereich V_f stets $V_f = A$, für den Nachbereich N_f jedoch nur $N_f \subset B$. Ist speziell $N_f = B$ (Deckung im Nachbereich, f rechtstotal), so heißt f auch Abbildung von „A *auf* B". Statt Nachbereich sagt man auch Wertevorrat oder Bildmenge.
4. Für eine „Abbildung f von A in B" schreiben wir

$$f: A \to B$$

Ordnet f dem Element $x \in A$ das Element $y \in B$ zu, so bringen wir diese (rechtseindeutige) Zuordnung durch

$x \mapsto y$ oder $y =: f(x)$

zum Ausdruck. Beide Schreibweisen kennzeichnen die *Zuordnungsvorschrift*[1] (Funktionsvorschrift, Abbildungsvorschrift). Bei analytischen Darstellungen heißt $y = f(x)$ Funktionsgleichung.

5. Ist die Bedeutung von A und B aus dem Kontext unmißverständlich klar, so ist es üblich, von der „durch die Funktionsgleichung $y = f(x)$ bestimmten Funktion f" oder auch kurz von „der Funktion f(x)" bzw. „der Funktion y(x)" (im Sinne einer ökonomischen Abkürzung) zu sprechen. Der Leser beachte aber, daß begrifflich f(x) der Funktions*wert* an der Stelle x oder allgemein der Name für das dem Urbild x mittels f zugeordnete Bild ist.
6. Der Darstellung einer Relation $R \subset A \times B$ als Paarmenge

$$R = \{(x, y) | x \in A \wedge y \in B \wedge Rxy\}$$

$$Rxy \Leftrightarrow (x, y) \in R$$

entspricht bei Abbildungen bzw. Funktionen

$$f = \{(x, y) | x \in A \wedge y \in B \wedge y = f(x)\}$$

$$y = f(x) \Leftrightarrow (x, f(x)) \in f$$

7. Sind A, B Zahlenmengen, so lassen sich die Elementepaare $(x, y) \in f$ als Koordinaten von Punkten interpretieren und in ein ebenes Koordinatensystem eintragen. Diese (diskrete oder kontinuierliche) Punktmenge heißt *Graph* der Funktion f und wird mit f oder $y = f(x)$ beschriftet (Abb. 43).
8. In der DDR-Literatur wird der Abbildungsbegriff anders erklärt: nur die dort „eindeutigen Abbildungen von A in (auf) B" sind synonym mit den „Abbildungen von A in (auf) B" in unserem Sinne.
9. Es sei schließlich darauf hingewiesen, daß eine Abbildung f von A in B auch einfach als „Vorschrift" definiert werden kann, die jedem $x \in A$ genau ein $y \in B$ zuordnet. Die damit bestimmte Paarmenge heißt bei dieser Erklärung der Graph der Funktion und deckt sich dann mit unserem Funktionsbegriff, so daß sich dieser Unterschied in den Erklärungen auf alle folgenden Betrachtungen nicht auswirkt. Bei BOURBAKI wird Funktion als Tripel (A, B, f) definiert und die Paarmenge f als „funktionelle Relation" bezeichnet.

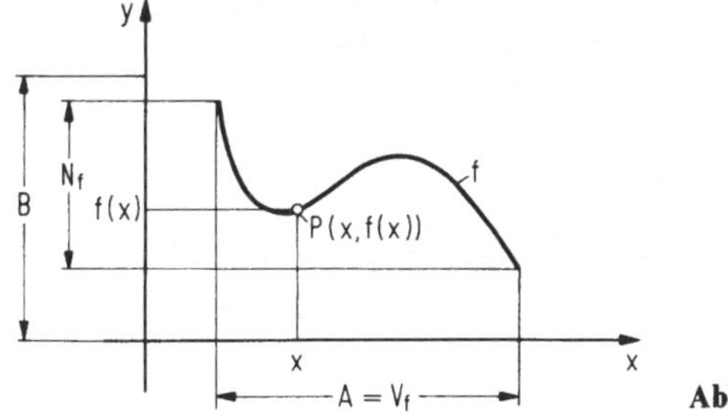

Abb. 43

[1] Vgl. die Fußnote über Relationsvorschriften in 1.2.1.

Beispiele

1. $A = \{1, 2, 3\}$, $B = \{3, 4, 5\}$. Man vergleiche mit Abb. 44:
   $R_1 := f_1 = \{(1;5), (3;4), (2;4)\}$ ist Abbildung von A in B;
   $R_2 := f_2 = \{(3;5), (1;4), (2;3)\}$ ist Abbildung von A auf B;
   $R_3 := \{(1;4), (2;5), (2;3), (3;4)\}$ ist keine Abbildung, da die Relation nicht rechtseindeutig ist;
   $R_4 := \{(1;5), (3;4)\}$ ist keine Abbildung, da sich Vorbereich $V_{R_4} = \{1;3\}$ und Quellmenge A nicht decken.
2. Die Relation

$$R = \left\{(x, y) \middle| x \in \mathbb{R} \wedge y = \frac{1}{x}\right\}$$

ist keine Abbildung: $x = 0 \in \mathbb{R}$ kann vermöge $x \mapsto \frac{1}{x}$ kein Bildelement zugeordnet werden ($V_R \neq \mathbb{R}$), denn es gibt keinen Bruch mit dem Nenner 0. Hingegen ist

$$f = \left\{(x, y) \middle| x \in \mathbb{R}\setminus\{0\} \wedge y = \frac{1}{x}\right\}$$

eine Abbildung (Funktion) von $\mathbb{R}\setminus\{0\}$ auf sich, deren Graph unter dem Namen Hyperbel bekannt ist.

Es muß darauf hingewiesen werden, daß Abbildungen (Funktionen) bei mathematischen Anwendungen in Technik, Naturwissenschaften und Wirtschaftswissenschaften oft nicht als Mengen dargestellt werden, weil Zweckmäßigkeitsgesichtspunkte andere Formen verlangen. Wir stellen die wichtigsten Darstellungsarten im folgenden zusammen:

1. *Analytische Darstellung: Funktionsgleichung*
   Die Zuordnungsvorschrift ist eine Rechenvorschrift, die mit den in der Mathematik üblichen Zeichen zum Ausdruck gebracht wird, so etwa

$$y = x^3 - 7x^2 + 15x - 4$$

$$y = \sin x + \cos x$$

Funktionsgleichungen dieser Art verstehen sich dabei nicht nur als Aussageformen, sondern gestatten Operationen, Umformungen und weiterführende kalkülmäßige Untersuchungen bestimmter Eigenschaften. Darüber hinaus gibt

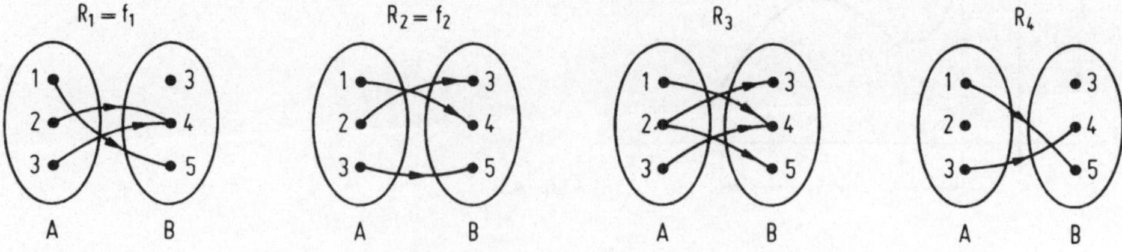

Abb. 44

es nichtelementare analytische Darstellungen durch Integrale, Differentialgleichungen oder Potenzreihenentwicklungen, die in Analysis und Funktionentheorie eine große Rolle spielen. Näheres darüber ist in den Bänden 2 und 3 (Analysis) zu finden.

2. *Geometrische Darstellung: Graph und Pfeildiagramm*
Die Graphen-Darstellung wird man stets dann wählen, wenn man den „Werteverlauf" im Auge hat. Die Aufzeichnung der Punkte erfolgt in einem Koordinatensystem (kartesisch, polar). Dabei kann die Bestimmung der Punkte P(x, y) aufgrund einer Funktionsgleichung (etwa nach Erstellung einer „Wertetafel") erfolgen; der Graph kann aber auch direkt von einer technischen Vorrichtung aufgezeichnet bzw. sichtbar werden. Man denke an Seismogramme, Elektrokardiogramme, Oszillogramme etc. In solchen Fällen spricht man auch von „empirischen Funktionen".
Abb. 45 zeigt einen kontinuierlichen Graphen. Bezeichnen wir die Punktmenge mit $\mathfrak{L}$, so gilt mit

$$f = \{(x, y) | x \in \mathbb{R} \wedge y = f(x)\} :$$

$$\mathfrak{L} = \{P(x, y) | x \in \mathbb{R} \wedge y = f(x)\} ,$$

falls es sich um eine für alle reelle Zahlen erklärte Abbildung handelt. Notwendig und hinreichend dafür, daß ein beliebiger Punkt der Ebene zum Graphen $\mathfrak{L}$ gehört, ist das Bestehen der Funktionsgleichung bei Belegung der (x, y) mit den Koordinaten des Punktes. In Abb. 45 ist

$$y_1 = f(x_1) \Leftrightarrow P_1(x_1, y_1) \in \mathfrak{L} \Leftrightarrow (x_1, y_1) \in f$$

$$y_2 \neq f(x_2) \Leftrightarrow P_2(x_2, y_2) \notin \mathfrak{L} \Leftrightarrow (x_2, y_2) \notin f$$

Dieser Sachverhalt gilt selbstverständlich für sämtliche Funktionen, bei denen eine Graphendarstellung sinnvoll und zweckmäßig ist. Pfeildiagramme dienen bei Abbildungen mit endlich vielen Elementepaaren vornehmlich zur Demonstration algebraischer Eigenschaften.

3. *Skalare Darstellung: Funktionsleiter*
Weniger anschaulich, aber für technische Anwendungen außerordentlich nützlich ist die Darstellung einer Funktion $f \subset \mathbb{R}^2$ als Skala oder Leiter. Man trägt

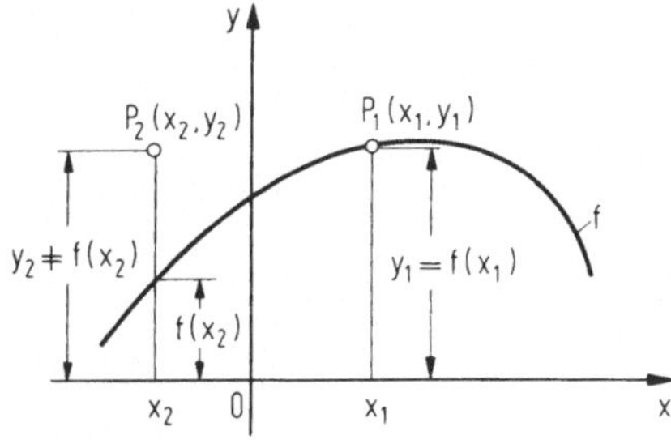

Abb. 45

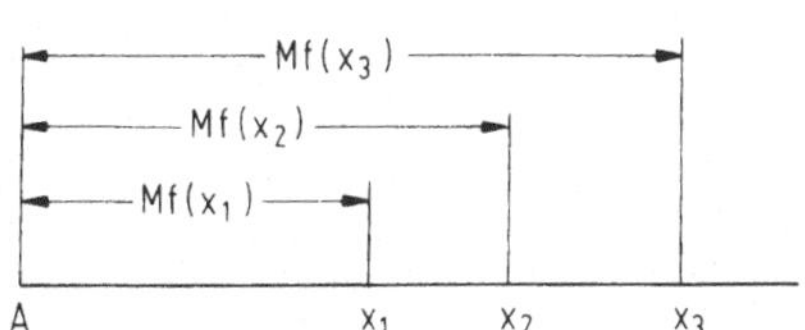

Abb. 46

von einem Anfangspunkt A aus auf einer Geraden die Funktionswerte $f(x_1)$, $f(x_2)$ usw., versehen noch mit einer Maßstabsgröße M, als Strecken ab und beschriftet ihre Endpunkte mit den zugehörigen Argumentwerten x_1, x_2 usw. (Abb. 46).

Die Menge der so konstruierten Punkte bildet eine *Funktionsskala* oder Funktionsleiter für die durch $y = f(x)$ bestimmte Funktion f. Um die Zuordnung der Zahlenwerte besonders deutlich zu machen, schreibt man im allgemeinen die gleichmäßige Skala der y-Achse — auf jeden Fall aber deren Einheit — an die andere Seite der Skala. Damit entsteht eine sogenannte Funktions-Doppelleiter als einfachster Repräsentant eines *Leiter-Nomogramms.*

Als Beispiel erläutern wir die Konstruktion einer logarithmischen Skala als Darstellung der Logarithmusfunktion

$$f = \{(x, y) \mid x \in A \wedge y = \lg x\}$$

für den Definitionsbereich

$$A = \{x \mid x \in \mathbb{R}^+ \wedge 1 \leqq x \leqq 10\}$$

Den Maßstabsfaktor wählen wir zu M = 25 [mm]. Einer Logarithmentafel entnehmen wir die folgenden Wertepaare (zur Aufzeichnung genügen zweistellige Mantissen)

x	1	2	3	4	5	6	7	8	9	10
lgx	0.00	0.30	0.48	0.60	0.70	0.78	0.85	0.90	0.95	1.00

Den Maßstabsfaktor M = 25 [mm] berücksichtigen wir, indem wir die Einheit auf der y-Achse 25 mm (d.i. 5mal so groß als die Einheit auf der x-Achse) wählen (Abb.

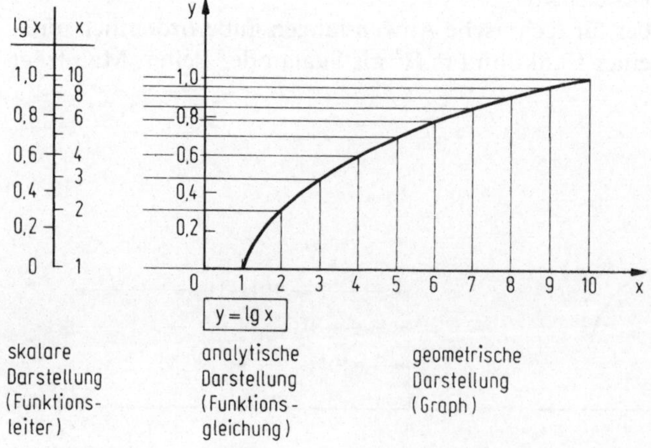

Abb. 47

47). Systeme von Funktionsskalen ermöglichen die Ausführung von Rechenoperationen in einer für diese Darstellungsart typischen Weise. Bekannteste Anwendung ist der logarithmische Rechenstab.

4. Tabellarische Darstellung: Tafeln, Tabellen, Listen

Die wohl häufigste und in allen geistigen Bereichen übliche (weil auch ohne Mathematik verständliche) Funktionsdarstellung ist die tabellarische Gegenüberstellung von Original- und Bildelement. Die Tabellen können vertikal oder horizontal angeordnet sein, in vielen Fällen (Steuertabellen, Zahlentafeln etc.) sind aus platztechnischen Gründen mehrere Funktionen zu einer Tafel zusammengenommen. Hier zeigt sich an deutlichsten der Umfang des auf mengentheoretischer Basis definierten Abbildungs-(Funktions-)begriffes.

Allerdings stellt nicht jede Übersicht eine Abbildung dar: schon die Zuordnung „Fernsprechteilnehmer $\mapsto$ Nummer des Fernsprechanschlusses" ist nicht notwendig (rechts-)eindeutig. Auch das Lesen „aus der Tabelle heraus", d.h. die Zuordnung $f(x) \mapsto x$, wird im allgemeinen nicht wieder eine Abbildung sein, bzw. bedarf in jedem Falle neu des Nachweises der Eindeutigkeit. Eindringlichstes Beispiel einer rechtsmehrdeutigen Relationstabelle ist das Sach- und Namensverzeichnis am Schluß dieses Buches. Die Zuordnung „Stichwort $\mapsto$ Seite" führt deshalb zu keiner funktionellen Tabelle. Überzeugen Sie sich!

Aufgaben zu 1.3.1

1. Welche der folgenden Relationen sind Abbildungen (Funktionen)?

   a) $R_1 = \{(x, y) \mid x \in \mathbb{R} \wedge x \mapsto y = \sin x\}$

   b) $R_2 = \{(x, y) \mid x \in \mathbb{R} \wedge x \mapsto y = \tan x\}$

   c) $R_3 = \{(x, y) \mid x \in [-1; 1]^1 \wedge x \mapsto \frac{1}{x^2 - 1}$

   d) $R_4 = \{(x, y) \mid x \in \mathbb{R}^+ \wedge x \mapsto y = \ln x\}$

   e) $R_5 = \{(x, y) \mid x \in [-5; 5] \wedge x^2 + y^2 = 25\}$

   f) $R_6 = \{(x, y) \mid x \in \mathbb{R} \wedge x \mapsto -x\}$

2. Wie hat man eine Relation, die keine Abbildung ist, zu verändern, damit sie zu einer Abbildung wird? Anwendung auf die nicht-funktionellen Relationen der Aufgabe 1 dieses Abschnitts!

1.3.2 Wichtige Eigenschaften von Abbildungen

Es werden die Begriffe „injektiv", „surjektiv" und „bijektiv" erklärt. Dabei bedienen wir uns zum besseren Verständnis abstrakter Formulierungen der anschaulichen Pfeildiagramme.

---

[1] $[-1; 1] := \{x \mid x \in \mathbb{R} \wedge -1 \leqq x \leqq 1\}$: beiderseits abgeschlossenes Intervall auf $\mathbb{R}$.

Definition

Eine Abbildung f von A in B mit $x \mapsto f(x)$ heißt *injektiv* (linkseindeutig), wenn unterschiedlichen Urbildern stets auch unterschiedliche Bilder zugeordnet werden.

$$f \text{ injektiv} :\Leftrightarrow \bigwedge_{x_1 \in A} \bigwedge_{x_2 \in A} [x_1 \neq x_2 \rightarrow f(x_1) \neq f(x_2)]$$

Manchmal ist es nützlich, eine Implikation $(p \Rightarrow q)$ in der kontraponierten Form auszudrücken: aus der Negation der Konsequenz q folgt dann die negierte Prämisse p: $\neg q \Rightarrow \neg p$. In unserem Fall heißt das, f ist injektiv, wenn gleiche Bilder stets gleiche Urbilder haben, also ein Bild niemals zu zwei verschiedenen Urbildern gehört. Vergleichen Sie dazu die Abb. 48, 49, 50. Bei injektiven Abbildungen darf in jedem Punkt der Zielmenge B *höchstens* ein Pfeil enden. Danach stellen die Pfeildiagramme der Abb. 48 und 50 „Injektionen" dar, nicht jedoch Abb. 49.

Injektive Abbildungen sind damit rechtseindeutige und linkseindeutige Zuordnungen und heißen, wie bei Relationen, *eineindeutig.*

Beispiel

Wir diskutieren die Injektivität an einer reellen Funktion mit kontinuierlichem Graphen (Parabel, Abb. 51)

$$f = \{(x, y) \mid x \in \mathbb{R}^+ \wedge x \mapsto y = x^2\}$$

$$x_1^2 = x_2^2 \Rightarrow x_1 = x_2, \text{ da } x_1 > 0 \wedge x_2 > 0 \text{ ist,}$$

damit ist f injektiv. Nimmt man hingegen als Definitionsmenge $\mathbb{R}$

$$f^* := \{(x, y) \mid x \in \mathbb{R} \wedge x \mapsto y = x^2\}$$

so gilt nun trotz gleicher Zuordnungsvorschrift

$$x_1^2 = x_2^2 \Rightarrow (x_1 = x_2) \vee (x_1 = -x_2)$$

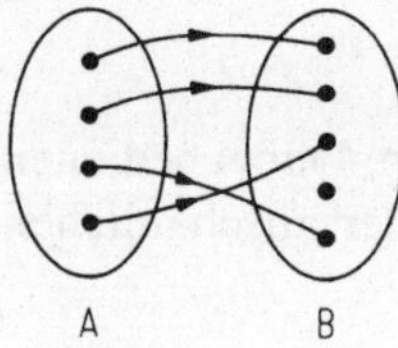

Abb. 48

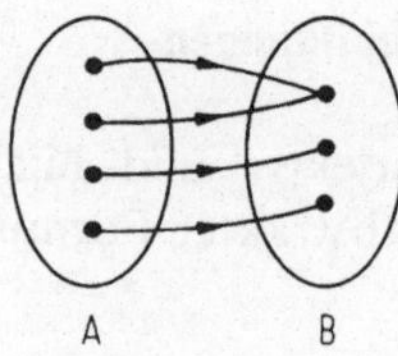

Abb. 49

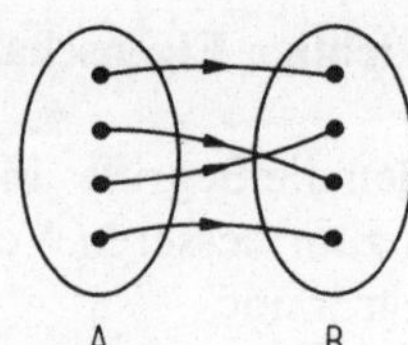

Abb. 50

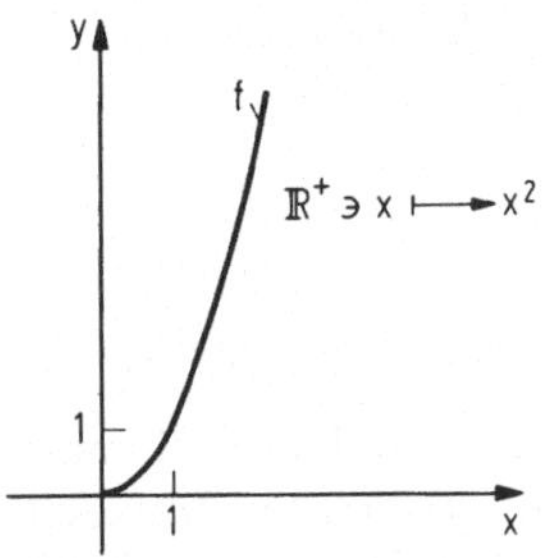

Abb. 51

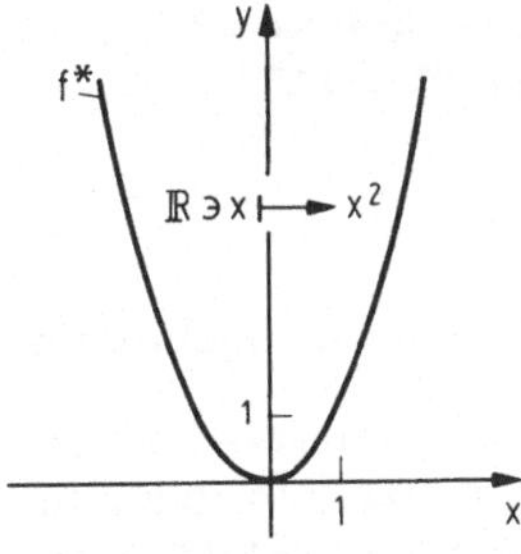

Abb. 52

und das heißt, f* ist nicht injektiv (Abb. 52). Allgemein: kontinuierliche Graphen injektiver Abbildungen werden von jeder Parallelen zur x-Achse höchstens einmal berührt oder geschnitten.

Definition

> Eine Abbildung f von A in B mit $x \mapsto f(x)$ mit Deckung von Nachbereich und Zielmenge
>
> $$\boxed{N_f = B}$$
>
> heißt *surjektiv* (rechtstotal).

Im Pfeildiagramm erkennt man surjektive Abbildungen daran, daß in jedem Punkt der Zielmenge B *mindestens ein* Pfeil endet. Danach sind die in Abb. 49 und 50 dargestellten Abbildungen surjektiv, nicht hingegen Abb. 48. Ist f surjektiv, so bringt man diese Eigenschaft gern durch die Formulierung „Abbildung von A *auf* B" zum Ausdruck.

Beispiel

Die Exponentialfunktion f: $\mathbb{R} \to \mathbb{R}^+$

$$f = \{(x, y) \mid x \in \mathbb{R} \wedge x \mapsto y = e^x\}$$

ist surjektiv, da ihre Wertemenge alle positiven Zahlen ausmacht: $N_f = \mathbb{R}^+$. Hingegen ist die mit f*: $\mathbb{R} \mapsto \mathbb{R}$

$$f^* = \{(x, y) \mid x \in \mathbb{R} \wedge x \mapsto y = \sin x\}$$

erklärte Sinusfunktion nicht surjektiv, da für alle reellen x stets $|\sin x| \leqq 1$ ausfällt. Es bereitet jedoch keine Schwierigkeiten, durch Einschränkung der Zielmenge auf den Nachbereich von f* aus f* eine surjektive Abbildung f** mit gleicher Zuordnungsvorschrift zu erzeugen:

$$f^{**} = \{(x, y) \mid (x, y) \in \mathbb{R} \times [-1; 1] \wedge y = \sin x\}$$

Da zwei Mengen gleich sind, wenn sie die gleichen Elemente besitzen, ist trotz der verschiedenen Eigenschaften $f^* = f^{**}$ [1].

Definition

Eine Abbildung f von A in B, die injektiv und surjektiv ist, heißt *bijektiv*.

Bijektionen von A in B werden gern „A auf B" gelesen, sind aber im Unterschied zu den surjektiven Abbildungen *stets* eineindeutig (umkehrbar eindeutig). Im Pfeildiagramm erkennt man bijektive Abbildungen daran, daß in jedem Punkt der Zielmenge *genau ein* („ein und nur ein") Pfeil einmündet (Abb. 50).

Beispiele

1. Ein Versandhauskatalog bietet eine Menge von Waren an, wobei jeder Artikel seinen Namen und eine Artikelnummer hat. Ist A die Menge der angebotenen Waren, B die Menge der zugeordneten Nummern, so ist die Abbildung $f: A \to B$ eine Bijektion: die Zuordnung ist eineindeutig, denn zu jeder Artikelnummer gehört ein eindeutig zugeordneter Warenartikel und umgekehrt ist jedem Warenartikel eindeutig „seine" Artikelnummer zugeordnet.
2. Die Funktion $f: \mathbb{R}^+ \to \mathbb{R}$ mit $x \mapsto \ln x$ (Logarithmusfunktion) ist a) surjektiv, da $N_f = \mathbb{R}$ gilt. b) injektiv: $x_1 \neq x_2 \Rightarrow \ln x_1 \neq \ln x_2$ für alle $x_1 \in \mathbb{R}^+ \wedge x_2 \in \mathbb{R}^+$. Also ist f eine Bijektion. Den Graphen zeigt Abb. 53.
3. Die Sinusfunktion $f: \mathbb{R} \to \mathbb{R}$ mit $x \mapsto \sin x$ ist weder injektiv noch surjektiv (Abb. 54):

   a) nicht surjektiv, da

$$N_f = \{\sin x \mid x \in \mathbb{R}\} = \{y \mid -1 \leqq y \leqq 1 \wedge y \in \mathbb{R}\} \neq \mathbb{R}$$

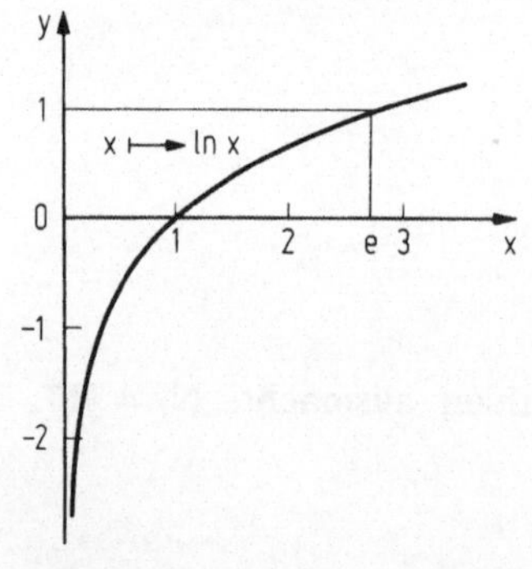

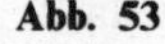
Abb. 53

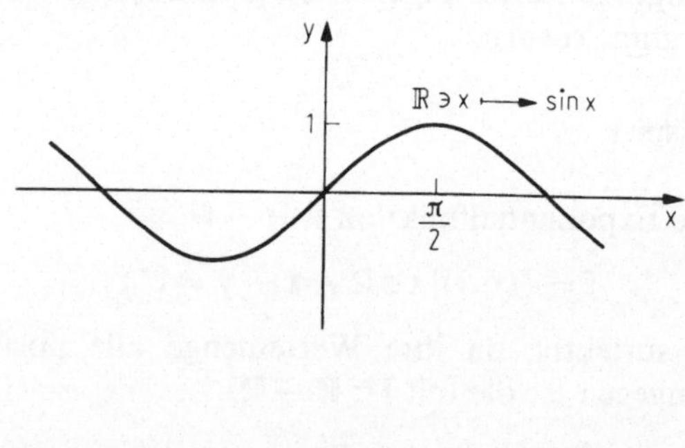

Abb. 54

[1] Erklärt man (nach BOURBAKI) eine Abbildung $f: A \to B$ als das Tripel (A, B, f) und beachtet $(A_1, B_1, f_1) = (A_2, B_2, f_2) :\Leftrightarrow A_1 = A_2 \wedge B_1 = B_2 \wedge f_1 = f_2$, so würde nach dieser Abbildungsdefinition $(\mathbb{R}, \mathbb{R}, f^*) \neq (\mathbb{R}, [-1; 1], f^{**})$ ausfallen.

b) nicht injektiv, da etwa x_1 und $x_1 + 2\pi$ auf den gleichen Funktionswert führen:

$$\sin x_1 = \sin(x_1 + 2\pi) \wedge x_1 \neq x_1 + 2\pi \text{ für alle } x_1 \in \mathbb{R} .$$

Konstruktion einer bijektiven Funktion f* aus f durch geeignete Einschränkung von Definitions- und Zielmenge:

$$f^*\colon D \to W \text{ mit } x \mapsto \sin x$$

$$D = \left\{x \,\middle|\, -\frac{\pi}{2} \leqq x \leqq +\frac{\pi}{2} \wedge x \in \mathbb{R}\right\}$$

$$W = \{y \mid -1 \leqq y \leqq +1 \wedge y \in \mathbb{R}\}$$

D ist als „Hauptwertbereich der Sinusfunktion" bekannt, für f* müßte man korrekt sagen: „die auf dem Hauptwertbereich D definierte Sinusfunktion", denn je nach Vorbereich gibt es unendlich viele Sinusfunktionen bei gleicher Zuordnungsvorschrift $x \mapsto \sin x$ (Abb. 55).

Aufgaben zu 1.3.2

1. Die Funktion f: $\mathbb{R} \mapsto \mathbb{R}$ mit $x \mapsto -\sin x + \cos x$ erzeugt durch Einschränkung von Quell- und Zielmenge eine bijektive Funktion $f^*\colon A^* \to B^*$ ($A^* \subset \mathbb{R}$, $B^* \subset \mathbb{R}$). Wie lauten A* und B*, falls $0 \in A^*$ ist und f* die gleiche Rechenvorschrift wie f haben soll? Skizze des Graphen von f*?
2. Sei f eine Abbildung von A in B mit

$$A = \{(x_1, x_2) \mid (x_1, x_2) \in \mathbb{R} \times \mathbb{R}\}$$

$$B = \{(y_1, y_2) \mid (y_1, y_2) \in \mathbb{R} \times \mathbb{R}\}$$

und $(x_1, x_2) \mapsto (y_1, y_2)$ gemäß

$$\left.\begin{aligned} y_1 &= a_{11}x_1 + a_{12}x_2 \\ y_2 &= a_{21}x_1 + a_{22}x_2 \end{aligned}\right\} \wedge \bigwedge_{i,k=1}^{2} a_{ik} \in \mathbb{R}$$

Unter welcher Bedingung für die a_{ik} ist f eine Bijektion? Wie lautet in diesem Fall die umgekehrte Elementezuordnung $(y_1, y_2) \mapsto (x_1, x_2)$? Man vergleiche ggf. Abschnitt 2.2.1.

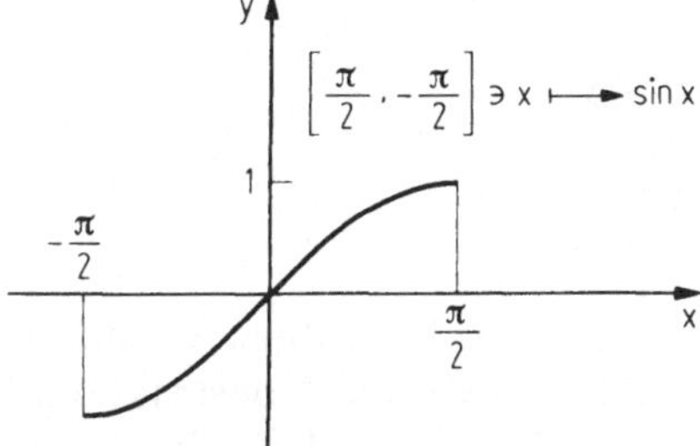

Abb. 55

3. Bezeichne A die Menge aller Bundesbürger, B die Menge aller amtlichen Kraftfahrzeug-Kennzeichen. Rxy bedeute, der Bundesbürger x hält ein KFZ mit dem amtlichen Kennzeichen y. R ist keine Abbildung! Konstruieren Sie Teilmengen $A^* \subset A$ und $B^* \subset B$, so daß $f: A^* \to B^*$ mit $x \mapsto f(x) \Leftrightarrow Rxy$ eine bijektive Abbildung darstellt!

1.3.3 Verknüpfungen von Abbildungen

Wir erklären zunächst solche Verknüpfungen von Funktionen, die Teilmengen von $\mathbb{R} \times \mathbb{R}$ sind. Sie spielen besonders im technischen und naturwissenschaftlichen Bereich eine Rolle.

Definition

$\mathbb{R}'$ und $\mathbb{R}''$ seien Teilmengen der reellen Zahlen: $\mathbb{R}' \subset \mathbb{R}$, $\mathbb{R}'' \subset \mathbb{R}$, ferner

$$f_1: \mathbb{R}' \to \mathbb{R} \quad \text{mit} \quad x \mapsto f_1(x)$$

$$f_2: \mathbb{R}'' \to \mathbb{R} \quad \text{mit} \quad x \mapsto f_2(x)$$

Dann bedeute

$$f_1 + f_2: A \to \mathbb{R} \quad \text{mit} \quad x \mapsto (f_1 + f_2)(x) = f_1(x) + f_2(x)$$

$$f_1 - f_2: A \to \mathbb{R} \quad \text{mit} \quad x \mapsto (f_1 - f_2)(x) = f_1(x) - f_2(x)$$

$$f_1 \cdot f_2: A \to \mathbb{R} \quad \text{mit} \quad x \mapsto (f_1 \cdot f_2)(x) = f_1(x) \cdot f_2(x)$$

$$f_1 : f_2: A^* \to \mathbb{R} \quad \text{mit} \quad x \mapsto (f_1 : f_2)(x) = f_1(x) : f_2(x)$$

jeweils Summe, Differenz, Produkt und Quotient der Funktionen f_1 und f_2. Für die Vorbereiche gilt

$$A \subset [\mathbb{R}' \cap \mathbb{R}''], \quad A^* \subset [\mathbb{R}' \cap (\mathbb{R}'' \setminus \{x \mid f_2(x) = 0\})]$$

Wichtige Sonderfälle sind

1) $-f: A \to \mathbb{R}$ mit $x \mapsto -f(x)$
   Die Graphen von f und $-f$ liegen symmetrisch zur x-Achse
2) $k \cdot f: A \to \mathbb{R}$ mit $x \mapsto kf(x) \wedge k \in \mathbb{R}^+$
   Der Graph von $k \cdot f$ geht aus dem Graphen von f
   für $k > 1$ durch „senkrecht affine Streckung"
   für $0 < k < 1$ durch „senkrecht affine Stauchung"
   hervor. Man vergleiche Band 2, Abschnitt 1.2.3.

Vor allem Summen- und Differenzfunktion lassen sich durch Ordinatenaddition bzw. -subtraktion graphisch bequem darstellen. Abb. 56 zeigt das Konstruktionsprinzip für die Ordinatenaddition. Als ausführliches Beispiel sind für die Funk-

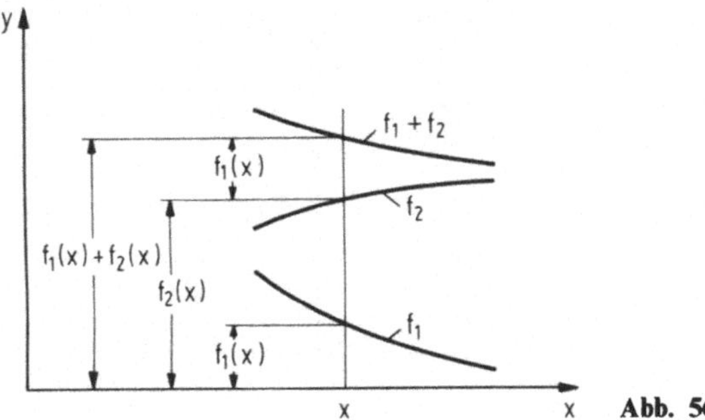

Abb. 56

tionen

$$f_1: [-1, +1] \to \mathbb{R} \quad \text{mit} \quad x \mapsto f_1(x) = \sqrt{1-x^2}$$

$$f_2: [-1, +1] \to \mathbb{R} \quad \text{mit} \quad x \mapsto f_2(x) = 2x^2 - 1$$

die Graphen von

$$f_1 + f_2: [-1; +1] \to \mathbb{R} \quad \text{mit} \quad x \mapsto \sqrt{1-x^2} + 2x^2 - 1 \qquad \text{(Abb. 57)}$$

$$f_1 - f_2: [-1; +1] \to \mathbb{R} \quad \text{mit} \quad x \mapsto \sqrt{1-x^2} - 2x^2 + 1 \qquad \text{(Abb. 58)}$$

$$f_1 \cdot f_2: [-1; +1] \to \mathbb{R} \quad \text{mit} \quad x \mapsto \sqrt{1-x^2} \cdot (2x^2 - 1) \qquad \text{(Abb. 59)}$$

$$\frac{f_1}{f_2}: \; [-1; \; +1] \Big\backslash \left\{\frac{1}{2}\sqrt{2}, -\frac{1}{2}\sqrt{2}\right\} \to \mathbb{R} \quad \text{mit} \quad x \mapsto \frac{\sqrt{1-x^2}}{2x^2-1} \qquad \text{(Abb. 60)}$$

dargestellt.

Ähnlich wie bei Relationen wird die Verkettung (Komposition) $f_2 * f_1$ zweier Abbildungen erklärt. Verknüpft wird jeweils eine Paar $(x, y) \in f_1$ mit einem Paar

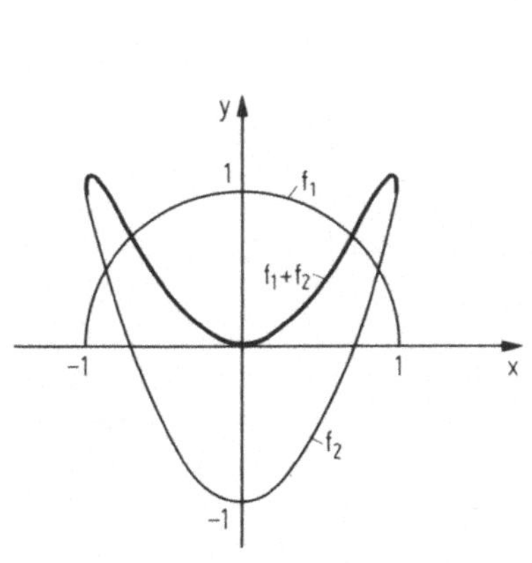

Abb. 57

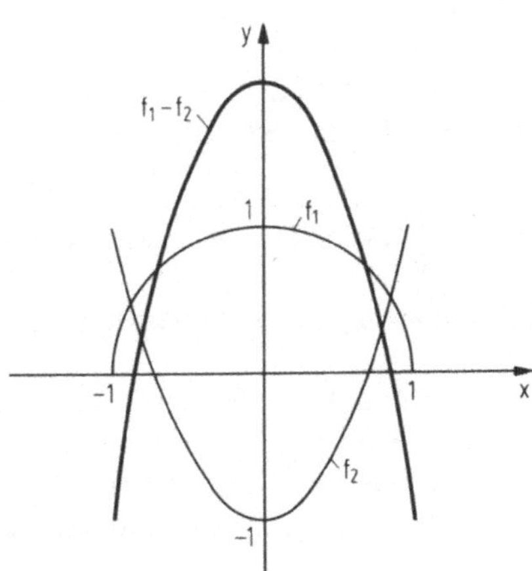

Abb. 58

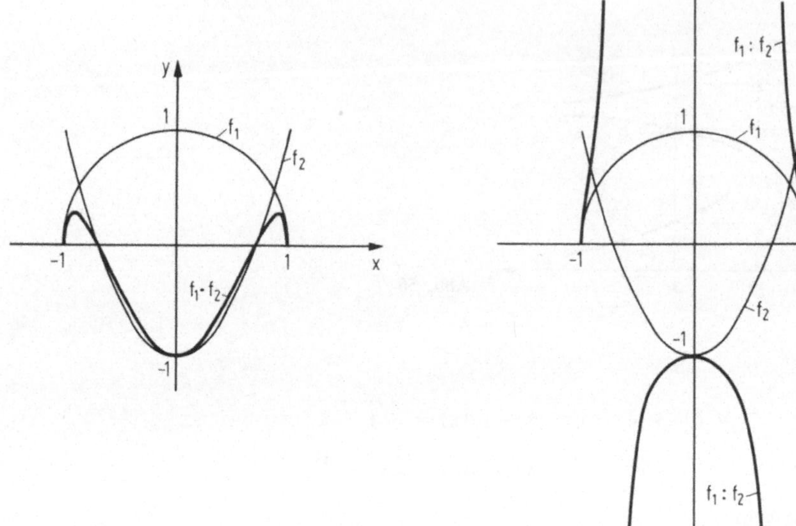

Abb. 59 **Abb. 60**

$(y, z) \in f_2$ zu einem Paar $(x, z) \in f_2 * f_1$, wobei die Existenz des gemeinsamen Elementes y an die Voraussetzung

$$N_{f_1} \cap V_{f_2} \neq \emptyset$$

gebunden ist.

Definition

Ist $f_1\colon A_1 \to B_1$, $f_2\colon A_2 \to B_2$, $N_{f_1} \cap A_2 \neq \emptyset$, so heißt die Verknüpfung von f_1 mit f_2 (in dieser Reihenfolge!) gemäß

$$\boxed{f_2 * f_1\colon A' \to B' \quad \text{mit} \quad x \mapsto (f_2 * f_1)(x) = f_2[f_1(x)]}$$

die *Verkettung* oder *Komposition* der Abbildungen f_1 und f_2.

Man beachte, daß die Reihenfolge — wie auch bei Relationen — *von rechts nach links* geschrieben wird, womit man Übereinstimmung mit der aus der Analysis gewohnten Schreibweise $f_2(f_1(x))$ gewinnt („von innen nach außen"). Nur eine andere Formulierung ist die Darstellung von $f_2 * f_1$ als Menge:

$$f_2 * f_1 = \left\{ (x, z) \,\middle|\, \bigvee_{y \in N_{f_1} \cap V_{f_2}} [y = f_1(x) \wedge z = f_2(y) = f_2(f_1(x))] \right\}$$

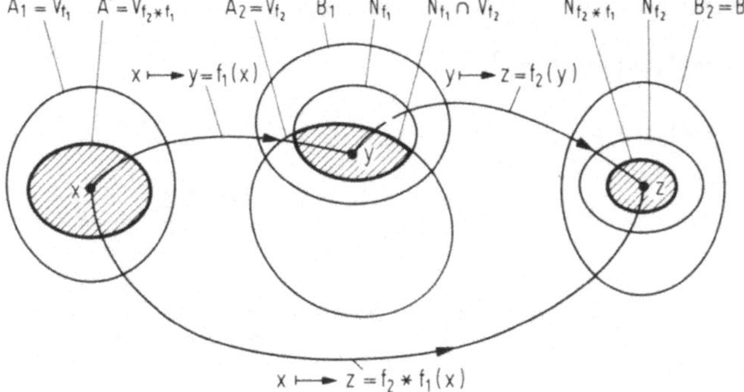

Abb. 61

Abb. 61 illustriert die Definition. Der Studierende überprüfe insbesondere die Aufzeichnungen von Quell- und Zielmengen, Vor- und Nachbereichen. Dabei wird deutlich, daß die Verkettung von Abbildungen ein Sonderfall der Relationen-Verkettung ist.

Satz

Die Verkettung von Abbildungen ist assoziativ, aber nicht kommutativ:

$$f_3 * (f_2 * f_1) = (f_3 * f_2) * f_1 =: f_3 * f_2 * f_1$$
$$\neg(f_2 * f_1 = f_1 * f_2)$$

Beweis:[1] Wir wollen von folgenden einschränkenden Voraussetzungen ausgehen:

$$f_1\colon V_{f_1} \to N_{f_1} = V_{f_2}, \quad f_2\colon V_{f_2} \to N_{f_2} = V_{f_3}, \quad f_3\colon V_{f_3} \to N_{f_3}$$

Dann gilt für die Vor- und Nachbereiche der Verknüpfungen

$$f_2 * f_1\colon V_{f_1} \to N_{f_2}, \quad f_3 * (f_2 * f_1)\colon V_{f_1} \to N_{f_3}$$

$$f_3 * f_2\colon V_{f_2} \to N_{f_3}, \ (f_3 * f_2) * f_1\colon V_{f_1} \to N_{f_3}$$

und für die Verknüpfungen selbst:

$$x \mapsto (f_2 * f_1)(x) = f_2(f_1(x))$$

$$x \mapsto (f_3 * (f_2 * f_1))(x) = f_3((f_2 * f_1)(x)) = f_3(f_2(f_1(x)))$$

$$x \mapsto (f_3 * f_2)(x) = f_3(f_2(x))$$

$$x \mapsto (f_3 * f_2) * (f_1)(x) = (f_3 * f_2)(f_1(x)) = f_3(f_2(f_1(x)))$$

[1] Da wir Abbildungen als spezielle Relationen erklärt haben und dieser Satz in 1.2.5 für Relationen bewiesen wurde, hätte es dieses Beweises eigentlich nicht bedurft.

Das Nicht-Bestehen der Kommutativität zeigt das Beispiel:

$$f_1: \mathbb{R} \to \mathbb{R} \quad \text{mit} \quad x \mapsto f_1(x) = 2x + 3$$

$$f_2: \mathbb{R} \to \mathbb{R} \quad \text{mit} \quad x \mapsto f_2(x) = \frac{1}{x^2 + 1}$$

$$\Rightarrow f_1 * f_2: \mathbb{R} \to \mathbb{R} \quad \text{mit} \quad x \mapsto f_1(f_2(x)) = f_1\left(\frac{1}{x^2+1}\right) = \frac{3x^2 + 5}{x^2 + 1}$$

$$f_2 * f_1: \mathbb{R} \to \mathbb{R} \quad \text{mit} \quad x \mapsto f_2(f_1(x)) = f_2(2x + 3) = \frac{1}{4x^2 + 12x + 10}$$

Beispiele

1. Die Funktionen

   $$f_1: \mathbb{R} \to \mathbb{R},\ x \mapsto x^2 - 4x + 3,\ f_2: \mathbb{R}^+ \cup \{0\} \to \mathbb{R},\ x \mapsto \sqrt{x}$$

   sind zu verketten. Dazu bildet man

   $$f_1 * f_2: \mathbb{R}^+ \cup \{0\} \to \mathbb{R},\ x \mapsto f_1(f_2(x)) = x - 4\sqrt{x} + 3$$

   $$f_2 * f_1: [\mathbb{R} \backslash \{x \mid x \in \mathbb{R} \wedge 1 < x < 3\}] \to \mathbb{R},\ x \mapsto f_2(f_1(x)) = \sqrt{x^2 - 4x + 3}$$

   Man beachte den Vorbereich von $f_2 * f_1$: es ist $N_{f_1} \not\subset V_{f_2}$, deshalb müssen diejenigen $x \in V_{f_1}$ mit $f_1(x) < 0$ ausgeschlossen werden! Zeichnen Sie sich die Graphen von f_1 und f_2 auf!
2. Bei allen Geldinstituten wird der Kontostand eines Kunden nicht direkt vom Namen des Kunden, sondern über dessen Kontonummer ermittelt. Die den Kunden interessierende Abbildung[1]

   f: A → B mit f(x): „f(x) ist der Kontostand des Kunden x"

   wird komponiert aus den beiden Abbildungen

   f_1: A → C mit $f_1(x)$: „$f_1(x)$ ist die Kontonummer des Kunden x"

   f_2: C → B mit $f_2(x)$: „$f_2(x)$ ist der Kontostand der Kontonummer x",

   wobei A die Menge der Kunden (namen), B die Menge der Kontostände (D-Mark-Beträge) und C die Menge der Kontonummern (zu einem bestimmten Zeitpunkt) bedeutet. Es ist $f = f_2 * f_1$. Hingegen ist $f_1 * f_2$ uninteressant, da $A \cap B = \emptyset$ ist.

Definition

Ist f: A → B eine bijektive Abbildung (Funktion) von A auf B, so heißt f^{-1}: B → A die *Umkehrabbildung* (inverse Abbildung, Umkehrfunktion, inverse Funktion) zu f.[2]

---

[1] Wir nehmen hierzu an, daß jeder Kunde nur ein Konto besitzt.

[2] Beachte: es gibt zu jeder Abbildung f ein f^{-1}; f^{-1} ist allgemein die Umkehr*relation* zu f und nur dann wieder eine Abbildung, wenn f bijektiv ist.

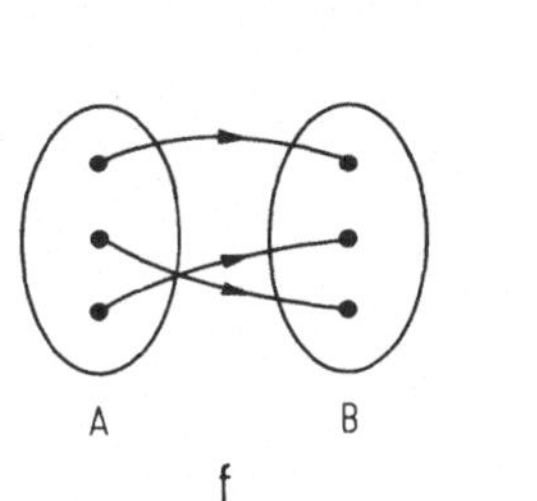

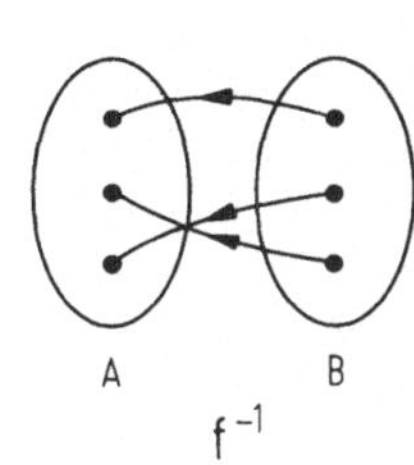

Abb. 62

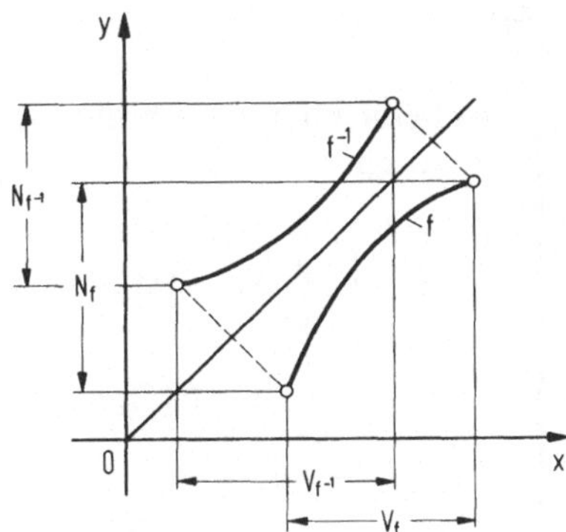

Abb. 63

Im Pfeildiagramm entsteht f^{-1} aus f durch Umkehrung der Pfeilrichtungen (Abb. 62). Bei tabellarischer Darstellung vertauschen sich die beiden Spalten (Zeilen) der Tabelle. Die in ein kartesisches Koordinatensystem eingetragenen Graphen von f und f^{-1} liegen spiegelbildlich zur Winkelhalbierenden von x- und y-Achse (Abb. 63). Das bedeutet: ist z.B. P (3; 7) ein Punkt des Graphen von f, so ist Q(7; 3) ein Punkt des Graphen von f^{-1}. Man erhält alle Elemente von f^{-1}, indem man die Koordinaten der Elemente von f vertauscht:

$$f = \{(x, y) \mid x \in A \wedge y \in B \wedge y = f(x)\}$$

$$f^{-1} = \{(x, y) \mid x \in B \wedge y \in A \wedge x = f(y) \Leftrightarrow y = f^{-1}(x)\}$$

$$A = V_f = N_{f^{-1}}, \quad B = N_f = V_{f^{-1}}.$$

Die Zuordnungsvorschrift bei f^{-1} kann demnach entweder über die von f, dann aber auf die vertauschten Koordinaten angewandt, oder als eigene Vorschrift erklärt werden. In konkreten Fällen wird dies viel eher deutlich. Ist f durch die Vorschrift $y = f(x) \Leftrightarrow$ „y ist Ehemann von x“ bestimmt, so kann f^{-1} entweder mit $x = f(y) \Leftrightarrow$ „x ist Ehemann von y“ oder mit $y = f^{-1}(x) \Leftrightarrow$ „y ist Ehefrau von x“ erklärt werden. Die beiden letzten Vorschriften bestimmen also die gleiche Abbildung f^{-1}.

Setzt man die Terme wechselseitig ein, so liefert

$$x = f(y) \Leftrightarrow y = f^{-1}(x)$$

die allgemeingültigen Umkehridentitäten

$$x = f(y) = f(f^{-1}(x))$$

$$y = f^{-1}(x) = f^{-1}(f(y)),$$

deren Gültigkeitsbereiche indes im allgemeinen verschieden sind. Wir fassen dies zusammen in dem

Satz

Ist f eine bijektive Abbildung von A auf B, f^{-1} die inverse Abbildung von B auf A, so gilt

$$\bigwedge_{x\in B} f(f^{-1}(x)) = x \quad \text{bzw.} \quad f * f^{-1} = i_B$$

$$\bigwedge_{x\in A} f^{-1}(f(x)) = x \quad \text{bzw.} \quad f^{-1} * f = i_A\,,$$

wenn $i_M = \{(x, x) | x \in M\}$ die identische Abbildung auf M bezeichnet.

Diese Identitäten stehen nicht nur als „Superzeichen" für eine Vielzahl von Formeln in Algebra und Analysis, sie dienen oft auch zur Definition neuer Funktionen, indem man diese als Umkehrungen bekannter Funktionen einführt. Von dieser Methode werden wir in der Analysis ausgiebig Gebrauch machen.

Die Relation „f^{-1} ist Umkehrabbildung von f" ist offensichtlich symmetrisch: auch f ist dann die Umkehrung von f^{-1}, in Zeichen

$$f = (f^{-1})^{-1}$$

Zweimalige Umkehrung führt wieder zur ursprünglichen Abbildung zurück. Man beachte, daß dieser Sachverhalt auch für Relationen gilt; die Formeln für $f * f^{-1}$ und $f^{-1} * f$ hingegen lassen sich nicht auf Relationen übertragen: $R * R^{-1}$ bzw. $R^{-1} * R$ ist im allgemeinen keine identische Relation!

Aufgaben zu 1.3.3

1. Gegeben seien die Polynome

$$p: \mathbb{R} \to \mathbb{R} \text{ mit } x \mapsto p(x) = 2x^2 + 5x - 3$$

$$q: \mathbb{R} \to \mathbb{R} \text{ mit } x \mapsto q(x) = 2x - 1$$

   Bestimmen Sie a) $p + q$, b) $p - q$, c) $p \cdot q$, d) $p : q$, e) $p * q$, f) $q * p$, wenn „$*$" die Verkettungsoperation bezeichnet.
2. Es sei die Menge aller Ehefrauen einer Familie M, $x \mapsto f_1(x)$ bedeute „$f_1(x)$ ist Ehemann von x", $x \mapsto f_2(x)$ „$f_2(x)$ ist Mutter von x". Bilden Sie die Verkettungen $f_1 * f_2$, $f_2 * f_1$, $f_2 * f_2$; Verbalisierung?
3. Welche (und nur welche) Abbildungen sind gleich ihren Umkehrungen?
4. a) Der Mietpreis einer Wohnung wird über den Quadratmeter-Wohnflächen-Preis berechnet.
   b) Die Kraftfahrzeugsteuer eines PKW wird über die Hubraumgröße bestimmt. Mathematisierung!
5. Sei $A = \{x | x \in \mathbb{R} \wedge 0 \leqq x \leqq 1\}$. Wir erklären

$$f_1: A \to A \text{ mit } x \mapsto \sin x$$

$$f_2: A \to A \text{ mit } x \mapsto x^2$$

$$f_3: A \to A \text{ mit } x \mapsto \sqrt{x}$$

Durch welche Zuordnungsvorschriften sind dann die folgenden Funktionen bestimmt

a) $f_1 * f_2$, b) $f_2 * f_1$, c) $f_1 * f_3$, d) $f_3 * f_1$, e) $f_2 * f_3$

f) $f_1 * f_2 * f_3$, g) $f_3 * f_1 * f_2$, h) $f_2 * f_2$, i) $f_3 * f_3 * f_3$.

1.4 Graphen

1.4.1 Einführende Erklärungen

Die Mathematiker beschäftigten sich schon vor mehr als zweihundert Jahren mit Graphen, doch erst der Einsatz programmgesteuerter Rechner und die Entwicklung geeigneter Algorithmen ermöglichen eine ökonomische Lösung vieler graphentheoretischer Probleme. Heute ist die Graphentheorie, zumindest für Informatik und Elektronik, ein unentbehrliches Hilfsmittel geworden. Wir erläutern zunächst zwei typische Aufgabenstellungen.

Ein Handelsreisender startet an einem Ort x_1 und muß Kunden in den Orten $x_2, \ldots, x_n$ aufsuchen und anschließend wieder nach x_1 zurückkehren. Bekannt seien die Entfernungen zwischen den Orten. Wie erhält man den kürzesten Weg? Im zugehörigen Graph interpretiert man die Orte als Knoten, die Verbindungswege als Kanten und die Entfernungen als Kantenbewertungen. Gesucht ist dann ein geschlossener Weg minimaler Länge, der alle *Knoten* genau einmal trifft.

Eine andere Aufgabe stellt sich bei der Müllabfuhr, die alle Straßen eines Stadtteils auf kürzestem Weg durchfahren und zum Depot zurückkehren will. Hier verstehe man die Knoten als Straßenkreuzungen, die Kanten als Straßen (gerichtete Kanten, falls Einbahnstraßen) und die Straßenlängen als Kantenbewertungen. Gesucht ist hier ebenfalls ein geschlossener Weg minimaler Länge, der alle *Kanten* mindestens einmal trifft.

Definition

Ein Graph G besteht aus einer nicht-leeren Menge X = X(G) von *Knoten* und einer Menge V = V(G) von *Kanten*; man schreibt

$$\boxed{G = (X, V)}$$

Eine Kante ist durch ihre Begrenzungspunkte, die Knoten x, y, bestimmt. Gerichtete Kanten (Abb. 64) werden durch das (geordnete) Knoten*paar* (x, y), ungerichtete Kanten (Abb. 65) durch die zweielementige Knoten*menge* $\{x, y\}$ beschrieben. *Gerichtete Graphen* besitzen ausschließlich gerichtete Kanten, *ungerichtete Graphen* haben ungerichtete Kanten.

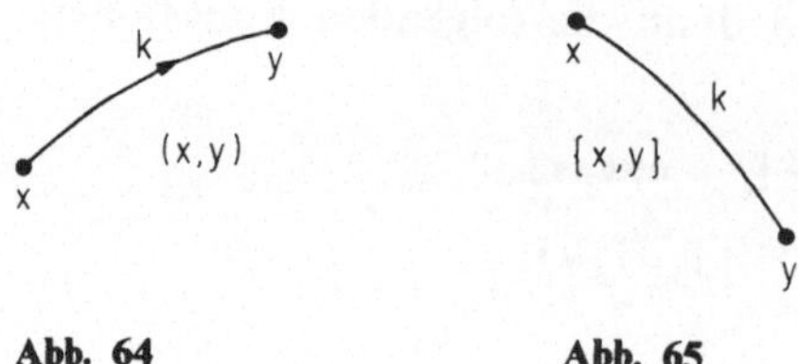

Abb. 64 **Abb. 65**

Wir vereinbaren ferner, daß für jede Kante $x \neq y$ sein soll (keine „Schlingen"!) und die beiden Begrenzungsknoten genau eine Kante festlegen (keine „Parallelkanten"!). Solche Graphen heißen *schlicht.*[1] Wir betrachten in dieser Einführung, sofern nicht anders vermerkt, ausschließlich schlichte Graphen.[2]

Die Begrenzungsknoten einer Kante nennt man auch *adjazente* (benachbarte) *Knoten*, entsprechend heißen zwei Kanten mit gemeinsamem Knoten *adjazente* (benachbarte) *Kanten*.

Definition

Ein Graph $G' = (X', V')$ heißt *Teilgraph* des Graphen $G = (X, V)$, wenn die entsprechenden Mengen in der Teilmengenbeziehung stehen

$$X' \subset X \wedge V' \subset V$$

Beispiel

Der in Abb. 66 dargestellte (ungerichtete) Graph $G = (X, V)$ ist durch die Knotenmenge $X = \{1, 2, 3, 4, 5\}$ und die Kantenmenge $V = \{\{1, 2\}, \{2, 3\}, \{2, 4\}, \{3, 4\}, \{3, 5\}, \{4, 5\}\}$ bestimmt. Abbildung 67 zeigt einen Teilgraphen G' von G, Abb. 68 einen „spannenden" Teilgraphen G'' von G, der alle Knoten trifft.

Ein Knoten kann offenbar zu keiner, einer oder mehreren Kanten gehören. Diesen Sachverhalt beschreibt die folgende Erklärung des „Knotengrades".

---

[1] Man kann Graphen auch als Tripel $G = (X, V, f)$ erklären mit der Abbildung f gemäß

$$f\colon V \to \{(x, y) \mid x, y \in X\} = X^2 \quad \text{für gerichtete Graphen}$$

$$f\colon V \to \{\{x, y\} \mid x, y \in X\} \quad \text{für ungerichtete Graphen.}$$

Schlichte Graphen lassen sich damit durch die Forderungen $f(k) = (x, y)$ mit $x \neq y$ bzw. $f(k) = \{x, y\}$ mit $x \neq y$ (Schlingenfreiheit) und der Injektivität von $f\colon k \neq k' \Rightarrow f(k) \neq f(k')$ (keine Parallelkanten) definieren. Gerichtete schlichte Graphen heißen auch *Digraphen*.

[2] Eine ausführliche Behandlung der Graphentheorie und ihrer Anwendungen ist in Band 4 der „Anwendungsorientierten Mathematik" enthalten: G. Böhme, H. Kernler, H.-V. Niemeier, D. Pflügel, Aktuelle Anwendungen der Mathematik. Berlin etc. Springer-Verlag, 2. Auflage, 1989.

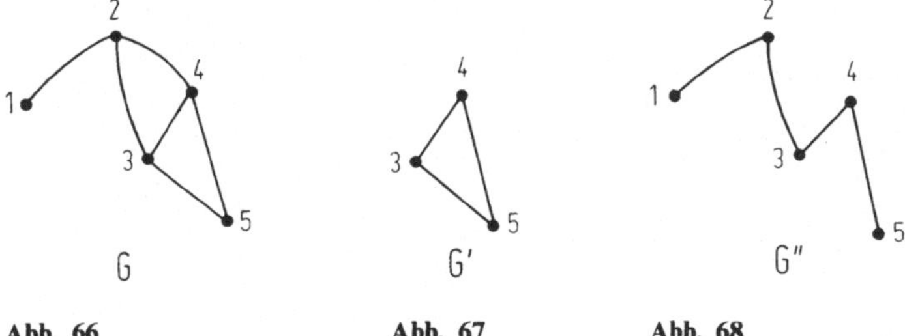

Abb. 66 **Abb. 67** **Abb. 68**

Definition

Als *Knotengrad* d(x) eines Knotens x eines ungerichteten Graphen G = (X, V) bezeichnet man die Anzahl der Kanten, die x als Begrenzungsknoten besitzen. Bei einem gerichteten Graphen G = (X, V) bezeichnet

$d^+(x)$: die Anzahl der vom Knoten $x \in X$ ausgehenden (wegführenden) Kanten $(x, y) \in V$

$d^-(x)$: die Anzahl der im Knoten $x \in X$ einmündenden (hineinlaufenden) Kanten $(z, x) \in V$

$d(x) := d^+(x) + d^-(x)$: den Knotengrad von $x \in X$.

Beispiel

Die Knotengrade des ungerichteten Graphen der Abb. 69 sind $d(x) = 2$, $d(y) = 2$, $d(z) = 3$, $d(u) = 1$ (u ist „Endknoten"), $d(v) = 0$ (v ist „isolierter Knoten"). Für den gerichteten Graphen der Abb.70 liest man ab:

$$d^+(x) = 0,\ d^-(x) = 0,\ d(x) = 0 \qquad d^+(u) = 3,\ d^-(u) = 1,\ d(u) = 4$$
$$d^+(y) = 2,\ d^-(y) = 0,\ d(y) = 2 \qquad d^+(v) = 0,\ d^-(v) = 1,\ d(v) = 1$$
$$d^+(z) = 1,\ d^-(z) = 2,\ d(z) = 3 \qquad d^+(w) = 0,\ d^-(w) = 2,\ d(w) = 2$$

Allgemein ist in jedem schlichten Graphen die Summe aller Knotengrade gleich der doppelten Kantenzahl[1].

1.4.2 Zusammenhängende Graphen

In vielen Anwendungen — man denke nur an Versorgungsnetze oder Verkehrspläne — kommt es darauf an, Graphen zu konstruieren, bei denen jeder Knoten von jedem anderen Knoten aus erreichbar ist. Dabei spielt es eine Rolle, ob Kanten oder Knoten einmal oder auch mehrfach benutzt werden und ob geschlossene Wege möglich sind.

---

[1] Dies ist historisch der erste Satz über Graphen und stammt vom „Vater der Graphentheorie" L. EULER (etwa 1736).

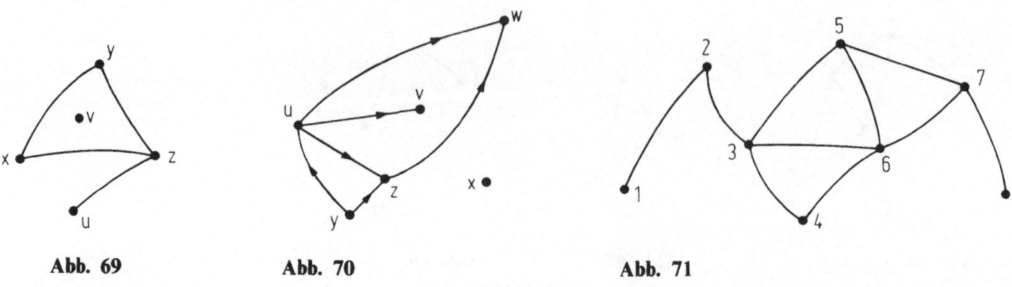

Abb. 69 Abb. 70 Abb. 71

Definition

Als *Kantenfolge* (eines ungerichteten Graphen) vom Knoten x_1 zum Knoten x_n versteht man eine endliche Folge adjazenter Kanten $\{x_1, x_2\}, \{x_2, x_3\}, \ldots, \{x_k, x_n\}$. Für $x_1 \neq x_n$ heißt die Kantenfolge offen, sonst geschlossen. Eine Kantenfolge mit paarweise verschiedenen Kanten heißt *Kantenzug*. Ein Kantenzug mit paarweise verschiedenen Knoten heißt *Weg* oder *Kette*. Geschlossene Wege heißen *Kreise*.

Beispiel

Wir betrachten den Graphen der Abb. 71.

Offene Kantenfolge:	$\{5, 3\}, \{3, 4\}, \{4, 6\}, \{6, 3\}, \{3, 5\}, \{5, 6\}, \{6, 7\}$
Geschlossene Kantenfolge:	$\{2, 3\}, \{3, 5\}, \{5, 6\}, \{6, 4\}, \{4, 3\}, \{3, 2\}$
Offener Kantenzug:	$\{3, 4\}, \{4, 6\}, \{6, 3\}, \{3, 2\}$
Geschlossener Kantenzug:	$\{3, 6\}, \{6, 5\}, \{5, 7\}, \{7, 6\}, \{6, 4\}, \{4, 3\}$
Offener Weg:	$\{1, 2\}, \{2, 3\}, \{3, 6\}, \{6, 5\}, \{5, 7\}, \{7, 8\}$
Geschlossener Weg (Kreis):	$\{7, 5\}, \{5, 3\}, \{3, 6\}, \{6, 7\}$

In *gerichteten Graphen* werden die Begriffe (gerichtete) Kantenfolge, (gerichteter) Kantenzug und (gerichteter) Weg ganz entsprechend erklärt. Der Leser wird erkannt haben, daß Kantenzüge spezielle Kantenfolgen, Wege spezielle Kantenzüge sind. Man überzeugt sich leicht davon, daß mit jeder Kantenfolge von x_1 nach x_n für $x_1 \neq x_n$ stets auch ein Weg von x_1 nach x_n vorhanden ist. Die Anzahl der Kanten einer Kantenfolge heißt deren *Länge*. Ein einzelner Knoten kann als Weg der Länge 0 verstanden werden. Von allen vorhandenen Wegen von x_1 nach x_n gibt es einen mit der kleinsten Länge, letztere heißt der *Abstand* der Knoten x_1 und x_n.

Definition

Ein ungerichteter Graph, bei dem je zwei Knoten durch einen Weg verbunden sind, heißt *zusammenhängend*. Ein gerichteter Graph heißt in diesem Fall *stark zusammenhängend*.

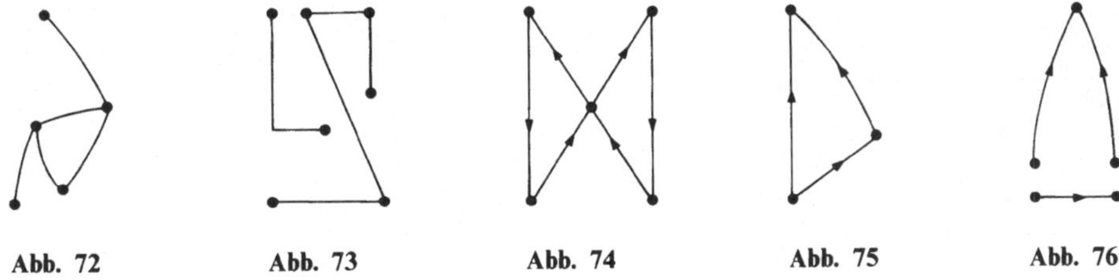

Abb. 72 Abb. 73 Abb. 74 Abb. 75 Abb. 76

Beispiel

Der Graph der Abb. 72 ist zusammenhängend, der der Abb. 73 nicht zusammenhängend. Ebenso leicht sieht man, daß der gerichtete Graph der Abb. 74 stark zusammenhängend ist, während die gerichteten Graphen der Abbildungen 75 und 76 nicht stark zusammenhängend sind. Zwischen den beiden letzten Graphen besteht dennoch eine Differenzierung: Würde man in beiden gerichteten Graphen die gerichteten Kanten durch ungerichtete ersetzen, d.h. betrachtet man die „zugehörigen" ungerichteten Graphen, so ergibt sich aus Abb. 75 ein zusammenhängender Graph, während Abb. 76 nicht-zusammenhängend bleibt. Aus diesem Grunde nennt man gerichtete Graphen vom Typ der Abb. 75 auch „schwach zusammenhängend".

Satz

Sei $G = (X, V)$ ein ungerichteter Graph mit Schlingen. Dann ist die auf der Knotenmenge erklärte Relation R mit der Vorschrift

$$Rxy :\Leftrightarrow \text{es gibt einen Weg von } x \text{ nach } y$$

ein Äquivalenzrelation. Die zugehörigen Äquivalenzklassen (samt ihren zugehörigen Kanten) heißen *Komponenten* von G und sind die maximal zusammenhängenden Teilgraphen von G.

Beweis: Es sind die Eigenschaften einer Äquivalenzrelation (vgl. 1.2.3) zu überprüfen. Da jeder Knoten von sich selbst aus erreichbar ist, ist die Reflexivität Rxx erfüllt. Gibt es einen Weg von x nach y, so auch den umgekehrten Weg von y nach x: $Rxy \Rightarrow Ryx$ (Symmetrie!). Schließlich besagt die Transitivität $Rxy \wedge Ryz \Rightarrow Rxz$, daß sich zwei Wege mit gemeinsamem Begrenzungsknoten zu einem einzigen Weg zusammenfassen lassen. Abbildung 77 zeigt einen Graphen $G = (X, V)$ mit seinen Komponenten $K(x) = [x]$, $K(y) = [y]$ und $K(z) = [z]$. Die damit bestimmte Klassenzerlegung in zusammenhängende (maximale) Teilgraphen ist offensichtlich.

Die Maximaleigenschaft der Komponenten folgt einmal aus der Tatsache, daß jede Komponente zusammenhängend ist, zum anderen daraus, daß ein Teilgraph, der eine Komponente *echt* enthält, *nicht* zusammenhängend ist. Im Hinblick auf

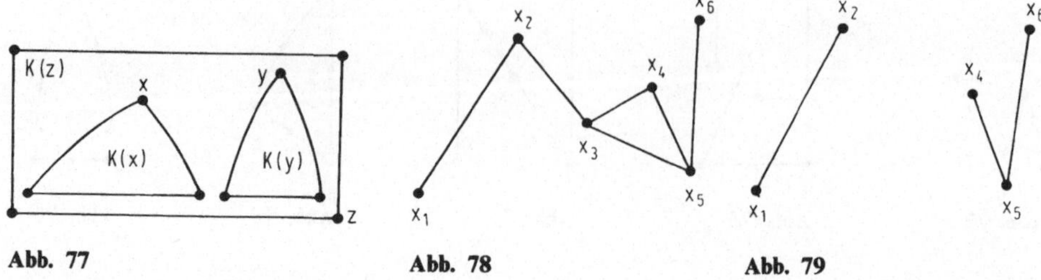

Abb. 77 **Abb. 78** **Abb. 79**

die gröbste Faserung einer Äquivalenzrelation ergibt sich außerdem: Ein Graph ist zusammenhängend genau dann, wenn er aus genau einer Komponente besteht.

Überträgt man den Satz sinngemäß auf gerichtete Graphen („Rxy:⇔ es gibt einen *gerichteten* Weg von x nach y und einen *gerichteten* Weg von y nach x"), so erhält man eine Klassenzerlegung in stark zusammenhängende Teilgraphen als Komponenten. Wir erwähnen noch eine besondere Art von Knoten, die im Hinblick auf einen möglichen Ausfall von Bedeutung sind. Wenn etwa an einer Straßenkreuzung ein Unfall passiert, der dort den gesamten Verkehr blockiert, so muß eine Möglichkeit zur Umleitung gegeben sein. Wir werden sogleich sehen, daß schon bei ganz einfach aufgebauten Graphen Knoten existieren, die diese Bedingung nicht erfüllen. Ein Blick auf den Graphen der Abb. 78 zeigt uns, daß bei Entzug des Knotens x_3 und der mit x_3 inzidierenden Kanten $\{x_2, x_3\}$, $\{x_3, x_4\}$, $\{x_3, x_5\}$ ein nicht mehr zusammenhängender Graph (Abb. 79) verbleibt. Entsprechendes gilt bei Entzug der Knoten x_2 und x_5, nicht jedoch für die Knoten x_1, x_4 und x_6! Für diesen Sachverhalt geben wir die folgenden Erklärungen.

Definition

Sei X′ eine Teilmenge der Knotenmenge X des Graphen G = (X, V). Der durch Entzug aller Knoten von X′ und der mit diesen inzidierenden Kanten entstehende Graph G − X′ ist dann erklärt gemäß

$$X(G - X') = X(G) \setminus X'$$
$$V(G - X') = \{\{x, y\} \mid \{x, y\} \in V(G) \wedge x \notin X' \wedge y \notin X'\}$$

Ein Knoten $x \in X(G)$ heißt eine *Artikulation* von G, wenn der Graph G − {x} mehr Komponenten als der Graph G besitzt. Artikulationsfreie zusammenhängende Graphen heißen *Blöcke*.

Es bedarf keiner weiteren Erläuterung, daß der Graph der Abb. 80 keine Artikulationen besitzt und mithin ein Block ist. Ist umgekehrt ein zusammenhängender Graph kein Block, so läßt er sich stets in mindestens zwei maximal zusammenhängende Teilgraphen ohne Artikulationen zerlegen. Artikulative Knoten sind daran

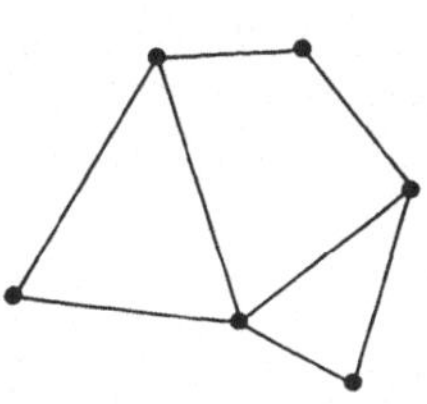

Abb. 80

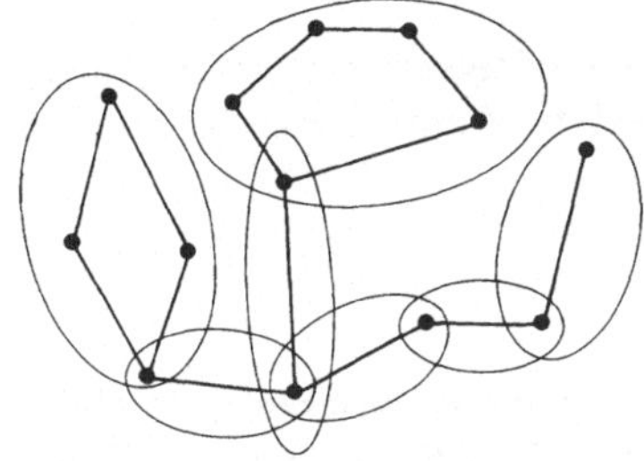

Abb. 81

zu erkennen, daß sie in mindestens zwei Blöcken zugleich liegen. Der Leser schaue sich diese Eigenschaft am Graph der Abb. 81 an (Blöcke sind umrandet!)! Er mache sich auch exemplarisch klar, daß ein Knoten $x \in X$ Artikulation von G genau dann ist, wenn es zwei Knoten $x_1 \neq x$ und $x_2 \neq x$ aus X so gibt, daß *jeder* Weg von x_1 nach x_2 den Knoten x enthält.

1.4.3 Eine Anwendung: Algorithmische Ermittlung eines Minimalgerüstes

Ein Unternehmen plant die Errichtung eines neuen Zweigwerkes. Die einzelnen Teilbetriebe, Maschinenhallen etc. müssen mit Energien (z.B. Strom, Gas, Dampf) versorgt werden. Die Kosten für eine Leitungsverbindung zwischen je zwei Stationen seien bekannt. Wie findet man das kostenoptimale Verteilungsnetz, das alle Stationen versorgt, vorausgesetzt, daß eine Zuleitung genügt und die Länge des Weges von der Energiequelle zur Station keine Rolle spielen soll?

Das zugehörige Graphenmodell sieht so aus: Knoten sind die zu versorgenden Stationen, (ungerichtete) Kanten sind die möglichen Leitungsverbindungen zwischen den Stationen, die noch mit den Kosten bewertet werden. Zweifellos ist der sich ergebende Graph zusammenhängend. Da geschlossene Wege (Kreise) überflüssige Verbindungen liefern, welche die Kosten erhöhen, muß also ein zusammenhängender kreisloser Graph gefunden werden, dessen Kantenbewertungssumme minimal ist.

Definition

Ein zusammenhängender ungerichteter Graph ohne Kreise heißt ein *Baum.* Ist ein Baum Teilgraph eines ungerichteten Graphen G und sind in ihm je zwei Knoten von G durch einen Weg verbunden, so nennt man ihn ein *Gerüst* von G.

Unsere Aufgabe verlangt also die Bestimmung eines Minimalgerüstes (minimale Kantenbewertungssumme) im vorgegebenen Graphen G. Wir geben zwei Verfahren an, die unter der Voraussetzung paarweise verschiedener Kantenbewertungen jeweils eine eindeutige Lösung liefern.

Algorithmus 1:
Starte mit der Kante niedrigster Bewertung und füge solange als möglich die jeweils minimal bewertete Kante hinzu, die mit den bereits gewählten Kanten keinen Kreis bildet.

Beispiel

Wir wollen mit dem soeben beschriebenen Verfahren das Minimalgerüst für den bewerteten Graphen der Abb. 82 bestimmen. Die einzelnen Schritte sind:

Beginn mit $\{1, 5\}$ (kleinste Bewertung!)
Fortsetzung mit $\{5, 4\}$ (wiederum kleinste Bewertung!)
$\{1, 4\}$ entfällt wegen des Kreisverbotes!
Fortsetzung mit $\{2, 3\}$
Fortsetzung mit $\{1, 2\}$
Abbruch, denn alle Knoten sind erfaßt! Minimalgerüst ist gewonnen (Abb. 83).

Wir erläutern noch einen anderen Algorithmus. Dazu nennen wir einen Knoten x_j den „nächsten Nachbarn" eines Knotens x_i, wenn x_i und x_j adjazent sind und x_j mit x_i durch die Kante mit der kleinsten Bewertung verbunden ist.

Algorithmus 2:
1. Bilde den Teilgraphen $G_1(X_1, V_1)$ von $G(X, V)$, der aus den Kanten jedes Knotens aus X zu seinem nächsten Nachbarn besteht.
2. Ersetze jede Komponente von G_1 durch einen einzigen Knoten und bilde einen neuen Graphen $G_2(X_2, V_2)$, in dem zwei Knoten durch eine Kante verbunden werden, sofern in V eine Kante zwischen den entsprechenden Komponenten existiert. Gewählt wird jeweils die Kante mit der minimalen Bewertung.
3. Ist G_2 zusammenhängend, so ist man fertig: die Vereinigung $V_1 \cup V_2$ der Kantenmengen bildet das Minimalgerüst von G. Besteht G_2 aus $\geqq 2$ Komponenten, so verfahre man mit G_2 gemäß 2. wie mit G_1.

Beispiel

Wir behandeln noch einmal den Graphen $G = (X, V)$ der Abb. 82. Die einzelnen Schritte bei der Durchführung des Verfahrens sind hier

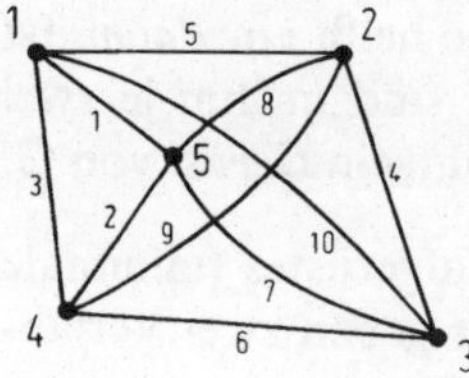

Abb. 82

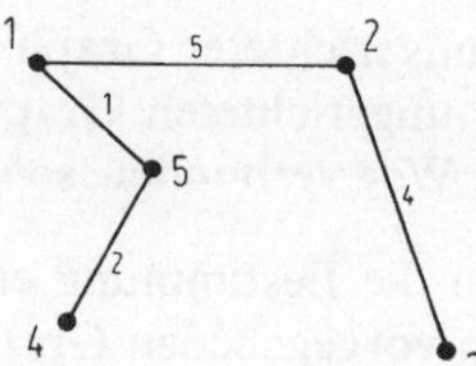

Abb. 83

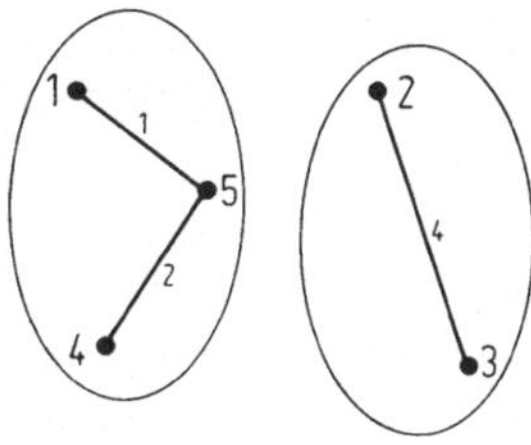

Abb. 84

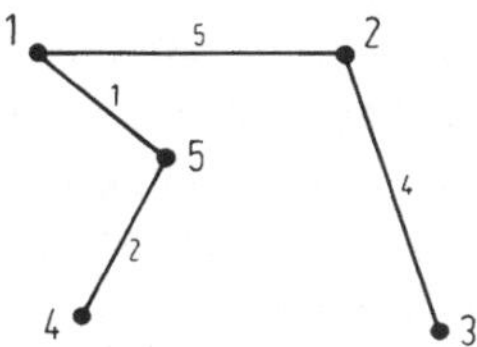

Abb. 85

Bestimmung von G_1 gemäß 1 (Abb. 84)
Bestimmung von G_2 gemäß 2 (Abb. 85), denn $\{1, 2\}$ ist die Kante mit der kleinsten Bewertung
G_2 ist zusammenhängend, deshalb ist G_2 bereits das gesuchte Minimalgerüst von G

Aufgaben zu 1.4

1. Wir legen der Aufgabe die im Inhaltsverzeichnis Seite X abgedruckte inhaltliche Gliederung des 2. Kapitels dieses Buches zugrunde
   a) Zeichnen Sie den diese Gliederung darstellenden Graphen auf!
   b) Um was für einen Graphen handelt es sich?
   c) Bestätigen Sie für diesen Graphen den Satz von EULER!
   d) Welche Knoten sind Artikulationen?
   e) Welche Form haben die Teilgraphen mit Blockstruktur?
   f) Welche Bewertung wäre denkbar?
2. Man stelle die *echte* Teilerbeziehung auf der Menge $\{1, 2, 3, 4, 5, 6\}$ als Graph G dar
   a) Aufzeichnung des Graphen!
   b) Um was für einen Graphen handelt es sich?
   c) Von welchem Typ ist der zugehörige ungerichtete Graph G'?
   d) Welcher der Knoten 1, 2, 3 ist Artikulation in G'?
   e) Man bewerte in G' die Kanten mit den (ganzzahligen!) Quotienten aus den Zahlen der jeweiligen Begrenzungsknoten und konstruiere in G ein Minimalgerüst mit Hilfe der Algorithmen 1 und 2. Ist die Lösung eindeutig?

1.5 Strukturen

1.5.1 Verknüpfungen

Unser Ziel ist die mathematische Beschreibung der realen Umwelt. Mit Mengen, Relationen und Abbildungen haben wir das formale Handwerkszeug bereitgestellt. Jetzt wollen wir zum zentralen Begriff der modernen Mathematik, dem Strukturbegriff, vorstoßen.

Im einfachsten Fall handelt es sich um Mengen, für deren Elemente eine Verknüpfung erklärt ist. Zunächst wird das Ergebnis jeder Verknüpfung zweier

Elemente wieder ein Element der Menge sein. Man spricht deshalb auch gern von „Verknüpfungsgebilden". Die Menge ℕ der natürlichen Zahlen mit der Addition als Verknüpfung zeigt beispielsweise diese Eigenschaft.

So einfach sich der Strukturbegriff vorstellt, so weittragend ist seine Entwicklungs- und Anwendungsmöglichkeit. In seiner überragenden Bedeutung läßt er sich mit der Entdeckung des Irrationalen im Altertum oder des Infinitesimalkalküls durch LEIBNIZ und NEWTON vergleichen. Er prägt die Mathematik des 20. Jahrhunderts.

Diese Tatsache hat Konsequenzen in zwei Richtungen. Vom wissenschaftlichen Aspekt aus gesehen tritt der Strukturbegriff heute mit dem Anspruch auf, das Gesamtgebäude der Mathematik neu darzustellen. Es ist das Verdienst einer Gruppe französischer Mathematiker, des sogenannten BOURBAKI-Kreises, seit 1935 in einer Sammlung von Veröffentlichungen diese Neuordnung der mathematischen Wissenschaft unter strukturellen Leitlinien bekannt zu machen. Obgleich in ihrem Universalanspruch nicht ganz unumstritten, ist sie doch geeignet, der Zersplitterung der Mathematik in eine Vielzahl von Einzeldisziplinen entgegenzuwirken und somit eine gewisse Ordnung und Transparenz zu erzeugen. Der strukturelle Aspekt wird heute auch in der Schulmathematik berücksichtigt.

Für den Ingenieur ist allerdings noch ein ganz anderer Gesichtspunkt von Interesse. Er wird nach den Anwendungsmöglichkeiten in Wirtschaft und Technik fragen. Dazu sei folgendes festgestellt: Charakteristisch für die moderne Mathematik ist ihr Eindringen in Bereiche unserer Umwelt, in denen man bisher keine mathematischen Verfahrensweisen kannte. Dazu gehören die Wirtschaftwissenschaften, moderne Planungsmethoden (Netzplantechnik), Betriebsorganisation und Unternehmungsforschung (Operations Research), insbesondere auch die Datenverarbeitung. Der Computer ist ein Beispiel dafür, daß auch im technischen Bereich algebraische Methoden zu ganz neuen Erkenntnissen und Technologien führten (Schaltalgebra, Informationstechnik, Daten- und Software-Strukturen, Formale Sprachen).

Zwei Ziele muß der Anwender mathematischer Methoden verfolgen: die Analyse realer Systeme hinsichtlich ihrer strukturellen Eigenarten, und die Beherrschung von Sprache und Kalkül. Dabei kommt ihm ein höchst bemerkenswerter Umstand entgegen, nämlich die Tatsache, daß trotz der unübersehbaren Vielfalt unserer Umwelt die Zahl der immer wieder auftretenden Strukturen beschränkt ist. Sie übersteigt kaum ein Dutzend relevanter Verknüpfungsgebilde.

Untersucht man beispielsweise Systeme logischer Schaltungen, bei denen bistabile Schaltelemente mit Ruhekontakten, Reihen- und Parallelschaltungen verknüpft sind, so stößt man auf eine BOOLEsche Algebra. Allen ihren realen Modellen (Schaltalgebra, Aussagenalgebra, Mengenalgebra etc.) liegt der gleiche Kalkül zugrunde, das heißt, die formalen Eigenschaften sind stets gleich und bedürfen keiner neuen Begründung. So kann man mit den im Abschnitt 1.1.3 aufgestellten Gesetzen der Mengenalgebra zugleich Regeln der Aussagenlogik aufstellen oder Schaltungen untersuchen und auf ein Minimum von Schaltelementen vereinfachen.

Zunächst präzisieren wir den Begriff „Verknüpfung", der in der Literatur synonym zu „Operation" verstanden wird, indem wir ihn auf den Abbildungsbegriff und damit auf den Mengenbegriff zurückführen.

Definition

Als zweistellige algebraische *Verknüpfung* φ auf der Menge

$$M = \{A, B, C\}$$

erklären wir die Abbildung

$$\varphi: A \times B \to C$$

mit der Verknüpfungs- (Operations-) Vorschrift

$$(a, b) \mapsto \varphi(a, b) =: a * b =: c,$$

falls $a \in A$, $b \in B$, $c \in C$ gilt und „$*$" als Verknüpfungszeichen (Operationssymbol, Rechenzeichen) gewählt wird.

In der Sprache der Mengenlehre heißt das: die Verknüpfung ist eine Menge von Elementetripeln (a, b, c), wobei das dritte Element c jeweils für das Resultat der Verknüpfung der ersten beiden Elemente a, b steht:

$$\varphi = \{(a, b, c) \mid a \in A \wedge b \in B \wedge c \in C \wedge c = a * b\}$$

Im allgemeinen kommen nur die drei folgenden Sonderfälle vor:

$A = B = C$. $\quad \varphi: A^2 \to A$

φ heißt *innere Verknüpfung* auf A

$B = C$. $\quad \varphi: A \times B \to B$

φ heißt *äußere Verknüpfung erster Art*

$A = B$. $\quad \varphi: A \times A \to C$

φ heißt *äußere Verknüpfung zweiter Art*

Definition

Für den wichtigsten Fall, einer zweistelligen inneren Verknüpfung φ auf A mit $\varphi(a, b) =: a * b$, schreiben wir

$$(A, \varphi) \quad \text{oder} \quad (A, *)$$

und sprechen von einer *algebraischen Struktur* (Verknüpfungsgebilde, Gruppoid). A heißt auch *abgeschlossen* bezgl. „$*$".

Beispiel

Sei G Menge der geraden, U die Menge der ungeraden Zahlen

$$G = \{x \mid x = 2n \wedge n \in \mathbb{Z}\}, \quad U = \{x \mid x = 2n + 1 \wedge n \in \mathbb{Z}\}$$

Dann ist mit der Addition als Verknüpfungsvorschrift und $n, m \in \mathbb{Z}$:

$$\varphi_1: G \times G \to G \wedge (x, y) \mapsto x + y = 2n + 2m = 2(n + m) \in G$$

eine innere Verknüpfung auf G, (G, +);

$$\varphi_2: G \times U \to U \wedge (x, y) \mapsto x + y = 2n + (2m + 1) = 2(n + m) + 1 \in U$$

eine äußere Verknüpfung erster Art auf {G, U};

$$\varphi_3: U \times U \to G \wedge (x, y) \mapsto x + y = (2n + 1) + (2m + 1) = 2(n + m + 1) \in G$$

eine äußere Verknüpfung zweiter Art auf {G, U}.

Für den Aufbau algebraischer Strukturen sind die folgenden Eigenschaften zweistelliger innerer Verknüpfungen für Elemente einer gegebenen Menge M von grundlegender Bedeutung:

1. φ heißt *kommutativ*, wenn ein Vertauschen der Operanden auf das gleiche Bildelement führt

$$\varphi \text{ kommutativ} :\Leftrightarrow \bigwedge_{a, b \in M} \varphi(a, b) = \varphi(b, a)$$

bzw. mit $\varphi(a, b) =: a * b$

$$\bigwedge_{a, b \in M} a * b = b * a$$

2. φ heißt *assoziativ*, wenn das Einstreuen bzw. Weglassen von Klammerpaaren (in der unten angegebenen Weise) auf das gleiche Bildelement führt (Klammersetzung bedeutet, daß Klammerinhalte mit Vorrang auszuführen sind)

$$\varphi \text{ assoziativ} :\Leftrightarrow \bigwedge_{a, b, c \in M} \varphi(\varphi(a, b), c) = \varphi(a, \varphi(b, c))$$

bzw. mit $\varphi(a, b) =: a * b$

$$\bigwedge_{a, b, c \in M} (a * b) * c = a * (b * c) =: a * b * c$$

Eine Notation $a * b * c$ ohne Klammern ist demnach bei vorhandener Assoziativität von „*" stets üblich, desgl. die *Verallgemeinerung* (*Fortsetzung*) auf $n > 3$ Operanden

$$a_1 * a_2 * a_3 * \ldots * a_n ,$$

etwa bei der Addition und Multiplikation reeller Zahlen

$$a_1 + a_2 + \ldots + a_n = \sum_{i=1}^{n} a_i, \quad a_1 \cdot a_2 \cdot \ldots \cdot a_n = \prod_{i=1}^{n} a_i ,$$

oder bei der Generalisierung von Durchschnittsoperation und Vereinigungsoperation von Mengen

$$A_1 \cap A_2 \cap \ldots \cap A_n = \bigcap_{i=1}^{n} A_i, \quad A_1 \cup A_2 \cup \ldots \cup A_n = \bigcup_{i=1}^{n} A_i ,$$

aber auch im Prädikatenkalkül beim Existenzquantor (verallgemeinerte Disjunktion) und Allquantor (verallgemeinerte Konjunktion) für eine Eigenschaft (ein Prädikat) P bezogen auf ein bzw. alle x der Menge $M = \{x_1, \ldots, x_n\}$

$$Px_1 \vee Px_2 \vee \ldots \vee Px_n \Leftrightarrow \bigvee_{x \in M} Px, \quad Px_1 \wedge Px_2 \wedge \ldots \wedge Px_n \Leftrightarrow \bigwedge_{x \in M} Px .$$

Für *nicht-assoziative* Verknüpfungen ist die klammerfreie Notation *nicht gestattet*, es sei denn, sie wird im Kontext definitorisch festgelegt. Die bekanntesten Fälle sind:

— Subtraktion (üblich):	$a - b - c := (a - b) - c$	(auch für $\geqq 3$ Operanden)
— Potenzierung (üblich):	$a^{b^c} := a^{(b^c)}$	(nur für 3 Operanden)
— Kartesisches Produkt:	$A \times B \times C := (A \times B) \times C$	(auch für $n \geqq 3$ Operanden)
— Division in FORTRAN,	$a/b/c := (a/b)/c$	(auch für $n \geqq 3$ Operanden)

PASCAL, C etc.: (Von links nach rechts-Regel)

3. φ ist eine Verknüpfung mit *neutralem Element* e, wenn alle Elemente der zugrundegelegten Menge bei Verknüpfungen mit ein und demselben Element e sich selbst als Bildelement haben:

$$\text{e ist Neutralelement von } \varphi :\Leftrightarrow \bigvee_{e \in M} \bigwedge_{a \in M} \varphi(a, e) = \varphi(e, a) = a$$

bzw. mit $\varphi(a, b) =: a * b$

$$\bigvee_{e \in M} \bigwedge_{a \in M} a * e = e * a = a$$

Diese Erklärung impliziert die Vertauschbarkeit zwischen e und a in jedem Fall, d.h. auch bei nicht-kommutativen Verknüpfungen.[1]

4. φ heißt *auflösbare* Verknüpfung, wenn es zu jedem Element a der Menge wenigstens ein x und x' gibt, die bei Verknüpfung mit a von rechts bzw. von links ein vorgegebenes Element b als Bildelement liefern:

$$\varphi \text{ auflösbar} :\Leftrightarrow \bigwedge_{a, b \in M} \bigvee_{x, x' \in M} \varphi(a, x) = b \wedge \varphi(x', a) = b$$

bzw. mit $\varphi(a, b) =: a * b$

$$\bigwedge_{a, b \in M} \bigvee_{x, x' \in M} a * x = b \wedge x' * a = b$$

Man sagt dann auch, die „Gleichungen" $a * x = b$ und $x' * a = b$ seien auflösbar bzw. lösbar in M. Gibt es *genau ein* Paar (x, x') in diesem Sinne, so spricht man

[1] Gelegentlich findet sich in der mathematischen Literatur die SKOLEMisierte Form der Definition von e ohne Existenzquantor, e spielt dann die Rolle einer sog. SKOLEM-Konstanten.

von *eindeutiger* Auflösbarkeit (Lösbarkeit) in der Menge M. Bei vorhandenem Neutralelement e heißt die

Lösung von $a * x = e$ *Rechtsinverses* zu a

Lösung von $x' * a = e$ *Linksinverses* zu a.

Ist für jedes $a \in M$ ein Rechtsinverses und ein Linksinverses vorhanden und sind beide jeweils identisch, so sagt man, jedes $a \in M$ besitze ein *inverses Element* und bezeichnet dies üblicherweise mit a^{-1}.

5. φ heißt *idempotente* Verknüpfung, wenn jedes Paar gleicher Elemente sich selbst als Bildelement hat

$$\text{idempotent} :\Leftrightarrow \bigwedge_{a \in M} \varphi(a, a) = a * a = a$$

6. Sind für die Elemente einer Menge M zwei zweistellige Verknüpfungen φ und ψ erklärt, so sind folgende *Distributivitäten* von Interesse ($\varphi(a, b) := a * b$, $\psi(a, b) := a \circ b$):

φ linksseitig distributiv über ψ :⇔

$$\bigwedge_{a,b,c \in M} \varphi(a, \psi(b, c)) = \psi(\varphi(a, b), \varphi(a, c))$$

$$\text{bzw.} \bigwedge_{a,b,c \in M} a * (b \circ c) = (a * b) \circ (a * c)$$

φ rechtsseitig distributiv über ψ :⇔

$$\bigwedge_{a,b,c \in M} \varphi(\psi(a, b), c) = \psi(\varphi(a, c), \varphi(b, c))$$

$$\text{bzw.} \bigwedge_{a,b,c \in M} (a \circ b) * c = (a * c) \circ (b * c)$$

ψ linksseitig distributiv über φ :⇔

$$\bigwedge_{a,b,c \in M} \psi(a, \varphi(b, c)) = \varphi(\psi(a, b), \psi(a, c))$$

$$\text{bzw.} \bigwedge_{a,b,c \in M} a \circ (b * c) = (a \circ b) * (a \circ c)$$

ψ rechtsseitig distributiv über φ :⇔

$$\bigwedge_{a,b,c \in M} \psi(\varphi(a, b), c) = \varphi(\psi(a, c), \psi(b, c))$$

$$\text{bzw.} \bigwedge_{a,b,c \in M} (a * b) \circ c = (a \circ c) * (b \circ c)$$

Diese vier „Distributivgesetze“ sind unabhängig voneinander, bedürfen also in jedem Fall des gesonderten Beweises. Die Unterscheidung zwischen links- und rechtsseitiger Distributivität entfällt bei kommutativen Verknüpfungen.

Wir erwähnen noch die *Verallgemeinerung* auf *n-stellige Verknüpfungen* ($n \geqq 1$), bei denen einem Operanden-n-tupel ein φ-Wert zugeordnet wird:

$$(a_1, a_2, \ldots, a_n) \mapsto \varphi(a_1, a_2, \ldots, a_n) =: b .$$

Zu den bekanntesten Beispielen gehören die auf $\mathbb{R}$ erklärte Maximum- (und

Minimum) Verknüpfung:

$$\mathrm{Max}(a_1, \ldots, a_n) = a_j, \text{ falls } \bigwedge_{i=1}^{n} a_j \geqq a_i \quad (1 \leqq j \leqq n)$$

sowie die Operation Arithmetisches Mittel m auf $\mathbb{R}$

$$m(a_1, \ldots, a_n) = \frac{1}{n}(a_1 + \ldots + a_n)$$

Aufgaben zu 1.5.1

1. Untersuchen Sie
   a) die Arithmetische-Mittel-Verknüpfung m auf $\mathbb{R}$

   $m: \mathbb{R} \times \mathbb{R} \to \mathbb{R}$ mit $(a, b) \mapsto m(a, b) = \frac{1}{2}(a + b)$

   b) die Maximum-Verknüpfung Max auf $\mathbb{N}_0$

   $\mathrm{Max}: \mathbb{N}_0 \times \mathbb{N}_0 \to \mathbb{N}_0$ mit $(a, b) \mapsto \mathrm{Max}\{a, b\}$

   jeweils auf Kommutativität, Assoziativität, Neutralelement, Idempotenz, Auflösbarkeit und Distributivität über Min!
2. Sowohl Durchschnitts- als Vereinigungsverknüpfung auf der Potenzmenge P(M) besitzen je ein Neutralelement. Wie lauten diese?
3. Überprüfen Sie Kommutativität, Assoziativität, Neutralelement, Idempotenz, Auflösbarkeit und sämtliche Distributivgesetze für die Verknüpfungen

   $$\varphi: \mathbb{Z}^2 \to \mathbb{Z} \quad \text{mit} \quad (m, n) \mapsto \varphi(m, n) := m + m \cdot n + n$$

   $$\psi: \mathbb{Z}^2 \to \mathbb{Z} \quad \text{mit} \quad (m, n) \mapsto \psi(m, n) := m + n + 1$$

4. Es sei „*" eine zweistellige, nicht-assoziative Operation. Dann ist, falls keine zusätzlichen Vereinbarungen getroffen wurden, der Ausdruck

   $$a * b * c * d$$

   syntaktisch nicht korrekt, da z.B. sein „Wert" bei einer Belegung der Variablen von der Art der Klammersetzung abhängt.

   a) Notieren Sie alle möglichen Klammerungen, die die Zeichenkette $a * b * c * d$ zu einem syntaktisch korrekten Ausdruck machen!
   b) Berechnen Sie deren Werte für $a = 2$, $b = 1$, $c = 3$, $d = 2$ bei Interpretation von „*" als Potenzierung.

5. Auf der Menge $M = \{e, p, q, r\}$ wird eine zweistellige Verknüpfung durch die Verknüpfungstafel erklärt

*	e	p	q	r
e	e	p	q	r
p	p	e	r	q
q	q	r	e	p
r	r	q	p	e

   Zeigen und begründen Sie: * ist kommutativ, assoziativ, e ist Neutralelement, * ist auflösbar!

6. Führen Sie die beiden mehrstelligen Verknüpfungen

$$m : \mathbb{R}^3 \to \mathbb{R} \quad \text{mit} \quad m(a_1, a_2, a_3) = \tfrac{1}{3}(a_1 + a_2 + a_3)$$

$$\text{Max} : \mathbb{R}^4 \to \mathbb{R} \quad \text{mit} \quad (a_1, a_2, a_3, a_4) \mapsto \text{Max}\{a_1, a_2, a_3, a_4\}$$

auf zweistellige Verknüpfungen zurück.

1.5.2 Verknüpfungstreue Abbildungen

Die Tatsache, daß die Anzahl wesentlicher Strukturen beschränkt ist, wird verständlich, wenn man verschiedene Strukturen miteinander vergleicht. Dabei kann man in vielen Fällen Abbildungen angeben, die bestimmte Verknüpfungseigenschaften von einer Menge auf eine andere Menge übertragen. Um den Sachverhalt zunächst anschaulich zu beschreiben, betrachten wir eine Menge $M = \{e, a, b, c\}$ mit einer zweistelligen inneren Verknüpfung

$$\varphi : M^2 \to M \wedge (x, y) \mapsto \varphi(x, y) =: x * y$$

und eine Menge $N = \{p, q, r, s\}$ mit einer zweistelligen inneren Verknüpfung ψ

$$\psi : N^2 \to N \wedge (x, y) \mapsto \psi(x, y) =: x \circ y$$

Die jeweils 16 möglichen Verknüpfungen je zweier Elemente stellen wir durch die Verknüpfungstafeln für M und N dar

*	a	b	c	e
a	e	c	b	a
b	c	a	e	b
c	b	e	a	c
e	a	b	c	e

∘	p	q	r	s
p	r	s	p	q
q	s	p	q	r
r	p	q	r	s
s	q	r	s	p

Jedes in der Tafel stehende Element ist verabredungsgemäß gleich der Verknüpfung des Zeilen- und Spaltenelements, in dessen „Schnittpunkt" es steht.

Die beiden Verknüpfungstafeln sehen recht unterschiedlich aus. Tatsächlich aber stimmen sie bis auf die Bezeichnung der Elemente überein! Zunächst erkennen Sie ohne Rechnung, daß φ und ψ kommutativ und eindeutig auflösbar sind und e Neutralelement von φ, r Neutralelement von ψ ist[1]. Für die gesuchte Abbildung ρ von M auf N werden wir als erstes die Neutralelemente einander zuordnen: $e \mapsto \rho(e) = r$. Ein Blick in die Hauptdiagonalen zeigt, daß $a \in M$ und $p \in N$ die einzigen, vom Neutralelement verschiedenen Elemente sind, deren Verknüpfung mit sich selbst das Neutralelement ergibt, $a * a = e$, $p \circ p = r$. Das legt nahe, die Zuordnung $a \mapsto \rho(a) = p$ zu treffen. Die noch verbleibenden Elemente wollen wir

[1] vgl. ggf. Aufgabe 5 von 1.5.1.

gemäß $c \mapsto \rho(c) = q$, $b \mapsto \rho(b) = s$ zuordnen[1]. Unsere Abbildung

$$\rho\colon M \to N$$
mit
$$a \mapsto p$$
$$b \mapsto s$$
$$c \mapsto q$$
$$e \mapsto r$$

besitzt nun eine erstaunliche Eigenschaft: sind x, y, z irgend drei Elemente aus M mit $x * y = z$, sind ferner u, v, w die entsprechend ρ zugeordneten Elemente von N, so gilt stets auch die Beziehung $u \circ v = w$. Beispiele:

$$a * b = c \Rightarrow p \circ s = q$$

$$c * b = e \Rightarrow q \circ s = r$$

$$b * a = c \Rightarrow s \circ p = q \text{ usw.}$$

Diese Eigenschaft ist durchaus nicht selbstverständlich; der Leser überzeuge sich davon, indem er eine andere Zuordnung $\rho'\colon M \to N$ trifft, etwa $a \mapsto p$, $b \mapsto q$, $c \mapsto r$, $e \mapsto s$. Dann ist z.B. $c * c = a$ und $r \circ r = r$, aber $r \neq \rho'(a)$. Schreiben wir das erste der drei obigen Beispiele in der Form

$$q = \rho(c) = \rho(a * b) = p \circ s = \rho(a) \circ \rho(b)\,,$$

so heißt das in Worten: *das Bild* $\rho(a * b)$ *der Verknüpfung* $a * b$ *im Originalbereich ist gleich der Verknüpfung der zugeordneten Bilder* $\rho(a)$, $\rho(b)$ *im Bildbereich* (Abb. 86).

M.a.W. man gelangt *zum gleichen Ergebnis,* wenn man

— zuerst die Elemente a_1, a_2 im Originalbereich verknüpft: $a_1 * a_2$ und danach dieses Ergebnis mittels ρ nach B abbildet: $\rho(a_1 * a_2)$ *oder*

— zuerst die Elemente a_1 und a_2 mittels ρ nach B abbildet: $\rho(a_1)$, $\rho(a_2)$ und danach diese Bilder im Bildbereich mittels „$\circ$" verknüpft: $\rho(a_1) \circ \rho(a_2)$.

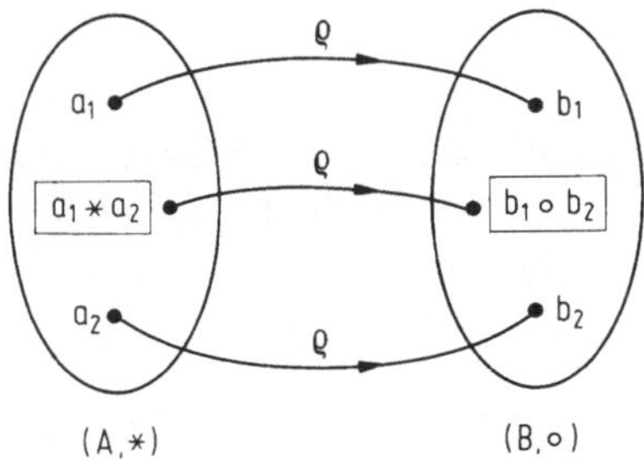

Abb. 86

[1] die andere Möglichkeit der Zuordnung, $c \mapsto s$, $b \mapsto q$, würde das Gleiche leisten.

In diesem Sinne überträgt die Abbildung ρ die Verknüpfungseigenschaft (dreier Elemente x, y, $z \in M$ gemäß $x * y = z$) von der Originalmenge auf die Bildmenge. Daher die Bezeichnung „verknüpfungstreu" für die Abbildung ρ!

Definition

Seien $(A, *)$ und $(B, \circ)$ zwei Mengen, auf denen eine zweistellige innere Verknüpfung „$*$" bzw. „$\circ$" erklärt ist. Existiert dann eine Abbildung ρ gemäß

$$\rho : A \to B \text{ mit } \bigwedge_{a_1, a_2 \in A} [\rho(a_1 * a_2) = \rho(a_1) \circ \rho(a_2)]$$

so heißt ρ *verknüpfungstreu* oder ein *Homomorphismus* und zwar im besonderen
— ein *Isomorphismus* von A auf B,
wenn ρ bijektiv ist;
— ein *Endomorphismus* von A in sich,
wenn $\rho: A \to A$ ist;
— ein *Automorphismus* von A auf sich,
wenn $\rho: A \to A$ und ρ bijektiv ist.

Wir stellen die vier Morphismen zum besseren Überblick noch einmal als Tafel dar:

	ρ nicht bijektiv	ρ bijektiv
$\rho: A \to B$	Homomorphismus (im engeren Sinne)	Isomorphismus
$\rho: A \to A$	Endomorphismus	Automorphismus

Beispiele für Homomorphismen

1. Für A nehmen wir die Menge aller Polynome in x mit reellen Koeffizienten; der Exponent der höchsten Potenz mit Koeffizienten $\neq 0$ heißt der Grad des Polynoms:

$$p \in A: p(x) = a_n x^n + a_{n-1} x^{n-1} + \ldots + a_1 x + a_0;\ \text{grad } p(x) = n\ (a_n \neq 0)$$

$$q \in A: q(x) = b_m x^m + b_{m-1} x^{m-1} + \ldots + b_1 x + b_0;\ \text{grad } q(x) = m\ (b_m \neq 0)$$

Mittels ρ bilden wir jedes Polynom auf eine natürliche Zahl ab, nämlich auf die Zahl, die den Polynomgrad angibt, d.h. $B = \mathbb{N}_0$ und

$$\rho(p(x)) = n, \quad \rho(q(x)) = m: \quad \rho = \text{grad}$$

Als innere Verknüpfung „$*$" auf A wählen wir die Multiplikation von Polynomen, denn das Produkt zweier Polynome ist wieder ein Polynom

$$p(x)\cdot q(x) = a_n b_m x^{n+m} + \ldots + (a_1 b_0 + a_0 b_1)x + a_0 b_0$$

Nun ist sofort zu sehen, daß für den Grad des Produktes wegen $a_n b_m \neq 0$ gilt

$$\operatorname{grad}(p(x)\cdot q(x)) = n + m = \operatorname{grad} p(x) + \operatorname{grad} q(x)\,,$$

d.h. der Grad des Produktpolynoms ist gleich der *Summe* der Grade der Polynome. Mit der Addition auf $\mathbb{N}_0$ ist ρ damit eine verknüpfungstreue Abbildung $\rho: A \to \mathbb{N}_0$. Diese ist nicht bijektiv, da sie nicht injektiv ist! Zwei verschiedene Polynome aus A können den gleichen Grad besitzen, z.B.

$$\operatorname{grad}(4x^3 + 7x - 5) = \operatorname{grad}(-x^3 + 2) = 3\,.$$

ρ ist jedoch surjektiv, da jede natürliche Zahl einschl. null als Gradzahl eines Polynoms auftreten kann. Es handelt sich also um einen Homomorphismus im engeren Sinne.[1]

2. Es bezeichne A^+ die Menge aller Wörter (Zeichenketten) über dem Alphabet $A = \{a, b, c\}$, z.B. $bcca \in A^+$, $ab \in A^+$. Zwei solche Wörter können wir durch Aneinanderkettung, genannt *Konkatenation*, verknüpfen:

$$s := ba, \quad t := caab \Rightarrow st = bacaab \in A^+\,.$$

Mittels ρ bilden wir jedes Wort $s \in A^+$ auf seine *Länge* (= Anzahl der Zeichen)

$$\rho(s) =: |s|$$

ab. Es ist $|s| \in \mathbb{N} = B$. Dann sieht man sofort die Verknüpfungstreue:

$$|st| = \rho(st) = \rho(s) + \rho(t) = |s| + |t|\,.$$

Wegen $|ab| = |cb| = 2$ ist die Injektivität und damit die Bijektivität von ρ verletzt, d.h. ρ ist ein Homomorphismus im engeren Sinne.
Jetzt machen wir eine *weitere Abbildung* g *von Wörtern auf Zahlen.* Dazu benutzen wir die Folge der Primzahlen

$$p_0 = 2, \quad p_1 = 3, \quad p_2 = 5, \quad p_3 = 7, \ldots$$

und erklären für Wörter der Länge 1 die Werte

$$g(a) = 1, \quad g(b) = 2, \quad g(c) = 3\,.$$

Allen längeren Wörtern $t = t_0 t_1 t_2 \ldots t_n$ werde mittels g folgende Zahl zugeordnet

$$g(t_0 t_1 t_2 \ldots t_n) = p_0^{g(t_0)}\cdot p_1^{g(t_1)}\cdot p_2^{g(t_2)}\cdot \ldots \cdot p_n^{g(t_n)} \in \mathbb{N}$$

$$\text{mit } t_0 t_1 t_2 \ldots t_n \in A^+, \quad \text{d.h. } t_i \in \{a, b, c\}\,.$$

[1] Solche wenigstens surjektiven Homomorphismen im engeren Sinne heißen auch Epimorphismen.

g(t) heißt *GÖDELzahl*[1] des Wortes t. Es ist also etwa

$$g(baa) = 2^{g(b)} \cdot 3^{g(a)} \cdot 5^{g(a)} = 2^2 \cdot 3^1 \cdot 5^1 = 60 \,.$$

Auf A^+ nehmen wir wieder die Konkatenation als innere Verknüpfung, während wir auf $B = \mathbb{N}$ folgende Verknüpfung „$\circ$" zweier GÖDELzahlen g(s) und g(t) festsetzen:

$$g(s) \circ g(t) := g(s) \cdot g_{|s|}(t) \,,$$

wobei in $g_{|s|}(t)$ im Gegensatz zu g(t) die Folge der Primzahlen erst mit der $|s|$-ten Primzahl $p_{|s|}$ beginnt, d.h.

$$g_{|s|}(t_0 t_1 \ldots t_n) = p_{|s|}^{g(t_0)} \cdot p_{|s|+1}^{g(t_1)} \cdot \ldots \cdot p_{|s|+n}^{g(t_n)}$$

Natürlich ist diese Erklärung gerade so getroffen worden, daß die „GÖDELisierung" $g: A \to \mathbb{N}$ einen Homomorphismus darstellt, denn damit gilt doch die Verknüpfungstreue für g:

$$g(st) = g(s) \circ g(t) \,.$$

Z.B. ist mit s = acb, t = ba und $|s| = 3$

$$g(s) = g(acb) = 2^1 \cdot 3^3 \cdot 5^2 = 1350$$

$$g(t) = g(ba) = 2^2 \cdot 3^1 = 12$$

$$g(st) = g(acbba) = 2^1 \cdot 3^3 \cdot 5^2 \cdot 7^2 \cdot 11^1 = 727\,650$$

$$g(s) \circ g(t) = g(s) \cdot g_3(t) = 1350 \cdot p_3^2 \cdot p_4^1 = 1350 \cdot 7^2 \cdot 11^1 = 727\,650.$$

Dieser Homomorphismus ist wieder nicht bijektiv: er ist zwar injektiv (verschiedene Wörter haben stets auch verschiedene GÖDELzahlen), aber nicht surjektiv (z.B. ist schon $25 = 5^2$ keine GÖDELzahl!). Es handelt sich also wieder um einen Homomorphismus im engeren Sinne[2]. GÖDELisierungen spielen z.B. in der Informatik (Automaten, rekursive Funktionen u.a.) eine wichtige Rolle.[3]

Beispiele für Isomorphismen

1. Interpretation der bekannten Logarithmusfunktion als verknüpfungstreue Abbildung! Der Einfachheit wegen wählen wir den natürlichen Logarithmus (Basis e) $\log_e = \ln$ und betrachten die als „Logarithmengesetz" bekannte Beziehung der Verknüpfungstreue:

$$\ln(x_1 \cdot x_2) = \ln x_1 + \ln x_2$$

Originalstruktur: $(\mathbb{R}^+, \cdot)$, Bildstruktur: $(\mathbb{R}, +)$. Also ist ln ein Homomorphismus. Ferner ist ln als bijektive Abbildung bekannt, also ist $\ln: \mathbb{R}^+ \to \mathbb{R}$ ein Isomorphismus.

---

[1] Kurt Gödel (1906–1978): österreichischer Mathematiker (Grundlagenforschung, Logik)
[2] Solche wenigstens injektiven Homomorphismen im engeren Sinne heißen auch Monomorphismen.
[3] Für interessierte Leser: Hofstadter, D. R.: Gödel-Escher-Bach. dtv-Klett-Cotta: Stuttgart 1991.

2. Die *Umkehrung einer isomorphen Abbildung* ist wieder ein Isomorphismus. Der Beweis ist einfach! Ist $\rho: A \to B$ isomorph mit

$$\rho(x * y) = \rho(x) \circ \rho(y),$$

so ist nur zu zeigen, daß auch für die Umkehrabbildung $\rho^{-1}: B \to A$ die Verknüpfungstreue erfüllt ist:

$$\rho^{-1}(u \circ v) = \rho^{-1}(u) * \rho^{-1}(v),$$

denn die Bijektivität überträgt sich von ρ auf ρ^{-1}. Man setze einfach

$$u = \rho(x), \quad v = \rho(y) \Rightarrow x = \rho^{-1}(u), \quad y = \rho^{-1}(v)$$

und rechne:

$$\begin{aligned} \rho^{-1}(u \circ v) &= \rho^{-1}(\rho(x) \circ \rho(y)) = \rho^{-1}(\rho(x * y)) \\ &= (\rho^{-1}\rho)(x * y) \\ &= x * y = \rho^{-1}(u) * \rho^{-1}(v). \end{aligned}$$

Anwendung auf die Umkehrung der Logarithmusfunktion liefert die Exponentialfunktion zur Basis e als Isomorphismus $\rho^{-1}: \mathbb{R} \to \mathbb{R}^+$ mit $\rho^{-1}(x) = e^x$ ($\Leftrightarrow \rho(x) = \ln x$):

$$e^{x_1 + x_2} = e^{x_1} \cdot e^{x_2}.$$

3. Dieses Beispiel soll den formalen (syntaktischen) Charakter der im Isomorphismus zum Ausdruck kommenden Strukturverwandtschaft zeigen. Dazu betrachten wir zwei tafeldefinierte Verknüpfungsgebilde mit inhaltlich (semantisch) ganz unterschiedlichen Elementen.

(1) die Maximum-Verknüpfung Max auf der Menge $A = \{1, 2, 3\}$

(2) die Disjunktion (ODER-Verknüpfung „$\vee$") auf der Wahrheitswerte-Menge $B = \{W, F, U\}$ der dreiwertigen LUKASIEWICZ-Logik[1] (W für „wahr", F für „falsch", U für „unbestimmt"):

Max	1	2	3
1	1	2	3
2	2	2	3
3	3	3	3

$\vee$	W	F	U
W	W	W	W
F	W	F	U
U	W	U	U

Der Leser wird die die Verknüpfungstreue erzeugende Zuordnung sofort erkennen:

$$1 \mapsto F, \quad 2 \mapsto U, \quad 3 \mapsto W,$$

[1] I. Lukasiewicz (1878–1956), polnischer Logiker, Kultusminister im Kabinett Paderewski (1919–1921). Bekannteste Anwendung der dreiwertigen Logik ist die Quantenmechanik. In diesem Buch wird in Abschnitt 4.3.1 diese Logik näher erklärt.

denn genau damit ist die Forderung für $\rho: A \to B$

$$\rho(\mathrm{Max}(x, y)) = \rho(x) \vee \rho(y)$$

für *alle* x, $y \in A$ erfüllt. Überzeugen Sie sich! Die Pointe des Beispiels: Sieht man von der Bedeutung der Zeichen und Operationen ab, so ändert das überhaupt nichts an der Isomorphie! Relevant sind nur die Zuordnungen „als solche“, d.h. deren formale Beschreibungen.

Beispiele für Endomorphismen

1. Die Menge $\mathbb{Z}$ aller ganzen Zahlen ist bezüglich der Addition abgeschlossen: $(\mathbb{Z}, +)$. Wir bilden $\mathbb{Z}$ in sich ab, $\rho: \mathbb{Z} \to \mathbb{Z}$, indem wir jeder ganzen Zahl n ihr Doppeltes zuordnen: $\rho(n) = 2n$. Dann gilt für alle n, $m \in \mathbb{Z}$ die Beziehung

$$\rho(n + m) = 2(n + m) = 2n + 2m = \rho(n) + \rho(m),$$

d.h. ρ ist verknüpfungstreu bezgl. „ + “. Nun ist ρ injektiv, aber nicht surjektiv, denn es treten nur gerade Zahlen als Bilder auf. Also ist ρ ein (additiver) Endomorphismus von $\mathbb{Z}$ in sich. ρ überträgt gewissermaßen die Struktureigenschaften (Abgeschlossenheit, Neutralelement, Kommutativität, Assoziativität, Auflösbarkeit etc.) von $\mathbb{Z}$ auf die Bildmenge der geraden Zahlen (nachprüfen!). Der Leser überzeuge sich auch davon, daß z.B. die Zuordnungen $\rho'(n) = n^2$ oder $\rho''(n) = 2n + 1$ keine Endomorphismen in $(\mathbb{Z}, +)$ erzeugen!

2. Auf der Menge R_6 der Restklassen modulo 6 erklären wir mit der nachstehenden Verknüpfungstafel eine (Restklassen-) Addition ⊕:

⊕	$\bar{0}$	$\bar{1}$	$\bar{2}$	$\bar{3}$	$\bar{4}$	$\bar{5}$
$\bar{0}$	$\bar{0}$	$\bar{1}$	$\bar{2}$	$\bar{3}$	$\bar{4}$	$\bar{5}$
$\bar{1}$	$\bar{1}$	$\bar{2}$	$\bar{3}$	$\bar{4}$	$\bar{5}$	$\bar{0}$
$\bar{2}$	$\bar{2}$	$\bar{3}$	$\bar{4}$	$\bar{5}$	$\bar{0}$	$\bar{1}$
$\bar{3}$	$\bar{3}$	$\bar{4}$	$\bar{5}$	$\bar{0}$	$\bar{1}$	$\bar{2}$
$\bar{4}$	$\bar{4}$	$\bar{5}$	$\bar{0}$	$\bar{1}$	$\bar{2}$	$\bar{3}$
$\bar{5}$	$\bar{5}$	$\bar{0}$	$\bar{1}$	$\bar{2}$	$\bar{3}$	$\bar{4}$

Endomorphe Abbildungen $\rho: R_6 \to R_6$ erhalten wir, wenn wir als Bilder solche Teilmengen von Restklassen aus R_6 auswählen, die ihrerseits bezgl. ⊕ abgeschlossen sind: $\{\bar{0}\}$ (trivial), $\{\bar{0}, \bar{3}\}$, $\{\bar{0}, \bar{2}, \bar{4}\}$, aber auch R_6 selbst (Automorphismus als Sonderfall). Keine weiteren! Also etwa für $\{\bar{0}, \bar{3}\}$

$$\rho: R_6 \to R_6 \text{ mit } \rho(\bar{0}) = \rho(\bar{2}) = \rho(\bar{4}) = \bar{0}$$

$$\rho(\bar{1}) = \rho(\bar{3}) = \rho(\bar{5}) = \bar{3}$$

$$\Rightarrow \rho(\bar{x} \oplus \bar{y}) = \rho(\bar{x}) \oplus \rho(\bar{y}) \quad \text{für alle } \bar{x}, \bar{y} \in R_6 \quad \text{(nachprüfen!)}$$

Wie lauten die anderen drei Zuordnungen? Rechnen Sie die Verknüpfungstreue ausführlich nach![1]

[1] Vgl. Böhme, G. (Hrsg.): Prüfungsaufgaben Informatik. Springer-Verlag Berlin etc. 1984 (Fach: Algebra 1).

Beispiele für Automorphismen

1. Auf der Menge $\mathbb{C}$ der komplexen Zahlen ist die Multiplikation eine innere Operation: $(\mathbb{C}, \cdot)$. Wir bilden $\mathbb{C}$ auf sich so ab, daß jeder komplexen Zahl $z = a + bj$ (Normalform, vgl. 3.3) ihre konjugierte $\bar{z} = a - bj$ zugeordnet wird:

$$\rho: \mathbb{C} \to \mathbb{C} \quad \text{mit} \quad \rho(a + bj) = a - bj .$$

ρ ist bijektiv: die Zuordnung ist auch linkseindeutig (injektiv) und surjektiv (jede komplexe Zahl kann als konjugierte auftreten!). Vor allem aber ist ρ verknüpfungstreu bezgl. „·":

$$z_1 := a_1 + b_1 j, \quad z_2 := a_2 + b_2 j$$

$$\begin{aligned} \rho(z_1 \cdot z_2) &= \rho((a_1 + b_1 j)(a_2 + b_2 j)) \\ &= \rho((a_1 a_2 - b_1 b_2) + (a_1 b_2 + a_2 b_1) j) \\ &= (a_1 a_2 - b_1 b_2) - (a_1 b_2 + a_2 b_1) j \\ &= (a_1 - b_1 j)(a_2 - b_2 j) \\ &= \rho(z_1) \cdot \rho(z_2) \end{aligned}$$

Schreibt man $\rho(z) =: \bar{z}$, so erscheint der Automorphismus ρ als die bekannte Formel

$$\boxed{\overline{z_1 \cdot z_2} = \bar{z}_1 \cdot \bar{z}_2}$$

d.h. die Konjugierte des Produkts ist gleich dem Produkt der Konjugierten. Geometrisch bedeutet ρ eine Spiegelung an der reellen Achse (Abb. 87).

Der Leser rechne nach, daß ρ auch bezüglich der Addition einen Automorphismus der GAUSSschen Zahlenebene auf sich darstellt:

$$\overline{z_1 + z_2} = \bar{z}_1 + \bar{z}_2 .$$

Überzeugen Sie sich ferner von der Tatsache, daß bei Spiegelung an der imaginären Achse Verknüpfungstreue bezgl. „+", nicht aber bezgl. „·" vorliegt!

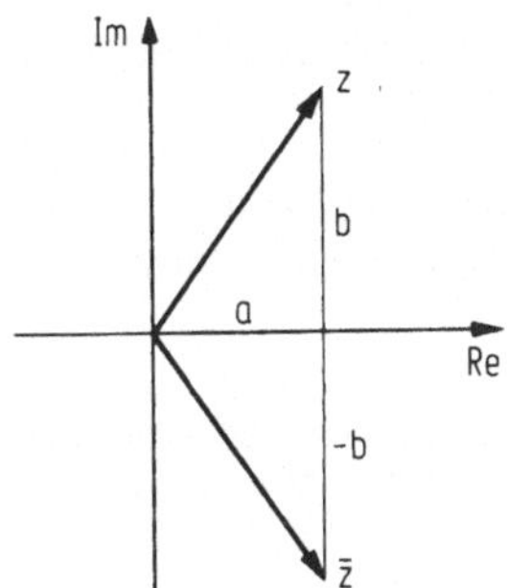

Abb. 87

2. Die endliche Menge $M = \{1, 2, 3, 4, 5\}$ ist abgeschlossen bezgl. Maximum- und Minimum-Verknüpfung. Wir wollen M auf sich so abbilden, $\rho: M \to M$, daß die Originale mit Max, die Bilder mit Min verknüpft werden, d.h. in der Definitionsgleichung

$$\rho: A \to B \quad \text{mit} \quad \rho(a_1 * a_2) = \rho(a_1) \circ \rho(a_2)$$

wählen wir $A = B = M$, $a_1 * a_2 = \text{Max}(a_1, a_2)$, $b_1 \circ b_2 = \text{Min}(b_1, b_2)$:

Max	1	2	3	4	5
1	1	2	3	4	5
2	2	2	3	4	5
3	3	3	3	4	5
4	4	4	4	4	5
5	5	5	5	5	5

Min	1	2	3	4	5
1	1	1	1	1	1
2	1	2	2	2	2
3	1	2	3	3	3
4	1	2	3	4	4
5	1	2	3	4	5

$$\rho(1) = 5, \quad \rho(2) = 4, \quad \rho(3) = 3, \quad \rho(4) = 2, \quad \rho(5) = 1$$

Damit bestätigt man die Verknüpfungstreue (Bijektivität von ρ ist klar!):

$$\rho(\text{Max}(a_1, a_2)) = \text{Min}(\rho(a_1), \rho(a_2))$$

für alle $a_1, a_2 \in M$. Praktisch macht man das durch Überprüfung aller typischen Fälle, z.B. für $a_1 = 1$, $a_2 = 2$ (nach Seiten LS, RS getrennt!)

$$\text{LS:} \quad \rho(\text{Max}(1, 2)) = \rho(2) = 4$$

$$\text{RS:} \quad \text{Min}(\rho(1), \rho(2)) = \text{Min}(5, 4) = 4.$$

Mit einiger Übung „sieht" der Leser die Strukturverwandtschaft — hier den Automorphismus — der Max- und Mintafel „auf einen Blick" insbesondere:

— Ein Element (5) maximiert alle (besetzt eine Zeile u. Spalte vollständig)	— ein Element (1) minimiert alle (besetzt eine Zeile u. Spalte vollständig)
— ein Element (1) ist Neutralelement	— ein Element (5) ist Neutralelement
— kommutativ (Symmetrie zur Hauptdiagonalen der Tafel)	— kommutativ (Symmetrie zur Hauptdiagonalen der Tafel)
— assoziativ (nachrechnen)[1]	— assoziativ (nachrechnen)[1]
— idempotent (Hauptdiagonale!)	— idempotent (Hauptdiagonale!)
— nicht auflösbar	— nicht auflösbar

3. Viele Automorphismen sind dem Leser formelmäßig längst bekannt, die Beziehungen erscheinen nun von einem (strukturalgebraisch) höheren Standpunkt.

---

[1] Hier folgt die Assoziativität schon aus der kontextfreien Fortsetzbarkeit der zunächst zweistellig definierten Operationen Max und Min auf n-stellige ($n > 2$) Operationen $\text{Max}(x_1, \ldots, x_n)$, $\text{Min}(x_1, \ldots, x_n)$.

Als Beispiel wählen wir die Potenzmenge P(M) einer (endlichen oder unendlichen) Menge M. Bekanntlich ist P(M) abgeschlossen bezgl. Durchschnitt und Vereinigung, d.h.

$$(P(M), \cap) \quad \text{und} \quad (P(M), \cup)$$

sind algebraische Strukturen. Mit ρ bilden wir P(M) auf sich so ab, daß jeder Menge ihre Komplementärmenge zugeordnet wird:

$$\rho(X) = \bar{X} \quad \text{für alle} \quad X \in P(M)$$

ρ ist sicher bijektiv. Die Originalmengen mögen mit „$\cap$", die Bild- (sprich: Komplementär-) Mengen mit „$\cup$" verknüpft werden. Schreibt man damit die Definitionsgleichung der Verknüpfungstreue an:

$$\rho(X \cap Y) = \rho(X) \cup \rho(Y) \quad \text{für alle } X, Y \in P(M)$$

$$\overline{X \cap Y} = \bar{X} \cup \bar{Y} \qquad \text{für alle } X, Y \in P(M)\,,$$

so erkennt man sofort das Gesetz von DE MORGAN (1.1.3) und damit natürlich auch die Korrektheit. M.a.W. die Gesetze von DE MORGAN kennzeichnen Automorphismen der Potenzmengen! Weitere Beispiele solcher, als Formeln bekannten Homomorphismen sind (unter den entsprechenden Voraussetzungen):

$$\sqrt{x \cdot y} = \sqrt{x} \cdot \sqrt{y} \quad \text{(Wurzelgesetz)}$$

$$\lim(f + g) = \lim f + \lim g \quad \text{(Grenzwertgesetz)}$$

$$D(f + g) = Df + Dg \quad \text{(Linearität des Differentialoperators)}$$

$$L(f + g) = Lf + Lg \quad \text{(Linearität des LAPLACE-Operators)}$$

$$\det(A \cdot B) = \det A \cdot \det B \quad \text{(Determinante einer quadrat. Matrix)}$$

$$(A + B)' = A' + B' \quad \text{(Transponieren von Matrizen)}$$

$$|a \cdot b| = |a| \cdot |b| \quad \text{(Betrag einer komplexen Zahl)}$$

Der Leser untersuche selbst, welche dieser Homomorphismen Iso- bzw. Automorphismen sind!

Abschließend sei auf ein psychologisches Phänomen hingewiesen. Vieles spricht dafür, daß formelmäßige Darstellungen der Verknüpfungstreue unserem ästhetischen Empfinden in besonderer Weise Ausdruck verleihen. Dies könnte die Erklärung für die Tatsache sein, daß bei verhältnismäßig vielen Studienanfängern der Wunsch nach einem Morphismus der Anlaß typischer *Fehler* ist, z.B.

$$\sin(\alpha + \beta) = \sin\alpha + \sin\beta$$

$$\frac{1}{x + y} = \frac{1}{x} + \frac{1}{y}$$

$$(a + b)^2 = a^2 + b^2$$

$$\ln\frac{u}{v} = \frac{\ln u}{\ln v}$$

Hier ist also besondere Vorsicht geboten! Verknüpfungstreue ist keine Selbstverständlichkeit, sondern bedarf in jedem Fall eines neuen Beweises! — Im allgemeineren Sinn sprechen Gestaltspsychologen von einem "Isomorphismus" bei Ordnungsstrukturen menschlicher Erlebnisse oder Handlungen als Wiedergabe einer dynamisch-funktionellen Ordnung der zugehörigen physiologischen Hirnprozesse. Ähnliche Begriffserweiterungen haben Kognitionswissenschaftler im Sinne, wenn sie Isomorphie als informationsbewahrende Transformation definieren und damit eine Vielzahl von Entsprechungen bei komplexen Systemen erklären können.[1]

Wir erörtern noch eine Erweiterung. Sie bezieht sich auf Mengen, für deren Elemente bestimmte *Relationen* erklärt sind. Zwei solche Mengen (M, R) und (M', R') heißen *homolog*, wenn die Relationen R und R' gleichstellig (z.B. beide zweistellig) sind. Hier interessieren solche Abbildungen $\rho: M \to M'$, die die Eigenschaft von Originalelementen, in der Relation R zu stehen, auf die Bildelemente übertragen: ρ heißt relationstreu bzw. ein *Relationshomomorphismus* von M in M', wenn die zugeordneten Bildelemente in der Relation R' stehen. Allgemein heißen

$$(M, R_1, R_2, \ldots, R_n)$$

$$(M', R'_1, R'_2, \ldots, R'_m)$$

homolog, wenn $n = m$ ist und gleichindizierte Relationen R_i, R'_i jeweils gleichstellig sind. Eine Abbildung $\rho: M \to M'$ wird *Relationshomomorphismus* von M in M' genannt, wenn für alle k_i-tupel

$$\bigwedge_{i=1}^{n} [(a_1, \ldots, a_{k_i}) \in R_i \to (\rho(a_1), \ldots, \rho(a_{k_i})) \in R'_i]$$

gilt. Handelt es sich speziell um Ordnungsrelationen, so spricht man von Ordnungshomomorphismen (und sinngemäß Ordnungsisomorphismen usw.) und nennt ρ „ordnungstreu" bezüglich aller (R_i, R'_i)-Paare.

Beispiel

Wir untersuchen die Adjazenzrelation bezüglich der Knoten in den mit Abb. 88 dargestellten Graphen

$$G_1 = (X_1, V_1)$$

$$X_1 = \{1, 2, 3, 4, 5, 6\}$$

$$V_1 = \{\{1,2\}, \{1,3\}, \{1,5\}, \{4,2\}, \{4,3\}, \{4,5\}, \{6,2\}, \{6,3\}, \{6,5\}\}$$

---

[1] Hofstadter, D. R. (1991): a.a.O.

$$G_2 = (X_2, V_2)$$

$$X_2 = \{a, b, c, d, e, f\}$$

$$V_2 = \{\{a, d\}, \{a, e\}, \{a, f\},$$

$$\{b, d\}, \{b, e\}, \{b, f\},$$

$$\{c, d\}, \{c, e\}, \{c, f\}\}$$

Bereits ohne Rechnung sieht man, daß in beiden Graphen jeder Knoten mit genau drei anderen Knoten adjazent (benachbart, durch eine Kante verbunden) ist. Zum Nachweis der Relationstreue konstruieren wir eine Abbildung $\varphi: X_1 \to X_2$, so daß mit zwei adjazenten Knoten in G_1 stets auch die mittels φ zugeordneten Bildknoten in G_2 adjazent sind. Die oben vollständig aufgezählten Kantenmengen V_1 und V_2 legen folgende Zuordnung nahe:

$$\varphi(1) = a, \quad \varphi(2) = d, \quad \varphi(3) = e, \quad \varphi(4) = b, \quad \varphi(5) = f, \quad \varphi(6) = c$$

Der Leser prüfe im einzelnen nach, daß für alle $x, y \in X_1$ mit $\{x, y\} \in V_1$ stets auch $\{\varphi(x), \varphi(y)\} \in V_2$ ist, d.h. die Abbildung φ relationstreu ist. Da ferner φ bijektiv ist, handelt es sich bei φ sogar um einen *Relationsisomorphismus*. Die beiden in Abb. 88 dargestellten Graphen heißen dementsprechend auch *isomorphe Graphen*.

Aufgaben zu 1.5.2

1. Es sei $\rho: \mathbb{R} \to \mathbb{R}$ eine Abbildung, die jeder reellen Zahl ihren Betrag zuordnet:

   $$a \in \mathbb{R}: a \mapsto \rho(a) = |a| \,.$$

   Untersuchen Sie die Verknüpfungstreue von ρ bezüglich Addition und Multiplikation!

2. Ist M eine einelementige Menge, so besteht ihre Potenzmenge P(M) aus zwei Elementen: $P(M) = \{M, \emptyset\}$. Auf P(M) erklären wir die beiden Mengenverknüpfungen

   $$\left.\begin{aligned} A * B &:= (A \cap B') \cup (A' \cap B) \\ A \circ B &:= (A \cap B) \cup (A' \cap B') \end{aligned}\right\} \quad A, B \in P(M)$$

   falls $A' = K(A)$, $B' = K(B)$ die Komplementärmengen von A bzw. B bezeichnen. Stellen Sie von jeder Verknüpfung die Verknüpfungstafel auf und geben

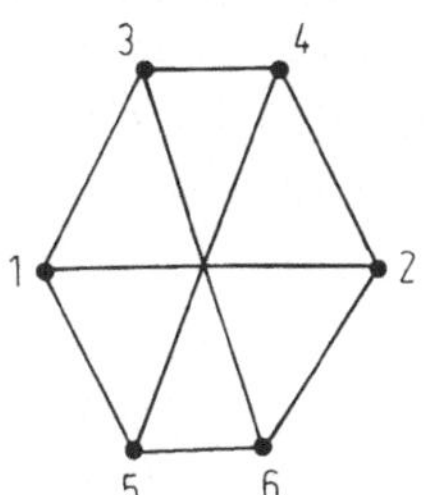

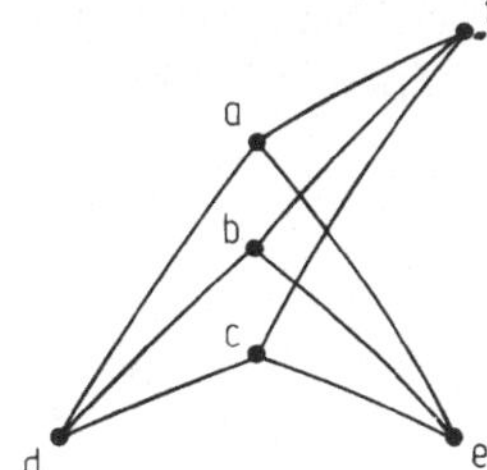

Abb. 88

Sie dann eine verknüpfungstreue Abbildung ρ von P(M) auf sich an, für die gilt

$$\rho(A * B) = \rho(A) \circ \rho(B)$$

3. Für komplexe Zahlen gelten folgende 6 Aussagen
   (1; 2) „Realteil der Summe (Differenz) ist gleich Summe (Differenz) der Realteile"
   (3; 4) „Imaginärteil der Summe (Differenz) ist gleich Summe (Differenz) der Imaginärteile"
   (5; 6) „Betrag des Produktes (Quotienten) ist gleich Produkt (Quotient) der Beträge" (Ausnahme beachten!)
   Formulieren Sie die dafür zuständigen verknüpfungstreuen Abbildungen und deren Verknüpfungstreue!
4. Es sei (A, ·) die Menge aller quadratischen Matrizen der Art

$$A = \left\{ (a_{ik}) \middle| (a_{ik}) := \begin{pmatrix} a_{11} & a_{12} \\ a_{21} & a_{22} \end{pmatrix} \wedge \bigwedge_{i,k=1}^{2} a_{ik} \in \mathbb{R} \right\}$$

   mit der Matrizen-Multiplikation als Verknüpfung

$$\begin{pmatrix} a_{11} & a_{12} \\ a_{21} & a_{22} \end{pmatrix} \begin{pmatrix} a'_{11} & a'_{12} \\ a'_{21} & a'_{22} \end{pmatrix} := \begin{pmatrix} a_{11}a'_{11} + a_{12}a'_{21} & a_{11}a'_{12} + a_{12}a'_{22} \\ a_{21}a'_{11} + a_{22}a'_{21} & a_{21}a'_{12} + a_{22}a'_{22} \end{pmatrix}$$

   ferner (B, ·) die Menge aller zweireihigen Determinanten

$$B = \left\{ \begin{vmatrix} b_{11} & b_{12} \\ b_{21} & b_{22} \end{vmatrix} := b_{11}b_{22} - b_{21}b_{12} \middle| \bigwedge_{i,k=1}^{2} b_{ik} \in \mathbb{R} \right\}$$

   mit der Determinanten-Multiplikation als Verknüpfung. Zeigen Sie, daß die Abbildung

$$\rho: A \to B \quad \text{mit} \quad \begin{pmatrix} a_{11} & a_{12} \\ a_{21} & a_{22} \end{pmatrix} \mapsto \begin{vmatrix} a_{11} & a_{12} \\ a_{21} & a_{22} \end{vmatrix}$$

   ein Homomorphismus von A in B ist. Begründen Sie, weshalb ρ kein Isomorphismus ist!
5. Wir betrachten die Menge ($\mathbb{R}$; +, −, ·) und deren Abbildung $\rho: \mathbb{R} \to \mathbb{R}$ mit $x \mapsto \rho(x) = -x$. Bezüglich welcher der angegebenen Operationen ist ρ verknüpfungstreu?
6. Bezeichnet (M = {0, L}, ·) die Ziffernmenge des Dualsystems (Zahlensystem zur Basis 2) mit der Multiplikation als Verknüpfung, (W = {w, f}, $\vee$) die Wahrheitswertemenge mit der Disjunktion (Oder-Verknüpfung von Aussagen) als Verknüpfung, so gelten folgende Verknüpfungstafeln ($x, y \in M$; $a, b \in W$):

x	y	x·y
0	0	0
0	L	0
L	0	0
L	L	L

a	b	a ∨ b
w	w	w
w	f	w
f	w	w
f	f	f

Konstruieren Sie eine isomorphe Abbildung $\rho: M \to W$!

1.6 Gruppen

1.6.1 Axiome. Einige Herleitungen

Es ist zweckmäßig, diskrete algebraische Strukturen durch Axiomensysteme zu definieren. Mit Axiomen werden bestimmte Beziehungen für die Elemente einer Menge gefordert. Die Axiome müssen vollständig und widerspruchsfrei sein. Der Aufbau der Theorie erfolgt dann axiomatisch-deduktiv, das heißt, ohne Hinzunahme weiterer Hilfsmittel allein durch logische Ableitung aus den Axiomen.

Unter allen Verknüpfungsgebilden sind die Gruppen am weitesten erforscht. Neben den BOOLEschen Verbänden ist die Gruppentheorie deshalb für den Anwender algebraischer Methoden von primärem Interesse, werden ihre Ergebnisse doch von Technik und Naturwissenschaften in zunehmendem Maße herangezogen: Nachrichtentechnik, Codierungs- und Informationstheorie, Atom- und Molekularphysik, physikalische Chemie und die Theorie der Rechenautomaten — um nur einige Disziplinen zu nennen.

Definition

Es sei $(G, *)$ eine algebraische Struktur mit nicht-leerer „Trägermenge" G und zweistelliger (innerer) Verknüpfung „$*$". Gelten dann die Axiome

(1) „$*$" ist assoziativ:

$$\bigwedge_{a,b,c \in G} [(a * b) * c = a * (b * c)]$$

(2) „$*$" ist auflösbar:

$$\bigwedge_{a,b \in G} \bigvee_{x_1, x_2 \in G} [a * x_1 = b \wedge x_2 * a = b]$$

so heißt $(G, *)$ *Gruppe*. Ist „$*$" kommutativ, so heißt die Gruppe ABELsch[1]. Ist Axiom (1) erfüllt, so heißt $(G, *)$ *Halbgruppe*.

Satz

Jede Gruppe $(G, *)$ besitzt genau ein neutrales Element e.

Beweis: Wir gehen in vier Schritten vor!

1. Schritt: Setzen Sie in Axiom (2) $b = a$. Dann fordert dieses Axiom ein Element $x_1 \in G$ mit der Eigenschaft $a * x_1 = a$. Wir setzen $x_1 =: e_r$, e_r ist „privates" rechtsneutrales Element für a: $a * e_r = a$. Ebenso liefert das Axiom (2) ein Element $x_2 \in G$ mit $x_2 * a = a$. Dabei ist $x_2 =: e_l$ „privates" linksneutrales Element für a: $e_l * a = a$.

[1] N.H. Abel (1802–1829): norwegischer Mathematiker, bewies als erster, daß Gleichungen höher als 4. Grades im allgemeinen nicht mehr durch geschlossene Formelausdrücke lösbar sind.

2. Schritt: „Entprivatisierung" von e_r und e_l. Es sei $a' \in G$ ein *beliebiges* Gruppenelement. Wir wollen zeigen $a' * e_r = a'$. Dazu setzen wir in Axiom (2) in der zweiten Gleichung für $b = a'$, d.h. $a' = x_2 * a$. Damit ergibt sich nämlich mit Axiom (1) die gewünschte Aussage:

$$a' * e_r = (x_2 * a) * e_r \overset{(1)}{=} x_2 * (a * e_r) = x_2 * a = a',$$

d.h. e_r ist Rechtsneutrales für *alle* Gruppenelemente! Ebenso zeigen wir $e_l * a'' = a''$ für ein *beliebiges* $a'' \in G$, indem wir in der ersten Gleichung von Axiom (2) $b = a''$ setzen: $a'' = a * x_1$. Mit Axiom (1) ergibt sich daraus die Schlußkette

$$e_l * a'' = e_l * (a * x_1) \overset{(1)}{=} (e_l * a) * x_1 = a * x_1 = a'',$$

also ist e_l *universelles* Linksneutrales für alle Gruppenelemente.

3. Schritt: Jetzt zeigen wir die Übereinstimmung von e_r und e_l. Nach Schritt 2 ist e_r Rechtsneutrales auch für e_l, d.h. $e_l * e_r = e_l$. Desgl. ist e_l Linksneutrales auch für e_r, d.h. $e_l * e_r = e_r$. Das gibt zusammen

$$e_l * e_r = e_l \wedge e_l * e_r = e_r \Rightarrow e_l = e_r .$$

Wir setzen $e_l = e_r =: e$ und sprechen nurmehr vom „Neutralelement".

4. Schritt: Jede Gruppe besitzt *nur ein* Neutralelement! Wir zeigen dies indirekt durch Annahme eines zweiten Neutralelements $e' \neq e$. Dann gilt

$$e' * x = x \Rightarrow (\text{mit } x = e) \quad e' * e = e$$

$$x * e = x \Rightarrow (\text{mit } x = e') \quad e' * e = e',$$

d.h. $e' = e$ im Widerspruch zur Annahme. Nach Schritt 3 besitzt jede Gruppe *mindestens ein* Neutralelement, nach Schritt 4 zugleich *höchstens ein* Neutralelement, d.h. es gibt *genau ein* (ein und nur ein) Neutralelement in jeder Gruppe.

Satz

| In einer Gruppe $(G, *)$ besitzt jedes Element a genau ein Inverses a^{-1}.

Beweis: Wir benötigen drei Schritte zur Herleitung.

1. Schritt: Axiom (2) garantiert uns für jede Gleichung eine Lösung. Wir wählen $a * x_1 = e$ und nennen die Lösung $x_1 =: a_r^{-1}$ (privates) Rechtsinverses von a. Nun wählen wir die Gleichung $x_2 * a = e$ und nennen deren Lösung $x_2 =: a_l^{-1}$ (privates) Linksinverses von a. Eine „Entprivatisierung" wie beim Neutralelement gibt es hier nicht!

2. Schritt: Wir zeigen die Übereinstimmung von a_r^{-1} und a_l^{-1}. Dazu rechnen wir den Ausdruck $a_l^{-1} * a * a_r^{-1}$ auf zweierlei Weise aus (beachte: die unterschiedliche Klammersetzung erlaubt das Axiom (1)!):

$$a_l^{-1} * a * a_r^{-1} = a_l^{-1} * (a * a_r^{-1}) = a_l^{-1} * e = a_l^{-1}$$
$$= (a_l^{-1} * a) * a_r^{-1} = e * a_r^{-1} = a_r^{-1}$$

d.h. $a_l^{-1} = a_r^{-1} =: a^{-1}$. Jedes Gruppenelement hat (mindestens[1]) ein Inverses!

3. Schritt: Zur Eindeutigkeit von a^{-1} zeigen wir: jedes Gruppenelement hat *höchstens* ein Inverses! Dazu machen wir wieder die Annahme, daß a zwei verschiedene Inverse besitzt, a^{-1} und a'^{-1} mit $a'^{-1} \neq a^{-1}$. Berechnung des Ausdrucks $a^{-1} * a * a'^{-1}$ ergibt mit der vom Axiom (1) gesicherten Assoziativität

$$a^{-1} * a * a'^{-1} = a^{-1} * (a * a'^{-1}) = a^{-1} * e = a^{-1}$$
$$= (a^{-1} * a) * a'^{-1} = e * a'^{-1} = a'^{-1}$$

und damit $a^{-1} = a'^{-1}$ im Widerspruch zur Annahme. Jedes Gruppenelement besitzt also *genau ein* (d.h. sein eigenes!) Inverses.

Eine direkte Folgerung aus diesem Satz ist die Formel

$$\boxed{(a^{-1})^{-1} = a\,,}$$

das Inverse vom inversen Element a^{-1} von a ist wieder a selbst. Wegen der Vertauschbarkeit von a mit a^{-1} in $a * a^{-1} = e$ ist nämlich die Relation „ist invers zu" symmetrisch, d.h. es ist auch a das Inverse zu a^{-1}, also $a = (a^{-1})^{-1}$.

Satz

In einer Gruppe $(G, *)$ sind die Gleichungen

$$a * x = b, \quad x * a = b$$

eindeutig lösbar.

Beweis: Wir zeigen den Satz für die Gleichung $a * x = b$, für die andere Gleichung (gesondert beweisbedürftig!) verläuft der Beweis analog.

Wir ermitteln zunächst eine Lösung x_1 der Gleichung $a * x = b$. Dazu lösen wir die Gleichung nach x auf, indem wir beiderseits mit a^{-1} *von links* verknüpfen:

$$a * x = b \Rightarrow a^{-1} * (a * x) = a^{-1} * b$$
$$(a^{-1} * a) * x = a^{-1} * b$$
$$e * x = a^{-1} * b$$
$$x = a^{-1} * b =: x_1 .$$

[1] In der Mathematik, versteht sich die Redeweise „es gibt ein . . ." stets im Sinne des Existenzquantors „es gibt *mindestens* ein . . ."

Jetzt zeigen wir die Eindeutigkeit, indem wir annehmen, es gäbe noch eine zweite Lösung x_2 für diese Gleichung $a * x = b$ mit $x_2 \neq x_1$. Beide Lösungen erfüllen die Gleichung:

$$a * x_1 = b$$
$$a * x_2 = b.$$

Daraus folgt aber

$$a * x_1 = a * x_2$$
$$a^{-1} * (a * x_1) = a^{-1} * (a * x_2)$$
$$(a^{-1} * a) * x_1 = (a^{-1} * a) * x_2$$
$$e * x_1 = e * x_2$$
$$x_1 = x_2$$

im Widerspruch zur Annahme. M.a.W., die Gleichung $a * x = b$ ist in einer Gruppe $(G, *)$ *eindeutig* lösbar.

An dieser Stelle sei darauf hingewiesen, daß das von uns gewählte Axiomensystem für Gruppen nicht das einzig mögliche ist. Oft wird statt der Auflösbarkeit von „$*$" die Existenz eines (links-) neutralen Elements und die Existenz eines (links-) inversen Elements zu jedem Gruppenelement gefordert. Daraus läßt sich dann, umgekehrt zu unserer Vorgehensweise, die eindeutige Auflösbarkeit von „$*$" herleiten. Für die Untersuchung algebraischer Strukturen bezüglich einer möglichen Gruppeneigenschaft bedeutet das: neben der Assoziativität der Verknüpfung kann man — statt der Auflösbarkeit — die Existenz eines neutralen Elements und inverser Elemente überprüfen, da beide Axiomensysteme gleichwertig sind. Davon wird in den Beispielen Gebrauch gemacht.

Satz

In jeder Gruppe $(G, *)$ gilt die „Kürzungsregel"

$$\bigwedge_{a,b,c \in G} [(a * b = a * c) \to b = c]$$

Beweis: Verknüpfung beider Seiten von $a * b = a * c$ mit dem a-Inversen a^{-1} von links ergibt

$$a^{-1} * (a * b) = a^{-1} * (a * c) \overset{(1)}{\Rightarrow} (a^{-1} * a) * b$$
$$= (a^{-1} * a) * c \Rightarrow e * b = e * c \Rightarrow b = c.$$

Wir übertragen noch den Begriff der Verknüpfungstreue zwischen algebraischen Strukturen sinngemäß auf Gruppen. Für den Anfang benötigen wir speziell die

Definition

Zwei Gruppen $(G, *)$, $(G', \circ)$ heißen *isomorph*, wenn es eine verknüpfungstreue und bijektive Abbildung $\rho: G \to G'$ gibt.

Satz

In isomorphen Gruppen werden die Neutralelemente einander zugeordnet.

Beweis: Seien die Gruppen $(G, *)$ und $(G', \circ)$ isomorph, d.h. $\rho: G \to G'$ ist ein Gruppenisomorphismus. Sind $e \in G$ und $e' \in G'$ die Neutralelemente, so haben wir zu zeigen:

$$e' = \rho(e) .$$

Wir untersuchen dazu die Verknüpfung $a' \circ \rho(e)$ für ein beliebiges $a' =: \rho(a) \in G'$. Es ist wegen der Verknüpfungstreue

$$a' \circ \rho(e) = \rho(a) \circ \rho(e) = \rho(a * e) = \rho(a) = a',$$

d.h. $\rho(e)$ ist Rechtsneutrales in G' und, nach den vorangehenden Sätzen, damit auch Linksneutrales und Neutralelement in G', also $\rho(e) = e'$.

Satz

In isomorphen Gruppen wird einem Paar inverser Elemente wieder ein Paar inverser Elemente zugeordnet

Beweis: Sei, wie oben, $\rho: G \to G'$ ein Gruppenisomorphismus, $e \in G$ und $e' \in G'$ seien die Neutralelemente. Für ein Paar (a, a^{-1}) inverser Elemente aus G folgt dann

$$\rho(a * a^{-1}) = \rho(a) \circ \rho(a^{-1})$$

$$\rho(a * a^{-1}) = \rho(e) = e' \Rightarrow \rho(a) \circ \rho(a^{-1}) = e',$$

d.h. die Bilder sind wieder invers zueinander (Eindeutigkeit beachten!). Speziell ist $\rho(a^{-1})$ das Inverse von $\rho(a)$:

$$\rho(a^{-1}) = [\rho(a)]^{-1} .$$

Definition

Sei $(G, *)$ eine endliche Gruppe mit e als Neutralelement. Gilt für ein $a \in G$ die Beziehung

$$a * a * \ldots * a =: a^k = e \wedge a^i \neq e \text{ für alle } i < k ,$$

so heißt k die *Ordnung des Elements a.* Ist speziell $k = |G|$ die Gruppenordnung, so heißt G *zyklisch* und a *Erzeugendes* für G. In einer zyklischen Gruppe werden also alle Elemente von den Potenzen eines einzigen Elements erzeugt.

Satz

In isomorphen endlichen Gruppen haben einander zugeordnete Elemente stets die gleiche Ordnung.

Beweis: Seien $(G, *)$ und $(G', \circ)$ endliche isomorphe Gruppen und e bzw. e' die Neutralelemente. Sei ferner $a \in G$ ein Element der Ordnung k ($k \leqq |G|$), d.h.

$$a^k = e \wedge a^i \neq e \quad \text{für alle} \quad i < k. \ (*)$$

Dann folgt mit $\rho\colon G \to G'$ als Isomorphismus

$$\rho(a^k) = \rho(a * a * \ldots * a) = \rho(a) \circ \rho(a) \circ \ldots \circ \rho(a) = [\rho(a)]^k$$

$$a^k = e \Rightarrow \rho(a^k) = \rho(e) = e' = [\rho(a)]^k .$$

Angenommen, es gelte

$$[\rho(a)]^i = e' \quad \text{für ein} \quad i < k .$$

Dann folgte daraus unter Beachtung der Bijektivität von ρ:

$$e' = \rho(a) \circ \rho(a) \circ \ldots \circ \rho(a) = \rho(a * a * \ldots * a) = \rho(a^i) \Rightarrow a^i = e$$

im Widerspruch zur Voraussetzung $(*)$. D.h. auch $\rho(a) \in G'$ hat die Ordnung k.

Als unmittelbare Folgerung aus diesem Satz können wir festhalten, daß das isomorphe Bild einer (endlichen) zyklischen Gruppe der Ordnung k wieder eine solche zyklische Gruppe ist, d.h. zyklischen Gruppen gleicher Ordnung sind untereinander isomorph.

Beispiele für unendliche Gruppen

1. $(\mathbb{Z}, +)$: die additive ABELsche Gruppe der ganzen Zahlen. Die Assoziativität der Addition ist bekannt, desgl. die Kommutativität. Jede Gleichung $a * x =: a + x = b$ ist in $\mathbb{Z}$ lösbar mit $x = b - a$. Beachte: In additiven Gruppen schreibt man $-a := a^{-1}$ und $b - a := b + (-a)$.
2. $(\mathbb{Q}\setminus\{0\}, \cdot)$: die multiplikative ABELsche Gruppe der rationalen Zahlen ohne die Null. Assoziativität und Kommutativität der Multiplikation sind bekannt. Neutralelement ist 1, jedes $a \in \mathbb{Q}\setminus\{0\}$ hat ein Inverses $a^{-1} =: \frac{1}{a}$. Man schreibt in dieser Struktur speziell

   $$a^{-1} \cdot b =: a^{-1} b =: \frac{b}{a} ,$$

   woraus die bekannte „Bruchrechnung" entwickelt wird.

   Beachte: $(\mathbb{Q}, \cdot)$ ist keine Gruppe, da die Gleichung $a \cdot x = b$ für $a = 0$ und $b \neq 0$ keine Lösung hat.
3. Weitere unendliche Gruppen sind $(\mathbb{Q}, +)$, $(\mathbb{R}, +)$, $(\mathbb{C}, +)$ sowie $(\mathbb{R}\setminus\{0\}, \cdot)$ und $(\mathbb{C}\setminus\{0\}, \cdot)$. Ferner: die Gruppe der bijektiven Abbildungen $f\colon A \to A$ einer Menge $A \neq \varnothing$ auf sich mit der Komposition als Verknüpfung.

Beispiele für endliche Gruppen

Schon die einfachsten Gruppen zeigen typische Eigenschaften, die für Praxis und Theorie von Bedeutung sind. Die Beschreibung von Modellstrukturen, die Frage der Darstellbarkeit und die Entdeckung immer weiterer Gruppen gehören dazu. Im Rahmen dieser Einführung ist die Erklärung algebraischer Probleme anhand einfacher Beispiele die beste Vorgehensweise. Dabei wollen wir als erstes Merkmal der Klassifikation den Begriff der *Ordnung* einer endlichen Gruppe einführen. Sie gibt die Mächtigkeit (hier: die Anzahl der Elemente) der Trägermenge G an und wird mit

$$|G| = \mathrm{Ord}\, G$$

bezeichnet.

1. Eine *Gruppe* $(G, *)$ *der Ordnung 1* besteht aus nur einem Element: $G = \{a\}$. Die Verknüpfung „$*$" ist mit $a * a = a$ vollständig erklärt. „$*$" ist assoziativ: $(a * a) * a = a * (a * a) = a$, und „$*$" ist auflösbar: jede Gleichung $a * a = a$ hat mit $x = a$ eine Lösung, desgl. $x * a = a$, denn „$*$" ist kommutativ. Jede andere Einergruppe $(G', \circ)$ mit $G' = \{a'\}$ ist zu $(G, *)$ isomorph! $\rho: G \to G'$ mit $\rho(a) = a'$ erfüllt trivialerweise die Definitionsgleichung der Verknüpfungstreue:

   $$\rho(a * a) = \rho(a) = a' = a' \circ a' = \rho(a) \circ \rho(a)\,.$$

   Alle Einergruppen sind also untereinander isomorph; man sagt: bis auf Isomorphie gibt es nur eine Gruppe der Ordnung 1, „die" Einergruppe.

2. Eine *Gruppe* $(G, *)$ *der Ordnung 2*, $G = \{a, b\}$, erklären wir mit der Verknüpfungstafel

*	a	b
a	a	b
b	b	a

   Konstruktion der Tafel: a sei Neutralelement. Damit liegt die 1. Zeile und die 1. Spalte fest. Die Position rechts unten, d.h. die Verknüpfung $b * b$, *muß* mit a ausgefüllt werden, anderenfalls wäre nämlich die Gleichung $b * x = a$ nicht lösbar! Die Realisierung der Auflösbarkeit wird also damit erreicht, daß in jeder Zeile und Spalte jedes Element genau einmal auftritt! Zum Nachweis der Assoziativität muß die Gleichung

   $$x * (y * z) = (x * y) * z$$

   für alle Belegungen $x, y, z \in \{a, b\}$ nachgeprüft werden. Das sind hier schon 8 Fälle (nachrechnen!). Wir gehen deshalb einen anderen Weg: Wir suchen eine geeignete *Modellstruktur*, von der wir wissen, daß die Operation assoziativ ist, und geben eine isomorphe Abbildung an. „Modellgruppe" heißt: Elemente und Verknüpfung haben zusätzlich zu ihrer formal-syntaktischen Erklärung eine anschaulich-inhaltliche Bedeutung. Wir wählen die Lösungsmenge der quadratischen Gleichung $x^2 = 1$ in $\mathbb{R}$:

$$G' = \{x \mid x \in \mathbb{R} \wedge x^2 = 1\} = \{1; -1\}$$

mit der (als assoziativ bekannten!) Multiplikation „·" als Verknüpfung:

$\cdot$	1	-1
1	1	-1
-1	-1	1

Die Isomorphie erkennt man nun sofort: man braucht dazu nur beide Tafeln aufeinander zu legen: $\rho(a) = 1$, $\rho(b) = -1$. Jede weitere Zweiergruppe ist zu dieser isomorph, d.h. höchstens die Anordnung der Zeilen bzw. Spalten kann anders sein! Der Leser überzeuge sich davon!

3. In gleicher Weise konstruieren wir die *Dreiergruppe* $(G, *)$, $G = \{a, b, c\}$. Die Wahl von a zum Neutralelement und die Berücksichtigung der Auflösbarkeit führt zu genau einer Tafel:

$*$	a	b	c
a	a	b	c
b	b	c	a
c	c	a	b

Den Nachweis der Assoziativität erbringt uns wieder eine Modellstruktur. Wir wählen die Deckdrehungen des regelmäßigen Dreiecks um den Schwerpunkt, d.s. die Drehungen 0° (d_0), 120° (d_{120}) bzw. 240° (d_{240}). Die *Komposition* (Nacheinander-Ausführung) zweier solchen Drehungen läßt sich durch eine einzige Drehung realisieren, d.h. die Trägermenge

$$D = \{d_0, d_{120}, d_{240}\}$$

ist bezüglich der Komposition „∘" abgeschlossen und liefert die Tafel (beachte: $d_{360+\alpha} = d_\alpha$)

$\circ$	d_0	d_{120}	d_{240}
d_0	d_0	d_{120}	d_{240}
d_{120}	d_{120}	d_{240}	d_0
d_{240}	d_{240}	d_0	d_{120}

Mit $\rho(a) = d_0$, $\rho(b) = d_{120}$, $\rho(c) = d_{240}$ erkennt man die Isomorphie wieder unmittelbar (lediglich Umbenennung!). Jede Komposition von Abbildungen ist aber nach 1.3.3 *assoziativ*, d.h. $(D, \circ)$ ist Gruppe, und damit ist auch $(G, *)$ Gruppe. Auch von den Dreiergruppen gibt es nur *eine* Isomorphieklasse!

4. Sei $G = \{a, b, c, d\}$ wieder mit a als Neutralelement. Wir wollen *Vierergruppen* konstruieren. Es verbleiben noch 9 zu definierende Verknüpfungen. Wir wählen

zunächst

$$b * b = a\,,$$

somit liegen unter Berücksichtigung der Auflösbarkeit auch alle Positionen der zweiten Zeile und Spalte der Tafel fest:

*	a	b	c	d
a	a	b	c	d
b	b	a		
c	c			
d	d			

$\Rightarrow$

*	a	b	c	d
a	a	b	c	d
b	b	a	d	c
c	c	d		
d	d	c		

Nun aber gibt es *zwei* Möglichkeiten, die verbleibenden vier Verknüpfungen zu erklären; wir wollen deshalb auch zwei Operationssymbole „*" und „∘" verwenden:

*	a	b	c	d
a	a	b	c	d
b	b	a	d	c
c	c	d	a	b
d	d	c	b	a

∘	a	b	c	d
a	a	b	c	d
b	b	a	d	c
c	c	d	b	a
d	d	c	a	b

Beide Strukturen (G, *) und (G, ∘) sind sicher nicht isomorph: bezgl. „*" sind nämlich alle Elemente selbstinvers:[1]

$$x = x^{-1} \quad \text{bzw.} \quad x * x = x^2 = a \quad \text{für alle } x \in G$$

(die Hauptdiagonale der „*"-Tafel ist ausschließlich mit dem Neutralelement besetzt!), und „∘" hat diese Eigenschaft nicht! Den Nachweis der Assoziativität für „*" und „∘" erbringen wir wieder mit geeigneten Modellen.

Modellstruktur für (*G*, *)

Die Elemente von G seien Spiegelungen φ_i der komplexen Zahlenebene $\mathbb{C}$ gemäß Abb. 89

Fixspiegelung:	$\mathbb{C} \to \mathbb{C}$ mit $\varphi_1(z) = z = a + bj$
Spiegelung a.d. reellen Achse:	$\mathbb{C} \to \mathbb{C}$ mit $\varphi_2(z) = \bar{z} = a - bj$
Spiegelung am Nullpunkt:	$\mathbb{C} \to \mathbb{C}$ mit $\varphi_3(z) = -z = -a - bj$
Spiegelung a.d. imag. Achse:	$\mathbb{C} \to \mathbb{C}$ mit $\varphi_4(z) = -\bar{z} = -a + bj$

---

[1] Alle vom Neutralelement verschiedenen selbstinversen Elemente sind von der Ordnung 2, das Neutralelement ist selbstinvers von der Ordnung 1.

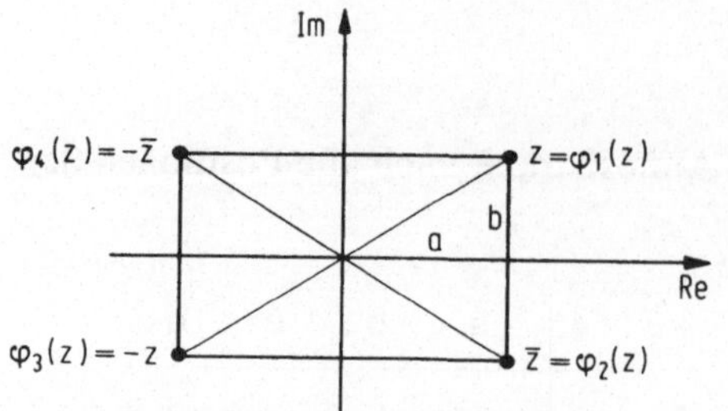

Abb. 89

Als Verknüpfung „*" wählen wir die als assoziativ bekannte Komposition

$$\varphi_i * \varphi_k : \mathbb{C} \to \mathbb{C} \quad \text{mit} \quad \varphi_i * \varphi_k(z) = \varphi_i(\varphi_k(z)) .$$

Prüfung auf Abgeschlossenheit von „*" auf $G = \{\varphi_1, \varphi_2, \varphi_3, \varphi_4\}$ erfolgt durch Aufstellen der Verknüpfungstafel. Muster (unter Verwendung von Abb. 89):

$$\varphi_2(\varphi_3(z)) = \varphi_2(-z) = \overline{-z} = -\bar{z} = \varphi_4(z) \Rightarrow \varphi_2 * \varphi_3 = \varphi_4$$

*	φ_1	φ_2	φ_3	φ_4
φ_1	φ_1	φ_2	φ_3	φ_4
φ_2	φ_2	φ_1	φ_4	φ_3
φ_3	φ_3	φ_4	φ_1	φ_2
φ_4	φ_4	φ_3	φ_2	φ_1

Das ist, bis auf Isomorphie (d.h. bis auf andere Bezeichnung (oder Anordnung)), die obige Struktur (G, *), die damit als Gruppe erkannt ist. Diese Vierergruppe (alle Elemente sind selbstinvers) heißt die *KLEINsche Vierergruppe.*[1]

Modellstruktur für (G, ∘)
Trägermenge G sei die Lösungsmenge der Kreisteilungsgleichung vierten Grades

$$x^4 - 1 = (x - 1)\cdot(x + 1)\cdot(x - j)\cdot(x + j) = 0 \Rightarrow G = \{1, -1, j, -j\}$$

Mit der (als assoziativ bekannten!) Multiplikation „·" auf ℂ erhalten wir die Tafel

·	1	−1	j	−j
1	1	−1	j	−j
−1	−1	1	−j	j
j	j	−j	−1	1
−j	−j	j	1	−1

[1] Felix Klein (1849–1925), dt. Mathematiker: Geometrie, Algebra, math. Didaktik

Diese ist mit $a \mapsto 1$, $b \mapsto -1$, $c \mapsto j$, $d \mapsto -j$ tatsächlich nur eine Umschreibung der „$\circ$"-Tafel. Es ist also $(\{1, -1, j, -j\}, \cdot)$ eine Gruppe, die Isomorphie überträgt die Gruppeneigenschaft auf die abstrakte Struktur $(\{a, b, c, d\}, \circ)$ von oben. Diese zweite Vierergruppe wird als die *zyklische Vierergruppe* charakterisiert: eine Gruppe heißt bekanntlich *zyklisch*, wenn alle Elemente durch Verknüpfungen eines einzigen Elementes mit sich selbst erzeugbar sind, hier:

$$j^1 = j, \quad j^2 = -1, \quad j^3 = -j, \quad j^4 = 1 \quad (j^5 = j^1 \text{ etc.})$$

Bis auf Isomorphie gibt es also genau zwei Vierergruppen, die KLEINsche und die zyklische, und beide sind ABELsch. Der Leser überzeuge sich davon, daß (nach Wahl von a als Neutralelement) jede andere Festsetzung von $b * b$, nämlich

$$b * b = c \quad \text{oder} \quad b * b = d,$$

zu Tafeln führen, die isomorphe Abbildungen der zyklischen Vierergruppe darstellen![1]

5. Zu jeder Zahl $n \in \mathbb{N}$ gibt es eine zyklische Gruppe der Ordnung n. Wir erläutern den Satz, indem wir Modellgruppen angeben. Am einfachsten gestalten sich die *Restklassen modulo* n, d.h.

$$G =: R_n = \{\bar{0}, \bar{1}, \bar{2}, \ldots, \overline{n-1}\}$$

und darauf die Restklassen-Addition „$\oplus$" gemäß

$$\boxed{\bar{x} \oplus \bar{y} := \overline{x + y}}$$

für $\bar{x}, \bar{y} \in R_n$. Für $n = 5$ rechne der Leser die folgende Tafel nach:

$\oplus$	$\bar{0}$	$\bar{1}$	$\bar{2}$	$\bar{3}$	$\bar{4}$
$\bar{0}$	$\bar{0}$	$\bar{1}$	$\bar{2}$	$\bar{3}$	$\bar{4}$
$\bar{1}$	$\bar{1}$	$\bar{2}$	$\bar{3}$	$\bar{4}$	$\bar{0}$
$\bar{2}$	$\bar{2}$	$\bar{3}$	$\bar{4}$	$\bar{0}$	$\bar{1}$
$\bar{3}$	$\bar{3}$	$\bar{4}$	$\bar{0}$	$\bar{1}$	$\bar{2}$
$\bar{4}$	$\bar{4}$	$\bar{0}$	$\bar{1}$	$\bar{2}$	$\bar{3}$

Die allgemein definierte Restklassen-Addition „$\oplus$" erlaubt es, die Gruppen-

[1] Zyklisch sind übrigens auch alle Gruppen, deren Ordnung kleiner als 4 ist. Der Leser überzeuge sich davon.

axiome per Rechnung nachzuweisen:

Assoziativität: $\bar{x} \oplus (\bar{y} \oplus \bar{z}) = \bar{x} \oplus \overline{(y + z)} = \overline{x + (y + z)}$

$$= \overline{(x + y) + z} = \overline{(x + y)} \oplus \bar{z}$$

$$= (\bar{x} \oplus \bar{y}) \oplus \bar{z}\,,$$

wobei wir verwendet haben, daß „ + “ auf $\mathbb{N}_0$ assoziativ ist. Ebenso überträgt sich die Kommutativität von $\mathbb{N}_0$ auf R_n:

$$\bar{x} \oplus \bar{y} = \overline{x + y} = \overline{y + x} = \bar{y} \oplus \bar{x}\,.$$

Neutralelement ist die Restklasse $\bar{0}$, denn 0 ist Neutralelement bezgl. „ + “:

$$\bar{x} \oplus \bar{0} = \overline{x + 0} = \bar{x}\,.$$

Inverses zu $\bar{x}$ ist diejenige Restklasse $\bar{y} \in R_n$, für welche

$$\bar{x} \oplus \bar{y} = \bar{0}$$

gilt. Wähle dazu $\bar{y} \in R_n$ so, daß $x + y = n$ ist. Wegen $\bar{n} = \bar{0}$ ist damit

$$\bar{x} \oplus \bar{y} = \overline{x + y} = \bar{0}.$$

Die damit gezeigten *additiven Restklassengruppen modulo* n sind außerdem zyklisch: jede wird durch die Restklasse $\bar{1}$ aufgebaut:

$$\bar{1} \oplus \bar{1} = \bar{2}, \quad \bar{1} \oplus \bar{1} \oplus \bar{1} = 3, \ldots, \quad \bar{1} \oplus \bar{1} \oplus \ldots \oplus \bar{1} = \bar{n} = \bar{0}$$

Aufgaben zu 1.6.1

1. Ist die algebraische Struktur (G, ∗) Gruppe, so gilt

$$\bigwedge_{a, b \in G} (a * b)^{-1} = b^{-1} * a^{-1}$$

   a) Beweisen Sie den Satz!
   b) Formulieren Sie den Satz für eine additive Gruppe (G, +)
   c) Unter welcher zusätzlichen Voraussetzung für (G, ∗) gilt

   $$(a * b)^{-1} = a^{-1} * b^{-1}?$$

   d) Formulieren und beweisen Sie die Verallgemeinerung des Satzes auf n ($\in \mathbb{N}$) Elemente $a_1, a_2, \ldots a_n \in G$.

2. Beweisen Sie, daß eine Gruppe (G, ∗) ABELsch ist, wenn

$$\bigwedge_{a \in G} a^2 := a * a = e$$

   (e: Neutralelement) gilt.

3. Zeigen Sie durch Bestätigung der Gruppenaxiome, daß die Menge $M = \{x \mid x = 10^n \wedge n \in \mathbb{Z}\}$ eine (unendliche) Gruppe mit der Multiplikation als Verknüpfung bildet.

4. Es sei $R_5 = \{\bar{0}, \bar{1}, \bar{2}, \bar{3}, \bar{4}\}$ die Menge der Restklassen modulo 5. Auf R_5 erklären wir die Restklassen-Multiplikation „$\odot$“ gemäß

$$\bar{x} \odot \bar{y} := \overline{x \odot y} \quad \text{für} \quad \bar{x}, \bar{y} \in R_5 .$$

Stellen Sie die Verknüpfungstafeln $(R_5, \odot)$ und $(R_5 \setminus \{\bar{0}\}, \odot)$ auf und untersuchen Sie beide bezgl. der Gruppeneigenschaften!

5. Sei $G = \{a_1, a_2, b_1, b_2\}$ die Menge der Deckabbildungen eines Rechtecks: a_1: Klappung (Spiegelung) an der waagrechten Symmetrieachse; a_2: Klappung (Spiegelung) an der senkrechten Symmetrieachse; b_1: Drehung um 180°; b_2: Drehung um 360° (0°). Als Verknüpfung auf G werde die Komposition (Verkettung) der Abbildungen gewählt. Stellen Sie die Verknüpfungstafel auf und begründen Sie die Gruppeneigenschaft!

6. Auf der Potenzmenge P(M) einer (endlichen oder unendlichen) Menge M erklären wir die zweistellige Verknüpfung „$*$“ gemäß

$$X * Y := (X \cap Y') \cup (X' \cap Y)$$

a) Zeigen Sie, daß $(P(M), *)$ ABELsche Gruppe ist. Anleitung: Gehen Sie zur sog. BOOLEschen Notation über ($X \cap Y =: XY$, $X \cup Y =: X + Y$ mit Priorität „$\cdot$“ vor „ + “, d.h. $X * Y = XY' + X'Y$) und rechnen Sie Kommutativität und Assoziativität von „$*$“ nach, geben Sie das Neutralelement und die Inversen konkret an (vgl. Aufgabe 2 in Abschnitt 1.1.3).

b) Lösen Sie in dieser Gruppe die Gleichung

$$A * B * X * C = B * X^2 \quad (X^2 := X * X)$$

nach X auf!

c) Sei $|M| = 2$, etwa $M = \{a, b\}$ mit $\{a\} =: A$, $\{b\} =: B$. Stellen Sie die Verknüpfungstafel für „$*$“ auf und identifizieren Sie die algebraische Struktur!

7. Die Funktionenmenge $M = \{f_1, f_2, f_3, f_4, f_5, f_6\}$, $\bigwedge_{i=1}^{6} f_i\colon \mathbb{R} \setminus \{0, 1\} \to \mathbb{R}$ und

$$f_1(x) = x, \quad f_2(x) = \frac{1}{x}, \quad f_3(x) = 1 - x, \quad f_4(x) = \frac{x}{x-1}, \quad f_5(x) = \frac{x-1}{x}$$

$f_6(x) = \dfrac{1}{1-x}$ bildet mit der Verkettung $(f_i * f_k)(x) = f_i(f_k(x))$ eine Gruppe. Stellen Sie die Gruppentafel auf und bestätigen Sie die Gruppeneigenschaft!

1.6.2 Permutationen

Unser Ziel ist eine allgemeine Darstellungsform für *alle* endlichen Gruppen. Die Darstellung soll mit möglichst wenig Zeichen auskommen und leicht handlich sein. Ein solches Verfahren, endliche Gruppen darzustellen und zu untersuchen, geht auf den Begriff der Permutation zurück. In der Kombinatorik heißt jede Anordnung von n Elementen in einer bestimmten Reihenfolge eine Permutation dieser Elemente. So sind 123, 312, 231 drei Permutationen der Elemente 1, 2, 3. Die Anzahl aller Permutationen von n Elementen beträgt n!.[1] Man kann solche Anordnungen aber auch so verstehen, daß sie durch eine Abbildungsvorschrift entstehen, etwa wird aus 123 mit $1 \mapsto 2$, $2 \mapsto 3$, $3 \mapsto 1$ die Anordnung 231. In diesem Sinne erklärt man den Begriff „Permutation" in der Algebra etwas anders als in der Kombinatorik, nämlich als Abbildung. Für den Aufbau der Gruppentheorie sind diese Abbildungen aus zwei Gründen bedeutsam: sie gestatten die Konstruktion endlicher Gruppen, und sie ermöglichen eine besonders elegante Form ihrer Darstellung.

Definition

Jede bijektive Abbildung einer endlichen Menge $M \neq \emptyset$ auf sich heißt eine Permutation von M.

Bezeichnen wir die Menge M mit $\{1, 2, \ldots, n\}$, so wählt man für die Permutation p

$$p: M \to M \quad \text{mit} \quad 1 \mapsto p(1),\ 2 \mapsto p(2), \ldots, n \mapsto p(n)$$

die Darstellung

$$\boxed{p = \begin{pmatrix} 1 & 2 & \ldots & n \\ p(1) & p(2) & \ldots & p(n) \end{pmatrix}}$$

Zugeordnete Elemente stehen also jeweils untereinander. p ist surjektiv und injektiv, also bijektiv.

Satz

Die Menge $(P, *)$ aller Permutationen einer Menge von n Elementen bildet eine Gruppe mit der Verkettung als Verknüpfung. Diese Permutationsgruppe heißt *Symmetrische Gruppe* S_n.

Beweis: Die Verkettung zweier Permutationen ist ein Sonderfall der allgemeinen Verkettungsoperation für Abbildungen, die Reihenfolge bei der Ausführung ist also „von innen nach außen":

$$p \in P: p = \begin{pmatrix} 1 & 2 & \ldots & n \\ p(1) & p(2) & \ldots & p(n) \end{pmatrix}, \quad q \in P: q = \begin{pmatrix} 1 & 2 & \ldots & n \\ q(1) & q(2) & \ldots & q(n) \end{pmatrix}$$

$$p * q: M \to M \text{ mit } \bigwedge_{k \in M} k \mapsto (p * q)(k) = p(q(k)) \in M\,,$$

d.h. q bildet k auf q(k) ab, q(k) wird als Element von M wieder in der Oberzeile von

[1] lies: n-Fakultät ($n! = 1 \cdot 2 \cdot \ldots \cdot n$).

p stehen und somit auf p(q(k)) abgebildet. Das ist zweifellos eine innere Verknüpfung auf P. Sie ist assoziativ, weil sie allgemein für die Verkettung von Abbildungen (1.3.3) assoziativ ist. Neutrales Element ist die identische Permutation i:

$$i \in P : i := \begin{pmatrix} 1 & 2 \dots n \\ 1 & 2 \dots n \end{pmatrix}, \quad \bigwedge_{p \in P} i * p = p * i = p$$

Jede Permutation p hat als inverse p^{-1} diejenige Abbildung, deren Oberzeile/Unterzeile gegenüber p gerade vertauscht sind

$$p = \begin{pmatrix} 1 & \dots & n \\ p(1) & \dots & p(n) \end{pmatrix} \Rightarrow p^{-1} := \begin{pmatrix} p(1) & \dots & p(n) \\ 1 & \dots & n \end{pmatrix} \Rightarrow p * p^{-1} = p^{-1} * p = i$$

p^{-1} ist die Umkehrabbildung zu p (wobei es belanglos ist, daß die Elemente der Oberzeile von p^{-1} nicht in der „natürlichen" Anordnung stehen).—

Für M = {1, 2, 3} besteht die Trägermenge P aus den 6 Permutationen

$$p_1 := \begin{pmatrix} 1 & 2 & 3 \\ 1 & 2 & 3 \end{pmatrix}, \quad p_2 := \begin{pmatrix} 1 & 2 & 3 \\ 2 & 3 & 1 \end{pmatrix}, \quad p_3 := \begin{pmatrix} 1 & 2 & 3 \\ 3 & 1 & 2 \end{pmatrix},$$

$$p_4 := \begin{pmatrix} 1 & 2 & 3 \\ 1 & 3 & 2 \end{pmatrix}, \quad p_5 := \begin{pmatrix} 1 & 2 & 3 \\ 3 & 2 & 1 \end{pmatrix}, \quad p_6 := \begin{pmatrix} 1 & 2 & 3 \\ 2 & 1 & 3 \end{pmatrix}.$$

Die Struktur der Permutationen läßt sich deutlicher machen, wenn man die Zuordnung der Elemente heraushebt. Dazu spaltet man jede Permutation in ein „Produkt" *ziffernfremder Zyklen* auf, beispielsweise

$$\begin{pmatrix} 1 & 2 & 3 & 4 & 5 & 6 & 7 \\ 2 & 5 & 3 & 6 & 1 & 4 & 7 \end{pmatrix} = (125)(46)(3)(7) = (125)(46),^1$$

wobei die Reihenfolge der Zyklen belanglos ist. Einerzyklen pflegt man wegzulassen. Diese Darstellung ist eindeutig. Abb. 90 zeigt die Zyklendarstellung für die Permutationen p_1 bis p_6 der Symmetrischen Gruppe S_3.

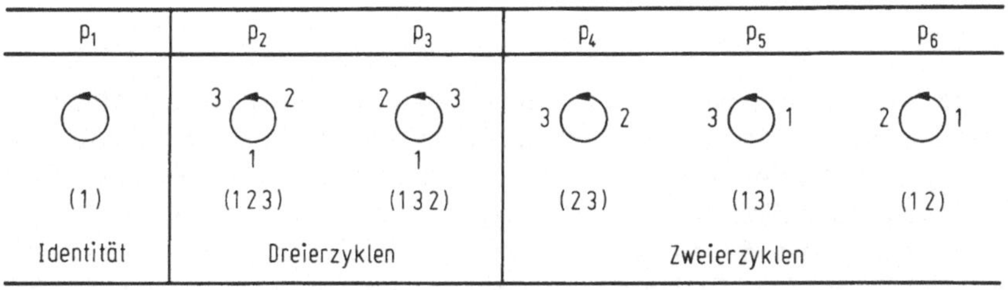

p_1	p_2	p_3	p_4	p_5	p_6
○	3 ○ 2, 1	2 ○ 3, 1	3 ○ 2	3 ○ 1	2 ○ 1
(1)	(123)	(132)	(23)	(13)	(12)
Identität	Dreierzyklen		Zweierzyklen		

Abb. 90

[1] Der Zyklus (125) bedeutet, daß 1 in 2, 2 in 5 und 5 wieder in 1 übergeht, womit dieser Zyklus geschlossen ist (Klammerung). Man sagt auch, 1, 2 und 5 gehen durch „zyklische Vertauschung" auseinander hervor. Entsprechend verdeutliche man sich die anderen Zyklen.

Eine dritte Darstellungsform für Permutationsgruppen basiert auf dem folgenden

Satz

> Jede Permutation von wenigstens zwei Elementen läßt sich als Produkt (nicht notwendig ziffernfremder) Zweierzyklen, sogenannter *Transpositionen*, schreiben.

Beweis: Es genügt zu zeigen, daß n-elementige Zyklen ($n \geqq 1$) auf Zweierzyklen zurückführbar sind.

$n = 1$: $(1) = (1\ 2)(1\ 2)$
$n = 2$: $(1\ 2) = (1\ 2)$
$n = 3$: $(1\ 2\ 3) = \begin{pmatrix} 1 & 2 & 3 \\ 2 & 3 & 1 \end{pmatrix} = (1\ 2)(1\ 3)$, d.h. vertauscht man in der Anordnung 1 2 3 zuerst nur 1 mit 2, dann 1 mit 3, so entsteht die Anordnung 2 3 1.

$n = 4$: $(1\ 2\ 3\ 4) = \begin{pmatrix} 1 & 2 & 3 & 4 \\ 2 & 3 & 4 & 1 \end{pmatrix} = (1\ 2)(1\ 3)\ (1\ 4)$, denn

$$1\ 2\ 3\ 4 \overset{(1\ 2)}{\Rightarrow} 2\ 1\ 3\ 4 \overset{(1\ 3)}{\Rightarrow} 2\ 3\ 1\ 4 \overset{(1\ 4)}{\Rightarrow} 2\ 3\ 4\ 1$$

und allgemein für beliebiges $n \in \mathbb{N} \setminus \{1\}$:

$$(1\ 2\ 3 \ldots n) = (1\ 2)(1\ 3) \ldots (1n)$$

Bei der Darstellung durch Zweierzyklen ist zweierlei zu beachten:

1. Die Reihenfolge der Zweierzyklen (*von links nach rechts zu lesen* bzw. auszuführen!) ist wesentlich, darf also nicht geändert werden:

   $$(1\ 2\ 3) = (1\ 2)(1\ 3) \neq (1\ 3)(1\ 2) = (1\ 3\ 2)$$

2. Die Darstellung ist nicht eindeutig:

   $$(1\ 2\ 3) = (1\ 2)(1\ 3) = (2\ 3)(1\ 2)$$

Eine wichtige Anwendung dieses Satzes finden wir bei Sortierungsproblemen, Dokumentations- und Informationssystemen. Die Möglichkeit, aus einer vollständigen Ordnungsrelation eine bestimmte Anordnung durch sukzessives Tauschen je zweier Elemente herzustellen, führt in der Datenverarbeitung zu geeigneten Algorithmen, von denen Abb. 91 einen zeigt. Bei diesem Verfahren wird aus einer beliebigen Permutation von Zahlen die „natürliche Anordnung" hergestellt. Dabei wird von links nach rechts jedes Paar benachbarter Zahlen untersucht: steht schon die kleinere vor der größeren, so bleibt die Anordnung erhalten, andernfalls erfolgt ein Tausch beider Zahlen. Auf diese Weise kommt nach jedem Durchlauf die höchste Zahl in die richtige Position. Wir demonstrieren den ersten Durchlauf für die Anordnung 1 4 3 5 2: 14 bleibt, 43 wird 34: 1 3 4 5 2, 45 bleibt, 52 wird 25: 1 3 4 2 5. Damit hat 5 als größte Zahl die richtige Position eingenommen, so

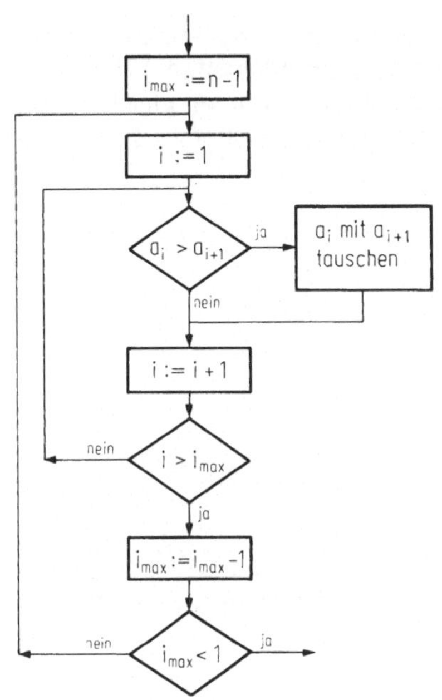

Programmablaufplan

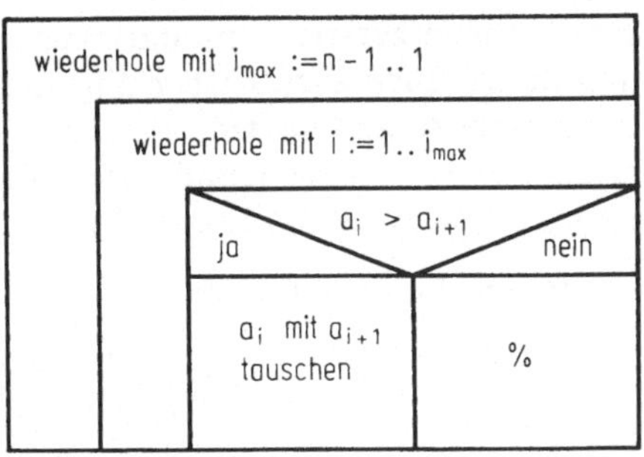

Struktogramm

Abb. 91

daß im darauffolgenden Durchlauf nur noch die Anordnung der ersten vier Zahlen zu ändern ist. Am Schluß ist die Permutation 1 2 3 4 5 entstanden.

Die fehlende Eindeutigkeit bei der Darstellung einer Permutation mit Transpositionen läßt zunächst eine Vielzahl von Möglichkeiten zu; es stellt sich jedoch heraus, daß die *Anzahl der Zweierzyklen bei einer bestimmten Permutation stets entweder gerade oder ungerade ist.*

Definition

Permutationen, die durch eine gerade (ungerade) Anzahl von Transpositionen (Zweierzyklen) darstellbar sind, heißen *gerade* (*ungerade*).

Beispiel

$$p_1 := \begin{pmatrix} 1 & 2 & 3 & 4 \\ 1 & 3 & 4 & 2 \end{pmatrix} = (2\ 3\ 4) = (2\ 4)(3\ 4) = (1\ 3)(2\ 3)(1\ 4)(2\ 1)$$

gerade Permutation!

$$p_2 := \begin{pmatrix} 1 & 2 & 3 & 4 \\ 2 & 3 & 4 & 1 \end{pmatrix} = (1\ 2\ 3\ 4) = (1\ 2)(1\ 3)(1\ 4) = (1\ 3)(2\ 3)(3\ 4)(1\ 3)(3\ 4)$$

ungerade Permutation!

Von den n! Permutationen der Symmetrischen Gruppe S_n ($n \geqq 2$) gibt es gleichviele gerade wie ungerade Permutationen. Da nämlich jede gerade (ungerade) Permutation durch einen zusätzlichen Elementetausch in eine ungerade (gerade) Permutation übergeht, andererseits aber die Gesamtzahl aller Permutationen gleich bleibt, müssen ebenso viele gerade wie ungerade Permutationen existieren. Für die 6 Permutationen der S_3 lauten die

— geraden Permutationen:

$$\begin{pmatrix}1&2&3\\1&2&3\end{pmatrix}=(12)(12),\begin{pmatrix}1&2&3\\2&3&1\end{pmatrix}=(12)(13),\begin{pmatrix}1&2&3\\3&1&2\end{pmatrix}=(13)(12)$$

— ungeraden Permutationen:

$$\begin{pmatrix}1&2&3\\1&3&2\end{pmatrix}=(23),\quad\begin{pmatrix}1&2&3\\3&2&1\end{pmatrix}=(13),\quad\begin{pmatrix}1&2&3\\2&1&3\end{pmatrix}=(12)$$

Beispiel

Als Vorbereitung für den Darstellungssatz von CAYLEY[1] wollen wir am Beispiel der zyklischen Vierergruppe eine Methode beschreiben, mit der sich eine endliche Gruppe durch Permutationen modellieren läßt. Zunächst wähle man indizierte Zeichen als Elemente: $a =: a_1$, $b =: a_2$, $c =: a_3$, $d =: a_4$

*	a	b	c	d
a	a	b	c	d
b	b	c	d	a
c	c	d	a	b
d	d	a	b	c

$\Rightarrow$

*	a_1	a_2	a_3	a_4
a_1	a_1	a_2	a_3	a_4
a_2	a_2	a_3	a_4	a_1
a_3	a_3	a_4	a_1	a_2
a_4	a_4	a_1	a_2	a_3

Die gesuchten vier Permutationen lassen sich unmittelbar aus der Tafel ablesen, wenn man die Reihenfolge der Indizes der i-ten Tafelzeile in die zweite Zeile der i-ten Permutation p_i schreibt:

$$p_1=\begin{pmatrix}1&2&3&4\\1&2&3&4\end{pmatrix},\quad p_2=\begin{pmatrix}1&2&3&4\\2&3&4&1\end{pmatrix},\quad p_3=\begin{pmatrix}1&2&3&4\\3&4&1&2\end{pmatrix},\quad p_4=\begin{pmatrix}1&2&3&4\\4&1&2&3\end{pmatrix}$$

$$p_1=(1),\qquad p_2=(1234),\qquad p_3=(13)(24),\qquad p_4=(1432)$$

Der Leser rechne nach, daß die damit bestimmte Verknüpfungstafel tatsächlich die Kompositionen der Permutationen darstellen (beachte: $a_i \mapsto p_i$)

∘	(1)	(1234)	(13)(24)	(1432)
(1)	(1)	(1234)	(13)(24)	(1432)
(1234)	(1234)	(13)(24)	(1432)	(1)
(13)(24)	(13)(24)	(1432)	(1)	(1234)
(1432)	(1432)	(1)	(1234)	(13)(24)

[1] A. Cayley (1821–1895), engl. Mathematiker (Algebra, Geometrie, Matrizenrechnung) Verknüpfungstafeln werden auch „Cayley-Tafeln“ genannt.

Anleitung: Ausführung der Komposition von rechts nach links (hier speziell wegen der Kommutativität der Vierergruppe nicht relevant), Muster:

$$(13)(24)\circ(1234)=\begin{pmatrix}1&2&3&4\\3&4&1&2\end{pmatrix}\circ\begin{pmatrix}1&2&3&4\\2&3&4&1\end{pmatrix}=\begin{pmatrix}1&2&3&4\\4&1&2&3\end{pmatrix}=(1432)\,.$$

Der folgende Satz stellt sicher, daß diese Vorgehensweise für alle endlichen Gruppen zu einer Darstellung mittels Permutationen führt.

Satz von CAYLEY (*Darstellungssatz*)

| Jede endliche Gruppe läßt sich durch Permutationen darstellen

Beweis: Die Gruppe $(G, *)$ sei durch die folgende Verknüpfungstafel gegeben (a_1 ist Neutralelement)

$*$	a_1	a_2	$\dots$	a_n
a_1	a_1	a_2	$\dots$	a_n
a_2	a_2	$a_2 * a_2$	$\dots$	$a_2 * a_n$
$\vdots$	$\vdots$	$\vdots$		$\vdots$
a_n	a_n	$a_n * a_2$	$\dots$	$a_n * a_n$

Nun konstruieren wir eine isomorphe Abbildung ρ von G auf eine gleichmächtige Menge $P = \{p_1, p_2, \dots, p_n\}$ von Permutationen in der folgenden Weise

$$a_i \mapsto \rho(a_i) =: p_i = \begin{pmatrix} a_1 & a_2 & \dots & a_n \\ a_i * a_1 & a_i * a_2 & \dots & a_i * a_n \end{pmatrix}$$

für alle $i \in \{1, 2, \dots, n\}$. Die damit bestimmte Schreibweise der Permutationen durch Ziffern ($a_1 \mapsto 1$ etc.) wollen wir an dieser Stelle aussetzen. Die Bijektivität von ρ folgt aus der Tatsache, daß keine zwei Zeilen einer Gruppentafel gleich sind. Mit „$\circ$" für die Komposition und

$$a_j \mapsto \rho(a_j) =: p_j = \begin{pmatrix} a_1 & a_2 & \dots & a_n \\ a_j * a_1 & a_j * a_2 & \dots & a_j * a_n \end{pmatrix}$$

zeigt man die Verknüpfungstreue (achten Sie auf die Klammerung!):

$$\begin{aligned} a_i * a_j \mapsto \rho(a_i * a_j) &= \begin{pmatrix} a_1 & a_2 & \dots & a_n \\ (a_i * a_j) * a_1 & (a_i * a_j) * a_2 & \dots & (a_i * a_j) * a_n \end{pmatrix} \\ &= \begin{pmatrix} a_1 & a_2 & \dots & a_n \\ a_i * (a_j * a_1) & a_i * (a_j * a_2) & \dots & a_i * (a_j * a_n) \end{pmatrix}, \end{aligned}$$

d.h. die Elemente der Oberzeile werden zuerst mittels a_j und danach mittels a_i permutiert, das bedeutet aber die Komposition zweier Permutationen:

$$\rho(a_i * a_j) = \begin{pmatrix} a_j * a_1 & a_j * a_2 & \dots & a_j * a_n \\ a_i * (a_j * a_1) & a_i * (a_j * a_2) & \dots & a_i * (a_j * a_n) \end{pmatrix} \circ \begin{pmatrix} a_1 & a_2 & \dots & a_n \\ a_j * a_1 & a_j * a_2 & \dots & a_j * a_n \end{pmatrix},$$

wobei es ohne Belang ist, daß die Elemente in der Oberzeile der links stehenden Permutation i.a. in einer anderen Anordnung als üblich stehen, wichtig ist nur, daß für jedes $j \in \{1, 2, \ldots, n\}$ gilt:

$$\{a_j * a_1, a_j * a_2, \ldots, a_j * a_n\} = \{a_1, a_2, \ldots, a_n\} = G .$$

Damit ergibt sich nunmehr die angestrebte Definitionsgleichung der Verknüpfungstreue:

$$\rho(a_i * a_j) = \rho(a_i) \circ \rho(a_j) = p_i \circ p_j ,$$

d.h. die Bildstruktur $(\{p_1, p_2, \ldots, p_n\}, \circ)$ der Permutationen ist das isomorphe Bild der gegebenen Gruppe $(G, *)$ und damit ein Modell derselben. In Abschnitt 1.6.3 werden wir sehen, daß diese Permutationsgruppen (von n Elementen) Untergruppen der Symmetrischen Gruppe S_n sind.

Aufgaben zu 1.6.2

1. Gegeben sei die Permutation

$$p = \begin{pmatrix} 1 & 2 & 3 & 4 & 5 & 6 & 7 & 8 \\ 3 & 1 & 4 & 7 & 5 & 8 & 2 & 6 \end{pmatrix}$$

   a) Darstellung als Produkt elementefremder Zyklen?
   b) Ist p eine gerade oder ungerade Permutation?
   c) Angabe von p^{-1} in allen drei Darstellungen(Permutation, Zyklen, Zweierzyklen)
   d) Bestimmung von $p * p$
   e) Lösen Sie die Gleichung $p * x = \begin{pmatrix} 1 & 2 & 3 & 4 & 5 & 6 & 7 & 8 \\ 2 & 6 & 1 & 7 & 8 & 3 & 5 & 4 \end{pmatrix}$
2. Modellieren Sie die KLEINsche Vierergruppe durch Permutationen (Zyklendarstellung)!
3. Zeigen Sie durch Aufstellung der Gruppentafel und Überprüfung der Gruppenaxiome, daß bereits die geraden Permutationen der Symmetrischen Gruppe S_3 eine Gruppe bilden (die sog. *Alternierende Gruppe* A_3)!
4. Die 6 Deckbewegungen eines gleichseitigen Dreiecks (Identität, Drehung mit 120° und 240° um den Umkreismittelpunkt, Klappung an den drei Höhen: $\{d_1, d_2, d_3, k_1, k_2, k_3\}$) bilden mit der Nacheinander-Ausführung als Verknüpfung eine Gruppe. Bezeichnen Sie die Ecken des Dreiecks mit 1, 2, 3. Bestätigen Sie die Gruppeneigenschaft durch Aufstellung der Gruppentafel! Beweisen Sie durch Angabe einer geeigneten Abbildung ρ, daß diese Gruppe isomorph zur Symmetrischen Gruppe S_3 ist.
5. Die Permutation $p = (1\ 2\ 3\ 4\ 5\ 6)$ ist Element der Symmetrischen Gruppe S_6. Bestimmen Sie alle Potenzen von p ($p^2 := p * p$, $p^3 := p * p * p$ etc. mit „*“ als Komposition) und untersuchen Sie die Menge aller dieser Potenzen von p auf Gruppeneigenschaft. Verwenden Sie dabei die Zyklendarstellung der Permutationen! Stellen Sie die Verknüpfungstafel auf!

1.6.3 Untergruppen. Normalteiler. Faktorgruppen

Definition

Eine Gruppe $(U, *)$ heißt *Untergruppe* der Gruppe $(G, *)$, wenn U Teilmenge von G ist.

Triviale Untergruppen von $(G, *)$ sind $(G, *)$ selbst und die nur aus dem Neutralelement $e \in G$ bestehende Menge: $(\{e\}, *)$. Um von einer Teilmenge $U \subset G$ die Eigenschaft, Untergruppe von $(G, *)$ zu sein, nachzuweisen, braucht man nicht sämtliche Gruppenaxiome nachzuprüfen. Die folgenden Sätze, als Untergruppen-Kriterien bekannt, geben darüber nähere Auskunft.

Satz

Ist $\emptyset \neq U \subset G$, so ist $(U, *)$ Untergruppe von $(G, *)$ genau dann, wenn
(1) „$*$" innere Verknüpfung auf U ist
(2) jedes Element $a \in U$ sein Inverses wieder in U hat: $a^{-1} \in U$.

Beweis: Wir müssen zeigen, daß (1) und (2) Assoziativität und Neutralelement in U implizieren. Dies ist klar für die Assoziativität:

$$\bigwedge_{a, b, c \in G} [a * (b * c) = (a * b) * c] \Rightarrow \bigwedge_{a, b, c \in U} [a * (b * c) = (a * b) * c] ,$$

denn bestünde sie nicht in $U \subset G$, so würde sie auch nicht in G gelten. Da $U \neq \emptyset$, gibt es ein $a \in U$ mit

$$a^{-1} \in U \Rightarrow a * a^{-1} \in U \Rightarrow e \in U .$$

Satz

Eine endliche Teilmenge U von G ist mit „$*$" bereits Untergruppe von $(G, *)$, wenn „$*$" innere Verknüpfung auf U ist.

Beweis: Wir zeigen, daß aus der Abgeschlossenheit von U bezüglich „$*$" die Auflösbarkeit von „$*$" in U folgt: jede der Gleichungen $a * x = b$ und $x * a = b$ mit $a, b \in U$ muß eine Lösung in U besitzen. U ist endlich. Deshalb können wir x nacheinander mit allen Elementen aus U belegen. Sind $x_1, x_2 \in U$ und $x_1 \neq x_2$, so ist auch $a * x_1 \neq a * x_2$ (anderenfalls folgte nach der in G gültigen Kürzungsregel $x_1 = x_2$). Verknüpft man demnach a mit sämtlichen Elementen aus U, so erhält man wieder alle Elemente von U, also, für eine bestimmte x-Belegung, auch $b \in U$. Entsprechend zeigt man die Lösung von $x * a = b$. Zusammen mit der Assoziativität (siehe voriger Satz) folgt daraus die Gruppeneigenschaft von $(U, *)$.

Unmittelbare Anwendung dieses Satzes: Bei jeder Symmetrischen Gruppe S_n ist die Teilmenge A_n der *geraden* Permutationen bezgl. der Komposition abgeschlossen (zwei gerade Permutationen geben bei Verkettung wieder eine gerade Permutation!). Diese Untergruppen A_n heißen *Alternierende Gruppen*: Bei der S_3 ist also $A_3 = \{(1), (1\,2\,3), (1\,3\,2)\}$. Ferner gilt der wichtige Satz (hier ohne Beweis): *Jede Permutationsgruppe ist Untergruppe einer Symmetrischen Gruppe.*

Ist eine Gruppe mit der Verknüpfungstafel gegeben, so gestattet der zuletzt gebrachte Satz ein direktes Ablesen der Untergruppen. Aus der Tafel der KLEINschen Vierergruppe

*	a	b	c	e
a	e	c	b	a
b	c	e	a	b
c	b	a	e	c
e	a	b	c	e

schreibt man {e, a}, {e, b}, {e, c} als (einzige) nicht-triviale Untergruppen bezüglich „*" heraus, denn dreielementige Teilmengen, wie etwa {e, b, c}, sind in keinem Fall abgeschlossen.

Diese Beispiele lassen bereits einen Zusammenhang zwischen den Ordnungen von Gruppe und Untergruppe vermuten, falls wir es mit endlichen Gruppen zu tun haben: in allen Beispielen war Ord(U, *) ein Teiler von Ord(G, *). Um dies allgemein zu beweisen, erklären wir zunächst den Begriff der „Nebenklasse".

Definition

Verknüpft man alle Elemente einer Untergruppe (U, *) der Gruppe (G, *) *von links* mit einem festen Gruppenelement $g \in G$, so heißt die entstehende Teilmenge

$$g * U = \{x \mid x = g * u \wedge u \in U\}$$

eine *linke Nebenklasse* von (U, *), entsprechend nennt man

$$U * g = \{x \mid x = u * g \wedge u \in U\}$$

eine *rechte Nebenklasse* von (U, *).

Wir wollen im folgenden erläutern, daß die rechten wie auch die linken Nebenklassen einer bestimmten Untergruppe eine Klassenzerlegung der ganzen Gruppe liefern (daher auch der Name Neben „klasse"!) Dazu benutzen wir die nichtzyklische Sechsergruppe[1] als Demonstrationsbeispiel: $G = \{d_1, d_2, d_3, k_1, k_2, k_3\}$

[1] Bis auf Isomorphie gibt es genau 2 Sechsergruppen: die Symmetrische Gruppe S_3 ($|S_3| = 3! = 6$) und die zyklische Sechsergruppe.

$*$	d_1	d_2	d_3	k_1	k_2	k_3
d_1	d_1	d_2	d_3	k_1	k_2	k_3
d_2	d_2	d_3	d_1	k_3	k_1	k_2
d_3	d_3	d_1	d_2	k_2	k_3	k_1
k_1	k_1	k_2	k_3	d_1	d_2	d_3
k_2	k_2	k_3	k_1	d_3	d_1	d_2
k_3	k_3	k_1	k_2	d_2	d_3	d_1

Von dieser Sechsergruppe kennen Sie zwei Modelle: (1) die Symmetrische Gruppe S_3 der 6 Permutationen der Ziffern 1, 2, 3 (Sie erkennen in den d_i die geraden Permutationen, links oben die Alternierende Gruppe $A_3 = \{d_1, d_2, d_3\}$, die k_i stehen für die ungeraden Permutationen!); (2) die Gruppe der Deckabbildungen des regelmäßigen (gleichseitigen) Dreiecks, hierbei bezeichnen die d_i die Drehungen, die k_i die Klappungen (Spiegelungen), vgl. dazu auch Aufgabe 4 von Abschnitt 1.6.2. Die Untergruppe der Drehungen kennen Sie bereits von Beispiel 3 in Abschnitt 1.6.1.

Zuerst wählen wir eine Untergruppe der Ordnung 2, etwa

$$U = \{d_1, k_2\} \quad \text{(kontrollieren!)}$$

und bestimmen *alle* linken und rechten Nebenklassen:

$$\begin{array}{lcl}
d_1 * U = \{d_1, k_2\} = U & (=) & U * d_1 = \{d_1, k_2\} = U \\
d_2 * U = \{d_2, k_1\} & (\neq) & U * d_2 = \{d_2, k_3\} \\
d_3 * U = \{d_3, k_3\} & (\neq) & U * d_3 = \{d_3, k_1\} \\
k_1 * U = \{k_1, d_2\} & (\neq) & U * k_1 = \{k_1, d_3\} \\
k_2 * U = \{k_2, d_1\} = U & (=) & U * k_2 = \{k_2, d_1\} = U \\
k_3 * U = \{k_3, d_3\} & (\neq) & U * k_3 = \{k_3, d_2\}
\end{array}$$

Ergebnisse: Alle (linken/rechten) Nebenklassen sind gleichmächtig.
Zwei verschiedene (linke/rechte) Nebenklassen sind elementefremd.
Die Vereinigung aller (linken/rechten) Nebenklassen ergibt die vollständige Gruppe:

$$\{d_1, k_2\} \cup \{d_2, k_1\} \cup \{d_3, k_3\} = \{d_1, d_2, d_3, k_1, k_2, k_3\} = G$$

$$\{d_1, k_2\} \cup \{d_2, k_3\} \cup \{d_3, k_1\} = \{d_1, d_2, d_3, k_1, k_2, k_3\} = G$$

Die Zerlegung der Gruppe G nach den linken Nebenklassen ist *verschieden* von der nach rechten Nebenklassen.

Nun wählen wir eine Untergruppe der Ordnung 3 (es gibt nur eine!):

$$A_3 = \{d_1, d_2, d_3\} ,$$

und bestimmen wieder *alle* linken und rechten Nebenklassen:

$$d_1 * A_3 = \{d_1, d_2, d_3\} = A_3 (=) A_3 * d_1 = \{d_1, d_2, d_3\} = A_3$$
$$d_2 * A_3 = \{d_2, d_3, d_1\} = A_3 (=) A_3 * d_2 = \{d_2, d_3, d_1\} = A_3$$
$$d_3 * A_3 = \{d_3, d_1, d_2\} = A_3 (=) A_3 * d_3 = \{d_3, d_1, d_2\} = A_3$$
$$k_1 * A_3 = \{k_1, k_2, k_3\} \qquad (=) A_3 * k_1 = \{k_1, k_3, k_2\}$$
$$k_2 * A_3 = \{k_2, k_3, k_1\} \qquad (=) A_3 * k_2 = \{k_2, k_1, k_3\}$$
$$k_3 * A_3 = \{k_3, k_1, k_2\} \qquad (=) A_3 * k_3 = \{k_3, k_2, k_1\}$$

Ergebnisse: Alle (linken/rechten) Nebenklassen sind gleichmächtig.
Zwei verschiedene (linke/rechte) Nebenklassen sind elementefremd.
Die Vereinigung aller (linken/rechten) Nebenklassen ergibt die vollständige Gruppe

$$\{d_1, d_2, d_3\} \cup \{k_1, k_2, k_3\} = G$$

Jede linke Nebenklasse *ist gleich* der entsprechenden rechten Nebenklasse: $x * A_3 = A_3 * x$ für alle $x \in G$ (obgleich die Gruppe nicht kommutativ ist!). Das ist der entscheidende Unterschied zur oben untersuchten Untergruppe $U = \{d_1, k_2\}$ und führt zur folgenden

Definition

Untergruppen $(U, *)$ einer Gruppe $(G, *)$, deren rechte und linke Nebenklassen paarweise übereinstimmen, heißen *Normalteiler* der Gruppe. Für Normalteiler gilt also $g * U = U * g$ für alle $g \in G$.

In ABELschen Gruppen sind trivialerweise alle Untergruppen Normalteiler.

Beispiel

Die soeben betrachtete nicht-zyklische Sechsergruppe (Symmetrische Gruppe S_3, Deckdrehgruppe (sog. Diedergruppe) des regelmäßigen Dreiecks) hat folgende Untergruppen als *Normalteiler*

(1) $U_1 := \{d_1\}$ (besteht nur aus dem Neutralelement)

(2) $U_2 := \{d_1, d_2, d_3\} = A_3$ (die Alternierende Gruppe)

(3) $U_3 := \{d_1, d_2, d_3, k_1, k_2, k_3\} = G$ (die Gruppe selbst),

während die folgenden Untergruppen keine Normalteiler sind

(4) $U_4 := \{d_1, k_1\}$, (5) $U_5 := \{d_1, k_2\}$ (s.o.), (6) $U_6 := \{d_1, k_3\}$

Aus der Zerlegung einer endlichen Gruppe $(G, *)$ in Nebenklassen nach einer Untergruppe $(U, *)$ ziehen wir eine wichtige Folgerung hinsichtlich der *Ordnung der Untergruppe*. Wir sahen oben („Ergebnisse"), daß alle Nebenklassen gleichmächtig sind; und da U selbst eine dieser Nebenklassen ist, haben also alle Nebenklassen von U die gleiche Ordnung, nämlich Ord U. Da wir von einer *endlichen* Gruppe sprechen, muß es demnach eine natürliche Zahl k so geben, daß

$$k \cdot \text{Ord } U = \text{Ord } G$$

ist. k gibt die Anzahl der (verschiedenen) Nebenklassen von U an (im voranstehenden Beispiel war für $U = \{d_1, k_2\}: k = 3$, für $U = A_3: k = 2$, d.h. $3 \cdot 2 = 2 \cdot 3 = 6$. Für Ord U folgt aus diesen Überlegungen der

Satz von LAGRANGE[1]

Bei endlichen Gruppen ist die Ordnung einer Untergruppe stets ein Teiler der Ordnung der Gruppe.

Nach diesem Satz kann z.B. die KLEINsche Vierergruppe keine Dreiergruppe als Untergruppe, die Symmetrische Gruppe S_3 keine Untergruppe der Ordnung 4 oder 5 haben. Gruppen von Primzahlordnung haben nur die „trivialen" Untergruppen, nämlich sich selbst und die nur aus dem Neutralelement bestehende Einergruppe.

Abschließend wollen wir die Bedeutung der Normalteiler wenigstens durch einen wichtigen Satz würdigen. Dazu schauen wir uns die Nebenklassen nach diesem Normalteiler an und erklären in geeigneter Weise eine Operation für solche Mengen. Zweck dieser Vorgehensweise ist die Konstruktion einer neuen Gruppe, deren Elemente gerade solche Nebenklassen nach einem Normalteiler sind.

Definition

Sei $(G, *)$ Gruppe, K und K′ Teilmengen (sog. Komplexe) von G. Dann erklären wir eine Verknüpfung „$*$" zwischen K und K′ gemäß

$$\boxed{K * K' = \{k * k' \mid k \in K \wedge k' \in K'\}}$$

d.h. die Verknüpfung der Komplexe K, K′ wird zurückgeführt auf die Verknüpfung der Elemente k, k′ (in der gleichen Reihenfolge)[2].

Sonderfälle dieser Komplex-Verknüpfung sind uns bereits bekannt:

(1) $K = \{g\}$, $K' = U$ (U: Untergruppe von G): $\{g\} * U =: g * U$

(2) $K' = U$, $K = \{g\}$ (U: Untergruppe von G): $U * \{g\} =: U * g$

d.h. linke und rechte Nebenklassen entstehen durch eine solche Verknüpfung. Dabei ist noch der Fall (3) interessant

(3) $K = K' = U \Rightarrow K * K' = U * U = U$,

denn da doch $(U, *)$ Untergruppe ist, liegen die durch Verknüpfung entstehenden

---

[1] J.L. Lagrange (1736–1813), franz. Mathematiker (Analysis, Mechanik, Zahlentheorie)

[2] Wegen dieser Rückführung wird für die Verknüpfung der Komplexe das gleiche Symbol „$*$" verwendet wie für die Verknüpfung der Elemente.

Elemente stets wieder in U (Abgeschlossenheit) und es ergeben sich auch wieder alle Elemente von U!

Satz

> Die Menge der Nebenklassen eines Normalteilers U einer Gruppe G ist bezüglich der Komplex-Verknüpfung abgeschlossen und bildet eine Gruppe, die *Faktorgruppe*[1] *von* G *nach* U, geschrieben G/U.

Beweis: Da die Untergruppe lt. Voraussetzung Normalteiler ist, gilt

$$g * U = U * g \quad \text{für alle} \quad g \in G\,.$$

Abgeschlossenheit: Für zwei Nebenklassen $a*U$ und $b*U$ $(a, b \in G)$ ergibt sich als Komplex-Verknüpfung (mit Hinweis, daß die Assoziativität von „$*$" sich von den Elementen auf die Nebenklassen fortsetzt)

$$\begin{aligned}(a * U) * (b * U) &= a * (U * b) * U \\ &= a * (b * U) * U \\ &= (a * b) * (U * U) \\ &= (a * b) * U \quad \text{mit} \quad a * b \in G\,,\end{aligned}$$

d.h. die (Komplex-)Verknüpfung zweier Nebenklassen ist wieder eine Nebenklasse des Normalteilers.
Assoziativität: klar! Gilt doch bereits in der ganzen Gruppe G.
Neutralelement ist der Normalteiler U selbst:

$$U * (a * U) = U * (U * a) = (U * U) * a = U * a = a * U$$

$$(a * U) * U = a * (U * U) = a * U\,.$$

Inverse Nebenklassen zu $a * U$ ist $a^{-1} * U$:

$$\begin{aligned}(a * U) * (a^{-1} * U) &= (U * a) * (a^{-1} * U) \\ &= U * (a * a^{-1}) * U \\ &= U * U \quad (a * a^{-1} = e \text{ Neutralelement in } G!) \\ &= U \quad (\text{Neutralelement in } G/U!)\end{aligned}$$

$$\begin{aligned}(a^{-1} * U) * (a * U) &= (U * a^{-1}) * (a * U) \\ &= U * (a^{-1} * a) * U = U * e * U \\ &= U * U = U\end{aligned}$$

Damit sind alle Gruppeneigenschaften nachgewiesen.

---

[1] Der Leser beachte den Zusammenhang mit dem in 1.2.3. erklärten Begriff der *Quotientenmenge*, denn die Elemente der Faktorgruppe, die Nebenklassen, sind doch Äquivalenzklassen. Die Faktorgruppe ist also eine Quotientenmengen-Struktur!

Beispiel

Größter nicht-trivialer Normalteiler der Symmetrischen Gruppe S_3 ist die *Alternierende Gruppe* A_3 (s.o.). Die Elemente der Faktorgruppe S_3/A_3 sind

$$\left.\begin{array}{ll}\text{die Nebenklasse der Drehungen} & D := \{d_1, d_2, d_3\} \\ \text{die Nebenklasse der Klappungen} & K := \{k_1, k_2, k_3\}\end{array}\right\} S_3/A_3 = \{D, K\}$$

*	d_1	d_2	d_3	k_1	k_2	k_3
d_1	d_1	d_2	d_3	k_1	k_2	k_3
d_2	d_2	d_3	d_1	k_3	k_1	k_2
d_3	d_3	d_1	d_2	k_2	k_3	k_1
k_1	k_1	k_2	k_3	d_1	d_2	d_3
k_2	k_2	k_3	k_1	d_3	d_1	d_2
k_3	k_3	k_1	k_2	d_2	d_3	d_1

$\xrightarrow{\rho}$

*	D	K
D	D	K
K	K	D

Die Verknüpfungstafel der Faktorgruppe S_3/A_3 bringt bei geometrischer Interpretation das bekannte Zusammenspiel von Drehungen und Klappungen zum Ausdruck: die Nacheinanderausführung zweier Drehungen bzw. zweier Klappungen entspricht einer Drehung, die Komposition einer Drehung (Klappung) mit einer Klappung (Drehung) führt auf eine Klappung. Schließlich drängt im vorliegenden Beispiel schon der optische Vergleich beider Verknüpfungstafeln eine Abbildung ρ geradezu auf

$$\rho: S_3 \to S_3/A_3$$
$$\rho(d_1) = \rho(d_2) = \rho(d_3) = D$$
$$\rho(k_1) = \rho(k_2) = \rho(k_3) = K$$
$$\Rightarrow \rho(x * y) = \rho(x) * \rho(y) \quad \text{für alle } x, y \in S_3,$$

d.h. die Faktorgruppe S_3/A_3 ist das *homomorphe Bild* der Symmetrischen Gruppe S_3. Der Leser prüfe das nach! Ohne Beweis sei dazu noch bemerkt, daß dieser Sachverhalt allgemein gilt (sog. Homomorphiesatz für Gruppen): Ist eine Untergruppe U Normalteiler einer Gruppe G, so gibt es stets einen Homomorphismus der Gruppe G auf die Faktorgruppe G/U, und umgekehrt ist auch jedes homomorphe Bild einer Gruppe isomorph einer Faktorgruppe derselben[1].

Aufgaben zu 1.6.3

1. Beweisen Sie folgendes „Untergruppen-Kriterium": $(U, *)$ ist Untergruppe der Gruppe $(G, *)$, wenn gilt

$$\bigwedge_{a, b \in U} a * b^{-1} \in U$$

---

[1] Eine auch für den Nicht-Mathematiker gut lesbare Einführung und Weiterführung der in diesem Band gebotenen Grundlagen ist Mitschka, Arno: Elemente der Gruppentheorie. Freiburg-Basel-Wien: Herder 1972.

2. Geben Sie sämtliche echte Untergruppen der von (123456) erzeugten Permutationsgruppe an! Vgl. Aufgabe 5 in 1.6.2.
3. Man beweise: Sind $(U_1, *)$ und $(U_2, *)$ Untergruppen der Gruppe $(G, *)$, so ist auch der Durchschnitt der Untergruppen $(U_1 \cap U_2, *)$ eine Untergruppe von $(G, *)$.

1.7 Ringe und Körper

Wir betrachten die beiden wichtigsten algebraischen Strukturen mit zwei Verknüpfungen: Addition („+") und Multiplikation („·"). Diese Bezeichnungen verstehen sich im allgemeinen im übertragenen Sinne, lediglich beim Rechnen mit den uns bekannten Zahlen treffen sie auch wörtlich auf die Verknüpfungen zu.

Definition

Ein *Ring* $(R; +, \cdot)$ ist eine algebraische Struktur, die folgenden Axiomen genügt

(1) $(R; +, \cdot)$ ist bezüglich „+" eine *ABELsche Gruppe*
(2) $(R; +, \cdot)$ ist bezüglich „·" eine *Halbgruppe*
(3) „·" ist *beiderseitig distributiv über* „+":

$$\bigwedge_{a,b,c \in R} [a \cdot (b + c) = a \cdot b + a \cdot c \wedge (a + b) \cdot c = a \cdot c + b \cdot c]$$

Um Klammern zu sparen, wird die Priorität von „·" vor „+" vereinbart („Punktrechnung geht vor Strichrechnung"). Ferner wird verabredet:

— $(R; +, \cdot)$ heißt *kommutativ*, wenn „·" kommutativ ist
— das neutrale Element von „+" heißt *Nullelement*: 0

$$\bigwedge_{a \in R} [a + 0 = 0 + a = a]$$

— besitzt $(R, \cdot)$ ein neutrales Element, so wird es Einselement 1 genannt, und $(R; +, \cdot)$ heißt dann Ring mit *Einselement*:

$$\bigwedge_{a \in R} [a \cdot 1 = 1 \cdot a = a]$$

— gibt es zwei vom Nullelement verschiedene Ringelemente, deren Produkt die 0 ist, so sagt man, der Ring besitzt (nicht-triviale) *Nullteiler*, exakt:

$$\bigvee_{a \in R} \bigvee_{b \in R} [a \neq 0 \wedge b \neq 0 \wedge a \cdot b = 0]$$

a heißt linker, b rechter Nullteiler. Nur in kommutativen Ringen fallen beide

Begriffe zusammen. Gilt umgekehrt

$$\bigwedge_{a,b\in R} [a\cdot b = 0 \rightarrow a = 0 \vee b = 0]$$

so heißt der Ring *nullteilerfrei*[1].

— ein kommutativer und nullteilerfreier Ring heißt *Integritätsbereich.*

Satz

In Ringen (R; +, ·) gilt die Rechenregel

$$\boxed{\bigwedge_{a\in R} a\cdot 0 = 0\cdot a = 0}$$

Beweis: $a\cdot 0 = a\cdot(0+0) = a\cdot 0 + a\cdot 0$. Da (R, +) Gruppe ist, hat für jedes $b\in R$ die Gleichung $b + x = b$ die eindeutige Lösung $x = 0$. Also ist $a\cdot 0 = 0$ Lösung der Gleichung $a\cdot 0 + x = a\cdot 0$. Entsprechend zeigt man $0\cdot a = 0$.

Es ist üblich, das inverse Element von a bezüglich der Addition mit $-a$ zu bezeichnen, damit lautet der allgemeine Sachverhalt (vgl. 1.6.1)

$$(a^{-1})^{-1} = a \quad \text{hier} \quad -(-a) = a$$

Wir können damit bereits alle uns aus der Zahlenrechnung bekannten Vorzeichenregeln in abstrakten Ringen herleiten.

Satz

Für alle Ringelemente gelten die Regeln

$$\boxed{\begin{array}{l}(-a)\cdot b = a\cdot(-b) = -(a\cdot b)\\ (-a)\cdot(-b) = a\cdot b\end{array}}$$

Beweis: 1. $a\cdot[b+(-b)] = a\cdot 0 = 0 = a\cdot b + a\cdot(-b) \Rightarrow a\cdot(-b)$ ist invers (bezgl. „+") zu $a\cdot b \Rightarrow a\cdot(-b) = -(a\cdot b) =: -a\cdot b$. Ferner: $[a+(-a)]\cdot b = 0\cdot b = 0 = a\cdot b + (-a)\cdot b \Rightarrow (-a)\cdot b$ ist invers (bezgl. „+") zu $a\cdot b \Rightarrow (-a)\cdot b = -(a\cdot b)$. Der zweite Teil des Beweises ist notwendig, da für „·" keine Kommutativität gefordert wird. 2. $(-a)[b+(-b)] = (-a)\cdot 0 = 0 = (-a)\cdot b + (-a)\cdot(-b) \Rightarrow (-a)\cdot(-b)$ ist invers (bezgl. „+") zu $(-a)\cdot b \Rightarrow (-a)\cdot(-b) = -[(-a)\cdot b] = -(-a\cdot b) = a\cdot b$.

---

[1] Das Nullelement wird auch „trivialer Nullteiler" genannt.

Satz

> In jedem Ring gilt die Kürzungsregel bezüglich der Multiplikation
>
> $$\boxed{a \cdot b = a \cdot c \Rightarrow b = c}$$
>
> falls a kein (trivialer oder nicht-trivialer) Nullteiler ist.

Beweis: $0 = a \cdot c + (-a) \cdot c = a \cdot b + a \cdot (-c) = a[b + (-c)] \Rightarrow b + (-c) = 0$ $\Rightarrow b = -(-c) = c$.

Die bekanntesten Ringe sind

1. Der *Ring* $(\mathbb{Z}; +, \cdot)$ *der ganzen Zahlen*. Er ist kommutativ und nullteilerfrei, also sogar Integritätsbereich. Natürlich sind erst recht $(\mathbb{Q}; +, \cdot)$, $(\mathbb{R}; +, \cdot)$ und $(\mathbb{C}; +, \cdot)$ Integritätsbereiche. Sie besitzen alle ein Einselement.
2. Die *Restklassenringe* $(R_m; \oplus, \odot)$ modulo m $(m \in \mathbb{N})$. Sie sind für jedes m kommutativ und mit Einselement, aber nur für Primzahlmoduln nullteilerfrei: man vergleiche dazu die Verknüpfungstafeln für $(R_4; \oplus, \odot)$ und $(R_5; \oplus, \odot)$! Die Multiplikationstafeln

$\oplus$	$\bar{0}$	$\bar{1}$	$\bar{2}$	$\bar{3}$
$\bar{0}$	$\bar{0}$	$\bar{1}$	$\bar{2}$	$\bar{3}$
$\bar{1}$	$\bar{1}$	$\bar{2}$	$\bar{3}$	$\bar{0}$
$\bar{2}$	$\bar{2}$	$\bar{3}$	$\bar{0}$	$\bar{1}$
$\bar{3}$	$\bar{3}$	$\bar{0}$	$\bar{1}$	$\bar{2}$

$\odot$	$\bar{0}$	$\bar{1}$	$\bar{2}$	$\bar{3}$
$\bar{0}$	$\bar{0}$	$\bar{0}$	$\bar{0}$	$\bar{0}$
$\bar{1}$	$\bar{0}$	$\bar{1}$	$\bar{2}$	$\bar{3}$
$\bar{2}$	$\bar{0}$	$\bar{2}$	$\bar{0}$	$\bar{2}$
$\bar{3}$	$\bar{0}$	$\bar{3}$	$\bar{2}$	$\bar{1}$

$\odot$	$\bar{0}$	$\bar{1}$	$\bar{2}$	$\bar{3}$	$\bar{4}$
$\bar{0}$	$\bar{0}$	$\bar{0}$	$\bar{0}$	$\bar{0}$	$\bar{0}$
$\bar{1}$	$\bar{0}$	$\bar{1}$	$\bar{2}$	$\bar{3}$	$\bar{4}$
$\bar{2}$	$\bar{0}$	$\bar{2}$	$\bar{4}$	$\bar{1}$	$\bar{3}$
$\bar{3}$	$\bar{0}$	$\bar{3}$	$\bar{1}$	$\bar{4}$	$\bar{2}$
$\bar{4}$	$\bar{0}$	$\bar{4}$	$\bar{3}$	$\bar{2}$	$\bar{1}$

   zeigen auch, daß Ringe bezüglich der Multiplikation nur Halbgruppen sind: es gilt die Assoziativität, aber nicht die Auflösbarkeit.
3. *Polynomringe*: Ist $(R; +, \cdot)$ kommutativer Ring mit Einselement, und erlaubt man die Termbildung

$$p(x) := a_n x^n + a_{n-1} x^{n-1} + \ldots + a_2 x^2 + a_1 x + a_0 ,$$

   $a_i \in R$, $x \notin R$, x ist Platzhalter (Variable), so bilden diese Polynomterme[1] mit den Verknüpfungen Polynomaddition und Polynommultiplikation gemäß

$$\left(q(x) := \sum_{i=0}^{n} b_i x^i, \quad b_i \in R \right)$$

$$\sum_{i=0}^{n} a_i x^i + \sum_{i=0}^{n} b_i x^i := \sum_{i=0}^{n} (a_i + b_i) x^i =: p(x) + q(x)$$

$$\sum_{i=0}^{n} a_i x^i \cdot \sum_{i=0}^{n} b_i x^i := \sum_{i=0}^{2n} \left(\sum_{\rho + \lambda = i} a_\rho b_\lambda \right) x^i =: p(x) \cdot q(x)$$

[1] Eine ausführliche Behandlung der Polynome erfolgt in Band 2, dort mit Koeffizienten $a_i \in \mathbb{R}$.

eine Ringstruktur, den Polynomring $(R[x]; +, \cdot)$. Die Zahl $n \in \mathbb{N}_0$ heißt Grad des Polynoms und zwar „formaler Grad“ bei a_n beliebig aus R, „aktualer Grad“ bei $a_n \neq 0$. Die a_i heißen Koeffizienten.

Definition

> Ein Ring $(R; +, \cdot)$ heißt *Körper* $(K; +, \cdot)$, wenn seine von 0 verschiedenen Elemente bezüglich der Multiplikation—$(R \setminus \{0\}, \cdot)$—eine ABELsche Gruppe bilden.

Körper sind demnach durch folgende Axiome charakterisiert:

(1) $\bigwedge_{a,b \in K} [a + b \in K \wedge a \cdot b \in K]$ (Abgeschlossenheit)

(2) $\bigwedge_{a,b \in K} [a + b = b + a \wedge a \cdot b = b \cdot a]$ (Kommutativität)

(3) $\bigwedge_{a,b,c \in K} [a + (b + c) = (a + b) + c \wedge a \cdot (b \cdot c) = (a \cdot b) \cdot c]$ (Assoziativität)

(4) $\bigwedge_{a,b \in K} \bigvee_{x \in K} [a + x = b]$, $\bigwedge_{\substack{a,b \in K \\ a \neq 0}} \bigvee_{x \in K} [a \cdot x = b]$ (Auflösbarkeit)

(5) $\bigwedge_{a,b,c \in K} [a \cdot (b + c) = a \cdot b + a \cdot c]$ (Distributivität)

Jeder Körper besitzt ein Nullelement 0 (neutrales Element der Addition) und ein Einselement 1 (neutrales Element der Multiplikation). Man schreibt für die Inversen

$$a + (-a) = 0 \qquad \text{für alle } a \in K$$

$$a \cdot a^{-1} = 1 \qquad \text{für alle } a \in K \setminus \{0\}\,.$$

Die zuletzt aufgetretene Ausnahme des Nullelements ist stets im Auge zu behalten. Es handelt sich hierbei um die abstrakte Verallgemeinerung der Rolle der Zahl 0 hinsichtlich der Division: auch für reelle Zahlen a, b gilt: $a \cdot x = b$ ist nur auflösbar für $a \neq 0$ (vgl. Abb. 92). L bedeutet darin die Lösungsmenge.

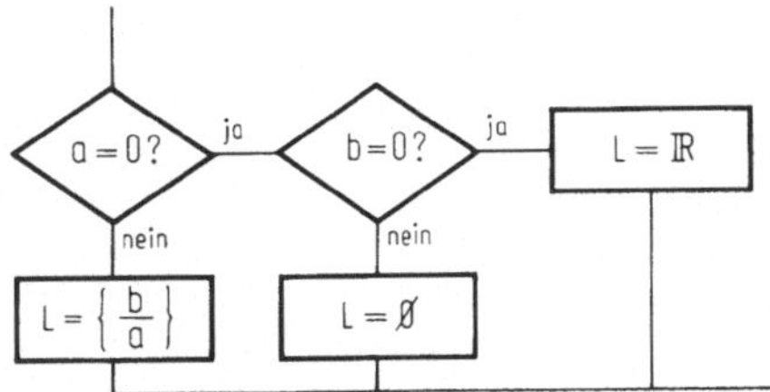

Abb. 92

Satz

Jeder Körper ist nullteilerfrei:

$$\bigwedge_{a,b\in K} [a\cdot b = 0 \rightarrow a = 0 \vee b = 0$$

Beweis: Wir zeigen, daß aus $a \neq 0$ und $a\cdot b = 0$ notwendig $b = 0$ folgt: $a\cdot b = 0 \Rightarrow a^{-1}\cdot(a\cdot b) = (a^{-1}\cdot a)\cdot b = 1\cdot b = b = a^{-1}\cdot 0 = 0$. Wegen der Kommutativität von „·" gilt ebenso $a\cdot b = 0 \wedge b \neq 0 \Rightarrow a = 0$, insgesamt also $a\cdot b = 0 \Rightarrow a = 0 \vee b = 0$.

Satz

In jedem Körper $(K; +, \cdot)$ gilt die Kürzungsregel in der folgenden Form

$$\bigwedge_{a\in K\setminus\{0\}} \bigwedge_{b,c\in K} [a\cdot b = a\cdot c \rightarrow b = c]$$

Beweis: Wegen $a \neq 0$ existiert $a^{-1}\in K$, so daß gilt

$$a^{-1}\cdot(a\cdot b) = a^{-1}\cdot(a\cdot c) \Rightarrow (a^{-1}\cdot a)\cdot b = (a^{-1}\cdot a)\cdot c$$
$$\Rightarrow 1\cdot b = 1\cdot c \Rightarrow b = c$$

Beispiel

Wir betrachten den Körper $(\mathbb{Q}; +, \cdot)$ der rationalen Zahlen. $x\in\mathbb{Q}$ ist als Lösung von $a\cdot x = b \wedge a \neq 0$ darstellbar, wobei man für $a^{-1}\cdot b = b\cdot a^{-1} = \frac{b}{a}$ schreibt

Abgeschlossenheit: $\frac{b}{a} + \frac{b'}{a'} = \frac{a'\cdot b + a\cdot b'}{a\cdot a'} \in \mathbb{Q} \quad (a \neq 0 \wedge a' \neq 0)$

$\frac{b}{a}\cdot\frac{b'}{a'} = \frac{b\cdot b'}{a\cdot a'} \in \mathbb{Q}$

Nullelement: $\frac{0}{a} = 0 \quad (a \neq 0)$

Einselement: $b = a \Rightarrow \frac{b}{a} = \frac{a}{a} = 1 \quad (a \neq 0)$

Inverse Elemente: $\frac{b}{a} + \left(-\frac{b}{a}\right) =: \frac{b}{a} - \frac{b}{a} = 0 \quad (a \neq 0)$

$$\frac{b}{a} \cdot \left(\frac{b}{a}\right)^{-1} = \frac{b}{a} \cdot \frac{a}{b} = \frac{a \cdot b}{a \cdot b} = 1$$

$$\left(a \neq 0 \wedge b \neq 0 \Rightarrow \left(\frac{b}{a}\right)^{-1} = (b \cdot a^{-1})^{-1} = (a^{-1})^{-1} \cdot b^{-1} = a \cdot b^{-1} = \frac{a}{b}\right)$$

Ebenso bestätigt man Kommutativität, Assoziativität und Distributivität. Auf die Konstruktion des rationalen Zahlenkörpers wird nicht näher eingegangen. Erweiterungskörper von $\mathbb{Q}$ sind $\mathbb{R}$ und $\mathbb{C}$[1].

Aufgaben zu 1.7.

1. Sei $P(M)$ die Potenzmenge einer Menge M. Begründen Sie, weshalb $(P(M); \cap, \cup)$ kein Ring ist (welches Axiom ist verletzt?).
2. Zeigen Sie, daß $(P(M); *, \cap)$ Ring ist, wenn „$*$" Rechenzeichen der symmetrischen Differenz ist:
$$A * B := [A \cap K(B)] \cup [K(A) \cap B]$$
3. Ist $(R; +, \cdot)$ kommutativer Ring mit Einselement 1, so nennt man Elemente $a \in R$ und $a' \in R$ mit der Eigenschaft $a \cdot a' = 1$ „Einheiten" von R. Beweisen Sie, daß die Menge M der Einheiten eines Ringes eine multiplikative Gruppe $(M, \cdot)$ bildet.
4. Zeigen Sie die Gültigkeit der zwei Bruchrechenregeln
$$\frac{a}{b} \cdot \frac{a'}{b'} = \frac{a \cdot a'}{b \cdot b'}, \quad \frac{a}{b} + \frac{a'}{b'} = \frac{a \cdot b' + a' \cdot b}{b \cdot b'}$$
$(a, b, a', b' \in \mathbb{Q} \wedge b \neq 0, b' \neq 0)$ durch Heranziehen der in Ringen bzw. Körpern allgemein gültigen Rechenregeln.

1.8 BOOLEsche Algebra

1.8.1 Bedeutung. Axiomatisierung

Historischer Ausgangspunkt war das Bestreben, die über zweitausend Jahre alten Gesetze der klassischen Logik mit mathematischen Mitteln in den Griff zu bekommen. BOOLE[2] gelang es als erstem, diesen Prozeß der algebraischen Formalisierung einzuleiten und die Gesetze der Mengen- und Aussagenalgebra aufzustellen. Heute, mehr als 100 Jahre danach, ist die BOOLEsche Algebra beim Entwurf logischer Schaltungen digitaler Rechenanlagen ein unentbehrliches Hilfsmittel für den Ingenieur geworden.

[1] Eine ausführliche Behandlung der Struktur $(\mathbb{C}; +, \cdot)$ erfolgt in Kapitel 3 dieses Bandes.
[2] G. Boole (1815–1864), engl. Mathematiker (Algebra, Logik).

Wir setzen an dieser Stelle die Kenntnis der Mengenalgebra voraus, benötigen ihre Ergebnisse aber nur für den Nachweis von Isomorphien. Die als BOOLEsche Algebra (BOOLEscher Verband) bekannte Struktur erklären wir, wie üblich, durch ein zweckmäßig gewähltes Axiomensystem, aus dem wir einige Gesetze ableiten werden. Das ist ein rein formaler Vorgang. Danach werden wir reale Interpretationen geben und die für den Anwender wichtigen Modelle behandeln.

Definition

Als *BOOLEsche Algebra* (B; ·, +, K) bezeichnen wir eine algebraische Struktur mit mindestens zwei Elementen (genannt 0 und 1), auf der zwei zweistellige Verknüpfungen

$$B^2 \to B \wedge \bigwedge_{a,b \in B} [(a,b) \mapsto a \cdot b \in B] \quad (\text{„BOOLEsches Produkt“})$$

$$B^2 \to B \wedge \bigwedge_{a,b \in B} [(a,b) \mapsto a + b \in B] \quad (\text{„BOOLEsche Summe“})$$

und eine einstellige Verknüpfung K

$$B \to B \wedge \bigwedge_{a \in B} [a \mapsto K(a) =: a' \in B]^2 \quad (\text{„BOOLEsches Komplement“})$$

so erklärt sind, daß sie den folgenden Axiomen genügen:

(1) „·“ und „+“ sind kommutativ:

$$\bigwedge_{a,b \in B} [a \cdot b = b \cdot a \wedge a + b = b + a]$$

(2) „·“ und „+“ sind wechselseitig distributiv übereinander:

$$\bigwedge_{a,b,c \in B} [a \cdot (b + c) = a \cdot b + a \cdot c \wedge a + b \cdot c = (a + b) \cdot (a + c)]$$

(3) 1 ist Neutralelement für „·“, 0 ist Neutralelement für „+“:

$$\bigvee_{1 \in B} \bigvee_{0 \in B} \bigwedge_{a \in B} [a \cdot 1 = a \wedge a + 0 = a]$$

(4) a′ ist komplementär zu a in der folgenden Weise

$$\bigwedge_{a \in B} \bigvee_{a' \in B} [a \cdot a' = 0 \wedge a + a' = 1]$$

Bei der Formulierung wurde wieder vorausgesetzt, daß „·“ stärker bindet als „+“. Man erkennt, daß jedes Axiom zweimal auftritt, indem es eine bestimmte Eigenschaft einmal für das BOOLEsche Produkt, zum anderen für die BOOLEsche Summe fordert. Diesen Sachverhalt bezeichnen wir als das *Dualitätsprinzip* der

---

[2] Gelegentlich ist auch die Schreibweise $\bar{a}$ zu finden.

BOOLEschen Algebra:

Jeder Satz der BOOLEschen Algebra geht in seinen dualen Satz über, wenn man die BOOLEschen Verknüpfungen „·“ und „+“ und gegebenenfalls noch die Neutralelemente 1 *und* 0 *miteinander vertauscht.*

Für die deduktive Herleitung weiterer Sätze bedeutet das: es genügt, einen Satz zu beweisen, der dazu duale Satz ist dann bereits impliziert und bedarf keines Beweises mehr.

Satz [1]

Die BOOLEschen Verknüpfungen „·“, „+“ sind idempotent

$$\bigwedge_{a \in B} [a \cdot a = a \wedge a + a = a]$$

Beweis (die eingeklammerten Ziffern verweisen auf die für den folgenden Schritt benutzten Axiome bzw. Sätze):

$$a \cdot a \overset{(3)}{=} a \cdot a + 0 \overset{(4)}{=} a \cdot a + a \cdot a' \overset{(2)}{=} a \cdot (a + a') \overset{(4)}{=} a \cdot 1 \overset{(3)}{=} a$$

Satz [2]

Die Verknüpfung mit den neutralen Elementen 0 und 1 liefert

$$\bigwedge_{a \in B} [a \cdot 0 = 0 \wedge a + 1 = 1]$$

Beweis: $a \cdot 0 \overset{(3)}{=} a \cdot 0 + 0 \overset{(4)}{=} a \cdot 0 + a \cdot a' \overset{(2)}{=} a \cdot (0 + a') \overset{(3)}{=} a \cdot a' \overset{(4)}{=} 0$

Satz [3]

In jeder BOOLEschen Algebra gelten die Absorptionsgesetze:

$$\bigwedge_{a, b \in B} [a \cdot (a + b) = a \wedge a + a \cdot b = a]$$

Beweis: $a \cdot (a + b) \overset{(3)}{=} (a + 0) \cdot (a + b) \overset{(2)}{=} a + 0 \cdot b \overset{[2]}{=} a + 0 \overset{(3)}{=} a$

Satz [4]

Für die Vereinfachung von Gleichungen gilt

$$\bigwedge_{a,x,y\in B} [(x\cdot a = y\cdot a \wedge x\cdot a' = y\cdot a') \rightarrow x = y \wedge (x + a = y + a \wedge x + a' = y + a') \rightarrow x = y]$$

Beweis: $x\cdot a + x\cdot a' = y\cdot a + y\cdot a' \overset{(2)}{\Rightarrow} x\cdot(a + a') = y\cdot(a + a') \overset{(4)}{\Rightarrow} x\cdot 1 = y\cdot 1 \overset{(3)}{\Rightarrow} x = y$.

Satz [5]

Die BOOLEschen Verknüpfungen „·" und „+" sind assoziativ

$$\bigwedge_{a,b,c\in B} [a\cdot(b\cdot c) = (a\cdot b)\cdot c \wedge a + (b + c) = (a + b) + c]$$

Beweis: $a + (a\cdot b)\cdot c \overset{(2)}{=} (a + a\cdot b)\cdot(a + c) \overset{[3]}{=} a\cdot(a + c) \overset{[3]}{=} a \overset{[3]}{=} a + a\cdot(b\cdot c)$; $a' + (a\cdot b)c \overset{(2)}{=} (a' + a\cdot b)\cdot(a' + c) \overset{(2)}{=} [(a' + a)\cdot(a' + b)]\cdot(a' + c) \overset{(4)}{=} [1\cdot(a' + b)]\cdot(a' + c) \overset{(3)}{=} (a' + b)\cdot(a' + c) \overset{(2)}{=} a' + b\cdot c \overset{(3)}{=} 1\cdot(a' + b\cdot c) \overset{(4)}{=} (a' + a)\cdot(a' + b\cdot c) \overset{(2)}{=} a' + a\cdot(b\cdot c)$; $\overset{[4],(1)}{\Longrightarrow} (a\cdot b)\cdot c = a\cdot(b\cdot c)$.

Satz [6]

Es gelten die DE MORGANschen Gesetze

$$\bigwedge_{a,b\in B} [(a\cdot b)' = a' + b' \wedge (a + b)' = a'\cdot b']$$

Beweis: Wir zeigen zuerst $(a\cdot b)\cdot(a' + b') = 0$. Nach (2) gilt $(a\cdot b)\cdot(a' + b') = (a\cdot b)\cdot a' + (a\cdot b)\cdot b' \overset{[5],(1)}{=\!=} (a\cdot a')\cdot b + a\cdot(b\cdot b') \overset{(4)}{=} 0\cdot b + a\cdot 0 \overset{[2]}{=} 0 + 0 \overset{(3)}{=} 0$. Nun zeigen wir noch $a\cdot b + (a' + b') = 1$. Wieder nach (2) ist $a\cdot b + (a' + b') = (a + a' + b')(b + a' + b') \overset{(1)}{=} (b' + a + a')(a' + b + b') \overset{[5]}{=} [b' + (a + a')][a' + (b + b')] \overset{(4)}{=} (b' + 1)(a' + 1) \overset{[2]}{=} 1\cdot 1 \overset{(3)}{=} 1$. Nach Axiom (4) ist damit $a' + b'$ das BOOLEsche Komplement zu $a\cdot b$, d.h. es gilt $a' + b' = (a\cdot b)'$.

Satz [7]

Das doppelte BOOLEsche Komplement a″ ist gleich dem Originalelement a:

$$\bigwedge_{a \in B} [a'' = a]$$

Beweis: a′ ist komplementär zu a $\overset{(4)}{\Rightarrow}$ $a \cdot a' = 0 \wedge a + a' = 1$. Es ist aber auch a″ komplementär zu a′: $\overset{(4)}{\Rightarrow} a' \cdot a'' \overset{(1)}{=} a'' \cdot a' = 0 \wedge a' + a'' \overset{(1)}{=} a'' + a' = 1$. Da es zu jedem $a \in B$ genau ein BOOLEsches Komplement gibt (also auch zu a′), muß $a'' = a$ sein.

Satz [8]

Die Neutralelemente 0 und 1 sind wechselseitig komplementär

$$0' = 1 \wedge 1' = 0$$

Beweis: Nach Satz [2] ist für $a = 0: 0 + 1 \overset{(1)}{=} 1 + 0 = 1$, für $a = 1: 1 \cdot 0 = 0$. Axiom (4) für $a = 1: 1 + 1' = 1 \wedge 1 \cdot 1' = 0$. Die Eindeutigkeit des Komplements erzwingt $1' = 0; \overset{(7)}{\Rightarrow} 1'' = 0' = 1$.

Damit sind die Gesetze der BOOLEschen Algebra aus den Axiomen hergeleitet. Dabei fällt der Zusammenhang mit der Mengenalgebra auf. Tatsächlich erhält man sämtliche Sätze der Mengenalgebra (vgl. 1.1.3) aus denen der BOOLEschen Algebra, wenn man letztere in den Zeichen der Mengenlehre darstellt, also folgende Umschreibung vornimmt:

$$a \cap b = a \cdot b, \quad a \cup b = a + b, \quad K(a) = a'$$

$$\emptyset = 0, \quad M = 1$$

und die Priorität von „·“ vor „+“ wieder aufhebt. Wir vermuten eine Isomorphie zwischen der „Mengenalgebra“ (P(M); ∩, ∪, K) und der BOOLEschen Algebra (B; ·, +, K), und präzisieren diese in folgender Aussage:

Satz

Jede endliche BOOLEsche Algebra (B; ·, +, K) ist isomorph einer Mengenalgebra (P(M); ∩, ∪, K)

Beweis: Wir beschränken uns auf die Fälle $|B| = |P(M)| = 2$ und $|B| = |P(M)| = 4$; auf den allgemeinen Beweis wollen wir im Rahmen dieser Darstellung verzichten. Ist $M = \{x\}$ einelementig, so ist $P(M) = \{\emptyset, M\}$ und wir müssen wegen der Bijektivität auch B zweielementig annehmen: $B = \{0, 1\}$. Die Verknüpfungstreue erkennt man direkt anhand der Verknüpfungstafeln:

$\cap$	$\emptyset$	M
$\emptyset$	$\emptyset$	$\emptyset$
M	$\emptyset$	M

$\cup$	$\emptyset$	M
$\emptyset$	$\emptyset$	M
M	M	M

K	
$\emptyset$	M
M	$\emptyset$

$\cdot$	0	1
0	0	0
1	0	1

+	0	1
0	0	1
1	1	1

K	
0	1
1	0

d.h. die Abbildung ρ

$$\rho\colon P(M) \to B \quad \text{mit} \quad \rho(\emptyset) = 0 \wedge \rho(M) = 1$$

ist ein Isomorphismus von $P(M)$ auf B bezüglich beider zweistelligen Verknüpfungen:

$$\bigwedge_{a,\, b \in P(M)} [\rho(a \cap b) = \rho(a) \cdot \rho(b) \wedge \rho(a \cup b) = \rho(a) + \rho(b)]\,,$$

während die Verknüpfungstreue der einstelligen Komplementbildung bereits durch die Elementezuordnung $\emptyset \mapsto 0$, $M \mapsto 1$ realisiert ist. Für eine zweielementige Menge $M = \{x, y\}$ werden die Trägermengen vierelementig

$$P(M) = \{\emptyset, \{x\}, \{y\}, M\}, \quad B := \{0, s, t, 1\}\,.$$

In beiden Strukturen werden die Verknüpfungstafeln aufgestellt, und zwar *unabhängig voneinander*. Der Leser überprüfe dies sorgfältig, beide Tafeln (für „·" und „+") sind eindeutig konstruierbar:

$\cap$	$\emptyset$	{x}	{y}	M
$\emptyset$	$\emptyset$	$\emptyset$	$\emptyset$	$\emptyset$
{x}	$\emptyset$	{x}	$\emptyset$	{x}
{y}	$\emptyset$	$\emptyset$	{y}	{y}
M	$\emptyset$	{x}	{y}	M

$\cup$	$\emptyset$	{x}	{y}	M
$\emptyset$	$\emptyset$	{x}	{y}	M
{x}	{x}	{x}	M	M
{y}	{y}	M	{y}	M
M	M	M	M	M

a	K(a)
$\emptyset$	M
{x}	{y}
{y}	{x}
M	$\emptyset$

$\cdot$	0	s	t	1
0	0	0	0	0
s	0	s	0	s
t	0	0	t	t
1	0	s	t	1

+	0	s	t	1
0	0	s	t	1
s	s	s	1	1
t	t	1	t	1
1	1	1	1	1

a	K(a)
0	1
s	t
t	s
1	0

Die Abbildung

$$\rho\colon P(M) \to B \quad \text{mit} \quad \emptyset \mapsto 0, \quad \{x\} \mapsto s, \quad \{y\} \mapsto t, \quad M \mapsto 1$$

ist dann bijektiv und verknüpfungstreu (wie oben), also ein Isomorphismus von P(M) auf B.

Eine wichtige Folgerung aus diesem Satz betrifft die *Mächtigkeit endlicher BOOLEscher Algebren*: diese ist stets eine ganzzahlige Zweierpotenz:

$$\boxed{|B| = 2^n \wedge n \in \mathbb{N},}$$

denn eben diese Mächtigkeit besitzen die Potenzmengen der isomorphen Mengenalgebra.

Beispiel

Wir betrachten die Menge B der natürlichen Teiler von 30:

$$B = \{1, 2, 3, 5, 6, 10, 15, 30\}$$

mit den zweistelligen Verknüpfungen „größter gemeinsamer Teiler" (ggT)

$$B \times B \to B \wedge (a, b) \mapsto \text{ggT}(a, b)$$

und „kleinstes gemeinsames Vielfaches" (kgV)

$$B \times B \to B \wedge (a, b) \mapsto \text{kgV}(a, b)$$

sowie der durch folgende Zuordnungstabelle bestimmten einstelligen Verknüpfung K (Komplement) auf B:

$B \to B \wedge a \mapsto K(a) = a'$:

a	1	2	3	5	6	10	15	30
a'	30	15	10	6	5	3	2	1

Behauptung: Die Struktur (B; ggT, kgV, K) ist eine (achtelementige) BOOLEsche Algebra. Der Leser scheue nicht die Arbeit, dies im einzelnen nachzuprüfen: entweder durch eine systematische Überprüfung der Axiome (1) bis (4) (dazu sind die Verknüpfungstafeln (aufzustellen!), oder; durch Konstruktion eines Isomorphismus zur Mengenalgebra (P(M); $\cap$, $\cup$, K), wobei $M = \{x, y, z\}$ dreielementig anzunehmen ist. Abb. 93 (s. 142) zeigt die dafür erforderliche Elementezuordnung zugleich in Form eines HASSE-Diagramms, das in bekannter Weise (vgl. 1.2.4) die Teilerrelation auf B bzw. die dazu relationsisomorphe Teilmengenrelation auf P(M) demonstriert.

Aufgaben zu 1.8.1

1. Beweisen Sie: In einer BOOLEschen Algebra (B; $\cdot$, $+$, K) kann kein Element komplementär zu sich selbst sein.
2. Beweisen Sie: Eine BOOLEsche Algebra mit fünf Elementen existiert nicht. Anleitung: Verwenden Sie das Ergebnis von Aufgabe 1.

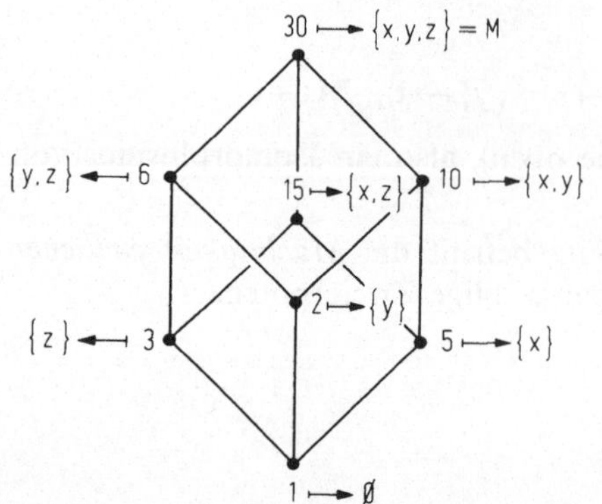

Abb. 93

3. Ist (B; ·, +, K) eine BOOLEsche Algebra, so erklären wir eine Relation $R \subset B \times B$ durch die Vorschrift

$$Rab :\Leftrightarrow a \cdot b = b$$

für a, $b \in B$. Zeigen Sie, daß R eine (nicht-strenge) Ordnungsrelation auf B ist. Vergleichen Sie dazu das Beispiel dieses Abschnitts.

4. In einer BOOLEschen Algebra sind die Aussagen

$$a \cdot b = a, \quad a + b = b, \quad a' + b = 1, \quad a \cdot b' = 0$$

äquivalent in folgender Weise: aus jeder Gleichung lassen sich die drei anderen herleiten. Führen Sie dies durch, indem Sie von der Gültigkeit der ersten Gleichung ausgehen!

5. Beweisen Sie das DE MORGAN-Gesetz $(a + b)' = a'b'$, indem Sie von $a'b' = a'b' \cdot 1 + 0$ ausgehen und 1 und 0 nach Axiom (4) mit a + b als Element ersetzen!

1.8.2 BOOLEsche Terme

Für alle folgenden Betrachtungen setzen wir eine zweielementige BOOLEsche Algebra voraus: $|B| = 2$. Ihre Elemente werden üblicherweise mit 0 und 1 bezeichnet. Neben den Elementezeichen 0, 1 werden, wie bisher, Variablen verwendet. Diese BOOLEschen Variabeln sind mit 0 oder 1 belegbar (sie heißen deshalb oft auch „binäre" Variablen).

Definition

Jede Zeichenkette aus 0, 1, Namen für BOOLEsche Variablen und den BOOLEschen Verknüpfungszeichen nennen wir einen *BOOLEschen Term.*

Zwei Anwendungen stehen im Vordergrund:

- die Umformung BOOLEscher Terme mit dem Ziel einer Minimierung der Termlänge

- die Entwicklung von Normalformen BOOLEscher Terme (disjunktive und konjunktive Normalform) aus gegebenen Bedingungen.

Die Lösung dieser Aufgaben durch direkte Anwendung des BOOLEschen Kalküls nennen wir die algebraische Methode. Daneben gibt es graphisch-topologische und für den Einsatz von Datenverarbeitungsanlagen geeignete algorithmische (systematische) Rechenverfahren. Da die Rechengesetze in allen speziellen Modellen der BOOLEschen Algebra (Mengenalgebra etc.) dieselben sind, genügt es, sie an der abstrakten Struktur zu demonstrieren. Erfahrungsgemäß lassen sich umfangreichere Rechnungen mit den in 1.8.1 erklärten Zeichen am besten bewältigen, da sie an gewohnte Schreibweisen erinnern.

Es sei noch einmal darauf hingewiesen, daß hier Namen und Zeichen einzig und allein durch das Axiomensystem der BOOLEschen Algebra definiert sind: dieses erklärt, wie man mit diesen zu operieren hat (syntaktischer Aspekt). Eine Bedeutung (semantischer Aspekt) haben die Elemente der abstrakten Struktur (im Gegensatz zu den Elementen der Modellstrukturen) nicht.

Für die algebraische Vereinfachung BOOLEscher Terme gibt es kein allgemeingültiges Rezept, dafür aber eine Reihe heuristischer Regeln, die wir gleich an entsprechenden Beispielen demonstrieren.

1. Regel: Ausdrücke ohne Klammern versuche man mit den Absorptionsgesetzen zu vereinfachen.

Anwendung:
$$\begin{aligned} T(x, y, z) &= xy + xz + xyz + y + z^{1} \\ &= y + yx + y(xz) + z + zx \\ &= y + z \end{aligned}$$

2. Regel: Beim Auftreten von Klammerausdrücken versuche man zunächst die Klammerinhalte zu vereinfachen.

Anwendung:
$$\begin{aligned} T(x, y) &= (xy + x'y + x'y')' \\ T_1(x, y) &:= xy + x'y + x'y' \\ &= (x + x')y + x'y' \\ &= 1 \cdot y + x'y' \\ &= y + x'y' \\ &= (y + x')(y + y') \\ &= (y + x') \cdot 1 \\ &= y + x' \\ \Rightarrow T(x, y) &= (y + x')' \\ &= y' \cdot x'' \\ &= y'x \\ &= xy' \end{aligned}$$

[1] $xy := x \cdot y$ etc.

3. Regel: Geschachtelte Klammerausdrücke werden im allgemeinen von innen nach außen verarbeitet.

Anwendung: $T(a, b, c) = [(a + b)(a + b') + a'b'] \cdot (a'b'c)'$

$$= (a + bb' + a'b')(a'b'c)'; \quad bb' = 0$$

$$= (a + a'b')(a + b + c')$$

$$= (a + b')(a + b + c')$$

$$= a + b'c'$$

4. Regel: Erscheint die Umformung des Termes T in der gegebenen Form umständlich, so versuche man den dualisierten Term $\delta(T)$ zu vereinfachen. Durch eine nochmalige Dualisierung $\delta(\delta(T)) = T$ erhält man wieder den ursprünglichen Term.

Anwendung: $T(u, v, w) = (u + v + w')(u' + v' + w) + v' + w'$

$$\delta(T) = (uvw' + u'v'w)v'w'$$

$$= u(vv')w' + u'v'(ww')$$

$$= 0 + 0 = 0$$

$$T = \delta(\delta(T)) = 1$$

5. Regel: Bei einigen Termen führt erst eine geeignete „Expansion“ mit dem Faktor $1 = a + a' = b + b'$ etc. zur Anwendung des Absorptionsgesetzes und damit zu einer Vereinfachung.

Anwendung: $T(p, q, r) = p'q + pr' + qr'$

$$= p'q + pr' + qr' \cdot 1$$

$$= p'q + pr' + qr' \cdot (p + p')$$

$$= p'q + (p'q)r' + pr' + (pr')q$$

$$= p'q + pr'$$

Im Anschluß an das letzte Beispiel entsteht die Frage, ob man einem BOOLEschen Term „ansehen“ kann daß er noch weiter vereinfacht werden kann. Das ist bei größeren Ausdrücken im allgemeinen nicht möglich. Es gibt jedoch Verfahren, mit denen man einen BOOLEschen Term systematisch auf die einfachste Form bringen kann[1].

Ein anderes Problem, das der *Gleichheit zweier BOOLEscher Terme*, läßt sich dagegen mit der algebraischen Methode lösen. Wir nennen zwei BOOLEsche Terme gleich, wenn sie durch Umformungen gemäß dem Kalkül der BOOLEschen Algebra ineinander überführt werden können. Davon haben wir bei den voranste-

---

[1] Etwa mit dem Quine-McCluskey-Algorithmus und der Methode der Primimplikanten, nachlesbar bei Birkhoff, G., Bartee, T.C.: Angewandte Algebra. München und Wien 1973.

henden Termumformungen bereits Gebrauch gemacht. Eine heuristische Lösung des Problems besteht darin, einen Term T_1 so umzuwandeln zu versuchen, daß er in die gleiche äußere Form wie ein Term T_2 kommt. Gelingt dies, so ist damit $T_1 = T_2$ sicher nachgewiesen. Um beispielsweise die Terme

$$T_1 = a'b + ac + ab', \quad T_2 = a'bc' + bc + ab'$$

auf Gleichheit zu untersuchen, kann man T_2 wie folgt umwandeln:

$$\begin{aligned} T_2 &= a'bc' + (a + a')bc + ab' = a'bc' + abc + a'bc + ab' \\ &= a'b(c' + c) + a(b' + bc) = a'b \cdot 1 + a(b' + b)(b' + c) \\ &= a'b + a \cdot 1 \cdot (b' + c) = a'b + ab' + ac = T_1 \end{aligned}$$

Das Verfahren ist allerdings unbefriedigend, da es keinen allgemeingültigen Weg aufzeigt — man muß mit sehr viel „heuristischem Spürsinn" vorgehen — was bei umfangreicheren Termen unübersichtlich wird. Wir fragen deshalb nach einem systematischen Verfahren, das diese Nachteile nicht hat. Wir erläutern dies zunächst an obigem Beispiel. Die Vorschrift lautet: expandiere jedes BOOLEsche Produkt auf drei „Faktoren" durch „Multiplikation" mit $a + a' = 1$, bzw. $b + b' = 1$ oder $c + c' = 1$. Dabei wähle man stets die Variable, die im Produkt noch nicht vorkommt:

$$\begin{aligned} T_1 &= a'b(c + c') + ac(b + b') + ab'(c + c') \\ &= a'bc + a'bc' + abc + ab'c + ab'c + ab'c' \\ &= a'bc + a'bc' + abc + ab'c + ab'c' \\ T_2 &= a'bc' + (a + a')bc + ab'(c + c') \\ &= a'bc' + abc + a'bc + ab'c + ab'c' \end{aligned}$$

Damit entsteht in jedem Fall eine BOOLEsche Summe von BOOLEschen Dreierprodukten, die direkt miteinander vergleichen werden können. Mathematisch wesentlich ist nun, daß einmal *jeder* BOOLEsche Term $T \neq 0$ (mit der angegebenen Methode) auf diese Form gebracht werden kann, und daß ferner diese Form *eindeutig* ist. Nur auf Grund der Eindeutigkeit ist der Schluß möglich, von der Gleichheit bzw. Ungleichheit der obigen BOOLEschen Summen auf $T_1 = T_2$ bzw. $T_1 \neq T_2$ zu schließen.

Definition

Sei $T(x_1, x_2, \ldots, x_n) \neq 0$ ein BOOLEscher Term in den n BOOLEschen (binären) Variablen $x_1, \ldots x_n$. Dann heißt jedes BOOLEsche Produkt aus sämtlichen n Variablen bzw. deren Komplementen ein *Minterm* und die Darstellung von T als BOOLEsche Summe mit einer Minimalzahl solcher Minterme die *kanonische disjunktive Normalform* von T.

Bei drei Variablen kann die disjunktive Normalform etwa

$$T(x_1, x_2 x_3) = x_1' x_2' x_3 + x_1' x_2 x_3 + x_1 x_2' x_3$$

lauten. Damit wird der Term T = 1 für genau drei Belegungen, nämlich

$$\text{für } x_1' x_2' x_3 = 1 \Leftrightarrow x_1 = 0, \quad x_2 = 0, \quad x_3 = 1 \quad (0' \cdot 0' \cdot 1 = 1 \cdot 1 \cdot 1 = 1)$$

$$\text{für } x_1' x_2 x_3 = 1 \Leftrightarrow x_1 = 0, \quad x_2 = 1, \quad x_3 = 1 \quad (0' \cdot 1 \cdot 1 = 1 \cdot 1 \cdot 1 = 1)$$

$$\text{für } x_1 x_2' x_3 = 1 \Leftrightarrow x_1 = 1, \quad x_2 = 0, \quad x_3 = 1 \quad (1 \cdot 0' \cdot 1 = 1 \cdot 1 \cdot 1 = 1)$$

Das heißt zugleich, für alle übrigen Belegungen — insgesamt gibt es bei 3 Variablen $2^3 = 8$ Kombinationen — wird T = 0. Man bringt diesen Sachverhalt gern durch eine Tabelle zum Ausdruck: jede Zeile mit T = 1 bestimmt eindeutig einen Minterm der disjunktiven Normalform, so daß diese, auch umgekehrt, aus der Tabelle aufgestellt werden kann, in unserem Beispiel:

	x_1	x_2	x_3	T	
	0	0	0	0	
$x_1' x_2' x_3$	0	0	1	1	d.h. T(0, 0, 1) = 1
	0	1	0	0	
$x_1' x_2 x_3$	0	1	1	1	d.h. T(0, 1, 1) = 1
	1	0	0	0	
$x_1 x_2' x_3$	1	0	1	1	d.h. T(1, 0, 1) = 1
	1	1	0	0	
	1	1	1	0	

Setzt man verabredungsgemäß

$$x_i^{k_i} := \begin{cases} x_i & \text{für} \quad k_i = 1 \quad (\text{also } x_i^1 := x_i) \\ x_i' & \text{für} \quad k_i = 0 \quad (\text{also } x_i^0 := x_i') \end{cases},$$

so schreibt sich unser Term in der Form

$$T(x_1, x_2, x_3) = T(0, 0, 1) x_1^0 x_2^0 x_3^1 + T(0, 1, 1) x_1^0 x_2^1 x_3^1 + T(1, 0, 1) x_1^1 x_2^0 x_3^1$$

$$= \sum_{(k_1, k_2, k_3) \in B^3} T(k_1, k_2, k_3) \prod_{i=1}^{3} x_i^{k_i}$$

Summiert wird über alle (8) Belegungen (k_1, k_2, k_3):

$$(k_1, k_2, k_3) \in \{0, 1\} \times \{0, 1\} \times \{0, 1\} = B^3,$$

wobei nur die drei Minterme stehen bleiben, deren „Koeffizient" den Wert 1 hat, alle übrigen (k_1, k_2, k_3)-Kombinationen liefern T = 0. Die Verallgemeinerung dieser Vorgehensweise führt zu dem folgenden Hauptsatz, auf dessen allgemeinen Beweis wir jedoch verzichten wollen.

Satz (Hauptsatz der BOOLEschen Algebra)

Jeder BOOLEsche Term $T(x_1, x_2, \ldots, x_n) \neq 0$ läßt sich in der kanonischen disjunktiven Normalform

$$T(x_1, \ldots, x_n) = \sum_{(k_1, \ldots, k_n) \in B^n} \left[T(k_1, \ldots, k_n) \prod_{i=1}^{n} x_i^{k_i} \right]$$

schreiben. Die Darstellung ist eindeutig.

Beispiel

Wie lautet die kanonische disjunktive Normalform des Terms

$$T(x_1, x_2, x_3, x_4) = (x_1' + x_2)'(x_3' + x_3 x_4)' + x_1'(x_2 x_4' + x_3)?$$

1. Schritt: Alle Klammern beseitigen!

$$T = x_1 x_2' \cdot x_3 x_4' + x_1' x_2 x_4' + x_1' x_3$$

2. Schritt: BOOLEsche Produkte auf Minterme expandieren!

$$T = x_1 x_2' x_3 x_4' + x_1' x_2 (x_3 + x_3') x_4' + x_1' (x_2 + x_2') x_3 (x_4 + x_4')$$

$$= x_1 x_2' x_3 x_4' + x_1' x_2 x_3 x_4' + x_1' x_2 x_3' x_4' + x_1' x_2 x_3 x_4 + x_1' x_2 x_3 x_4'$$

$$+ x_1' x_2' x_3 x_4 + x_1' x_2' x_3 x_4'$$

3. Schritt: Idempotenzgesetz anwenden und mehrfach vorkommende Minterme streichen; hier

$$x_1' x_2 x_3 x_4' + x_1' x_2 x_3 x_4' = x_1' x_2 x_3 x_4'$$

$$T = x_1 x_2' x_3 x_4' + x_1' x_2 x_3 x_4' + x_1' x_2 x_3' x_4' + x_1' x_2 x_3 x_4 + x_1' x_2' x_3 x_4$$

$$+ x_1' x_2' x_3 x_4'$$

Folgerung: $T(x_1, x_2, x_3, x_4)$ nimmt den Wert 1 für die Belegungen (1, 0, 1, 0), (0, 1, 1, 0), (0, 1, 0, 0), (0, 1, 1, 1), (0, 0, 1, 1), (0, 0, 1, 0) an, für alle übrigen Quadrupel aus B^4 wird $T = 0$.

Wir erklären noch eine graphische Methode zur Vereinfachung BOOLEscher Terme, vornehmlich bei drei oder vier Variablen. Sie beruht auf der kanonischen disjunktiven Normalform: die im Term auftretenden Minterme werden in eine Tafel eingetragen und dort ggf. zu Blöcken zusammengefaßt. Dabei wird die Tafel so eingeteilt, daß benachbarte Felder zusammenfaßbare Minterme bedeuten. Solche Darstellungen heißen KARNAUGH-Tafeln[1].

---

[1] KARNAUGH, M. (1953) und VEITCH, E.W. (1952) entwickelten und publizierten als erste dieses Verfahren. Der Leser beachte den Hinweis auf VENN-Diagramme mit wohldefinierter Syntax in 1.1.3. Korrekter wäre es, von der „KARNAUGH-Sprache“ (als einer Bildersprache) zu sprechen.

Der Fall n = 3. Der dreistellige BOOLEsche Term T(a, b, c) kann in der Normalform maximal 8 Minterme aufweisen. Demgemäß besitzt die zugehörige KARNAUGH-Tafel 8 Felder, die den 8 Mintermen eindeutig zugeordnet sind (Abb. 93.1). Eine Tafel mit markierten Feldern („1") definiert dann eindeutig einen bestimmten BOOLEschen Term und umgekehrt, so etwa die Tafel der Abb. 93.2 den Term

$$T(a, b, c) = a\,b\,c + a'bc + ab'c + a'b'c + a'b'c' \quad (*)$$

Vereinfacht wird durch „Blockbildung" benachbarter markierter Felder (benachbart im Sinne der Turm-Bewegung beim Schach). Blöcke bestehen stets aus 2^n solchen Feldern. In Abb. 93.2 erkennt man den Viererblock, er steht für den (Teil-) Term c (nachrechnen in (*)!). Das verbleibende Feld rechts unten fasse man mit seinem linken Nachbar zusammen zu einem Zweierblock: beide liegen in der a'-Zeile und in der b'-Hälfte, repräsentieren also den (Teil-) Term a'b'. Der vereinfachte Term T lautet also

$$T(a, b, c) = c + a'b'$$

Auch den letzten Schritt rechne der Leser nach. Alles andere ist Übung.

Auf zwei *Besonderheiten* sei noch hingewiesen.

(1) Gewisse Randfelder bilden — entgegen dem ersten Augenschein — ebenfalls Blöcke. Beispiel: Abb. 93.3. Der BOOLEsche Term

$$T(a, b, c) = abc' + ab'c' = a(b + b')c' = ac'$$

ist vereinfachbar. Anschaulich erkennen Sie das am schnellsten, wenn Sie für einen Moment die Feldbezeichnungen c und c' tauschen (a und b Felder bleiben!). Dann geht die Tafel Abb. 93.3 in die (gleiche!) Tafel Abb. 93.4 über, dort erkennen Sie den Zweierblock sofort!

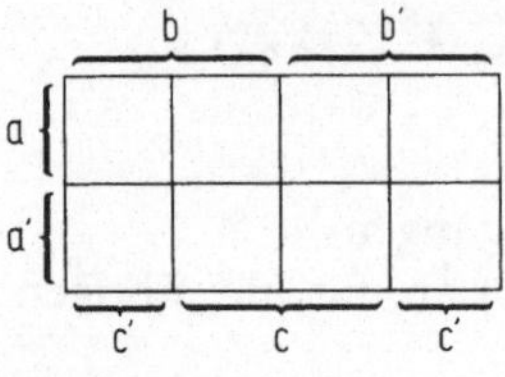

Abb. 93.1

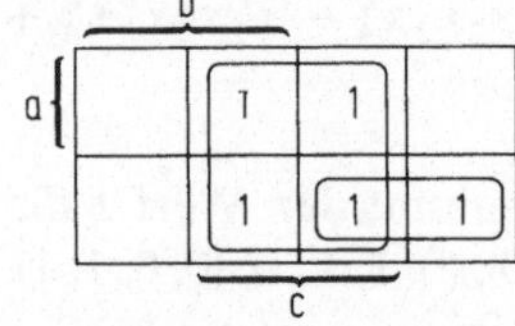

Abb. 93.2

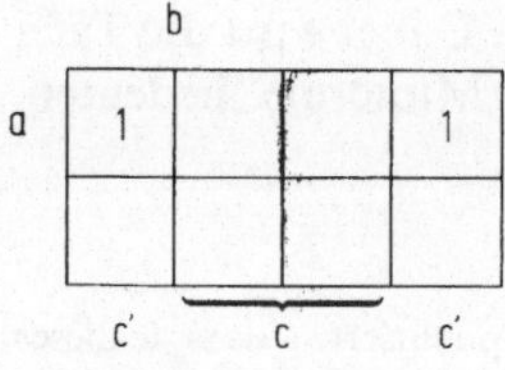

Abb. 93.3

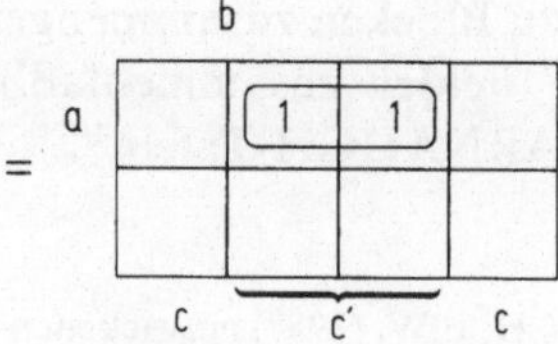

Abb. 93.4

(2) Bei Tafeln mit sehr vielen markierten Feldern kann es günstiger sein, die Vereinfachung über die nicht-markierten Felder vorzunehmen. Leser, die die Aufgabe 5 von Kapitel 1.8.2 bereits bearbeitet haben, wissen, daß die nicht-markierten Felder die Maxterme der kanonischen *konjunktiven* Normalform repräsentieren. Für jeden Maxterm wird T = 0. Beispiel Abb. 93.5: dargestellt ist der BOOLEsche Term

$$T(a, b, c) = abc + a'bc + ab'c + abc' + ab'c' + a'bc' + a'b'c'$$

Das nicht-markierte Feld steht für das Belegungstripel (0, 0, 1). Allein für diese Belegung wird T = 0, d.h. T(a, b, c) = a + b + c'. Man kann aber auch komplementär argumentieren: interpretiere die nicht-markierten Felder als Minterme des komplementären Terms T'. Dann liest man „wie üblich" ab:

$$T' = a'b'c$$

$$\Rightarrow T = T'' = (a'b'c)' = a + b + c'$$

und kommt (selbstverständlich) zum gleichen Ergebnis.

Der Fall n = 4. Die quadratische KARNAUGH-Tafel für 4 Variablen besitzt $2^4 = 16$ Felder entsprechend den 16 Mintermen der kanonischen disjunktiven Normalform. Vereinfacht wird nach den gleichen Regeln wie im Fall n = 3: markierte Felder werden zu rechteckigen oder quadratischen Blöcken zusammengefaßt. Jede Maßnahme an der Tafel wolle der Leser algebraisch am Term nachrechnen, nur so wird diese Bildersprache verständlich und Fehler werden vermieden. Insbesondere achte der Leser darauf, die markierten Felder in

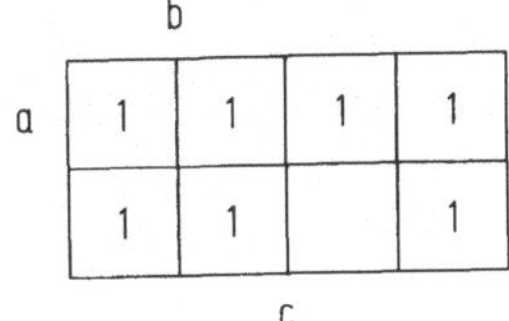

Abb. 93.5

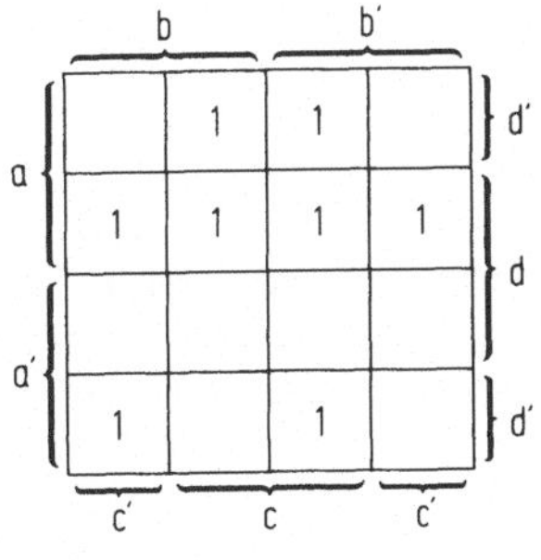

Achterblöcke: –
Viererblöcke: ac, ad
Zweierblöcke: b'cd'
Einerfeld (nicht zusammenfaßbar): a'bc'd'

$$T(a, b, c, d) = ac + ad + b'cd' + a'bc'd'$$

Abb. 93.6

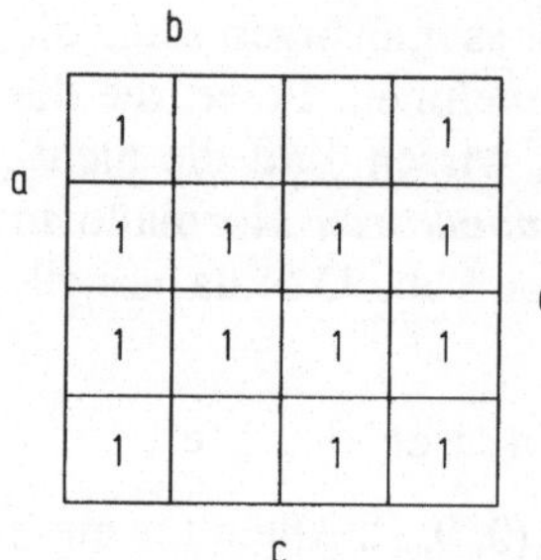

Achterblöcke: d, c′(!)
Viererblöcke: a′b′
Zweierblöcke: —
Einerfeld: —

$\Rightarrow T(a, b, c, d) = c' + d + a'b'$

Abb. 93.7

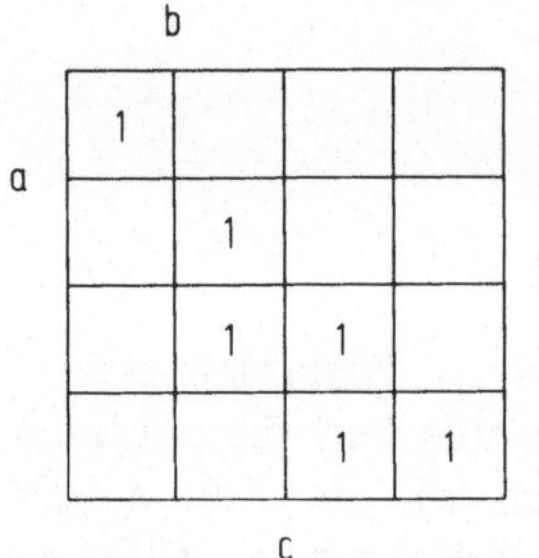

Achterblöcke: —
Viererblöcke: —
Zweierblöcke: bcd, a′b′c, a′b′d′
(oder: bcd, a′cd, a′b′d′)
Einerfeld: abc′d′

$\Rightarrow T(a, b, c, d) = bcd + a'b'c + a'b'd' + abc'd'$

Abb. 93.8

größtmögliche Blöcke zusammenzufassen, nur dann ist die Vereinfachung eine Minimierung! Selbstverständlich können dabei markierte Felder mehreren Blöcken angehören (Idempotenz!). Die folgenden Tafeln (Abb. 93.6 bis 93.8) zeigen typische Beispiele. Der aus der Tafel ablesbare, graphisch vereinfachte Term läßt sich ggf. algebraisch weiter vereinfachen (Ausklammern gemeinsamer Faktoren): „distributiv" wird die KARNAUGH-Tafel nicht tätig!

Aufgaben zu 1.8.2

1. Die folgenden BOOLEschen Terme sind algebraisch und graphisch zu vereinfachen
   a) $ab'cd' + b'c + a'c$
   b) $xyz + x'yz + xy'z + xyz' + x'y'z$
   c) $[(ab + c')' + a'c' + b'd]'$
   d) $pqrs + p' + q' + r' + s'$
   e) $xyz + x'y'z' + (x + y')(x + z')$
2. Um festzustellen, welche der folgenden BOOLEschen Terme um ein Produkt zu vereinfachen sind, trage man jeden Term in eine KARNAUGH-Tafel ein. Eine mögliche Vereinfachung läßt sich daraus sofort erkennen. Wie gestaltet sich in diesen Fällen die Rechnung (algebraische Methode)?.
   a) $T_1 = ab + bc + ac$ b) $T_2 = ab + a'c + bc$
   c) $T_3 = ab' + ac' + bc$ d) $T_4 = a'b + ab' + a'c$

3. Wie lautet die kanonische disjunktive Normalform folgender BOOLEscher Terme
   a) $T(x, y) = x(x' + xy + y')\cdot(xy)' + y$
   b) $T(a, b, c) = [a(b + c) + a'b']'$
   c) $T(x_1, x_2, x_3) = (x_1 x_2' x_3')'$
   d) $T(u, v, w) = (u + v + w)(u' + v' + w') + u' + v$
4. Für welche Belegungen $(x_1, x_2, x_3, x_4) \in \{0, 1\}^4$ nimmt der Term $T(x_1, x_2, x_3, x_4) = (x_1 + x_2)(x_2' + x_3)(x_1' + x_4)$ den Wert 1 an?
5. Auf Grund des Dualitätsprinzips gibt es für jeden BOOLEschen Term $T(x_1, x_2, \ldots, x_n) \neq 1$ eine Darstellung als „kanonische konjunktive Normalform", die genau dual zur kanonischen disjunktiven Normalform aufgebaut ist: ein BOOLEsches Produkt von BOOLEschen Summen aller Variablen bzw. deren Komplemente. Diese „Vollsummen" heißen auch Maxterme. Formulieren Sie die kanonische konjunktive Normalform allgemein. Geben Sie die kanonische konjunktive Normalform der Terme

   a) $T_1(a, b) = ab + b'(ab')'$ b) $T_2(x, y, z) = xz + y$

   an. Beschreiben Sie ein systematisches Verfahren mit dem man (ohne Probieren!) einen beliebigen BOOLEschen Term in seine kanonische konjunktive Normalform umwandeln kann!
6. Eine Verknüpfung $\varphi: B^2 \to B$ sei gemäß

   $$(a, b) \mapsto \varphi(a, b) =: a * b = ab + a'b'$$

   erklärt. Zeigen Sie, daß „*" assoziativ ist.
7. Ein Term $T(x_1, x_2, x_3, x_4)$ nehme den Wert 0 genau dann an, wenn wenigstens drei Variablen mit 1 belegt sind. Stellen Sie die Wertetabelle (16 Zeilen!) auf und geben Sie dann T in der kanonischen konjunktiven Normalform an. Warum eignet sich diese in diesem Fall besser als die kanonische disjunktive Normalform?

1.8.3 Schaltalgebra

Wir haben Ihnen die BOOLEsche Algebra als formales System vorgestellt: ein axiomatischer Aufbau der Struktur und eine deduktive Herleitung ihrer Eigenschaften. Diese Methode ist charakteristisch für die moderne Algebra, sie repräsentiert das heutige Wissenschaftsverständnis der Mathematik.

Für die Anwendung stehen *Modelle* im Vordergrund des Interesses. Wir sprechen dann von einem Modell eines formalen Systems, wenn es möglich ist, seine Objekte und Verknüpfungen in irgendeiner Weise sinnvoll zu interpretieren und ihnen damit eine inhaltliche Bedeutung zu geben.

Interpretieren wir die Elemente der BOOLEschn Algebra als Mengen, die Verknüpfungen BOOLEsche Multiplikation als Mengendurchschnitt, BOOLEsche Addition als Mengenvereinigung und BOOLEsches Komplement als Komplementärmenge, so gelangen wir zum Modell der Mengenalgebra. Sie wissen, daß sich zu jeder endlichen BOOLEschen Algebra eine isomorphe Mengenalgebra angeben läßt. Die „Rechenregeln" für Mengen sind formal die gleichen wie für die abstrakten Elemente der BOOLEschen Algebra, lediglich die Verknüpfungszeichen und die neutralen Elemente werden verschieden gewählt. Aber das „Operating" ist in jedem Fall das gleiche.

Wir wenden uns nun einem Modell der (zweielementigen) BOOLEschen Algebra zu, das 1938 von dem amerikanischen Mathematiker C.E. SHANNON erstmals vorgestellt wurde und nach dem Zweiten Weltkrieg für Elektronik und Computertechnologie von grundlegender Bedeutung geworden ist. Dazu interpretieren wir die BOOLEschen Elemente als bistabile Schaltobjekte (Kontaktschalter, Relais, Dioden, Transistoren etc.) Den beiden stabilen Zuständen (geschlossen-offen, leitend-nichtleitend, stromdurchlässig-nicht durchlässig etc.) ordnen wir die Schaltwerte bzw. Leitwerte 1 und 0 zu. Abb. 94 zeigt diese Zuordnung mit den Symbolen der Schaltertechnik. Wenn wir uns auf keine bestimmte Stellung des Schalters festlegen wollen, wählen wir die Kreisdarstellung (Abb. 95). Die darin eingetragene Variable x heißt Schaltvariable und kann mit Elementen der Menge $\{0, 1\}$ — entsprechend ihren beiden Stellungen — belegt werden.

Die zweistelligen Verknüpfungen interpretieren wir schalttechnisch als Reihen- und Parallelschaltung, die einstellige Verknüpfung (BOOLEsches Komplement) als Ruhekontaktschalter. Abb. 96 zeigt die Symbole und ihre Bedeutungen. Neben der Kontaktschalter-Symbolik sind die Gatter-Darstellungen angegeben, die für

Schaltelement	Schaltzustand	Schaltwert
 (Schalter offen)	offen	0
 (Schalter geschlossen)	geschlossen	1

Abb. 94

Abb. 95

Name der Verknüpfung	Kontaktschalter-Darstellung	Gatter-Darstellung (Elektronik)	algebraische Darstellung
Konjunktion	 (x)(y) Reihenschaltung	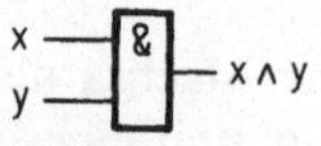 x, y → & → $x \wedge y$ UND-Gatter	$B^2 \to B = \{0,1\}$ $(x,y) \mapsto x \wedge y$
Disjunktion	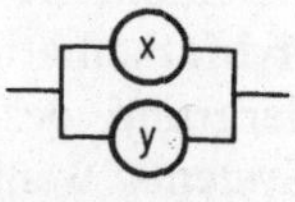 (x) parallel (y) Parallelschaltung	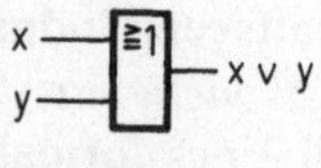 x, y → ≧1 → $x \vee y$ ODER-Gatter	$B^2 \to B = \{0,1\}$ $(x,y) \mapsto x \vee y$
Negation	 ($\bar{x}$) Ruhekontakt-Schalter	 x → 1 → $\bar{x}$ NICHT-Gatter (Inverter)	$B \to B = \{0,1\}$ $x \mapsto \bar{x} := x'$

Abb. 96

die (kontaktlosen) Halbleiterbauelemente der Elektronik üblich sind. Der Leser beachte, daß die Erklärungen der folgenden Definition auf einem *physikalischen Tatbestand* beruhen, nämlich dem Verhalten der in Abb. 96 dargestellten Objekte bezgl. der betreffenden Schaltungen! D.h. in diesem Modell können Definitionen und Sätze *empirisch nachgeprüft* werden.

Definition

1. Die zweistellige Verknüpfung auf $B = \{0, 1\}$ gemäß[1]

$$B \times B \to B \quad \text{mit} \quad (x, y) \mapsto x \wedge y$$

heißt *Konjunktion* (UND-Verknüpfung) der Schaltvariablen x, y. Die Konjunktion $x \wedge y$ nimmt den Wert 1 genau dann an, wenn $x = 1$ und $y = 1$ ist.

2. Die zweistellige Verknüpfung auf $B = \{0, 1\}$ gemäß

$$B \times B \to B \quad \text{mit} \quad (x, y) \mapsto x \vee y$$

heißt *Disjunktion* (ODER-Verknüpfung) der Schaltvariablen x, y. Die Disjunktion $x \vee y$ nimmt den Wert 1 genau dann an, wenn $x = 1$ oder $y = 1$ ist.

3. Die einstellige Verknüpfung auf $B = \{0, 1\}$ gemäß

$$B \to B \quad \text{mit} \quad x \mapsto x'$$

heißt *Negation* (NICHT-Verknüpfung) der Schaltvariablen x. Die Negation x' und x selbst haben stets verschiedene Belegungen.[2]

Als direkte Folgerung aus dieser Erklärung kann man die Verknüpfungstabellen aufstellen:

x	y	$x \wedge y$
0	0	0
0	1	0
1	0	0
1	1	1

x	y	$x \vee y$
0	0	0
0	1	1
1	0	1
1	1	1

x	x'
0	1
1	0

---

[1] Die Operationszeichen wurden im Einklang mit DIN 66000 gewählt. Leider sind die Bezeichnungen in der Fachliteratur nicht einheitlich. Das mag mit daran liegen, daß die konsequente Anwendung der DIN-Vorschrift bei umfangreicheren Ausdrücken umständlich und unübersichtlich wird. In der Praxis finden wir deshalb oft die BOOLEschen Notationen xy für $x \wedge y$ und $x + y$ für $x \vee y$, zumal diese Schreibweise mnemotechnische Vorzüge hat, da „·" vor „+" gilt. Mitunter findet sich als Kompromiß beider Bezeichnungen xy für $x \wedge y$ und $x \vee y$ belassen, wobei man zur Klammereinsparung „·" vor „ ∨ " rangieren läßt.

[2] Beachten Sie: in der Schaltalgebra (und der Aussagenalgebra) sind „ ∧ " und „ ∨ " nicht mehr verbale (metasprachliche) Kürzel, sondern konkrete (objektsprachliche) Verknüpfungszeichen gemäß dieser Definition. Um Mißverständnisse zu vermeiden, werden deshalb in diesem Abschnitt diese Zeichen nur im oben genannten streng mathematischen Sinn verwendet.

aufstellen:

x	y	x ∧ y
0	0	0
0	1	0
1	0	0
1	1	1

x	y	x ∨ y
0	0	0
0	1	1
1	0	1
1	1	1

x	x′
0	1
1	0

Aus den Tabellen liest man ferner sofort ab:

(1) Konjunktion und Disjunktion sind kommutativ

$$\bigwedge_{x,y \in B} [x \wedge y = y \wedge x, \quad x \vee y = y \vee x]$$

(3) 1 ist Neutralelement der Konjunktion

$$0 \wedge 1 = 0, \quad 1 \wedge 1 = 1 \Rightarrow \bigwedge_{x \in B} x \wedge 1 = x$$

0 ist Neutralelement der Disjunktion

$$0 \vee 0 = 0, \quad 1 \vee 0 = 1 \Rightarrow \bigwedge_{x \in B} x \vee 0 = x$$

(4) Für verschiedene Schaltwerte gilt

$$0 \wedge 1 = 1 \wedge 0 = 0 \Rightarrow \bigwedge_{x \in B} x \wedge x' = 0$$

$$0 \vee 1 = 1 \vee 0 = 1 \Rightarrow \bigwedge_{x \in B} x \vee x' = 1$$

Damit sind die Axiome (1), (3) und (4) für eine Boolesche Algebra (vgl. 1.8.1) erfüllt; die Gültigkeit der wechselseitigen Distributivität (Axiom (2)) zeigen wir tabellarisch:

x y z	y ∨ z	x ∧ (y ∨ z)	x ∧ y	x ∧ z	(x ∧ y) ∨ (x ∧ z)	y ∧ z	x ∨ (y ∧ z)	x ∨ y	x ∨ z	(x ∨ y) ∧ (x ∨ z)
0 0 0	0	0	0	0	0	0	0	0	0	0
0 0 1	1	0	0	0	0	0	0	0	1	0
0 1 0	1	0	0	0	0	0	0	1	0	0
0 1 1	1	0	0	0	0	1	1	1	1	1
1 0 0	0	0	0	0	0	0	1	1	1	1
1 0 1	1	1	0	1	1	0	1	1	1	1
1 1 0	1	1	1	0	1	0	1	1	1	1
1 1 1	1	1	1	1	1	1	1	1	1	1

Die von der Tabelle gelieferte Information lautet: die Terme

$$x \wedge (y \vee z) \quad \text{und} \quad (x \wedge y) \vee (x \wedge z)$$

erhalten den gleichen Wert für jedes der acht Tripel, und da es nicht mehr als diese acht Kombinationen von Elementen aus B = {0, 1} gibt, stimmen die Terme in allen Belegungen überein. Genau diesen Sachverhalt bringen wir aber durch die

Schreibweise

$$\bigwedge_{x,y,z \in B} [x \wedge (y \vee z) = (x \wedge y) \vee (x \wedge z)]$$

zum Ausdruck („∧" ist distributiv über „∨"). Ebenso liefert die Tabelle die Distributivität der Disjunktion über der Konjunktion:

$$\bigwedge_{x,y,z \in B} [x \vee (y \wedge z) = (x \vee y) \wedge (x \vee z)]$$

Der Leser behalte indes stets im Auge, daß sich jede dieser Aussagen *schalttechnisch interpretieren* (und natürlich auch physikalisch experimentell bestätigen) läßt. In diesem Sinn zeigt Abb. 97 die zur Distributivität von „∨" über „∧" gehörenden Kontakt- und Gatterschaltungen. Der Gleichheit der Terme entspricht die Äquivalenz der Schaltungen: gleiche Eingangssignale bewirken das gleiche Ausgangssignal.

Damit haben wir gezeigt, daß unsere Verknüpfungen Konjunktion, Disjunktion und Negation das Axiomensystem der BOOLEschen Algebra erfüllen:

Satz

Die algebraische Struktur (B; ∧ , ∨ ,'). genannt *Schaltalgebra*[1], ist isomorph zur zweielementigen BOOLEschen Algebra (B; ·, +, K).

Auf Grund dieses Satzes können wir den vollständigen Kalkül der BOOLEschen Algebra, alle Rechengesetze und Verfahrensweisen, für die Schaltalgebra nutzbar machen. Selbstverständlich bringt die technische Anwendung des Formalismus viele neue Erkenntnisse, die ohne die Modellbildung nicht möglich gewesen wären.

Bevor wir eine Auswahl dieser Anwendungen in den Beispielen behandeln, wollen wir uns kurz mit den übrigen Verknüpfungen $B \times B \to B = \{0, 1\}$ beschäftigen. Wegen der oben ausgesprochenen Isomorphie ist es belanglos, ob wir

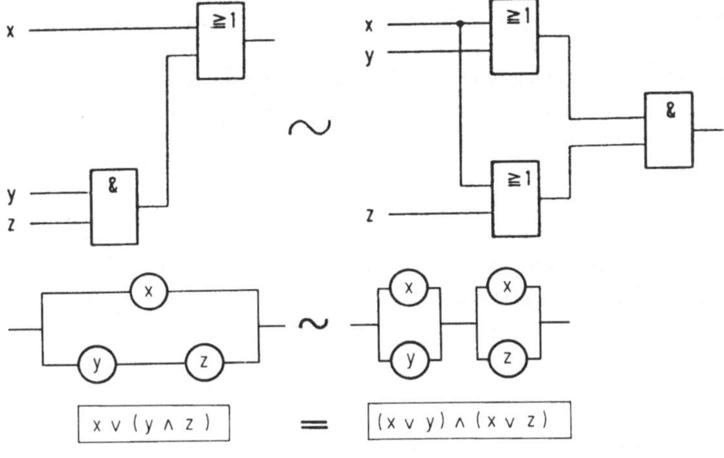

Abb. 97

[1] Mit „Schaltalgebra" wird also das Sachgebiet, aber auch die betreffende Modellstruktur bezeichnet.

im formalen Bereich von BOOLEschen oder schaltalgebraischen Verknüpfungen sprechen, oft sagt man auch BOOLEsche Funktionen (binäre Funktionen) bzw. Schaltfunktionen. Wir stellen gleich alle 16 zweistelligen Funktionen dieser Art in einer Liste zusammen. Die rechterseits aufgeführten Normalformen wurden unmittelbar aus der tabellarischen Zuordnung der Elemente gewonnen. Der Leser prüfe dies Zeile für Zeile nach. Es sei noch darauf hingewiesen, daß uns die gleichen Funktionen im Aussagenalgebra-Modell der BOOLEschen Algebra (1.8.4) wieder begegnen werden, teilweise sogar mit den gleichen Namen.

x / y	0 0 1 1 / 0 1 0 1	Kanonische disjunktive Normalform	Kanonische konjunktive Normalform	Name[2]
f_0	0 0 0 0	0[1]	$(x \vee y) \wedge (x \vee y') \wedge (x' \vee y) \wedge (x' \vee y')$	
f_1	0 0 0 1	$x \wedge y$	$(x \vee y) \wedge (x \vee y') \wedge (x' \vee y)$	Konjunktion
f_2	0 0 1 0	$x \wedge y'$	$(x \vee y) \wedge (x \vee y') \wedge (x' \vee y')$	Inhibition
f_3	0 0 1 1	$(x \wedge y') \vee (x \wedge y)$	$(x \vee y) \wedge (x \vee y')$	
f_4	0 1 0 0	$x' \wedge y$	$(x \vee y) \wedge (x' \vee y) \wedge (x' \vee y')$	
f_5	0 1 0 1	$(x' \wedge y) \vee (x \wedge y)$	$(x \vee y) \wedge (x' \vee y)$	
f_6	0 1 1 0	$(x' \wedge y) \vee (x \wedge y')$	$(x \vee y) \wedge (x' \vee y')$	XOR
f_7	0 1 1 1	$(x' \wedge y) \vee (x \wedge y') \vee (x \wedge y)$	$x \vee y$	Disjunktion
f_8	1 0 0 0	$x' \wedge y'$	$(x \vee y') \wedge (x' \vee y) \vee (x' \vee y')$	NOR
f_9	1 0 0 1	$(x' \wedge y') \vee (x \wedge y)$	$(x \vee y') \wedge (x' \vee y)$	Äquivalenz[2]
f_{10}	1 0 1 0	$(x' \wedge y') \vee (x \wedge y')$	$(x \vee y') \wedge (x' \vee y')$	
f_{11}	1 0 1 1	$(x' \wedge y') \vee (x \wedge y') \vee (x \wedge y)$	$x \vee y'$	
f_{12}	1 1 0 0	$(x' \wedge y') \vee (x' \wedge y)$	$(x' \vee y) \wedge (x' \vee y')$	
f_{13}	1 1 0 1	$(x' \wedge y') \vee (x' \wedge y) \vee (x \wedge y)$	$x' \vee y$	Implikation[2]
f_{14}	1 1 1 0	$(x' \wedge y') \vee (x' \wedge y) \vee (x \wedge y')$	$x' \vee y'$	NAND
f_{15}	1 1 1 1	$(x' \wedge y') \vee (x' \wedge y) \vee (x \wedge y') \vee (x \wedge y)$	1[1]	

Wichtigste Aussage dieser Übersicht: *alle* zweistelligen Schaltfunktionen $B \times B \to B$ lassen sich durch Konjunktion, Disjunktion und Negation darstellen. Für diesen Sachverhalt geben wir die

Definition

Ein System σ von Verknüpfungen heißt *Verknüpfungsbasis* für eine Funktionsmenge F, wenn sich jede Funktion $f \in F$ mit diesen Verknüpfungen allein darstellen läßt.

---

[1] f_0 besitzt keine kanonische disjunktive, f_{15} keine kanonische konjunktive Normalform;

[2] In der Schaltalgebra, aber auch nur dort, stehen „Äquivalenz" und „Implikation" als Namen für *Verknüpfungen*. Diese, historisch bedingten Bezeichnungen dürfen zu keiner Begriffsverwirrung führen: überall sonst in der Mathematik versteht man darunter (beweisbedürftige) *Beziehungen*, speziell in der Logik die Äquivalenzbeziehung „$\Leftrightarrow$" und die Implikationsbeziehung „$\Rightarrow$" (vgl. 1.8.4).

Im vorliegenden Fall bedeutet F die Menge der 16 zweistelligen Schaltfunktionen

$$F = \{f_i | f_i: B \times B \to B, i \in [0; 15]_{\mathbb{N}_0}\}$$

gemäß obiger Übersicht. Eine Verknüpfungsbasis σ ist

$$\sigma = \{\wedge, \vee, '\}$$

Satz

Es sind bereits $\{\wedge, '\}$ und $\{\vee, '\}$ Verknüpfungsbasen für F.

Beweis: Die Anwendung der DE MORGANschen Formeln

$$(x \wedge y)' = x' \vee y'; \quad (x \vee y)' = x' \wedge y'$$

ermöglicht die Elimination einer der beiden Verknüpfungen „$\wedge$" bzw. „$\vee$" aus der Basis $\{\wedge, \vee, '\}$. Schreibt man die Normalformen der f_0 bis f_{15} entsprechend um, so ist damit die Behauptung bewiesen.

Im Anschluß an diesen Satz erhebt sich die Frage nach einer nochmaligen Verkürzung der Basis. Tatsächlich lassen sich gleich zwei Verknüpfungen angeben, die, jede für sich allein, bereits eine Verknüpfungsbasis für die Funktionenmenge F darstellen. Es sind dies die NOR- und NAND-Verknüpfung. Für beide geben wir in Einklang mit obiger Übersicht (f_8 bzw. f_{14}) folgende

Definition

1. Die *NOR-Funktion* ist die Negation der Disjunktion:

$$\text{NOR}: B \times B \to B \quad \text{mit} \quad (x, y) \mapsto \text{NOR}(x, y) = (x \vee y)' =: x \mathbin{\bar{\vee}} y$$

2. Die *NAND-Funktion* ist die Negation der Konjunktion:

$$\text{NAND}: B \times B \to B \quad \text{mit} \quad (x, y) \mapsto \text{NAND}(x, y) = (x \wedge y)' =: x \mathbin{\bar{\wedge}} y$$

In diesem Sinne verstehen sich auch die Namen NOR (für not or) und NAND (für not and) und sind die Gatter symbolisiert: NOR als ODER-Gatter mit negiertem Ausgangssignal, NAND als UND-Gatter mit negiertem Ausgangssignal (Abb. 98). Man sieht, daß das NOR-Gatter als Negationsgatter (Inverter) wirkt, wenn man einen Eingang (y) auf den unteren Spannungswert legt (algebraisch: $y = 0$):[1]

$$\text{NOR}(x, 0) = (x \vee 0)' = x'$$

Ebenso wirkt das NAND-Gatter wie ein Inverter, wenn man einen Eingang (y) auf den oberen Spannungswert legt (algebraisch: $y = 1$):[1]

$$\text{NAND}(x, 1) = (x \wedge 1)' = x'$$

---

[1] Sog. „positive Logik" vorausgesetzt

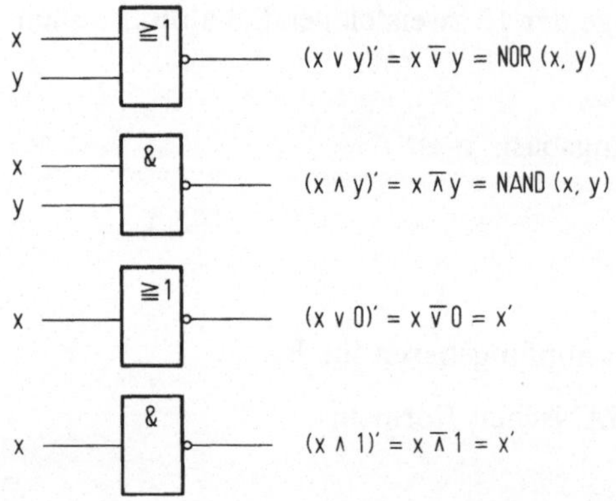

x, y — ≧1 — $(x \vee y)' = x \,\bar{\vee}\, y = \mathrm{NOR}(x, y)$

x, y — & — $(x \wedge y)' = x \,\bar{\wedge}\, y = \mathrm{NAND}(x, y)$

x — ≧1 — $(x \vee 0)' = x \,\bar{\vee}\, 0 = x'$

x — & — $(x \wedge 1)' = x \,\bar{\wedge}\, 1 = x'$

Abb. 98

Diesen Sachverhalt kann man auch aus der tabellarischen Darstellung (Übersicht) ablesen.

Satz

Sowohl NOR- als auch NAND-Funktion bilden eine Verknüpfungsbasis für die BOOLEsche Funktionenmenge F: jede Funktion $f_i \in F$ läßt sich durch NOR oder NAND allein ausdrücken.

Beweis: Für $\{\bar{\vee}\}$ genügt es, etwa Negation und Disjunktion durch NOR auszudrücken, d.h. die Basis $\{\vee, '\}$ auf die Basis $\{\bar{\vee}\}$ zurückzuführen. Es ist

$$x = x \vee x \Rightarrow x' = (x \vee x)' = x \,\bar{\vee}\, x = \mathrm{NOR}(x, x)$$

$$\begin{aligned} x \vee y &= (x \vee y) \wedge (x \vee y) = [(x \vee y) \wedge (x \vee y)]'' \\ &= [(x \vee y)' \vee (x \vee y)']' = (x \,\bar{\vee}\, y) \,\bar{\vee}\, (x \,\bar{\vee}\, y) \\ &= \mathrm{NOR}(\mathrm{NOR}(x, y), \mathrm{NOR}(x, y)) \end{aligned}$$

Ähnlich führen wir $\{\vee, '\}$ auf $\{\bar{\wedge}\}$ zurück:

$$x = x \wedge x \Rightarrow x' = (x \wedge x)' = x \,\bar{\wedge}\, x = \mathrm{NAND}(x, x)$$

$$\begin{aligned} x \vee y &= (x \wedge x) \vee (y \wedge y) = [(x \wedge x) \vee (y \wedge y)]'' \\ &= [(x \wedge x)' \wedge (y \wedge y)']' = (x \,\bar{\wedge}\, x) \,\bar{\wedge}\, (y \,\bar{\wedge}\, y) \\ &= \mathrm{NAND}(\mathrm{NAND}(x, x), \mathrm{NAND}(y, y)) . \end{aligned}$$

In Abb. 99 ist die gattertechnische Realisierung aufgezeichnet. Für die Praxis bedeutet dieser Satz, daß es eigentlich genügen würde, nur einen Gattertyp, etwa NANDs, herzustellen, da man doch damit sämtliche Schaltungen aufbauen könnte. Technische und organisatorische Gründe zwingen jedoch zu einer „gemischten" Bauweise, in der neben NOR und NAND auch UND- oder ODER-Gatter sowie Inverter verwendet werden.

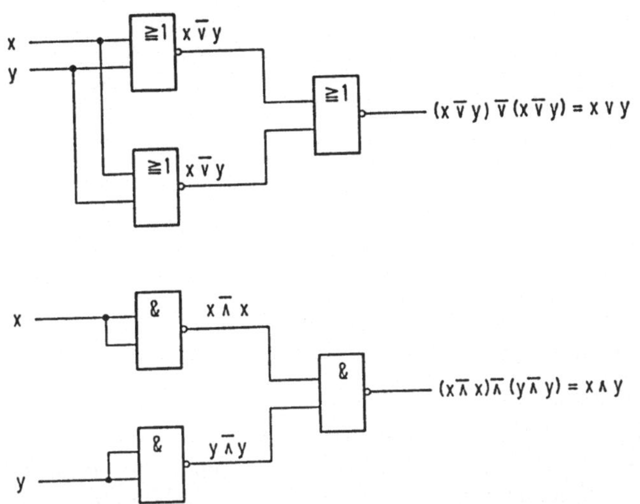

Abb. 99

Im Handel sind ferner Gatter mit *mehreren Eingängen*. Für die assoziativen Verknüpfungen Konjunktion und Disjunktion bedeutet dies einfach die „assoziative Fortsetzung“ von „∧“ bzw. „∧“ auf $n \geqq 2$ Argumente gemäß

$$(x_1, x_2, \ldots, x_n) \mapsto x_1 \wedge x_2 \wedge \ldots \wedge x_n = \mathrm{UND}(x_1, x_2, \ldots, x_n)$$

$$(x_1, x_2, \ldots, x_n) \mapsto x_1 \vee x_2 \vee \ldots \vee x_n = \mathrm{ODER}(x_1, x_2, \ldots, x_n)\,,$$

wobei man ebenfalls von UND- bzw. ODER-Gatter spricht. Für die „Universalverknüpfungen“ NOR und NAND liegen die Dinge jedoch etwas anders. Für sie gilt der

Satz

NOR- und NAND-Verknüpfung sind kommutativ, aber *nicht assoziativ*!

Beweis:

$$x \mathbin{\bar{\vee}} y = (x \vee y)' = (y \vee x)' = y \mathbin{\bar{\vee}} x,$$

$$x \mathbin{\bar{\wedge}} y = (x \wedge y)' = (y \wedge x)' = y \mathbin{\bar{\wedge}} x$$

$$x \mathbin{\bar{\vee}} (y \mathbin{\bar{\vee}} z) = x \mathbin{\bar{\vee}} (y \vee z)' = x \mathbin{\bar{\vee}} (y' \wedge z') = [x \vee (y' \wedge z')]'$$

$$= x' \wedge (y' \wedge z')' = x' \wedge (y \vee z)$$

$$(x \mathbin{\bar{\vee}} y) \mathbin{\bar{\vee}} z = (x \vee y)' \mathbin{\bar{\vee}} z = (x' \wedge y') \mathbin{\bar{\vee}} z = [(x' \wedge y') \vee z]'$$

$$= (x' \wedge y')' \wedge z' = (x \vee y) \wedge z'$$

Die Verschiedenheit der beiden entwickelten Terme erkennt man am schnellsten,

x, y, z → [≧1] → $(x \vee y \vee z)' = \text{NOR}(x, y, z)$

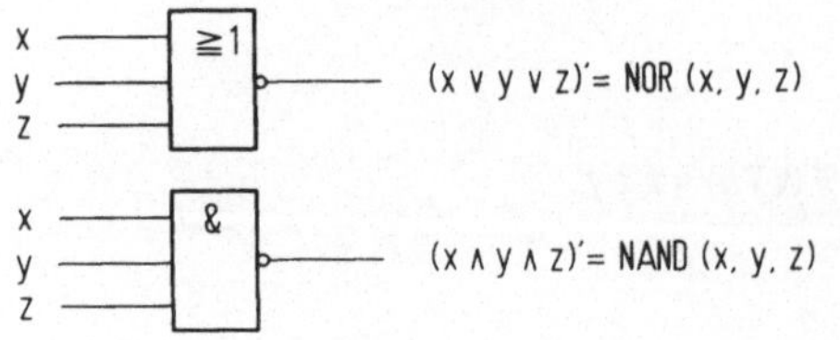

x, y, z → [&] → $(x \wedge y \wedge z)' = \text{NAND}(x, y, z)$

Abb. 100

wenn man sie speziell belegt, etwa mit $(x, y, z) = (1, 0, 0)$. Dann wird nämlich:

$$x' \wedge (y \vee z) = 0 \wedge (0 \vee 0) = 0 \wedge 0 = 0$$

$$(x \vee y) \wedge z' = (1 \vee 0) \wedge 1 = 1 \wedge 1 = 1 .$$

Der Beweis für die NAND-Verknüpfung verläuft in der gleichen Weise.

Die fehlende Assoziativität dieser Verknüpfungen verbietet das Anschreiben ungeklammerter Terme wie etwa $x \bar{\wedge} y \bar{\wedge} z$ oder $x \bar{\vee} y \bar{\vee} z$, da diese so nicht eindeutig erklärt sind. Die Verallgemeinerungen von NOR und NAND auf $n \geqq 2$ Argumente sind deshalb wohldefinierte (aber nicht durch assoziative Fortsetzung erklärbare!) n-stellige Funktionen im folgenden Sinne

$$\text{NOR}(x_1, x_2, \ldots, x_n) := (x_1 \vee x_2 \vee \ldots \vee x_n)'$$

$$\text{NAND}(x_1, x_2, \ldots, x_n) := (x_1 \wedge x_2 \wedge \ldots \wedge x_n)'$$

Entsprechend sind NOR und NAND-Gatter mit mehr als zwei Eingängen zu verstehen (Abb. 100). Der Leser vergleiche dazu die (ebenfalls nicht-assoziative!) Arithmetische Mittel-Verknüpfung (1.5.1, Aufgabe 6).

Beispiele

In den folgenden Beispielen werden einige für die Schaltalgebra repräsentative Aufgaben vorgestellt und behandelt. Es wird empfohlen, alle Nebenrechnungen ausführlich nachzuvollziehen.

1. Die in Abb. 101 dargestellte logische Schaltung ist zu minimieren, d.h. es ist eine dazu äquivalente, aber mit möglichst wenigen Kontaktschaltern aufgebaute Schaltung anzugeben.

   Lösung: 1. Aufstellung des die Schaltung beschreibenden schaltalgebraischen Terms[1]:

   $$T(a, b, c) = \{[(ab'c + ac)b + a']b'c' + abc\} \cdot (a + b) + c'.$$

   2. Algebraische Vereinfachung des Terms:

   $$T(a, b, c) = (a'b'c' + abc)(a + b) + c' = abc + c' = ab + c'.$$

   3. Aufzeichnung der minimierten Schaltung (Abb. 102).

---

[1] Aus Gründen der Zweckmäßigkeit und Übersichtlichkeit verwenden wir für die hier anfallenden Rechnungen die BOOLEschen Verknüpfungszeichen „·" und „+" mit der Vorrangregel „·" vor „+". Der Leser überzeuge sich selbst von der Sinnfälligkeit dieser Maßnahme, indem er die DIN-gerechte Schreibweise zum Vergleich heranzieht.

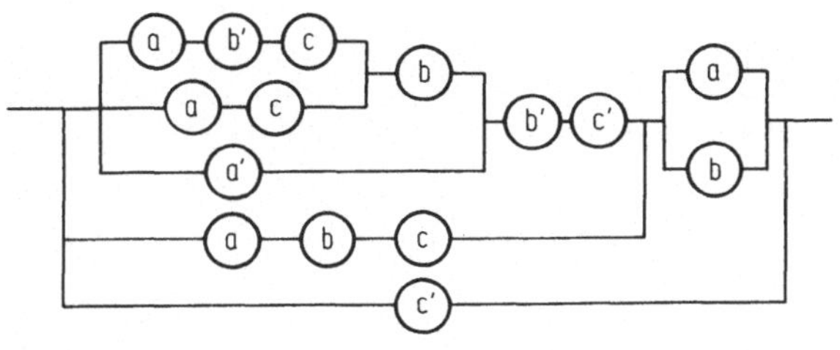

Abb. 101

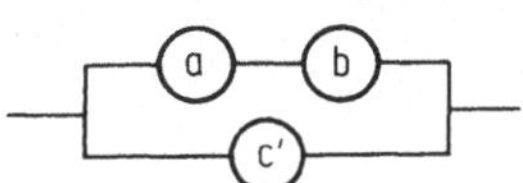

Abb. 102

2. Eine Schaltfunktion T mit $(a, b) \mapsto T(a, b)$ sei durch die Bedingung $T = 1 \Leftrightarrow a = b$ gegeben. Dann entnimmt man der Übersicht auf Seite 156, daß es sich um f_9, die Äquivalenz-Verknüpfung, handelt; für die

$$T(a, b) = ab + a'b'$$

gilt. Abb. 103 zeigt die Gatterschaltung in der Basis $\{\cdot, +, '\}$. Welche Darstellung hat T in der NOR-Basis?

Lösung: Es muß T so umgewandelt werden, daß ausschließlich NOR-Verknüpfungen auftreten:

$$\begin{aligned} T(a, b) &= (a + b')(a' + b) && \text{(konjunktive Normalform)} \\ &= [(a + b')' + (a' + b)']' && \text{(DE MORGAN-Gesetz!)} \\ &= \mathrm{NOR}(\mathrm{NOR}(a, b'), \mathrm{NOR}(a', b)) , \end{aligned}$$

worin noch $a' = \mathrm{NOR}(a, a)$ und $b' = \mathrm{NOR}(b, b)$ zu setzen ist. Insgesamt würde man fünf NOR-Gatter benötigen (Abb. 104).

3. Als *Halbaddierer* bezeichnet man ein Rechenwerk zur Addition zweier Dualziffern. Nennen wir diese 0 und 1, so kann man die vier möglichen Additionen

$$0 + 0 = 0, \quad 0 + 1 = 1, \quad 1 + 0 = 1, \quad 1 + 1 = 10$$

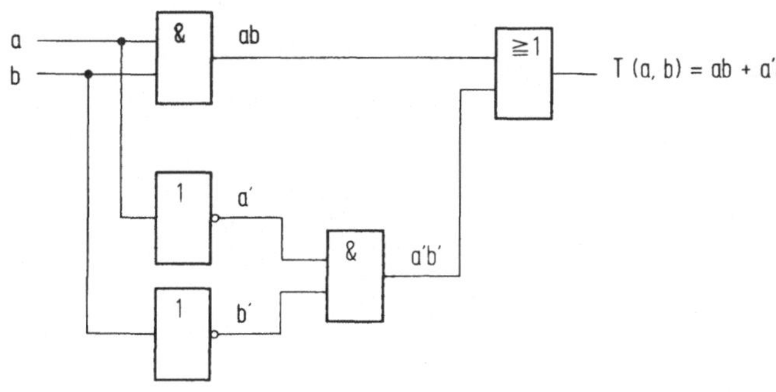

Abb. 103

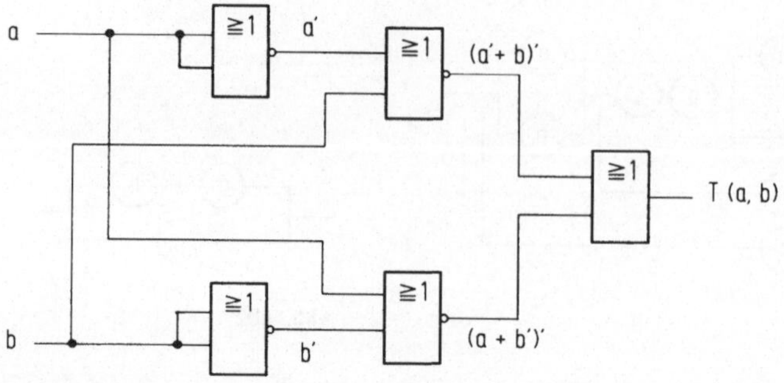

Abb. 104

in nachstehender Tabelle zusammenfassen (s: „Summenziffer", ü: „Übertragungsziffer"). Zur technischen Realisierung benötigen wir eine Schaltung mit *zwei* Eingängen (x, y) und *zwei* Ausgängen (ü, s)! Wie ist diese mit einem Minimum an Gattern zu gestalten?

x	y	ü	s
0	0	0	0
0	1	0	1
1	0	0	1
1	1	1	0

Lösung: Aufstellung der Schaltfunktionen:

$(x, y) \mapsto s(x, y) = x'y + xy'$ (Kanonische disjunktive Normalform)

$(x, y) \mapsto ü(x, y) = xy$ (Kanonische disjunktive Normalform)

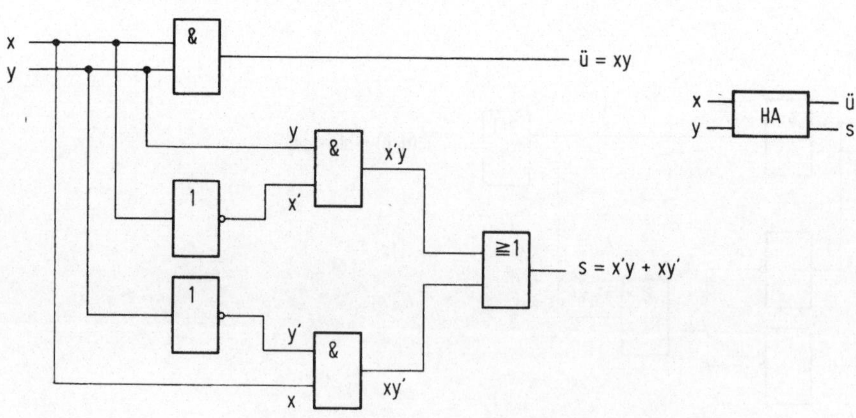

Abb. 105

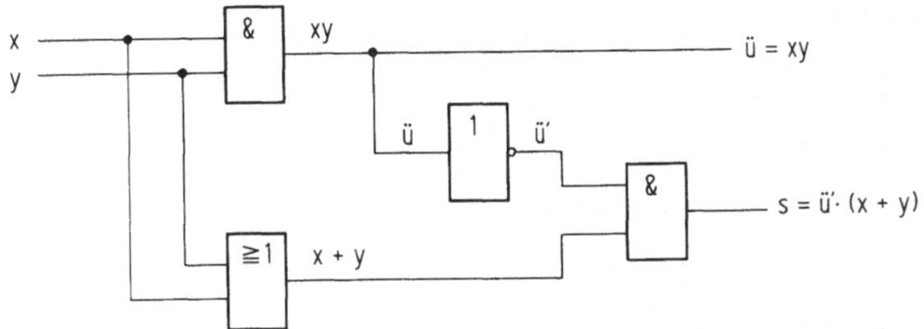

Abb. 106

Offenbar sind s und ü für sich allein nicht weiter zu vereinfachen. Damit benötigt man 6 Gatter (Abb. 105) für den Halbaddierer HA. Man kann jedoch mit 4 Gattern auskommen, wenn man das Funktionssystem mit dem Ziel umformt, möglichst viele *gemeinsame Teilterme* zu erzeugen:

$$s = (x' + y')(x + y)$$
$$= (x + y)(xy)' = (x + y)ü' .$$

Bei dieser Darstellung wird das Ausgangssignal von ü bei s mitverarbeitet, womit man zwei Gatter einspart (Abb. 106).

4. Ein *Volladdierer* (VA) addiert zwei Dualziffern x, y unter Berücksichtigung des Übertrages z der Addition der stellenniedrigeren Dualziffern. Addiert man z.B. die Dualzahlen

1	0	0	**[1]**	1	0	1
	1	0	**[1]**	0	1	1

so entsteht bei den Ziffern mit den Stellenwerten 2^3 (eingerahmt) ein Übertrag z = 1. Dieser ist bei der Summe 0 + 0 der Stellenwerte 2^4 zu berücksichtigen und führt auf die Summenziffer s = 1 und die Übertragsziffer ü = 0. Man realisiere den Volladdierer durch zwei Halbaddierer und ein ODER-Gatter!

Lösung: 1. Aufstellung der Wertetabelle auf Grund der logischen Bedingungen (hier: Summe x + y + z dreier Dualziffern); zeilenweise Ermittlung von ü und s.

x	y	z	ü	s
0	0	0	0	0
0	0	1	0	1
0	1	0	0	1
0	1	1	1	0
1	0	0	0	1
1	0	1	1	0
1	1	0	1	0
1	1	1	1	1

2. Angabe der Funktionen

$$(x, y, z) \mapsto ü = ü(x, y, z)\,,$$

$$(x, y, z) \mapsto s = s(x, y, z)$$

hier als kanonische disjunktive Normalform:

$$ü = x'yz + xy'z + xyz' + xyz$$

$$s = x'y'z + x'yz' + xy'z' + xyz$$

3. Umformung des Systems mit dem Ziel, die beim Halbaddierer auftretenden Terme von ü und s zu bekommen:

$$ü = (x'y + xy')\cdot z + xy(z + z') = (x'y + xy')\cdot z + xy = s_1 z + ü_1$$

$$\text{mit } s_1 := x'y + xy'; \quad ü_1 := xy$$

$$s = (x'y' + xy)z + (x'y + xy')z' = s_1'z + s_1 z'$$

$$\text{denn } s_1' = (x'y + xy')' = (x + y')\cdot(x' + y) = xy + x'y'\,,$$

d.h. s_1 und $ü_1$ entstehen an den Ausgängen eines Halbaddierers mit den Eingängen x, y; s entsteht am Ausgang eines Halbaddierers mit den Eingängen s_1 und z, während am zweiten Ausgang $s_1 \cdot z$ zur Verfügung steht. Mit einem ODER-Gatter läßt sich schließlich ü aus $s_1 z$ und $ü_1$ bilden (Abb. 107).

Aufgaben zu 1.8.3[1]

1. Minimieren Sie die Kontaktschaltung der Abb. 108.
2. Führen Sie die Verknüpfungen der Basis $\{\wedge, \vee, '\}$ auf „$\bar{\wedge}$“ zurück!
3. Zeigen Sie die Nicht-Assoziativität der NAND-Verknüpfung!
4. Der Leistungsnachweis für ein Lehrfach gelte als erbracht, wenn die Bedingungen des 1. oder 2. Falles erfüllt sind:

1. Fall: Klausurarbeit bestanden (a = 1) und 80% der abgegebenen Übungsaufgaben richtig gelöst (b = 1) und wenigstens eine der beiden folgenden Bedingungen erfüllt: 2/3 aller Übungsaufgaben abgegeben (c = 1), mündliche Prüfung bestanden (d = 1).

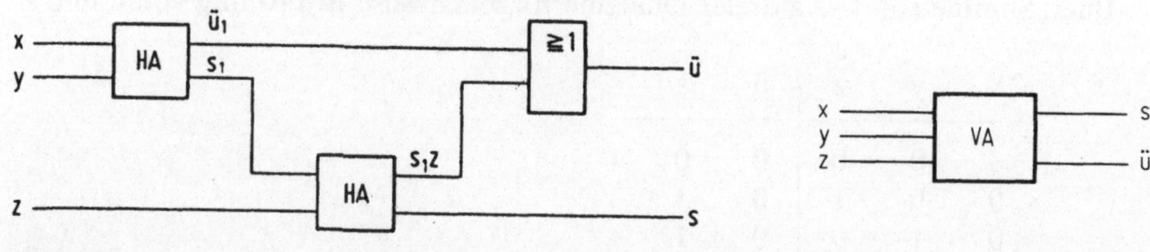

Abb. 107

[1] Weitere Aufgaben zur Schaltalgebra findet der Leser in Böhme, G. (Hrsg.), Prüfungsaufgaben Informatik. Springer-Verlag Berlin etc. 1984.

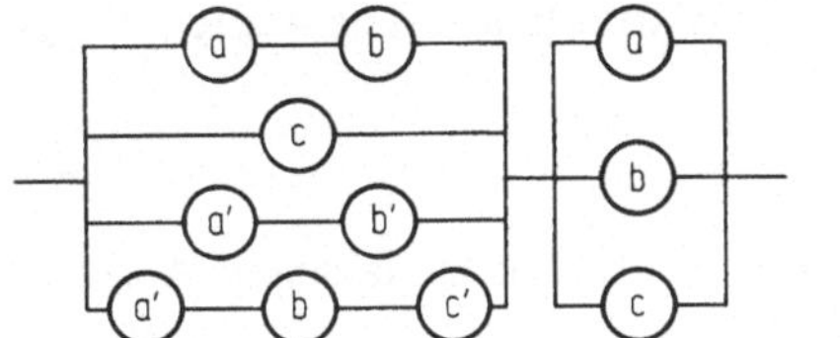

Abb. 108

2. Fall: Klausurarbeit nicht bestanden, dafür 80% der abgegebenen Aufgaben richtig und 2/3 aller Aufgaben abgegeben und die mündliche Prüfung bestanden.

Führen Sie a, b, c, d als Schaltvariable ein und stellen Sie für die Schaltfunktion $(a, b, c, d) \mapsto T$ die vollständige Wertetabelle auf (z.B. $T = 1 \Leftrightarrow$ Leistungsnachweis erbracht). Wie lautet $T(a, b, c, d)$ in der minimierten Form? Zeichnen Sie eine Gatterschaltung (UND-, ODER-, NICHT-Gatter), die eine automatische Auswertung ermöglicht.

Wieviele Schalter würden bei einer Kontaktschaltung benötigt?

5. Ein System von drei Schaltfunktionen

$$(x, y, z) \mapsto R(x, y, z), \quad (x, y, z) \mapsto S(x, y, z), \quad (x, y, z) \mapsto T(x, y, z)$$

sei durch folgende Bedingungen gegeben:

1) $R = 1 \Leftrightarrow$ wenigstens zwei Variablen sind mit 1 belegt
2) $S = 1 \Leftrightarrow$ höchstens zwei Variablen sind mit 1 belegt
3) $T = 1 \Leftrightarrow$ genau zwei Variablen sind mit 1 belegt.

Stellen Sie die Wertetabelle auf! Wie lauten die (jeweils kürzesten) Normalformen von R, S, T? Formen Sie nun die Terme so um, daß möglichst viele gemeinsame Teilterme auftreten und zeichnen Sie eine Schaltung mit UND- und ODER-Gattern (auch für 3 Eingänge) und Invertern (Negations-Gatter) auf!

1.8.4 Aussagenalgebra

In diesem Modell operieren wir mit sprachlichen Gebilden. Wir nennen Sätze, die auf Grund ihres Inhalts entweder wahr (w) oder falsch (f) sind, *Aussagekonstanten* oder kurz *Aussagen* und formalisieren sie einfach durch ihren Wahrheitswert:

Dresden liegt an der Elbe: w

Alle Primzahlen sind ungerade: f.

Sätze, deren Wahrheitswert noch offen ist, aber nach näherer Bestimmung der Umstände zugeordnet werden kann, nennen wir *Aussagevariablen* und formalisieren sie durch kleine lateinische Buchstaben (ggf. indiziert):

Barbara studiert Maschinenbau: a

Das Hotel liegt direkt am Strand: b.

Wie auch sonst in der Mathematik üblich, können Variable mit Konstanten belegt werden. Die Aussagenvariable

a: Dieses Jahr ist ein Schaltjahr

kann je nach Festlegung der Jahreszahl zu einer wahren oder falschen Aussage werden, z.B.

— für das Jahr 2000 wird $a \mapsto w$, wir schreiben $|a| = w$

— für das Jahr 2001 wird $a \mapsto f$, wir schreiben $|a| = f$.

Erfahrungsgemäß gibt es in unserer Sprache eine große Vielfalt verbaler Konstrukte, die von keinem logischen Modell alle gleichermaßen gut erfaßt werden. Jedes Modell kann nur einen Teil der Wirklichkeit beschreiben. Das Modell der Aussagenlogik macht folgende Einschränkungen:

(1) Es gibt zwei Wahrheitswerte („Zweiwertigkeitsprinzip")[1]
(2) Aussagen werden nicht in weitere Teile (Subjekt, Prädikat etc.) zerlegt[2]
(3) Über die Zuordnung der Wahrheitswerte und deren Verknüpfungen (s.u.) hinaus wird den Aussagen keine zusätzliche Bedeutung zugemessen („extensionaler Standpunkt")

Für den Anwender von Mathematik konzentriert sich das Interesse auf den methodischen Aspekt, d.h. das Operieren mit Variablen und Ausdrücken (syntaktische Komponente) und deren (w, f)-Interpretationen (semantische Komponente).

Definition (Konstruktion zulässiger aussagenlogischer Ausdrücke[3])

Die Zeichen w, f sowie alle kleinen lateinischen Buchstaben (ggf. indiziert) seien Ausdrücke. Mit A und B seien auch

$$\neg A, (A), (A \wedge B), (A \vee B), (A \rightarrow B), (A \leftrightarrow B)$$

Ausdrücke. Prioritätenregelung: „$\neg$" vor „$\wedge$" („$\vee$") vor „$\rightarrow$" vor „$\leftrightarrow$".

Äußerste Klammern können entfallen, desgl. solche Klammern, deren Inhalt bereits auf Grund der Prioritätenregelung mit Vorrang berechnet wird. Weitere Vorschriften bestehen nicht.

Mit dieser Erklärung kann der Leser formal-syntaktisch — d.h. ohne nach einer inhaltlichen Bedeutung zu fragen — Zeichenketten konstruieren, die bei korrekter Handhabung der obigen Vorschriften zu solchen Ausdrücken führen. Eine solche Vorgehensweise ist u.a. von der Syntax der Programmiersprachen bekannt. Danach ist die Zeichenkette

$$(\neg a \vee b) \wedge c \rightarrow \neg c$$

---

[1] Mehrwertige Logiken sind z.B. die Lukasiewicz-Logiken oder die Fuzzylogik (vgl. Kapitel 4)
[2] Diese Zerlegung und das Operating von Prädikaten, Subjekten etc. ist Gegenstand der Prädikatenlogik.
[3] In diesem Abschnitt auch kurz „Ausdrücke" genannt.

richtig konstruiert und stellt damit einen zulässigen aussagenlogischen Ausdruck dar, während die Zeichenkette

$$\neg a \vee b \wedge c \rightarrow \neg c .$$

falsch konstruiert wurde: „$\wedge$“ und „$\vee$“ sind gleichberechtigt und *müssen* beim Nebeneinanderstehen geklammert werden (entweder als $(\neg a \vee b) \wedge c$ oder als $\neg a \vee (b \wedge c)$). Da alle Ketten eine endliche Länge haben, läßt sich ein abbrechender Algorithmus angeben, der feststellt, ob eine solche Kette gemäß obiger Definition korrekt konstruiert wurde. Man sagt: die Aussagenlogik ist *syntaktisch entscheidbar*.

Wir fragen nun nach der Bedeutung (Semantik) dieser Ausdrücke in unserem Sprachverständnis. Dieser *semantische Aspekt* beschränkt sich in der Aussagenlogik auf die Festsetzung, wie der Wahrheitswert einer Aussagenverknüpfung von den Wahrheitswerten der beteiligten Aussagen abhängt, sprich: berechnet werden kann. Die Zuordnungen machen mitunter sprachlich keinen Sinn, sie haben sich jedoch so als am zweckmäßigsten erwiesen.

Definition (Bedeutung aussagenlogischer Verknüpfungen)

Mit nachstehenden Zuordnungen („Wahrheitswertetafeln“) erklären wir die folgenden Verknüpfungen auf $W = \{w, f\}$

Negation: $W \rightarrow W$ mit $a \mapsto \neg a$ (lies: nicht a)
Konjunktion: $W^2 \rightarrow W$ mit $(a, b) \mapsto a \wedge b$ (lies: a und b)
Disjunktion: $W^2 \rightarrow W$ mit $(a, b) \mapsto a \vee b$ (lies: a oder b)
Subjunktion: $W^2 \rightarrow W$ mit $(a, b) \mapsto a \rightarrow b$ (lies: wenn a, dann b)
Bijunktion: $W^2 \rightarrow W$ mit $(a, b) \mapsto a \leftrightarrow b$ (lies: a genau dann, wenn b)[1]

a	b	$\neg a$	$a \wedge b$	$a \vee b$	$a \rightarrow b$	$a \leftrightarrow b$
w	w	f	w	w	w	w
w	f	f	f	w	f	f
f	w	w	f	w	w	f
f	f	w	f	f	w	w

Beispiel

Wir wollen den folgenden Satz — er definiert die Schaltjahre auf Grund der GREGORianischen Kalenderreform 1582 — einer aussagenlogischen Analyse unterziehen. Der Satz möge zunächst in einer umgangssprachlichen Fassung vorliegen:

> „Schaltjahre sind die durch 4 teilbaren Jahreszahlen;
> ausgenommen seien die Jahrhunderte, sofern diese nicht
> noch durch 400 teilbar sind.“

---

[1] Der Leser vergleiche dazu die Tafel logischer Symbole in Abschnitt 1.1.2.

Gleichwohl der Leser den Satz sicher verstanden hat, ist es nicht ganz leicht, ihn in eine aussagenlogisch formale Form zu bringen, die die oben erklärten Verknüpfungen explizit sichtbar macht. Wir gehen das Problem so an: Bedingung für ein Schaltjahr ist

„Die Jahreszahl ist durch 4 teilbar *und*
wenn die Jahreszahl durch 100 teilbar ist,
dann ist die Jahreszahl durch 400 teilbar."

Offenbar handelt es sich um die Verknüpfung von drei Aussagevariablen:

a: Jahreszahl ist durch 4 teilbar
b: Jahreszahl ist durch 100 teilbar
c: Jahreszahl ist durch 400 teilbar

zu einem aussagenlogischen Ausdruck A(a, b, c). Für diesen gelte

$$|A(a, b, c)| = w \quad \text{bei Schaltjahren}$$

$$|A(a, b, c)| = f \quad \text{sonst} .$$

Auf Grund unserer guten sprachlichen Vorarbeit können wir A sofort anschreiben (Klammerung beachten!):

$$A(a, b, c): \quad a \wedge (b \rightarrow c)$$

Wir kontrollieren die semantische Korrektheit von A, indem wir die Wahrheitswertetafel aufstellen (Definitionen von „∧" und „→" beachten!):

a	b	c	$b \rightarrow c$	$a \wedge (b \rightarrow c)$	Interpretation
w	w	w	w	w	„2000"
w	w	f	f	f	„1900"
w	f	w	w	w	—
w	f	f	w	w	„1992"
f	w	w	w	f	—
f	w	f	f	f	—
f	f	w	w	f	—
f	f	f	w	f	„1991"

Die Tafel will sinnvoll gelesen sein: die erste Zeile mit den Belegungen

$$|a| = |b| = |c| = w$$

bedeutet, es liegt eine Jahreszahl vor, die durch 4 und durch 100 und durch 400 teilbar ist. Als Beispiel dafür ist „2000" angegeben. Das „w" in der Spalte für A heißt: Schaltjahr! Entsprechend interpretiert man die zweite Zeile

$$|a| = |b| = w, \quad |c| = f$$

als eine Jahreszahl, die durch 4 und durch 100, aber nicht durch 400 teilbar ist, also etwa 1900, und

$$|A| = f$$

bedeutet, es liegt kein Schaltjahr vor! Jetzt gibt es nur noch zwei Realisierungen, das „gewöhnliche" Schaltjahr:

$$|a| = w, \quad |b| = |c| = f\text{:} \quad |A| = w \quad \text{stimmt!}$$

und das „gewöhnliche" 365-Tage-Jahr:

$$|a| = |b| = |c| = f\text{:} \quad |A| = f \quad \text{stimmt!}$$

Die restlichen vier Zeilen sind zwar durch den Ausdruck A eindeutig bestimmt, aber in diesem Beispiel inhaltlich nicht interpretierbar, sie treten in der Realität nicht auf (solche Jahreszahlen gibt's nicht!). Im Grunde könnten dort auch andere als die berechneten Wahrheitswerte stehen! Allerdings führt eine andere Folge von w-f-Werten zu einem anderen Ausdruck! Schauen wir uns dazu einmal die zugehörigen KARNAUGH-Tafeln an:

Abb. 108.1 zeigt die KARNAUGH-Tafel für den Ausdruck A(a, b, c): $a \wedge (b \rightarrow c)$ gemäß der w-f-Tafel oben.

Abb. 108.2: KARNAUGH-Tafel, in der nur die interpretationsfähigen Wahrheitswerte eingetragen sind (freie Felder beliebig belegbar, sog. don't care-Terme).

Abb. 108.3: eine mögliche Belegung der freien Felder von Abb. 108.2, und zwar unter dem Gesichtspunkt möglichst großer w-Blöcke, denn diese vereinfachen den von der Tafel dargestellten aussagenlogischen Ausdruck. Sie lesen den „Viererblock" c und den „Zweierblock" $a \wedge \neg b$ ab, diese Tafel repräsentiert also den Ausdruck

$$B(a, b, c)\text{:} \quad c \vee (a \wedge \neg b)$$

In Worten: „Die Jahreszahl ist durch 400 teilbar *oder*
die Jahreszahl ist durch 4
und nicht zugleich durch 100 teilbar."

Beachte: Beide Formulierungen bestimmen die gleiche Schaltjahr-Regel, obgleich sie im Sinne der Aussagenlogik nicht äquivalent sind (s.u.). Es genügt hier, daß die beiden Aussagenverknüpfungen für alle *interpretationsfähigen* Belegungstripel übereinstimmen.

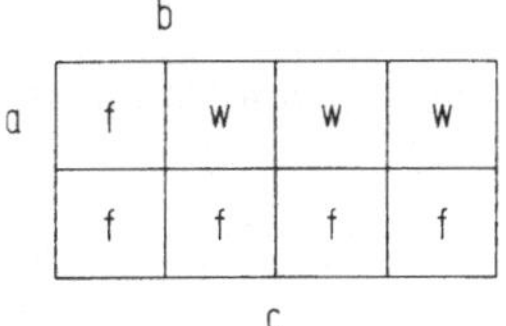

Abb. 108.1

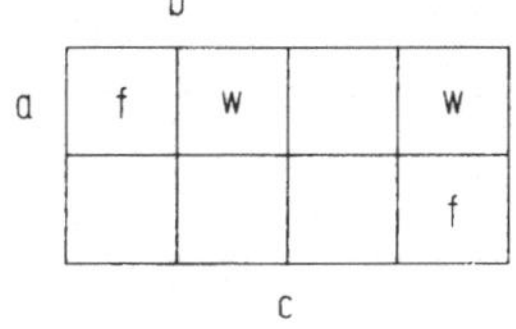

Abb. 108.2

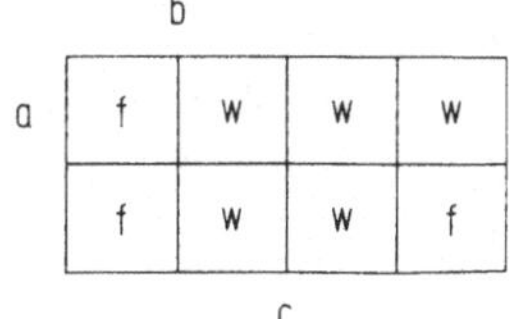

Abb. 108.3

Wir wollen im folgenden von inhaltlichen Gesichtspunkten absehen und nach den allgemein gültigen Gesetzen der Aussagenlogik fragen. Auf diesem Wege gelangen wir zur algebraischen Struktur dieser Logik. Dazu klassifizieren wir die Menge aller aussagenlogischen Ausdrücke nach ihrem „w-f-Verlauf" (der Leser kann sich dabei immer eine Wahrheitswertetafel vorstellen, für einen n-stelligen Ausdruck $A(x_1, x_2, \ldots, x_n)$ umfaßt diese 2^n Zeilen und damit *alle* Fälle!)

Definition

(1) Für ein gegebenes n-tupel von Wahrheitswerten

$$(|x_1|, |x_2|, \ldots, |x_n|) \in \{w, f\}^n$$

berechnet sich der Wahrheitswert $|A|$ eines zulässigen aussagenlogischen Ausdrucks in n Variablen gemäß

$$|A(x_1, x_2, \ldots, x_n)| = A(|x_1|, |x_2|, \ldots, |x_n|)$$

(2) Ein Ausdruck, der für alle Belegungen den Wert w annimmt, heißt, *allgemeingültig*, eine Tautologie oder ein Gesetz der Aussagenlogik

(3) Ein Ausdruck, der für alle Belegungen den Wert f annimmt, heißt *ungültig*, *inkonsistent* oder eine Kontradiktion

(4) Ein Ausdruck, der für wenigstens eine Belegung den Wert w annimmt (d.h. der keine Kontradiktion ist) heißt *erfüllbar* oder *konsistent*

Für die klassische Aussagenlogik stehen die allgemeingültigen Ausdrücke im Vordergrund. Die Tatsache, daß sie für *jede* Belegung (und damit für jede sinnvolle oder sinnlose Interpretation) wahr sind, macht sie zu einer von jeder inhaltlichen Bedeutung unabhängigen *logischen Wahrheit*. Für den mehr praktisch denkenden Anwender von Logik besteht ihre Bedeutung aber auch darin, daß damit gerechnet werden kann: Umformungen aussagenlogischer Ausdrücke erfolgen als Äquivalenzumwandlungen („$\Leftrightarrow$") oder Implikationsumwandlungen („$\Rightarrow$"). Diese sollen zunächst definiert werden.

Definition

(1) Sind $A(x_1, \ldots, x_n)$, $B(x_1, \ldots, x_n)$ zulässige aussagenlogische Ausdrücke mit gleichem Wahrheitswerteverlauf, also für jede Belegung

$$|A(x_1, \ldots, x_n)| = |B(x_1, \ldots, x_n)|,$$

so ist $A \leftrightarrow B$ allgemeingültig und A, B heißen *aussagenlogisch äquivalent*, in Zeichen

$$\boxed{A(x_1, \ldots, x_n) \Leftrightarrow B(x_1, \ldots, x_n)}$$

(2) Gilt für die Ausdrücke A, B der Sachverhalt

$$|A(x_1, \ldots, x_n)| = f \quad \text{oder} \quad |B(x_1, \ldots, x_n)| = w ,$$

so ist $A \to B$ allgemeingültig und man schreibt diese Beziehung als *aussagenlogische Implikation*:

$$\boxed{A(x_1, \ldots, x_n) \Rightarrow B(x_1, \ldots, x_n)}$$

Alle zu einem gegebenen Ausdruck A äquivalenten Ausdrücke haben in einer Wahrheitswertetafel den gleichen w-f-Vektor bzw. in einer KARNAUGH-Tafel die gleiche Feldbelegung. Für das Operieren mit aussagenlogischen Ausdrücken bedeutet das: ein Ausdruck kann stets zweiseitig durch einen äquivalenten Ausdruck ersetzt und auf diese Weise äquivalent umgeformt werden. Wir erläutern diesen wichtigen Sachverhalt am Beispiel des „Kontrapositionsgesetzes".

Beispiel

Die Ausdrücke $p \to q$ und $\neg q \to \neg p$ besitzen gleichen w-f-Vektor:

p	q	$p \to q$	$\neg p$	$\neg q$	$\neg q \to \neg p$
w	w	w	f	f	w
w	f	f	f	w	f
f	w	w	w	f	w
f	f	w	w	w	w

Damit gilt die Äquivalenz

$$p \to q \Leftrightarrow \neg q \to \neg p$$

In Worten: „Wenn p, dann q" ist äquivalent mit „Wenn nicht q, dann nicht p". Beliebte Interpretation: „Wenn es regnet, dann wird die Straße naß" ist äquivalent mit „Wenn die Straße nicht naß wird, dann regnet es nicht." „Kontraposition" versteht sich in dem Sinne, daß sich die Wenn-dann-Verknüpfung bei den negierten Aussagevariablen in der Reihenfolge umkehrt. Wichtig ist der *operative Aspekt*. Er betrifft die äquivalente Umformung eines Ausdrucks. Sei z.B.

$$A(p, q, r, s): (\neg r \vee p) \wedge \neg (p \to q) \to s$$

ein solcher Ausdruck, und ersetzen wir darin den Teilausdruck $p \to q$ durch den dazu äquivalenten Ausdruck $\neg q \to \neg p$, so ist mit

$$B(p, q, r, s): (\neg r \vee p) \wedge \neg (\neg q \to \neg p) \to s$$

ein zu A äquivalenter Ausdruck entstanden: $A \Leftrightarrow B$! Bei dieser Gelegenheit wollen wir noch die *Äquivalenz per definitionem* einführen, hier:

$$B(p, q, r, s) :\Leftrightarrow (\neg r \vee p) \wedge \neg (\neg q \to \neg p) \to s ,$$

d.h. der umgeformte Ausdruck (rechterseits) soll B genannt werden; das heißt, B ist ein neuer Name (sprich: eine zweckmäßige Abkürzung) für diesen Ausdruck.

Satz

Die algebraische Struktur $(\{w, f\}; \wedge, \vee, \neg)$, genannt *Aussagenalgebra*, ist ein Modell der zweielementigen BOOLEschen Algebra.

Beweis: Es sind die Axiome der BOOLEschen Algebra (vgl. 1.8.1) für dieses Modell nachzuweisen. Die Bedeutungen sind im Modell:

BOOLEsche „1":	:	Wahrheitswert w
BOOLEsche „0":	:	Wahrheitswert f
BOOLEsche Addition: $(a, b) \mapsto a + b$	:	Disjunktion: $(a, b) \mapsto a \vee b$
BOOLEsche Multiplikation: $(a, b) \mapsto a \cdot b$	:	Konjunktion: $(a, b) \mapsto a \wedge b$
BOOLEsches Komplement: $a \mapsto a'$	:	Negation: $a \mapsto \neg a$
BOOLEsche Variable: $a \in B = \{0, 1\}$	:	Aussagenvariable: $\lvert a \rvert \in W = \{w, f\}$

Die BOOLEschen Axiome lauten im Modell der Aussagenalgebra

(1) Konjunktion und Disjunktion sind kommutativ

$$a \wedge b \Leftrightarrow b \wedge a, \quad a \vee b \Leftrightarrow b \vee a \quad \text{für alle} \quad |a|, |b| \in W$$

Nachweis mit Wahrheitswertetafel!

(2) Konjunktion und Disjunktion sind wechselseitig distributiv übereinander:

$$a \wedge (b \vee c) \Leftrightarrow (a \wedge b) \vee (a \wedge c), \quad a \vee (b \wedge c) \Leftrightarrow (a \vee b) \wedge (a \vee c)$$

für alle $|a|, |b|, |c| \in W$.

Nachweis mit Wahrheitswertetafel!

(3) w ist Neutralelement der Konjunktion, f ist Neutralelement der Disjunktion:

$$a \wedge w \Leftrightarrow a, \quad a \vee f \Leftrightarrow a \quad \text{für alle} \quad |a| \in W$$

Nachweis durch Belegen von a („im Kopf").

(4) Es gelten die Äquivalenzen

$$a \wedge \neg a \Leftrightarrow f, \quad a \vee \neg a \Leftrightarrow w \quad \text{für alle} \quad |a| \in W$$

Nachweis wie bei (3) „offenkundig".

Damit können alle Gesetze der BOOLEschen Algebra bezgl. „·", „+" und „'" übernommen werden, insbesondere die Sätze über die (kanonische) disjunktive und konjunktive Normalform. Ferner wolle sich der Leser an den Satz erinnern (1.8.3), daß $\{\wedge, \vee, \neg\}$ eine *Verknüpfungsbasis* für alle aussagenlogischen Operationen darstellt: mittels der Äquivalenzen

$$a \rightarrow b \Leftrightarrow \neg a \vee b$$

$$a \leftrightarrow b \Leftrightarrow (a \rightarrow b) \wedge (b \rightarrow a) \Leftrightarrow (a \vee \neg b) \wedge (\neg a \vee b)$$

können insbesondere Subjunktion und Bijunktion auf Konjunktion, Disjunktion und Negation zurückgeführt werden.

Schließlich vereinbaren wir in Erweiterung unserer Syntaxdefinition aussagenlogischer Ausdrücke, daß mehrgliedrige Ausdrücke von *assoziativen Verknüpfungen* — wie auch sonst üblich — nicht geklammert werden müssen:

$$(a \wedge b) \wedge c \Leftrightarrow a \wedge (b \wedge c) :\Leftrightarrow a \wedge b \wedge c$$

$$(a \vee b) \vee c \Leftrightarrow a \vee (b \vee c) :\Leftrightarrow a \vee b \vee c$$

$$(a \leftrightarrow b) \leftrightarrow c \Leftrightarrow a \leftrightarrow (b \leftrightarrow c) :\Leftrightarrow a \leftrightarrow b \leftrightarrow c.$$

Die Subjunktion „$\rightarrow$" ist nicht assoziativ!

Wir stellen die wichtigsten Äquivalenzen in einer Übersicht zusammen. Beachten Sie bitte: a, b, c stehen für Aussagevariablen. Die Gesetze gelten aber auch für Ausdrücke der Prädikatenlogik, z.B. für Ausdrücke der Form Px, Qy, Rxy etc., in denen P, Q, R Prädikate, x, y Individuen-Variable (Elemente) bedeuten. In diesen Fällen handelt es sich um prädikatenlogische Äquivalenzen.

Kommutativgesetze	$a \wedge b \Leftrightarrow b \wedge a$
	$a \vee b \Leftrightarrow b \vee a$
Assoziativgesetze	$a \wedge (b \wedge c) \Leftrightarrow (a \wedge b) \wedge c$
	$a \vee (b \vee c) \Leftrightarrow (a \vee b) \vee c$
Distributivgesetze	$a \wedge (b \vee c) \Leftrightarrow (a \wedge b) \vee (a \wedge c)$
	$a \vee (b \wedge c) \Leftrightarrow (a \vee b) \wedge (a \vee c)$
Absorptionsgesetze	$a \wedge (a \vee b) \Leftrightarrow a$
	$a \vee (a \wedge b) \Leftrightarrow a$
Idempotenzgesetze	$a \wedge a \Leftrightarrow a$
	$a \vee a \Leftrightarrow a$
DE MORGAN-Gesetze	$\neg(a \wedge b) \Leftrightarrow \neg a \vee \neg b$
	$\neg(a \vee b) \Leftrightarrow \neg a \wedge \neg b$
Gesetze für w	$a \wedge w \Leftrightarrow a$
	$a \vee w \Leftrightarrow w$
	$\neg w \Leftrightarrow f$
Gesetze für f	$a \vee f \Leftrightarrow a$
	$a \wedge f \Leftrightarrow f$
	$\neg f \Leftrightarrow w$
Doppelte Negation	$\neg\neg a \Leftrightarrow a$
Elimination von „$\rightarrow$"	$a \rightarrow b \Leftrightarrow \neg a \vee b$
Elimination von „$\leftrightarrow$"	$a \leftrightarrow b \Leftrightarrow (a \wedge b) \vee (\neg a \wedge \neg b)$
	$a \leftrightarrow b \Leftrightarrow (a \vee \neg b) \wedge (\neg a \vee b)$
Kontrapositionsgesetz	$a \rightarrow b \Leftrightarrow \neg b \rightarrow \neg a$
„Tertium non datur"	$a \wedge \neg a \Leftrightarrow f$
	$a \vee \neg a \Leftrightarrow w$

Beispiel

Im Abschnitt 1.2.2 hatten wir für die identitiven (antisymmetrischen) Relationen zwei Definitionen angegeben (beachte: $(x, y) \in R \Leftrightarrow Rxy$ etc.)

$$\bigwedge_{x \in G} \bigwedge_{y \in G} [x \neq y \wedge (x, y) \in R \rightarrow (y, x) \notin R] \qquad (*)$$

$$\bigwedge_{x \in G} \bigwedge_{y \in G} [(x, y) \in R \wedge (y, x) \in R \rightarrow x = y] \qquad (**)$$

Wir können jetzt zeigen, daß beide Erklärungen äquivalent sind. Dabei genügt es, wenn wir uns auf die hinter den Quantoren stehenden Ausdrücke beschränken. Obgleich es sich um prädikatenlogische Ausdrücke handelt, unterliegen diese bezgl. „$\wedge$“, „$\rightarrow$“ etc. den gleichen Gesetzen wie die aussagenlogischen Ausdrücke. Wir eliminieren „$\rightarrow$“ und erhalten

$$\begin{aligned}
\text{bei } (*)\text{:} \quad & \neg(\neg(x = y) \wedge (x, y) \in R) \vee \neg((y, x) \in R) \\
& \Leftrightarrow (x = y) \vee \neg((x, y) \in R) \vee \neg((y, x) \in R) \\
\text{bei } (**)\text{:} \quad & \neg((x, y) \in R \wedge (y, x) \in R) \vee (x = y) \\
& \Leftrightarrow \neg((x, y) \in R) \vee \neg((y, x) \in R) \vee (x = y) \\
& \Leftrightarrow (x = y) \vee \neg((x, y) \in R) \vee \neg((y, x) \in R)
\end{aligned}$$

Beispiel

Wir zeigen, daß die asymmetrischen Relationen ein Sonderfall der identitiven Relationen sind (vgl. 1.2.2), d.h. es gilt die Implikation

$$R \text{ ist asymmetrisch} \Rightarrow R \text{ ist identitiv}$$

Der Leser überzeuge sich anhand der Definition der Implikation und des w-f-Verlaufs der Subjunktion, *daß der Nachweis der implikativen Beziehung* $A \Rightarrow B$ *dadurch geführt werden kann, daß man die Allgemeingültigkeit des Ausdrucks* $A \rightarrow B$ *zeigt*! Also untersuchen wir im vorliegenden Fall wegen

$$R \text{ ist asymmetrisch} \Leftrightarrow \bigwedge_{x \in G} \bigwedge_{y \in G} (Rxy \rightarrow \neg Ryx)$$

$$R \text{ ist identitiv} \Leftrightarrow \bigwedge_{x \in G} \bigwedge_{y \in G} (x \neq y \wedge Rxy \rightarrow \neg Ryx)$$

den subjunktiven Ausdruck (das „Subjungat“)

$$(Rxy \rightarrow \neg Ryx) \rightarrow (\neg(x = y) \wedge Rxy \rightarrow \neg Ryx)$$

Äquivalenzumformungen für die Elimination von „$\rightarrow$“ liefern sofort

$$\begin{aligned}
& \neg(\neg Rxy \vee \neg Ryx) \vee (\neg(\neg(x = y) \wedge Rxy) \vee \neg Ryx) \\
& \Leftrightarrow \neg(\neg Rxy \vee \neg Ryx) \vee (x = y) \vee (\neg Rxy \vee \neg Ryx) .
\end{aligned}$$

Setzt man vorübergehend $\neg Rxy \vee \neg Ryx \Leftrightarrow: Pxy$, so erkennt man mit

$$Pxy \vee \neg Pxy \vee (x = y) \Leftrightarrow w \vee (x = y) \Leftrightarrow w$$

die gesuchte Allgemeingültigkeit.

Beispiel

Vorgelegt seien die Aussagenvariablen (Sätze)

Evelyn ist Diplom-Ingenieurin: a
Evelyn ist verheiratet: : b
Evelyn wohnt in Karlsruhe : c

Formalisierung folgender Verknüpfungen

(1) *Mindestens einer* der drei Sätze gilt: $A_1(a, b, c)$:

$$A_1(a, b, c) \Leftrightarrow a \vee b \vee c$$

(2) *Genau einer* (d.h. einer und nur einer) der drei Sätze gilt: $A_2(a, b, c)$:

$$A_2(a, b, c) \Leftrightarrow (a \wedge \neg b \wedge \neg c) \vee (\neg a \wedge b \wedge \neg c) \vee (\neg a \wedge \neg b \wedge c)$$

(3) *Höchstens einer* der drei Sätze gilt, $A_3(a, b, c)$:

$$A_3(a, b, c) \Leftrightarrow (a \wedge \neg b \wedge \neg c) \vee (\neg a \wedge b \wedge \neg c) \vee (\neg a \wedge \neg b \wedge c) \\ \vee (\neg a \wedge \neg b \wedge \neg c)$$

Der Leser beachte, daß diese drei Ausdrücke A_1, A_2 und A_3 nicht unabhängig voneinander sind. Es gilt die Äquivalenz-Beziehung

$$A_1 \wedge A_3 \Leftrightarrow A_2$$

Bei tabellarischer Überprüfung zeigt $A_1 \wedge A_3$ den gleichen w-f-Verlauf wie A_2. Formale Bestätigung (Rechnung) im Aussagenkalkül:

$$\begin{aligned} A_1 \wedge A_3 &\Leftrightarrow (a \vee b \vee c) \wedge [(a \wedge \neg b \wedge \neg c) \vee (\neg a \wedge b \wedge \neg c) \\ &\qquad \vee (\neg a \wedge \neg b \wedge c) \vee (\neg a \wedge \neg b \wedge \neg c)] \\ &\Leftrightarrow [(a \vee b \vee c) \wedge a \wedge \neg b \wedge \neg c] \vee [(a \vee b \vee c) \wedge \neg a \wedge b \wedge \neg c] \\ &\qquad \vee [(a \vee b \vee c) \wedge \neg a \wedge \neg b \wedge c] \vee [(a \vee b \vee c) \wedge \neg (a \vee b \vee c)] \\ &\Leftrightarrow (a \wedge \neg b \wedge \neg c) \vee (\neg a \wedge b \wedge \neg c) \vee (\neg a \wedge \neg b \wedge c) \vee f \\ &\Leftrightarrow A_2 \quad \text{(f ist Neutralelement bezgl. „}\vee\text{“).} \end{aligned}$$

Beispiel

Nach langen Diskussionen der Tarifpartner über

— die Einführung der 35-Stunden-Woche (a)
— eine 5%ige Lohnerhöhung (b)
— eine Verkürzung der Lebensarbeitszeit auf 58 Jahre (c)

wird man sich darin einig, folgende Grundsätze aufzustellen:

$A_1(a, b, c)$: Die 35-Stunden-Woche *oder* eine 5%ige Lohnerhöhung gibt es *genau dann, wenn* die 35-Stunden-Woche *nicht* vereinbart *und* dafür die Lebensarbeitszeit auf 58 Jahre festgesetzt wird.

$A_2(a, b, c)$: *Wenn* die 35-Stunden-Woche eingeführt wird, *dann* soll es noch 5% mehr Lohn *und* dafür *nicht* die Verkürzung der Lebensarbeitszeit auf 58 Jahre geben.

Aus den Grundsätzen A_1 und A_2 läßt sich eine eindeutige logische Folgerung (Implikation) bezüglich der 35-Stunden-Woche ziehen. Wie lautet diese? Es gilt auf Grund des Textes

$$A_1(a, b, c) \Leftrightarrow a \vee b \leftrightarrow \neg a \wedge c$$

$$A_2(a, b, c) \Leftrightarrow a \rightarrow b \wedge \neg c$$

und zu berechnen (!) ist, welche der beiden Implikationen gilt

$$A_1 \wedge A_2 \Rightarrow a \quad \text{bzw.} \quad A_1 \wedge A_2 \Rightarrow \neg a\,.$$

Vorgehensweise: Wir konstruieren die w-f-Vektoren der Subjunktionen

$$A_1 \wedge A_2 \rightarrow a \quad \text{und} \quad A_1 \wedge A_2 \rightarrow \neg a$$

und prüfen diese auf Allgemeingültigkeit:

a	b	c	$a \vee b$	$\neg a \wedge c$	A_1	$b \wedge \neg c$	A_2	$A_1 \wedge A_2$	$A_1 \wedge A_2 \rightarrow a$	$A_1 \wedge A_2 \rightarrow \neg a$
w	w	w	w	f	f	f	f	f	w	w
w	w	f	w	f	f	w	w	f	w	w
w	f	w	w	f	f	f	f	f	w	w
w	f	f	w	f	f	f	f	f	w	w
f	w	w	w	w	w	f	w	w	f	w
f	w	f	w	f	f	w	w	f	w	w
f	f	w	f	w	f	f	w	f	w	w
f	f	f	f	f	w	f	w	w	f	w

Ergebnis: Aus den Grundsätzen A_1 und A_2 folgt, daß die 35-Stunden-Woche nicht eingeführt wird.

Aufgaen zu 1.8.4

1. Welchen Wahrheitswert haben die folgenden Aussagen:

   a) Alle ganzen Zahlen sind nicht gerade
   b) Nicht alle ganzen Zahlen sind gerade
   c) Keine reelle Zahl ist kleiner als ihre Hälfte
   d) Es trifft nicht zu, daß es eine kleinste reelle Zahl gibt
   e) Alle Quadrate sind Rechtecke

2. Welche der folgenden aussagenlogischen Ausdrücke sind Tautologien? Man arbeite mit Wahrheitswertetafeln!

   a) $(x \rightarrow y) \leftrightarrow [(x \wedge \neg y) \rightarrow y]$

b) $[(x \to y) \to (y \to z)] \to (x \to z)$
c) $(x \to y) \to [(z \vee x) \to (z \vee y)]$

3. Zeigen Sie die Gültigkeit der als „Kettenschluß" bekannten Implikation zwischen den aussagelogischen Ausdrücken A, B, C gemäß

$$(A \to B) \wedge (B \to C) \Rightarrow (A \to C)\,,$$

wofür man oft auch

$$\begin{array}{ll} A \to B & \text{(Prämisse)} \\ B \to C & \text{(Prämisse)} \\ \hline A \to C & \text{(Konklusion, Schlußfolgerung)} \end{array}$$

schreibt. Arbeiten Sie mit Äquivalenzumformungen!

4. Zwei Logiker, beide in Rente, eröffnen jeder ein Restaurant. Sie kommen überein, folgende Ruhetag-Regelung *streng logisch* durch folgende Aussagevariablen zu erklären:

„Wenn Montag, dann Ruhetag." (Restaurant 1)
„Nur dann, wenn es Montag ist, ist Ruhetag." (Restaurant 2)

Mit etwas logischem Denken werden Sie herausfinden, an welchen Wochentagen die Restaurants geöffnet bzw. geschlossen haben. Legen Sie eine entsprechende Übersicht an! Anleitung: *Formalisieren* Sie obige Erklärungen, füllen Sie eine Wahrheitswertetafel aus und interpretieren Sie deren Zeilen. Genau das ist (hier) mit „logischem Denken" gemeint!

5. In einer Algebraprüfung wird von den Studenten der Nachweis der Nullteilerfreiheit in Körperstrukturen verlangt. Unter Beschränkung auf die Aussagenlogik soll also die Gültigkeit des Ausdrucks

$$a \cdot b = 0 \to a = 0 \vee b = 0 \qquad (1)$$

(für alle a, b des Körpers) gezeigt werden. Diese Aufgabe steht hier nicht an, sondern: Bei der Korrektur stellt es sich heraus, daß eine Reihe von Studenten nicht (1), sondern andere Aussagen bewiesen haben, nämlich

$$a = 0 \vee b = 0 \to a \cdot b = 0 \qquad (2)$$

$$a \neq 0 \wedge a \cdot b = 0 \to b = 0 \qquad (3)$$

$$a \neq 0 \wedge b = 0 \to a \cdot b = 0 \qquad (4)$$

$$a \neq 0 \wedge b \neq 0 \to a \cdot b \neq 0 \qquad (5)$$

$$a \cdot b = 0 \leftrightarrow a = 0 \vee b = 0 \qquad (6)$$

Gefragt wird, mit welchen der Formeln (2) bis (6) zugleich — und zwar aus logischen Gründen — auch (1) bewiesen worden ist.
Anleitung: Formalisieren Sie gemäß

$$A :\Leftrightarrow a = 0, \quad B :\Leftrightarrow b = 0, \quad C :\Leftrightarrow a \cdot b = 0\,.$$

Untersuchen Sie die Ausdrücke (2) bis (6) auf Äquivalenz bzw. Implikation bezgl. (1).

2 Lineare Algebra

2.1 Zur Bedeutung der linearen Algebra

Zu den Hauptaufgaben der linearen Algebra gehört die Untersuchung linearer Gleichungssysteme der Art

$$\left.\begin{array}{l} a_{11}x_1 + a_{12}x_2 + \ldots + a_{1n}x_n = b_1 \\ a_{21}x_1 + a_{22}x_2 + \ldots + a_{2n}x_n = b_2 \\ \ldots\ldots\ldots\ldots\ldots\ldots\ldots\ldots\ldots\ldots \\ a_{m1}x_1 + a_{m2}x_2 + \ldots + a_{mn}x_n = b_m \end{array}\right\} (*)^1$$

Falls nichts anderes gesagt wird, gilt als *Dauervoraussetzung* für Abschnitt 2:

Koeffizienten: $a_{ik} \in \mathbb{R}$

Absolutglieder: $b_i \in \mathbb{R}$

Anzahl der Gleichungen: $m \in \mathbb{N}$

Anzahl der Variablen (Unbekannten): $n \in \mathbb{N}$

Als *Lösung* des Systems $(*)$ wird jede Belegung des Variablen-n-tupels

$$(x_1, x_2, \ldots, x_n) \in \mathbb{R}^n$$

bezeichnet, das sämtliche Gleichungen erfüllt.
Folgende *Problemkreise* stehen für uns im Vordergrund:

1. Unter welchen Voraussetzungen für die a_{ik}, b_i, m, n gibt es Lösungen für das lineare System $(*)$?
2. Mit welchen formalen und numerischen Methoden gewinnt man Lösungen?
3. Welche Struktureigenschaften haben die Lösungsmengen?
4. Bereitstellung des mathematischen Handwerkzeuges — Determinanten, Matrizen, Vektoren — zur ökonomischen Darstellung linearer Algebra-Probleme

[1] In der Sprache der mathematischen Logik handelt es sich um die Konjunktion von m prädikatenlogischen Ausdrücken in jeweils n Variablen über $\mathbb{R}^n$, wobei der generalisierte Durchschnitt der Erfüllungsmengen zu bestimmen ist.

5. Anwendungen der linearen Algebra im technisch-physikalischen Bereich und bei Optimierungsproblemen (Operations Research); dabei Erweiterung auf lineare Ungleichungssysteme ((∗) mit „$\leqq$" statt „$=$") unter gewissen linearen Randbedingungen.

Bedeutung hat die lineare Algebra auch für nicht-lineare Probleme, da man diese in vielen Fällen durch „Linearisierung" auf lineare zurückführen kann, um sich dann die in großer Zahl vorhandenen Sätze und Verfahrensweisen dieser Disziplin nutzbar zu machen.

2.2 Determinanten

2.2.1 Zweireihige Determinanten

Vorgelegt sei das lineare System ($m = n = 2$)

$$\begin{array}{l|l|l} a_{11}x_1 + a_{12}x_2 = b_1 & \cdot a_{22} & \cdot(-a_{21}) \\ a_{21}x_1 + a_{22}x_2 = b_2 & \cdot(-a_{12}) & \cdot a_{11} \end{array}$$

für das wir neben der Dauervoraussetzung (2.1) noch $b_1 \neq 0 \vee b_2 \neq 0$ fordern[1] („inhomogenes" lineares System). Nach dem „Additionsverfahren" können wir leicht die allgemeine Lösung gewinnen: zur Elimination von x_2 multiplizieren wir die erste Gleichung mit a_{22}, die zweite mit $-a_{12}$ und addieren

$$(a_{11}a_{22} - a_{21}a_{12})x_1 = b_1a_{22} - b_2a_{12}.$$

Falls wir $a_{11}a_{22} - a_{21}a_{12} \neq 0$ voraussetzen, folgt daraus

$$x_1 = \frac{b_1a_{22} - b_2a_{12}}{a_{11}a_{22} - a_{21}a_{12}},$$

Entsprechend werden wir zu Elimination von x_1 die erste Gleichung mit $-a_{21}$, die zweite mit a_{11} multiplizieren und erhalten dann bei Addition

$$(a_{11}a_{22} - a_{21}a_{12})x_2 = a_{11}b_2 - a_{21}b_1$$

$$x_2 = \frac{a_{11}b_2 - a_{21}b_1}{a_{11}a_{22} - a_{21}a_{12}},$$

falls wieder $a_{11}a_{22} - a_{21}a_{12} \neq 0$ erfüllt ist. Damit erscheinen x_1 und x_2 als Quotient zweier Terme der Form

$$a \cdot b - c \cdot d\,.$$

Nimmt man sich den im Nenner stehenden Term

$$a_{11}a_{22} - a_{21}a_{12}$$

zum Vorbild und vergleicht damit die Anordnung dieser Koeffizienten im linearen

[1] Äquivalente Formulierungen sind: $\neg(b_1 = b_2 = 0)$, $b_1^2 + b_2^2 \neq 0$, $(b_1, b_2) \neq (0, 0)$.

System, so erscheint es zumindest aus mnemotechnischen[1] Gründen sinnvoll, folgende Erklärung vorzunehmen

Definition

Die Termdarstellung

$$a_{11}a_{22} - a_{21}a_{12} =: \begin{vmatrix} a_{11} & a_{12} \\ a_{21} & a_{22} \end{vmatrix}$$

heißt *zweireihige Determinante.*

a_{11}, a_{22} bilden die „Hauptdiagonale", a_{12} und a_{21} die „Nebendiagonale". Demnach ist jede zweireihige Determinante gleich dem Produkt ihrer Elemente in der Hauptdiagonalen minus dem Produkt der Elemente in der Nebendiagonalen.

Die Doppelindizes sind einzeln zu lesen (eins-eins, eins-zwei usw.) und sind so gewählt, daß der erste Index die Zeilennummer, der zweite die Spaltennummer angibt. Man spricht deshalb auch vom *Zeilen-* und *Spaltenindex.* Zeilen und Spalten heißen gemeinsam Reihen.

Damit lassen sich die Variablen x_1 und x_2 des linearen Systems

$$\begin{aligned} a_{11}x_1 + a_{12}x_2 &= b_1 \\ a_{21}x_1 + a_{22}x_2 &= b_2 \end{aligned} \quad \text{für} \begin{vmatrix} a_{11} & a_{12} \\ a_{21} & a_{22} \end{vmatrix} \neq 0$$

als Quotient zweier Determinanten darstellen:

$$x_1 = \frac{\begin{vmatrix} b_1 & a_{12} \\ b_2 & a_{22} \end{vmatrix}}{\begin{vmatrix} a_{11} & a_{12} \\ a_{21} & a_{22} \end{vmatrix}}, \quad x_2 = \frac{\begin{vmatrix} a_{11} & b_1 \\ a_{21} & b_2 \end{vmatrix}}{\begin{vmatrix} a_{11} & a_{12} \\ a_{21} & a_{22} \end{vmatrix}}$$

Die im Nenner stehende Determinante heißt *Koeffizientendeterminante* des linearen Systems. Die in den Zählern stehenden Determinanten nennt man dementsprechend *Zählerdeterminanten.* Vergleicht man beide miteinander, so fällt auf, daß sie jeweils in einer Spalte übereinstimmen und die andere Spalte bei den Zählerdeterminanten durch die Absolutglieder ersetzt ist. Diese Tatsache und die leicht einprägsame Anordnung der Elemente in den Determinanten hat zu einer „Regel" geführt, die nach dem schweizer Mathematiker Gabriel CRAMER (1704–1752) benannt worden ist, obwohl sie bereits Gottfried Wilhelm LEIBNIZ (1646–1716) ein halbes Jahrhundert vorher bekannt war. LEIBNIZ ist übrigens auch die Entdeckung der Determinanten zuzuschreiben.

---

[1] Mnemotechnik: die „Kunst" der Gedächtnishilfen.

CRAMERsche Regel

Jede Variable x_i eines inhomogenen linearen Systems mit $m = n = 2$ und nichtverschwindender Koeffizientendeterminante stellt sich dar als Quotient zweier Determinanten. Im Nenner steht jedesmal die Koeffizientendeterminante. Die Zählerdeterminanten gehen aus der Koeffizientendeterminante hervor, indem man die zur jeweiligen Variablen (Unbekannten) gehörende Koeffizientenspalte durch die Spalte der absoluten Glieder ersetzt.

Die Bedeutung dieser Regel liegt ausschließlich im mnemotechnischen Bereich: selbstverständlich könnte man die Lösungen solcher linearer Systeme auch ohne Determinanten anschreiben, doch allein der Schreibaufwand wäre für größere n unpraktikabel groß. In der übersichtlichen Anordnung und der komprimierten Darstellung hingegen liegt der Vorzug der Determinanten — nicht im Rechenaufwand, wie wir noch sehen werden.

Die Regel stimmt formal auch für „homogene" lineare Systeme ($b_1 = b_2 = 0$). Sie liefert dann die Lösung $x_1 = x_2 = 0$, die allerdings jedes homogene System hat (man nennt sie deshalb die *triviale* Lösung).

Ohne Beweis erwähnen wir, daß man auch für $n > 2$ ($n = m$, Koeffizientendeterminante $\neq 0$) die CRAMERsche Regel zur Berechnung der x_i heranziehen kann. Sie ist dann aber hinsichtlich des Rechenaufwandes anderen Verfahren (z.B. GAUSS-Algorithmen und Varianten, vgl. 2.5.1) nicht gewachsen und deshalb numerisch bedeutungslos.

Für das Rechnen mit Determinanten gelten eine Reihe von Sätzen, die wir für zweireihige Determinanten beweisen. Sie bleiben sämtlich sinngemäß auch für höherreihige Determinanten bestehen.

Satz („Stürzen der Determinante")

Der Wert einer Determinante bleibt erhalten, wenn man die Elemente an der Hauptdiagonalen spiegelt.

Beweis:

Vor der Spiegelung: $\begin{vmatrix} a_{11} & a_{12} \\ a_{21} & a_{22} \end{vmatrix} = a_{11}a_{22} - a_{21}a_{12}$

Nach der Spiegelung: $\begin{vmatrix} a_{11} & a_{21} \\ a_{12} & a_{22} \end{vmatrix} = a_{11}a_{22} - a_{21}a_{12}$

Man beachte, daß bei dieser Spiegelung jede Zeile in die nummerngleiche Spalte (und umgekehrt) übergeht.

Satz („Faktorregel")

Eine Determinante wird mit einem (reellen) Faktor multipliziert, indem man die Elemente (irgend) einer Zeile oder Spalte mit ihm multipliziert.
Umgekehrt kann ein Faktor, der allen Elementen einer Zeile oder Spalte gemeinsam ist, vor die Determinante gezogen werden.

Beweis:

$$k\cdot\begin{vmatrix} a_{11} & a_{12} \\ a_{21} & a_{22} \end{vmatrix} = k(a_{11}a_{22} - a_{21}a_{12}) = ka_{11}a_{22} - ka_{21}a_{12} \qquad (k\in\mathbb{R})$$

Multipliziert man etwa die Elemente der 1. Zeile mit k, so ist

$$\begin{vmatrix} ka_{11} & ka_{12} \\ a_{21} & a_{22} \end{vmatrix} = (ka_{11})a_{22} - a_{21}(ka_{12}) = ka_{11}a_{22} - ka_{21}a_{12}$$

Entsprechend verläuft die Rechnung für die 2. Zeile. Für die Spalten bedarf es keines besonderen Beweises, da diese bei Spiegelung an der Hauptdiagonalen die Rollen der Zeilen übernehmen.

Satz („Linearkombinations-Regel"[1])

Der Wert einer Determinante bleibt ungeändert, wenn man zu einer Zeile (Spalte) ein beliebiges Vielfaches einer anderen Zeile (Spalte) addiert.

Beweis: Addiert man in der Determinante zur ersten Zeile das t-fache $(t\in\mathbb{R})$ der zweiten Zeile, so ergibt sich

$$\begin{vmatrix} a_{11}+ta_{21} & a_{12}+ta_{22} \\ a_{21} & a_{22} \end{vmatrix} = (a_{11}+ta_{21})a_{22} - a_{21}(a_{12}+ta_{22})$$
$$= a_{11}a_{22} - a_{21}a_{12}$$

Eine wichtige Konsequenz aus diesem Satz lautet: sind alle Elemente einer Zeile (Spalte) ein Vielfaches der entsprechenden Elemente einer anderen Zeile (Spalte), so ist der Wert der Determinante gleich null, etwa

$$\begin{vmatrix} a_{11} & a_{12} \\ ka_{11} & ka_{12} \end{vmatrix} = a_{11}\cdot ka_{12} - ka_{11}\cdot a_{12} = 0$$

Umgekehrt folgt aus dem Verschwinden einer zweireihigen Determinante, daß jede Reihe ein Vielfaches einer Parallelreihe ist (ausgenommen der Fall, daß eine Reihe nur aus Nullen besteht)

$$\begin{vmatrix} a_{11} & a_{12} \\ a_{21} & a_{22} \end{vmatrix} = 0 \Rightarrow \bigvee_{k\in\mathbb{R}\setminus\{0\}} a_{11} = ka_{12} \wedge a_{21} = ka_{22}$$

[1] Als Linearkombination (LK) von n Elementen $a_1, a_2, \ldots, a_n$ bezeichnet man jede Summe der Gestalt

$$k_1a_1 + k_2a_2 + \ldots + k_na_n$$

mit $k_i\in\mathbb{R}$ und $(k_1, k_2, \ldots, k_n) \neq (0, 0, \ldots, 0)$. Die a_i können z.B. Zeilen oder Spalten (Vektoren) von Determinanten sein. Dann heißt die allgemeine LK-Regel: Der Wert einer Determinante bleibt unverändert, wenn man zu einer Zeile/Spalte eine LK anderer Zeilen/Spalten addiert.

Satz („Vertauschungssatz")

Vertauscht man in einer Determinante zwei Zeilen (Spalten) miteinander, so ändert sich das Vorzeichen der Determinante.

Beweis: Für die Zeilen sieht man

Vor dem Vertauschen: $$\begin{vmatrix} a_{11} & a_{12} \\ a_{21} & a_{22} \end{vmatrix} = a_{11}a_{22} - a_{21}a_{12}$$

Nach dem Vertauschen: $$\begin{vmatrix} a_{21} & a_{22} \\ a_{11} & a_{12} \end{vmatrix} = -a_{11}a_{22} + a_{21}a_{12}$$

Satz („Zerlegungssatz")

Besteht eine Zeile (Spalte) aus einer Summe von Elementen, so kann man die Determinante wie folgt in zwei Determinanten zerlegen:

$$\begin{vmatrix} a_{11} + p_1 & a_{12} \\ a_{21} + p_2 & a_{22} \end{vmatrix} = \begin{vmatrix} a_{11} & a_{12} \\ a_{21} & a_{22} \end{vmatrix} + \begin{vmatrix} p_1 & a_{12} \\ p_2 & a_{22} \end{vmatrix}, \quad (p_1, p_2 \in \mathbb{R})$$

Beweis:

$$\begin{vmatrix} a_{11} + p_1 & a_{12} \\ a_{21} + p_2 & a_{22} \end{vmatrix} = (a_{11} + p_1)a_{22} - (a_{21} + p_2)a_{12}$$

$$= (a_{11}a_{22} - a_{21}a_{12}) + (p_1a_{22} - p_2a_{12})$$

$$= \begin{vmatrix} a_{11} & a_{12} \\ a_{21} & a_{22} \end{vmatrix} + \begin{vmatrix} p_1 & a_{12} \\ p_2 & a_{22} \end{vmatrix}$$

Beispiele

1. Determinanten-Darstellung eines Additionstheorems

$$\cos(x + y) = \cos x \cdot \cos y - \sin x \cdot \sin y = \begin{vmatrix} \cos x & \sin x \\ \sin y & \cos y \end{vmatrix}$$

2. $$\begin{vmatrix} 16 & 40 \\ 45 & 135 \end{vmatrix} = 8\begin{vmatrix} 2 & 5 \\ 45 & 135 \end{vmatrix} = 8 \cdot 45\begin{vmatrix} 2 & 5 \\ 1 & 3 \end{vmatrix} = 8 \cdot 45 \cdot 1 = 360$$

3. In der Determinante

$$\begin{vmatrix} 22 & -17 \\ -90 & 68 \end{vmatrix}$$

erzeuge man vor der Berechnung eine Null! Man sieht in der 2. Spalte -17 und $68 = 4 \cdot 17$ stehen. Also wird man das Vierfache der 1. Zeile zur 2. Zeile addieren:

$$\begin{vmatrix} 22 & -17 \\ -90 & 68 \end{vmatrix} = \begin{vmatrix} 22 & -17 \\ -2 & 0 \end{vmatrix} = -34 .$$

Anwendung auf die Behandlung linearer Systeme

1. Fall *Inhomogenes System mit nicht-verschwindender Koeffizientendeterminante*

$$\begin{matrix} a_{11}x_1 + a_{12}x_2 = b_1 \\ a_{21}x_1 + a_{22}x_2 = b_2 \end{matrix} \wedge (b_1, b_2) \neq (0, 0) \wedge D := \begin{vmatrix} a_{11} & a_{12} \\ a_{21} & a_{22} \end{vmatrix} \neq 0$$

Sind

$$D_1 := \begin{vmatrix} b_1 & a_{12} \\ b_2 & a_{22} \end{vmatrix}, \quad D_2 := \begin{vmatrix} a_{11} & b_1 \\ a_{21} & b_2 \end{vmatrix}$$

die Zählerdeterminanten, so wurde bereits gezeigt, daß $(x_1, x_2) = (D_1 : D; D_2 : D)$ eine Lösung ist. Zum Nachweis der Eindeutigkeit nehmen wir die Existenz einer zweiten Lösung $(x'_1, x'_2) \neq (x_1, x_2)$ an. Dann ergibt sich aus

$$a_{11}x'_1 + a_{12}x'_2 = b_1$$

$$a_{21}x'_1 + a_{22}x'_2 = b_2$$

$$\Rightarrow \begin{matrix} a_{11}x_1 + a_{12}x_2 = a_{11}x'_1 + a_{12}x'_2 \\ a_{21}x_1 + a_{22}x_2 = a_{21}x'_1 + a_{22}x'_2 \end{matrix}$$

$$\Rightarrow \begin{matrix} a_{11}(x_1 - x'_1) = a_{12}(x'_2 - x_2) \\ a_{21}(x_1 - x'_1) = a_{22}(x'_2 - x_2) \end{matrix}$$

$$\Rightarrow (a_{11}a_{22} - a_{21}a_{12})(x'_2 - x_2) = 0$$

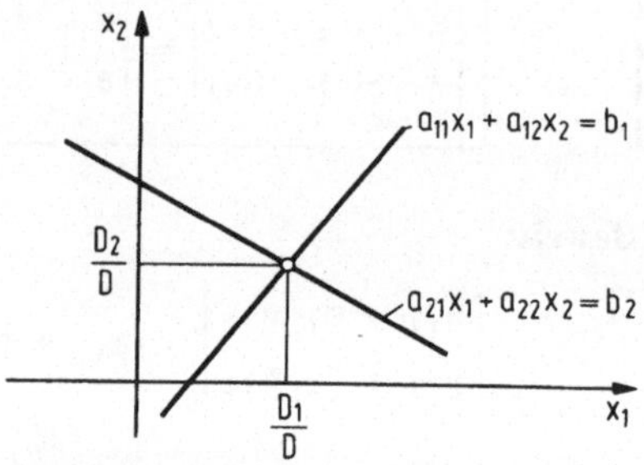

Abb. 109

Wegen der Nullteilerfreiheit in $\mathbb{R}$ und $a_{11}a_{22} - a_{21}a_{12} \neq 0$ (lt. Vor.) muß $x'_2 - x_2 = 0$, $x'_2 = x_2$ sein. Ebenso folgt auch $x'_1 = x_1$ und somit $(x'_1, x'_2) = (x_1, x_2)$ im Widerspruch zur Annahme.

Geometrische Interpretation: die beiden Gleichungen des linearen Systems beschreiben zwei sich (in genau einem Punkt) schneidende Geraden als Graphen (Abb. 109). Das Koordinatenpaar des Schnittpunktes gibt die eindeutige Lösung an.

2. Fall *Inhomogenes System mit verschwindender Koeffizientendeterminante*

Unterfall a) Zählerdeterminanten sind ungleich Null

$$\begin{matrix} a_{11}x_1 + a_{12}x_2 = b_1 \\ a_{21}x_1 + a_{22}x_2 = b_2 \end{matrix} \wedge \begin{vmatrix} a_{11} & a_{12} \\ a_{21} & a_{22} \end{vmatrix} = 0 \wedge \begin{vmatrix} b_1 & a_{12} \\ b_2 & a_{22} \end{vmatrix} \neq 0 \quad \left(\Rightarrow \begin{vmatrix} a_{11} & b_1 \\ a_{21} & b_2 \end{vmatrix} \neq 0 \right)$$

Dann ist die Lösungsmenge L leer, $L = \emptyset$, da das System einen Widerspruch enthält. Aufdeckung des Widerspruchs:

$$\begin{vmatrix} a_{11} & a_{12} \\ a_{21} & a_{22} \end{vmatrix} = 0 \Rightarrow \bigvee_{t \in \mathbb{R}\setminus\{0\}} \begin{matrix} a_{11} = ta_{21} \\ a_{12} = ta_{22} \end{matrix} \Rightarrow \begin{matrix} t(a_{21}x_1 + a_{22}x_2) = b_1 \\ a_{21}x_1 + a_{22}x_2 \quad = b_2 \end{matrix}$$

$$\Rightarrow \frac{b_1}{b_2} = t = \frac{a_{11}}{a_{21}}$$

($b_2 \neq 0, a_{21} \neq 0$). Andererseits ergibt sich aus

$$\begin{vmatrix} a_{11} & b_1 \\ a_{21} & b_2 \end{vmatrix} \neq 0 \Rightarrow \frac{a_{11}}{a_{21}} \neq \frac{b_1}{b_2}$$

Unterfall b) Zählerdeterminanten sind gleich Null

$$\begin{vmatrix} a_{11} & a_{12} \\ a_{21} & a_{22} \end{vmatrix} = 0 \Rightarrow \bigvee_{t \in \mathbb{R}\setminus\{0\}} \begin{matrix} a_{11} = ta_{21} \\ a_{12} = ta_{22} \end{matrix}; \begin{vmatrix} b_1 & a_{12} \\ b_2 & a_{22} \end{vmatrix} = 0 \Rightarrow \bigvee_{t' \in \mathbb{R}\setminus\{0\}} \begin{matrix} b_1 = t'b_2 \\ a_{12} = t'a_{22} \end{matrix}$$

Auf Grund der zweiten Gleichung muß aber $t' = t$ sein. Damit ist zugleich die andere Zählerdeterminante gleich null:

$$\begin{vmatrix} a_{11} & b_1 \\ a_{21} & b_2 \end{vmatrix} = 0, \quad \text{da} \begin{matrix} a_{11} = ta_{21} \\ b_1 \ = tb_2 \end{matrix} \quad \text{ist.}$$

Ist nun für ein Paar (x_1, x_2) die erste Gleichung

$$a_{11}x_1 + a_{12}x_2 = b_1$$

erfüllt, so ist wegen $t \neq 0$ und

$$(ta_{21})x_1 + (ta_{22})x_2 = tb_2 \Rightarrow a_{21}x_1 + a_{22}x_2 = b_2$$

zugleich die zweite Gleichung erfüllt. Zur Bestimmung der Lösungsmenge genügt demnach eine, etwa die erste Gleichung. Nehmen wir, ohne Einschränkung der Allgemeinheit, $a_{12} \neq 0$ an, so können wir $x_1 =: \lambda \in \mathbb{R}$ beliebig wählen und finden dann zu jedem „Parameter" λ den Wert von x_2 gemäß

$$x_2 = \frac{b_1}{a_{12}} - \frac{a_{11}}{a_{12}} \cdot \lambda .$$

Die unendliche Lösungsmenge L hat somit die Form

$$L = \left\{ (x_1, x_2) | x_1 = \lambda \wedge x_2 = \frac{b_1}{a_{12}} - \frac{a_{11}}{a_{12}} \lambda \wedge \lambda \in \mathbb{R} \right\}$$

Geometrische Interpretation: bei verschwindender Koeffizientendeterminante sind die von den Systemgleichungen beschriebenen Geraden parallel und zwar im Unterfall a) mit einem Abstand $\neq 0$, so daß sie keinen Punkt gemeinsam haben ($L = \emptyset$), im Unterfall b) mit einem Abstand $= 0$, d.h. koinzidierend (zusammenfallend). Vergleichen Sie dazu Abb. 110!

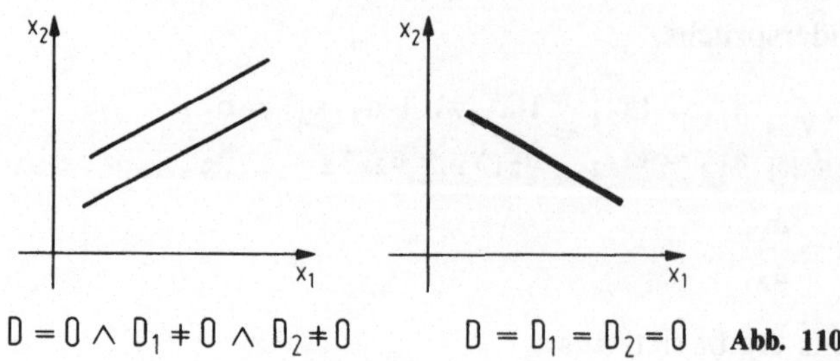

Abb. 110

Beispiele

1. Das lineare System

$$\begin{aligned} 6x_1 - 9x_2 &= 2 \\ -2x_1 + 3x_2 &= -1 \end{aligned} \quad \text{hat} \quad \begin{vmatrix} 6 & -9 \\ -2 & 3 \end{vmatrix} = 0 \quad \text{und}$$

hat nicht-verschwindende Zählerdeterminanten:

$$D_1 = \begin{vmatrix} 2 & -9 \\ -1 & 3 \end{vmatrix} = -3 \neq 0, \quad D_2 = \begin{vmatrix} 6 & 2 \\ -2 & -1 \end{vmatrix} = -2 \neq 0 .$$

Das System hat keine Lösung: $L = \emptyset$. Gäbe es nämlich eine beide Gleichungen erfüllende Belegung $(x_1, x_2) \in \mathbb{R}^2$, so wäre nach der ersten $6x_1 - 9x_2 = 2$, nach der mit -3 multiplizierten zweiten Gleichung jedoch $6x_1 - 9x_2 = 3$, also $2 = 3$, was unmöglich ist.

2. Bei dem linearen System

$$\begin{aligned} 6x_1 - 9x_2 &= 3 \\ -2x_1 + 3x_2 &= -1 \end{aligned}$$

erkennt man direkt, daß die erste Gleichung das (-3)-fache der zweiten ist: alle Determinanten sind null:

$$\begin{vmatrix} 6 & -9 \\ -2 & 3 \end{vmatrix} = \begin{vmatrix} 3 & -9 \\ -1 & 3 \end{vmatrix} = \begin{vmatrix} 6 & 3 \\ -2 & -1 \end{vmatrix} = 0 .$$

Setzt man $x_1 = \lambda$ (freiwählbar in $\mathbb{R}$), so ergibt sich aus der zweiten Gleichung

$$x_2 = \tfrac{1}{3}(2\lambda - 1)$$

$$\Rightarrow L = \{(x_1, x_2) | x_1 = \lambda \wedge x_2 = \tfrac{1}{3}(2\lambda - 1) \wedge \lambda \in \mathbb{R}\}$$

als (unendliche) Lösungsmenge.

3. Fall *Homogenes System mit nicht-verschwindender Koeffizientendeterminante*:

$$\begin{aligned} a_{11}x_1 + a_{12}x_2 &= 0 \\ a_{21}x_1 + a_{22}x_2 &= 0 \end{aligned} \wedge \begin{vmatrix} a_{11} & a_{12} \\ a_{21} & a_{22} \end{vmatrix} \neq 0 .$$

Wir behaupten dann: es existiert *nur die Triviallösung* $L = \{(0,0)\}$. Angenommen, es gäbe eine nicht-triviale Lösung

$$(x_1, x_2) \in \mathbb{R}^2 \wedge (x_1, x_2) \neq (0,0) .$$

Dann folgt hier $x_1 \neq 0 \wedge x_2 \neq 0$ und mit

$$\begin{matrix} a_{11}x_1 = -a_{12}x_2 \\ a_{21}x_1 = -a_{22}x_2 \end{matrix} \Rightarrow a_{11}a_{22}x_1 = -a_{12}a_{22}x_2 = a_{12}a_{21}x_1$$

$$\Rightarrow \begin{vmatrix} a_{11} & a_{12} \\ a_{21} & a_{22} \end{vmatrix} = 0$$

im Widerspruch zur Voraussetzung.

Beispiel

$$\begin{matrix} -5x_1 + 4x_2 = 0 \\ 6x_1 - 5x_2 = 0 \end{matrix} \Rightarrow \begin{vmatrix} -5 & 4 \\ 6 & -5 \end{vmatrix} = 1 \neq 0 \wedge b_1 = b_2 = 0 \Rightarrow L = \{(0,0)\} .$$

4. Fall *Homogenes System mit verschwindender Koeffizientendeterminante*

$$\begin{matrix} a_{11}x_1 + a_{12}x_2 = 0 \\ a_{21}x_1 + a_{22}x_2 = 0 \end{matrix} \wedge \begin{vmatrix} a_{11} & a_{12} \\ a_{21} & a_{22} \end{vmatrix} = 0 .$$

Selbstverständlich besitzt auch dieses homogene System die Triviallösung $(0,0)$. Wir behaupten jedoch, daß in diesem Fall auch *nicht-triviale Lösungen*

$$(x_1, x_2) \in \mathbb{R}^2 \setminus \{(0,0)\}$$

existieren, und zwar unendlich viele. Voraussetzungsgemäß gibt es hier stets eine Zahl

$$t \in \mathbb{R} \setminus \{0\}$$

so daß $a_{21} = ta_{11}$ und $a_{22} = ta_{12}$ gilt, die zweite Gleichung also das t-fache der ersten ist. Es genügt deshalb eine, etwa die erste Gleichung zur Bestimmung der Lösungsmenge

$$L = \left\{ (x_1, x_2) \mid x_1 = \lambda \in \mathbb{R}, \quad x_2 = -\frac{a_{11}}{a_{12}} \cdot \lambda \right\},$$

da stets $a_{12} \neq 0$ ist; andererseits ist aber auch $a_{11} \neq 0$ und somit

$$L = \left\{ (x_1, x_2) \mid x_2 = \lambda \in \mathbb{R}, \quad x_1 = -\frac{a_{12}}{a_{11}} \cdot \lambda \right\}.$$

Geometrische Interpretation. Die Gleichungen des homogenen Systems beschreiben „Ursprungsgeraden" ($(0,0) \in L!$). Falls die Koeffizientendeterminante gleich null ist, fallen beide Geraden zusammen (Koinzidenz), andernfalls schneiden sie sich im Ursprung (Abb. 111).

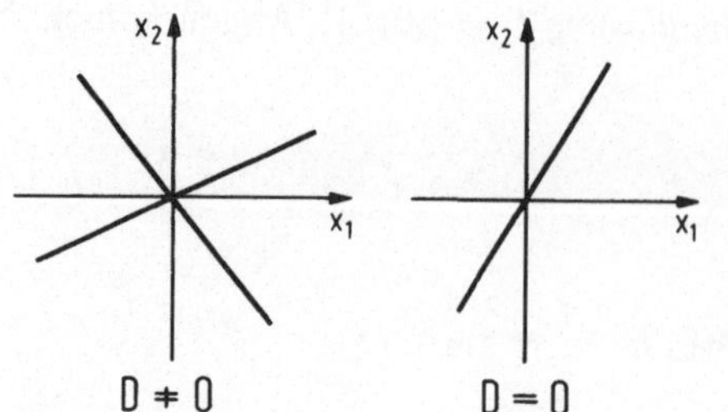

Abb. 111

Beispiel

$$\begin{array}{l} 2{,}4x_1 - 0{,}5x_2 = 0 \\ 36x_1 - 7{,}5x_2 = 0 \end{array} \Rightarrow \begin{vmatrix} 2{,}4 & -0{,}5 \\ 36 & -7{,}5 \end{vmatrix} = 0$$

$$\Rightarrow L = \{(x_1, x_2) | x_1 = \lambda \in \mathbb{R} \wedge x_2 = 4{,}8 \cdot \lambda\}$$

Aufgaben zu 2.2.1

1. Stellen Sie die Terme

$$\text{a) } x + y \quad \text{b) } x - y \quad \text{c) } x \cdot y \quad \text{d) } x^2 + y^2, \quad \text{e) } x^2 - 4x + 5$$

als zweireihige Determinanten dar!

2. Schreiben Sie $\tan(x - y)$, ausgedrückt durch Sinus und Kosinus, als Quotient zweier Determinanten!
3. Wie kann man das Produkt zweier Determinanten als eine Determinante schreiben?

$$\begin{vmatrix} a_{11} & a_{12} \\ a_{21} & a_{22} \end{vmatrix} \cdot \begin{vmatrix} b_{11} & b_{12} \\ b_{21} & b_{22} \end{vmatrix} = \begin{vmatrix} a_{11}b_{11} + a_{12}b_{21} & a_{11}b_{12} + a_{12}b_{22} \\ x & y \end{vmatrix}$$

Wie lauten dann die Ausdrücke für x und y?

4. Für welche Belegungen $(x, y) \in \mathbb{R}^2$ verschwindet die Determinante

$$\begin{vmatrix} x - y & x + y \\ x - 2y & 2x + y \end{vmatrix} ?$$

5. Bestimmen Sie die Lösungsmengen folgender linearer Systeme

a) $\begin{array}{rl} 4x_1 - x_2 &= -11 \\ -3x_1 + 5x_2 &= -30 \end{array}$ b) $\begin{vmatrix} x + 2 & -x \\ y + 1 & -y \end{vmatrix} = 0 \wedge \begin{vmatrix} 3y + 1 & -6y - 5 \\ -2x + 3 & 4x - 2 \end{vmatrix} = 0$

c) $\begin{array}{rl} 4x_1 - 6x_2 &= -10 \\ -10x_1 + 15x_2 &= 25 \end{array}$ d) $\begin{array}{l} 2x - y = 0 \\ 2y - x = 0 \end{array}$ e) $\begin{array}{rl} 2x_1 + 5x_2 &= -x_1 + 4x_2 \\ x_1 + 2x_2 &= 4x_1 + 3x_2 \end{array}$

6. Welche algebraische Struktur bildet die Menge M aller (zweireihigen) Determinanten mit reellen Elementen bezüglich Addition und Multiplikation als Verknüpfungen?

2.2.2 Determinanten n-ter Ordnung

Höherreihige Determinanten n-ter Ordnung (n > 2)

$$D_n := \begin{vmatrix} a_{11} & a_{12} & \dots & a_{1n} \\ a_{21} & a_{22} & \dots & a_{2n} \\ \multicolumn{4}{c}{-----------} \\ a_{n1} & a_{n2} & \dots & a_{nn} \end{vmatrix}$$

werden auf „Unterdeterminanten“ (n − 1)ter Ordnung zurückgeführt.

Definition

Streicht man in einer Determinante n-ter Ordnung die Elemente der i-ten Zeile und der k-ten Spalte, so bildet das verbleibende quadratische Zahlenschema die *Unterdeterminante* U_{ik}(n − 1)ter Ordnung; weiter heißt

$$\boxed{A_{ik} := (-1)^{i+k} U_{ik}}$$

die zum Element a_{ik} gehörende *Adjunkte.*[1]

Beispiel

Die aus 9 Elementen gebildete dreireihige Determinante

$$\begin{vmatrix} a_{11} & a_{12} & a_{13} \\ a_{21} & a_{22} & a_{23} \\ a_{31} & a_{32} & a_{33} \end{vmatrix}$$

besitzt wegen der Eindeutigkeit der Zuordnung $a_{ik} \mapsto A_{ik}$ genau 9 Adjunkten, nämlich

$$A_{11} = +\begin{vmatrix} a_{22} & a_{23} \\ a_{32} & a_{33} \end{vmatrix}, \quad A_{12} = -\begin{vmatrix} a_{21} & a_{23} \\ a_{31} & a_{33} \end{vmatrix}, \quad A_{13} = +\begin{vmatrix} a_{21} & a_{22} \\ a_{31} & a_{32} \end{vmatrix}$$

$$A_{21} = -\begin{vmatrix} a_{12} & a_{13} \\ a_{32} & a_{33} \end{vmatrix}, \quad A_{22} = +\begin{vmatrix} a_{11} & a_{13} \\ a_{31} & a_{33} \end{vmatrix}, \quad A_{23} = -\begin{vmatrix} a_{11} & a_{12} \\ a_{31} & a_{32} \end{vmatrix}$$

$$A_{31} = +\begin{vmatrix} a_{12} & a_{13} \\ a_{22} & a_{23} \end{vmatrix}, \quad A_{32} = -\begin{vmatrix} a_{11} & a_{13} \\ a_{21} & a_{23} \end{vmatrix}, \quad A_{33} = +\begin{vmatrix} a_{11} & a_{12} \\ a_{21} & a_{22} \end{vmatrix}$$

---

[1] Gelegentlich wird die Adjunkte A_{ik} auch die (zu a_{ik} gehörende) „adjungierte Unterdeterminante“ genannt.

Definition

Eine n-reihige Determinante D_n wird berechnet, indem man die Summe der Produkte aus den Elementen einer Zeile (Spalte) und den zugehörigen Adjunkten bildet:

$$D_n = a_{i1}A_{i1} + a_{i2}A_{i2} + \ldots + a_{in}A_{in} = \sum_{\rho=1}^{n} a_{i\rho}A_{i\rho}$$

„Entwicklung von D_n nach der i-ten Zeile“ $(1 \leqq i \leqq n)$

$$D_n = a_{1k}A_{1k} + a_{2k}A_{2k} + \ldots + a_{nk}A_{nk} = \sum_{\rho=1}^{n} a_{\rho k}A_{\rho k}$$

„Entwicklung von D_n nach der k-ten Spalte“ $(1 \leqq k \leqq n)$

Für die Sinnfälligkeit dieser Definition geben wir folgende Begründungen:

a) Im Fall $n = 2$ sind die Adjunkten als „einelementige Determinanten“ gleich den Elementen:

$$A_{11} = a_{22}, \quad A_{12} = -a_{21}, \quad A_{21} = -a_{12}, \quad A_{22} = a_{11},$$

so daß sich etwa bei Entwicklung nach der ersten Zeile

$$\begin{vmatrix} a_{11} & a_{12} \\ a_{21} & a_{22} \end{vmatrix} = a_{11}A_{11} + a_{12}A_{12} = a_{11}a_{22} - a_{12}a_{21}$$

ergibt, was in Übereinstimmung mit der in 2.2.1 gegebenen Erklärung der zweireihigen Determinante ist.

b) Sämtliche für zweireihige Determinanten in 2.2.1 aufgestellten Sätze und Regeln bleiben sinngemäß für n-reihige Determinanten bestehen. Auf den Beweis wird verzichtet.

c) Bei der *formalen Auflösung* eines linearen Systems von n Gleichungen für n Variable (Unbekannte) spielt das Koeffizientenschema die Rolle der Koeffizientendeterminante im Sinne der CRAMERschen Regel. Erläuterung für $n = 3$:

$$\begin{array}{l|l} a_{11}x_1 + a_{12}x_2 + a_{13}x_3 = b_1 & a_{22}a_{33} - a_{32}a_{23} \ (= A_{11}) \\ a_{21}x_1 + a_{22}x_2 + a_{23}x_3 = b_2 & a_{32}a_{13} - a_{12}a_{33} \ (= A_{21}) \\ a_{31}x_1 + a_{32}x_2 + a_{33}x_3 = b_3 & a_{12}a_{23} - a_{22}a_{13} \ (= A_{31})\,. \end{array}$$

Multipliziert man die Gleichungen mit den nebenstehenden Termfaktoren (d.s. die Adjunkten zu den Elementen der ersten Spalte der Koeffizientendeterminante) und addiert anschließend, so werden x_2 und x_3 eliminiert, da

$$\left.\begin{array}{l} a_{12}A_{11} + a_{22}A_{21} + a_{32}A_{31} = 0 \\ a_{13}A_{11} + a_{23}A_{21} + a_{33}A_{31} = 0 \end{array}\right. \quad (*)$$

ist (nachrechnen!), und es bleibt stehen

$$(a_{11}A_{11} + a_{21}A_{21} + a_{31}A_{31})x_1 = b_1A_{11} + b_2A_{21} + b_3A_{31} \quad (**)$$

Der Faktor von x_1 ist die Koeffizientendeterminante D des Systems. Andererseits besagen die Beziehungen (*), daß sich null ergibt, wenn man die Elemente einer Spalte mit den Adjunkten einer *anderen* Spalte multipliziert und addiert:

$$\sum_{\rho=1}^{3} a_{\rho k}A_{\rho l} = \begin{cases} D & \text{für } k = 1 \\ 0 & \text{für } k \neq 1 \end{cases}$$

bzw. unter Verwendung des KRONECKER[1]-Symbols δ_{mn}

$$\sum_{\rho=1}^{3} a_{\rho k}A_{\rho l} = \delta_{kl}D; \quad \sum_{\rho=1}^{3} a_{i\rho}A_{j\rho} = \delta_{ij}D$$

$$(\delta_{mn} := 1 \quad \text{für} \quad m = n; \quad \delta_{mn} := 0 \quad \text{für } m \neq n)\,.$$

Vergleicht man die beiden Terme

$$a_{11}A_{11} + a_{21}A_{21} + a_{31}A_{31}(= D) \quad \text{und} \quad b_1A_{11} + b_2A_{21} + b_3A_{31}$$

miteinander, so erkennt man, daß der zweite aus der Koeffizientendeterminante D hervorgeht, wenn man die erste Spalte durch die b_k ersetzt. Für (**) erhalten wir demnach

$$D \cdot x_1 = \begin{vmatrix} a_{11} & a_{12} & a_{13} \\ a_{21} & a_{22} & a_{23} \\ a_{31} & a_{32} & a_{33} \end{vmatrix} \cdot x_1 = \begin{vmatrix} b_1 & a_{12} & a_{13} \\ b_2 & a_{22} & a_{23} \\ b_3 & a_{32} & a_{33} \end{vmatrix} =: D'\,.$$

Multipliziert man ferner die Gleichungen mit A_{12}, A_{22} und A_{32} (also jeweils mit den Adjunkten der Koeffizienten von x_2), so ergibt sich

$$(a_{12}A_{12} + a_{22}A_{22} + a_{32}A_{32}) \cdot x_2 = b_1A_{12} + b_2A_{22} + b_3A_{32}$$

$$D \cdot x_2 = \begin{vmatrix} a_{11} & a_{12} & a_{13} \\ a_{21} & a_{22} & a_{23} \\ a_{31} & a_{32} & a_{33} \end{vmatrix} \cdot x_2 = \begin{vmatrix} a_{11} & b_1 & a_{13} \\ a_{21} & b_2 & a_{23} \\ a_{31} & b_3 & a_{33} \end{vmatrix} =: D''$$

und schließlich für x_3

$$(a_{13}A_{13} + a_{23}A_{23} + a_{33}A_{33}) \cdot x_3 = b_1A_{13} + b_2A_{23} + b_3A_{33}$$

$$D \cdot x_3 = \begin{vmatrix} a_{11} & a_{12} & a_{13} \\ a_{21} & a_{22} & a_{23} \\ a_{31} & a_{32} & a_{33} \end{vmatrix} \cdot x_3 = \begin{vmatrix} a_{11} & a_{12} & b_1 \\ a_{21} & a_{22} & b_2 \\ a_{31} & a_{32} & b_3 \end{vmatrix} =: D'''$$

Setzt man die Koeffizientendeterminante $D \neq 0$ voraus, so liefern die drei

[1] L. Kronecker (1823–1891), deutscher Mathematiker (Algebra, Zahlentheorie).

Beziehungen die formale Lösung

$$(x_1, x_2, x_3) = \left(\frac{D'}{D}, \frac{D''}{D}, \frac{D'''}{D}\right)$$

als „CRAMERsche Regel“ für $n = 3$.

d) Sämtliche Determinanten ordnen sich einem einheitlichen *kombinatorischen Prinzip* unter, das übrigens oft auch zur Definition herangezogen wird. Wir erläutern dieses wieder für dreireihige Determinanten. Zunächst schreiben wir die einzelnen Produkte so an, daß die Spaltenindizes stets in der natürlichen Reihenfolge 123 stehen

$$\begin{aligned} &a_{11}a_{22}a_{33} + a_{21}a_{32}a_{13} + a_{31}a_{12}a_{23} \\ &- a_{11}a_{32}a_{23} - a_{21}a_{12}a_{33} - a_{31}a_{22}a_{13} \end{aligned}$$

Zieht man die Anordnungen der Zeilenindizes heraus, so finden sich diese wieder in den 6 Permutationen der Symmetrischen Gruppe S_3 (vgl. 1.6.2):

$$\begin{pmatrix}123\\123\end{pmatrix}, \begin{pmatrix}123\\231\end{pmatrix}, \begin{pmatrix}123\\312\end{pmatrix}, \begin{pmatrix}123\\132\end{pmatrix}, \begin{pmatrix}123\\213\end{pmatrix}, \begin{pmatrix}123\\321\end{pmatrix}.$$

Dabei sind die ersten drei Permutationen gerade (durch eine gerade Anzahl von Zweierzyklen darstellbar), die restlichen drei ungerade. Die geraden Permutationen gehören zu den Dreierprodukten mit positivem Vorzeichen, die ungeraden Permutationen gehören zu den Dreierprodukten mit negativem Vorzeichen. Diese Eigenschaft legt es nahe, jeder Permutation $p \in S_3$ eine Zahl $m \in \{0, 1\}$ so zuzuordnen, daß

$$m = 0 \quad \text{für p gerade,} \quad m = 1 \quad \text{für p ungerade}$$

ist, denn genau so regelt der Faktor $(-1)^m$ die Vorzeichen der Produkte! Jetzt können wir nämlich die dreireihige Determinante in der Form anschreiben

$$\begin{vmatrix} a_{11} & a_{12} & a_{12} \\ a_{21} & a_{22} & a_{23} \\ a_{31} & a_{32} & a_{33} \end{vmatrix} = \sum_{p \in S_3} (-1)^m a_{p_1 1} a_{p_2 2} a_{p_3 3},$$

wobei m wie oben angegeben erklärt ist und die Summation über alle Permutationen

$$p = \begin{pmatrix} 1 & 2 & 3 \\ p_1 & p_2 & p_3 \end{pmatrix} \in S_3$$

in dem Sinne gemeint ist, daß die p_1, p_2, p_3 alle Anordnungen durchlaufen, die in den Unterzeilen der Permutationssymbole von p auftreten. Die Verallgemeinerung auf beliebige $n \in \mathbb{N} \setminus \{1\}$ liegt nun auf der Hand:

$$\boxed{D_n = \sum_{p \in S_n} (-1)^m a_{p_1 1} a_{p_2 2} \ldots a_{p_n n}}$$

Das ist die auf LEIBNIZ (1693) zurückgehende Determinanten-Definition.

Berechnungsverfahren für Determinanten

1. Methode | Geschicktes Ausnutzen vorhandener Nullen und Erzeugung weiterer Nullen nach der „Linearkombinations-Regel"

Beispiel

$$D = \begin{vmatrix} 1 & 0 & 1 & -3 \\ 3 & 2 & 2 & 4 \\ -2 & 5 & 0 & 1 \\ 1 & 2 & 0 & -1 \end{vmatrix} \quad \boxed{\mathfrak{z}_2 - 2\mathfrak{z}_1} \quad = \begin{vmatrix} 1 & 0 & 1 & -3 \\ 1 & 2 & 0 & 10 \\ -2 & 5 & 0 & 1 \\ 1 & 2 & 0 & -1 \end{vmatrix}$$

$\mathfrak{z}_2 - 2 \cdot \mathfrak{z}_1$: von der zweiten Zeile wird das Doppelte der ersten Zeile subtrahiert, denn damit entsteht eine dritte Null in der dritten Spalte. Entwickelt man D nach dieser Spalte, so verbleibt nur eine dreireihige Adjunkte:

$$D = 1 \cdot \begin{vmatrix} 1 & 2 & 10 \\ -2 & 5 & 1 \\ 1 & 2 & -1 \end{vmatrix} \quad \boxed{\mathfrak{z}_3 - \mathfrak{z}_1} \quad = \begin{vmatrix} 1 & 2 & 10 \\ -2 & 5 & 1 \\ 0 & 0 & -11 \end{vmatrix}$$

$$= -11 \begin{vmatrix} 1 & 2 \\ -2 & 5 \end{vmatrix} = -99$$

2. Methode | Systematische Erzeugung von Nullen unterhalb (oder oberhalb) der Hauptdiagonalen mit der „Linearkombinationsregel"; der Wert der Determinante ist dann gleich dem Produkt der Hauptdiagonalen-Elemente.

Beispiel

$$D = \begin{vmatrix} 1 & 3 & 2 & 1 \\ -1 & 1 & 0 & 2 \\ 2 & 8 & 2 & -1 \\ 6 & 2 & 22 & -3 \end{vmatrix} \quad \boxed{\begin{matrix} \mathfrak{z}_2 + \mathfrak{z}_1 \\ \mathfrak{z}_3 - 2\mathfrak{z}_1 \\ \mathfrak{z}_4 - 6\mathfrak{z}_1 \end{matrix}} \quad = \begin{vmatrix} 1 & 3 & 2 & 1 \\ 0 & 4 & 2 & 3 \\ 0 & 2 & -2 & -3 \\ 0 & -16 & 10 & -9 \end{vmatrix}$$

Damit sind in der ersten Spalte die gewünschten Nullen entstanden. Im zweiten Arbeitsgang werden in der zweiten Spalte, wieder unterhalb des Hauptdiagonalenelements (hier der 4) Nullen erzeugt. Um Brüche zu vermeiden, wird man zuvor die zweite Zeile mit der dritten tauschen und dabei die Vorzeichen der Elemente der dritten Zeile ändern (nur so bleibt der Determinantenwert unverändert):

$$D = \begin{vmatrix} 1 & 3 & 2 & 1 \\ 0 & 2 & -2 & -3 \\ 0 & -4 & -2 & -3 \\ 0 & -16 & 10 & -9 \end{vmatrix} \underset{\boxed{\begin{matrix}\mathfrak{z}_3 + 2\mathfrak{z}_2 \\ \mathfrak{z}_4 + 8\mathfrak{z}_2\end{matrix}}}{=} \begin{vmatrix} 1 & 3 & 2 & 1 \\ 0 & 2 & -2 & -3 \\ 0 & 0 & -6 & -9 \\ 0 & 0 & -6 & -33 \end{vmatrix}$$

Jetzt ist nur noch die dritte Zeile von der vierten zu subtrahieren, damit stehen unterhalb der Hauptdiagonalen ausschließlich Nullen (sog. *Dreiecksform* der Determinante)

$$D = \begin{vmatrix} 1 & 3 & 2 & 1 \\ 0 & 2 & -2 & -3 \\ 0 & 0 & -6 & -9 \\ 0 & 0 & 0 & -24 \end{vmatrix} = 1 \cdot 2 \cdot (-6) \cdot (-24) = 288 ,$$

wenn man D und die jeweils verbleibenden Adjunkten jedesmal nach der ersten Spalte entwickelt. Dieses Verfahren ist als *GAUSSscher Algorithmus* bekannt.

3. Methode (nur für dreireihige Determinanten!, sog. *Regel von SARRUS*[1]): man schreibe die erste und zweite Spalte zusätzlich rechts neben die Determinante und bilde Dreierprodukte gemäß dem Schema:

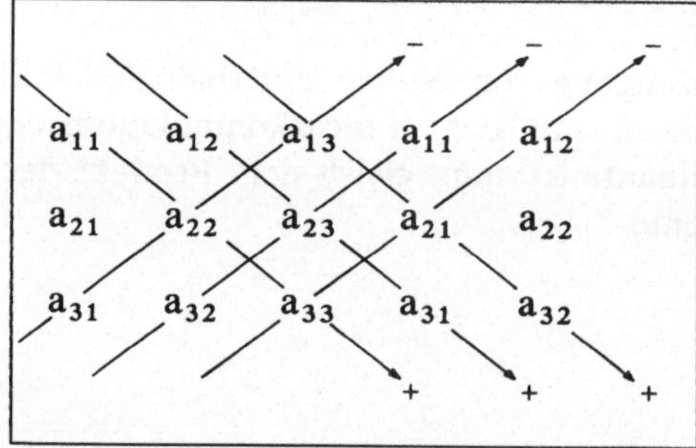

Beispiel

$$\begin{vmatrix} 2 & 5 & -1 \\ 6 & -3 & 4 \\ 0 & 1 & 7 \end{vmatrix} \begin{matrix} 2 & 5 \\ 6 & -3 \\ 0 & 1 \end{matrix} = -42 + 0 - 6 - 210 - 8 - 0 = -266 .$$

---

[1] P. Sarrus (1798–1861), französischer Mathematiker.

Anwendungen von Determinanten
Ob man einen Term oder Formel als Determinante schreibt, ist lediglich eine Frage der Zweckmäßigkeit. Insbesondere wählt man dann die Determinantenform, wenn ein Sachverhalt dadurch übersichtlicher und einprägsamer werden kann. Wir demonstrieren dies an je einem Beispiel der analytischen Geometrie und der Physik.

Beispiele

1. *Gleichung einer Geraden durch zwei Punkte*. Aus Abb. 112 liest man für nicht-x-achsensenkrechte Geraden ab

$$(*)\tan\alpha = \frac{y_2 - y}{x_2 - x} = \frac{y - y_1}{x - x_1} \Leftrightarrow \begin{vmatrix} x - x_1 & x - x_2 \\ y_1 - y & y_2 - y \end{vmatrix} = 0$$

„Rändern" der Determinante liefert

$$0 = \begin{vmatrix} x - x_1 & x - x_2 & -x \\ y_1 - y & y_2 - y & y \\ 0 & 0 & 1 \end{vmatrix} = \begin{vmatrix} -x_1 & -x_2 & -x \\ y_1 & y_2 & y \\ 1 & 1 & 1 \end{vmatrix}$$

$$\Leftrightarrow \begin{vmatrix} x_1 & x_2 & x \\ y_1 & y_2 & y \\ 1 & 1 & 1 \end{vmatrix} = 0$$

und damit die „Zwei-Punkte-Form" der Geradengleichung[1] als dreireihige

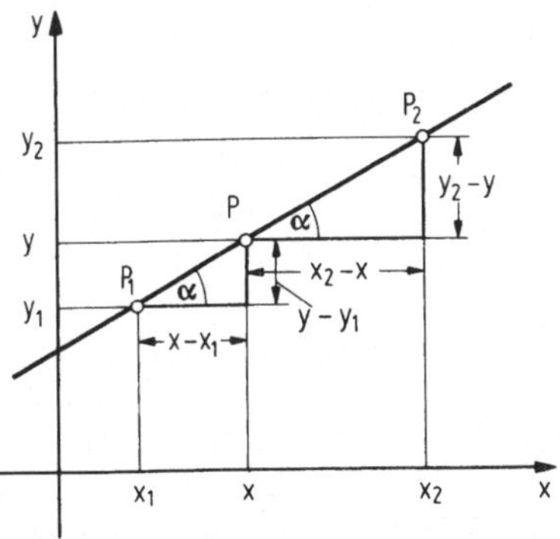

Abb. 112

[1] Damit ist die zur Abbildung $f: \mathbb{R} \to \mathbb{R}$ gehörende Zuordnungsvorschrift $x \mapsto f(x) = y$ in der „impliziten Form" $F(x, y) = 0 :\Leftrightarrow y = f(x)$ gemeint. Die Gerade ist der Graph von f.

Determinante: in der ersten Zeile stehen die drei Abszissen, in der zweiten die zugehörigen Ordinaten und in der dritten Zeile drei Einsen. Diese Darstellung ist zweifellos besser zu behalten als die Quotientenform (∗), zumal sie auch für „senkrechte" Geraden ($x_1 = x_2 = x$) gilt. Die Gleichung kann auch als „Kollinearitätsbedingung" für drei Punkte verwendet werden: die Punkte $P_1(x_1, y_1)$, $P_2(x_2, y_2)$, $P_3(x_3, y_3)$ liegen genau dann auf einer Geraden, wenn die Determinante D

$$D := \begin{vmatrix} x_1 & x_2 & x_3 \\ y_1 & y_2 & y_3 \\ 1 & 1 & 1 \end{vmatrix} = 0$$

ist. Ist $D \neq 0$, so stellt übrigens

$$A := \tfrac{1}{2} \cdot |D|$$

den Flächeninhalt des von P_1, P_2, P_3 gebildeten Dreiecks (betragsmäßig) dar.

2. *Determinantenbedingung für Dreiersysteme*
In einem auf drei Grundgrößenarten beruhenden Einheitensystem (Dreiersystem) besteht für die Wahl der als Grundgrößenarten verwendbaren Größenarten weitgehende Freiheit bis auf die folgende, durch eine dreireihige Determinante ausdrückbare Bedingung. Sie lautet: Sind g_1, g_2, g_3 drei Grundgrößenarten, a, b, c drei beliebige Größenarten mit der Darstellung

$$a = g_1^{\alpha_1} g_2^{\alpha_2} g_3^{\alpha_3}$$
$$b = g_1^{\beta_1} g_2^{\beta_2} g_3^{\beta_3}$$
$$c = g_1^{\gamma_1} g_2^{\gamma_2} g_3^{\gamma_3},$$

so können diese als Grundgrößenarten genommen werden, falls die aus den Exponenten gebildete dreireihige Determinante

$$\boxed{\begin{vmatrix} \alpha_1 & \alpha_2 & \alpha_3 \\ \beta_1 & \beta_2 & \beta_3 \\ \gamma_1 & \gamma_2 & \gamma_3 \end{vmatrix} = \pm 1}$$

ist.

Als Beispiel betrachten wir die Mechanik. Wir benutzen das aus den Grundgrößenarten Länge s, Zeit t und Kraft k gebildete Dreiersystem, das bekanntlich dem Technischen Maßsystem zugrunde liegt, und zeigen zunächst, daß auch Länge s, Zeit t und Masse m („Physikalisches Maßsystem") als Grundgrößenarten fungieren können. Mit der Darstellung

$$s = s = s^1 t^0 k^0, \quad t = t = s^0 t^1 k^0, \quad m = s^{-1} t^2 k^1$$

folgt als Determinante

$$\begin{vmatrix} 1 & 0 & 0 \\ 0 & 1 & 0 \\ -1 & 2 & 1 \end{vmatrix} = 1\,,$$

die Determinantenbedingung ist also erfüllt.

Für die drei Größenarten Arbeit W, Zeit t und Geschwindigkeit v bekommt man mit

$$W = s^1 t^0 k^1, \quad t = s^0 t^1 k^0, \quad v = s^1 t^{-1} k^0$$

$$\begin{vmatrix} 1 & 0 & 1 \\ 0 & 1 & 0 \\ 1 & -1 & 0 \end{vmatrix} = -1\,,$$

so daß auch diese drei Größenarten eine Basis bilden können (was eben nur nicht üblich ist!).

Dagegen erhält man für Länge s, Leistung P und Beschleunigung a

$$s = s^1 t^0 k^0, \quad P = s^1 t^{-1} k^1, \quad a = s^1 t^{-2} k^0$$

$$\begin{vmatrix} 1 & 0 & 0 \\ 1 & -1 & 1 \\ 1 & -2 & 0 \end{vmatrix} = +2\,,$$

d.h. diese drei Größenarten können *nicht* als Grundgrößenarten gewählt werden. Weitere Beispiele mag der Leser selbst bilden. Man beachte, daß das doppelte Vorzeichen in der Bedingung „Det $= \pm 1$" bedingt ist durch die willkürliche Reihenfolge der Größenarten a, b, c. Vertauschen zweier Zeilen der Determinante führt zu einem Vorzeichenwechsel.

Es sei noch darauf hingewiesen, daß in anderen Gebieten der Physik (Wärmelehre, Elektromagnetismus usw.) nicht drei sondern vier Grundgrößenarten für eine Basis genommen werden müssen (Vierersystem). Die früher auch in der Elektrotechnik gebräuchlich gewesenen Dreiersysteme sind heute nicht mehr üblich.

Aufgaben zu 2.2.2

1. Man bestimme die Lösung (x_1, x_2, x_3) des linearen Systems

$$\begin{aligned} 2x_1 - x_2 + 3x_3 &= 9 \\ x_1 + x_2 + x_3 &= 2 \\ -5x_1 - 2x_2 &= -3 \end{aligned}$$

mit der CRAMERschen Regel!

2. Zeigen Sie die Gültigkeit der „Linearkombinations-Regel" für eine n-reihige Determinante D_n (etwa in der Weise: der Wert von D_n bleibt unverändert, wenn man zur ersten Zeile das k-fache der i-ten Zeile addiert). Dabei darf verwendet werden: eine n-reihige Determinante mit zwei gleichen Zeilen verschwindet.
3. Beweisen Sie durch Anwendung der Determinanten-Regeln

$$\begin{vmatrix} 1 & a & a^2 \\ 1 & b & b^2 \\ 1 & c & c^2 \end{vmatrix} = (a-b)(b-c)(c-a)$$

(sog. dreireihige VANDERMONDE[1] Determinante)
4. Berechnen Sie die folgende Determinante nach der 1. und (zur Kontrolle!) nach der 2. Methode:

$$\begin{vmatrix} 1 & 2 & 0 & -1 & 2 \\ 0 & 1 & 1 & 2 & 0 \\ 1 & -1 & 0 & 1 & 3 \\ 2 & 1 & 1 & 0 & 0 \\ 1 & 2 & 1 & -1 & -1 \end{vmatrix}$$

5. Entwickelt man eine fünfreihige Determinante, so enthält die Summe der Produkte auch den Term

$$a_{15}a_{34}a_{21}a_{53}a_{42} \qquad (a_{ik} \in \mathbb{R}) .$$

Welches Vorzeichen bekommt dieses Produkt? Wieviele Produkte bilden die Summe? Anleitung: man arbeite mit der LEIBNIZschen Determinanten-Definition!
6. Können Länge (Weg) s, Arbeit W und Geschwindigkeit v als Grundgrößen eines Einheitensystems genommen werden?

2.3 Vektoralgebra

2.3.1 Vektorbegriff. Gruppeneigenschaft. Vektorraum

In der Physik begegnet uns im Begriff der Translationsgeschwindigkeit eine Größe, die nach Festlegung einer Maßeinheit durch Angabe ihres Betrages noch nicht vollständig bestimmt ist. Zwei solche Geschwindigkeiten von gleichem Betrage können noch ganz verschiedene Wirkungen hervorrufen, wenn sie verschieden gerichtet sind. Deshalb ist zur eindeutigen Bestimmung einer Translationsgeschwindigkeit außer der Angabe ihres Betrages noch die Angabe

[1] A.T. Vandermonde (1735–1796), französischer Mathematiker.

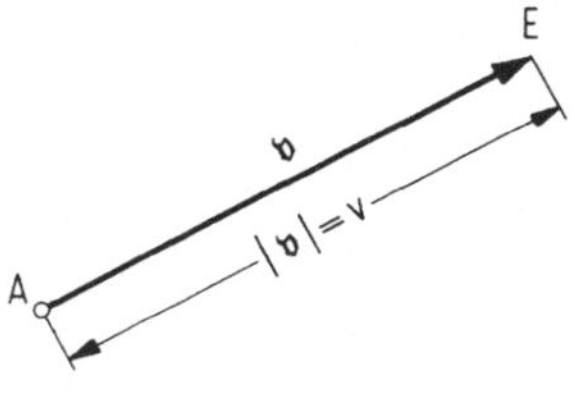

Abb. 113

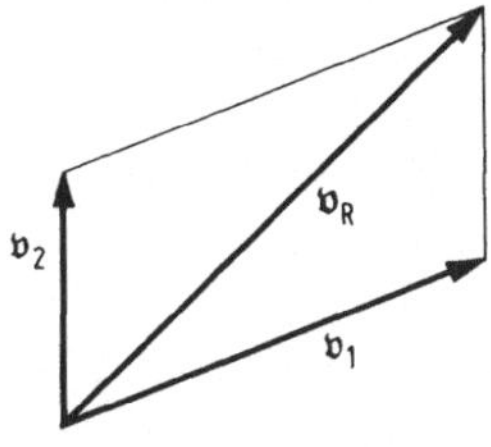

Abb. 114

ihrer Richtung und ihres Richtungssinnes notwendig. Man kann die drei Bestimmungsstücke anschaulich an einer gerichteten Strecke darstellen (Abb. 113). Die Länge der Strecke ist ein Maß für den Betrag; dreht man die Strecke um ihren Anfangspunkt, so ändert sich ihre Richtung, vertauscht man Anfangs- und Endpunkt, so ändert sich der Richtungssinn.

Zur Bezeichnung werden Frakturbuchstaben verwendet, für die Translationsgeschwindigkeit $\mathfrak{v}$, doch sind auch die Schreibweise $\overrightarrow{AE}$ (A Anfangspunkt, E Endpunkt) oder $\vec{v}$ gebräuchlich. Für den Betrag wird $|\mathfrak{v}|$ oder v geschrieben. Vektoren vom Betrage 1 heißen Eins- oder *Einheitsvektoren*. Den Einheitsvektor in Richtung $\mathfrak{v}$ bezeichnet man auch als $\mathfrak{v}^0$.

Charakteristisch für die Translationsgeschwindigkeit ist aber nicht nur ihre Darstellbarkeit als gerichtete Strecke, sondern auch die Art und Weise, wie sich zwei solche Geschwindigkeiten $\mathfrak{v}_1$ und $\mathfrak{v}_2$ zu einer resultierenden Geschwindigkeit $\mathfrak{v}_R$ zusammensetzen. Denkt man sich $\mathfrak{v}_1$ und $\mathfrak{v}_2$ mit gemeinsamen Anfangspunkt, so ist $\mathfrak{v}_R$ durch die gerichtete Diagonale des von $\mathfrak{v}_1$ und $\mathfrak{v}_2$ aufgespannten Parallelogramms gemäß Abb. 114 gegeben, d.h. nach der „Parallelogrammregel“. Man nennt $\mathfrak{v}_R$ die Summe von $\mathfrak{v}_1$ und $\mathfrak{v}_2$ und schreibt

$$\mathfrak{v}_R = \mathfrak{v}_1 + \mathfrak{v}_2 ,$$

obgleich das Pluszeichen hier selbstverständlich eine ganz andere Bedeutung hat als bei der Addition von Zahlen.

Läßt sich eine physikalische Größe durch eine gerichtete Strecke darstellen und kann man für ihre additive Verknüpfung die „Parallelogrammregel“ experimentell nachweisen, so wird sie eine Vektorgröße genannt. Größen, die sich zwar als gerichtete Strecken veranschaulichen lassen, sich jedoch nicht nach der Parallelogrammregel addieren (überlagern), wie beispielsweise die (endlichen) Drehungen, sind also keine Vektorgrößen.

Definition

Ein *Vektor* ist eine Größe, die durch Betrag, Richtung und Richtungssinn bestimmt ist. Für die additive Verknüpfung zweier Vektoren wird die Parallelogrammregel gefordert.

Da eine gerichtete Strecke bei beliebiger Parallelverschiebung im Raume weder

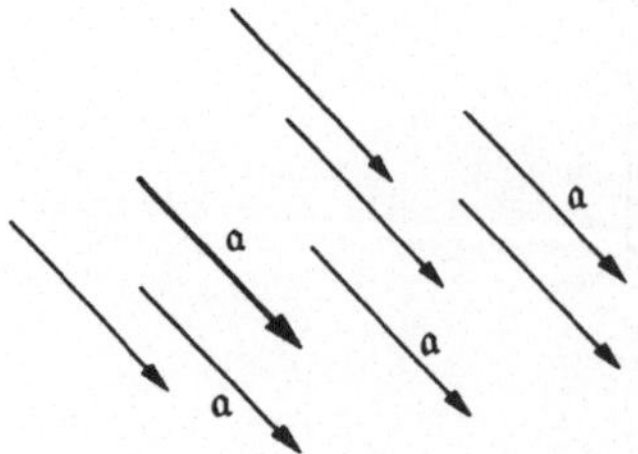

Abb. 115

Länge noch Richtung oder Richtungssinn ändert, bedeutet das, daß ein Vektor sich selbst gleichbleibt, wenn er parallel zu sich verschoben wird.

Genauer: Führen wir auf der Menge aller Vektoren des Raumes eine Relation „$\sim$" (lies: äquivalent) in der Weise ein, daß zwei Vektoren $\mathfrak{a}_1$ und $\mathfrak{a}_2$ äquivalent sind, wenn sie gleiche Länge, gleiche Richtung und gleichen Richtungssinn haben, in Zeichen

$$\mathfrak{a}_1 \sim \mathfrak{a}_2 :\Leftrightarrow |\mathfrak{a}_1| = |\mathfrak{a}_2| \wedge \mathfrak{a}_1 \uparrow\uparrow \mathfrak{a}_2 ,$$

so stellt sich diese Beziehung als eine *Äquivalenzrelation* (1.2.3) heraus:

(1) $\mathfrak{a} \sim \mathfrak{a}$ (Reflexivität)
(2) $\mathfrak{a}_1 \sim \mathfrak{a}_2 \Rightarrow \mathfrak{a}_2 \sim \mathfrak{a}_1$ (Symmetrie)
(3) $\mathfrak{a}_1 \sim \mathfrak{a}_2 \wedge \mathfrak{a}_2 \sim \mathfrak{a}_3 \Rightarrow \mathfrak{a}_1 \sim \mathfrak{a}_3$ (Transitivität)

Bildet man die zugehörigen Äquivalenzklassen, so umfaßt jede solche Klasse die Menge aller durch Parallelverschiebung auseinander hervorgehenden Vektoren. Jede Klasse kann durch einen Vektor repräsentiert werden (Abb. 115). Dafür geben wir die

Definition

| Jede Äquivalenzklasse von Vektoren heißt *Freier Vektor*

Damit tritt an Stelle der Äquivalenz zwischen Vektoren die Gleichheit zwischen Freien Vektoren. Für die weiteren mathematischen Ausführungen legen wir stets und stillschweigend den Begriff des Freien Vektors zugrunde.

Allerdings muß man beachten: nicht jede physikalische Größe mit Vektorcharakter besitzt die gleiche Freiheit der Parallelverschiebung. Deshalb trifft man dort folgende Unterscheidung:

- beliebig parallel verschiebbare Vektoren heißen Freie Vektoren (z.B. Translationsgeschwindigkeit, Drehmoment);
- nur längs einer bestimmten Wirkungslinie verschiebbare Vektoren heißen *linienflüchtige Vektoren*[1] (z.B. Kraft und Winkelgeschwindigkeit am starren Körper);

---

[1] Die Addition von linienflüchtigen Vektoren kann nur dann nach der Parallelogrammregel erfolgen, wenn sich die Vektoren in einen gemeinsamen Anfangspunkt verschieben lassen. Um linienflüchtige Vektoren, deren Wirkungslinien sich nicht schneiden, „addieren" zu können (z.B. räumlich verteilte Kraftvektoren am starren Körper), muß man eine verallgemeinerte Vektoraddition definieren, wobei man zu dem Begriff des „Winders" gelangt, worauf hier aber nicht weiter eingegangen werden soll.

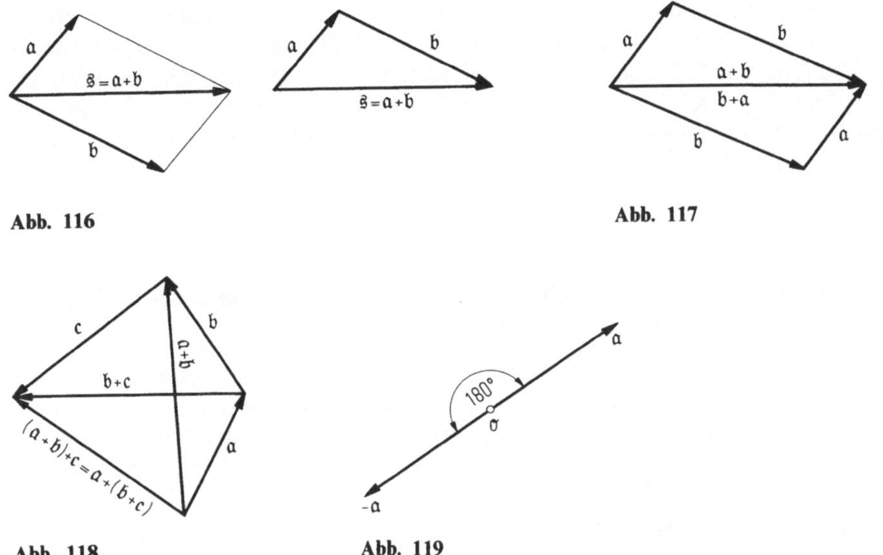

Abb. 116

Abb. 117

Abb. 118

Abb. 119

- nicht verschiebbare Vektoren (also solche mit festem Anfangspunkt) heißen *gebundene Vektoren*[1] (z.B. Kraft am deformierbaren Körper, elektrische Feldstärke).

Im Gegensatz dazu spricht man in der Physik von *Skalaren*, wenn es sich um Größen handelt, die — abgesehen von der Maßeinheit — durch Angabe einer reellen Zahl bereits vollständig bestimmt sind. Skalare physikalische Größen sind etwa Masse, Zeit, Arbeit, spezifische Wärme, Temperatur, Potential und Lichtstärke. Ihren Namen haben sie von der Eigenschaft, auf Skalen (Leitern) dargestellt werden zu können. Für Skalare gelten somit die Rechengesetze der reellen Zahlen.

Wir untersuchen nun die *Struktureigenschaften* der Menge V aller räumlichen Vektoren mit der (Vektor-) Addition als innerer Verknüpfung.

Zunächst zeigt Abb. 116 die Konstruktion des „Summenvektors" $\mathfrak{s} = \mathfrak{a} + \mathfrak{b}$ einmal als Parallelogrammdiagonale, zum anderen so, daß man den Anfangspunkt von $\mathfrak{b}$ an die Spitze von $\mathfrak{a}$ schiebt (Freie Vektoren!). Dann verläuft $\mathfrak{s}$ vom Anfangspunkt von $\mathfrak{a}$ nach der Spitze von $\mathfrak{b}$.

Die Vektoraddition ist kommutativ und assoziativ:

$$\mathfrak{a} + \mathfrak{b} = \mathfrak{b} + \mathfrak{a}$$

$$\mathfrak{a} + (\mathfrak{b} + \mathfrak{c}) = (\mathfrak{a} + \mathfrak{b}) + \mathfrak{c}$$

---

[1] Gebundene Vektoren können nur dann addiert werden, wenn sie gleichen Anfangspunkt haben. Gebundene Vektoren, die speziell vom Ursprung ausgehend zu einem Raumpunkt verlaufen, heißen *Ortsvektoren*.

Beide Eigenschaften lesen Sie aus den Abb. 117 bzw. 118 unmittelbar ab. — Unterscheiden sich zwei Vektoren lediglich im Richtungssinn (sie gehen dann durch Drehung um 180° ineinander über), so hebt sich, physikalisch interpretiert, ihre Wirkung auf (Abb. 119). Da die Vektormenge V abgeschlossen sein soll bezüglich „+", also keine Ausnahme zugelassen wird, erklären wir für diesen Fall einen „Nullvektor".

Definition

Die Summe zweier nur im Richtungssinn verschiedenen Vektoren heiße *Nullvektor* $\mathfrak{o}$.

Der Nullvektor $\mathfrak{o}$ hat die Länge 0, während eine bestimmte Richtung oder ein bestimmter Richtungssinn nicht festgelegt werden kann. Beachte: $\mathfrak{o} \in V$, $0 \in \mathbb{R}$. Seine wichtigste Eigenschaft: $\mathfrak{o}$ ist Neutralelement bezüglich der Vektoraddition

$$\mathfrak{o} + \mathfrak{a} = \mathfrak{a} + \mathfrak{o} = \mathfrak{a}$$

Aus der Definition folgt sofort, daß es zu jedem Vektor $\mathfrak{a}$ einen *inversen* Vektor $-\mathfrak{a}$ gibt, dessen Addition zu $\mathfrak{a}$ auf den Nullvektor führt (Abb. 120)

$$\mathfrak{a} + (-\mathfrak{a}) = \mathfrak{o}$$

Hierbei unterscheiden sich $\mathfrak{a}$ und $-\mathfrak{a}$ nur im Richtungssinn.

Es ist ferner üblich, für die Summe

$$\mathfrak{a} + (-\mathfrak{b}) =: \mathfrak{a} - \mathfrak{b}$$

zu schreiben und von einer *Vektorsubtraktion* zu sprechen. Die Konstruktion des Differenzvektors $\mathfrak{d} = \mathfrak{a} - \mathfrak{b}$ kann entweder als Diagonalenvektor des von $\mathfrak{a}$

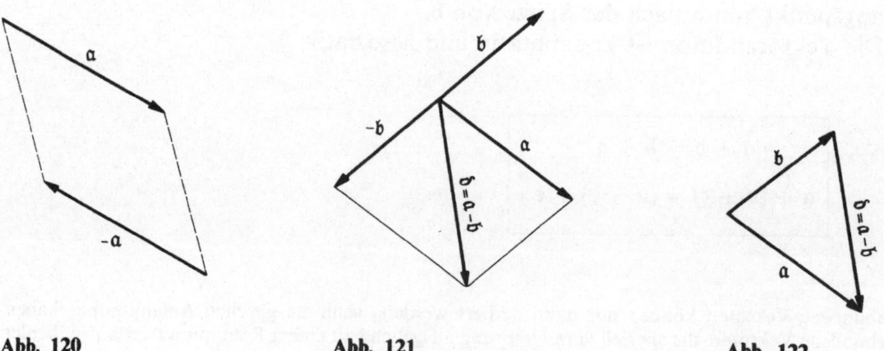

Abb. 120 Abb. 121 Abb. 122

und $-\mathfrak{b}$ aufgespannten Parallelogramms erfolgen (Abb. 121), oder, indem man $\mathfrak{a}$ bzw. $\mathfrak{b}$ so verschiebt, daß beide gemeinsamen Anfangspunkt haben. Dann verläuft $\mathfrak{d}$ von der Spitze von $\mathfrak{b}$ nach der Spitze von $\mathfrak{a}$ (Abb. 122). Die Vektorsubtraktion ist die „Umkehrung" der Vektoraddition, denn es gilt nach Abb. 122

$$(\mathfrak{a} + \mathfrak{b}) - \mathfrak{b} = \mathfrak{a}$$

$$(\mathfrak{a} - \mathfrak{b}) + \mathfrak{b} = \mathfrak{a}$$

Mit diesen Eigenschaften haben wir die Gruppeneigenschaft der algebraischen Struktur $(V, +)$ bestätigt:

Satz

Die Menge $(V, +)$ aller Vektoren des Raumes bildet mit der Vektoraddition als innerer Verknüpfung eine additive ABELsche Gruppe.

Es ist naheliegend, etwa für

$$\mathfrak{a} + \mathfrak{a} = 2\mathfrak{a}, \quad -\mathfrak{a} - \mathfrak{a} = -2\mathfrak{a} \quad \text{etc.}$$

zu schreiben. Diese Überlegung führt zu einer *äußeren* Verknüpfung (vgl. 1.5.1) $\mathbb{R} \times V \to V$, die wir folgendermaßen festlegen:

Definition

Sei $k \in \mathbb{R}$, $\mathfrak{a} \in V$. Dann werde unter dem *Produkt* $k\mathfrak{a}$ wieder ein Vektor verstanden, der

1. für $k > 0$ die k-fache Länge von $\mathfrak{a}$ hat und gleichsinnig parallel zu $\mathfrak{a}$ ist: $k\mathfrak{a} \uparrow\uparrow \mathfrak{a}$
2. für $k < 0$ die $(-k)$-fache Länge von $\mathfrak{a}$ hat und gegensinnig parallel zu $\mathfrak{a}$ ist: $k\mathfrak{a} \uparrow\downarrow \mathfrak{a}$
3. für $k = 0$ den Nullvektor $\mathfrak{o}$ bedeutet.

Diese *äußere Verknüpfung* „Skalar mal Vektor" hat die folgenden, geometrisch wieder leicht überprüfbaren Eigenschaften:

(1) 1 ist Neutralelement der äußeren Multiplikation

$$1 \cdot \mathfrak{a} = \mathfrak{a}$$

(2) Die äußere Multiplikation ist distributiv über der Skalaraddition

$$(k_1 + k_2)\mathfrak{a} = k_1\mathfrak{a} + k_2\mathfrak{a} \quad (k_1, k_2 \in \mathbb{R};\ \mathfrak{a} \in V)$$

(3) Die äußere Multiplikation ist distributiv über der Vektoraddition

$$k(\mathfrak{a}_1 + \mathfrak{a}_2) = k\mathfrak{a}_1 + k\mathfrak{a}_2 \quad (k \in \mathbb{R};\ \mathfrak{a}_1, \mathfrak{a}_2 \in V)$$

(4) Es gilt eine „modifizierte Assoziativität" der Art

$$k_1(k_2\mathfrak{a}) = (k_1k_2)\mathfrak{a} =: k_1k_2\mathfrak{a} \quad (k_1, k_2 \in \mathbb{R};\ \mathfrak{a} \in V)$$

Definition

Für eine Menge V und einen Körper K gelte

a) eine innere Verknüpfung $V \times V \to V$ („Vektoraddition"), so daß (V, +) ABELsche Gruppe ist;

b) eine äußere Verknüpfung 1. Art $K \times V \to V$ („Skalar mal Vektor", „Skalarmultiplikation"), so daß die voranstehenden Eigenschaften (1) bis (4) bestehen.

Dann heißt (V, +) ein *Vektorraum* (linearer Raum) *über dem Körper* K. Die Elemente von V heißen Vektoren, die von K Skalare.

Bezüglich unserer (räumlichen) Vektoren mit $K = \mathbb{R}$ sprechen wir vom *dreidimensionalen*[1] *reellen Vektorraum.* Statt $\mathbb{R}$ kann also auch ein beliebiger Körper K stehen, und auch bei V braucht es sich nicht notwendig um die hier von der Anschauung her eingeführten gerichteten Strecken zu handeln: *Vektoren sind demnach Elemente von Vektorräumen über einen Skalarkörper* K und einzig und allein durch obige Definition bestimmt. Erst diese allgemeine Vektordefinition ermöglicht strukturmathematische Untersuchungen auch in anderen Bereichen als der anschaulichen Vektoralgebra.

Beispiele

1. Vereinfache den Vektorterm

$$2(\mathfrak{a} + 3\mathfrak{b}) - 3(\mathfrak{b} - 4\mathfrak{a}) - (4\mathfrak{b} - 3\mathfrak{a}) + (2 - 5)\mathfrak{a}$$

Lösung:
$$\begin{aligned} &2\mathfrak{a} + 6\mathfrak{b} - 3\mathfrak{b} + 12\mathfrak{a} - 4\mathfrak{b} + 3\mathfrak{a} - 3\mathfrak{a} \\ &= 2\mathfrak{a} + 12\mathfrak{a} + 6\mathfrak{b} - 3\mathfrak{b} - 4\mathfrak{b} + \mathfrak{o} \\ &= (2 + 12)\mathfrak{a} + (6 - 3 - 4)\mathfrak{b} \\ &= 14\mathfrak{a} - \mathfrak{b}\,. \end{aligned}$$

2. Man bestimme den Vektor $\mathfrak{x}$ aus der linearen Vektorgleichung

$$3\mathfrak{x} + 2(\mathfrak{a} - \mathfrak{x}) = 3\mathfrak{b} - \mathfrak{x} + 5(\mathfrak{b} + 2\mathfrak{x})$$

Lösung: Nach den Regeln der Gleichungslehre ist

$$\begin{aligned} 3\mathfrak{x} + 2\mathfrak{a} - 2\mathfrak{x} &= 3\mathfrak{b} - \mathfrak{x} + 5\mathfrak{b} + 10\mathfrak{x} \\ -8\mathfrak{x} &= 8\mathfrak{b} - 2\mathfrak{a} \\ \mathfrak{x} &= \tfrac{1}{4}\mathfrak{a} - \mathfrak{b}\,. \end{aligned}$$

Zur Probe setze man $\frac{1}{4}\mathfrak{a} - \mathfrak{b}$ für $\mathfrak{x}$ beiderseits ein:

linke Seite: $3(\frac{1}{4}\mathfrak{a} - \mathfrak{b}) + 2(\mathfrak{a} - \frac{1}{4}\mathfrak{a} + \mathfrak{b}) = \frac{9}{4}\mathfrak{a} - \mathfrak{b}$

rechte Seite: $3\mathfrak{b} - \frac{1}{4}\mathfrak{a} + \mathfrak{b} + 5(\mathfrak{b} + \frac{1}{2}\mathfrak{a} - 2\mathfrak{b}) = \frac{9}{4}\mathfrak{a} - \mathfrak{b}\,.$

---

[1] Den Dimensionsbegriff verstehe man hier zunächst im naiven Sinne. Eine exakte Definition erfolgt im Abschnitt 2.5.2.

3. Die additive Gruppe $(\mathbb{C}, +)$ der komplexen Zahlen ist Vektorraum über dem Körper $\mathbb{R}$ der reellen Zahlen: Gruppeneigenschaft von $(\mathbb{C}, +)$: für alle $m, n, p \in \mathbb{C}$ gilt

$$m + n \in \mathbb{C}, \quad m + n = n + m, \quad m + (n + p) = (m + n) + p$$

$$m + x = n \Rightarrow x \in \mathbb{C} \quad (\text{nämlich } x := n - m) .$$

Ferner gilt für Skalare $r, r_1, r_2 \in \mathbb{R}$

$$1 \cdot m = m, \quad (r_1 + r_2)m = r_1 m + r_2 m, \quad r(m + n) = r \cdot m + r \cdot n$$

$$r_1(r_2 m) = (r_1 r_2)m$$

d.h. die komplexen Zahlen sind Vektoren über $\mathbb{R}$.

Aufgaben zu 2.3.1

1. Zeichnen Sie zwei Vektoren $\mathfrak{a}$, $\mathfrak{b}$ mit gleichem Anfangspunkt so, daß $\mathfrak{a} + \mathfrak{b}$ senkrecht steht auf $\mathfrak{a} - \mathfrak{b}$. Wie lautet die dafür notwendige und hinreichende Bedingung?
2. Wie lautet die vektoralgebraische Bedingung dafür, daß n Kräfte $\mathfrak{F}_1, \ldots, \mathfrak{F}_n$ im Gleichgewicht stehen?
3. Mit welcher Begründung gilt für Vektoren die „Kürzungsregel": $\mathfrak{a} + \mathfrak{b} = \mathfrak{a} + \mathfrak{c} \Rightarrow \mathfrak{b} = \mathfrak{c}$?
4. Drei Raumvektoren $\mathfrak{a}_1$, $\mathfrak{a}_2$, $\mathfrak{a}_3$ heißen *linear abhängig*, wenn $k_1\mathfrak{a}_1 + k_2\mathfrak{a}_2 + k_3\mathfrak{a}_3 = \mathfrak{O}$ mit wenigstens einem $k_i \neq 0$ gilt, andernfalls heißen sie *linear unabhängig*. Wie liegen die $\mathfrak{a}_i$ a) im Falle der linearen Abhängigkeit, b) im Falle der linearen Unabhängigkeit? Beantworten Sie die gleichen Fragen für zwei ebene Vektoren $\mathfrak{a}_1, \mathfrak{a}_2$! Anleitung: ist $k_1 \neq 0$, so löse man $\Sigma\, k_i\mathfrak{a}_i = \mathfrak{O}$ nach $\mathfrak{a}_1$ auf!
5. Warum ist $(\mathbb{N}, +)$ kein Vektorraum über $\mathbb{R}$?
6. Zeigen Sie durch Nachprüfung aller in den Definitionen geforderten Eigenschaften, daß die Menge F aller linearen Funktionen (Abbildungen), $F = \{f \mid f\colon \mathbb{R} \to \mathbb{R} \wedge x \mapsto f(x) = ax + b \wedge a, b \in \mathbb{R}\}$ einen Vektorraum über $\mathbb{R}$ bildet, wenn man als innere Verknüpfung die Addition zweier solcher Funktionen, als äußere Verknüpfung die Multiplikation

$$(kf)(x) = k \cdot f(x) \qquad (k \in \mathbb{R})$$

nimmt.
7. Begründen Sie, weshalb die gleiche Menge F wie in Aufgabe 6 keinen Vektorraum bildet, wenn anstelle der Addition die Verkettung „$*$" (Komposition) als innere Verknüpfung genommen wird.

2.3.2 Das skalare Produkt

Vorbetrachtung: Der mechanische Arbeitsbegriff
Es sei $\mathfrak{F}$ eine konstante Kraft, die an einer Punktmasse m angreift und diese längs eines Weges $\mathfrak{r}$ (Wegvektor) verschiebt (Abb. 123). Die Richtung von $\mathfrak{r}$ sei dabei die

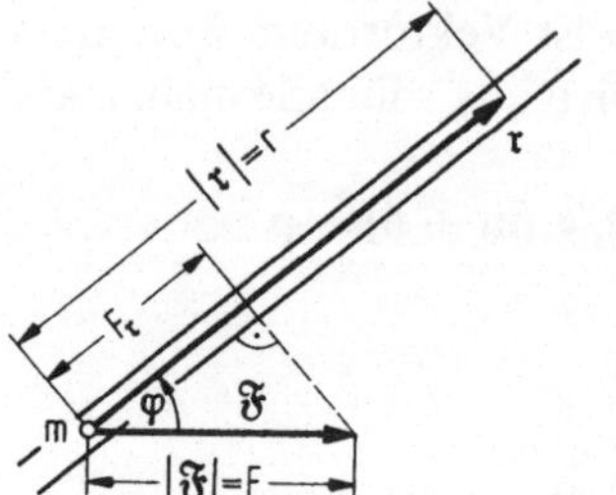

Abb. 123

für m einzig mögliche Verschiebungsrichtung (z.B. eine geradlinige Schiene). Dann verrichtet die Kraft $\mathfrak{F}$ bei zurückgelegtem Weg $\mathfrak{r}$ eine Arbeit W, die in der Mechanik definiert ist als das Produkt aus der Länge $|\mathfrak{r}|$ des Verschiebungsweges und dem Betrag der Kraftkomponente in Richtung des Weges

$$W = F_{\mathfrak{r}} r .$$

Wirkt $\mathfrak{F}$ speziell in Richtung des Weges $\mathfrak{r}$, so wird der volle Betrag der Kraft wirksam und es ist mit $F_{\mathfrak{r}} = F$

$$W = Fr .$$

Ist $\mathfrak{F}$ jedoch senkrecht zum Weg gerichtet, so ist die Komponente in Wegrichtung gleich Null und damit

$$W = 0 ,$$

denn die Punktmasse erfährt keine Verschiebung.

Bezeichnet man allgemein den Winkel zwischen Kraft- und Wegvektor mit φ, so ist mit Abb. 123

$$F_{\mathfrak{r}} = F \cos \varphi$$
$$W = Fr \cos \varphi .$$

Die mechanische Arbeit ist demnach eine skalare Größe, die jedoch mittels der beiden Vektoren $\mathfrak{F}$ und $\mathfrak{r}$ definiert ist. Dies legt nahe, eine multiplikative Verknüpfung zwischen zwei Vektoren allgemein so einzuführen, daß ihr Ergebnis ein Skalar ist und im Spezialfall mit dem Begriff der mechanischen Arbeit übereinstimmt. Das geschieht durch die folgende

Definition

Ist V der dreidimensionale reelle Vektorraum, so heiße die äußere Verknüpfung 2. Art

$$\boxed{V \times V \to \mathbb{R} \quad \text{mit} \quad (\mathfrak{a}, \mathfrak{b}) \mapsto \mathfrak{a} \cdot \mathfrak{b} := |\mathfrak{a}| \cdot |\mathfrak{b}| \cos \sphericalangle (\mathfrak{a}, \mathfrak{b})}$$

das *skalare Produkt* der Vektoren $\mathfrak{a}, \mathfrak{b} \in V$.

Diskussion des skalaren Produktes

1. Für die mechanische Arbeit erhält man mit

$$W = \mathfrak{F} \cdot \mathfrak{r}$$

das skalare Produkt aus Kraft- und Wegvektor.

2. Das skalare Produkt $\mathfrak{a} \cdot \mathfrak{b}$ kann geometrisch als Maßzahl derjenigen *Rechtecksfläche* verstanden werden, die vom Betrag des einen Vektors und vom Betrag der Projektion des anderen Vektors auf den ersten gebildet wird (Abb. 124). Es ist $|\mathfrak{a}| \cos \varphi$ der Betrag der Projektion von $\mathfrak{a}$ auf $\mathfrak{b}$, $|\mathfrak{b}| \cos \varphi$ der Betrag der Projektion von $\mathfrak{b}$ auf $\mathfrak{a}$, mithin

$$\boxed{\mathfrak{a} \cdot \mathfrak{b} = |\mathfrak{b}|(|\mathfrak{a}| \cos \varphi) = |\mathfrak{a}|(|\mathfrak{b}| \cos \varphi)}$$

3. Vereinbarungsgemäß sei $0° \leqq \varphi = \sphericalangle(\mathfrak{a}, \mathfrak{b}) \leqq 180°$.

4. Haben beide Vektoren gleiche Richtung, so erhält man speziell für

$$\mathfrak{a} \uparrow\uparrow \mathfrak{b}: \mathfrak{a} \cdot \mathfrak{b} = ab \quad (\varphi = 0°)$$

$$\mathfrak{a} \uparrow\downarrow \mathfrak{b}: \mathfrak{a} \cdot \mathfrak{b} = -ab \quad (\varphi = 180°)\,.$$

Ist insbesondere $\mathfrak{a} = \mathfrak{b}$, so ergibt sich für das skalare Produkt

$$\mathfrak{a} \cdot \mathfrak{a} = |\mathfrak{a}|\,|\mathfrak{a}| = |\mathfrak{a}|^2 = a^2$$

$$\boxed{|\mathfrak{a}| = \sqrt{\mathfrak{a} \cdot \mathfrak{a}}}$$

Setzt man noch für

$$\mathfrak{a} \cdot \mathfrak{a} = \mathfrak{a}^2\,,$$

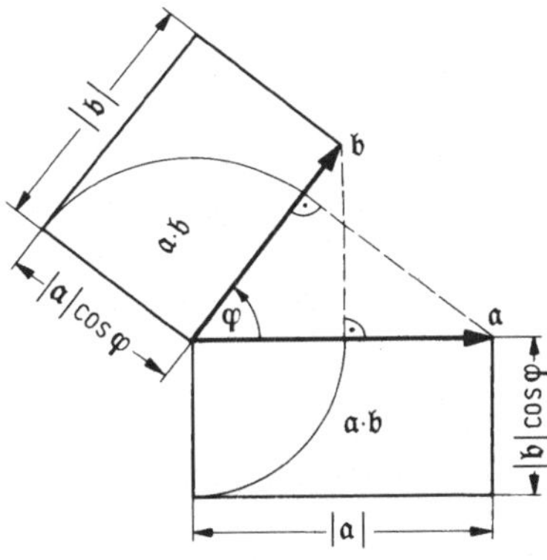

Abb. 124

so folgt damit

$$|\mathfrak{a}| = \sqrt{\mathfrak{a}^2}$$

in formaler Übereinstimmung mit der Definition der Quadratwurzel im Körper der reellen Zahlen.

4. Satz

Die skalare Produktbildung ist kommutativ

$$\boxed{\mathfrak{a}\cdot\mathfrak{b} = \mathfrak{b}\cdot\mathfrak{a}}$$

also unabhängig von der Reihenfolge der Vektorfaktoren.

Beweis: Es ist nach Definition

$$\mathfrak{a}\cdot\mathfrak{b} = |\mathfrak{a}||\mathfrak{b}| \cos \sphericalangle(\mathfrak{a},\mathfrak{b})$$

$$\mathfrak{b}\cdot\mathfrak{a} = |\mathfrak{b}||\mathfrak{a}| \cos \sphericalangle(\mathfrak{b},\mathfrak{a})\,.$$

Setzt man $\sphericalangle(\mathfrak{a},\mathfrak{b}) = \varphi$, so ist auf Grund des entgegengesetzten Drehsinnes $\sphericalangle(\mathfrak{b},\mathfrak{a}) = -\varphi$; aber mit

$$\cos(-\varphi) = \cos\varphi$$

wird dieser Unterschied im Vorzeichen wieder aufgehoben und es folgt

$$\mathfrak{a}\cdot\mathfrak{b} = \mathfrak{b}\cdot\mathfrak{a}\,.$$

5. Satz

Die skalare Produktbildung ist distributiv über der Vektoraddition

$$\boxed{\mathfrak{a}\cdot(\mathfrak{b}+\mathfrak{c}) = \mathfrak{a}\cdot\mathfrak{b} + \mathfrak{a}\cdot\mathfrak{c}}$$

Beweis: Nach Abb. 125 ist

$$\mathfrak{a}\cdot(\mathfrak{b}+\mathfrak{c}) = |\mathfrak{a}||\mathfrak{b}+\mathfrak{c}| \cos \sphericalangle(\mathfrak{a},\mathfrak{b}+\mathfrak{c}) = |\mathfrak{a}|\cdot\overline{AS}$$

$$\mathfrak{a}\cdot\mathfrak{b} = |\mathfrak{a}||\mathfrak{b}| \cos \sphericalangle(\mathfrak{a},\mathfrak{b}) = |\mathfrak{a}|\cdot\overline{AS}_1$$

$$\mathfrak{a}\cdot\mathfrak{c} = |\mathfrak{a}||\mathfrak{c}| \cos \sphericalangle(\mathfrak{a},\mathfrak{c}) = |\mathfrak{a}|\cdot\overline{AS}_2\,.$$

Die Addition der beiden letzten Gleichungen ergibt

$$\mathfrak{a}\cdot\mathfrak{b} + \mathfrak{a}\cdot\mathfrak{c} = |\mathfrak{a}|\,(\overline{AS}_1 + \overline{AS}_2) = |\mathfrak{a}|\cdot\overline{AS}\,,$$

da $\overline{AS} = \overline{AS}_1 + \overline{AS}_2$,

$$\Rightarrow \mathfrak{a}\cdot(\mathfrak{b}+\mathfrak{c}) = \mathfrak{a}\cdot\mathfrak{b} + \mathfrak{a}\cdot\mathfrak{c}\,.$$

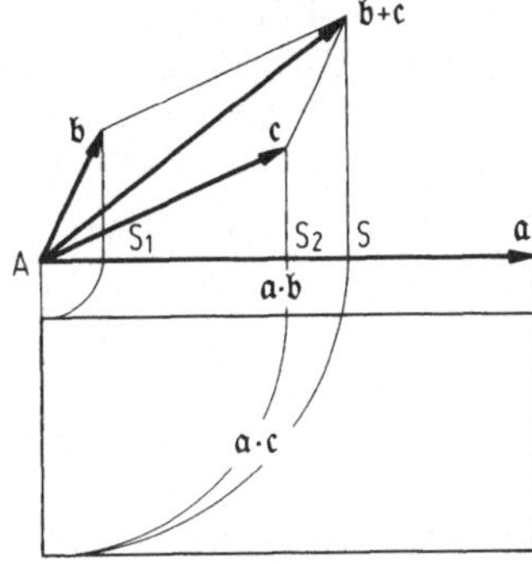

Abb. 125

Geometrisch ist $\mathfrak{a}\cdot(\mathfrak{b}+\mathfrak{c})$ die Maßzahl des aus $|\mathfrak{a}|$ und $\overline{AS}$ gebildeten Rechtecks, das sich zusammensetzt aus den beiden Teilrechtecken $|\mathfrak{a}|\overline{AS}_1 = \mathfrak{a}\cdot\mathfrak{b}$ und $|\mathfrak{a}|\overline{AS}_2 = \mathfrak{a}\cdot\mathfrak{c}$, so daß man also auch auf diese Weise die obige Aussage bestätigt.

6. Satz

Die äußere Verknüpfung „Skalar mal Vektor" ist assoziativ zur skalaren Produktbildung zweier Vektoren in folgendem Sinne ($k \in R$)

$$\boxed{(k\mathfrak{a})\cdot\mathfrak{b} = k(\mathfrak{a}\cdot\mathfrak{b})}$$

Beweis: Für $k = 0$ ist die Formel trivialerweise richtig. Für $k \neq 0$ ergibt sich mit Abb. 126

$$(k\mathfrak{a})\cdot\mathfrak{b} = |k|\,|\mathfrak{a}|\,|\mathfrak{b}| \cos \sphericalangle (k\mathfrak{a}, \mathfrak{b})$$

$$= \begin{cases} |k|\,|\mathfrak{a}|\,|\mathfrak{b}| \cos \sphericalangle (\mathfrak{a}, \mathfrak{b}) & \text{für } k > 0 \\ -|k|\,|\mathfrak{a}|\,|\mathfrak{b}| \cos \sphericalangle (\mathfrak{a}, \mathfrak{b}) & \text{für } k < 0\,, \end{cases}$$

denn $\cos \sphericalangle (-\mathfrak{a}, \mathfrak{b}) = \cos[180^\circ - \sphericalangle (\mathfrak{a}, \mathfrak{b})] = -\cos \sphericalangle (\mathfrak{a}, \mathfrak{b})$;

$$k(\mathfrak{a}\cdot\mathfrak{b}) = k|\mathfrak{a}|\,|\mathfrak{b}| \cos \sphericalangle (\mathfrak{a}, \mathfrak{b})$$

$$= \begin{cases} |k|\,|\mathfrak{a}|\,|\mathfrak{b}| \cos \sphericalangle (\mathfrak{a}, \mathfrak{b}) & \text{für } k > 0 \\ -|k|\,|\mathfrak{a}|\,|\mathfrak{b}| \cos \sphericalangle (\mathfrak{a}, \mathfrak{b}) & \text{für } k < 0\,, \end{cases}$$

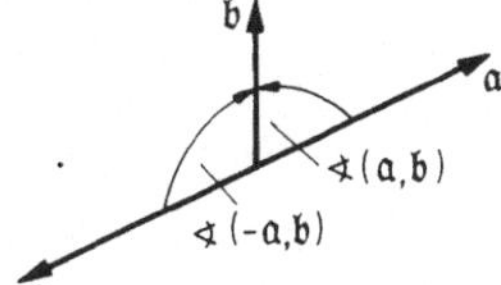

Abb. 126

denn es ist $|k| = \pm k$, je nachdem $k > 0$ oder $k < 0$ ist. Sowohl für positive als auch für negative k ergibt sich Übereinstimmung in beiden Ausdrücken.

7. Das skalare Produkt $\mathfrak{a} \cdot \mathfrak{b}$ verschwindet, wenn $\mathfrak{a} = \mathfrak{O}$ oder $\mathfrak{b} = \mathfrak{O}$ oder $\cos \sphericalangle (\mathfrak{a}, \mathfrak{b}) = 0$, d.h. $\mathfrak{a} \perp \mathfrak{b}$ ist. Umgekehrt folgt aus $\mathfrak{a} \cdot \mathfrak{b} = 0$ also nicht notwendig das Verschwinden einer der beiden Faktoren! Der logische Zusammenhang ist demnach

$$\boxed{\mathfrak{a} \neq \mathfrak{O} \ \wedge \mathfrak{b} \neq \mathfrak{O} \ \wedge \mathfrak{a} \cdot \mathfrak{b} = 0 \Leftrightarrow \mathfrak{a} \perp \mathfrak{b}}$$

d.h. *zwei (vom Nullvektor verschiedene) Vektoren sind orthogonal genau dann, wenn ihr skalares Produkt verschwindet* (Orthogonalitätsbedingung). In diesem Satz unterscheidet sich das skalare Produkt zweier Vektoren grundsätzlich vom Produkt zweier reellen Zahlen: die skalare Produktbildung ermöglicht nichttriviale Nullteiler, während $\mathbb{R}$ (als Körper!) nullteilerfrei ist.

8. Ein weiterer Unterschied zum Produkt zwischen reellen Zahlen besteht darin, daß es kein skalares Produkt mit mehr als zwei Faktoren gibt, mithin Ausdrücke der Gestalt

$$\mathfrak{a} \cdot \mathfrak{b} \cdot \mathfrak{c}, \quad \mathfrak{a} \cdot \mathfrak{b} \cdot \mathfrak{c} \cdot \mathfrak{d} \text{ usw.,}$$

in denen die Punkte die Bildung des skalaren Produktes bezeichnen, sinnlos sind. Da nämlich das skalare Produkt von zwei Vektorfaktoren, etwa $\mathfrak{a} \cdot \mathfrak{b}$, bereits einen Skalar darstellt, kann es mit dem dritten Vektor kein skalares Produkt mehr eingehen.

Dagegen sind die Ausdrücke

$$(\mathfrak{a} \cdot \mathfrak{b})\mathfrak{c}, \quad \mathfrak{a}(\mathfrak{b} \cdot \mathfrak{c}), \quad (\mathfrak{a} \cdot \mathfrak{b})(\mathfrak{c} \cdot \mathfrak{d})$$

durchaus sinnvoll. Der erste stellt die Multiplikation eines Skalars $\mathfrak{a} \cdot \mathfrak{b}$ mit einem Vektor $\mathfrak{c}$ dar, ist also ein Vektor parallel zu $\mathfrak{c}$. Der zweite Ausdruck besagt, daß der Vektor $\mathfrak{a}$ mit dem Skalar $\mathfrak{b} \cdot \mathfrak{c}$ multipliziert werden soll. Schließlich ist der dritte Ausdruck ein Skalar, denn es werden zwei Skalare, $\mathfrak{a} \cdot \mathfrak{b}$ und $\mathfrak{c} \cdot \mathfrak{d}$, im algebraischen Sinn miteinander multipliziert.

9. *Die skalare Produktbildung ermöglicht keine Umkehrung zu einer Division von Vektoren.* Gäbe es eine Umkehrung, so müßte bei gegebenen $\mathfrak{a}$ und p ein Vektor

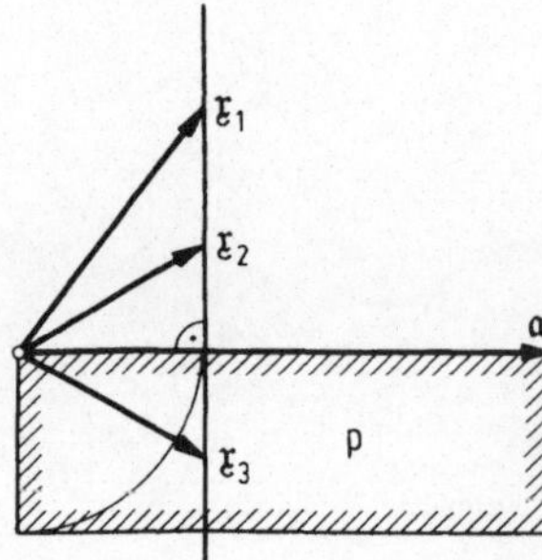

Abb. 127

$\mathfrak{x}$ eindeutig so existieren, daß

$$\mathfrak{a} \cdot \mathfrak{x} = p$$

gilt. Abb. 127 zeigt anschaulich, daß es jedoch unendlich viele Vektoren $\mathfrak{x}_1$, $\mathfrak{x}_2$, $\mathfrak{x}_3, \ldots$ gibt, die skalar mit $\mathfrak{a}$ multipliziert den Skalar p ergeben, nämlich alle die Vektoren $\mathfrak{x}_i$, welche die gleiche Projektion auf $\mathfrak{a}$ haben.

Beispiele

1. Berechne $(\mathfrak{a} + \mathfrak{b})^2 - (\mathfrak{a} - \mathfrak{b})^2$!

   Lösung:

$$(\mathfrak{a} + \mathfrak{b})^2 = (\mathfrak{a} + \mathfrak{b}) \cdot (\mathfrak{a} + \mathfrak{b}) = \mathfrak{a}^2 + 2\mathfrak{a} \cdot \mathfrak{b} + \mathfrak{b}^2 = |\mathfrak{a}|^2 + 2\mathfrak{a} \cdot \mathfrak{b} + |\mathfrak{b}|^2$$

$$(\mathfrak{a} - \mathfrak{b})^2 = (\mathfrak{a} - \mathfrak{b}) \cdot (\mathfrak{a} - \mathfrak{b}) = \mathfrak{a}^2 - 2\mathfrak{a} \cdot \mathfrak{b} + \mathfrak{b}^2 = |\mathfrak{a}|^2 - 2\mathfrak{a} \cdot \mathfrak{b} + |\mathfrak{b}|^2$$

$$\Rightarrow (\mathfrak{a} + \mathfrak{b})^2 - (\mathfrak{a} - \mathfrak{b})^2 = 4\mathfrak{a} \cdot \mathfrak{b} = 4|\mathfrak{a}||\mathfrak{b}| \cos \sphericalangle (\mathfrak{a}, \mathfrak{b}) .$$

   Bemerkung: Höhere Potenzen als Quadrate gibt es nicht; Ausdrücke der Form

$$\mathfrak{a}^3, \quad (\mathfrak{a} - \mathfrak{b})^3 (\mathfrak{a} + \mathfrak{b})^4, \quad \mathfrak{b}^5 \quad \text{usw} .$$

   sind sinnlos!

2. Ein gegebener Vektor $\mathfrak{r}$ soll in zwei *orthogonale Komponenten* $\mathfrak{r}_\mathfrak{a}$ (in Richtung von $\mathfrak{a}$) und $\mathfrak{r}_\mathfrak{b}$ (in Richtung von $\mathfrak{b}$) zerlegt werden:

$$\mathfrak{r} = \mathfrak{r}_\mathfrak{a} + \mathfrak{r}_\mathfrak{b} .$$

   Die Vektoren $\mathfrak{a}$ und $\mathfrak{b}$ sind dabei als bekannt anzusehen.

   Lösung (Abb. 128): Aus der Forderung $\mathfrak{r}_\mathfrak{a} \parallel \mathfrak{a}$ folgt der Ansatz

$$\mathfrak{r}_\mathfrak{a} = x\mathfrak{a}$$

   und entsprechend aus $\mathfrak{r}_\mathfrak{b} \parallel \mathfrak{b}$

$$\mathfrak{r}_\mathfrak{b} = y\mathfrak{b} ,$$

   wobei die unbekannten Skalare x und y zu bestimmen sind. Es ergibt sich

$$\mathfrak{r} = \mathfrak{r}_\mathfrak{a} + \mathfrak{r}_\mathfrak{b} = x\mathfrak{a} + y\mathfrak{b}$$

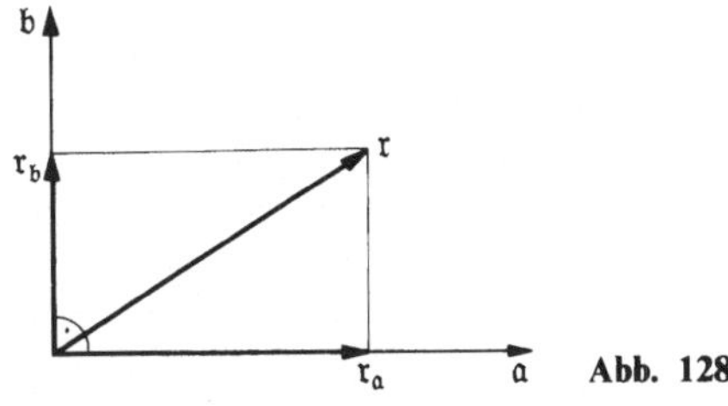

Abb. 128

und daraus durch (beiderseitige) skalare Multiplikation mit $\mathfrak{a}$

$$\mathfrak{r}\cdot\mathfrak{a} = x|\mathfrak{a}|^2 + y\mathfrak{b}\cdot\mathfrak{a} = x|\mathfrak{a}|^2$$

$$\Rightarrow x = \frac{\mathfrak{r}\cdot\mathfrak{a}}{|\mathfrak{a}|^2}.$$

Ebenso folgt nach skalarer Multiplikation mit $\mathfrak{b}$

$$\mathfrak{r}\cdot\mathfrak{b} = x\mathfrak{a}\cdot\mathfrak{b} + y|\mathfrak{b}|^2 = y|\mathfrak{b}|^2$$

$$\Rightarrow y = \frac{\mathfrak{r}\cdot\mathfrak{b}}{|\mathfrak{b}|^2}$$

und damit die eindeutige Komponentenzerlegung

$$\mathfrak{r} = \left(\frac{\mathfrak{r}\cdot\mathfrak{a}}{|\mathfrak{a}|^2}\right)\mathfrak{a} + \left(\frac{\mathfrak{r}\cdot\mathfrak{b}}{|\mathfrak{b}|^2}\right)\mathfrak{b}.$$

3. Man beweise: Verhalten sich die beiden Seiten eines Rechtecks wie $1:\sqrt{2}$, so steht die Diagonale $\mathfrak{f}$ auf der zur Mitte der Gegenseite laufenden Geraden $\mathfrak{g}$ senkrecht. $\mathfrak{f}$ und $\mathfrak{g}$ sind die Diagonalen zweier Rechtecke, deren DIN-Formatbezeichnungen um 1 differieren.

   Lösung (*Abb. 129*):
   Voraussetzung: $\mathfrak{a} + \mathfrak{b} + \mathfrak{c} + \mathfrak{d} = \mathfrak{o}$, $\mathfrak{a} = -\mathfrak{c}$, $\mathfrak{a}\cdot\mathfrak{b} = 0$, Q: Seitenmitte von $\mathfrak{c}$; $b:a = 1:\sqrt{2}$.
   Behauptung: $\mathfrak{g}\cdot\mathfrak{f} = 0$.
   Beweis: $\mathfrak{f} = \mathfrak{b} + \mathfrak{c}$, $\mathfrak{g} = -\mathfrak{d} - \frac{1}{2}\mathfrak{c} = \mathfrak{b} - \frac{1}{2}\mathfrak{c}$

$$\Rightarrow \mathfrak{f}\cdot\mathfrak{g} = (\mathfrak{b}+\mathfrak{c})\cdot(\mathfrak{b} - \tfrac{1}{2}\mathfrak{c}) = \mathfrak{b}^2 - \tfrac{1}{2}\mathfrak{c}^2 \quad (\mathfrak{b}\cdot\mathfrak{c} = 0!)$$

$$b:a = b:c = 1:\sqrt{2} \Rightarrow b^2 = \tfrac{1}{2}c^2 \Rightarrow \mathfrak{f}\cdot\mathfrak{g} = 0, \text{ also } \mathfrak{f}\perp\mathfrak{g}.$$

Aufgaben zu 2.3.2

1. Man vereinfache den Term

$$(\mathfrak{a}+\mathfrak{c})\cdot(\mathfrak{d}-\mathfrak{a}) - (\mathfrak{a}-\mathfrak{d}+\mathfrak{c})\cdot\mathfrak{d}$$

   unter der Voraussetzung $\mathfrak{a}\perp\mathfrak{c}$!

2. Man gebe die Bedingungen an, unter denen die Gleichung

$$\mathfrak{a}\cdot\mathfrak{c} + \mathfrak{b}\cdot\mathfrak{d} = \mathfrak{b}\cdot\mathfrak{c} + \mathfrak{a}\cdot\mathfrak{d}$$

   richtig ist!

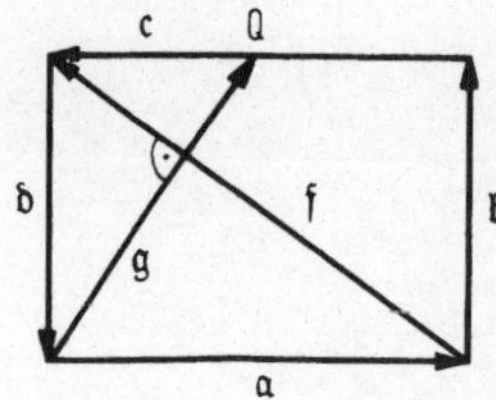

Abb. 129

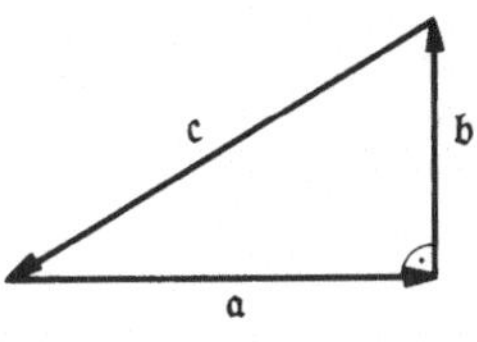

Abb. 130

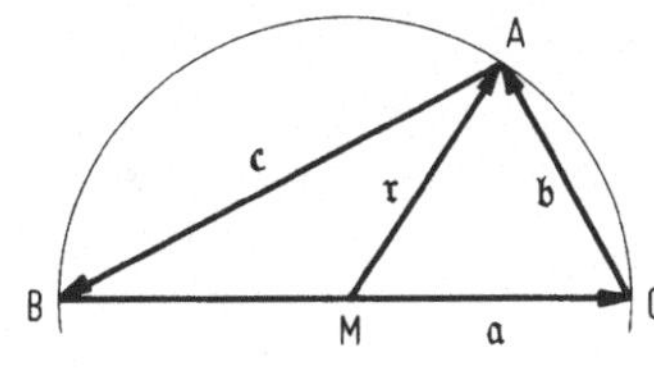

Abb. 131

3. Beweisen Sie den Satz des PYTHAGORAS[1] (im rechtwinkligen Dreieck ist das Hypotenusenquadrat gleich der Summe der Kathetenquadrate). Anleitung: Formulieren Sie anhand Abb. 130 zunächst Voraussetzung und Behauptung und „quadrieren" Sie zum Beweis die nach $\mathfrak{c}$ aufgelöste „Schließungsbedingung" der Dreiecksvektoren!
4. Zeigen Sie die Gültigkeit des Satzes von THALES[2] (der Umfangswinkel im Halbkreis beträgt 90°). Anleitung: Abb. 131 benutzen und $\mathfrak{b} \perp \mathfrak{c}$ nachweisen!

2.3.3 Das vektorielle Produkt

Vorbetrachtung: Das mechanische Drehmoment
An einem Punkt A eines um 0 drehbar gelagerten Körpers greife eine Kraft $\mathfrak{F}$ an. Diese wird, wenn 0 nicht auf der Wirkungslinie von $\mathfrak{F}$ liegt, dem Körper ein Drehbestreben verleihen, das durch das Produkt

$$M_0 = a_0 |\mathfrak{F}| ,$$

den „Betrag des statischen Momentes der Kraft $\mathfrak{F}$ bezüglich 0" beschrieben werden kann. a_0 heißt der „Hebelarm" der Kraft.

Beim ebenen Kräftesystem kann man die Beträge der statischen Momente mehrerer Kräfte algebraisch addieren, hierbei werden das positive bzw. negative Vorzeichen dem Gegenzeiger- bzw. Uhrzeiger-Drehsinn zugeordnet.

Ein System von zwei nicht zusammenfallenden, gegensinnig parallelen Kräften gleichen Betrages nennt man ein *Kräftepaar*. Für sein statisches Moment erhält man mit Abb. 132

$$|\mathfrak{F}_1| = |\mathfrak{F}_2| = |\mathfrak{F}|$$

$$M = e_1 F_1 + e_2 F_2 = (e_1 + e_2) F = aF ,$$

d.h. einen von der Lage des Bezugspunktes 0 *unabhängigen* Betrag. Das Kräftepaar kann somit in seiner Ebene beliebig verschoben werden.

Greifen an einem starren Körper mehrere Kräftepaare an, die in verschiedenen, nichtparallelen Ebenen liegen, so läßt sich der Betrag des resultierenden statischen

---

[1] Pythagoras von Samos (580(?)–500(?)), griech. Philosoph (Orden der P., Geometrie, Astronomie, Zahlenmystik)
[2] Thales von Milet (624(?)–546(?)), griech. Philosoph (Astronomie, Geometrie)

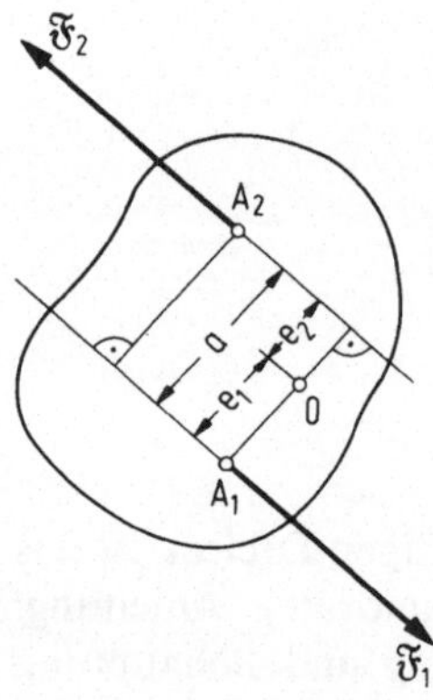

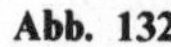
Abb. 132

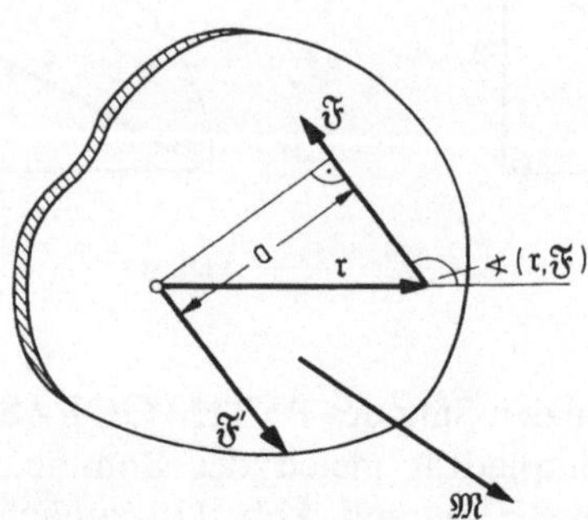

Abb. 133

Momentes nicht durch skalare Addition[1] ermitteln, da auch noch die gegenseitige Lage dieser Ebenen von physikalischer Bedeutung ist.

Ordnet man jedem Kräftepaar einen Vektor $\mathfrak{M}$ so zu, daß dessen Betrag gleich dem Produkt aus Kraftbetrag $|\mathfrak{F}|$ und Kräfteabstand a ist,

$$|\mathfrak{M}| = M = |\mathfrak{r}|\,|\mathfrak{F}| \sin \sphericalangle(\mathfrak{r}, \mathfrak{F}) = aF\,,$$

ferner seine Richtung mit der Normalen der Wirkungsebene des Kräftepaares zusammenfällt und schließlich sein Richtungssinn mit dem Drehsinn des Kräftepaares eine Rechtsschraubung ergibt (Abb. 133), so läßt sich von diesem Vektor nachweisen:

1. $\mathfrak{M}$ ist ein vom Bezugspunkt unabhängiger, also Freier Vektor
2. Je zwei so definierte Vektoren $\mathfrak{M}_1$ und $\mathfrak{M}_2$ addieren sich nach der Parallelogrammregel.

$\mathfrak{M}$ ist in der Mechanik als Drehmoment-Vektor bekannt und spielt bei allen Drehbewegungen eine Rolle. Man nimmt ihn zum Anlaß einer Definition eines weiteren Produktes zweier Vektoren, dessen Ergebnis jetzt aber ein Vektor ist.

Definition

Bedeutet V den dreidimensionalen reellen Vektorraum, so heißt die innere Verknüpfung

$$\boxed{V \times V \to V \quad \text{mit} \quad (\mathfrak{a}, \mathfrak{b}) \mapsto \mathfrak{c} := \mathfrak{a} \times \mathfrak{b}}$$

das *vektorielle Produkt* von $\mathfrak{a}$ und $\mathfrak{b}$, wenn folgendes gilt

[1] „Skalare Addition“ ist hier im Sinne von $(\mathbb{R}, +)$ gemeint.

1. $|\mathfrak{c}| = |\mathfrak{a}| \cdot |\mathfrak{b}| \sin \sphericalangle (\mathfrak{a}, \mathfrak{b})$
2. $\mathfrak{c}$ steht senkrecht auf der von $\mathfrak{a}$ und $\mathfrak{b}$ bestimmten Ebene
3. $\mathfrak{a}, \mathfrak{b}, \mathfrak{c}$ bilden (in dieser Reihenfolge) eine Rechtsschraubung.

Diskussion des vektoriellen Produktes

1. Für das Drehmoment $\mathfrak{M}$ gilt jetzt einfach

$$\mathfrak{M} = \mathfrak{r} \times \mathfrak{F}$$

2. Geometrisch ist der Betrag des vektoriellen Produktes maßzahlgleich dem Flächeninhalt des von $\mathfrak{a}$ und $\mathfrak{b}$ aufgespannten Parallelogramms. $\mathfrak{a} \times \mathfrak{b}$ steht senkrecht auf dieser Fläche (unter Beachtung der Rechtsschraubenregel), kann jedoch beliebig parallel verschoben werden (Abb. 134).
3. Das vektorielle Produkt verschwindet, wenn $\mathfrak{a} = \mathfrak{O}$ oder $\mathfrak{b} = \mathfrak{O}$ oder $\sin \sphericalangle (\mathfrak{a}, \mathfrak{b}) = 0$ ist. Letzteres ist der Fall, wenn $\sphericalangle (\mathfrak{a}, \mathfrak{b}) = 0°$ oder $180°$ ist, d.h. wenn $\mathfrak{a} \parallel \mathfrak{b}$ ist. Insbesondere verschwindet das vektorielle Produkt zweier gleicher Vektoren

$$\boxed{\mathfrak{a} \times \mathfrak{a} = \mathfrak{O}}$$

Umgekehrt folgt damit aus $\mathfrak{a} \times \mathfrak{b} = \mathfrak{O}$ nicht notwendig $\mathfrak{a} = \mathfrak{O}$ oder $\mathfrak{b} = \mathfrak{O}$, vielmehr gilt für $\mathfrak{a} \neq \mathfrak{O}$ und $\mathfrak{b} \neq \mathfrak{O}$

$$\boxed{\mathfrak{a} \neq \mathfrak{O} \wedge \mathfrak{b} \neq \mathfrak{O} \wedge \mathfrak{a} \times \mathfrak{b} = \mathfrak{O} \Leftrightarrow \mathfrak{a} \parallel \mathfrak{b}}$$

d.h. *zwei* (vom Nullvektor verschiedene) *Vektoren sind parallel genau dann, wenn ihr vektorielles Produkt verschwindet* (Parallelitätsbedingung).
4. Vertauscht man im vektoriellen Produkt die Faktoren, so fordert die Rechtsschraubenregel eine Umkehrung des Richtungssinnes, d.h. es ist

$$\mathfrak{b} \times \mathfrak{a} \uparrow\downarrow \mathfrak{a} \times \mathfrak{b} .$$

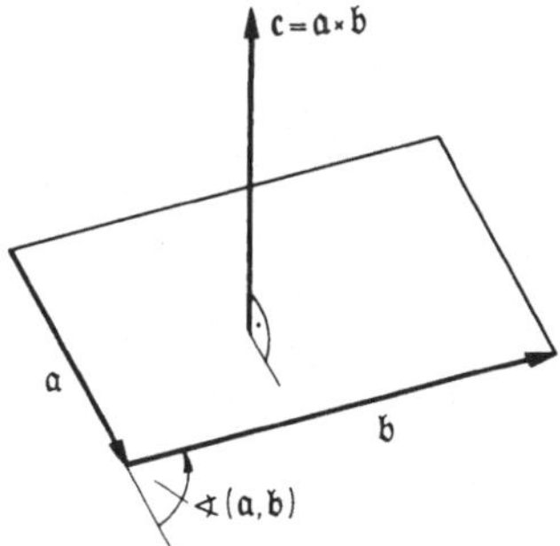

Abb. 134

Da sich aber am Betrag und der Richtung ($\perp \mathfrak{a}$ und $\perp \mathfrak{b}$) nichts ändert, gilt hier

$$\boxed{\mathfrak{a} \times \mathfrak{b} = -\mathfrak{b} \times \mathfrak{a}}$$

Eine Faktorenvertauschung bedingt also beim vektoriellen Produkt eine Vorzeichenänderung.

5. Satz

Die Multiplikation „Skalar mal Vektor" ist assoziativ zur vektoriellen Produktbildung in der folgenden Weise

$$\boxed{k(\mathfrak{a} \times \mathfrak{b}) = (k\mathfrak{a}) \times \mathfrak{b}}$$

Beweis: Für jedes positive oder negative k sind die Vektoren

$$k(\mathfrak{a} \times \mathfrak{b}), \quad (k\mathfrak{a}) \times \mathfrak{b}, \quad \mathfrak{a} \times (k\mathfrak{b})$$

gleichsinnig parallel und von gleichem Betrage

$$|k||\mathfrak{a}||\mathfrak{b}| \cdot \sin \sphericalangle (\mathfrak{a}, \mathfrak{b}),$$

da $\sin \sphericalangle (\mathfrak{a}, \mathfrak{b}) = \sin \sphericalangle (-\mathfrak{a}, \mathfrak{b}) = \sin \sphericalangle (\mathfrak{a}, -\mathfrak{b})$ ist.

6. *Die vektorielle Multiplikation läßt keine Umkehrung zur Division zu.* Wäre eine Umkehrung möglich, so müßte bei gegebenen $\mathfrak{a}$ und $\mathfrak{b}$ sich der Vektor $\mathfrak{x}$ aus

$$\mathfrak{a} \times \mathfrak{x} = \mathfrak{b}$$

eindeutig bestimmen lassen.
Abb. 135 zeigt anschaulich, daß es jedoch unendlich viele Vektoren $\mathfrak{x}_1, \mathfrak{x}_2, \mathfrak{x}_3, \ldots$ gibt, die, vektoriell mit $\mathfrak{a}$ multipliziert, den Vektor $\mathfrak{b}$ ergeben, nämlich alle die Vektoren $\mathfrak{x}_i$, welche die gleiche Normalkomponente $\mathfrak{x}_N$ bezüglich $\mathfrak{a}$ (in der von $\mathfrak{a}$

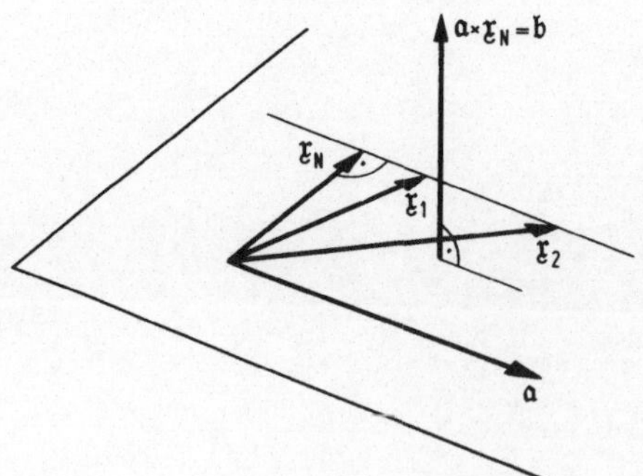

Abb. 135

und $\mathfrak{x}$ bestimmten Ebene) besitzen: $\mathfrak{a} \times \mathfrak{x}_1 = \mathfrak{a} \times \mathfrak{x}_2 = \ldots = \mathfrak{a} \times \mathfrak{x}_N$. Es gibt also keine Vektordivision!

7. Satz

Die vektorielle Multiplikation ist distributiv zur Vektoraddition

$$\boxed{\mathfrak{a} \times \mathfrak{b} + \mathfrak{a} \times \mathfrak{c} = \mathfrak{a} \times (\mathfrak{b} + \mathfrak{c})}$$

Beweis (Abb. 136): Es seien $\mathfrak{b}_N$, $\mathfrak{c}_N$ und $\mathfrak{d}_N = \mathfrak{b}_N + \mathfrak{c}_N$ die (in der Ebene E liegenden) Normalkomponenten von $\mathfrak{b}$, $\mathfrak{c}$ bzw. $\mathfrak{d} = \mathfrak{b} + \mathfrak{c}$ bezüglich $\mathfrak{a}$.
Wegen

$$\mathfrak{a} \times \mathfrak{b}_N = \mathfrak{a} \times \mathfrak{b}, \quad \mathfrak{a} \times \mathfrak{c}_N = \mathfrak{a} \times \mathfrak{c}, \quad \mathfrak{a} \times \mathfrak{d}_N = \mathfrak{a} \times \mathfrak{d}$$

genügt es, die Gültigkeit des Gesetzes für die Normalkomponenten nachzuweisen. Nach Definition des Vektorproduktes liegen $\mathfrak{a} \times \mathfrak{b}_N$, $\mathfrak{a} \times \mathfrak{c}_N$ und $\mathfrak{a} \times \mathfrak{d}_N$ wieder in der Ebene E. Nun ist

$$|\mathfrak{a} \times \mathfrak{b}_N| = |\mathfrak{a}|\,|\mathfrak{b}_N|, \quad |\mathfrak{a} \times \mathfrak{c}_N| = |\mathfrak{a}|\,|\mathfrak{c}_N|, \quad |\mathfrak{a} \times \mathfrak{d}_N| = |\mathfrak{a}|\,|\mathfrak{d}_N|$$

d.h., die Vektoren $\mathfrak{a} \times \mathfrak{b}_N$, $\mathfrak{a} \times \mathfrak{c}_N$, $\mathfrak{a} \times \mathfrak{d}_N$ haben jeweils die $|\mathfrak{a}|$-fache Länge der Vektoren $\mathfrak{b}_N$, $\mathfrak{c}_N$ bzw. $\mathfrak{d}_N$. Da ferner $\mathfrak{a} \times \mathfrak{b}_N \perp \mathfrak{b}_N$, $\mathfrak{a} \times \mathfrak{c}_N \perp \mathfrak{c}_N$ und $\mathfrak{a} \times \mathfrak{d}_N \perp \mathfrak{d}_N$ ist, spannen auch die Vektoren $\mathfrak{a} \times \mathfrak{b}_N$, $\mathfrak{a} \times \mathfrak{c}_N$ und $\mathfrak{a} \times \mathfrak{d}_N$ ein Parallelogramm auf, das man sich durch Drehstreckung innerhalb der Ebene E aus dem gegebenen Parallelogramm $\mathfrak{b}_N$, $\mathfrak{c}_N$, $\mathfrak{d}_N$ entstanden denken kann.

Also gilt mit Abb. 136:

$$\mathfrak{a} \times \mathfrak{b}_N + \mathfrak{a} \times \mathfrak{c}_N = \mathfrak{a} \times \mathfrak{d}_N = \mathfrak{a} \times (\mathfrak{b}_N + \mathfrak{c}_N)$$

Andere Beweise werden in den Aufgaben zu diesem Abschnitt und in 2.3.4 behandelt.

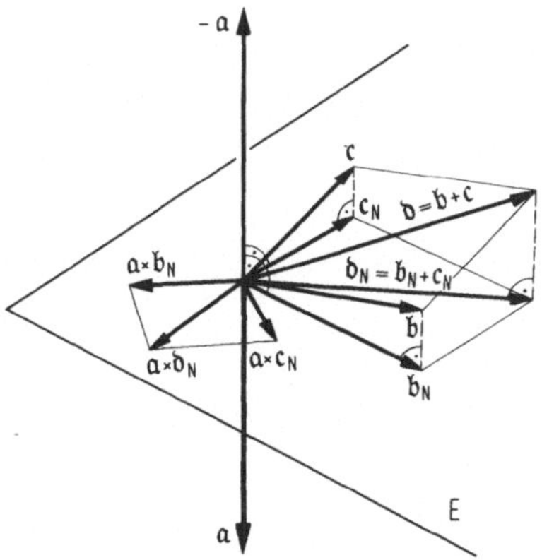

Abb. 136

Beispiele

1. Zwischen dem vektoriellen und skalaren Produkt zweier Vektoren sowie dem algebraischen Produkt ihrer Beträge besteht der wichtige Zusammenhang

$$\boxed{(\mathfrak{a} \times \mathfrak{b})^2 = a^2 b^2 - (\mathfrak{a} \cdot \mathfrak{b})^2}$$

Beweis:

$$|\mathfrak{a} \times \mathfrak{b}| = ab \sin \sphericalangle(\mathfrak{a}, \mathfrak{b}) \Rightarrow \sin \sphericalangle(\mathfrak{a}, \mathfrak{b}) = \frac{|\mathfrak{a} \times \mathfrak{b}|}{ab}$$

$$\mathfrak{a} \cdot \mathfrak{b} = ab \cos \sphericalangle(\mathfrak{a}, \mathfrak{b}) \Rightarrow \cos \sphericalangle(\mathfrak{a}, \mathfrak{b}) = \frac{\mathfrak{a} \cdot \mathfrak{b}}{ab}$$

$$\sin^2 \sphericalangle(\mathfrak{a}, \mathfrak{b}) + \cos^2 \sphericalangle(\mathfrak{a}, \mathfrak{b}) = \frac{|\mathfrak{a} \times \mathfrak{b}|^2}{a^2 b^2} + \frac{(\mathfrak{a} \cdot \mathfrak{b})^2}{a^2 b^2} = 1$$

$$\Rightarrow |\mathfrak{a} \times \mathfrak{b}|^2 + (\mathfrak{a} \cdot \mathfrak{b})^2 = a^2 b^2$$

$$(\mathfrak{a} \times \mathfrak{b})^2 = a^2 b^2 - (\mathfrak{a} \cdot \mathfrak{b})^2 .$$

2. Man beweise den *Sinussatz* der ebenen Trigonometrie: Im Dreieck verhalten sich zwei Seiten zueinander wie die Sinuswerte ihrer Gegenwinkel.

Beweis (Abb. 137): Multipliziert man

$$\mathfrak{a} + \mathfrak{b} + \mathfrak{c} = \mathfrak{o}$$

von rechts vektoriell mit $\mathfrak{c}$ durch, so folgt

$$\mathfrak{a} \times \mathfrak{c} + \mathfrak{b} \times \mathfrak{c} + \mathfrak{c} \times \mathfrak{c} = \mathfrak{o}, \quad \mathfrak{c} \times \mathfrak{c} = \mathfrak{o}$$

$$\Rightarrow \mathfrak{a} \times \mathfrak{c} = -\mathfrak{b} \times \mathfrak{c}, \quad |\mathfrak{a} \times \mathfrak{c}| = |\mathfrak{b} \times \mathfrak{c}|$$

$$\Rightarrow ac \sin \sphericalangle(\mathfrak{a}, \mathfrak{c}) = bc \sin \sphericalangle(\mathfrak{b}, \mathfrak{c})$$

$$a \sin(180° - \beta) = b \sin(180° - \alpha)$$

$$\Rightarrow a : b = \sin\alpha : \sin\beta .$$

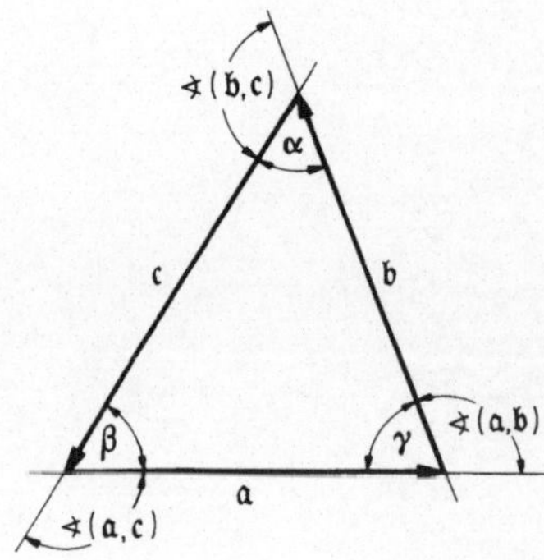

Abb. 137

3. Ein Tetraeder werde von den Vektoren $\mathfrak{a}$, $\mathfrak{b}$ und $\mathfrak{c}$ aufgespannt. Ordnet man jeder Fläche den Vektor zu, dessen Betrag maßzahlgleich dem Inhalt der Fläche ist und dessen Richtung und Richtungssinn mit der nach außen zeigenden Normalen übereinstimmt, so ist die Summe dieser Vektoren gleich Null.

Beweis (Abb. 138): Unter genauer Beachtung des Richtungssinnes ergibt sich für die Flächenvektoren

$$\mathfrak{v}_1 = \tfrac{1}{2}(\mathfrak{b} \times \mathfrak{a})$$

$$\mathfrak{v}_2 = \tfrac{1}{2}(\mathfrak{c} \times \mathfrak{b})$$

$$\mathfrak{v}_3 = \tfrac{1}{2}(\mathfrak{a} \times \mathfrak{c})$$

$$\mathfrak{v}_4 = \tfrac{1}{2}(\mathfrak{b} - \mathfrak{a}) \times (\mathfrak{c} - \mathfrak{a})$$

$$\Rightarrow \mathfrak{v}_1 + \mathfrak{v}_2 + \mathfrak{v}_3 + \mathfrak{v}_4$$

$$= \tfrac{1}{2}(\mathfrak{b} \times \mathfrak{a} + \mathfrak{c} \times \mathfrak{b} + \mathfrak{a} \times \mathfrak{c} + \mathfrak{b} \times \mathfrak{c} - \mathfrak{a} \times \mathfrak{c} - \mathfrak{b} \times \mathfrak{a} + \mathfrak{a} \times \mathfrak{a})$$

$$= \tfrac{1}{2}(\mathfrak{c} \times \mathfrak{b} + \mathfrak{b} \times \mathfrak{c})$$

$$= \mathfrak{O}, \quad \text{denn} \quad \mathfrak{c} \times \mathfrak{b} = -\mathfrak{b} \times \mathfrak{c}\,.$$

Bemerkungen: Der Satz gilt allgemein für jeden geschlossenen Polyeder (Vielflach): Die Summe aller seiner Flächenvektoren (Plangrößen) ist stets gleich Null.

Aufgaben zu 2.3.3

1. Vereinfachen Sie den vektoriellen Term

$$\mathfrak{a} \times (\mathfrak{b} - \mathfrak{c}) + (\mathfrak{b} + \mathfrak{c}) \times (\mathfrak{a} - \mathfrak{c}) - (\mathfrak{a} - \mathfrak{b}) \times (\mathfrak{b} + \mathfrak{c})\,.$$

2. Was ergibt das Vektorprodukt zweier orthogonaler Vektoren? Welche Aussage kann in diesem Fall über den Betrag des Vektorproduktes gemacht werden?
3. Wir erklären ein Parallelogramm als ein Viereck, in dem ein Paar Gegenseiten parallel und gleich lang ist. Zeigen Sie: Ein Viereck ist ein Parallelogramm genau dann, wenn je zwei Gegenseiten parallel sind. Anleitung: Gehen Sie von Abb. 139 aus! Formulieren Sie für beide Beweisteile zuerst Voraussetzung und Behauptung (in vektorieller Form).

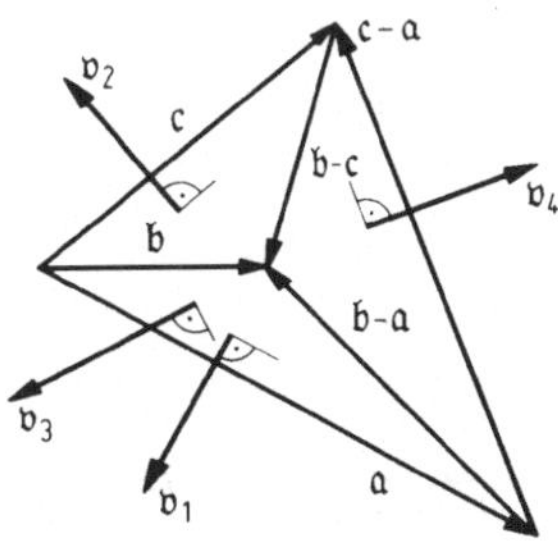

Abb. 138

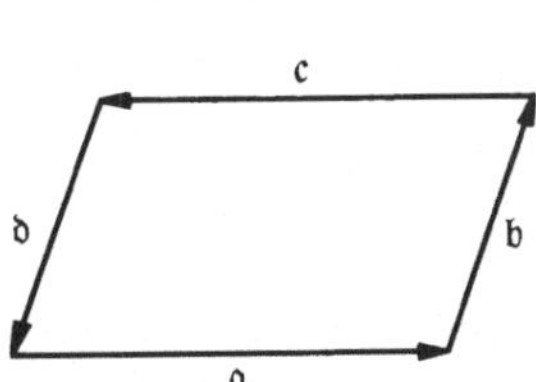

Abb. 139

4. Beweisen Sie die Distributivität der vektoriellen Produktbildung über der Vektoraddition durch vollständige Induktion! Anleitung: Beweisziel ist die Aussage

$$\mathfrak{a} \times (\mathfrak{b}_1 + \mathfrak{b}_2 + \ldots + \mathfrak{b}_n) = \mathfrak{a} \times \mathfrak{b}_1 + \mathfrak{a} \times \mathfrak{b}_2 + \ldots + \mathfrak{a} \times \mathfrak{b}_n$$

für jedes $n \in \mathbb{N}$. Prüfen Sie die Richtigkeit für $n = 1$. Nehmen Sie die Gültigkeit für $n = k$ an und leiten Sie daraus die Richtigkeit für $n = k + 1$ her!

2.3.4 Basisdarstellung von Vektoren

Unseren bisherigen Betrachtungen lag der Vektor in seiner bildlich-geometrischen Darstellung als gerichtete Strecke zugrunde. Für numerische Rechnungen benötigt man jedoch eine Darstellung, die zahlenmäßigen Aufgabenstellungen gerecht wird. Zu diesem Zweck führen wir ein räumliches rechtshändiges[1] kartesisches Koordinatensystem ein und betrachten alle Vektoren in bezug auf dieses System.

Projiziert man einen Vektor $\mathfrak{v}$ auf die drei Koordinatenachsen, so erhält man seine *Komponenten* in x-, y- und z-Richtung, die wir $\mathfrak{v}_x$, $\mathfrak{v}_y$ bzw. $\mathfrak{v}_z$ nennen wollen. Es gilt dann

$$\mathfrak{v} = \mathfrak{v}_x + \mathfrak{v}_y + \mathfrak{v}_z$$

(Abb. 140). Wir führen ferner die drei Einsvektoren $\mathfrak{i}$, $\mathfrak{j}$, $\mathfrak{k}$ (Länge 1) ein, die als Ortsvektoren vom Ursprung 0 ausgehend in den drei Achsen liegen sollen. Diese Einsvektoren sind somit linear unabhängig[2], paarweise orthogonal, und sie bilden

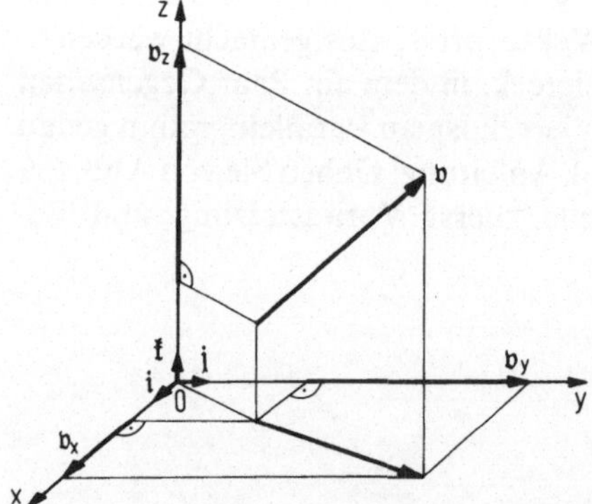

Abb. 140

[1] Das System heißt „rechtshändig" oder ein „Rechtssystem", wenn x, y- und z-Achse wie Daumen, Zeige- und Mittelfinger der rechten Hand zueinander liegen; sie bilden in dieser Reihenfolge also eine Rechtsschraubung.

[2] vgl. dazu Aufgabe 4 von Abschnitt 2.3.1.

mit diesen Eigenschaften eine „orthonormale Basis" für unsere Vektoren:

$$\left.\begin{aligned} \mathfrak{v}_x &= \pm|\mathfrak{v}_x|\mathfrak{i} =: v_x\mathfrak{i} \\ \mathfrak{v}_y &= \pm|\mathfrak{v}_y|\mathfrak{j} =: v_y\mathfrak{j} \\ \mathfrak{v}_z &= \pm|\mathfrak{v}_z|\mathfrak{k} =: v_z\mathfrak{k} \end{aligned}\right\} \Rightarrow \mathfrak{v} = v_x\mathfrak{i} + v_y\mathfrak{j} + v_z\mathfrak{k}\,.$$

Damit ist die auf diese Basis $\{\mathfrak{i}, \mathfrak{j}, \mathfrak{k}\}$ bezogene Basisdarstellung[1] des Vektors $\mathfrak{v}$ entstanden. Die „Vektorkoordinaten" v_x, v_y, v_z ändern sich offenbar nicht, wenn man den Vektor $\mathfrak{v}$ parallel zu sich selbst verschiebt, denn die Komponenten $\mathfrak{v}_x, \mathfrak{v}_y, \mathfrak{v}_z$ bleiben nach Länge, Richtung und Richtungssinn gleich. Die Vektorkoordinaten sind somit invariant gegenüber einer Parallelverschiebung des Vektors, so daß die Basisdarstellung

$$\mathfrak{v} = v_x\mathfrak{i} + v_y\mathfrak{j} + v_z\mathfrak{k}$$

den *Freien Vektor* $\mathfrak{v}$ repräsentiert.

Liegt $\mathfrak{v}$ mit seinem Anfangspunkt speziell im Ursprung 0 und gibt man seiner Spitze die Koordinaten (x, y, z), so sind diese (Punkt-)Koordinaten in diesem Fall zugleich die Vektorkoordinaten:

$$\mathfrak{v} = x\mathfrak{i} + y\mathfrak{j} + z\mathfrak{k}\,.$$

Bei allgemeiner Lage von $\mathfrak{v}$ gilt indes, wenn (x_1, y_1, z_1) die Koordinaten des Anfangspunktes und (x_2, y_2, z_2) die Koordinaten der Spitze bedeuten

$$v_x = x_2 - x_1, \quad v_y = y_2 - y_1, \quad v_z = z_2 - z_1$$

$$\mathfrak{v} = (x_2 - x_1)\mathfrak{i} + (y_2 - y_1)\mathfrak{j} + (z_2 - z_1)\mathfrak{k}\,.$$

Wir fassen zusammen

Definition

Die Projektionen eines Vektors $\mathfrak{v}$ auf die Koordinatenachsen heißen dessen kartesische Komponenten $\mathfrak{v}_x, \mathfrak{v}_y, \mathfrak{v}_z$, und es ist

$$\boxed{\mathfrak{v} = \mathfrak{v}_x + \mathfrak{v}_y + \mathfrak{v}_z}$$

die zugehörige *Komponentendarstellung* von $\mathfrak{v}$. Nach Einführung der orthonormalen Basis $\{\mathfrak{i}, \mathfrak{j}, \mathfrak{k}\}$ ist

$$\boxed{\mathfrak{v} = v_x\mathfrak{i} + v_y\mathfrak{j} + v_z\mathfrak{k}}$$

die zugehörige *Basisdarstellung* von $\mathfrak{v}$. $v_x, v_y, v_z \in \mathbb{R}$ heißen die Koordinaten des Vektors $\mathfrak{v}$.

[1] Je drei linear unabhängige Vektoren können als Basis dienen, wir bleiben in der anschaulichen Vektoralgebra jedoch bei $\{\mathfrak{i}, \mathfrak{j}, \mathfrak{k}\}$.

Wir fragen jetzt, wie sich die früher definierten Rechenregeln für Vektoren auf ihre Koordinaten übertragen, d.h. wie man mit Vektoren in Basisdarstellung rechnen kann.

1. *Gleichheit zweier Vektoren*: Zwei Vektoren

$$\mathfrak{a} = a_x\mathfrak{i} + a_y\mathfrak{j} + a_z\mathfrak{k}$$
$$\mathfrak{b} = b_x\mathfrak{i} + b_y\mathfrak{j} + b_z\mathfrak{k}$$

sind gleich, wenn sie entsprechend gleiche Koordinaten haben

$$\boxed{\mathfrak{a} = \mathfrak{b} \Leftrightarrow a_x = b_x \wedge a_y = b_y \wedge a_z = b_z}$$

2. *Addition zweier Vektoren*: Aus

$$\mathfrak{a} + \mathfrak{b} = a_x\mathfrak{i} + a_y\mathfrak{j} + a_z\mathfrak{k} + b_x\mathfrak{i} + b_y\mathfrak{j} + b_z\mathfrak{k}$$

folgt durch Anwendung des kommutativen Gesetzes der Addition und des distributiven Gesetzes bez. der Skalaraddition

$$\boxed{\mathfrak{a} + \mathfrak{b} = (a_x + b_x)\mathfrak{i} + (a_y + b_y)\mathfrak{j} + (a_z + b_z)\mathfrak{k}}$$

d.h. zwei Vektoren werden addiert, indem man ihre entsprechenden Koordinaten addiert. Da somit die Addition von Vektoren auf die von Skalaren zurückgeführt ist, gilt für die Vektoraddition das kommutative und assoziative Gesetz, denn diese gelten für Skalare, d.h. reelle Zahlen.

3. *Subtraktion*[1] *eines Vektors*: Wie bei der Addition erhält man

$$\boxed{\mathfrak{a} - \mathfrak{b} = (a_x - b_x)\mathfrak{i} + (a_y - b_y)\mathfrak{j} + (a_z - b_z)\mathfrak{k}}$$

d.h. die Subtraktion der Vektoren überträgt sich auf die Subtraktion der entsprechenden Koordinaten. Für $\mathfrak{a} = \mathfrak{b}$ ergibt sich beiderseits der Nullvektor.

4. *Multiplikation mit einem Skalar*: Die Anwendung des distributiven Gesetzes bezüglich der Vektoraddition sowie des assoziativen Gesetzes bez. der Multiplikation mit einem Skalar führt auf

$$k(a_x\mathfrak{i} + a_y\mathfrak{j} + a_z\mathfrak{k}) = (ka_x)\mathfrak{i} + (ka_y)\mathfrak{j} + (ka_z)\mathfrak{k}$$

[1] Es sei darauf hingewiesen, daß sich die Subtraktion aus 1. und 4. ergibt, falls man in 4. für $k = -1$ setzt.

$$k\mathfrak{a} = (ka_x)\mathfrak{i} + (ka_y)\mathfrak{j} + (ka_z)\mathfrak{k}$$

d.h. ein Vektor wird mit einem Skalar multipliziert, indem man seine Koordinaten mit dem Skalar multipliziert.

5. *Skalares Produkt in Basisdarstellung*: Zunächst gilt für die orthonormalen Einsvektoren $\mathfrak{i}, \mathfrak{j}, \mathfrak{k}$: ihr skalares Produkt ist gleich 1 bzw. gleich 0, je nachdem die Faktoren gleich oder verschieden sind, schematisch:[1]

$$\begin{pmatrix} \mathfrak{i}\cdot\mathfrak{i} & \mathfrak{i}\cdot\mathfrak{j} & \mathfrak{i}\cdot\mathfrak{k} \\ \mathfrak{j}\cdot\mathfrak{i} & \mathfrak{j}\cdot\mathfrak{j} & \mathfrak{j}\cdot\mathfrak{k} \\ \mathfrak{k}\cdot\mathfrak{i} & \mathfrak{k}\cdot\mathfrak{j} & \mathfrak{k}\cdot\mathfrak{k} \end{pmatrix} = \begin{pmatrix} 1 & 0 & 0 \\ 0 & 1 & 0 \\ 0 & 0 & 1 \end{pmatrix}.$$

Damit folgt für das skalare Produkt der Vektoren $\mathfrak{a}$ und $\mathfrak{b}$

$$\mathfrak{a}\cdot\mathfrak{b} = a_x b_x + a_y b_y + a_z b_z$$

Zwei Vektoren werden skalar miteinander multipliziert, indem man ihre entsprechenden Koordinaten miteinander multipliziert und die Produkte addiert. Insbesondere lautet die *Orthogonalitätsbedingung* für zwei Vektoren $\mathfrak{a} \neq \mathfrak{O}$ und $\mathfrak{b} \neq \mathfrak{O}$ jetzt

$$\mathfrak{a} \perp \mathfrak{b} \Leftrightarrow a_x b_x + a_y b_y + a_z b_z = 0$$

Man bestätigt sofort die Formeln

$$\mathfrak{a}\cdot\mathfrak{b} = \mathfrak{b}\cdot\mathfrak{a}$$

$$\mathfrak{a}\cdot(\mathfrak{b} + \mathfrak{c}) = \mathfrak{a}\cdot\mathfrak{b} + \mathfrak{a}\cdot\mathfrak{c}$$

$$k(\mathfrak{a}\cdot\mathfrak{b}) = (k\mathfrak{a})\cdot\mathfrak{b} = \mathfrak{a}\cdot(k\mathfrak{b}),$$

da jetzt die skalare Multiplikation zwischen Vektoren auf die algebraische Multiplikation ihrer Koordinaten zurückgeführt ist.

Für den *Betrag* eines Vektors $\mathfrak{a}$ erhält man

$$|\mathfrak{a}| = \sqrt{\mathfrak{a}\cdot\mathfrak{a}} = \sqrt{a_x^2 + a_y^2 + a_z^2}$$

---

[1] Die Gleichsetzung der beiden eingeklammerten Schemata ist so zu lesen, daß jeweils die Elemente rechts und links gleich sind, die an gleicher Stelle im Schema stehen. Vgl. hierzu auch die Definition „Gleichheit zweier Matrizen" in 2.4.1.

und damit für den *Winkel* der Vektoren $\mathfrak{a}$ und $\mathfrak{b}$

$$\cos \sphericalangle (\mathfrak{a}, \mathfrak{b}) = \frac{\mathfrak{a} \cdot \mathfrak{b}}{|\mathfrak{a}||\mathfrak{b}|}$$

$$\boxed{\cos \sphericalangle (\mathfrak{a}, \mathfrak{b}) = \frac{a_x b_x + a_y b_y + a_z b_z}{\sqrt{a_x^2 + a_y^2 + a_z^2}\sqrt{b_x^2 + b_y^2 + b_z^2}}}$$

Man beachte hierbei, daß $\sphericalangle (\mathfrak{a}, \mathfrak{b})$ stets zwischen 0° und 180° liegt.

6. *Vektorielles Produkt in Basisdarstellung*: Unter besonderer Beachtung der Rechtsschraubenregel erhält man für die vektoriellen Produkte der orthonormalen Einsvektoren

$$\begin{pmatrix} \mathfrak{i} \times \mathfrak{i} & \mathfrak{i} \times \mathfrak{j} & \mathfrak{i} \times \mathfrak{k} \\ \mathfrak{j} \times \mathfrak{i} & \mathfrak{j} \times \mathfrak{j} & \mathfrak{j} \times \mathfrak{k} \\ \mathfrak{k} \times \mathfrak{i} & \mathfrak{k} \times \mathfrak{j} & \mathfrak{k} \times \mathfrak{k} \end{pmatrix} = \begin{pmatrix} \mathfrak{o} & \mathfrak{k} & -\mathfrak{j} \\ -\mathfrak{k} & \mathfrak{o} & \mathfrak{i} \\ \mathfrak{j} & -\mathfrak{i} & \mathfrak{o} \end{pmatrix}.$$

Damit folgt für das vektorielle Produkt zweier Vektoren in Koordinaten

$$\begin{aligned} \mathfrak{a} \times \mathfrak{b} &= (a_x \mathfrak{i} + a_y \mathfrak{j} + a_z \mathfrak{k}) \times (b_x \mathfrak{i} + b_y \mathfrak{j} + b_z \mathfrak{k}) \\ &= a_x b_x \mathfrak{i} \times \mathfrak{i} + a_x b_y \mathfrak{i} \times \mathfrak{j} + a_x b_z \mathfrak{i} \times \mathfrak{k} \\ &\quad + a_y b_x \mathfrak{j} \times \mathfrak{i} + a_y b_y \mathfrak{j} \times \mathfrak{j} + a_y b_z \mathfrak{j} \times \mathfrak{k} \\ &\quad + a_z b_x \mathfrak{k} \times \mathfrak{i} + a_z b_y \mathfrak{k} \times \mathfrak{j} + a_z b_z \mathfrak{k} \times \mathfrak{k} \\ &= a_x b_y \mathfrak{k} - a_x b_z \mathfrak{j} - a_y b_x \mathfrak{k} + a_y b_z \mathfrak{i} + a_x b_z \mathfrak{j} - a_z b_y \mathfrak{i} \\ &= (a_y b_z - a_z b_y)\mathfrak{i} - (a_x b_z - a_z b_x)\mathfrak{j} + (a_x b_y - a_y b_x)\mathfrak{k} \end{aligned}$$

oder als dreireihige Determinante geschrieben

$$\boxed{\mathfrak{a} \times \mathfrak{b} = \begin{vmatrix} \mathfrak{i} & \mathfrak{j} & \mathfrak{k} \\ a_x & a_y & a_z \\ b_x & b_y & b_z \end{vmatrix}}$$

Die Determinante läßt sich gut einprägen: In der ersten Zeile stehen die Basisvektoren, dann die Koordinaten des ersten Vektors und schließlich die Koordinaten des zweiten Vektors.

Die *Rechenregeln für das vektorielle Produkt* können jetzt auf solche von Determinanten zurückgeführt und so noch einmal nachgeprüft werden.

1. $\mathfrak{a} \times \mathfrak{b} = -\mathfrak{b} \times \mathfrak{a}$:

$$\begin{vmatrix} \mathfrak{i} & \mathfrak{j} & \mathfrak{k} \\ a_x & a_y & a_z \\ b_x & b_y & b_z \end{vmatrix} = -\begin{vmatrix} \mathfrak{i} & \mathfrak{j} & \mathfrak{k} \\ b_x & b_y & b_z \\ a_x & a_y & a_z \end{vmatrix}$$

Vertauschen zweier Zeilen der Determinante ändert deren Vorzeichen!

2. $\mathfrak{a} \times \mathfrak{a} = \mathfrak{O}$:

$$\begin{vmatrix} \mathfrak{i} & \mathfrak{j} & \mathfrak{k} \\ a_x & a_y & a_z \\ a_x & a_y & a_z \end{vmatrix} = \mathfrak{O}$$

Eine Determinante ist gleich Null (hier gleich dem Nullvektor!), wenn zwei Zeilen gleich sind.

3. $\mathfrak{a} \times (\mathfrak{b} + \mathfrak{c}) = \mathfrak{a} \times \mathfrak{b} + \mathfrak{a} \times \mathfrak{c}$:

$$\begin{vmatrix} \mathfrak{i} & \mathfrak{j} & \mathfrak{k} \\ a_x & a_y & a_z \\ b_x + c_x & b_y + c_y & b_z + c_z \end{vmatrix} = \begin{vmatrix} \mathfrak{i} & \mathfrak{j} & \mathfrak{k} \\ a_x & a_y & a_z \\ b_x & b_y & b_z \end{vmatrix} + \begin{vmatrix} \mathfrak{i} & \mathfrak{j} & \mathfrak{k} \\ a_x & a_y & a_z \\ c_x & c_y & c_z \end{vmatrix}.$$

4. $k(\mathfrak{a} \times \mathfrak{b}) = (k\mathfrak{a}) \times \mathfrak{b} = \mathfrak{a} \times (k\mathfrak{b})$:

$$k\begin{vmatrix} \mathfrak{i} & \mathfrak{j} & \mathfrak{k} \\ a_x & a_y & a_z \\ b_x & b_y & b_z \end{vmatrix} = \begin{vmatrix} \mathfrak{i} & \mathfrak{j} & \mathfrak{k} \\ ka_x & ka_y & ka_z \\ b_x & b_y & b_z \end{vmatrix} = \begin{vmatrix} \mathfrak{i} & \mathfrak{j} & \mathfrak{k} \\ a_x & a_y & a_z \\ kb_x & kb_y & kb_z \end{vmatrix}.$$

7. *Richtungskosinus in Basisdarstellung*: Um die räumliche Lage eines Vektors berechnen zu können, benötigen wir seine Winkel, die er mit den Koordinatenachsen einschließt. Sie lassen sich aus der Basisdarstellung bestimmen.

Definition

Die Kosinuswerte der Winkel, welche ein Vektor $\mathfrak{v}$ mit den drei orthonormalen Einsvektoren einschließt, heißen seine *Richtungskosinus*.

Nimmt man für $\mathfrak{v}$ die Basisdarstellung

$$\mathfrak{v} = v_x\mathfrak{i} + v_y\mathfrak{j} + v_z\mathfrak{k}$$

an, so ergibt sich für die Richtungskosinus (Abb. 141)

$$\cos\alpha = \cos \sphericalangle (\mathfrak{v}, \mathfrak{i}) = \frac{\mathfrak{v}\cdot\mathfrak{i}}{|\mathfrak{v}||\mathfrak{i}|} = \frac{v_x}{v} = \frac{v_x}{\sqrt{v_x^2 + v_y^2 + v_z^2}}$$

$$\cos\beta = \cos \sphericalangle (\mathfrak{v}, \mathfrak{j}) = \frac{\mathfrak{v}\cdot\mathfrak{j}}{|\mathfrak{v}||\mathfrak{j}|} = \frac{v_y}{v} = \frac{v_y}{\sqrt{v_x^2 + v_y^2 + v_z^2}}$$

$$\cos\gamma = \cos \sphericalangle (\mathfrak{v}, \mathfrak{k}) = \frac{\mathfrak{v}\cdot\mathfrak{k}}{|\mathfrak{v}||\mathfrak{k}|} = \frac{v_z}{v} = \frac{v_z}{\sqrt{v_x^2 + v_y^2 + v_z^2}}$$

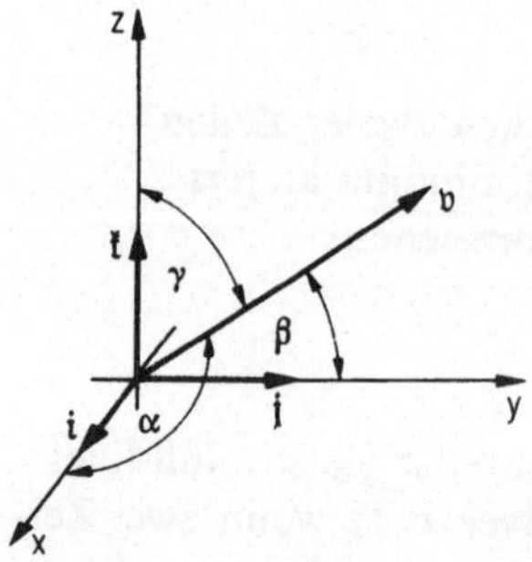

Abb. 141

Die Richtungskosinus sind positiv oder negativ, je nachdem die Komponenten $\mathfrak{v}_x$, $\mathfrak{v}_y$, $\mathfrak{v}_z$ mit den Vektoren i, j, $\mathfrak{k}$ beziehentlich gleichsinnig oder gegensinnig parallel sind.
Bildet man die Quadratsumme der Richtungskosinus, so bestätigt man ihre Abhängigkeit gemäß

$$\boxed{\cos^2\alpha + \cos^2\beta + \cos^2\gamma = 1}$$

falls man $\alpha = \sphericalangle(\mathfrak{v}, \mathrm{i})$, $\beta = \sphericalangle(\mathfrak{v}, \mathrm{j})$, $\gamma = \sphericalangle(\mathfrak{v}, \mathfrak{k})$ setzt. Das heißt, nur zwei Richtungskosinus sind frei wählbar, der dritte liegt dann bis auf sein Vorzeichen fest, z.B.

$$\cos\gamma = \pm\sqrt{1 - \cos^2\alpha - \cos^2\beta}\,.$$

Geht man mit

$$v_x = v\cos\alpha, \quad v_y = v\cos\beta, \quad v_z = v\cos\gamma$$

in die Basisdarstellung für $\mathfrak{v}$ ein, so wird

$$\boxed{\mathfrak{v} = v[\mathrm{i}\cos\alpha + \mathrm{j}\cos\beta + \mathfrak{k}\cos\gamma]}$$

eine *Darstellung des Vektors* $\mathfrak{v}$ *durch Betrag und Richtungskosinus.* Nimmt man speziell für $\mathfrak{v}$ einen Einsvektor $\mathfrak{v}^\circ$, so wird wegen

$$|\mathfrak{v}^\circ| = 1$$

$$\boxed{\mathfrak{v}^\circ = \mathrm{i}\cos\alpha + \mathrm{j}\cos\beta + \mathfrak{k}\cos\gamma}$$

d.h. die Koordinaten eines Einsvektors sind seine Richtungskosinus. Mit

$$|\mathfrak{v}^\circ| = 1 = \sqrt{\cos^2\alpha + \cos^2\beta + \cos^2\gamma}$$

folgt daraus nochmals

$$\cos^2\alpha + \cos^2\beta + \cos^2\gamma = 1 \; .$$

Beispiele

1. Der Vektor $\mathfrak{v} = 7\mathfrak{i} - 5\mathfrak{j} + \mathfrak{k}$ hat als Betrag

$$|\mathfrak{v}| = \sqrt{49 + 25 + 1} = \sqrt{75} = 8{,}66 \; ;$$

für die Richtungskosinus und Winkel erhält man damit

$$\cos\alpha = 7 : \sqrt{75} = 0{,}808 \Rightarrow \alpha = 36{,}1^\circ$$

$$\cos\beta = -5 : \sqrt{75} = -0{,}577 \Rightarrow \beta = 180^\circ - 54{,}8^\circ = 125{,}2^\circ$$

$$\cos\gamma = 1 : \sqrt{75} = 0{,}1155 \Rightarrow \gamma = 83{,}37^\circ \; .$$

2. Welchen Winkel $\sphericalangle(\mathfrak{a}, \mathfrak{b})$ schließen die Vektoren

$$\mathfrak{a} = 2\mathfrak{i} - 3\mathfrak{j} - 7\mathfrak{k} \quad \text{und} \quad \mathfrak{b} = -\mathfrak{i} + 5\mathfrak{j} - 4\mathfrak{k}$$

miteinander ein? Lösung: Der gesuchte Winkel berechnet sich aus dem skalaren Produkt

$$\mathfrak{a} \cdot \mathfrak{b} = ab\cos\sphericalangle(\mathfrak{a}, \mathfrak{b}) :$$

$$\mathfrak{a} \cdot \mathfrak{b} = -2 - 15 + 28 = 11; \quad a = \sqrt{\mathfrak{a} \cdot \mathfrak{a}} = \sqrt{62} = 7{,}87, \quad b = \sqrt{42} = 6{,}48$$

$$\Rightarrow \cos\sphericalangle(\mathfrak{a}, \mathfrak{b}) = \frac{11}{7{,}87 \cdot 6{,}48} = 0{,}2157 \Rightarrow \sphericalangle(\mathfrak{a}, \mathfrak{b}) = 77{,}54^\circ \; .$$

3. Es ist die *Gleichung einer Raumgeraden* aufzustellen. Die Gerade g verlaufe durch den festen Raumpunkt P und habe die Richtung des Vektors $\mathfrak{b}$ (Abb. 142). Lösung: Legt man ein Koordinatensystem mit 0 als Ursprung fest, so wird $P \in g$ durch $\overrightarrow{OP} =: \mathfrak{a}$ bestimmt. Den Vektor $\mathfrak{b}$ kann man sich in die Gerade verschoben denken. Der variable Ortsvektor $\mathfrak{r}$ überstreicht dann mit seiner Spitze die gesamte Gerade, wenn man

$$\mathfrak{r} = \mathfrak{r}(t) := \mathfrak{a} + \mathfrak{b}t$$

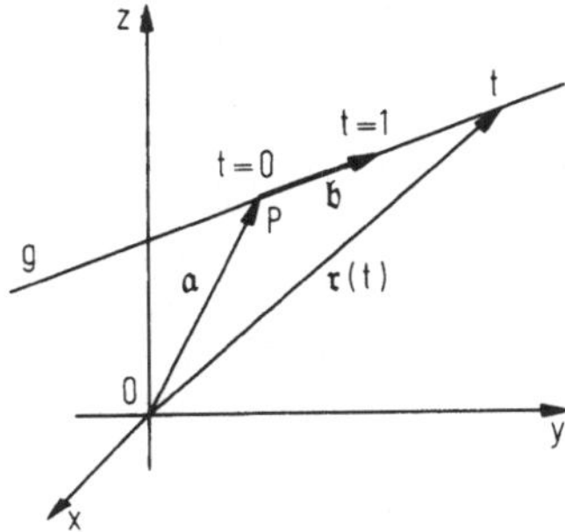

Abb. 142

setzt und die Variable t alle reelle Zahlen durchlaufen läßt. Die „Vektorfunktion“

$$\mathbb{R} \to V \quad \text{mit} \quad t \mapsto \mathfrak{r}(t) := \mathfrak{a} + \mathfrak{b}t$$

hat dann die Raumgerade als Graphen, man nennt kurz

$$\mathfrak{r}(t) = \mathfrak{a} + \mathfrak{b}t$$

die „Vektorgleichung“ der Geraden. t heißt Parameter.
Gibt man $\mathfrak{r}$, $\mathfrak{a}$ und $\mathfrak{b}$ die Basisdarstellung

$$\mathfrak{r} = x\mathfrak{i} + y\mathfrak{j} + z\mathfrak{k}, \quad \mathfrak{a} = a_x\mathfrak{i} + a_y\mathfrak{j} + a_z\mathfrak{k}, \quad \mathfrak{b} = b_x\mathfrak{i} + b_y\mathfrak{j} + b_z\mathfrak{k},$$

so sind der Vektorgleichung die drei skalaren Gleichungen

$$\left.\begin{aligned} x &= x(t) = a_x + b_x t \\ y &= y(t) = a_y + b_y t \\ z &= z(t) = a_z + b_z t \end{aligned}\right\}$$

äquivalent.

4. Eine Ebene E des Raumes sei durch die zwei linear unabhängigen (d.h. hier: nicht-parallelen) Vektoren $\mathfrak{b}$ und $\mathfrak{c}$ aufgespannt (Abb. 143). Ihr gemeinsamer Anfangspunkt P wird durch den festen Ortsvektor $\overrightarrow{OP} = \mathfrak{a}$ bestimmt. Der variable Ortsvektor $\mathfrak{r}$ führt zu jedem Punkt der Ebene, wenn man

$$\mathfrak{r} = \mathfrak{r}(s, t) = \mathfrak{a} + \mathfrak{b}s + \mathfrak{c}t^1$$

setzt und die Parameter s und t alle reellen Zahlen annehmen läßt. Die Vektorfunktion

$$\mathbb{R}^2 \to V \quad \text{mit} \quad (s, t) \mapsto \mathfrak{r} = \mathfrak{r}(s, t) = \mathfrak{a} + \mathfrak{b}s + \mathfrak{c}t$$

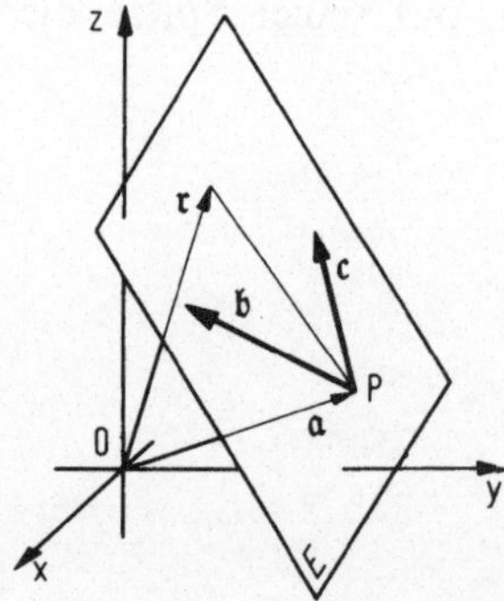

Abb. 143

[1] Es ist üblich, die Verknüpfung k$\mathfrak{v}$ kommutativ zu handhaben: $\mathfrak{b}s := s\mathfrak{b}$, $\mathfrak{c}t := t\mathfrak{c}$ etc.

hat damit die Ebene als Graphen; wieder heißt der Term

$$\mathfrak{r}(s, t) := \mathfrak{a} + \mathfrak{b}s + \mathfrak{c}t$$

kurz die „vektorielle Ebenengleichung" im Raum.

Wir erläutern noch eine Abkürzung für die Basisdarstellung. Wie wir wissen, sind bei Zugrundelegung der Orthonormalbasis $\{\mathfrak{i}, \mathfrak{j}, \mathfrak{k}\}$ die Vektorkoordinaten gemäß

$$\mathfrak{r} = v_x\mathfrak{i} + v_y\mathfrak{j} + v_z\mathfrak{k}$$

eindeutig bestimmt.

Definition

Das (geordnete) Zahlentripel $(v_x, v_y, v_z) \in \mathbb{R}^3$ der Vektorkoordinaten eines Vektors $\mathfrak{v} \in V$ bezüglich der Orthonormalbasis $\{\mathfrak{i}, \mathfrak{j}, \mathfrak{k}\}$ heißt die *Tripeldarstellung* von $\mathfrak{v}$ und man schreibt

$$\boxed{\mathfrak{v} = (v_x, v_y, v_z)}$$

Hat $\mathfrak{v}$ speziell seinen Anfangspunkt im Ursprung, so ist das Tripel (v_x, v_y, v_z) identisch mit dem Koordinatentripel der Vektorspitze, die orthogonalen Einheitsvektoren haben danach

$$\mathfrak{i} = (1, 0, 0), \quad \mathfrak{j} = (0, 1, 0), \quad \mathfrak{k} = (0, 0, 1)$$

als Tripeldarstellung.

Das Rechnen mit Tripeln erfolgt auf Grund der für Basisdarstellungen hergeleiteten Regeln.

1. *Gleichheit zweier Vektoren.* Zwei Vektoren

$$\mathfrak{a} = a_x\mathfrak{i} + a_y\mathfrak{j} + a_z\mathfrak{k} =: (a_x, a_y, a_z)$$

$$\mathfrak{b} = b_x\mathfrak{i} + b_y\mathfrak{j} + b_z\mathfrak{k} =: (b_x, b_y, b_z)$$

sind gleich genau dann, wenn ihre entsprechenden Koordinaten gleich sind:

$$\mathfrak{a} = \mathfrak{b} \Leftrightarrow a_x = b_x \wedge a_y = b_y \wedge a_z = b_z\,.$$

2. *Addition zweier Vektoren.* Zwei Vektoren werden addiert, indem man ihre entsprechenden Koordinaten addiert:

$$\mathfrak{a} + \mathfrak{b} = (a_x, a_y, a_z) + (b_x, b_y, b_z) = (a_x + b_x, a_y + b_y, a_z + b_z)$$

3. *Subtraktion eines Vektors.* Die Subtraktion eines Vektors $\mathfrak{b}$ von einem Vektor $\mathfrak{a}$ wird auf die Subtraktion der entsprechenden Koordinaten zurückgeführt:

$$\mathfrak{a} - \mathfrak{b} = (a_x, a_y, a_z) - (b_x, b_y, b_z) = (a_x - b_x, a_y - b_y, a_z - b_z)\,.$$

Speziell hat der Nullvektor $\mathfrak{o}$ die Darstellung

$$\mathfrak{o} = (0, 0, 0)$$

4. *Äußere Skalar-Multiplikation.* Ein Vektor $\mathfrak{v} \in V$ wird mit einem Skalar $k \in \mathbb{R}$ multipliziert, indem man jede Koordinate mit dem Skalar multipliziert:

$$k\mathfrak{a} = k(a_x, a_y, a_z) = (ka_x, ka_y, ka_z)$$

5. *Skalares Produkt.* Hier ist das Ergebnis kein Tripel, sondern ein Skalar:

$$\mathfrak{a} \cdot \mathfrak{b} = (a_x, a_y, a_z) \cdot (b_x, b_y, b_z) = a_x b_x + a_y b_y + a_z b_z$$

6. *Vektorielles Produkt.* Ausgehend von der Determinantenform

$$\mathfrak{a} \times \mathfrak{b} = \begin{vmatrix} \mathfrak{i} & \mathfrak{j} & \mathfrak{k} \\ a_x & a_y & a_z \\ b_x & b_y & b_z \end{vmatrix}$$

lassen sich die Adjunkten der Elemente der ersten Zeile als Tripel-Elemente schreiben:

$$\mathfrak{a} \times \mathfrak{b} = (a_y b_z - a_z b_y, \quad a_z b_x - a_x b_z, \quad a_x b_y - a_y b_x),$$

doch merkt sich die Determinante natürlich leichter.

Wir erwähnen noch, daß die Tripel statt in der Zeilenform auch in der Spaltenform geschrieben werden können; in diesem Zusammenhang spricht man gern von *Zeilenvektoren*

$$\mathfrak{v} = (v_x, v_y, v_z)$$

bzw. von *Spaltenvektoren*

$$\mathfrak{v} = \begin{pmatrix} v_x \\ v_y \\ v_z \end{pmatrix}$$

Von der Sache her bringt dies nichts neues; so erscheint z.B. die vektorielle Ebenengleichung

$$\mathfrak{r} = \mathfrak{a} + \mathfrak{b}s + \mathfrak{c}t$$

bei Verwendung der Zeilenvektor-Schreibweise in der Form

$$(x, y, z) = (a_x, a_y, a_z) + (b_x, b_y, b_z)s + (c_x, c_y, c_z)t$$

und bei Verwendung der Spaltenvektor-Schreibweise in der Form

$$\begin{pmatrix} x \\ y \\ z \end{pmatrix} = \begin{pmatrix} a_x \\ a_y \\ a_z \end{pmatrix} + \begin{pmatrix} b_x \\ b_y \\ b_z \end{pmatrix} \cdot s + \begin{pmatrix} c_x \\ c_y \\ c_z \end{pmatrix} \cdot t .$$

Beide ermöglichen einen direkten Übergang zu den drei skalaren Gleichungen der Koordinaten. Beide Schreibweisen werden in der Matrizenrechnung benötigt.

Die so erklärten reellen Zahlentripel, egal ob als Zeilen- oder Spaltenvektoren geschrieben, sind Elemente von $\mathbb{R} \times \mathbb{R} \times \mathbb{R} = \mathbb{R}^3$; wir können also für „dreidimensionaler reeller Vektorraum" ab jetzt „Vektorraum $\mathbb{R}^3$ über $\mathbb{R}$" sagen.

Aufgaben zu 2.3.4

1. Von den Vektoren $\mathfrak{a} = \mathfrak{i} - 2\mathfrak{j} + 4\mathfrak{k}$, $\mathfrak{b} = 2\mathfrak{i} + \mathfrak{j} - 3\mathfrak{k}$ bestimme man a) $\mathfrak{a} + \mathfrak{b}$, b) $\mathfrak{a} - \mathfrak{b}$, c) $\mathfrak{a} \cdot \mathfrak{b}$, d) $\mathfrak{a} \times \mathfrak{b}$, e) $\sphericalangle(\mathfrak{a}, \mathfrak{b})$, f) den Inhalt des von $\mathfrak{a}$ und $\mathfrak{b}$ aufgespannten Dreiecks, falls $\mathfrak{a}$ und $\mathfrak{b}$ ihren Anfangspunkt im Ursprung haben.
2. Es soll der Durchstoßpunkt einer Geraden $g: \mathfrak{r}(t) = \mathfrak{a} + \mathfrak{b}t$ durch die x-z-Ebene ermittelt werden. Unter welcher Bedingung gibt es genau einen solchen Punkt? Wie lauten dann seine Koordinaten und der Ortsvektor $\mathfrak{r}(t_1)$ gemäß Abb. 144? Anleitung: Untersuchen Sie die Bedingungen anhand der Darstellung
$$\mathfrak{r}(t) = \begin{pmatrix} x(t) \\ y(t) \\ z(t) \end{pmatrix} = \begin{pmatrix} a_x \\ a_y \\ a_z \end{pmatrix} + \begin{pmatrix} b_x \\ b_y \\ b_z \end{pmatrix} \cdot t \, .$$
Nennen Sie den zum Durchstoßpunkt gehörenden Parameterwert t_1.
3. Es soll der Abstand $\overline{OL} = |\mathfrak{d}|$ des Ursprungs 0 von der Ebene E berechnet werden. Dazu sei die Ebene mit Abb. 145 durch die Gleichung $\mathfrak{r}(s, t) = \mathfrak{a} + \mathfrak{b}s + \mathfrak{c}t$ gegeben. Dazu überlege man sich, welcher Vektor auf E senkrecht steht („Normalenvektor" für E ist) und wie sich die Projektion von $\mathfrak{a}$ auf $\mathfrak{b}$ ausdrücken läßt. Gesucht ist ein aus den gegebenen Vektoren bestehender Term für $|\mathfrak{d}|$.

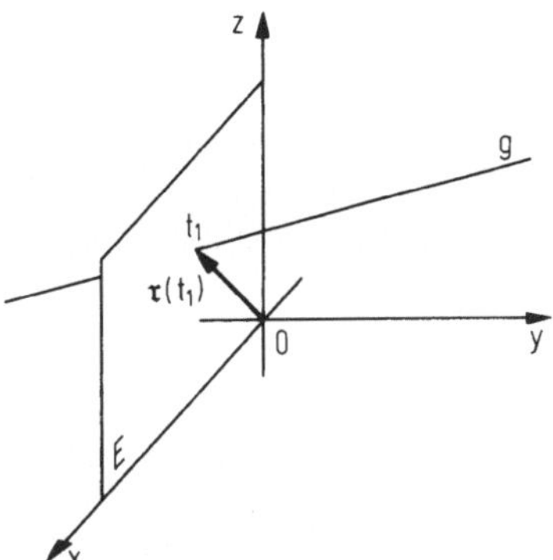

Abb. 144

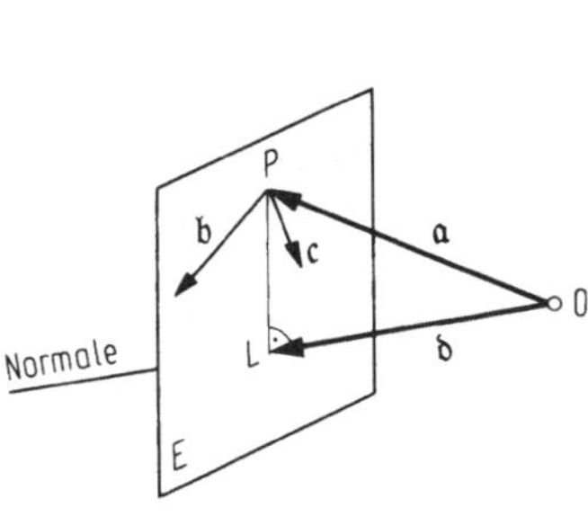

Abb. 145

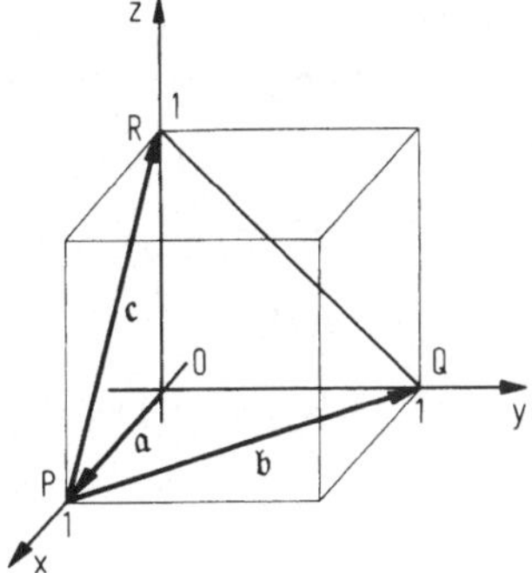

Abb. 146

4. Stellen Sie die Gleichung der in Abb. 146 gezeigten Ebene durch die Punkte P (Endpunkt von $\mathfrak{a}$), Q (Endpunkt von $\mathfrak{b}$) und R (Endpunkt von $\mathfrak{c}$) auf. Bestimmen Sie ferner unter Verwendung des Ergebnisses von Aufgabe 3 den Abstand d der Ebene vom Ursprung 0.
5. Zwei Raumgeraden seien durch ihre Gleichungen

$$\mathfrak{r}(t) = \mathfrak{a} + \mathfrak{b}t, \quad \mathfrak{s}(t) = \mathfrak{c} + \mathfrak{d}t$$

beschrieben. Im allgemeinen haben zwei solche Geraden keinen Schnittpunkt, sie sind „windschief". Falls sie sich in genau einem Punkte schneiden, muß es genau ein reelles Zahlenpaar (t_1, t_2) geben, so daß

$$\mathfrak{r}(t_1) = \mathfrak{s}(t_2)$$

erfüllt ist. Prüfen Sie dies für die Geraden

$$\mathfrak{r}(t) = \begin{pmatrix} 2 \\ 4 \\ -2 \end{pmatrix} + \begin{pmatrix} 3 \\ -5 \\ 19 \end{pmatrix} \cdot t, \quad \mathfrak{s}(t) = \begin{pmatrix} -1 \\ 2 \\ -7 \end{pmatrix} + \begin{pmatrix} -2 \\ 1 \\ -8 \end{pmatrix} \cdot t$$

nach (nicht durch Probieren, sondern durch eine zu überlegende systematische Methode!).

2.3.5 Mehrfache Produkte

Definition

Die dreistellige Verknüpfung

$$\boxed{\mathbb{R}^3 \times \mathbb{R}^3 \times \mathbb{R}^3 \to \mathbb{R} \quad \text{mit} \quad (\mathfrak{a}, \mathfrak{b}, \mathfrak{c}) \mapsto \mathfrak{a} \cdot (\mathfrak{b} \times \mathfrak{c})}$$

bei der das skalare Produkt zwischen einem Vektor $\mathfrak{a}$ und einem vektoriellen Produkt $\mathfrak{b} \times \mathfrak{c}$ gebildet wird, heißt *Spatprodukt*[1].

Wir haben es hierbei mit einer dreistelligen Verknüpfung zu tun, die aus zwei zweistelligen Verknüpfungen zusammengesetzt ist, nämlich

1. dem vektoriellen Produkt

$$\varphi: \mathbb{R}^3 \times \mathbb{R}^3 \to \mathbb{R}^3 \wedge (\mathfrak{x}, \mathfrak{y}) \mapsto \varphi(\mathfrak{x}, \mathfrak{y}) := \mathfrak{x} \times \mathfrak{y}$$

2. dem skalaren Produkt

$$\psi: \mathbb{R}^3 \times \mathbb{R}^3 \to \mathbb{R} \wedge (\mathfrak{x}, \mathfrak{y}) \mapsto \psi(\mathfrak{x}, \mathfrak{y}) := \mathfrak{x} \cdot \mathfrak{y} \,.$$

---

[1] Andere Bezeichnungen sind „gemischtes Produkt" oder „skalares Dreierprodukt".

Das Spatprodukt ist dann demnach gemäß

$$\mathfrak{a}\cdot(\mathfrak{b}\times\mathfrak{c}) = \psi(\mathfrak{a}, \varphi(\mathfrak{b}, \mathfrak{c}))$$

auf die zweistelligen Verknüpfungen φ und ψ zurückzuführen.

Setzen wir für $\mathfrak{a}$, $\mathfrak{b}$ und $\mathfrak{c}$ die Basisdarstellungen

$$\mathfrak{a} = a_x\mathfrak{i} + a_y\mathfrak{j} + a_z\mathfrak{k}$$
$$\mathfrak{b} = b_x\mathfrak{i} + b_y\mathfrak{j} + b_z\mathfrak{k}$$
$$\mathfrak{c} = c_x\mathfrak{i} + c_y\mathfrak{j} + c_z\mathfrak{k}$$

an, so ist zunächst das vektorielle Produkt

$$\mathfrak{b}\times\mathfrak{c} = \begin{vmatrix} \mathfrak{i} & \mathfrak{j} & \mathfrak{k} \\ b_x & b_y & b_z \\ c_x & c_y & c_z \end{vmatrix} = \begin{vmatrix} b_y & b_z \\ c_y & c_z \end{vmatrix}\mathfrak{i} - \begin{vmatrix} b_x & b_z \\ c_x & c_z \end{vmatrix}\mathfrak{j} + \begin{vmatrix} b_x & b_y \\ c_x & c_y \end{vmatrix}\mathfrak{k}$$

und damit das Spatprodukt

$$\mathfrak{a}\cdot(\mathfrak{b}\times\mathfrak{c}) = (a_x\mathfrak{i} + a_y\mathfrak{j} + a_z\mathfrak{k})\cdot\left(\begin{vmatrix} b_y & b_z \\ c_y & c_z \end{vmatrix}\mathfrak{i} - \begin{vmatrix} b_x & b_z \\ c_x & c_z \end{vmatrix}\mathfrak{j} + \begin{vmatrix} b_x & b_y \\ c_x & c_y \end{vmatrix}\mathfrak{k}\right)$$

$$= a_x\begin{vmatrix} b_y & b_z \\ c_y & c_z \end{vmatrix} - a_y\begin{vmatrix} b_x & b_z \\ c_x & c_z \end{vmatrix} + a_z\begin{vmatrix} b_x & b_y \\ c_x & c_y \end{vmatrix}$$

$$= \begin{vmatrix} a_x & a_y & a_z \\ b_x & b_y & b_z \\ c_x & c_y & c_z \end{vmatrix}.$$

Den letzten Schritt bestätige man auch umgekehrt durch Entwicklung der Determinante nach der ersten Zeile. Stürzt man die Determinante noch, so ergibt sich die Determinanten-Darstellung des Spatproduktes:

$$\boxed{\mathfrak{a}\cdot(\mathfrak{b}\times\mathfrak{c}) = \begin{vmatrix} a_x & b_x & c_x \\ a_y & b_y & c_y \\ a_z & b_z & c_z \end{vmatrix}}$$

In den Spalten der Determinante stehen die Koordinaten der Vektoren in der angeschriebenen Reihenfolge! Für die formale Behandlung des Spatproduktes gelten die folgenden Regeln

Satz

Der Wert des Spatproduktes ändert sich nicht, wenn man in $\mathfrak{a}\cdot(\mathfrak{b}\times\mathfrak{c})$ die Vektoren zyklisch vertauscht, die Rechenzeichen aber an ihrer Stelle läßt

$$\mathfrak{a}\cdot(\mathfrak{b}\times\mathfrak{c}) = \mathfrak{b}\cdot(\mathfrak{c}\times\mathfrak{a}) = \mathfrak{c}\cdot(\mathfrak{a}\times\mathfrak{b})$$

Die Klammer muß selbstverständlich stets um das vektorielle Produkt stehen. Die Ausdrücke $(\mathfrak{a}\cdot\mathfrak{b})\times\mathfrak{c}$ usw. sind sinnlos!

Beweis: Dem zyklischen Vertauschen von $\mathfrak{a}$, $\mathfrak{b}$ und $\mathfrak{c}$ entspricht in der Determinante ein zyklisches Vertauschen der Spalten. Dabei werden stets zwei Vertauschungen von Spalten vorgenommen, so daß die Determinante ihren Wert behält.

Satz

Der Wert des Spatproduktes ändert sich nicht, wenn man die beiden Rechenzeichen (Punkt und Kreuz) miteinander vertauscht, die Vektoren $\mathfrak{a}$, $\mathfrak{b}$, $\mathfrak{c}$ aber unverändert stehen läßt

$$\mathfrak{a}\cdot(\mathfrak{b}\times\mathfrak{c}) = (\mathfrak{a}\times\mathfrak{b})\cdot\mathfrak{c}$$

Beweis: Da das skalare Produkt kommutativ ist, gilt

$$\mathfrak{a}\cdot(\mathfrak{b}\times\mathfrak{c}) = (\mathfrak{b}\times\mathfrak{c})\cdot\mathfrak{a}\,;$$

nach dem vorigen Satz kann man zyklisch vertauschen, also ist

$$(\mathfrak{b}\times\mathfrak{c})\cdot\mathfrak{a} = (\mathfrak{a}\times\mathfrak{b})\cdot\mathfrak{c}\,.$$

Die letzte Eigenschaft hat man zum Anlaß genommen, die Rechenzeichen im Spatprodukt ganz auszulassen, da es auf ihre Stellung nicht ankommt; man schreibt dann einfach

$$\mathfrak{a}\cdot(\mathfrak{b}\times\mathfrak{c}) =: \mathfrak{a}\,\mathfrak{b}\,\mathfrak{c}$$

wobei also die Stellung der Rechenzeichen ausdrücklich offenbleibt.

Satz

Geometrisch bedeutet das Spatprodukt das Volumen des von den Vektoren aufgespannten Spates (Parallelflaches).

Beweis (Abb. 147): Das Volumen V des Spates ist gleich der von $\mathfrak{a}$ und $\mathfrak{b}$ bestimmten Grundfläche $F = |\mathfrak{a}\times\mathfrak{b}|$, multipliziert mit der Höhe, d.i. der Betrag der

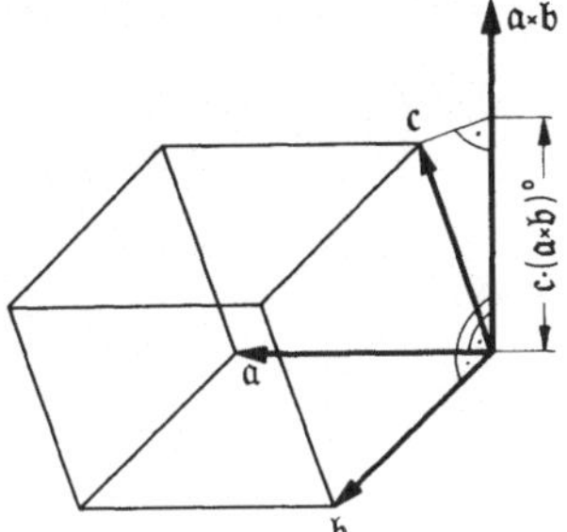

Abb. 147

Projektion von $\mathfrak{c}$ auf die Normale $\mathfrak{a} \times \mathfrak{b}$, also $\mathfrak{c} \cdot (\mathfrak{a} \times \mathfrak{b})^\circ$, wenn $(\mathfrak{a} \times \mathfrak{b})^\circ$ den Einheitsvektor in Richtung von $\mathfrak{a} \times \mathfrak{b}$ bezeichnet:

$$V = |\mathfrak{a} \times \mathfrak{b}|\,\mathfrak{c} \cdot (\mathfrak{a} \times \mathfrak{b})^0 = |\mathfrak{a} \times \mathfrak{b}|\,\mathfrak{c} \cdot \frac{\mathfrak{a} \times \mathfrak{b}}{|\mathfrak{a} \times \mathfrak{b}|} = \mathfrak{c} \cdot (\mathfrak{a} \times \mathfrak{b}) = \mathfrak{a} \cdot (\mathfrak{b} \times \mathfrak{c}) .$$

Daher der Name „Spatprodukt". Die Bezeichnung „gemischtes Produkt" rührt von der Eigenschaft her, daß sowohl die vektorielle als auch die skalare Produktbildung vorzunehmen ist.

Das Volumen eines Spates ist offenbar genau dann gleich Null, wenn die drei Vektoren $\mathfrak{a}$, $\mathfrak{b}$, $\mathfrak{c}$ in einer Ebene liegen oder, wie man sagt, *komplanar* sind. Also gilt folgende Komplanaritätsbedingung, die zugleich Bedingung für die lineare Abhängigkeit der drei Raumvektoren ist:

Satz

Drei Vektoren $\mathfrak{a}$, $\mathfrak{b}$, $\mathfrak{c} \in \mathbb{R}^3$ mit den oben angegebenen Basisdarstellungen sind komplanar (linear abhängig) genau dann, wenn die Determinante

$$\begin{vmatrix} a_x & b_x & c_x \\ a_y & b_y & c_y \\ a_z & b_z & c_z \end{vmatrix} = 0$$

ist, d.h. wenn ihr Spatprodukt verschwindet.

Beispiel

Es ist die Komponentenzerlegung eines Vektors $\mathfrak{r}$ in Richtung dreier nicht komplanarer Vektoren $\mathfrak{a}$, $\mathfrak{b}$ und $\mathfrak{c}$ vorzunehmen.

Lösung: Der Ansatz lautet

$$\mathfrak{r} = \alpha\mathfrak{a} + \beta\mathfrak{b} + \gamma\mathfrak{c}, \quad \mathfrak{a} \cdot (\mathfrak{b} \times \mathfrak{c}) \neq 0 ,$$

wobei die Skalaren α, β, γ zu bestimmen sind. Setzen wir

$$\mathfrak{r} = (r_x, r_y, r_z), \quad \mathfrak{a} = (a_x, a_y, a_z), \quad \mathfrak{b} = (b_x, b_y, b_z), \quad \mathfrak{c} = (c_x, c_y, c_z)\,,$$

so entsprechen der einen Vektorgleichung

$$(r_x, r_y, r_z), = \alpha(a_x, a_y, a_z) + \beta(b_x, b_y, b_z) + \gamma(c_x, c_y, c_z)$$

die drei skalaren Gleichungen

$$\begin{aligned} r_x &= \alpha a_x + \beta b_x + \gamma c_x \\ r_y &= \alpha a_y + \beta b_y + \gamma c_y \\ r_z &= \alpha a_z + \beta b_z + \gamma c_z\,. \end{aligned}$$

Dieses inhomogene lineare System für die Unbekannten α, β, γ hat aber eine eindeutige Lösung, da seine Koeffizientendeterminante nach Voraussetzung

$$\begin{vmatrix} a_x & b_x & c_x \\ a_y & b_y & c_y \\ a_z & b_z & c_z \end{vmatrix} = \mathfrak{a}\,\mathfrak{b}\,\mathfrak{c} \neq 0$$

ist. Seine Zählerdeterminanten sind

$$\begin{vmatrix} r_x & b_x & c_x \\ r_y & b_y & c_y \\ r_z & b_z & c_z \end{vmatrix} = \mathfrak{r}\,\mathfrak{b}\,\mathfrak{c}, \quad \begin{vmatrix} a_x & r_x & c_x \\ a_y & r_y & c_y \\ a_z & r_z & c_z \end{vmatrix} = \mathfrak{a}\,\mathfrak{r}\,\mathfrak{c}, \quad \begin{vmatrix} a_x & b_x & r_x \\ a_y & b_y & r_y \\ a_z & b_z & r_z \end{vmatrix} = \mathfrak{a}\,\mathfrak{b}\,\mathfrak{r}$$

und damit die Lösung

$$\alpha = \frac{\mathfrak{r}\,\mathfrak{b}\,\mathfrak{c}}{\mathfrak{a}\,\mathfrak{b}\,\mathfrak{c}}, \quad \beta = \frac{\mathfrak{a}\,\mathfrak{r}\,\mathfrak{c}}{\mathfrak{a}\,\mathfrak{b}\,\mathfrak{c}}, \quad \gamma = \frac{\mathfrak{a}\,\mathfrak{b}\,\mathfrak{r}}{\mathfrak{a}\,\mathfrak{b}\,\mathfrak{c}},$$

womit wir zugleich die CRAMERsche Regel (vgl. 2.2.1 und 2.2.2) in vektorieller Schreibweise kennengelernt haben. Setzt man die Ausdrücke α, β, γ in den Lösungsansatz ein, so folgt die gesuchte Zerlegung

$$\mathfrak{r} = \frac{\mathfrak{r}\,\mathfrak{b}\,\mathfrak{c}}{\mathfrak{a}\,\mathfrak{b}\,\mathfrak{c}}\mathfrak{a} + \frac{\mathfrak{a}\,\mathfrak{r}\,\mathfrak{c}}{\mathfrak{a}\,\mathfrak{b}\,\mathfrak{c}}\mathfrak{b} + \frac{\mathfrak{a}\,\mathfrak{b}\,\mathfrak{r}}{\mathfrak{a}\,\mathfrak{b}\,\mathfrak{c}}\mathfrak{c}$$

und daraus noch die Identität

$$(\mathfrak{r}\,\mathfrak{b}\,\mathfrak{c})\mathfrak{a} + (\mathfrak{a}\,\mathfrak{r}\,\mathfrak{c})\mathfrak{b} + (\mathfrak{a}\,\mathfrak{b}\,\mathfrak{r})\mathfrak{c} - (\mathfrak{a}\,\mathfrak{b}\,\mathfrak{c})\mathfrak{r} \equiv \mathfrak{O}.$$

Definition

Die dreistellige Verknüpfung

$$\boxed{\mathbb{R}^3 \times \mathbb{R}^3 \times \mathbb{R}^3 \to \mathbb{R}^3 \quad \text{mit} \quad (\mathfrak{a}, \mathfrak{b}, \mathfrak{c}) \mapsto \mathfrak{a} \times (\mathfrak{b} \times \mathfrak{c})}$$

bei der das vektorielle Produkt zwischen einem Vektor $\mathfrak{a}$ und einem vektoriellen Produkt $\mathfrak{b} \times \mathfrak{c}$ zu bilden ist, heißt *dreifaches Vektorprodukt.*

Hierbei wird die zweistellige Verknüpfung φ

$$\varphi : \mathbb{R}^3 \times \mathbb{R}^3 \to \mathbb{R}^3 \wedge (\mathfrak{x}, \mathfrak{y}) \mapsto \mathfrak{x} \times \mathfrak{y} = \varphi(\mathfrak{x}, \mathfrak{y})$$

zweimal angewandt:

$$\mathfrak{a} \times (\mathfrak{b} \times \mathfrak{c}) = \mathfrak{a} \times \varphi(\mathfrak{b}, \mathfrak{c}) = \varphi(\mathfrak{a}, \varphi(\mathfrak{b}, \mathfrak{c})) .$$

Satz („Entwicklungssatz")

Das dreifache Vektorprodukt $\mathfrak{a} \times (\mathfrak{b} \times \mathfrak{c})$ stellt einen Vektor in der durch $\mathfrak{b}$ und $\mathfrak{c}$ bestimmten Ebene dar:

$$\boxed{\mathfrak{a} \times (\mathfrak{b} \times \mathfrak{c}) = (\mathfrak{a} \cdot \mathfrak{c})\,\mathfrak{b} - (\mathfrak{a} \cdot \mathfrak{b})\,\mathfrak{c}}$$

Beweis: Wir gehen aus von der Tripeldarstellung

$$\mathfrak{a} = (a_x, a_y, a_z)$$

$$\mathfrak{b} \times \mathfrak{c} = (b_y c_z - b_z c_y, b_z c_x - b_x c_z, b_x c_y - b_y c_x)$$

$$\Rightarrow \mathfrak{a} \times (\mathfrak{b} \times \mathfrak{c}) = \begin{vmatrix} \mathfrak{i} & \mathfrak{j} & \mathfrak{k} \\ a_x & a_y & a_z \\ b_y c_z - b_z c_y & b_z c_x - b_x c_z & b_x c_y - b_y c_x \end{vmatrix} .$$

Für die x-Koordinate, also den Faktor von $\mathfrak{i}$, bekommt man über die zugehörige Unterdeterminante

$$a_y(b_x c_y - b_y c_x) - a_z(b_z c_x - b_x c_z) = a_y b_x c_y - a_y b_y c_x - a_z b_z c_x + a_z b_x c_z .$$

Addiert und subtrahiert man hier $a_x b_x c_x$, so erhält man

$$b_x(a_x c_x + a_y c_y + a_z c_z) - c_x(a_x b_x + a_y b_y + a_z b_z) .$$

Auf entsprechende Weise ergibt sich für die y- bzw. z-Koordinate

$$b_y(a_x c_x + a_y c_y + a_z c_z) - c_y(a_x b_x + a_y b_y + a_z b_z)$$

$$b_z(a_x c_x + a_y c_y + a_z c_z) - c_z(a_x b_x + a_y b_y + a_z b_z)$$

und damit

$$\mathfrak{a} \times (\mathfrak{b} \times \mathfrak{c}) = (\mathfrak{a} \cdot \mathfrak{c})\mathfrak{b} - (\mathfrak{a} \cdot \mathfrak{b})\mathfrak{c} .$$

Beispiel

Unter der augenblicklichen Leistung P einer Kraft $\mathfrak{F}$ versteht man das skalare Produkt $P = \mathfrak{F} \cdot \mathfrak{v}$, wobei $\mathfrak{v}$ die momentane Geschwindigkeit des Angriffspunktes darstellt.

Greifen an einem starren Körper mehrere Kräfte an, so ist deren momentane Gesamtleistung

$$P = \sum_{i=1}^{n} \mathfrak{F}_i \cdot \mathfrak{v}_i .$$

In der Kinetik erweist es sich häufig als zweckmäßig, die Geschwindigkeitsvektoren in zwei Anteile zu zerlegen:

$$\mathfrak{v}_i = \mathfrak{v}_S + \mathfrak{w} \times \mathfrak{r}_{Si}\,.$$

Hierin bedeutet $\mathfrak{v}_S$ den momentanen Geschwindigkeitsvektor des Massenmittelpunktes S, $\mathfrak{w}$ den momentanen Winkelgeschwindigkeitsvektor durch S, $\mathfrak{r}_{Si}$ die Ortsvektoren, ausgehend von S zu den Kraftangriffspunkten. Somit wird

$$P = \sum_{i=1}^{n} \mathfrak{F}_i \cdot \mathfrak{v}_i = \sum_{i=1}^{n} \mathfrak{F}_i \cdot \mathfrak{v}_S + \sum_{i=1}^{n} \mathfrak{F}_i \cdot (\mathfrak{w} \times \mathfrak{r}_{Si}) = \sum_{i=1}^{n} \mathfrak{F}_i \cdot \mathfrak{v}_S + \sum_{i=1}^{n} \mathfrak{w} \cdot (\mathfrak{r}_{Si} \times \mathfrak{F}_i)$$

$$P = \mathfrak{v}_S \cdot \sum_{i=1}^{n} \mathfrak{F}_i + \mathfrak{w} \cdot \sum_{i=1}^{n} (\mathfrak{r}_{Si} \times \mathfrak{F}_i)$$

$\sum_{i=1}^{n} \mathfrak{F}_i = \mathfrak{R}$ ist die Resultierende der Kräfte; $\sum_{i=1}^{n} \mathfrak{r}_{Si} \times \mathfrak{F}_i =: \mathfrak{M}_S$ ist das Drehmoment bezüglich des Reduktionspunktes S. Demnach gilt

$$P = \mathfrak{R} \cdot \mathfrak{v}_S + \mathfrak{M}_S \cdot \mathfrak{w}\,,$$

d.h. die momentane Gesamtleistung läßt sich in einen translatorischen und einen rotatorischen Anteil zerlegen.

Definition

Als *vierfaches Produkt* bezeichnet man die vierstellige Verknüpfung

$$\mathbb{R}^3 \times \mathbb{R}^3 \times \mathbb{R}^3 \times \mathbb{R}^3 \to \mathbb{R} \quad \text{mit} \quad (\mathfrak{a}, \mathfrak{b}, \mathfrak{c}, \mathfrak{d}) \mapsto (\mathfrak{a} \times \mathfrak{b}) \cdot (\mathfrak{c} \times \mathfrak{d})$$

Wir wollen eine Darstellung dieses Produktes auf dem Wege der *ebenen Komponentenzerlegung eines Vektors* kennenlernen. Die Aufgabe sei also, einen gegebenen Vektor $\mathfrak{r}$ in zwei Komponenten $\mathfrak{r}_1, \mathfrak{r}_2$ so zu zerlegen, daß $\mathfrak{r}_1$ parallel einem gegebenen Vektor $\mathfrak{a}$ und $\mathfrak{r}_2$ parallel einem gegebenen Vektor $\mathfrak{b}$ wird; $\mathfrak{a}$ und $\mathfrak{b}$ sollen dabei nicht parallel sein. Unser Ansatz lautet somit

$$\mathfrak{r} = \mathfrak{r}_1 + \mathfrak{r}_2 = \alpha\,\mathfrak{a} + \beta\,\mathfrak{b};$$

gesucht sind die Skalaren α und β (Abb. 148).

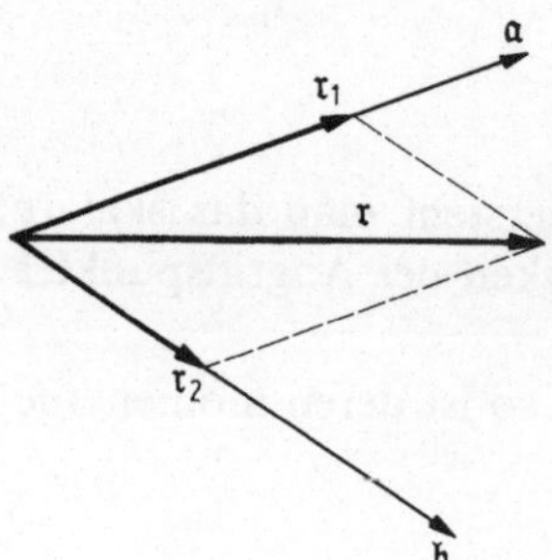

Abb. 148

1. Lösungsweg. Multipliziert man die Vektorgleichung

$$\mathfrak{r} = \alpha\mathfrak{a} + \beta\mathfrak{b}$$

skalar mit $\mathfrak{a}$ und skalar mit $\mathfrak{b}$ durch, so wird

$$\mathfrak{r}\cdot\mathfrak{a} = \alpha\mathfrak{a}^2 + \beta\mathfrak{a}\cdot\mathfrak{b}$$

$$\mathfrak{r}\cdot\mathfrak{b} = \alpha\mathfrak{a}\cdot\mathfrak{b} + \beta\mathfrak{b}^2.$$

Vertauscht man die Seiten, so stellt

$$\mathfrak{a}^2\alpha + (\mathfrak{a}\cdot\mathfrak{b})\beta = \mathfrak{r}\cdot\mathfrak{a}$$

$$(\mathfrak{a}\cdot\mathfrak{b})\alpha + \mathfrak{b}^2\beta = \mathfrak{r}\cdot\mathfrak{b}$$

ein inhomogenes Gleichungssystem zur Bestimmung der gesuchten Zahlen α und β dar. Alle im System stehenden Ausdrücke sind Skalare! Die Koeffizientendeterminante ist

$$\begin{vmatrix} \mathfrak{a}^2 & \mathfrak{a}\cdot\mathfrak{b} \\ \mathfrak{a}\cdot\mathfrak{b} & \mathfrak{b}^2 \end{vmatrix} = \mathfrak{a}^2\mathfrak{b}^2 - (\mathfrak{a}\cdot\mathfrak{b})^2 = (\mathfrak{a}\times\mathfrak{b})^2 \neq 0$$

(vgl. 2.3.3), denn $\mathfrak{a}$ und $\mathfrak{b}$ sind nach Voraussetzung nicht parallel. Damit ergibt sich nach der CRAMERschen Regel die Lösung des Gleichungssystems zu

$$\alpha = \frac{\begin{vmatrix} \mathfrak{r}\cdot\mathfrak{a} & \mathfrak{a}\cdot\mathfrak{b} \\ \mathfrak{r}\cdot\mathfrak{b} & \mathfrak{b}^2 \end{vmatrix}}{\begin{vmatrix} \mathfrak{a}^2 & \mathfrak{a}\cdot\mathfrak{b} \\ \mathfrak{a}\cdot\mathfrak{b} & \mathfrak{b}^2 \end{vmatrix}} = \frac{\mathfrak{b}^2(\mathfrak{r}\cdot\mathfrak{a}) - (\mathfrak{r}\cdot\mathfrak{b})(\mathfrak{a}\cdot\mathfrak{b})}{\mathfrak{a}^2\mathfrak{b}^2 - (\mathfrak{a}\cdot\mathfrak{b})^2}$$

$$\beta = \frac{\begin{vmatrix} \mathfrak{a}^2 & \mathfrak{r}\cdot\mathfrak{a} \\ \mathfrak{a}\cdot\mathfrak{b} & \mathfrak{r}\cdot\mathfrak{b} \end{vmatrix}}{\begin{vmatrix} \mathfrak{a}^2 & \mathfrak{a}\cdot\mathfrak{b} \\ \mathfrak{a}\cdot\mathfrak{b} & \mathfrak{b}^2 \end{vmatrix}} = \frac{\mathfrak{a}^2(\mathfrak{r}\cdot\mathfrak{b}) - (\mathfrak{r}\cdot\mathfrak{a})(\mathfrak{a}\cdot\mathfrak{b})}{\mathfrak{a}^2\mathfrak{b}^2 - (\mathfrak{a}\cdot\mathfrak{b})^2}$$

$$\boxed{\mathfrak{r} = \frac{\mathfrak{b}^2(\mathfrak{r}\cdot\mathfrak{a}) - (\mathfrak{r}\cdot\mathfrak{b})(\mathfrak{a}\cdot\mathfrak{b})}{\mathfrak{a}^2\mathfrak{b}^2 - (\mathfrak{a}\cdot\mathfrak{b})^2}\mathfrak{a} + \frac{\mathfrak{a}^2(\mathfrak{r}\cdot\mathfrak{b}) - (\mathfrak{r}\cdot\mathfrak{a})(\mathfrak{a}\cdot\mathfrak{b})}{\mathfrak{a}^2\mathfrak{b}^2 - (\mathfrak{a}\cdot\mathfrak{b})^2}\mathfrak{b}}$$

2. Lösungsweg. Die Vektorgleichung

$$\mathfrak{r} = \alpha\mathfrak{a} + \beta\mathfrak{b}$$

möge jetzt vektoriell von links mit $\mathfrak{b}$ durchmultipliziert werden:

$$\mathfrak{b}\times\mathfrak{r} = \mathfrak{b}\times(\alpha\mathfrak{a}) + \mathfrak{b}\times(\beta\mathfrak{b}) = \alpha(\mathfrak{b}\times\mathfrak{a})\,. \qquad (*)$$

Geht man zu den Beträgen über, so wird

$$|\mathfrak{b} \times \mathfrak{r}| = |\alpha||\mathfrak{b} \times \mathfrak{a}|$$

$$\Rightarrow |\alpha| = \frac{|\mathfrak{b} \times \mathfrak{r}|}{|\mathfrak{b} \times \mathfrak{a}|},$$

was stets möglich ist, da $\mathfrak{a} \not\parallel \mathfrak{b}$, also $\mathfrak{a} \times \mathfrak{b} \neq \mathfrak{o}$ ist.

Das Vorzeichen von α, $\operatorname{sgn}\alpha$, ergibt sich aus Gleichung (*): α ist positiv oder negativ, je nachdem $\mathfrak{b} \times \mathfrak{r} \uparrow\uparrow \mathfrak{b} \times \mathfrak{a}$ oder $\mathfrak{b} \times \mathfrak{r} \uparrow\downarrow \mathfrak{b} \times \mathfrak{a}$ gilt. Im ersten Fall wird das skalare Produkt der zugehörigen Einsvektoren gleich $+1$, im zweiten Fall gleich -1:

$$\operatorname{sgn}\alpha = (\mathfrak{b} \times \mathfrak{r})^0 \cdot (\mathfrak{b} \times \mathfrak{a})^0 = \frac{\mathfrak{b} \times \mathfrak{r}}{|\mathfrak{b} \times \mathfrak{r}|} \cdot \frac{\mathfrak{b} \times \mathfrak{a}}{|\mathfrak{b} \times \mathfrak{a}|}$$

$$\Rightarrow \alpha = |\alpha| \operatorname{sgn}\alpha = \frac{|\mathfrak{b} \times \mathfrak{r}|}{|\mathfrak{b} \times \mathfrak{a}|} \left[\frac{(\mathfrak{b} \times \mathfrak{r}) \cdot (\mathfrak{b} \times \mathfrak{a})}{|\mathfrak{b} \times \mathfrak{r}||\mathfrak{b} \times \mathfrak{a}|}\right]$$

$$\Rightarrow \alpha = \frac{(\mathfrak{b} \times \mathfrak{r})(\mathfrak{b} \times \mathfrak{a})}{|\mathfrak{b} \times \mathfrak{a}|^2} = \frac{(\mathfrak{r} \times \mathfrak{b}) \cdot (\mathfrak{a} \times \mathfrak{b})}{|\mathfrak{a} \times \mathfrak{b}|^2}.$$

Ganz entsprechend findet man für β, wenn man die Ausgangsgleichung vektoriell mit $\mathfrak{a}$ durchmultipliziert, den Ausdruck

$$\beta = \frac{(\mathfrak{r} \times \mathfrak{a}) \cdot (\mathfrak{b} \times \mathfrak{a})}{|\mathfrak{a} \times \mathfrak{b}|^2}.$$

Damit ergibt sich als gesuchte Zerlegung

$$\boxed{\mathfrak{r} = \frac{(\mathfrak{r} \times \mathfrak{b}) \cdot (\mathfrak{a} \times \mathfrak{b})}{|\mathfrak{a} \times \mathfrak{b}|^2} \mathfrak{a} + \frac{(\mathfrak{r} \times \mathfrak{a}) \cdot (\mathfrak{b} \times \mathfrak{a})}{|\mathfrak{a} \times \mathfrak{b}|^2} \mathfrak{b}}$$

Da die Komponentenzerlegung in nichtparallele Richtungen *eindeutig* ist, müssen die für α und β gewonnenen Ausdrücke gleich sein, d.h. es muß gelten

$$\frac{(\mathfrak{r} \times \mathfrak{b}) \cdot (\mathfrak{a} \times \mathfrak{b})}{|\mathfrak{a} \times \mathfrak{b}|^2} = \frac{\mathrm{b}^2(\mathfrak{r} \cdot \mathfrak{a}) - (\mathfrak{r} \cdot \mathfrak{b})(\mathfrak{a} \cdot \mathfrak{b})}{\mathrm{a}^2\mathrm{b}^2 - (\mathfrak{a} \cdot \mathfrak{b})^2}$$

$$\frac{(\mathfrak{r} \times \mathfrak{a}) \cdot (\mathfrak{b} \times \mathfrak{a})}{|\mathfrak{a} \times \mathfrak{b}|^2} = \frac{\mathrm{a}^2(\mathfrak{r} \cdot \mathfrak{b}) - (\mathfrak{r} \cdot \mathfrak{a})(\mathfrak{a} \cdot \mathfrak{b})}{\mathrm{a}^2\mathrm{b}^2 - (\mathfrak{a} \cdot \mathfrak{b})^2},$$

woraus wegen

$$|\mathfrak{a} \times \mathfrak{b}|^2 = \mathrm{a}^2\mathrm{b}^2 - (\mathfrak{a} \cdot \mathfrak{b})^2$$

die Gleichheit der Zähler folgt. Schreiben wir die Zähler der ersten Gleichung in der Form

$$(\mathfrak{a} \times \mathfrak{b}) \cdot (\mathfrak{r} \times \mathfrak{b}) = (\mathfrak{a} \cdot \mathfrak{r})(\mathfrak{b} \cdot \mathfrak{b}) - (\mathfrak{b} \cdot \mathfrak{r})(\mathfrak{a} \cdot \mathfrak{b}),$$

die Zähler der zweiten Gleichung in der Form

$$(\mathfrak{a} \times \mathfrak{b}) \cdot (\mathfrak{r} \times \mathfrak{a}) = (\mathfrak{a} \cdot \mathfrak{r})(\mathfrak{a} \cdot \mathfrak{b}) - (\mathfrak{b} \cdot \mathfrak{r})(\mathfrak{a} \cdot \mathfrak{a})$$

und addieren beide Gleichungen, so ergibt sich

$$(\mathfrak{a} \times \mathfrak{b}) \cdot [\mathfrak{r} \times (\mathfrak{a} + \mathfrak{b})] = (\mathfrak{a} \cdot \mathfrak{r})[\mathfrak{b} \cdot (\mathfrak{a} + \mathfrak{b})] - (\mathfrak{b} \cdot \mathfrak{r})[\mathfrak{a} \cdot (\mathfrak{a} + \mathfrak{b})] .$$

Setzt man hierin

$$\mathfrak{r} = \mathfrak{c} \quad \text{und} \quad \mathfrak{a} + \mathfrak{b} = \mathfrak{d},$$

so folgt schließlich

$$(\mathfrak{a} \times \mathfrak{b}) \cdot (\mathfrak{c} \times \mathfrak{d}) = (\mathfrak{a} \cdot \mathfrak{c})(\mathfrak{b} \cdot \mathfrak{d}) - (\mathfrak{b} \cdot \mathfrak{c})(\mathfrak{a} \cdot \mathfrak{d})$$

oder in Determinantenform

$$\boxed{(\mathfrak{a} \times \mathfrak{b}) \cdot (\mathfrak{c} \times \mathfrak{d}) = \begin{vmatrix} \mathfrak{a} \cdot \mathfrak{c} & \mathfrak{b} \cdot \mathfrak{c} \\ \mathfrak{a} \cdot \mathfrak{d} & \mathfrak{b} \cdot \mathfrak{d} \end{vmatrix}}$$

Diese Darstellung des vierfachen Produktes $(\mathfrak{a} \times \mathfrak{b}) \cdot (\mathfrak{c} \times \mathfrak{d})$ wird auch als *Identität von* LAGRANGE[1] bezeichnet.[2]

Aufgaben zu 2.3.5

1. Man untersuche die folgenden Vektoren auf lineare Abhängigkeit (Komplanarität) bzw. lineare Unabhängigkeit (Nicht-Komplanarität); tritt der zweite Fall ein, so gebe man das Volumen V des von den Vektoren aufgespannten Spates an!

   a) $\mathfrak{a} = (1; 0; 1)$, $\mathfrak{b} = (2; 1; -3)$, $\mathfrak{c} = (-1; -1; 0)$
   b) $\mathfrak{a} = (2; 0; -1)$, $\mathfrak{b} = (-1; 3; -4)$, $\mathfrak{c} = (1; 9; -14)$
   c) $\mathfrak{a} = (1; 2; 3)$, $\mathfrak{b} = (-1; 3; 1)$, $\mathfrak{c} = (2; 5; 0)$
   d) $\mathfrak{a} = (4; -1; 5)$, $\mathfrak{b} = (2; 3; -3)$, $\mathfrak{c} = (0; -14; 22)$

2. Zeigen Sie die Richtigkeit der für alle $\mathfrak{a}$, $\mathfrak{b}$, $\mathfrak{c}$ gültigen Identität

   $$\mathfrak{a} \times (\mathfrak{b} \times \mathfrak{c}) + \mathfrak{b} \times (\mathfrak{c} \times \mathfrak{a}) + \mathfrak{c} \times (\mathfrak{a} \times \mathfrak{b}) = \mathfrak{o}.$$

   Anleitung: Entwicklungssatz verwenden!
3. Ist die Operation (Verknüpfung) „ $\times$ “ assoziativ?

---

[1] J.L. Lagrange (1736–1813), franz. Mathematiker (Mechanik, Zahlentheorie, Analysis)

[2] Geht man nicht den Weg über die Komponentenzerlegung eines Vektors, so leitet man die Identität von Lagrange sehr viel schneller her:

$$\begin{aligned}(\mathfrak{a} \times \mathfrak{b}) \cdot (\mathfrak{c} \times \mathfrak{d}) &= \mathfrak{a} \cdot [\mathfrak{b} \times (\mathfrak{c} \times \mathfrak{d})] \\ &= \mathfrak{a} \cdot [\mathfrak{c}(\mathfrak{b} \cdot \mathfrak{d}) - \mathfrak{d}(\mathfrak{b} \cdot \mathfrak{c})] \\ &= (\mathfrak{a} \cdot \mathfrak{c})(\mathfrak{b} \cdot \mathfrak{d}) - (\mathfrak{a} \cdot \mathfrak{d})(\mathfrak{b} \cdot \mathfrak{c}).\end{aligned}$$

4. Beweisen Sie, daß für das vektorielle Produkt zweier vektorieller Produkte der Satz gilt

$$(\mathfrak{a} \times \mathfrak{b}) \times (\mathfrak{c} \times \mathfrak{d}) = (\mathfrak{a}\,\mathfrak{c}\,\mathfrak{d})\mathfrak{b} - (\mathfrak{b}\,\mathfrak{c}\,\mathfrak{d})\mathfrak{a}\,.$$

Wie sieht die Darstellung in der Form $p\,\mathfrak{c} + q\,\mathfrak{d}\,(p, q \in \mathbb{R})$ aus? Aus beiden Darstellungen folgt nochmals die am Ende des ersten Beispiels von 2.3.5 gebrachte Identität (mit $\mathfrak{d}$ für $\mathfrak{x}$). Schreiben Sie diese als vierreihige Determinante!

2.4 Matrizenalgebra

2.4.1 Matrixbegriff. Matrixverknüpfungen

Wir suchen eine knappe und ökonomische Darstellung linearer Beziehungen. Der dafür erforderliche Abstraktionsprozeß führt uns zum Begriff der Matrix.

Dazu betrachten wir ein Unternehmen mit $m \in \mathbb{N}$ Filialen, das $n \in \mathbb{N}$ Artikel verkauft. Bezeichnen wir mit

p_k den Preis des Artikels $k \in [1, n]_{\mathbb{N}}$,
a_{ik} die Stückzahl des von der i-ten Filiale verkauften Artikels k
u_i den Gesamtumsatz der Filiale $i \in [1, m]_{\mathbb{N}}$,

so sind die Umsätze homogen-lineare Terme der Einzelpreise:

$$u_1 = a_{11}p_1 + a_{12}p_2 + \ldots + a_{1n}p_n$$

$$u_2 = a_{21}p_1 + a_{22}p_2 + \ldots + a_{2n}p_n$$

$$\text{-------------------------}$$

$$u_m = a_{m1}p_1 + a_{m2}p_2 + \ldots + a_{mn}p_n\,.$$

In vielen Fällen finden wir dieses lineare System in Form einer schematisierten Übersicht[1] dargestellt:

	p_1	p_2	$\cdots$	p_n
u_1	a_{11}	a_{12}	$\cdots$	a_{1n}
u_2	a_{21}	a_{22}	$\cdots$	a_{2n}
$\vdots$	---	---	---	---
u_m	a_{m1}	a_{m2}	$\cdots$	a_{mn}

Hierbei läßt man sich von dem Gedanken tragen, die a_{ik} in der gleichen geometrischen Anordnung wie im Gleichungssystem zu notieren. Bei gegebenen Zeilen- und Spaltengrößen genügt dann nämlich die Angabe der a_{ik}, um das lineare System

[1] Diese Übersicht versteht sich *nicht* als Verknüpfungstafel im Sinne von 1.5 oder 1.6.

aufzustellen. Eine Verselbständigung dieses Zahlenschemas ist deshalb naheliegend.

Definition

Sei K ein Körper und $m, n \in \mathbb{N}$. Dann heißt das rechteckige Schema A von $m \cdot n$ Elementen $a_{ik} \in K$

$$A := \begin{pmatrix} a_{11} & a_{12} & \dots & a_{1n} \\ a_{21} & a_{22} & \dots & a_{2n} \\ \hdashline a_{m1} & a_{m2} & \dots & a_{mn} \end{pmatrix} =: (a_{ik})$$

eine (m, n)-*Matrix* über K. Das Zahlenpaar (m, n) heißt Typ der Matrix. Für die Menge aller (m, n)-Matrizen über K schreibt man

$$\boxed{K^{(m,n)} := \left\{ (a_{ik}) \,\middle|\, \bigwedge_{i=1}^{m} \bigwedge_{k=1}^{n} a_{ik} \in K \right\}}$$

Spezielle Matrizen

1. $K = \mathbb{R}$: reelle Matrizen
2. $K = \mathbb{C}$: komplexe Matrizen
3. m = n: quadratische Matrizen („n-reihig")
4. m = 1: Zeilenmatrizen, Zeilenvektoren

$$A =: \mathfrak{a}^1 = (a_{11} a_{12} \dots a_{1n}) \in K^{(1,n)} = K^n$$

5. n = 1: Spaltenmatrizen, Spaltenvektoren

$$A =: \mathfrak{a}_1 = \begin{pmatrix} a_{11} \\ a_{21} \\ \vdots \\ a_{m1} \end{pmatrix} \in K^{(m,1)} = K^m .$$

Die beiden zuletzt genannten Sonderfälle stellen eine Verallgemeinerung des aus 2.3 bekannten Vektorbegriffs auf mehr als drei Koordinaten dar.

Mit diesen Bezeichnungen läßt sich jede (m, n)-Matrix als *Zeile von Spaltenvektoren*

$$A = (a_{ik}) = (\mathfrak{a}_1 \mathfrak{a}_2 \dots \mathfrak{a}_n)$$

oder als *Spalte von Zeilenvektoren*

$$A = (a_{ik}) = \begin{pmatrix} \mathfrak{a}^1 \\ \mathfrak{a}^2 \\ \vdots \\ \mathfrak{a}^m \end{pmatrix}^{1}$$

schreiben.

6. Ist 0 das Nullelement von K, so heißt eine Matrix aus lauter Nullen *Nullmatrix*:

$$(a_{ik}) = \mho :\Leftrightarrow \bigwedge_{i=1}^{m} \bigwedge_{k=1}^{n} a_{ik} = 0$$

7. Ist 1 das Einselement von K, so heißt eine quadratische Matrix mit lauter Einsen in der Hauptdiagonalen und sonst Nullen eine *Einheitsmatrix* E

$$(a_{ik}) = E :\Leftrightarrow \bigwedge_{i=1}^{n} \bigwedge_{k=1}^{n} a_{ik} = \begin{cases} 1 & \text{für} \quad i = k \\ 0 & \text{für} \quad i \neq k \end{cases}$$

Für die rechte Seite der Äquivalenz hat sich das *KRONECKER-Symbol* δ_{ik} eingebürgert, so daß jede Einheitsmatrix kurz durch $E = (\delta_{ik})$ gekennzeichnet werden kann (vgl. 2.2.2).

Im folgenden beschränken wir uns im Hinblick auf die meisten Anwendungen auf *reelle Matrizen*

$$K = \mathbb{R},$$

betonen jedoch zugleich, daß sämtliche Erklärungen und Aussagen auch für beliebig abstrakte Körper gültig bleiben. Gerade diese Verallgemeinerung der reellen Matrizenrechnung auf beliebige Körperelemente ist ein wichtiger strukturalgebraischer Gesichtspunkt.

Definition

Zwei Matrizen $A = (a_{ik}) \in \mathbb{R}^{(m,n)}$ und $B = (b_{ik}) \in \mathbb{R}^{(p,q)}$ heißen gleich, wenn sie vom gleichen Typ sind und in allen positionsgleichen Elementen übereinstimmen, formal:

$$\boxed{A = B :\Leftrightarrow m = p \wedge n = q \wedge \bigwedge_{i=1}^{m} \bigwedge_{k=1}^{n} a_{ik} = b_{ik}}$$

[1] Die hochgestellten Indizes sind hier nicht als Exponenten, sondern als Nummern der Zeilenvektoren zu verstehen.

Beispiel

Welche Bedingungen müssen für die Elemente erfüllt sein, damit die Matrizen

$$A = \begin{pmatrix} a_{11} & a_{12} & a_{13} \\ a_{21} & a_{22} & a_{23} \end{pmatrix} \quad \text{und} \quad B = \begin{pmatrix} 2 & ka_{12} & 0 \\ -a_{21} & a_{22} & \dfrac{1}{a_{23}} \end{pmatrix}$$

gleich sind ($k \in \mathbb{R}$)? Lösung: Typ-Gleichheit ist erfüllt, also muß gelten:

$$a_{11} = 2, \quad a_{12} = ka_{12} \Rightarrow a_{12}(1-k) = 0 \Rightarrow a_{12} = 0 \vee k = 1$$

$$a_{13} = 0, \quad a_{21} = -a_{21} \Rightarrow a_{21} = 0, \quad a_{22} \in \mathbb{R} \quad \text{(beliebig wählbar!)},$$

$$a_{23} = \frac{1}{a_{23}} \Rightarrow a_{23}^2 = 1 \Rightarrow a_{23} = 1 \vee a_{23} = -1 .$$

Definition

Zwei typgleiche Matrizen $(a_{ik}) \in \mathbb{R}^{(m,n)}$ und $(b_{ik}) \in \mathbb{R}^{(m,n)}$ werden *addiert*, indem man die positionsgleichen Elemente addiert:

$$\boxed{\mathbb{R}^{(m,n)} \times \mathbb{R}^{(m,n)} \to \mathbb{R}^{(m,n)} \wedge ((a_{ik}), (b_{ik})) \mapsto (a_{ik}) + (b_{ik}) = (a_{ik} + b_{ik})}$$

Beispiel

$$A = \begin{pmatrix} 2 & 1 & 7 & 3 \\ 0 & -4 & 5 & 9 \end{pmatrix}, \quad B = \begin{pmatrix} 0 & -1 & 3 & 0 \\ 5 & 4 & 2 & -9 \end{pmatrix} \Rightarrow A + B = \begin{pmatrix} 2 & 0 & 10 & 3 \\ 5 & 0 & 7 & 0 \end{pmatrix}$$

Satz

Die Matrizenaddition ist kommutativ und assoziativ

$$\boxed{\begin{gathered} A + B = B + A \\ A + (B + C) = (A + B) + C \end{gathered}}$$

für $A, B, C \in \mathbb{R}^{(m,n)}$.

Beweis: Da die Addition von Matrizen auf die Addition der Elemente zurückgeführt wird, übertragen sich deren Struktureigenschaften (Kommutativität und

Assoziativität von „+" in $\mathbb{R}$) auf die Matrizenaddition:

$$A + B = (a_{ik}) + (b_{ik}) = (a_{ik} + b_{ik}) = (b_{ik} + a_{ik}) = (b_{ik}) + (a_{ik}) = B + A$$

$$\begin{aligned} A + (B + C) &= (a_{ik}) + [(b_{ik}) + (c_{ik})] = (a_{ik}) + (b_{ik} + c_{ik}) \\ &= (a_{ik} + [b_{ik} + c_{ik}]) = ([a_{ik} + b_{ik}] + c_{ik}) = (a_{ik} + b_{ik}) + (c_{ik}) \\ &= (A + B) + C\,. \end{aligned}$$

Satz

Die Menge $(\mathbb{R}^{(m,n)}, +)$ bildet mit der Matrizenaddition als Verknüpfung eine additive ABELsche Gruppe.

Beweis: Die (m, n)-Nullmatrix $\mathcal{O}$ ist Neutralelement für die Matrizenaddition

$$\bigwedge_{A \in \mathbb{R}^{(m,n)}} A + \mathcal{O} = \mathcal{O} + A = A\,,$$

denn es gilt doch $a_{ik} + 0 = 0 + a_{ik} = a_{ik}$ für alle $a_{ik} \in \mathbb{R}$. Ferner gibt es zu jeder (m, n)-Matrix A eine Matrix

$$-A := (-a_{ik}) \in \mathbb{R}^{(m,n)}$$

mit der Eigenschaft

$$A + (-A) = (a_{ik}) + (-a_{ik}) = (a_{ik} - a_{ik}) = \mathcal{O}$$

d.h. $-A$ ist invers zu A. Zusammen mit dem vorangehenden Satz sind damit alle Gruppenaxiome bestätigt.

Es ist üblich, für

$$A + (-B) =: A - B$$

zu schreiben und von Matrizen*subtraktion* zu sprechen: zwei typgleiche Matrizen werden subtrahiert, indem man die jeweils positionsgleichen Elemente subtrahiert.

Definition

Eine Matrix $A = (a_{ik}) \in \mathbb{R}^{(m,n)}$ wird mit einem Faktor („Skalar") $t \in \mathbb{R}$ multipliziert, indem man *jedes* Element der Matrix mit t multipliziert:

$$\boxed{\mathbb{R} \times \mathbb{R}^{(m,n)} \to \mathbb{R}^{(m,n)} \wedge (t, (a_{ik})) \mapsto t(a_{ik}) := (ta_{ik})}$$

Beispiele

$$5\begin{pmatrix} 2 & -1 & 7 \\ 0 & 12 & 5 \end{pmatrix} = \begin{pmatrix} 10 & -5 & 35 \\ 0 & 60 & 25 \end{pmatrix}; \quad \begin{pmatrix} -72 & 0 \\ 120 & 48 \end{pmatrix} = 24\begin{pmatrix} -3 & 0 \\ 5 & 2 \end{pmatrix}$$

Man beachte den Unterschied zur „Faktorregel" bei Determinanten: bei Determinanten wird nur eine Reihe, bei Matrizen hingegen jedes Element mit t multipliziert!

Satz

Für die äußere Verknüpfung „Skalar mal Matrix“ gelten folgende Regeln ($t, t_1, t_2 \in \mathbb{R}$; $A, B \in \mathbb{R}^{(m,n)}$)

$$\begin{aligned} 1 \cdot A &= A \\ (t_1 + t_2)A &= t_1 A + t_2 A \\ t(A + B) &= tA + tB \\ t_1(t_2 A) &= (t_1 t_2)A =: t_1 t_2 A \end{aligned}$$

Zusammen mit dem vorangegangenen Satz heißt das: die algebraische Struktur $(\mathbb{R}^{(m,n)}, +)$ ist ein *reeller Vektorraum.*

Beweis: Die Multiplikation tA wird auf die Multiplikation in $\mathbb{R}$ zurückgeführt, somit besteht die „modifizierte Assoziativität“ und $1 \cdot A = A$. Von den beiden Distributivgesetzen zeigen wir das erste:

$$\begin{aligned} (t_1 + t_2)A &= ([t_1 + t_2]a_{ik}) \\ &= (t_1 a_{ik} + t_2 a_{ik}) = (t_1 a_{ik}) + (t_2 a_{ik}) \\ &= t_1 A + t_2 A \,. \end{aligned}$$

Zum zweiten Distributivgesetz verweisen wir auf den Übungsteil.

Die zweifellos wichtigste Operation ist die *Matrizenmultiplikation.* Wir wollen diese Verknüpfung zunächst motivieren und kommen dazu auf unser eingangs gebrachtes Beispiel zurück. Nehmen wir an, die Umsätze u_i werden durch die Artikelpreise p_k durch

$$\begin{aligned} u_1 &= 2p_1 + 3p_2 + p_3 \\ u_2 &= p_1 + p_2 + 4p_3 \end{aligned} \qquad A := \begin{pmatrix} 2 & 3 & 1 \\ 1 & 1 & 4 \end{pmatrix}$$

bestimmt. Ferner sollen die Artikelpreise von zwei Rohstoffpreisen q_1, q_2 gemäß

$$\begin{aligned} p_1 &= 3q_1 + q_2 \\ p_2 &= q_1 + 2q_2 \\ p_3 &= 2q_1 + 5q_2 \end{aligned} \qquad B := \begin{pmatrix} 3 & 1 \\ 1 & 2 \\ 2 & 5 \end{pmatrix}$$

abhängen. Wir fragen, wie sich die Umsätze *direkt* aus den Rohstoffpreisen berechnen:

$$\begin{aligned} u_1 &= 2(3q_1 + q_2) + 3(q_1 + 2q_2) + (2q_1 + 5q_2) = 11q_1 + 13q_2 \\ u_2 &= (3q_1 + q_2) + (q_1 + 2q_2) + 4(2q_1 + 5q_2) = 12q_1 + 23q_2 \,. \end{aligned}$$

Untersucht man nun, wie sich die Elemente der zuletzt entstandenen Koeffizientenmatrix

$$C := \begin{pmatrix} 11 & 13 \\ 12 & 23 \end{pmatrix}$$

aus den Elementen von A und B ergeben, so findet man z.B. für

$$c_{11} := 11 = 2 \cdot 3 + 3 \cdot 1 + 1 \cdot 2 .$$

Das ist aber das skalare Produkt des ersten Zeilenvektors $\mathfrak{a}^1$ von A mit dem ersten Spaltenvektor $\mathfrak{b}_1$ von B, das wir hier in der Form

$$\mathfrak{a}^1 \mathfrak{b}_1 = (2\ \ 3\ \ 1) \begin{pmatrix} 3 \\ 1 \\ 2 \end{pmatrix} = 11$$

schreiben[1]. Der Leser rechne nach, daß sich in der gleichen Weise die übrigen Elemente

$$c_{12} := 13 = \mathfrak{a}^1 \mathfrak{b}_2, \quad c_{21} := 12 = \mathfrak{a}^2 \mathfrak{b}_1, \quad c_{22} := 23 = \mathfrak{a}^2 \mathfrak{b}_2$$

als skalare Produkte ergeben. Für die Bildung dieser skalaren Produkte ist notwendig, daß *die Spaltenzahl von* A *übereinstimmt mit der Zeilenzahl von* B.

Definition

Als *Produkt* AB *zweier Matrizen* $A \in \mathbb{R}^{(m,n)}$ und $B \in \mathbb{R}^{(n,p)}$ erklären wir die Verknüpfung

$$\mathbb{R}^{(m,n)} \times \mathbb{R}^{(n,p)} \to \mathbb{R}^{(m,p)}$$

mit

$$(A, B) \mapsto AB =: C = (\mathfrak{a}^i \mathfrak{b}_k)$$

d.h. die Elemente c_{ik} der Produktmatrix $C = AB$ sind jeweils die skalaren Produkte aus der i-ten Zeile von A mit der k-ten Spalte von B:

$$c_{ik} = \mathfrak{a}^i \mathfrak{b}_k = (a_{i1}\, a_{i2} \ldots a_{in}) \begin{pmatrix} b_{1k} \\ b_{2k} \\ \vdots \\ b_{nk} \end{pmatrix} = \sum_{\rho=1}^{n} a_{i\rho}\, b_{\rho k}$$

[1] Nur in der Vektoralgebra (vgl. 2.3.2) ist es üblich, zwei Zeilenvektoren (oder zwei Spaltenvektoren) als skalares Produkt zu verknüpfen. Im allgemeinen (und speziell in der Matrizenrechnung) wird das skalare Produkt stets aus einem *Zeilen*vektor und einem *Spalten*vektor (in dieser Reihenfolge!) gebildet.

wobei

$$i \in [1, m], \quad k \in [1, p]$$

gilt. Die Produktmatrix wird damit vom Typ (m, p).

Beispiele

1. Handschriftliche Berechnung der Produktmatrix mit dem *FALK*[1]*-Schema*: man ordnet den ersten Faktor A links unten, den zweiten Faktor B rechts oben an. Dann ergibt sich $AB = (c_{ik})$ rechts unten in folgender Weise: jedes c_{ik} berechnet sich als skalares Produkt der Zeile $\mathfrak{a}^i$ und der Spalte $\mathfrak{b}_k$, in dessen "Schnittpunkt" es gerade steht.

				1	3	5	4	
				0	−1	2	−4	B
				2	0	1	7	
A	1	2	−1	−1	1	8	−11	AB
	0	3	5	10	−3	11	23	

Ergebnis:

$$AB = \begin{pmatrix} 1 & 2 & -1 \\ 0 & 3 & 5 \end{pmatrix} \begin{pmatrix} 1 & 3 & 5 & 4 \\ 0 & -1 & 2 & -4 \\ 2 & 0 & 1 & 7 \end{pmatrix} = \begin{pmatrix} -1 & 1 & 8 & -11 \\ 10 & -3 & 11 & 23 \end{pmatrix}$$

Beachte: BA existiert nicht, da die Spaltenzahl von B (d.i. 4) verschieden ist von der Zeilenzahl von A (d.i. 2).

2. Das lineare System

$$\begin{aligned} a_{11}x_1 + a_{12}x_2 + \ldots + a_{1n}x_n &= b_1 \\ a_{21}x_1 + a_{22}x_2 + \ldots + a_{2n}x_n &= b_2 \\ &\text{-----------------} \\ a_{m1}x_1 + a_{m2}x_2 + \ldots + a_{mn}x_n &= b_m \end{aligned}$$

läßt sich als „Matrizengleichung" schreiben, wenn man $A = (a_{ik})$ für die Koeffizientenmatrix, $\mathfrak{x}$ für den Spaltenvektor der Variablen (Unbekannten) und $\mathfrak{b}$ für den

[1] S. Falk (geb. 1921), em.o. Prof. a.d. TU Braunschweig (Mechanik und Festigkeitslehre)

Spaltenvektor der rechten Seite setzt:

$$\begin{pmatrix} a_{11} & a_{12} \dots a_{1n} \\ a_{21} & a_{22} \dots a_{2n} \\ \hline a_{m1} & a_{m2} \dots a_{mn} \end{pmatrix} \begin{pmatrix} x_1 \\ x_2 \\ \vdots \\ x_n \end{pmatrix} = \begin{pmatrix} b_1 \\ b_2 \\ \vdots \\ b_m \end{pmatrix} \Leftrightarrow A\mathfrak{x} = \mathfrak{b}$$

Der Leser prüfe dies durch Ausmultiplizieren und elementeweises Vergleichen beider Seiten nach.

Eigenschaften des Matrizenproduktes

1. Satz

Die Matrizenmultiplikation ist assoziativ, jedoch nicht kommutativ:

$$\boxed{\begin{array}{c} A(BC) = (AB)C \\ \neg\,(AB = BA) \end{array}}$$

Beweis: Sei A vom Typ (m, n), B vom Typ (n, p), C vom Typ (p, r). Damit sind die Produkte AB, BC, (AB)C und A(BC) bildbar ($m, n, p, r \in \mathbb{N}$). Wir setzen

$$AB = (a_{ik})(b_{ik}) = \left(\sum_{\rho=1}^{n} a_{i\rho} b_{\rho k}\right) =: (u_{ik})$$

$$BC = (b_{ik})(c_{ik}) = \left(\sum_{\rho=1}^{p} b_{i\rho} c_{\rho k}\right) =: (v_{ik})$$

und bekommen damit

$$\begin{aligned} A(BC) = (a_{ik})(v_{ik}) &= \left(\sum_{\lambda=1}^{n} a_{i\lambda} v_{\lambda k}\right) = \left(\sum_{\lambda=1}^{n} a_{i\lambda}\left[\sum_{\rho=1}^{p} b_{\lambda\rho} c_{\rho k}\right]\right) \\ &= \left(\sum_{\lambda=1}^{n}\sum_{\rho=1}^{p} a_{i\lambda} b_{\lambda\rho} c_{\rho k}\right) = \left(\sum_{\rho=1}^{p}\sum_{\lambda=1}^{n} a_{i\lambda} b_{\lambda\rho} c_{\rho k}\right) \\ &= \left(\sum_{\rho=1}^{p}\left[\sum_{\lambda=1}^{n} a_{i\lambda} b_{\lambda\rho}\right] c_{\rho k}\right) = \left(\sum_{\rho=1}^{p} u_{i\rho} c_{\rho k}\right) = (AB)C\,. \end{aligned}$$

Die Nicht-Kommutativität sieht man exemplarisch:

$$A = \begin{pmatrix} 1 & 0 \\ 2 & -1 \end{pmatrix},\quad B = \begin{pmatrix} 3 & 1 \\ 4 & -2 \end{pmatrix} \Rightarrow AB = \begin{pmatrix} 3 & 1 \\ 2 & 4 \end{pmatrix},\quad BA = \begin{pmatrix} 5 & -1 \\ 0 & 2 \end{pmatrix}$$

Man beachte, daß die Produkte AB und BA nur dann beide existieren, wenn $A \in \mathbb{R}^{(m,n)} \wedge B \in \mathbb{R}^{(n,m)}$ gilt. Diese Bedingung ist insbesonders für quadratische Matrizen $m = n$ erfüllt.

2. Rechnerische Ermittlung mehrfacher Matrizenprodukte mit einem erweiterten FALK-Schema: rechnet man ABC gemäß (AB)C, so ist C rechts oben im Schema an AB anzufügen; bei A(BC) wird A links unten an BC gesetzt:

				B			C	
						5	1	2
			3	1	0	3	4	−1
			2	5	−7	2	0	6
	1	0	3	1	0	18	7	5
	2	−1	4	−3	7	25	−8	53
A	4	1	14	9	−7	83	50	−23
	0	2	4	10	−14	22	44	−86
				AB			(AB)C	

				C		
			5	1	2	
			3	4	−1	
B			2	0	6	
3	1	0	18	7	5	BC
2	5	−7	11	22	−43	
	1	0	18	7	5	
A	2	−1	25	−8	53	A(BC)
	4	1	83	50	−23	
	0	2	22	44	−86	

3. *Es gibt nicht-triviale Nullteiler*, d.h. zwei von der (jeweils typgleichen) Nullmatrix verschiedene Matrizen A, B können im Produkt eine Nullmatrix ergeben:

$$\bigvee_{A \in \mathbb{R}^{(n,n)}} \bigvee_{B \in \mathbb{R}^{(n,n)}} A \neq \mathcal{O} \wedge B \neq \mathcal{O} \wedge AB = \mathcal{O}$$

Beispiel:

$$\begin{pmatrix} 6 & -4 \\ 3 & -2 \end{pmatrix} \begin{pmatrix} 8 & 2 \\ 12 & 3 \end{pmatrix} = \begin{pmatrix} 0 & 0 \\ 0 & 0 \end{pmatrix}$$

$A = \begin{pmatrix} 6 & -4 \\ 3 & -2 \end{pmatrix}$ ist hierbei linker, $B = \begin{pmatrix} 8 & 2 \\ 12 & 3 \end{pmatrix}$

rechter Nullteiler. Diese Rollen sind nicht vertauschbar, da $BA \neq \mathcal{O}$ ist.

4. Satz

Die Matrizenmultiplikation ist beiderseitig distributiv über der Matrizenaddition

$$A(B + C) = AB + AC$$
$$(A + B)C = AC + BC$$

Beweis: (für die linksseitige Distributivität): wir setzen für die Existenz von Summe und Produkt

$$A \in \mathbb{R}^{(m,n)}; \quad B, C \in \mathbb{R}^{(n,p)}$$

voraus. Dann wird $B + C \in \mathbb{R}^{(n,p)}$ und $AB, AC, A(B + C) \in \mathbb{R}^{(m,p)}$. Mit $A = (a_{ik})$,

$B = (b_{ik})$, $C = (c_{ik})$ erhalten wir

$$A(B + C) = (a_{ik})(b_{ik} + c_{ik}) = \left(\sum_{\rho=1}^{n} a_{i\rho}[b_{\rho k} + c_{\rho k}] \right)$$

$$= \left(\sum_{\rho=1}^{n} a_{i\rho} b_{\rho k} + \sum_{\rho=1}^{n} a_{i\rho} c_{\rho k} \right) = \left(\sum_{\rho=1}^{n} a_{i\rho} b_{\rho k} \right) + \left(\sum_{\rho=1}^{n} a_{i\rho} c_{\rho k} \right)$$

Analog verläuft der Beweis für die rechtsseitige Distributivität.

5. Die Einheitsmatrix $E = (\delta_{ik}) \in \mathbb{R}^{(n,n)}$ ist Neutralelement bezüglich der Multiplikation für alle Matrizen $A \in \mathbb{R}^{(n,n)}$

$$\boxed{EA = AE = A}$$

was man durch Ausmultiplizieren sofort bestätigt.

6. Wir beschränken uns auf quadratische Matrizen vom Typ (n, n). Dann sind je zwei solche Matrizen addierbar und multiplizierbar und als Summe bzw. Produkt ergibt sich stets wieder eine (n, n)-Matrix. Das heißt: Matrizenaddition und -multiplikation sind innere Verknüpfungen auf $\mathbb{R}^{(n,n)}$, die Menge $(\mathbb{R}^{(n,n)}; +, \cdot)$ ist bezüglich dieser Operationen abgeschlossen.

   Wir wissen bereits, daß $(\mathbb{R}^{(n,n)}, +)$ ABELsche Gruppe ist. Von $(\mathbb{R}^{(n,n)}, \cdot)$ haben wir die Assoziativität nachgewiesen, d.h. die Struktur $(\mathbb{R}^{(n,n)}, \cdot)$ ist Halbgruppe (und zwar mit Einselement[1]). Da ferner die beiderseitige Distributivität von „·“ über „+“ besteht, sind damit alle Ringaxiome bestätigt:

Satz

Die Menge $(\mathbb{R}^{(n,n)}, +, \cdot)$ aller quadratischen Matrizen ist ein Ring. Dieser „Matrizenring“ ist nicht kommutativ und auch nicht nullteilerfrei, aber mit Einselement versehen.

Beispiel

Die *Transformationsgleichungen für die Drehung* eines kartesischen Koordinatensystems lauten

$$x^* = x \cos\varphi + y \sin\varphi$$

$$y^* = -x \sin\varphi + y \cos\varphi$$

(man bestätige diese Beziehungen an Abb. 149). Das lineare System schreibt sich mit

$$\mathfrak{v}^* = \begin{pmatrix} x^* \\ y^* \end{pmatrix}, \quad \mathfrak{v} = \begin{pmatrix} x \\ y \end{pmatrix}, \quad D = \begin{pmatrix} \cos\varphi & \sin\varphi \\ -\sin\varphi & \cos\varphi \end{pmatrix}$$

[1] Halbgruppen mit Einselement (Neutralelement) heißen Monoide.

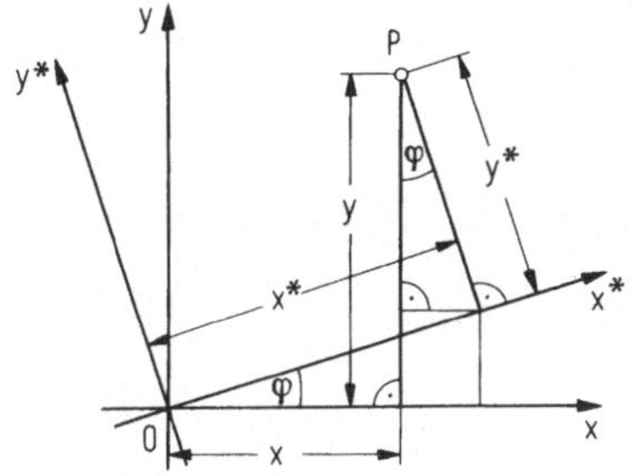

Abb. 149

als Matrizengleichung in der Form

$$\mathfrak{v}^* = D\mathfrak{v} .$$

Führt man anschließend noch eine Drehung um den Winkel ψ aus

$$\begin{aligned} x^{**} &= x^* \cos\psi + y^* \sin\psi \\ y^{**} &= -x^* \sin\psi + y^* \cos\psi \end{aligned} \quad \Leftrightarrow: \mathfrak{v}^{**} = D^*\mathfrak{v}^* ,$$

so folgt für die Gesamtdrehung um den Winkel $\varphi + \psi$

$$\mathfrak{v}^{**} = D^*\mathfrak{v}^* = D^*(D\mathfrak{v}) = (D^*D)\mathfrak{v} ,$$

wobei die Produktmatrix

$$D^*D = \begin{pmatrix} \cos\psi & \sin\psi \\ -\sin\psi & \cos\psi \end{pmatrix} \begin{pmatrix} \cos\varphi & \sin\varphi \\ -\sin\varphi & \cos\varphi \end{pmatrix} = \begin{pmatrix} \cos(\varphi+\psi) & \sin(\varphi+\psi) \\ -\sin(\varphi+\psi) & \cos(\varphi+\psi) \end{pmatrix}$$

bedeutet. In Worten: das Produkt zweier Transformations-(Dreh-)matrizen vermittelt die Nacheinanderausführung zweier linearer Transformationen, hier: zweier Drehungen. In diesem Beispiel ist speziell $D^*D = DD^*$, was auch anschaulich plausibel ist; man nennt ein solches Paar „kommutative Matrizen“.

Aufgaben zu 2.4.1

1. Was ergibt die Ausmultiplikation der Matrizenterme

   a) $(A + B)^2$ b) $(A + B)(A - B)$

   falls $A, B \in \mathbb{R}^{(n,n)}$ gilt. Berechnen Sie beide Terme für

$$A = \begin{pmatrix} 1 & 2 & -3 \\ 4 & 0 & 1 \\ -5 & -2 & 6 \end{pmatrix}, \quad B = \begin{pmatrix} 7 & -4 & 0 \\ 3 & 2 & 1 \\ 1 & -1 & 6 \end{pmatrix}$$

2. Gegeben seien die Matrizen

$$A = \begin{pmatrix} 1 & 0 & -1 & 2 \\ 3 & 1 & 0 & -1 \end{pmatrix}, \quad B = \begin{pmatrix} -2 & 0 \\ 1 & -1 \\ 4 & 1 \\ 0 & 3 \end{pmatrix},$$

$$C = \begin{pmatrix} 1 & 0 & 2 \\ 0 & 1 & 3 \end{pmatrix}, \quad D = \begin{pmatrix} 1 & 0 & 4 & 0 \\ 1 & -1 & -1 & 0 \\ 2 & 3 & -2 & 3 \end{pmatrix}$$

Berechnen Sie das Viererprodukt ABCD gemäß [(AB)C]D und erweitern Sie dazu das FALK-Schema!

3. Lösen Sie die Matrizengleichung $AX + B^2 = BX + A^2$ für

$$A = \begin{pmatrix} 1 & 0 \\ 0 & 1 \end{pmatrix} \quad \text{und} \quad B = \begin{pmatrix} 0 & -1 \\ -1 & 0 \end{pmatrix}!$$

Sei $A, B \in \mathbb{R}^{(2,2)}$ beliebig. Unter welcher Bedingung hat die Gleichung $X = A + B$ als Lösung?

4. Zeigen Sie die Gültigkeit der Beziehung

$$K(AB + BA) = (AB + BA)K,$$

falls (A, K) und (B, K) kommutative Matrizenpaare sind. $A, B, K \in \mathbb{R}^{(n,n)}$.

5. Geben Sie alle Matrizen $B = (b_{ik})$ an, die rechte Nullteiler für die Matrix A sind:

$$A = \begin{pmatrix} 2 & -1 \\ -6 & 3 \end{pmatrix} \quad \text{mit} \quad AB = \mathcal{O}$$

Anleitung: Stellen Sie zuerst die linearen Gleichungen auf, die die b_{ik} erfüllen müssen!

2.4.2 Matrixinversion. Transponierung

Unser Ziel ist die Ermittlung inverser Elemente im Matrizenring. Dazu betrachten wir noch einmal die Drehung eines Koordinatensystems um den Winkel φ (Abb. 149, S. 253):

$$\begin{pmatrix} x^* \\ y^* \end{pmatrix} = \begin{pmatrix} \cos\varphi & \sin\varphi \\ -\sin\varphi & \cos\varphi \end{pmatrix} \begin{pmatrix} x \\ y \end{pmatrix} \Leftrightarrow \mathfrak{v}^* = D\mathfrak{v}.$$

Hier brauchen wir nur φ durch $-\varphi$ zu ersetzen, um die entgegengesetzte und wieder auf den Ausgangszustand zurückführende Drehung zu erhalten! Setzen wir für die Drehmatrix

$$\begin{pmatrix} \cos(-\varphi) & \sin(-\varphi) \\ -\sin(-\varphi) & \cos(-\varphi) \end{pmatrix} = \begin{pmatrix} \cos\varphi & -\sin\varphi \\ \sin\varphi & \cos\varphi \end{pmatrix} =: D^{-1},$$

so liefert ihre Anwendung auf $\mathfrak{v}^*$

$$\begin{pmatrix} \cos\varphi & -\sin\varphi \\ \sin\varphi & \cos\varphi \end{pmatrix} \begin{pmatrix} x^* \\ y^* \end{pmatrix} = \begin{pmatrix} \cos\varphi & -\sin\varphi \\ \sin\varphi & \cos\varphi \end{pmatrix} \begin{pmatrix} \cos\varphi & \sin\varphi \\ -\sin\varphi & \cos\varphi \end{pmatrix} \begin{pmatrix} x \\ y \end{pmatrix}$$

$$= \begin{pmatrix} 1 & 0 \\ 0 & 1 \end{pmatrix} \begin{pmatrix} x \\ y \end{pmatrix} = \begin{pmatrix} x \\ y \end{pmatrix}$$

bzw. in Matrizenschreibweise (E bedeute die (2, 2)-Einheitsmatrix)

$$D^{-1}\mathfrak{v}^* = D^{-1}(D\mathfrak{v}) = (D^{-1}D)\mathfrak{v} = E\mathfrak{v} = \mathfrak{v}\,,$$

d.h. D^{-1} ist linksinvers zu D. Man rechnet sofort nach, daß auch $DD^{-1} = E$ ist. Die durch die beiden Transformationsgleichungen

$$\mathfrak{v}^* = D\mathfrak{v} \quad \text{und} \quad \mathfrak{v} = D^{-1}\mathfrak{v}^*$$

bestimmten „Dreh"-Matrizen sind demnach wechselseitig invers zueinander.

Diesen Sachverhalt untersuchen wir jetzt allgemein. Wir fragen, unter welchen Bedingungen sich die lineare Transformation $A\mathfrak{x} = \mathfrak{y}$ nach $\mathfrak{x}$ auflösen, mithin in die „inverse" lineare Transformation $\mathfrak{x} =: B\mathfrak{y}$ überführen läßt. Falls es nämlich eine solche Matrix B gibt, gilt offenbar

$$\mathfrak{y} = A\mathfrak{x} = A(B\mathfrak{y}) = (AB)\mathfrak{y} \Rightarrow AB = E$$

$$\mathfrak{x} = B\mathfrak{y} = B(A\mathfrak{x}) = (BA)\mathfrak{x} \Rightarrow BA = E\,,$$

d.h. die Matrizen A und $B =: A^{-1}$ sind dann bezüglich der Multiplikation invers zueinander. Die formale Auflösung des Systems $A\mathfrak{x} = \mathfrak{y}$ nach $\mathfrak{x}$ muß uns demnach (unter bestimmten Voraussetzungen!) auf die zu A inverse Matrix A^{-1} führen. Da wir uns im Matrizenring $(\mathbb{R}^{(n,n)}; +, \cdot)$ befinden, haben wir es mit quadratischen Matrizen zu tun. Wir schreiben das lineare System $A\mathfrak{x} = \mathfrak{y}$ ausführlich:

$$\begin{array}{l|l|l|l}
a_{11}x_1 + a_{12}x_2 + \ldots + a_{1n}x_n = y_1 & \cdot A_{11} & \cdot A_{12} & \cdot A_{1n} \\
a_{21}x_1 + a_{22}x_2 + \ldots + a_{2n}x_n = y_2 & \cdot A_{21} & \cdot A_{22} & \cdot A_{2n} \\
\text{-------------------------} & \text{---} & \text{---} & \text{---} \\
a_{n1}x_1 + a_{n2}x_2 + \ldots + a_{nn}x_n = y_n & \cdot A_{n1} & \cdot A_{n2} & \cdot A_{nn}\,.
\end{array}$$

Die Auflösung nach $\mathfrak{x}$ nehmen wir schrittweise vor. Zuerst lösen wir nach x_1 auf. Dazu multiplizieren wir die n Gleichungen in der oben angegebenen Weise mit den Adjunkten der Elemente der ersten Spalte und addieren, vgl. S. 190:

$$\sum_{i=1}^{n} a_{i1}A_{i1}\cdot x_1 + \sum_{i=1}^{n} a_{i2}A_{i1}\cdot x_2 + \ldots + \sum_{i=1}^{n} a_{in}A_{i1}\cdot x_n = \sum_{i=1}^{n} A_{i1}\,y_i\;.$$

Als Faktor von x_1 hat sich die *Koeffizientendeterminante* des Systems ergeben, während die Faktoren aller übrigen x_i verschwinden (vgl. 2.2.2).

Definition

Ist $A \in \mathbb{R}^{(n,n)}$ eine quadratische Matrix, so heißt die Determinante des gleichen Zahlenschemas die Determinante von A, in Zeichen: det A. Es heißt

$$\begin{array}{|ll|}
\hline
\text{A regulär} & :\Leftrightarrow \det A \neq 0 \\
\text{A singulär} & :\Leftrightarrow \det A = 0 \\
\hline
\end{array}$$

Unser erster Schritt liefert damit

$$\det A \cdot x_1 = \sum_{i=1}^{n} A_{i1} y_i \Rightarrow x_1 = \frac{1}{\det A} \sum_{i=1}^{n} A_{i1} y_i ,$$

falls wir die Koeffizientenmatrix A *regulär voraussetzen.* In der gleichen Weise bekommen wir $x_2, \ldots, x_n$, wenn wir das System mit den Adjunkten der Elemente der zweiten, dritten, ..., n-ten Spalte durchmultiplizieren und addieren:

$$\det A \cdot x_2 = \sum_{i=1}^{n} A_{i2} y_i \Rightarrow x_2 = \frac{1}{\det A} \sum_{i=1}^{n} A_{i2} y_i$$

$$\text{-------------------------------}$$

$$\det A \cdot x_n = \sum_{i=1}^{n} A_{in} y_i \Rightarrow x_n = \frac{1}{\det A} \sum_{i=1}^{n} A_{in} y_i$$

Schreiben wir die rechterseits stehenden Summen zur besseren Übersicht aus, so erkennen wir

$$x_1 = \frac{1}{\det A} \cdot (A_{11} y_1 + A_{21} y_2 + \ldots + A_{n1} y_n)$$

$$x_2 = \frac{1}{\det A} \cdot (A_{12} y_1 + A_{22} y_2 + \ldots + A_{n2} y_n)$$

$$\text{-------------------------------}$$

$$x_n = \frac{1}{\det A} \cdot (A_{1n} y_1 + A_{2n} y_2 + \ldots + A_{nn} y_n)$$

oder als Matrizengleichung

$$\mathfrak{x} = \frac{1}{\det A} \begin{pmatrix} A_{11} & A_{21} & \ldots & A_{n1} \\ A_{12} & A_{22} & \ldots & A_{n2} \\ \text{---} & \text{---} & \text{---} & \text{---} \\ A_{1n} & A_{2n} & \ldots & A_{nn} \end{pmatrix} \mathfrak{y} .$$

Damit haben wir die Matrix der inversen linearen Transformation zu $\mathfrak{y} = A\mathfrak{x}$ explizit bestimmt.

Definition

Ist $A \in \mathbb{R}^{(n,n)}$ eine reguläre quadratische Matrix, so heißt die Matrix

$$\boxed{A^{-1} := \frac{1}{\det A} \begin{pmatrix} A_{11} & \cdots & A_{n1} \\ \vdots & & \vdots \\ A_{1n} & \cdots & A_{nn} \end{pmatrix}}$$

die zu A *inverse Matrix* (Kehrmatrix). Dabei sind die A_{ik} die Adjunkten der Elemente a_{ik} der Matrix $A = (a_{ik})$.

Folgerung: Für alle $A \in \mathbb{R}^{(n,n)}$ mit $\det A \neq 0$ gilt

$$\boxed{AA^{-1} = A^{-1}A = E}$$

Beispiel

Das lineare System $\mathfrak{y} = A\mathfrak{x}$ gemäß

$$y_1 = x_1 + x_2 - x_3$$
$$y_2 = x_1 - x_2 + x_3$$
$$y_3 = -x_1 + x_2 + x_3$$

soll invertiert, also auf die Form $\mathfrak{x} = A^{-1}\mathfrak{y}$ gebracht werden. Dazu berechnen wir die inverse Matrix A^{-1} über $\det A$ und die Adjunkten A_{ik} von $\det A$:

$$\det A = \begin{vmatrix} 1 & 1 & -1 \\ 1 & -1 & 1 \\ -1 & 1 & 1 \end{vmatrix} = \begin{vmatrix} 1 & 1 & -1 \\ 2 & 0 & 0 \\ 0 & 2 & 0 \end{vmatrix} = -4 \neq 0,$$

woraus die Existenz von A^{-1} und somit die Lösbarkeit unserer Aufgabe folgt. Für die Adjunkten erhält man (vgl. 2.2.2)

$$A_{11} = A_{21} = A_{12} = A_{23} = A_{32} = A_{33} = -2, \quad A_{13} = A_{31} = A_{22} = 0$$

$$\Rightarrow A^{-1} = \frac{1}{2}\begin{pmatrix} 1 & 1 & 0 \\ 1 & 0 & 1 \\ 0 & 1 & 1 \end{pmatrix} \Rightarrow \begin{cases} x_1 = \frac{1}{2}y_1 + \frac{1}{2}y_2 \\ x_2 = \frac{1}{2}y_1 \qquad\quad + \frac{1}{2}y_3 \\ x_3 = \qquad\quad \frac{1}{2}y_2 + \frac{1}{2}y_3 \end{cases}$$

Als Probe bestätige man $AA^{-1} = A^{-1}A = E$ (FALK-Schema!). Damit haben wir zwei Ziele erreicht: die Darstellung der x_i als lineare Terme der y_i (so läßt sich z.B. der Einfluß der y_i auf die x_i ermitteln), ferner die Lösung des gegebenen Systems für *jede* Belegung von $\mathfrak{y} \in \mathbb{R}^{(3,1)}$: z.B.

$$\mathfrak{y} = \begin{pmatrix} 1 \\ -3 \\ 5 \end{pmatrix} \Rightarrow \mathfrak{x} = \begin{pmatrix} -1 \\ 3 \\ 1 \end{pmatrix}$$

Satz

Die Menge $\mathbb{R}_r^{(n,n)}$ aller regulären quadratischen Matrizen aus $\mathbb{R}^{(n,n)}$ bildet eine multiplikative Gruppe $(\mathbb{R}_r^{(n,n)}, \cdot)$.

Beweis: Wir zeigen zuerst die Abgeschlossenheit von $\mathbb{R}_r^{(n,n)}$ bezüglich der Multiplikation:

$$A \in \mathbb{R}_r^{(n,n)} \wedge B \in \mathbb{R}_r^{(n,n)} \Rightarrow AB \in \mathbb{R}_r^{(n,n)}.$$

Dazu zitieren wir einen Satz der Determinantentheorie, auf dessen allgemeine Herleitung wir hier verzichten wollen[1]: Für je zwei Matrizen A, $B \in \mathbb{R}^{(n,n)}$ gilt, daß die Determinante des Produkts AB gleich ist dem Produkt der Determinanten[2]:

$$\det(AB) = \det A \cdot \det B .$$

Aus $\det A \neq 0 \wedge \det B \neq 0$ folgt daraus $\det(AB) \neq 0$. — Der Nachweis der Assoziativität entfällt, da diese Eigenschaft bereits für *alle* Matrizen aus $\mathbb{R}^{(n,n)}$ nachgewiesen wurde. Somit verbleibt nurmehr die Überprüfung der Auflösbarkeit in $\mathbb{R}_r^{(n,n)}$:

$$AX = B \Rightarrow A^{-1}(AX) = A^{-1}B \Rightarrow (A^{-1}A)X = EX = X = A^{-1}B$$

$$XA = B \Rightarrow (XA)A^{-1} = BA^{-1} \Rightarrow X(AA^{-1}) = XE = X = BA^{-1} .$$

Damit ist $(\mathbb{R}_r^{(n,n)}, \cdot)$ als Gruppe erkannt. Man beachte, daß $(\mathbb{R}^{(n,n)}, \cdot)$ nur Halbgruppe ist, da zwar (neben der Abgeschlossenheit) die Assoziativität, nicht aber die Auflösbarkeit gilt (die singulären Matrizen aus $\mathbb{R}^{(n,n)}$ haben keine Inversen!).

Oft wird von Studenten gefragt, welchen Nutzen man aus solchen Sätzen ziehen kann. Wir erläutern zwei Argumente. *Erstens*: Hat man für eine Menge von Elementen die Axiome einer Struktur nachgewiesen, so gelten eo ipso auch alle übrigen Struktureigenschaften für diese Elemente. Angewandt auf die multiplikative Gruppe der regulären Matrizen bedeutet das beispielsweise, daß die Formeln

$$(AB)^{-1} = B^{-1}A^{-1} \quad \text{und} \quad (A^{-1})^{-1} = A$$

für alle A, $B \in \mathbb{R}_r^{(n,n)}$ sofort angeschrieben werden können und keines nochmaligen Beweises bedürfen, denn sie gelten in jeder Gruppe[3] (vgl. 1.6.1). *Zweitens*: Das Operieren mit den Symbolen erfolgt in allen Gruppen nach den gleichen Rechenregeln und braucht deshalb nicht jedesmal neu geübt zu werden. Als Beispiel sei die in allen Gruppen geltende „Kürzungsregel“ genannt; sie lautet für die regulären Matrizen

$$AB = AC \Rightarrow B = C$$

$$PQ = RQ \Rightarrow P = R$$

und wird in der Gruppe $(\mathbb{R}\setminus\{0\}, \cdot)$ schon im Schulunterricht (z.B. beim Auflösen von Gleichungen) gebracht. Das Aufzeigen solcher „Querverbindungen“ sei dem Leser besonders nahe gelegt.

Beispiel

Es seien P, Q, R, $X \in \mathbb{R}^{(n,n)}$. Unter welcher zusätzlichen Voraussetzung ist die Matrizengleichung

$$PQ - X + R = PX - Q$$

---

[1] Für n = 2 wurde der Satz als Aufgabe 3 in 2.2.1 behandelt.

[2] M. a. W. die Abbildung $A \mapsto \det A$ ist ein multiplikativer Homomorphismus

[3] Das heißt nicht, daß sie nicht auch unabhängig davon beweisbar sind (siehe Aufgabenteil!)

nach X auflösbar und welcher Term ergibt sich für X? Man addiere beiderseits X + Q und vertausche die Seiten:

$$PX + X = PQ + Q + R \Rightarrow (P + E)X = (P + E)Q + R\,,$$ [1]

wobei $E \in \mathbb{R}^{(n,n)}$ die Einheitsmatrix bedeutet. Fordern wir nun

$$P + E \in \mathbb{R}_r^{(n,n)} \Leftrightarrow \det(P + E) \neq 0\,,$$

so existiert die Inverse $(P + E)^{-1}$ zu P + E und wir erhalten

$$\begin{aligned} (P + E)^{-1}[(P + E)X] &= (P + E)^{-1}[(P + E)Q + R] \\ \Rightarrow [(P + E)^{-1}(P + E)]X &= [(P + E)^{-1}(P + E)]Q + (P + E)^{-1}R \\ EX &= EQ + (P + E)^{-1}R \\ X &= Q + (P + E)^{-1}R \end{aligned}$$

Zur *Probe* setzt man den gewonnenen Term für X in die Ausgangsgleichung ein, dabei erhält man

$$\begin{aligned} \text{für die rechte Seite:}\quad & PQ + P(P + E)^{-1}R - Q \\ &= (P - E)Q + P(P + E)^{-1}R \\ \text{für die linke Seite:}\quad & PQ - Q - (P + E)^{-1}R + R \\ &= (P - E)Q + [E - (P + E)^{-1}]R \\ &= (P - E)Q + [(P + E)(P + E)^{-1} - (P + E)^{-1}]R \\ &= (P - E)Q + P(P + E)^{-1}R\,. \end{aligned}$$

Hierbei wurden die gleichen Rechenregeln angewandt, wie wir sie vom Ring der ganzen Zahlen her kennen, allerdings mit zwei Ausnahmen: wegen der fehlenden Kommutativität der Matrizenmultiplikation muß hier streng auf die Reihenfolge der Faktoren geachtet werden, und: der Matrizenring besitzt nicht-triviale Nullteiler!

Bei der formalen Definition der inversen Matrix fällt auf, daß die Matrix

$$\begin{pmatrix} A_{11} & A_{21} & \dots & A_{n1} \\ A_{12} & A_{22} & \dots & A_{n2} \\ \hline A_{1n} & A_{2n} & \dots & A_{nn} \end{pmatrix}$$

nicht die Matrix (A_{ik}) der Adjunkten ist, wohl aber aus dieser hervorgeht, wenn man alle Elemente in (A_{ik}) an der Hauptdiagonalen spiegelt. Für solche Matrizen gibt man die folgende

[1] Falsch wäre es, PX + X = (P + 1)X zu schreiben, da der Term P + 1 nicht erklärt ist (es gibt keine Addition zwischen einer Matrix und einer reellen Zahl!).

Definition

Vertauscht man in einer Matrix $A \in \mathbb{R}^{(m,n)}$ alle Zeilen mit den gleichnumerierten Spalten, so heißt das entstehende Zahlenschema $A' \in \mathbb{R}^{(n,m)}$ die zu A *transponierte Matrix*

$$A = (a_{ik}) = \begin{pmatrix} a_{11} & a_{12} & \dots & a_{1n} \\ a_{21} & a_{22} & \dots & a_{2n} \\ \hline a_{m1} & a_{m2} & \dots & a_{mn} \end{pmatrix} \Leftrightarrow: A' = (a_{ki}) = \begin{pmatrix} a_{11} & a_{21} & \dots & a_{m1} \\ a_{12} & a_{22} & \dots & a_{m2} \\ \hline a_{1n} & a_{2n} & \dots & a_{mn} \end{pmatrix}$$

Speziell gehen beim Transponieren Zeilenvektoren in Spaltenvektoren über (und umgekehrt). Sind $\mathfrak{a}, \mathfrak{b} \in \mathbb{R}^{(n,1)}$ zwei Spaltenvektoren gleichen Typs, so ist für das skalare Produkt („Zeile mal Spalte") $\mathfrak{a}$ zunächst zu transponieren und dann $\mathfrak{a}'\mathfrak{b}$ (an Stelle von $\mathfrak{a} \cdot \mathfrak{b}$ in der Vektoralgebra) zu schreiben.

Unmittelbar einzusehen sind die Aussagen ($p \in \mathbb{R}$)

$$(A')' = A \quad \text{und} \quad (pA)' = pA'\,.$$

Etwas tiefer liegt die Transponierung von Summe und Produkt zweier Matrizen. Hier gilt der

Satz

Die Transponierte einer Summe ist gleich der Summe der Transponierten. Die Transponierte eines Produktes ist gleich dem Produkt der Transponierten in umgekehrter Reihenfolge:

$$\boxed{(A+B)' = A' + B'} \qquad \boxed{(AB)' = B'A'}$$

Beweis: 1. $A, B \in \mathbb{R}^{(m,n)}$, $A = (a_{ik})$, $B = (b_{ik}) \Rightarrow A + B = (a_{ik} + b_{ik}) =: (c_{ik}) \Rightarrow (A+B)' = (c_{ik})' = (c_{ki}) = (a_{ki} + b_{ki}) = (a_{ki}) + (b_{ki}) = A' + B'$. 2. $A \in \mathbb{R}^{(m,n)}$, $B \in \mathbb{R}^{(n,r)} \Rightarrow A \cdot B \in \mathbb{R}^{(m,r)} \Rightarrow (A \cdot B)' \in \mathbb{R}^{(r,m)}$. Andererseits ist $B' \in \mathbb{R}^{(r,n)}$, $A' \in \mathbb{R}^{(n,m)} \Rightarrow B'A' \in \mathbb{R}^{(r,m)}$: okay! Für den Beweis ist es zweckmäßig, A als Spaltenmatrix der Zeilenvektoren $\mathfrak{a}^1, \dots, \mathfrak{a}^m$ und B als Zeilenmatrix der Spaltenvektoren $\mathfrak{b}_1, \dots, \mathfrak{b}_r$ zu schreiben:

$$A = \begin{pmatrix} \mathfrak{a}^1 \\ \vdots \\ \mathfrak{a}^m \end{pmatrix}, \quad B = (\mathfrak{b}_1, \dots, \mathfrak{b}_r)$$

$$\Rightarrow AB = \begin{pmatrix} \mathfrak{a}^1\mathfrak{b}_1 & \dots & \mathfrak{a}^1\mathfrak{b}_r \\ \vdots & & \vdots \\ \mathfrak{a}^m\mathfrak{b}_1 & \dots & \mathfrak{a}^m\mathfrak{b}_r \end{pmatrix} \Rightarrow (AB)' = \begin{pmatrix} \mathfrak{a}^1\mathfrak{b}_1 & \dots & \mathfrak{a}^m\mathfrak{b}_1 \\ \vdots & & \vdots \\ \mathfrak{a}^1\mathfrak{b}_r & \dots & \mathfrak{a}^m\mathfrak{b}_r \end{pmatrix} = (\mathfrak{a}^k\mathfrak{b}_i)$$

Andererseits ergibt sich für die Transponierten und deren Produkt (beachte: $\mathfrak{b}_1' \neq \mathfrak{b}^1$ etc.):

$$B' = \begin{pmatrix} \mathfrak{b}_1' \\ \vdots \\ \mathfrak{b}_r' \end{pmatrix}, \quad A' = (\mathfrak{a}^{1'}, \ldots, \mathfrak{a}^{m'})$$

$$\Rightarrow B'A' = \begin{pmatrix} \mathfrak{b}_1'\mathfrak{a}^{1'} & \ldots & \mathfrak{b}_1'\mathfrak{a}^{m'} \\ \vdots & & \vdots \\ \mathfrak{b}_r'\mathfrak{a}^{1'} & \ldots & \mathfrak{b}_r'\mathfrak{a}^{m'} \end{pmatrix} = (\mathfrak{b}_i'\mathfrak{a}^{k'})$$

Wir müssen uns also nur noch klarmachen, daß die Skalarprodukte

$$\mathfrak{a}^k\mathfrak{b}_i = \mathfrak{b}_i'\mathfrak{a}^{k'}$$

sind. Dies aber ist evident: $\mathfrak{a}^k$ und $\mathfrak{a}^{k'}$ ist doch der gleiche Vektor, nur einmal als Zeile und zum anderen als Spalte geschrieben. Gleiches gilt für $\mathfrak{b}_i'$ und $\mathfrak{b}_i$. Und das Skalarprodukt ist kommutativ!

Satz

Die Inverse einer transponierten regulären Matrix ist gleich der transponierten inversen Matrix:

$$(A^{-1})' = (A')^{-1}$$

Beweis: Beiderseitiges Transponieren von $AA^{-1} = E$ liefert

$$(AA^{-1})' = (A^{-1})'A' = E' = E$$

$(A^{-1})'$ muß demnach die inverse Matrix zu A' sein, und das heißt $(A^{-1})' = (A')^{-1}$.

Definition

Bleibt eine quadratische Matrix $A \in \mathbb{R}^{(n,n)}$ beim Transponieren unverändert, so heißt sie *symmetrisch*; ändert sie beim Transponieren nur ihr Vorzeichen, so nennt man sie *schiefsymmetrisch*:

$A' = A \Leftrightarrow$: A ist symmetrisch

$A' = -A \Leftrightarrow$: A ist schiefsymmetrisch

Bei symmetrischen Matrizen müssen demnach je zwei spiegelbildlich zur Hauptdiagonalen liegende Elemente gleich sein:

$$A = A' \Rightarrow \bigwedge_{i,k} a_{ik} = a_{ki}\,;$$

bei schiefsymmetrischen Matrizen müssen solche Elemente nur im Vorzeichen verschieden sein, während alle Hauptdiagonalelemente Nullen sind:

$$A = -A' \Rightarrow \bigwedge_{i,k} a_{ik} = -a_{ki}$$

$$i = k: a_{ii} = -a_{ii} \Rightarrow 2a_{ii} = 0 \Rightarrow \bigwedge_{i=1}^{n} a_{ii} = 0$$

Satz

Jede quadratische Matrix $A \in \mathbb{R}^{(n,n)}$ läßt sich als Summe einer symmetrischen Matrix A_s und einer schiefsymmetrischen Matrix A_t darstellen:

$$\bigwedge_{A \in \mathbb{R}^{(n,n)}} \bigvee_{A_s \in \mathbb{R}^{(n,n)}} \bigvee_{A_t \in \mathbb{R}^{(n,n)}} [A = A_s + A_t]$$

Beweis: Wir setzen

$$A_s := \tfrac{1}{2}(A + A')$$

an und transponieren beiderseits:

$$A_s' = \tfrac{1}{2}(A + A')' = \tfrac{1}{2}(A' + A'') = \tfrac{1}{2}(A' + A) = \tfrac{1}{2}(A + A') = A_s\,,$$

d.h. A_s ist symmetrisch. Ferner setzen wir

$$A_t := \tfrac{1}{2}(A - A')$$

an und sehen nach beiderseitigem Transponieren

$$A_t' = \tfrac{1}{2}(A - A')' = \tfrac{1}{2}(A' - A'') = \tfrac{1}{2}(A' - A) = -\tfrac{1}{2}(A - A') = -A_t\,,$$

daß A_t schiefsymmetrisch ist. Addiert man die Definitionsgleichungen für A_s und A_t, so folgt

$$A_s + A_t = \tfrac{1}{2}A + \tfrac{1}{2}A \Rightarrow A = A_s + A_t$$

d.i. die behauptete Zerlegungsformel.

Beispiele

1. $$A = \begin{pmatrix} 4 & 0 & -5 \\ 2 & 1 & 3 \\ 1 & -7 & -1 \end{pmatrix} \Rightarrow A' = \begin{pmatrix} 4 & 2 & 1 \\ 0 & 1 & -7 \\ -5 & 3 & -1 \end{pmatrix}$$

$$\tfrac{1}{2}(A + A') = A_s = \begin{pmatrix} 4 & 1 & -2 \\ 1 & 1 & -2 \\ -2 & -2 & -1 \end{pmatrix}, \quad \tfrac{1}{2}(A - A') = A_t = \begin{pmatrix} 0 & -1 & -3 \\ 1 & 0 & 5 \\ 3 & -5 & 0 \end{pmatrix}$$

Die gesuchte Zerlegung der Matrix A in einen symmetrischen und einen schiefsymmetrischen Anteil lautet damit

$$\begin{pmatrix} 4 & 0 & -5 \\ 2 & 1 & 3 \\ 1 & -7 & -1 \end{pmatrix} = \begin{pmatrix} 4 & 1 & -2 \\ 1 & 1 & -2 \\ -2 & -2 & -1 \end{pmatrix} + \begin{pmatrix} 0 & -1 & -3 \\ 1 & 0 & 5 \\ 3 & -5 & 0 \end{pmatrix}$$

2. Eine durch die quadratische Gleichung

$$ax^2 + bxy + cy^2 = 1$$

bestimmte reelle Funktion $f: \mathbb{R} \to \mathbb{R}$ hat als Graph eine Kegelschnittskurve. Darstellung des Funktionsterms als Matrizenterm (skalares Produkt) liefert mit

$$\mathfrak{v} = \begin{pmatrix} x \\ y \end{pmatrix}, \quad P = \begin{pmatrix} a & \frac{1}{2}b \\ \frac{1}{2}b & c \end{pmatrix} \Rightarrow \mathfrak{v}' P \mathfrak{v} = 1 ,$$

wobei P eine symmetrische Matrix aus den (reellen) Koeffizienten der Gleichung ist (nachrechnen!).

Viele technische und naturwissenschaftliche Probleme zeichnen sich durch bestimmte *Symmetrieeigenschaften* aus, die sich in der mathematischen Beschreibung wiederfinden. Man sehe den Zerlegungssatz für Matrizen auch im Zusammenhang mit dem analogen Sachverhalt bei reellen Funktionen. Jede solche Funktion

$$f: \mathbb{R} \to \mathbb{R} \quad \text{mit} \quad x \mapsto y = f(x)$$

läßt sich additiv in einen geraden und einen ungeraden Anteil zerlegen

$$g: \mathbb{R} \to \mathbb{R} \quad \text{mit} \quad x \mapsto y = g(x) \wedge g(-x) = g(x)$$

$$u: \mathbb{R} \to \mathbb{R} \quad \text{mit} \quad x \mapsto y = u(x) \wedge u(-x) = -u(x)$$

$$f(x) = g(x) + u(x) .$$

Hierbei verläuft der Graph von g symmetrisch zur y-Achse, der von u punktsymmetrisch zum Ursprung. Man findet g und u, wenn man setzt

$$g(x) := \tfrac{1}{2}[f(x) + f(-x)], \quad u(x) := \tfrac{1}{2}[f(x) - f(-x)] .$$

Beispiele für diese Zerlegung sind

$$\sin(a + x) = \sin a \cdot \cos x + \cos a \cdot \sin x$$

$$(1 + x)^3 = (1 + 3x^2) + (3x + x^3)$$

$$e^x = \cosh x + \sinh x$$

Aufgaben zu 2.4.2

1. Wie lautet das zu

a)
$$\begin{aligned} y_1 &= 6x_1 + 2x_2 - 3x_3 \\ y_2 &= 4x_1 + 5x_2 - 2x_3 \\ y_3 &= 7x_1 + 2x_2 + 4x_3 \end{aligned}$$

b)
$$\begin{aligned} y_1 &= 2x_1 - x_2 + x_3 \\ y_2 &= -x_1 + 5x_2 - 3x_3 \\ y_3 &= x_1 + 13x_2 - 7x_3 \end{aligned}$$

inverse lineare System?

2. Zeigen Sie, daß für eine reguläre Matrix $A \in R_r^{(n,n)}$ die Beziehung $\det(A^{-1}) = (\det A)^{-1}$ gilt. Hinweis: Gehen Sie von $AA^{-1} = E$ aus und verwenden Sie $\det(AB) = \det A \cdot \det B$.
3. Die Inverse einer regulären symmetrischen Matrix ist wieder symmetrisch. Beweis?
4. Man zeige, daß A^{-1}, B^{-1} und A', B' kommutative Matrizenpaare sind, falls A, B vertauschbar vorausgesetzt werden.
5. Vorgelegt sei das inhomogene lineare Matrizen-Gleichungssystem

$$\begin{aligned} X + Y &= A \\ BX + CY &= D \end{aligned}$$

auf $\mathbb{R}^{(n,n)}$. Unter welcher Bedingung hat das System eine eindeutige Lösung? Geben Sie die Lösung an und machen Sie die Probe!
6. Zerlegen Sie die (4, 4)-Matrix $A = (a_{ik})$ mit $\mathfrak{a}^1 = (2, 1, 0, -1)$, $\mathfrak{a}^2 = (-1, 3, 0, 0)$, $\mathfrak{a}^3 = (4, 5, 1, -1)$, $\mathfrak{a}^4 = (0, 0, 0, 2)$ in ihren symmetrischen und schiefsymmetrischen Anteil!
7. Die eine Fläche 2. Ordnung beschreibende Gleichung $ax^2 + by^2 + cz^2 + dxy + eyz + fxz = 1$ läßt sich in der Form $\mathfrak{r}'T\mathfrak{r} = 1$ mit symmetrischer Matrix T schreiben ($\mathfrak{r}' = (x, y, z)$). Konstruieren Sie T.

2.4.3 Orthogonalität. Komplexe Matrizen

Definition

Ist das Produkt einer Matrix $A \in \mathbb{R}^{(n,n)}$ mit ihrer Transponierten gleich der Einheitsmatrix $E \in \mathbb{R}^{(n,n)}$, so heißt sie *orthogonal*

$$\boxed{A \text{ orthogonal} :\Leftrightarrow AA' = E}$$

Unmittelbare Folgerungen aus der Definition sind für eine Orthogonalmatrix A:

$$\det(AA') = \det A \cdot \det A' = (\det A)^2 = \det E = 1$$

$$A \text{ orthogonal} \Rightarrow \det A = \pm 1 \quad \text{(aber nicht notwendig umgekehrt!)}$$

Orthogonalmatrizen sind also stets regulär. Multipliziert man deshalb $AA' = E$ von links mit A^{-1}, so folgt

$$A^{-1}(AA') = (A^{-1}A)A' = EA' = A' = A^{-1}E\,,$$

also die Identität zwischen transponierter und invertierter Orthogonalmatrix

$$\boxed{A \text{ orthogonal} \Leftrightarrow A' = A^{-1}}$$

und damit die Vertauschbarkeit $AA' = A'A$.

Ihren Namen haben die Orthogonalmatrizen von der Eigenschaft, daß das Skalarprodukt zweier (verschiedener) Spalten- oder Zeilenvektoren verschwindet.

In der anschaulichen Vektoralgebra des $\mathbb{R}^3$ (Abschnitt 2.3.2) haben wir gesehen, daß diese Bedingung notwendig und hinreichend für die Orthogonalität zweier Vektoren ist. Hier verallgemeinern wir den zunächst anschaulich vorhandenen Begriff des senkrechten Aufeinanderstehens zweier $\mathbb{R}^3$-Vektoren auf beliebige Vektoren des $\mathbb{R}^n$, die als Zeilen- und Spaltenvektoren Bestandteile einer Matrix des $\mathbb{R}^{(n,n)}$ sind.

Satz

Bei jeder Orthogonalmatrix $A \in \mathbb{R}^{(n,n)}$ bilden Spalten- und Zeilenvektoren je ein System orthogonaler Einheitsvektoren (ein „Orthonormalsystem"):

$$\boxed{a_i' a_k = a^i a^{k'} = \begin{Bmatrix} 1 \text{ für } i = k \\ 0 \text{ für } i \neq k \end{Bmatrix} = \delta_{ik}}$$

Beweis: Aus $A'A = E$ folgt für die Spaltenvektoren

$$A'A = (a_1 \dots a_n)'(a_1 \dots a_n) = \begin{pmatrix} a_1' \\ \vdots \\ a_n' \end{pmatrix} (a_1 \dots a_n) = \begin{pmatrix} a_1' a_1 & \dots & a_1' a_n \\ \vdots & & \vdots \\ a_n' a_1 & \dots & a_n' a_n \end{pmatrix}$$

$$= E = \begin{pmatrix} 1 & \dots & 0 \\ 0 & \dots & 1 \end{pmatrix} \Rightarrow a_1' a_1 = a_2' a_2 = \dots = a_n' a_n = 1$$

$$\wedge \; a_i' a_k = 0 \quad \text{für} \quad i \neq k$$

Entsprechend ergibt sich für die Zeilenvektoren

$$AA' = \begin{pmatrix} a^1 \\ \vdots \\ a^n \end{pmatrix} \begin{pmatrix} a^1 \\ \vdots \\ a^n \end{pmatrix}' = \begin{pmatrix} a^1 \\ \vdots \\ a^n \end{pmatrix} (a^{1'} \dots a^{n'}) = \begin{pmatrix} a^1 a^{1'} & \dots & a^1 a^{n'} \\ \vdots & & \vdots \\ a^n a^{1'} & \dots & a^n a^{n'} \end{pmatrix}$$

$$= \begin{pmatrix} 1 & \dots & 0 \\ 0 & \dots & 1 \end{pmatrix} \Rightarrow a^1 a^{1'} = a^2 a^{2'} = \dots = a^n a^{n'} = 1 \wedge a^i a^{k'} = 0 \text{ für } i \neq k.$$

Satz

Die Menge aller Orthogonalmatrizen aus $\mathbb{R}^{(n,n)}$ bildet bezüglich der Multiplikation eine (nicht-kommutative) Gruppe.

Beweis: 1. Abgeschlossenheit. Seien $A, B \in \mathbb{R}^{(n,n)}$ orthogonal, d.h. $AA' = BB' = E$. Wir zeigen: dann ist auch AB orthogonal, nämlich

$$(AB)(AB)' = (AB)(B'A') = A(BB')A' = AEA' = AA' = E.$$

2. Assoziativität gilt bereits für alle Matrizen in $\mathbb{R}^{(n,n)}$.

3. Neutralelement ist $E \in \mathbb{R}^{(n,n)}$. Es ist orthogonal: $EE' = EE = E$.
4. Sei A orthogonal, d. h. $AA' = E$. Wir zeigen: dann ist auch A^{-1} orthogonal:

$$A^{-1} \cdot (A^{-1})' = A'A'' = A'A = AA' = E$$

Beispiel

Man untersuche die Matrix

$$A = \begin{pmatrix} \frac{1}{\sqrt{3}} & \frac{1}{\sqrt{2}} & \frac{1}{\sqrt{6}} \\ \frac{1}{\sqrt{3}} & 0 & -\frac{2}{\sqrt{6}} \\ \frac{1}{\sqrt{3}} & -\frac{1}{\sqrt{2}} & \frac{1}{\sqrt{6}} \end{pmatrix}$$

auf Orthogonalität! Dazu bilden wir die Skalarprodukte

$$\mathfrak{a}_1'\mathfrak{a}_1 = \tfrac{1}{3} + \tfrac{1}{3} + \tfrac{1}{3} = 1; \quad \mathfrak{a}_2'\mathfrak{a}_2 = \tfrac{1}{2} + \tfrac{1}{2} = 1; \quad \mathfrak{a}_3'\mathfrak{a}_3 = \tfrac{1}{6} + \tfrac{4}{6} + \tfrac{1}{6} = 1,$$

d.h. jeder Spaltenvektor hat die Länge[1] 1. Ferner:

$$\mathfrak{a}_1'\mathfrak{a}_2 = \frac{1}{\sqrt{6}} - \frac{1}{\sqrt{6}} = 0; \quad \mathfrak{a}_1'\mathfrak{a}_3 = \frac{1}{\sqrt{18}} - \frac{2}{\sqrt{18}} + \frac{1}{\sqrt{18}} = 0;$$

$$\mathfrak{a}_2'\mathfrak{a}_3 = \frac{1}{\sqrt{12}} - \frac{1}{\sqrt{12}} = 0,$$

d.h. je zwei verschiedene Spaltenvektoren sind orthogonal. Damit ist $\mathfrak{a}_i'\mathfrak{a}_k = \delta_{ik}$ gezeigt. Dies impliziert die entsprechende Aussage für Zeilenvektoren: $\mathfrak{a}^i\mathfrak{a}^{k'} = \delta_{ik}$, da mit A auch A' orthogonal ist.

Wir erläutern noch eine wichtige *Anwendung orthogonaler Matrizen* bei linearen Abbildungen (linearen Transformationen). Allgemein transformiert eine Matrix $A \in \mathbb{R}^{(n,n)}$ jeden Einheitsvektor $\mathfrak{e}_i \in \mathbb{R}^n$ in den i ten Spaltenvektor $\mathfrak{a}_i$:

$$\mathfrak{v}^* = A\mathfrak{v}; \quad \mathfrak{v} = \mathfrak{e}_i \Rightarrow \mathfrak{v}^* = (\mathfrak{a}_1 \ldots \mathfrak{a}_i \ldots \mathfrak{a}_n)\mathfrak{e}_i = \mathfrak{a}_i{}^2$$

Hierbei wird das Orthonormalsystem $(\mathfrak{e}_1 \ldots \mathfrak{e}_n) = E$ überführt in das (im allgemeinen nicht mehr orthonormale) System $(\mathfrak{a}_1 \ldots \mathfrak{a}_n) = A$. Geometrisch ist das eine Drehstreckung. Abb. 150 zeigt das Beispiel

$$\mathfrak{v}^* = \begin{pmatrix} 2 & 1 \\ 1 & 3 \end{pmatrix} \mathfrak{v} \Rightarrow \mathfrak{e}_1 = \begin{pmatrix} 1 \\ 0 \end{pmatrix} \mapsto \begin{pmatrix} 2 \\ 1 \end{pmatrix} = \mathfrak{a}_1, \ \mathfrak{e}_2 = \begin{pmatrix} 0 \\ 1 \end{pmatrix} \mapsto \begin{pmatrix} 1 \\ 3 \end{pmatrix} = \mathfrak{a}_2 .$$

Fragt man jetzt, welche Matrizen so transformieren, daß ein System orthogonaler Einheitsvektoren wieder ein Orthonormalsystem zum Bild erhält, so lautet die

[1] Länge (Betrag) eines Spaltenvektors: $|\mathfrak{a}| = \sqrt{\mathfrak{a}'\mathfrak{a}}$ (vgl. 2.3.2)

[2] $\mathfrak{e}_i$ ist der i-te Spaltenvektor der Einheitsmatrix $E \in \mathbb{R}^{(n,n)}$.

Antwort: dies leisten die Orthogonalmatrizen. Exemplarisch:

$$A = \begin{pmatrix} 0{,}6 & -0{,}8 \\ 0{,}8 & 0{,}6 \end{pmatrix} \Rightarrow AA' = E \Rightarrow A \text{ ist orthogonal}$$

$$A\begin{pmatrix} 1 \\ 0 \end{pmatrix} = \begin{pmatrix} 0{,}6 \\ 0{,}8 \end{pmatrix} =: \mathfrak{a}_1; \quad A\begin{pmatrix} 0 \\ 1 \end{pmatrix} = \begin{pmatrix} -0{,}8 \\ 0{,}6 \end{pmatrix} =: \mathfrak{a}_2$$

$$|\mathfrak{a}_1| = |\mathfrak{a}_2| = 1 \wedge \mathfrak{a}_1'\mathfrak{a}_2 = 0 \quad \text{(Abb. 151)}$$

Das Orthonormalsystem $\{\mathfrak{a}_1, \mathfrak{a}_2\}$ geht durch eine reine Drehung aus $\{\mathfrak{e}_1, \mathfrak{e}_2\}$ hervor. Länge und Orthogonalität bleiben erhalten.

Im Beispiel

$$A = \begin{pmatrix} 0{,}6 & 0{,}8 \\ 0{,}8 & -0{,}6 \end{pmatrix} \Rightarrow AA' = E \Rightarrow A \text{ ist orthogonal}$$

$$A\begin{pmatrix} 1 \\ 0 \end{pmatrix} = \begin{pmatrix} 0{,}6 \\ 0{,}8 \end{pmatrix} = \mathfrak{a}_1, \quad A\begin{pmatrix} 0 \\ 1 \end{pmatrix} = \begin{pmatrix} 0{,}8 \\ -0{,}6 \end{pmatrix} = \mathfrak{a}_2$$

$$|\mathfrak{a}_1| = |\mathfrak{a}_2| = 1 \wedge \mathfrak{a}_1'\mathfrak{a}_2 = 0 \quad \text{(Abb. 152)}$$

erhalten wir auch wieder ein Orthonormalsystem $\{\mathfrak{a}_1, \mathfrak{a}_2\}$, das indes durch Drehung und zusätzliche Spiegelung (an $\mathfrak{a}_1$) aus $\{\mathfrak{e}_1, \mathfrak{e}_2\}$ hervorgeht. Im ersten Beispiel spricht man von einer „eigentlichen Orthogonaltransformation“ (A orthogonal und det A = +1), im zweiten Beispiel von einer „uneigentlichen Orthogonaltransformation“ (A orthogonal und det A = − 1). Allgemein gilt der

Satz

Eine lineare Transformation $\mathfrak{y} = A\mathfrak{x}$ läßt die Längen (Beträge) der Vektoren unverändert genau dann, wenn die Transformationsmatrix orthogonal ist.

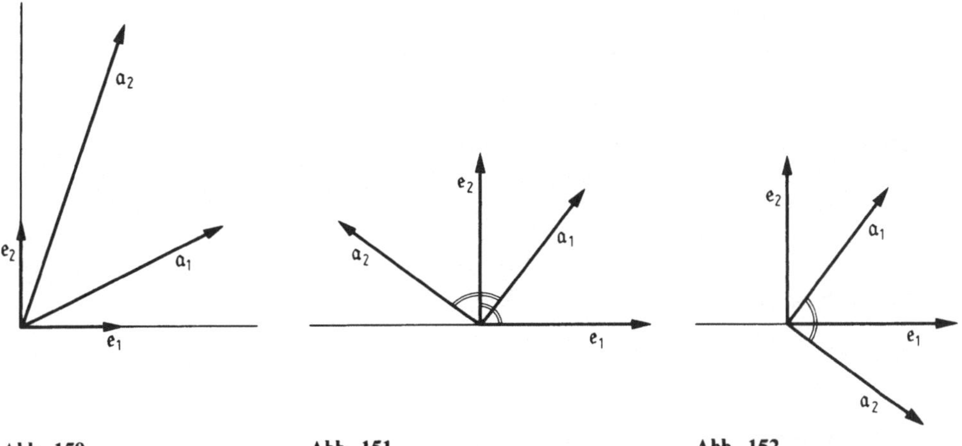

Abb. 150 **Abb. 151** **Abb. 152**

Beweis: Da die Längen über die skalaren Produkte erklärt sind, zeigen wir deren Invarianz. Seien $\mathfrak{y}_1 = A\mathfrak{x}_1$ und $\mathfrak{y}_2 = A\mathfrak{x}_2$, $A \in \mathbb{R}^{(n,n)}$ und orthogonal. Dann folgt

$$\mathfrak{y}'_1\mathfrak{y}_2 = (A\mathfrak{x}_1)'(A\mathfrak{x}_2) = \mathfrak{x}'_1(A'A)\mathfrak{x}_2 = \mathfrak{x}'_1 E\mathfrak{x}_2 = \mathfrak{x}'_1\mathfrak{x}_2$$

Setzt man $\mathfrak{x}_2 = \mathfrak{x}_1$ und $\mathfrak{y}_2 = \mathfrak{y}_1$, so ist $\mathfrak{y}'_1\mathfrak{y}_1 = |\mathfrak{y}_1|^2 = \mathfrak{x}'_1\mathfrak{x}_1 = |\mathfrak{x}_1|^2$, also auch $|\mathfrak{y}_1| = |\mathfrak{x}_1|$, da $|\mathfrak{x}| \geqslant 0$ sein muß. Geht man umgekehrt von der Invarianz der skalaren Produkte aus, so folgt wegen

$$\mathfrak{y}'_1\mathfrak{y}_2 = \mathfrak{x}'_1(A'A)\mathfrak{x}_2 = \mathfrak{x}'_1\mathfrak{x}_2 \Rightarrow A'A = E$$

und damit die Orthogonalität von A.

Im folgenden betrachten wir Matrizen mit komplexen Elementen[1]. Diese Erweiterung ist für die Anwendung des Matrizenkalküls in der Elektrotechnik erforderlich, wo die Berechnung von Vierpolen und linearen Netzwerken auf komplexe Matrizen führt. Für den mathematischen Aufbau steht die Frage im Vordergrund, welche Eigenschaften reeller Matrizen sich ins Komplexe fortsetzen lassen. Wir schreiben für eine komplexe Matrix von m Reihen und n Spalten

$$A = (a_{ik}) \in \mathbb{C}^{(m,n)} \Leftrightarrow a_{ik} \in \mathbb{C}$$

und stellen zunächst fest, daß sich an den Rechenregeln (Addition, Subtraktion, Multiplikation etc.) nichts ändert, da dieses Operating für Matrizen über jedem Körper gilt. Bezeichnen wir bei jedem Element $a_{ik} \in \mathbb{C}$

den Realteil $\operatorname{Re} a_{ik}$ mit u_{ik} $(u_{ik} \in \mathbb{R})$

den Imaginärteil $\operatorname{Im} a_{ik}$ mit v_{ik} $(v_{ik} \in \mathbb{R})$

so können wir diese Aufspaltung

$$a_{ik} = u_{ik} + jv_{ik} \quad (j^2 = -1)$$

auf die komplexe Matrix übertragen:

$$A = (a_{ik}) = (u_{ik} + jv_{ik}) = (u_{ik}) + (jv_{ik}) = (u_{ik}) + j(v_{ik})$$

und demgemäß

$U := (u_{ik}) \in \mathbb{R}^{(m,n)}$ den *Realteil* von A

$V := (v_{ik}) \in \mathbb{R}^{(m,n)}$ den *Imaginärteil* von A

nennen. Jede komplexe Matrix ist somit in der Form

$$\boxed{A = U + jV}$$

darstellbar (j wird wie ein reeller Faktor behandelt). Beim Transponieren von A bleibt diese Form (nach 2.4.2) erhalten:

$$A' = (U + jV)' = U' + jV'$$

[1] Hierfür ist die Kenntnis des Abschnitts 3.2 (Komplexe Arithmetik) erforderlich.

Bildet man von jedem Element $a_{ik} \in A$ den konjugiert komplexen Wert $\bar{a}_{ik}$:

$$a_{ik} = u_{ik} + jv_{ik} \Rightarrow \bar{a}_{ik} = u_{ik} - jv_{ik},$$

so erhält man für die *konjugiert-komplexe* Matrix $\bar{A}$ zu A die Darstellung

$$\bar{A} = (\bar{a}_{ik}) = (\overline{u_{ik} + jv_{ik}}) = (u_{ik} - jv_{ik}) = (u_{ik}) - j(v_{ik}) = U - jV$$

Beim Zusammenwirken dieser beiden Operationen (Transponieren, Konjugieren) stellt es sich heraus, daß es auf die Reihenfolge nicht ankommt:

$$\left.\begin{array}{l} \bar{A}' = (U - jV)' = U' - jV' \\ \overline{A'} = \overline{U' + jV'} = U' - jV' \end{array}\right\} \Rightarrow \bar{A}' = \overline{A'}.$$

Aus diesem Grunde ist es möglich, für solche Matrizen eine kürzere Bezeichnung einzuführen, die unsere weiteren Untersuchungen vorteilhaft vereinfacht, wir setzen

$$\boxed{A^* := \bar{A}'}$$

A^* ist danach die *konjugierte transponierte* (oder transponierte konjugierte) Matrix von A.

Beispiel

$$A = \begin{pmatrix} 1+2j & 3j & 4-j \\ 5 & -1+j & 0 \end{pmatrix} \Rightarrow A' = \begin{pmatrix} 1+2j & 5 \\ 3j & -1+j \\ 4-j & 0 \end{pmatrix}$$

$$\Rightarrow \overline{A'} = \begin{pmatrix} 1-2j & 5 \\ -3j & -1-j \\ 4+j & 0 \end{pmatrix} = A^*$$

$$\bar{A} = \begin{pmatrix} 1-2j & -3j & 4+j \\ 5 & -1-j & 0 \end{pmatrix} \Rightarrow \bar{A}' = A^* \quad \text{wie oben.}$$

Von besonderem Interesse sind solche komplexe Matrizen, für die A^* in einer einfachen Beziehung zu A steht: Gleichheit bzw. Verschiedenheit lediglich im Vorzeichen. Diese Zusammenhänge hat zuerst der französische Mathematiker Charles HERMITE (1822–1902) untersucht.

Definition

Eine komplexe Matrix $A \in \mathbb{C}^{(n,n)}$ mit der Eigenschaft

$$\boxed{A = A^*}$$

heißt HERMITEsch.

Ist speziell $A = A^* \in \mathbb{R}^{(n,n)}$, so folgt $\bar{A}' = A' = A$, d.h. A ist dann symmetrisch. Die HERMITEschen Matrizen sind demnach die Verallgemeinerung der symmetrischen Matrizen im Komplexen.

Satz

Eine komplexe Matrix ist HERMITEsch genau dann, wenn der Realteil symmetrisch, der Imaginärteil schiefsymmetrisch ist:

$$\boxed{A = U + jV = A^* \Leftrightarrow U = U' \wedge V = -V'}$$

Beweis: $A = U + jV$, $A^* = \bar{A}' = U' - jV'$, $A = A^* \Rightarrow U + jV = U' - jV'$. Bekanntlich sind zwei komplexe Zahlen gleich genau dann, wenn sie in den Realteilen und Imaginärteilen übereinstimmen. Dieser Satz überträgt sich auf die Gleichheit zweier komplexen Matrizen in sinngemäßer Form: $U + jV = U' - jV' \Rightarrow U = U' \wedge V = -V'$.

Entsprechend zeigt man die Umkehrung.

Definition

Eine komplexe Matrix $A \in \mathbb{C}^{(n,n)}$ mit der Eigenschaft

$$\boxed{A = -A^*}$$

heißt *schief-HERMITEsch*

Ist speziell $A = -A^* \in \mathbb{R}^{(n,n)}$, so wird $-\bar{A}' = -A' = A$, d.h. A ist dann schiefsymmetrisch. Die schief-HERMITEschen Matrizen sind danach die komplexe Verallgemeinerung der schiefsymmetrischen Matrizen.

Satz

Eine komplexe Matrix ist schief-HERMITEsch genau dann, wenn der Realteil schiefsymmetrisch, der Imaginärteil symmetrisch ist:

$$\boxed{A = U + jV = -A^* \Leftrightarrow U = -U' \wedge V = V'}$$

Beweis: $U + jV = -[U' - jV'] = -U' + jV' \Rightarrow U = -U' \wedge V = V'$.
Entsprechend zeigt man die Umkehrung.

Beispiele

1. Auf Grund der Zerlegung

$$A = \begin{pmatrix} 16 & 5+2j & 4j \\ 5-2j & -1 & -1-j \\ -4j & -1+j & 0 \end{pmatrix} = \begin{pmatrix} 16 & 5 & 0 \\ 5 & -1 & -1 \\ 0 & -1 & 0 \end{pmatrix}$$

$$+ j \begin{pmatrix} 0 & 2 & 4 \\ -2 & 0 & -1 \\ -4 & 1 & 0 \end{pmatrix} =: U + jV$$

erkennt man, daß U symmetrisch, V schiefsymmetrisch ist. Damit ist A eine HERMITEsche Matrix.

2. Die folgende Matrix A liefert bei Zerlegung in Real- und Imaginärteil

$$A = \begin{pmatrix} -j & 1+2j & -17 \\ -1+2j & 5j & j \\ 17 & j & 0 \end{pmatrix} = \begin{pmatrix} 0 & 1 & -17 \\ -1 & 0 & 0 \\ 17 & 0 & 0 \end{pmatrix}$$

$$+ j \begin{pmatrix} -1 & 2 & 0 \\ 2 & 5 & 1 \\ 0 & 1 & 0 \end{pmatrix} =: U + jV$$

ein schiefsymmetrisches U und ein symmetrisches V.
Somit ist A schief-HERMITEsch.

Von reellen quadratischen Matrizen kennen wir die Zerlegung in einen symmetrischen und schiefsymmetrischen Anteil (2.4.4). Für komplexe quadratische Matrizen ergibt sich eine völlig analoge Aussage

Satz

Jede komplexe Matrix $A \in \mathbb{C}^{(n,n)}$ läßt sich als Summe einer HERMITEschen und schief-HERMITEschen Matrix darstellen

$$\boxed{\begin{array}{l} A = H + K \\ H = H^* \wedge K = -K^* \end{array}}$$

Beweis: Wir setzen

$$H = \tfrac{1}{2}(A + A^*)$$

an und transponieren und konjugieren beiderseits:

$$H' = \tfrac{1}{2}(A' + A^{*\prime}) = \tfrac{1}{2}(A' + \bar{A}'') = \tfrac{1}{2}(A' + \bar{A})$$

$$\bar{H}' = H^* = \tfrac{1}{2}(\bar{A}' + \bar{\bar{A}}) = \tfrac{1}{2}(A + \bar{A}') = \tfrac{1}{2}(A + A^*) = H$$

d.h. H ergibt sich als HERMITEsche Matrix. Ferner setzen wir

$$K = \tfrac{1}{2}(A - A^*)$$

an und erhalten beim Transponieren und Konjugieren

$$K' = \tfrac{1}{2}(A' - A^{*\prime}) = \tfrac{1}{2}(A' - \bar{A}'') = \tfrac{1}{2}(A' - \bar{A})$$

$$\bar{K}' = K^* = \tfrac{1}{2}(\bar{A}' - \bar{\bar{A}}) = \tfrac{1}{2}(A^* - A) = -\tfrac{1}{2}(A - A^*) = -K\,,$$

d.h. K ist schief-HERMITEsch. Bei Addition folgt

$$H + K = \tfrac{1}{2}(A + A^*) + \tfrac{1}{2}(A - A^*) = A\,,$$

womit die Zerlegungsformel bestätigt ist.

Beispiel

Gesucht ist obige Zerlegung der komplexen Matrix

$$A = \begin{pmatrix} -1 + 5j & 2 - 4j \\ 16 & -3j \end{pmatrix}$$

$$H = \tfrac{1}{2}(A + A^*) = \tfrac{1}{2}\left[\begin{pmatrix} -1 + 5j & 2 - 4j \\ 16 & -3j \end{pmatrix} + \begin{pmatrix} -1 - 5j & 16 \\ 2 + 4j & 3j \end{pmatrix}\right]$$

$$= \begin{pmatrix} -1 & 9 - 2j \\ 9 + 2j & 0 \end{pmatrix}$$

$$K = \tfrac{1}{2}(A - A^*) = \tfrac{1}{2}\left[\begin{pmatrix} -1 + 5j & 2 - 4j \\ 16 & -3j \end{pmatrix} - \begin{pmatrix} -1 - 5j & 16 \\ 2 + 4j & 3j \end{pmatrix}\right]$$

$$= \begin{pmatrix} 5j & -7 - 2j \\ 7 - 2j & -3j \end{pmatrix}$$

$$\Rightarrow \begin{pmatrix} -1 + 5j & 2 - 4j \\ 16 & -3j \end{pmatrix} = \begin{pmatrix} -1 & 9 - 2j \\ 9 + 2j & 0 \end{pmatrix} + \begin{pmatrix} 5j & -7 - 2j \\ 7 - 2j & -3j \end{pmatrix}.$$

Schließlich erläutern wir noch die *komplexe Fortsetzung der Orthogonalmatrizen.* Dazu erinnern wir an die Betragsdefinition einer komplexen Zahl $z \in \mathbb{C}$ mit $|z| = \sqrt{\bar{z} \cdot z} \in \mathbb{R}_0^+$. Sie überträgt sich auf die Bildung des Skalarproduktes zweier komplexen Spaltenvektoren gemäß

$$\bar{a}_i' a_k =: a_i^* a_k = \sum_{\rho=1}^{n} \bar{a}_{\rho i} a_{\rho k}$$

und für i = k

$$\mathfrak{a}_i^* \mathfrak{a}_i = |\mathfrak{a}_i|^2 \Rightarrow |\mathfrak{a}_i| = \sqrt{\mathfrak{a}_i^* \mathfrak{a}_i} = \sqrt{\sum_{\rho=1}^{n} \bar{a}_{\rho i} a_{\rho i}}$$

Definition

Eine komplexe Matrix $A \in \mathbb{C}^{(n,n)}$ heißt *unitär*, wenn das Produkt mit ihrer transponiert-konjugierten Matrix die Einheitsmatrix liefert

$$\boxed{A \text{ unitär} :\Leftrightarrow AA^* = E}$$

Diese Erklärung geht sofort in die der Orthogonalmatrizen über, wenn man $A \in \mathbb{R}^{(n,n)}$ annimmt, da dann wegen $\bar{A} = A$, $A^* = A'$ ist.

Beispiel

Eine häufig vorkommende unitäre Matrix ist

$$A = \begin{pmatrix} -\cos x & j\sin x \\ -j\sin x & \cos x \end{pmatrix}.$$

Für sie ergibt sich

$$\bar{A} = \begin{pmatrix} -\cos x & -j\sin x \\ j\sin x & \cos x \end{pmatrix}, \quad \bar{A}' = A^* = \begin{pmatrix} -\cos x & j\sin x \\ -j\sin x & \cos x \end{pmatrix}$$

$$AA^* = \begin{pmatrix} -\cos x & j\sin x \\ -j\sin x & \cos x \end{pmatrix}\begin{pmatrix} -\cos x & j\sin x \\ -j\sin x & \cos x \end{pmatrix} = \begin{pmatrix} 1 & 0 \\ 0 & 1 \end{pmatrix} = E$$

Ferner erhält man für die Determinante

$$\det A = \begin{vmatrix} -\cos x & j\sin x \\ -j\sin x & \cos x \end{vmatrix} = -\cos^2 x + j^2 \sin^2 x = -1 ,$$

woraus die Regularität von A folgt. Letzteres gilt (wie bei Orthogonalmatrizen) auch allgemein.

Satz

Unitäre Matrizen sind regulär, für ihre Determinante ergibt sich

$$\boxed{A \text{ unitär} \Rightarrow |\det A| = 1}$$

Beweis: $\det(AA^*) = \det A \cdot \det \bar{A}' = \det A \cdot \det \bar{A} = \det E = 1$. Nach der LEIBNIZschen Determinantendefinition (vgl. 2.2.2) schreiben wir

$$\det A = \sum_{p \in S_n} (-1)^m a_{\alpha_1 1} a_{\alpha_2 2} \ldots a_{\alpha_n n} ,$$

wobei über alle Permutationen $p \in S_n$ der Symmetrischen Gruppe S_n summiert wird und $m = 0$ bzw. $m = 1$ ist, je nachdem p gerade bzw. ungerade ist. Wir bilden

$$\overline{\det A} = \overline{\sum_{p \in S_n} (-1)^m a_{\alpha_1 1} a_{\alpha_2 2} \ldots a_{\alpha_n n}}$$

und beachten die bekannten Automorphismen (vgl. 1.5.2)

$$\overline{a + b} = \bar{a} + \bar{b}, \quad \overline{ab} = \bar{a} \cdot \bar{b} \quad \text{für} \quad a, b \in \mathbb{C}$$

$$\Rightarrow \overline{\det A} = \sum_{p \in S_n} (-1)^m \bar{a}_{\alpha_1 1} \bar{a}_{\alpha_2 2} \ldots \bar{a}_{\alpha_n n} = \det \bar{A}$$

Damit ergibt sich für den Wert der Determinante von A:

$$\det(AA^*) = \det A \cdot \overline{\det A} = |\det A|^2 \Rightarrow |\det A| = 1$$

Jede unitäre Matrix besitzt somit eine Inverse. Multipliziert man die Definitionsgleichung $AA^* = E$ von links mit A^{-1} durch, so folgt, entsprechend wie bei Orthogonalmatrizen,

$$A \text{ unitär} \Leftrightarrow A^* = A^{-1}$$

Multipliziert man jetzt von rechts mit A, so folgt $A^*A = E$, d.h. jede unitäre Matrix ist mit ihrer transponiert-konjugierten Matrix bezüglich der Multiplikation vertauschbar.

Satz

Spalten- und Zeilenvektoren einer unitären Matrix bilden ein unitäres Vektorsystem gemäß

$$\boxed{\mathfrak{a}_i^* \mathfrak{a}_k = \mathfrak{a}^i \mathfrak{a}^{*k} = \delta_{ik}}$$

Beweis: Aus $A^*A = E$ folgt für die Spaltenvektoren

$$A^*A = (\mathfrak{a}_1 \ldots \mathfrak{a}_n)^* (\mathfrak{a}_1 \ldots \mathfrak{a}_n) = \begin{pmatrix} \mathfrak{a}_1^* \\ \vdots \\ \mathfrak{a}_n^* \end{pmatrix} (\mathfrak{a}_1 \ldots \mathfrak{a}_n)$$

$$= \begin{pmatrix} \mathfrak{a}_1^* \mathfrak{a}_1 & \ldots & \mathfrak{a}_1^* \mathfrak{a}_n \\ \vdots & & \vdots \\ \mathfrak{a}_n^* \mathfrak{a}_1 & \ldots & \mathfrak{a}_n^* \mathfrak{a}_n \end{pmatrix}$$

$$= E = \begin{pmatrix} 1 & \ldots & 0 \\ \vdots & & \vdots \\ 0 & \ldots & 1 \end{pmatrix} \Rightarrow \mathfrak{a}_1^* \mathfrak{a}_1 = \ldots = \mathfrak{a}_n^* \mathfrak{a}_n = 1 \wedge \mathfrak{a}_i^* \mathfrak{a}_k = 0 \quad \text{für} \quad i \neq k.$$

Wegen $A^*A = AA^*$ gilt die Aussage ebenso für die Zeilenvektoren.

Satz

Die unitären Matrizen aus $\mathbb{C}^{(n,n)}$ bilden bezüglich der Multiplikation eine (nicht-kommutative) Gruppe.

Beweis: 1. Abgeschlossenheit. Seien A, B unitär, dann folgt für das Produkt AB wegen $(AB)' = B'A'$ und

$$\overline{AB} = \overline{(\mathfrak{a}^i \mathfrak{b}_k)} = \left(\overline{\sum_{\rho=1}^{n} a_{i\rho} b_{\rho k}}\right) = \left(\sum_{\rho=1}^{n} \overline{a_{i\rho}} \cdot \overline{b_{\rho k}}\right) = \bar{A} \cdot \bar{B}:$$

$(AB)^*(AB) = (B^*A^*)(AB) = B^*(A^*A)B = B^*EB = B^*B = E \Rightarrow AB$ ist unitär.

2. Assoziativität: gilt für alle Matrizen aus $\mathbb{C}^{(n,n)}$, also auch für unitäre.
3. Neutralelement: $(\delta_{ik}) = E \in \mathbb{R}^{(n,n)} : E = E^* \Rightarrow EE^* = E$.
4. Die Inverse einer unitären Matrix ist wieder unitär:

$$AA^* = E \Rightarrow A^* = A^{-1} \Rightarrow (A^{-1})^* = A^{**} = A = (A^{-1})^{-1}$$

$$\Rightarrow (A^{-1})(A^{-1})^* = E\,.$$

Aufgaben zu 2.4.3

1. Vorgelegt sei die Matrix $A = \begin{pmatrix} 1 & x \\ y & -1 \end{pmatrix}$. Wie sind $x, y \in \mathbb{R}$ zu belegen, damit
   a) AA' symmetrisch, b) AA' schiefsymmetrisch; c) A orthogonal wird?
2. Zeigen Sie, daß sich für zwei Spaltenvektoren
   $$\mathfrak{x} = (x_1 \ldots x_n)', \quad \mathfrak{y} = (y_1 \ldots y_n)'$$
   das Skalarprodukt $\mathfrak{x}'\mathfrak{y}$ mit dem Term
   $$\mathfrak{x}'\mathfrak{y} = \tfrac{1}{2}(|\mathfrak{x} + \mathfrak{y}|^2 - |\mathfrak{x}|^2 - |\mathfrak{y}|^2)$$
   berechnen läßt!
3. Ist A schiefsymmetrisch und $E + A$ regulär, so ist $B := (E + A)(E - A)^{-1}$ orthogonal. Beweis?
4. Begründen Sie, weshalb die Teilmenge M der Orthogonalmatrizen aus $\mathbb{R}^{(n,n)}$ mit $\det A = +1$ eine (echte) Untergruppe aller Orthogonalmatrizen aus $\mathbb{R}^{(n,n)}$ bildet. Anleitung: Ziehen Sie das Untergruppen-Kriterium aus Abschnitt 1.6.4 heran!
5. Zerlegen Sie die komplexe Matrix $A = (\mathfrak{a}_1 \mathfrak{a}_2 \mathfrak{a}_3)$ mit $\mathfrak{a}_1 = (1 + j, 5, 3 - j)'$, $\mathfrak{a}_2 = (1 - j, \; -j, \; -2 - j)'$, $\mathfrak{a}_3 = (2 + j, 0, 1)'$ in ihren HERMITEschen und schief-HERMITEschen Anteil!
6. Sei $A = U + jV$ ($U, V \in \mathbb{R}^{(n,n)}$) HERMITEsch. Dann gilt $AA^* \in \mathbb{R}^{(n,n)}$ genau dann, wenn die Produkte UV und VU lediglich vorzeichenverschieden sind. Beweis?
7. Gegeben sei die Matrix
   $$A = \begin{pmatrix} -1 + 2j & -4 - 2j \\ 2 - 4j & -2 - j \end{pmatrix}$$
   Wie ist $k \in \mathbb{R}$ zu wählen, damit kA unitär ausfällt?

2.5 Lineare Gleichungssysteme

2.5.1 Lineare Abhängigkeit. Rangbegriff

Erfahrungsgemäß wird die Lösungsmenge eines linearen Gleichungssystems durch mögliche Beziehungen zwischen den Gleichungen beeinflußt. Vergleicht man die beiden linearen Systeme

$$
\begin{array}{llll}
1) & x_1 + x_2 = -1 & 2) & x_1 + x_2 = -1 \\
 & x_1 - x_2 = 3 & & x_1 - x_2 = 3 \\
 & 5x_1 - x_2 = 7 & & 2x_1 + 3x_2 = 4
\end{array}
$$

miteinander, so erkennt man, daß in beiden Fällen $(x_1, x_2) = (1; -2)$ eine Lösung der ersten und zweiten Gleichung ist. Diese Lösung erfüllt im System 1) auch die dritte Gleichung, während sie die dritte Gleichung des Systems 2) nicht befriedigt. Die Lösungsmengen sind demnach $L_{1)} = \{(1;\ -2)\}$ und $L_{2)} = \emptyset$. Der Grund hierfür ist leicht zu sehen: beim ersten System ergibt sich die dritte Gleichung als Summe der doppelten ersten und dreifachen zweiten Gleichung und bringt deshalb keine neue Bedingung ins System, beim System 2) gibt es eine solche Beziehung nicht. Wir können den Sachverhalt leicht mathematisch beschreiben, wenn wir die Koeffizienten jeder Gleichung einschließlich der rechten Seiten zu einem Vektor zusammenfassen; beim ersten System haben wir dann

$$\mathfrak{a}_1 := (1;\ 1;\ -1)', \quad \mathfrak{a}_2 := (1;\ -1;\ 3)', \quad \mathfrak{a}_3 := (5;\ -1;\ 7)',$$

und die oben genannte Beziehung lautet einfach

$$\mathfrak{a}_3 = 2\mathfrak{a}_1 + 3\mathfrak{a}_2 \Rightarrow 2\mathfrak{a}_1 + 3\mathfrak{a}_2 - \mathfrak{a}_3 = \mathfrak{O}$$

Damit hat sich eine Vektorgleichung der Form

$$\sum_{i=1}^{3} k_i \mathfrak{a}_i = \mathfrak{O} \quad \text{mit} \quad \bigwedge_{i=1}^{3} k_i \in \mathbb{R} \wedge \neg \left(\bigwedge_{i=1}^{3} k_i = 0 \right)$$

ergeben, wobei die Aussage „nicht alle k_i dürfen verschwinden“, wesentlich ist. Die Tatsache, daß es eine solche Beziehung zwischen den Gleichungen des Systems 2) nicht gibt, können wir dann nämlich in ähnlicher Form zum Ausdruck bringen, indem wir sagen

$$\sum_{i=1}^{3} k_i \mathfrak{a}_i = \mathfrak{O} \quad \text{gilt } \textit{nur} \text{ für} \quad \bigwedge_{i=1}^{3} k_i = 0$$

In diesem Fall kann die Linearkombination $\Sigma k_i \mathfrak{a}_i$ nur auf die „triviale Weise“ zu Null gemacht werden, d.h. für $k_1 = k_2 = k_3 = 0$

Definition

Die Vektoren $\mathfrak{a}_1, \mathfrak{a}_2, \ldots, \mathfrak{a}_n \in \mathbb{R}^m$ heißen *linear abhängig* über $\mathbb{R}$[1], wenn es Zahlen $k_1, k_2, \ldots, k_n \in \mathbb{R}$, *nicht alle gleich null*, so gibt, daß

$$\boxed{k_1\mathfrak{a}_1 + k_2\mathfrak{a}_2 + \ldots + k_n\mathfrak{a}_n = \mathfrak{O}}$$

gilt. Gibt es solche k_i *nicht*, folgt also

$$k_1\mathfrak{a}_1 + k_2\mathfrak{a}_2 + \ldots + k_n\mathfrak{a}_n = \mathfrak{O} \Rightarrow k_1 = k_2 = \ldots = k_n = 0\,,$$

so heißen die $\mathfrak{a}_i$ *linear unabhängig.*

Beispiel

Die drei Vektoren

$$\mathfrak{a}_1 = (-6;\ 5;\ 3)' \quad \mathfrak{a}_2 = (-1;\ 2;\ 4)', \quad \mathfrak{a}_3 = (4;\ -1,\ 5)'$$

sind auf lineare Abhängigkeit zu untersuchen. Dazu bilden wir ihre Linearkombination gemäß

$$k_1\mathfrak{a}_1 + k_2\mathfrak{a}_2 + k_3\mathfrak{a}_3 = k_1\begin{pmatrix}-6\\5\\3\end{pmatrix} + k_2\begin{pmatrix}-1\\2\\4\end{pmatrix} + k_3\begin{pmatrix}4\\-1\\5\end{pmatrix} = \mathfrak{O}$$

und schreiben die Vektorgleichung als lineares System:

$$\begin{pmatrix}-6k_1 - k_2 + 4k_3\\5k_1 + 2k_2 - k_3\\3k_1 + 4k_2 + 5k_3\end{pmatrix} = \begin{pmatrix}0\\0\\0\end{pmatrix} \Rightarrow \left.\begin{aligned}-6k_1 - k_2 + 4k_3 &= 0\\5k_1 + 2k_2 - k_3 &= 0\\3k_1 + 4k_2 + 5k_3 &= 0\end{aligned}\right\} \qquad (*)$$

Damit ist die Frage nach der linearen Abhängigkeit zurückgeführt auf die Frage nach der Lösungsmenge eines homogenen linearen Gleichungssystems. Von diesem wissen wir bereits, daß es die triviale Lösung (0, 0, 0) stets hat. Sollte es sich herausstellen, daß dies die einzige Lösung des Systems ist, so wäre damit die lineare Unabhängigkeit der $\mathfrak{a}_i$ festgestellt. Bekommen wir jedoch auch nicht-triviale Lösungen $(k_1, k_2, k_3) \neq (0, 0, 0)$, so sind die $\mathfrak{a}_i$ linear abhängig. Zur Klärung berechnen wir die Koeffizientendeterminante:

$$\begin{vmatrix}-6 & -1 & 4\\5 & 2 & -1\\3 & 4 & 5\end{vmatrix} = \begin{vmatrix}0 & -1 & 0\\-7 & 2 & 7\\-21 & 4 & 21\end{vmatrix} = 0$$

[1] Die Angabe „über $\mathbb{R}$" versteht sich als Dauervoraussetzung des Abschnitts 2.5.

Nach der „Linearkombinations-Regel“ (2.2.2) ist das Verschwinden der Determinante gleichwertig damit, daß eine Zeile eine Linearkombination der anderen ist. Genau dieser Sachverhalt gilt somit für das Gleichungssystem (∗). Praktisch gehen wir deshalb so vor: wir beschränken uns (etwa) auf die ersten beiden Gleichungen, setzen $k_1 =: \lambda \in \mathbb{R}$ (d.h. beliebig wählbar) und ermitteln k_2 und k_3 eindeutig aus

$$\left.\begin{aligned} -k_2 + 4k_3 &= 6\lambda \\ 2k_2 - k_3 &= -5\lambda \end{aligned}\right\} \Rightarrow k_2 = -2\lambda, \quad k_3 = \lambda$$

Jedes Tripel $(k_1, k_2, k_3) = (\lambda, -2\lambda, \lambda) \in \mathbb{R}^3$ erfüllt mit den ersten beiden Gleichungen auch die dritte:

$$3k_1 + 4k_2 + 5k_3 = 3\lambda - 8\lambda + 5\lambda \equiv 0\,.$$

Die (unendliche) Lösungsmenge L des Systems (∗) lautet also:

$$L = \{(k_1, k_2, k_3) | k_1 =: \lambda \in \mathbb{R} \wedge k_2 = -2\lambda \wedge k_3 = \lambda\}$$

Für jedes von Null verschieden gewählte λ erhalten wir eine nicht-triviale Lösung von (∗). Unsere Vektoren $\mathfrak{a}_i$ sind also linear abhängig. Setzt man z.B. $\lambda = 1$, so folgt $k_1 = 1$, $k_2 = -2$, $k_3 = 1$ und damit für die gegebenen Vektoren

$$\mathfrak{a}_1 - 2\mathfrak{a}_2 + \mathfrak{a}_3 = \mathfrak{o}$$

Haben wir, wie im vorangehenden Beispiel, mit drei Vektoren $\mathfrak{a}, \mathfrak{b}, \mathfrak{c} \in \mathbb{R}^3$ zu tun, so läßt sich lineare Abhängigkeit bzw. Unabhängigkeit anschaulich geometrisch interpretieren. Im ersten Fall ist stets ein Vektor als Linearkombination der anderen darstellbar, etwa $\mathfrak{c} = p\mathfrak{a} + q\mathfrak{b}$ $(p, q \in \mathbb{R})$, d.h. $\mathfrak{a}, \mathfrak{b}, \mathfrak{c}$ liegen in der von $\mathfrak{a}$ und $\mathfrak{b}$ aufgespannten Ebene, sie sind „komplanar“ (Abb. 153). Bei linearer Unabhängigkeit spannen $\mathfrak{a}, \mathfrak{b}, \mathfrak{c}$ ein Parallelflach (Spat) mit einem von Null verschiedenen Volumen auf (Abb. 154). Nach 2.3.5 wird das Spatvolumen durch die Determinante

$$\det(\mathfrak{a}\ \mathfrak{b}\ \mathfrak{c}) = \begin{vmatrix} a_1 & b_1 & c_1 \\ a_2 & b_2 & c_2 \\ a_3 & b_3 & c_3 \end{vmatrix}$$

bestimmt, deren Verschwinden somit notwendig und hinreichend für die lineare Abhängigkeit ist (der Spat degeneriert dann zu einer Fläche).

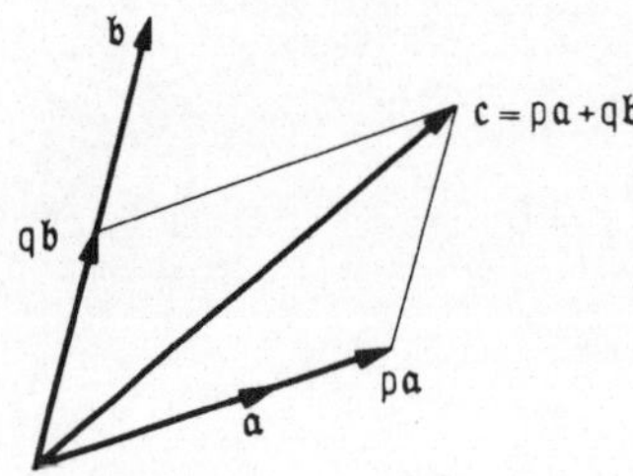

Abb. 153

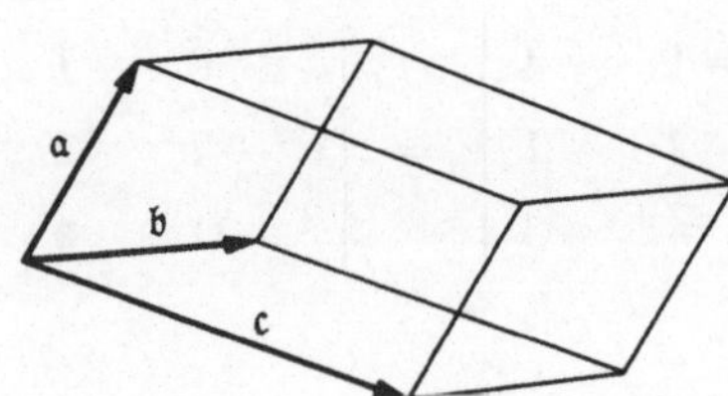

Abb. 154

Beispiel

Für das System der n Einheitsvektoren aus $\mathbb{R}^n$

$$\mathfrak{e}_1 = \begin{pmatrix} 1 \\ 0 \\ \vdots \\ 0 \end{pmatrix}, \quad \mathfrak{e}_2 = \begin{pmatrix} 0 \\ 1 \\ \vdots \\ 0 \end{pmatrix}, \ldots, \quad \mathfrak{e}_n = \begin{pmatrix} 0 \\ 0 \\ \vdots \\ 1 \end{pmatrix}$$

führt der Ansatz $\sum k_i \mathfrak{e}_i = \mathfrak{O}$ auf

$$k_1 \begin{pmatrix} 1 \\ 0 \\ \vdots \\ 0 \end{pmatrix} + k_2 \begin{pmatrix} 0 \\ 1 \\ \vdots \\ 0 \end{pmatrix} + \ldots + k_n \begin{pmatrix} 0 \\ 0 \\ \vdots \\ 1 \end{pmatrix} = \begin{pmatrix} k_1 \\ k_2 \\ \vdots \\ k_n \end{pmatrix} = \begin{pmatrix} 0 \\ 0 \\ \vdots \\ 0 \end{pmatrix}$$

und damit auf $k_1 = k_2 = \ldots = k_n = 0$. Die Einheitsvektoren $\mathfrak{e}_1, \ldots, \mathfrak{e}_n$ sind somit linear unabhängig.

Satz

Sind die Vektoren $\mathfrak{a}_1, \mathfrak{a}_2, \ldots, \mathfrak{a}_n \in \mathbb{R}^m$ linear abhängig, so ist stets wenigstens einer als Linearkombination der übrigen darstellbar (und umgekehrt).

Beweis: Voraussetzungsgemäß gilt

$$\sum_{i=1}^{n} k_i \mathfrak{a}_i = \mathfrak{O} \wedge (k_1, k_2, \ldots, k_n) \neq (0, 0, \ldots, 0)$$

Sei $k_\rho \neq 0$ ($\rho \in \mathbb{N}$, $1 \leqslant \rho \leqslant n$). Dann schreiben wir

$$k_\rho \mathfrak{a}_\rho = -\sum_{\substack{i=1 \\ i \neq \rho}}^{n} k_i \mathfrak{a}_i \Rightarrow \mathfrak{a}_\rho = \sum_{\substack{i=1 \\ i \neq \rho}}^{n} k_i' \mathfrak{a}_i \wedge \bigwedge_{\substack{i=1 \\ i \neq \rho}}^{n} k_i' = -\frac{k_i}{k_\rho}.$$

Satz

Folgende Aussagen sind hinreichend für die lineare Abhängigkeit der Vektoren $\mathfrak{a}_1, \ldots, \mathfrak{a}_n \in \mathbb{R}^m$

(1) einer der Vektoren $\mathfrak{a}_i$ ist der Nullvektor

(2) zwei Vektoren $\mathfrak{a}_i$, $\mathfrak{a}_j$ sind parallel: $\mathfrak{a}_j = p\mathfrak{a}_i$ ($p \in \mathbb{R}$)

Beweis für (1): Sei $\mathfrak{a}_i = \mathfrak{O}$. Dann folgt für

$$\sum_{\rho=1}^{n} k_\rho \mathfrak{a}_\rho = \sum_{\substack{\rho=1 \\ \rho \neq i}}^{n} k_\rho \mathfrak{a}_\rho + k_i \mathfrak{a}_i = \mathfrak{O} \quad \text{mit} \quad k_i \neq 0 \wedge \bigwedge_{\substack{\rho=1 \\ \rho \neq i}}^{n} k_\rho = 0$$

das Verschwinden der Linearkombination, ohne daß alle Koeffizienten gleich null sind.

Beweis für (2): Mit $\mathfrak{a}_j = p\mathfrak{a}_i$ spaltet man wie folgt auf

$$\sum_{\rho=1}^{n} k_\rho \mathfrak{a}_\rho = \left(\sum_{\substack{\rho=1 \\ \rho \neq i, \rho \neq j}}^{n} k_\rho \mathfrak{a}_\rho \right) + k_i \mathfrak{a}_i + k_j \mathfrak{a}_j$$

$$= \left(\sum_{\substack{\rho=1 \\ \rho \neq i, \rho \neq j}}^{n} k_\rho \mathfrak{a}_\rho \right) + (k_i + pk_j)\mathfrak{a}_i = \mathfrak{O}$$

Die Vektorgleichung läßt sich erfüllen, wenn man

$$k_i = p, \quad k_j = -1, \quad \bigwedge_{\substack{\rho=1 \\ \rho \neq i, \rho \neq j}}^{n} k_\rho = 0$$

setzt. Da nicht alle Koeffizienten null sind, folgt daraus die lineare Abhängigkeit.

Satz

Im $\mathbb{R}^m$ sind höchstens m Vektoren linear unabhängig:

$$\boxed{\mathfrak{a}_1, \ldots, \mathfrak{a}_n \in \mathbb{R}^m \text{ linear unabhängig} \Rightarrow n \leqq m}$$

Beweis: Wir erläutern die kontraponierte Aussage:
Für $n > m$ sind n Vektoren $\mathfrak{a}_1, \ldots, \mathfrak{a}_n \in \mathbb{R}^m$ stets linear abhängig. Der Ansatz

$$\sum_{i=1}^{n} k_i \mathfrak{a}_i =: k_1 \begin{pmatrix} a_{11} \\ \vdots \\ a_{m1} \end{pmatrix} + k_2 \begin{pmatrix} a_{12} \\ \vdots \\ a_{m2} \end{pmatrix} + \ldots + k_n \begin{pmatrix} a_{1n} \\ \vdots \\ a_{mn} \end{pmatrix} = \mathfrak{O}$$

führt nämlich auf das homogene lineare System

$$\left.\begin{array}{l} k_1 a_{11} + k_2 a_{12} + \ldots + k_n a_{1n} = 0 \\ \text{-------------------------} \\ k_1 a_{m1} + k_2 a_{m2} + \ldots + k_n a_{mn} = 0 \end{array}\right\},$$

das wegen $n > m$ mehr Unbekannte k_i als Gleichungen aufweist. Nehmen wir $n = m + r$ mit $r \in \mathbb{N}$ an, so können wir

$$k_{m+1} =: \lambda_1, \quad k_{m+2} =: \lambda_2, \ldots, \quad k_{m+r} = k_n =: \lambda_r$$

jeweils in $\mathbb{R}$ frei wählen und die übrigen $k_1, \ldots, k_m$ aus dem inhomogenen linearen System

$$\left.\begin{array}{l} k_1 a_{11} + \ldots + k_m a_{1m} = -a_{1,m+1}\lambda_1 - \ldots - a_{1n}\lambda_r \\ \text{-----------------------------------} \\ k_1 a_{m1} + \ldots + k_m a_{mm} = -a_{m,m+1}\lambda_1 - \ldots - a_{mn}\lambda_r \end{array}\right\},$$

(etwa mit der CRAMERschen Regel) berechnen, falls nur die Koeffizientendeterminante

$$\begin{vmatrix} a_{11} & \dots & a_{1m} \\ \vdots & & \vdots \\ a_{m1} & \dots & a_{mm} \end{vmatrix} \neq 0^{1)}$$

ist. Für jedes r-tupel $(\lambda_1, \dots, \lambda_r)$ erhalten wir so m Werte $k_1, \dots, k_m$, worunter wegen der in $\mathbb{R}$ beliebigen Belegung der λ_i unendlich viele $(k_1, \dots, k_n) \neq (0, \dots, 0)$ sind. Das bedeutet die lineare Abhängigkeit der $\mathfrak{a}_1, \dots, \mathfrak{a}_n$.

Beispiel

In der Ebene können höchstens zwei Vektoren $\mathfrak{a}_1, \mathfrak{a}_2 \in \mathbb{R}^2$ linear unabhängig sein. Drei (oder mehr) Vektoren des $\mathbb{R}^2$ sind notwendig linear abhängig. Abb. 155 zeigt zwei linear unabhängige ebene Vektoren $\mathfrak{a}_1, \mathfrak{a}_2$. Man denke sich $\mathfrak{a}_3 \in \mathbb{R}^2$ beliebig eingezeichnet. Dann führen die dünnen Linien zu

$$\mathfrak{a}_3 = k_1 \mathfrak{a}_1 + k_2 \mathfrak{a}_2$$

und damit zur linearen Abhängigkeit. Entsprechend sind 4 (oder mehr) Vektoren des „Raumes“ $\mathbb{R}^3$ linear abhängig usw.

Wir fragen jetzt, in welchem allgemeinen Zusammenhang der Begriff der linearen Abhängigkeit bzw. Unabhängigkeit von Vektoren mit den linearen Gleichungssystemen

$$A\mathfrak{x} = \mathfrak{b}$$

steht. Wie wir wissen, können wir die Koeffizientenmatrix $A \in \mathbb{R}^{(m,n)}$ sowohl als Zeile ihrer Spaltenvektoren als auch als Spalte ihrer Zeilenvektoren schreiben. Für jede Matrix ist dabei charakteristisch, wie groß die Maximalzahl der linear unabhängigen Zeilen- bzw. Spaltenvektoren ist. Es zeigt sich, daß diese Zahl für Zeilen und Spalten übereinstimmt.[2] Sie wird, wie wir später sehen werden, die Lösungsmenge des linearen Systems $A\mathfrak{x} = \mathfrak{b}$ maßgeblich beeinflussen.

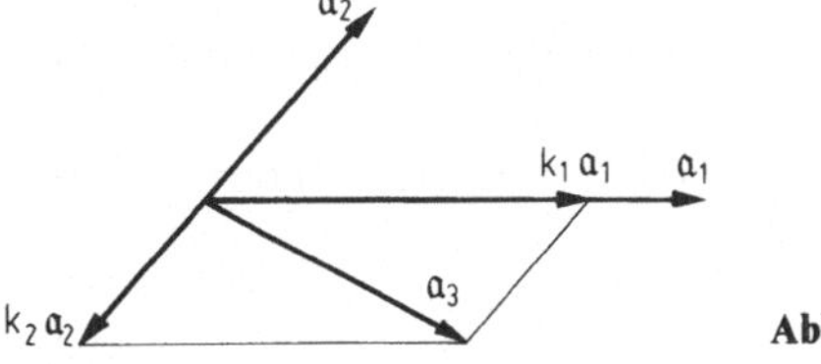

Abb. 155

[1] Falls jede m-reihige Determinante = 0 ist, setze man $\lambda_1 = \dots = \lambda_r = 0$ und hat dann ein homogenes System mit singulärer Koeffizientenmatrix. Dies hat aber eine nicht-triviale Lösung $(k_1, \dots, k_m) \neq (0, \dots, 0)$, woraus wegen $n > m$ auch $(k_1, \dots, k_n) \neq (0, \dots, 0)$ und damit die lineare Abhängigkeit der $\mathfrak{a}_1, \dots, \mathfrak{a}_n$ folgt.

[2] Auf den Nachweis dieser (selbstverständlich beweisbedürftigen) Aussage sei hier nicht weiter eingegangen.

Definition

Die Maximalzahl linear unabhängiger Zeilen oder Spalten einer Matrix heißt der *Rang* der Matrix.

Man schreibt für den Rang der Matrix $A \in \mathbb{R}^{(m,n)}$

$$\boxed{\operatorname{rg} A = r}$$

wenn genau r Zeilen oder Spalten linear unabhängig, hingegen r + 1 Zeilen oder Spalten linear abhängig sind. Es ist $r \in \mathbb{N}$; für die Nullmatrizen erklärt man zusätzlich den Rang null.

Zur einfacheren Bestimmung des Ranges erläutern wir eine zur obigen Definition äquivalente Erklärung. Danach hat eine Matrix den Rang r, wenn sie *wenigstens eine nicht verschwindende* r*-reihige Determinante enthält,* während alle höherreihigen Determinanten gleich null sind. Ist $A \in \mathbb{R}^{(m,n)}$, so folgt daraus

$$\boxed{r \leqq \operatorname{Min}(m, n)}$$

Beispiel

Es soll der Rang der Matrix

$$A = \begin{pmatrix} 5 & -2 & 6 & 1 \\ 3 & 1 & -4 & 5 \\ 3 & -10 & 34 & -17 \end{pmatrix}$$

bestimmt werden.

1. *Weg:* Zeilen (oder Spalten) auf lineare Abhängigkeit hin prüfen:

$$3\mathfrak{a}^1 - 4\mathfrak{a}^2 - \mathfrak{a}^3 = \mathfrak{O}, \quad -8\mathfrak{a}_1 + 18\mathfrak{a}_2 + 11\mathfrak{a}_3 + 10\mathfrak{a}_4 = \mathfrak{O}$$

(nachrechnen!), d.h. die drei Zeilen bzw. die vier Spalten sind linear abhängig. Setzt man $k_1\mathfrak{a}_1 + k_2\mathfrak{a}_2 = \mathfrak{O}$ oder $k_1\mathfrak{a}^1 + k_2\mathfrak{a}^2 = \mathfrak{O}$ an, so zieht dies jeweils $k_1 = k_2 = 0$ nach sich. Die Maximalzahl linear unabhängiger Zeilen bzw. Spalten ist also 2, $\operatorname{rg} A = 2$.

2. *Weg:* Man untersucht zunächst die vier möglichen dreireihigen Determinanten und erhält

$$\begin{vmatrix} 5 & -2 & 6 \\ 3 & 1 & -4 \\ 3 & -10 & 34 \end{vmatrix} = 0, \quad \begin{vmatrix} 5 & 6 & 1 \\ 3 & -4 & 5 \\ 3 & 34 & -17 \end{vmatrix} = 0,$$

$$\begin{vmatrix} 5 & -2 & 1 \\ 3 & 1 & 5 \\ 3 & -10 & -17 \end{vmatrix} = 0, \quad \begin{vmatrix} -2 & 6 & 1 \\ 1 & -4 & 5 \\ -10 & 34 & -17 \end{vmatrix} = 0,$$

d.h. $\operatorname{rg} A$ kann höchstens noch 2 sein. Das Nicht-Verschwinden einer zweireihigen

Determinante, etwa (links oben)

$$\begin{vmatrix} 5 & -2 \\ 3 & 1 \end{vmatrix} \neq 0$$

genügt, um $\operatorname{rg} A = 2$ festzustellen.

Praktische Rangbestimmung

Beide soeben vorgestellten Verfahren befriedigen, vom Rechenaufwand her gesehen, nicht. Dies gilt im besonderen Maße für höherreihige Matrizen. Eine praktikable, für handschriftliche Rechnung wie für eine Programmierung gleichermaßen geeignete Methode basiert auf folgender Überlegung: man wandle die gegebene Matrix durch *ranginvariante Operationen* zunächst so um, daß sie eine bestimmte Form annimmt, aus der man den Rang direkt ablesen kann. Solche, den Rang nicht verändernden Operationen sind[1]

(1) Vertauschen zweier Zeilen (Spalten)
(2) Multiplikation einer Zeile (Spalte) mit einem Faktor $k \in \mathbb{R} \setminus \{0\}$
(3) Addition einer mit $k \in \mathbb{R}$ multiplizierten Zeile (Spalte) zu einer anderen Zeile (Spalte)

Diese Operationen heißen in der linearen Algebra *elementare Umformungen*. Sie ermöglichen die Umwandlung jeder Matrix $A \in \mathbb{R}^{(m,n)}$ mit $\operatorname{rg} A = r$ in eine Matrix $Z \in \mathbb{R}^{(m,n)}$ der Form

$$Z = \left(\begin{array}{cccc|ccc} z_{11} & z_{12} & \dots & z_{1r} & * & \dots & * \\ 0 & z_{22} & \dots & z_{2r} & * & \dots & * \\ \hdashline 0 & 0 & \dots & z_{rr} & * & \dots & * \\ \hline 0 & 0 & \dots & 0 & 0 & \dots & 0 \\ \hdashline 0 & 0 & \dots & 0 & 0 & \dots & 0 \end{array}\right)$$

Diese „Dreiecksstruktur" ist wie folgt charakterisiert: in den ersten r Zeilen und r Spalten befinden sich in der Hauptdiagonalen ausschließlich Elemente $z_{ii} \neq 0$ und unterhalb der Hauptdiagonalen lauter Nullen. Die $(r + 1)$-te bis m-te Zeile besteht nur aus Nullen. Die Sternsymbole „∗" stehen für Zahlen aus $\mathbb{R}$, die auf die Rangbestimmung keinen Einfluß haben. Damit ist $\operatorname{rg} Z = r = \operatorname{rg} A$ unmittelbar ersichtlich, denn

$$\begin{vmatrix} z_{11} & z_{12} & \dots & z_{1r} \\ 0 & z_{22} & \dots & z_{2r} \\ \hdashline 0 & 0 & \dots & z_{rr} \end{vmatrix} = \prod_{i=1}^{r} z_{ii} \neq 0$$

[1] Auf den Nachweis der Ranginvarianz sei hier verzichtet.

ist zweifellos die größte nicht verschwindende Determinante von Z. Die Umformung selbst läuft auf ein systematisches Erzeugen von Nullen hinaus und ist uns im Prinzip bereits von den Determinanten her geläufig (vgl. 2.2.2). In der numerischen Mathematik ist das Verfahren als *GAUSSscher Algorithmus*[1] bekannt. Es ist, samt seinen Varianten, das bedeutendste Verfahren zur Behandlung linearer Systeme.

Wir demonstrieren das Operating anhand der folgenden Beispiele.

1. Beispiel

Um die Dreiecksstruktur der folgenden Matrix A herzustellen, erzeugen wir zuerst Nullen unterhalb $a_{11} = 2$. Dazu wird das Doppelte der ersten Zeile von der zweiten subtrahiert, anschließend das Dreifache der ersten Zeile zur dritten addiert:

$$\operatorname{rg} A = \operatorname{rg}\begin{pmatrix} 2 & -3 & 1 & 4 \\ 4 & -7 & -2 & 5 \\ -6 & 2 & 3 & 0 \end{pmatrix} = \operatorname{rg}\begin{pmatrix} 2 & -3 & 1 & 4 \\ 0 & -1 & -4 & -3 \\ 0 & -7 & 6 & 12 \end{pmatrix}$$

Diese Prozedur wird jetzt auf die zweite Spalte angewandt: unterhalb des in der Position 2, 2 stehenden Elements -1 erhält man eine Null, wenn man das 7fache der zweiten Zeile von der dritten subtrahiert:

$$\operatorname{rg}\begin{pmatrix} 2 & -3 & 1 & 4 \\ 0 & -1 & -4 & -3 \\ 0 & -7 & 6 & 12 \end{pmatrix} = \operatorname{rg}\left(\begin{array}{ccc|c} 2 & -3 & 1 & 4 \\ 0 & -1 & -4 & -3 \\ 0 & 0 & 34 & 33 \\ \hline \end{array}\right) = 3\,,$$

denn wir haben in der Dreiecksstruktur genau drei von Null verschiedene Hauptdiagonalelemente erhalten. Man beachte, daß das spaltenweise Vorgehen von links nach rechts in *jedem* Fall gewährleistet, daß die einmal erzeugten Nullen bei nachfolgenden Rechengängen nicht wieder zerstört werden.

2. Beispiel

$$\operatorname{rg}\begin{pmatrix} 1 & -2 & 4 & 3 \\ -4 & 8 & -3 & 2 \\ 1 & 2 & 1 & 0 \\ 2 & -2 & 0 & 3 \end{pmatrix} = \operatorname{rg}\begin{pmatrix} 1 & -2 & 4 & 3 \\ 0 & 0 & 13 & 14 \\ 0 & 4 & -3 & -3 \\ 0 & 2 & -8 & -3 \end{pmatrix}$$

An dieser Stelle können wir das Verfahren in der bisher beschriebenen Weise zunächst nicht fortsetzen, da das 2-2-Hauptdiagonalelement 0 ist. Solange aber in der Spalte unterhalb dieser 0 noch Elemente $\neq 0$ stehen, erreichen wir durch einen Zeilentausch, daß ein Hauptdiagonalelement $\neq 0$ in die Position 2,2 kommt. Wir

---

[1] C.F. Gauß (1777–1855), „Fürst der Mathematiker", bahnbrechende Entdeckungen in nahezu allen Gebieten der Mathematik einschl. Astronomie und Physik.

tauschen die zweite und vierte Zeile miteinander und erhalten

$$\operatorname{rg}\begin{pmatrix} 1 & -2 & 4 & 3 \\ 0 & 2 & -8 & -3 \\ 0 & 4 & -3 & -3 \\ 0 & 0 & 13 & 14 \end{pmatrix} = \operatorname{rg}\begin{pmatrix} 1 & -2 & 4 & 3 \\ 0 & 2 & -8 & -3 \\ 0 & 0 & 13 & 3 \\ 0 & 0 & 13 & 14 \end{pmatrix}$$

$$= \operatorname{rg}\begin{pmatrix} 1 & -2 & 4 & 3 \\ 0 & 2 & -8 & -3 \\ 0 & 0 & 13 & 3 \\ 0 & 0 & 0 & 11 \end{pmatrix} = 4$$

3. Beispiel

$$\operatorname{rg}\begin{pmatrix} 1 & 1 & -1 & 2 & 1 \\ 2 & 3 & 3 & 1 & 2 \\ -1 & -3 & -9 & 4 & -2 \\ 0 & -1 & -5 & 3 & 4 \end{pmatrix} = \operatorname{rg}\begin{pmatrix} 1 & 1 & -1 & 2 & 1 \\ 0 & 1 & 5 & -3 & 0 \\ 0 & -2 & -10 & 6 & -1 \\ 0 & -1 & -5 & 3 & 4 \end{pmatrix}$$

$$= \operatorname{rg}\begin{pmatrix} 1 & 1 & -1 & 2 & 1 \\ 0 & 1 & 5 & -3 & 0 \\ 0 & 0 & 0 & 0 & -1 \\ 0 & 0 & 0 & 0 & 4 \end{pmatrix}$$

Wegen der 0 in der Position 3, 3 muß das Verfahren der Nullenerzeugung unterbrochen werden. Im Gegensatz zum Beispiel 2 erreichen wir hier durch einen Zeilentausch nichts, da unterhalb der 0 nur Nullen stehen. Dafür bringt ein Spaltentausch (Spalte 3 mit Spalte 5) ein von Null verschiedenes Element in die 3, 3-Position:

$$\operatorname{rg}\begin{pmatrix} 1 & 1 & 1 & 2 & -1 \\ 0 & 1 & 0 & -3 & 5 \\ 0 & 0 & -1 & 0 & 0 \\ 0 & 0 & 4 & 0 & 0 \end{pmatrix} = \operatorname{rg}\left(\begin{array}{ccc|cc} 1 & 1 & 1 & 2 & -1 \\ 0 & 1 & 0 & -3 & 5 \\ 0 & 0 & -1 & 0 & 0 \\ \hline 0 & 0 & 0 & 0 & 0 \end{array}\right) = 3$$

Enthält eine Zeile (oder Spalte) ausschließlich Nullen, so kann sie für einen Zeilen -oder Spaltentausch (in unserem Sinne) natürlich nicht mehr dienen.

Wir erläutern kurz noch eine Weiterführung dieses Verfahrens und ihren relationen-algebraischen Hintergrund.

Definition

Zwei Matrizen $A, B \in \mathbb{R}^{(m,n)}$ heißen *äquivalent*, wenn sie vom gleichen Rang sind:

$$\boxed{A \sim B :\Leftrightarrow \operatorname{rg} A = \operatorname{rg} B}$$

Satz

| Die auf $\mathbb{R}^{(m,n)}$ erklärte Relation „ ~ " ist eine Äquivalenzrelation.

Beweis: Wegen $\operatorname{rg} A = \operatorname{rg} A$ ist „ ~ " für alle $A \in \mathbb{R}^{(m,n)}$ reflexiv. Ferner folgt aus $A \sim B$ auch $B \sim A$ (Symmetrie) und aus $A \sim B \wedge B \sim C$ auch $A \sim C$ (Transitivität). Die daraus resultierenden Äquivalenzklassen fassen jeweils alle untereinander ranggleichen (und somit durch endlich viele elementare Umformungen ineinander umwandelbaren) Matrizen zusammen. Als Repräsentanten für diese Matrix-Äquivalenzklassen läßt sich eine einheitliche Struktur angeben, die sogenannte *kanonische Form* oder *Normalform* N_A einer Matrix $A \in \mathbb{R}^{(m,n)}$. Ist $\operatorname{rg} A = r$, so lautet die Normalform

$$N_A = \left(\begin{array}{cccc|ccc} 1 & 0 & \dots & 0 & 0 & \dots & 0 \\ 0 & 1 & \dots & 0 & 0 & \dots & 0 \\ \hdashline 0 & 0 & \dots & 1 & 0 & \dots & 0 \\ \hline 0 & 0 & & 0 & 0 & \dots & 0 \\ \hdashline 0 & 0 & \dots & 0 & 0 & \dots & 0 \end{array}\right) =: \begin{pmatrix} E_r & \bigcirc \\ \bigcirc & \bigcirc \end{pmatrix}$$

worin $E_r = (\delta_{ik})$ die links oben sichtbare Einheitsmatrix vom Rang r ist und $\bigcirc$ für Nullen steht.

Beispiel

Wir bestimmen die Normalform der Matrix A, indem wir, bei a_{11} beginnend, jeweils unterhalb und dann rechterseits der Diagonalelemente Nullen gemäß dem GAUSSschen Algorithmus erzeugen:

$$A = \begin{pmatrix} 1 & 1 & 1 & 8 \\ 0 & 1 & -2 & 4 \\ 2 & -1 & 4 & 5 \end{pmatrix} \sim \begin{pmatrix} 1 & 1 & 1 & 8 \\ 0 & 1 & -2 & 4 \\ 0 & -3 & 2 & -11 \end{pmatrix}$$

$$\sim \begin{pmatrix} 1 & 0 & 0 & 0 \\ 0 & 1 & -2 & 4 \\ 0 & -3 & 2 & -11 \end{pmatrix}$$

$$\sim \begin{pmatrix} 1 & 0 & 0 & 0 \\ 0 & 1 & -2 & 4 \\ 0 & 0 & -4 & 1 \end{pmatrix} \sim \begin{pmatrix} 1 & 0 & 0 & 0 \\ 0 & 1 & 0 & 0 \\ 0 & 0 & -4 & 1 \end{pmatrix} \sim \begin{pmatrix} 1 & 0 & 0 & 0 \\ 0 & 1 & 0 & 0 \\ 0 & 0 & -4 & 0 \end{pmatrix}$$

$$\sim \left(\begin{array}{ccc|c} 1 & 0 & 0 & 0 \\ 0 & 1 & 0 & 0 \\ 0 & 0 & 1 & 0 \end{array}\right) =: N_A \qquad (\Rightarrow \operatorname{rg} N_A = \operatorname{rg} A = 3),$$

wobei die letzte Umformung durch Multiplikation der dritten Zeile mit $-\frac{1}{4}$ erfolgte. Die gewonnene Normalform ist Repräsentant der Klasse aller Matrizen aus $\mathbb{R}^{(3,4)}$ vom Range 3.

Aufgaben zu 2.5.1

1. Man bestätige
   a) die Vektoren $\mathfrak{a}_1 = (10; 3, -6)'$, $\mathfrak{a}_2 = (4; -5; -2)'$, $\mathfrak{a}_3 = (10; 34; -8)'$ sind linear abhängig (wie im 1. Beispiel von 2.5.1 vorgehen; allgemeine Lösung L von $\Sigma k_i \mathfrak{a}_i = \mathfrak{O}$ mit $k_3 = \lambda \in \mathbb{R}$ bestimmen; $\mathfrak{a}_3$ als Term von $\mathfrak{a}_1$ und $\mathfrak{a}_2$ angeben);
   b) die Vektoren $\mathfrak{a}_1 = (3; 1; -7)'$, $\mathfrak{a}_2 = (2; 5; 0)'$, $\mathfrak{a}_3 = (-4; 6, -1)'$ sind linear unabhängig (Determinante berechnen!).
2. Ohne Rechnung läßt sich sofort eine Aussage über die lineare Abhängigkeit bzw. Unabhängigkeit der Vektoren

$$\mathfrak{a}_1 = \begin{pmatrix} 4 \\ 1 \\ -3 \\ 5 \end{pmatrix}, \quad \mathfrak{a}_2 = \begin{pmatrix} -1 \\ -2 \\ 0 \\ 6 \end{pmatrix}, \quad \mathfrak{a}_3 = \begin{pmatrix} 2 \\ 9 \\ 6 \\ 11 \end{pmatrix},$$

$$\mathfrak{a}_4 = \begin{pmatrix} 1 \\ -1 \\ -2 \\ 5 \end{pmatrix}, \quad \mathfrak{a}_5 = \begin{pmatrix} 0 \\ -5 \\ 12 \\ 15 \end{pmatrix}$$

   machen. Begründen Sie ihre Entscheidung (verbal)!
3. Zeigen Sie, daß eine Menge von n linear abhängigen Vektoren $\mathfrak{a}_1, \ldots, \mathfrak{a}_n \in \mathbb{R}^m$ stets linear abhängig bleibt, wenn man weitere Vektoren $\mathfrak{a}_{n+1}, \ldots, \mathfrak{a}_p \in \mathbb{R}^m$ hinzunimmt.
4. Bestimmen Sie den Rang der folgenden Matrizen mit dem GAUSSschen Algorithmus durch Umwandlung in die „Dreiecksform“:

$$\text{a) } A = \begin{pmatrix} 2 & 5 & 6 & -7 \\ 4 & -4 & 0 & 2 \\ -6 & -1 & 1 & 5 \end{pmatrix}, \quad \text{b) } B = \begin{pmatrix} 5 & 2 & 1 & 8 & 1 \\ -4 & 1 & -6 & -9 & 7 \\ 7 & 5 & -3 & 9 & 8 \\ 1 & 0 & 1 & 2 & -1 \end{pmatrix}$$

   (Hinweis für b): um Brüche zu vermeiden, nehme man gleich am Anfang einen geeigneten Zeilentausch vor!)
5. Wie lautet die Normalform der Matrix

$$A = \begin{pmatrix} 1 & -1 & 5 & -1 \\ 0 & 1 & -2 & 2 \\ 1 & 0 & 3 & 1 \end{pmatrix} ? \quad \text{rg}\, A?$$

2.5.2 Homogene lineare Systeme

Definition

Das lineare Gleichungssystem

$$A\mathfrak{x} = \mathfrak{b}$$

heißt *homogen*, wenn $\mathfrak{b} = \mathfrak{O}$ ist

Ausführlich geschrieben lautet das homogene System

$$\left.\begin{array}{l} a_{11}x_1 + a_{12}x_2 + \ldots + a_{1n}x_n = 0 \\ a_{21}x_1 + a_{22}x_2 + \ldots + a_{2n}x_n = 0 \\ \text{-----------------------} \\ a_{m1}x_1 + a_{m2}x_2 + \ldots + a_{mn}x_n = 0 \end{array}\right\},$$

wenn die Koeffizientenmatrix $A \in \mathbb{R}^{(m,n)}$ und der Spaltenvektor der Unbekannten $\mathfrak{x}$ heißt. Benutzt man die Spaltenvektoren $\mathfrak{a}_1, \ldots, \mathfrak{a}_n$ von A so erhalten wir eine zweite Darstellung:

$$\boxed{A\mathfrak{x} = \mathfrak{O} \Leftrightarrow \mathfrak{a}_1 x_1 + \mathfrak{a}_2 x_2 + \ldots + \mathfrak{a}_n x_n = \mathfrak{O}\,.}$$

Für homogene Systeme gelten die beiden folgenden Eigenschaften, die für inhomogene Systeme nicht zutreffen.

Satz

Die Lösungsmenge L eines homogenen Systems ist niemals leer, die „triviale Lösung" $\mathfrak{x}_1 = \mathfrak{O}$ existiert stets.

Beweis: Durch Einsetzen bestätigt man direkt $A\mathfrak{x}_1 = A\mathfrak{O} = \mathfrak{O} \equiv \mathfrak{O}$[1].

Satz

Sind $\mathfrak{x}_1, \mathfrak{x}_2$ Lösungen des homogenen Systems $A\mathfrak{x} = \mathfrak{O}$, so sind auch alle Linearkombinationen

$$k_1\mathfrak{x}_1 + k_2\mathfrak{x}_2 \quad (k_1 k_2 \in \mathbb{R})$$

Lösungen.

Beweis: Voraussetzungsgemäß gilt $A\mathfrak{x}_1 \equiv \mathfrak{O}$ und $A\mathfrak{x}_2 \equiv \mathfrak{O}$[1]. Daraus folgt für $A(k_1\mathfrak{x}_1 + k_2\mathfrak{x}_2) = A(k_1\mathfrak{x}_1) + A(k_2\mathfrak{x}_2)$ [beachte die Distributivität von „·" über „+"] $= k_1 \cdot A\mathfrak{x}_1 + k_2 \cdot A\mathfrak{x}_2$ [Herausheben eines allen Elementen gemeinsamen

[1] Das Zeichen „ ≡ " soll zum Ausdruck bringen, daß es sich hierbei um (wahre) Aussagen und nicht um Aussageformen (Ausdrücke in Variablen mit noch nicht bestimmter Erfüllungsmenge) handelt.

Faktors] $= k_1 \cdot \mathfrak{o} + k_2 \cdot \mathfrak{o} = \mathfrak{o} + \mathfrak{o} = \mathfrak{o} \equiv \mathfrak{o}$, d.h. $k_1\mathfrak{x}_1 + k_2\mathfrak{x}_2$ ist Lösung von $A\mathfrak{x} = \mathfrak{o}$.

Bevor wir auf die strukturellen Konsequenzen dieses Satzes eingehen, sei zunächst das Lösungsverhalten der homogenen Systeme untersucht. Dabei konzentriert sich unser Vorgehen auf zwei Fragen

> α) Unter welchen Bedingungen hat ein homogenes System <u>nur</u> die Triviallösung $\mathfrak{x} = \mathfrak{o}$?
>
> β) Unter welchen Bedingungen gibt es nichttriviale Lösungen $\mathfrak{x} \neq \mathfrak{o}$ und wie stellt sich die Gesamtheit aller dieser Lösungen dar?

1. Fall: Trivialer Fall

Die Rangzahl r des homogenen Systems ist gleich der Anzahl n der Unbekannten

$$\boxed{r = n}$$

Dann und nur dann hat das System nur die Triviallösung $\mathfrak{x} = \mathfrak{o}$:

$$L = \{\mathfrak{o}\}.$$

Aus $r = n$ und der allgemeinen Bedingung $r \leqslant \mathrm{Min}(m, n)$ folgt $m \geqslant n$. Danach unterscheiden wir zwei Unterfälle: $m = r$ und $m > r$

1. Unterfall $\boxed{m = r}$

Die Koeffizientenmatrix $A \in \mathbb{R}^{(n,n)}$ des Systems $A\mathfrak{x} = \mathfrak{o}$ ist quadratisch und regulär: $\det A \neq 0$. Daraus folgt die lineare Unabhängigkeit der Spaltenvektoren:

$$A\mathfrak{x} = \sum_{i=1}^{n} x_i \mathfrak{a}_i = \mathfrak{o} \Rightarrow x_1 = x_2 = \ldots = x_n = 0$$

$$\Rightarrow L = \{\mathfrak{o}\}$$

Wegen $m = n$ kann die Rangbestimmung durch die Determinantenberechnung ersetzt werden. Vgl. Abb. 156a.

Beispiel

Für den Rang der Koeffizientenmatrix A des Systems

$$\begin{aligned} x_1 - 3x_2 - 2x_3 &= 0 \\ 5x_1 - 10x_2 - 4x_3 &= 0 \\ 3x_1 + x_2 + 7x_3 &= 0 \end{aligned}$$

erhält man

$$\operatorname{rg} A = \operatorname{rg}\begin{pmatrix} 1 & -3 & -2 \\ 5 & -10 & -4 \\ 3 & 1 & 7 \end{pmatrix} = \operatorname{rg}\begin{pmatrix} 1 & -3 & -2 \\ 0 & 5 & 6 \\ 0 & 10 & 13 \end{pmatrix} = \operatorname{rg}\begin{pmatrix} 1 & -3 & -2 \\ 0 & 5 & 6 \\ 0 & 0 & 1 \end{pmatrix} = 3$$

bzw.

$$\det A = \begin{vmatrix} 1 & -3 & -2 \\ 5 & -10 & -4 \\ 3 & 1 & 7 \end{vmatrix} = \begin{vmatrix} 1 & -3 & -2 \\ 0 & 5 & 6 \\ 0 & 0 & 1 \end{vmatrix} = 5 \neq 0\,,$$

d.h. es kann nur die Triviallösung existieren. Diese bekommt man auch formal rechnerisch, wenn man das gegebene System gemäß den vorgenommenen elementaren Umformungen zur „Dreiecksform“ als „gestaffeltes System“ schreibt:

$$\left.\begin{array}{r} x_1 - 3x_2 - 2x_3 = 0 \\ 5x_1 - 10x_2 - 4x_3 = 0 \\ 3x_1 + x_2 + 7x_3 = 0 \end{array}\right\} \Leftrightarrow \left.\begin{array}{r} x_1 - 3x_2 - 2x_3 = 0 \\ 5x_2 + 6x_3 = 0 \\ x_3 = 0 \end{array}\right\}$$ [1]

2. Unterfall $\boxed{m > r}$

Wegen rg $A = r = n$ muß es unter den m Gleichungen n solche geben, deren Koeffizientendeterminante nicht verschwindet. Nehmen wir ohne Einschränkung der Allgemeinheit an, daß dies die ersten n Gleichungen sind:

$$\left.\begin{array}{l} a_{11}x_1 + \ldots + a_{1n}x_n = 0 \\ \text{-----------------} \\ a_{n1}x_1 + \ldots + a_{nn}x_n = 0 \end{array}\right\} \Rightarrow \begin{vmatrix} a_{11} & \ldots & a_{1n} \\ \vdots & & \vdots \\ a_{n1} & \ldots & a_{nn} \end{vmatrix} \neq 0 \Rightarrow \mathfrak{x} = \mathfrak{O}$$

$$\begin{array}{l} a_{n+1,1}x_1 + \ldots + a_{n+1,n}x_n = 0 \\ \text{-----------------} \\ a_{m1}x_1 + \ldots + a_{mn}x_n = 0 \end{array}$$

(vgl. 1. Unterfall!)

Da $\mathfrak{x} = \mathfrak{O}$ die einzige Lösung der ersten n Gleichungen ist, kann auch das Gesamtsystem keine andere Lösung haben. Vgl. Abb. 156a.

[1] Beachte: die Äquivalenz zwischen der gegebenen und gestaffelten Form des linearen Systems ist deshalb gewährleistet, weil die „elementaren Umformungen“ der Koeffizientenmatrix zugleich die Lösungsmenge des zugehörigen linearen Systems unverändert lassen (äquivalente Aussageformen haben gleiche Erfüllungsmengen!)

Beispiel

Das System

$$2x_1 - x_2 = 0$$
$$-6x_1 + 5x_2 = 0$$
$$-2x_1 + x_2 = 0$$

($m = 3$, $n = 2$) hat den Rang 2, denn die größte von Null verschiedene Determinante der Koeffizientenmatrix ist zweireihig,

$$\begin{vmatrix} 2 & -1 \\ -6 & 5 \end{vmatrix} = 4 \neq 0$$

$\mathfrak{x} = \mathfrak{o}$ ist somit die einzige Lösung des Systems, da die ersten beiden Gleichungen nur diese Lösung haben (die erste und dritte Gleichung haben unendlich viele Lösungen $\neq \mathfrak{o}$ gemeinsam, keine davon erfüllt jedoch auch die zweite Gleichung!)

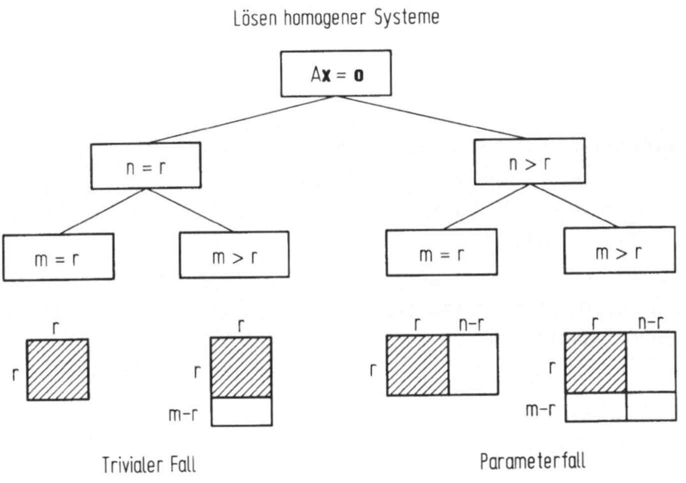

Abb. 156a

2. Fall: Parameterfall

Die Rangzahl r des homogenen Systems ist kleiner als die Zahl n der Unbekannten

$$\boxed{r < n}$$

Dann und nur dann existieren auch nicht-triviale Lösungen.

Die Koeffizientenmatrix des Systems $A\mathfrak{x} = \mathfrak{o}$ muß bei $\operatorname{rg} A = r$ wenigstens eine nichtverschwindende r-reihige Determinante aufweisen. Nehmen wir wieder an, daß sich diese „links oben“ in der Matrix befindet, so können wir von den Spaltenvektoren $\mathfrak{a}_i$ der Matrix sagen, daß $(\mathfrak{a}_1 \ldots \mathfrak{a}_r)$ linear unabhängig sind, daß aber $\mathfrak{a}_1 \ldots \mathfrak{a}_n$ linear abhängig sein müssen, mithin

$$A\mathfrak{x} = \sum_{i=1}^{n} x_i \mathfrak{a}_i = \mathfrak{o} \quad \text{mit} \quad (x_1 \ldots x_n) \neq (0 \ldots 0)$$

erfüllbar ist. Genau dies sind die nicht-trivialen Lösungen $\mathfrak{x} \neq \mathfrak{o}$ des Systems.

Hinreichend für das Eintreten dieses Falles ist

$$m < n$$

d.h. ein homogenes lineares System mit weniger Gleichungen als Unbekannten besitzt stets nicht-triviale Lösungen. Wegen der allgemeinen Aussage

$$r \leqslant \operatorname{Min}(m, n)$$

hat nämlich $m < n$ hier $r \leqslant m$ und damit auch $r < n$ zur Folge. Die Bedingung ist jedoch nicht zugleich notwendig, da auch $m = n$ mit $r < n$ zu nicht-trivialen Lösungen führt.

1. Unterfall $\boxed{m = r}$

Wir schreiben unser homogenes System in der Form

$$A\mathfrak{x} = \sum_{i=1}^{n} x_i \mathfrak{a}_i = \sum_{i=1}^{r} x_i \mathfrak{a}_i + \sum_{i=r+1}^{n} x_i \mathfrak{a}_i = \mathfrak{o}$$

und gehen von der linearen Unabhängigkeit der $(\mathfrak{a}_1 \ldots \mathfrak{a}_r)$ und damit von $\det(\mathfrak{a}_1 \ldots \mathfrak{a}_r) \neq 0$ aus (in Abb. 156a schraffiert).

Wir unterscheiden hier zwischen den

gebundenen Unbekannten $x_1, \ldots, x_r$
und den *freien* Unbekannten $x_{r+1}, \ldots, x_n$

Für jede Belegung der freien Unbekannten mit reellen Zahlen erhält man ein eindeutig bestimmtes r-tupel $(x_1, \ldots, x_r)$ als Lösung des Systems mit der regulären Koeffizientenmatrix $(\mathfrak{a}_1 \ldots \mathfrak{a}_r)$. Man bringt diesen Sachverhalt dadurch zum Ausdruck, daß man

$$x_{r+1} =: \lambda_1, x_{r+2} =: \lambda_2, \ldots, x_n =: \lambda_{n-r} \quad \text{„Parameter“}$$

setzt und die Lösung des Systems

$$\sum_{i=1}^{r} x_i \mathfrak{a}_i = -\sum_{i=r+1}^{n} \lambda_{i-r} \mathfrak{a}_i$$

bestimmt. Die mit der Rangbestimmung zugleich mitgeleistete Umwandlung des gegebenen Systems in ein gestaffeltes gestattet dann eine schnelle Berechnung der gebundenen Unbekannten.

Beispiel

Gesucht ist die allgemeine Lösung des homogenen Systems

$$\begin{aligned} x_1 - 3x_2 + x_3 - 2x_4 + 4x_5 &= 0 \\ -x_1 + 2x_2 - 4x_3 + x_4 - x_5 &= 0 \\ 2x_1 + x_2 + 24x_3 - 3x_4 + 2x_5 &= 0 \end{aligned}$$

Es ist $m = 3$, $n = 5$, $r \leqslant \mathrm{Min}(3; 5) = 3$. Rangbestimmung:

$$A = \begin{pmatrix} 1 & -3 & 1 & -2 & 4 \\ -1 & 2 & -4 & 1 & -1 \\ 2 & 1 & 24 & -3 & 2 \end{pmatrix} \sim \begin{pmatrix} 1 & -3 & 1 & -2 & 4 \\ 0 & -1 & -3 & -1 & 3 \\ 0 & 7 & 22 & 1 & -6 \end{pmatrix}$$

$$\sim \begin{pmatrix} 1 & -3 & 1 & -2 & 4 \\ 0 & -1 & -3 & -1 & 3 \\ 0 & 0 & 1 & -6 & 15 \end{pmatrix} =: D$$

Aus der zu A äquivalenten (ranggleichen) Dreiecksmatrix D liest man

$$\mathrm{rg}\, D = \mathrm{rg}\, A = 3$$

ab. Zugleich wird das gegebene Gleichungssystem $A\mathfrak{x} = \mathfrak{O}$ in ein dazu äquivalentes (d.h. mit gleicher Lösungsmenge versehenes) gestaffeltes System $D\mathfrak{x} = \mathfrak{O}$ überführt:

$$\begin{aligned} x_1 - 3x_2 + x_3 - 2x_4 + 4x_5 &= 0 \\ -x_2 - 3x_3 - x_4 + 3x_5 &= 0 \\ x_3 - 6x_4 + 15x_5 &= 0 \end{aligned}$$

Die Determinante der ersten drei Spalten ist offensichtlich ungleich null, somit können x_1, x_2, x_3 als gebundene Variablen und

$$x_4 =: \lambda_1, \quad x_5 =: \lambda_2$$

als freie Variablen (Parameter) genommen werden. Man erhält dann

$$\begin{aligned} x_3 &= 6\lambda_1 - 15\lambda_2 \\ x_2 &= -19\lambda_1 + 48\lambda_2 \\ x_1 &= -61\lambda_1 + 155\lambda_2 \end{aligned}$$

Die *allgemeine Lösung* (sie umfaßt jede durch spezielle Belegung von $\lambda_1, \lambda_2 \in \mathbb{R}$

entstehende „partikuläre Lösung") schreiben wir in der Form

$$\mathfrak{x} = \begin{pmatrix} x_1 \\ x_2 \\ x_3 \\ x_4 \\ x_5 \end{pmatrix} = \begin{pmatrix} -61\lambda_1 + 155\lambda_2 \\ -19\lambda_1 + 48\lambda_2 \\ 6\lambda_1 - 15\lambda_2 \\ \lambda_1 \\ \lambda_2 \end{pmatrix}$$

$$= \begin{pmatrix} -61 \\ -19 \\ 6 \\ 1 \\ 0 \end{pmatrix} \lambda_1 + \begin{pmatrix} 155 \\ 48 \\ -15 \\ 0 \\ 1 \end{pmatrix} \lambda_2 =: \lambda_1 \mathfrak{b}_1 + \lambda_2 \mathfrak{b}_2$$

$$\Rightarrow L = \left\{ \mathfrak{x} \,\middle|\, \mathfrak{x} = \sum_{i=1}^{2} \lambda_i \mathfrak{b}_i \wedge \bigwedge_{i=1}^{2} \lambda_i \in \mathbb{R} \right\}$$

Die Vektoren $\mathfrak{b}_1, \mathfrak{b}_2$ heißen *Basisvektoren*; man sagt auch $\{\mathfrak{b}_1, \mathfrak{b}_2\}$ bilden eine *Basis* oder ein *Fundamentalsystem* des gegebenen Gleichungssystems. Setzt man nämlich $k_1 \mathfrak{b}_1 + k_2 \mathfrak{b}_2 = \mathfrak{o}$ an, so folgt sofort $k_1 = 0$ und $k_2 = 0$ (4. und 5. Zeile!) und damit die lineare Unabhängigkeit dieser Lösungsvektoren. Die allgemeine Lösung jedes homogenen Systems

$$A\mathfrak{x} = \mathfrak{o} \quad \text{mit} \quad A \in \mathbb{R}^{(m,n)} \wedge \operatorname{rg} A = r < n$$

hat somit die generelle Form

$$\boxed{\mathfrak{x} = \sum_{i=1}^{n-r} \lambda_i \mathfrak{b}_i \wedge \bigwedge_{i=1}^{n-r} \lambda_i \in \mathbb{R},}$$

worin die $\mathfrak{b}_1, \mathfrak{b}_2, \ldots, \mathfrak{b}_{n-r} \in \mathbb{R}^n$ ein System linear unabhängiger Lösungsvektoren (Basis) darstellen.

2. Unterfall $\boxed{m > r}$

Durch Spaltentausch (Umnumerierung der x_i) oder/und Zeilentausch läßt sich stets erreichen, daß eine von Null verschiedene Determinante det A_r „links oben" liegt (Abb. 156a). Die $m - r$ für die Lösungsbestimmung nicht erforderlichen Gleichungen werden von jeder Lösung $\mathfrak{x}$ der r „Ranggleichungen" (mit ihnen wird der Rang berechnet) erfüllt, da sie linear abhängig von diesen sind. Wir gehen demnach wie im 1. Unterfall vor, und auch die Struktur der allgemeinen Lösungsmenge ist hier die gleiche wie oben: eine Linearkombination der $n - r$ linear unabhängigen Basisvektoren $\mathfrak{b}_i$ mit frei wählbaren Parametern $\lambda_i \in \mathbb{R}$. Abb. 156a gibt noch einmal einen Überblick über alle möglichen Fälle.

Beispiel

$$\begin{aligned} x_1 - 2x_2 - x_3 + x_4 &= 0 \\ 2x_1 - x_2 + 4x_3 - x_4 &= 0 \\ -x_1 + 5x_2 + 7x_3 - 4x_4 &= 0 \end{aligned}$$

Rangbestimmung mit dem GAUSSschen Algorithmus:

$$\begin{pmatrix} 1 & -2 & -1 & 1 \\ 2 & -1 & 4 & -1 \\ -1 & 5 & 7 & -4 \end{pmatrix} \sim \begin{pmatrix} 1 & -2 & -1 & 1 \\ 0 & 3 & 6 & -3 \\ 0 & 3 & 6 & -3 \end{pmatrix} \sim \begin{pmatrix} 1 & -2 & -1 & 1 \\ 0 & 3 & 6 & -3 \\ 0 & 0 & 0 & 0 \end{pmatrix},$$

demnach ist $r = 2$ und $r < m(=3)$ und $r < n(=4)$ erfüllt. Die dritte Gleichung wird nicht benötigt, die zweite des gestaffelten Systems kann noch durch 3 gekürzt werden:

$$\begin{aligned} x_1 - 2x_2 - x_3 + x_4 &= 0 \\ x_2 + 2x_3 - x_4 &= 0 \end{aligned}$$

Wir wählen $x_3 =: \lambda_1$ und $x_4 =: \lambda_2$ als freie Variable und bekommen damit

$$x_2 = -2\lambda_1 + \lambda_2 \Rightarrow x_1 = 2(-2\lambda_1 + \lambda_2) + \lambda_1 - \lambda_2 = -3\lambda_1 + \lambda_2$$

$$\mathfrak{x} = \begin{pmatrix} x_1 \\ x_2 \\ x_3 \\ x_4 \end{pmatrix} = \begin{pmatrix} -3\lambda_1 + \lambda_2 \\ -2\lambda_1 + \lambda_2 \\ \lambda_1 \\ \lambda_2 \end{pmatrix} = \begin{pmatrix} -3 \\ -2 \\ 1 \\ 0 \end{pmatrix} \lambda_1 + \begin{pmatrix} 1 \\ 1 \\ 0 \\ 1 \end{pmatrix} \lambda_2 =: \lambda_1 \mathfrak{b}_1 + \lambda_2 \mathfrak{b}_2$$

Zur Kontrolle überzeugen wir uns, daß die allgemeine Lösung der Ranggleichungen auch die dritte Gleichung in eine wahre Aussage überführt

$$-(-3\lambda_1 + \lambda_2) + 5(-2\lambda_1 + \lambda_2) + 7 \cdot \lambda_1 - 4 \cdot \lambda_2 = 0 \equiv 0 .$$

Damit lautet die Lösungsmenge des Gesamtsystems

$$L = \left\{ \mathfrak{x} \,\middle|\, \mathfrak{x} = \lambda_1 \mathfrak{b}_1 + \lambda_2 \mathfrak{b}_2 \wedge \bigwedge_{i=1}^{2} \lambda_i \in \mathbb{R} \right\}$$

mit dem oben berechneten Fundamentalsystem $\{\mathfrak{b}_1, \mathfrak{b}_2\}$.

Struktureigenschaften

Im Abschnitt 2.3.1 haben wir den Begriff des Vektorraumes (linearen Raumes) über einem Körper eingeführt. Die Menge $\mathbb{R}^n$ aller Vektoren mit n reellen Komponenten bildet einen Vektorraum über $\mathbb{R}$ als Skalarkörper. Wir präzisieren jetzt die Begriffe „Basis“ und „Dimension“ eines Vektorraumes und versuchen dann die Lösungsmengen homogener linearer Systeme strukturalgebraisch einzuordnen.

Definition

Es sei $(\mathbb{R}^n, +)$ reeller Vektorraum. Dann heißt jede endliche Menge $\mathfrak{B} := \{\mathfrak{b}_1, \ldots, \mathfrak{b}_r\}$ von Vektoren aus $\mathbb{R}^n$ eine *Basis des Vektorraumes*, wenn

1. die $\mathfrak{b}_1, \ldots \mathfrak{b}_r$ linear unabhängig sind (über $\mathbb{R}$)
2. jeder Vektor aus $\mathbb{R}^n$ sich als Linearkombination der $\mathfrak{b}_1, \ldots, \mathfrak{b}_r$ darstellen läßt.

Beispiel

Die Einheitsvektoren

$$\mathfrak{e}_1 = \begin{pmatrix} 1 \\ 0 \\ 0 \end{pmatrix}, \quad \mathfrak{e}_2 = \begin{pmatrix} 0 \\ 1 \\ 0 \end{pmatrix}, \quad \mathfrak{e}_3 = \begin{pmatrix} 0 \\ 0 \\ 1 \end{pmatrix}$$

sind 1) linear unabhängig, denn der Ansatz $\sum_{i=1}^{3} k_i \mathfrak{e}_i = \mathfrak{O}$ führt auf $k_1 = k_2 = k_3 = 0$; 2) läßt sich jeder Vektor aus $\mathbb{R}^3$ als Linearkombination der $\mathfrak{e}_i$ darstellen:

$$\mathfrak{a} \in \mathbb{R}^3 \Rightarrow \mathfrak{a} =: \begin{pmatrix} a_1 \\ a_2 \\ a_3 \end{pmatrix} = a_1 \mathfrak{e}_1 + a_2 \mathfrak{e}_2 + a_3 \mathfrak{e}_3$$

für alle $a_i \in \mathbb{R}$. Also ist $\{\mathfrak{e}_1, \mathfrak{e}_2, \mathfrak{e}_3\}$ Basis des Vektorraumes $(\mathbb{R}^3, +)$ über $\mathbb{R}$.

Gegenbeispiel

Die Vektoren

$$\mathfrak{e}_1 = \begin{pmatrix} 1 \\ 0 \\ 0 \end{pmatrix}, \quad \mathfrak{e}_2 = \begin{pmatrix} 0 \\ 1 \\ 0 \end{pmatrix}$$

sind linear unabhängig: $k_1 \mathfrak{e}_1 + k_2 \mathfrak{e}_2 = \mathfrak{O} \Rightarrow k_1 = 0 \wedge k_2 = 0$. Aber nicht jeder Vektor aus $\mathbb{R}^3$ läßt sich als Linearkombination von $\mathfrak{e}_1$ und $\mathfrak{e}_2$ schreiben, z.B.

$$\mathfrak{a} = \begin{pmatrix} 1 \\ 2 \\ 3 \end{pmatrix}$$

sowie jeder Vektor des $\mathbb{R}^3$, dessen dritte Komponente ungleich null ist. Deshalb ist $\{\mathfrak{e}_1, \mathfrak{e}_2\}$ trotz der linearen Unabhängigkeit keine Basis. — Umgekehrt sind die Vektoren

$$\mathfrak{b}_1 = \begin{pmatrix} 1 \\ 0 \\ 0 \end{pmatrix}, \quad \mathfrak{b}_2 = \begin{pmatrix} 0 \\ 1 \\ 0 \end{pmatrix}, \quad \mathfrak{b}_3 = \begin{pmatrix} 0 \\ 0 \\ 1 \end{pmatrix}, \quad \mathfrak{b}_4 = \begin{pmatrix} 1 \\ 1 \\ 1 \end{pmatrix}$$

sicher linear abhängig ($\mathfrak{b}_4 = \mathfrak{b}_1 + \mathfrak{b}_2 + \mathfrak{b}_3$), jedoch läßt sich jeder Vektor des $\mathbb{R}^3$ als Linearkombination derselben darstellen, nämlich

$$\mathfrak{v} = \begin{pmatrix} x \\ y \\ z \end{pmatrix} = x\mathfrak{b}_1 + y\mathfrak{b}_2 + z\mathfrak{b}_3 + 0\mathfrak{b}_4$$

für beliebige $x, y, z \in \mathbb{R}$. Auch die $\{\mathfrak{b}_1, \mathfrak{b}_2, \mathfrak{b}_3, \mathfrak{b}_4\}$ sind deshalb keine Basis.
Die Theorie der Vektorräume weist eine Vielzahl interessanter Sätze über Basen auf. Im Rahmen dieser für den Anwender verfaßten Darstellung seien lediglich zwei Eigenschaften erwähnt:

(1) bezüglich einer vorgegebenen Basis ist die Darstellung eines Vektors (als Linearkombination der Basisvektoren) *eindeutig*;
(2) jede Basis eines bestimmten Vektorraumes besitzt die *gleiche Anzahl* von Basisvektoren.

Damit wird die folgende Erklärung verständlich:

Definition

Als *Dimension* eines Vektorraumes erklärt man die Anzahl seiner Basisvektoren.

Für jedes $n \in \mathbb{N}$ ist damit $(\mathbb{R}^n, +)$ ein n-dimensionaler Vektorraum, denn die Orthonormalvektoren

$$\mathfrak{e}_1 = \begin{pmatrix} 1 \\ 0 \\ \vdots \\ 0 \end{pmatrix}, \quad \mathfrak{e}_2 = \begin{pmatrix} 0 \\ 1 \\ \vdots \\ 0 \end{pmatrix}, \ldots, \quad \mathfrak{e}_n = \begin{pmatrix} 0 \\ 0 \\ \vdots \\ 1 \end{pmatrix}$$

bilden stets eine Basis.

Wir stellen nun den Zusammenhang mit den Lösungsmengen homogener linearer Systeme her.

Satz

Sei $A \in \mathbb{R}^{(m,n)}$ und $\operatorname{rg} A = r$. Dann bildet die Lösungsmenge L des homogenen Systems $A\mathfrak{x} = \mathfrak{o}$ einen $(n - r)$-dimensionalen (reellen) Vektorraum.

Beweis: Es sind die Axiome des Vektorraumes zu überprüfen. Die folgenden Feststellungen treffen gleichermaßen auf den Fall $L = \{\mathfrak{o}\}$ wie $L \neq \{\mathfrak{o}\}$ mit

$$L = \left\{ \mathfrak{x} \,\middle|\, \mathfrak{x} = \sum_{i=1}^{n-r} \lambda_i \mathfrak{b}_i \wedge \bigwedge_{i=1}^{n-r} \lambda_i \in \mathbb{R} \right\}$$

zu $(r < n)$.

(1) Zu zeigen, daß (L, +) additive ABELsche Gruppe ist.

a) Abgeschlossenheit: $\mathfrak{x}_1, \mathfrak{x}_2 \in L \Rightarrow \mathfrak{x}_1 + \mathfrak{x}_2 \in L$ (man vergleiche den zweiten Satz dieses Abschnitts!)

b) Assoziativität: $\mathfrak{x}_1, \mathfrak{x}_2, \mathfrak{x}_3 \in L \Rightarrow \mathfrak{x}_1 + (\mathfrak{x}_2 + \mathfrak{x}_3) = (\mathfrak{x}_1 + \mathfrak{x}_2) + \mathfrak{x}_3$ gem. Matrizenkalkül (2.4.1)

c) Neutralelement: $\mathfrak{o} \in L$ existiert stets (Triviallösung)

d) Inverse Elemente: zu jedem $\mathfrak{x}_1 \in L$ folgt ein $-\mathfrak{x}_1 \in L$, denn mit $\mathfrak{x}_1$ ist auch $k\mathfrak{x}_1$ Lösung; man setze $k = -1$.

e) Kommutativität: $\mathfrak{x}_1 + \mathfrak{x}_2 = \mathfrak{x}_2 + \mathfrak{x}_1$ gemäß Matrizenkalkül (2.4.1)

(2) Die Eigenschaften der äußeren Multiplikation mit einem Faktor $k \in \mathbb{R}$ sind für Lösungsvektoren $\mathfrak{x} \in L$ erfüllt, da sie allgemein für Matrizen gelten

(3) Als Basis des Vektorraumes L fungiert jedes Fundamentalsystem von $n - r$ linear unabhängigen Lösungen $\mathfrak{b}_1, \ldots, \mathfrak{b}_{n-r}$. Jeder Lösungsvektor $\mathfrak{x} \in L$ läßt sich gemäß $\mathfrak{x} = \sum \lambda_i \mathfrak{b}_i$ als Linearkombination der $\mathfrak{b}_i$ ausdrücken. Nachträglich ist damit die Bezeichnung „Basis" für Fundamentalsystem gerechtfertigt.

Aufgaben zu 2.5.2

1. Geben Sie die Lösungsmengen folgender homogener Systeme an

a) $$\begin{aligned} 2x_1 - x_2 + x_3 &= 0 \\ -6x_1 + 3x_2 - x_3 &= 0 \end{aligned}$$

b) $$\begin{aligned} 3x_1 - 18x_2 &= 0 \\ -2x_1 + 12x_2 &= 0 \\ 4x_1 - 9x_2 &= 0 \end{aligned}$$

c) $$\begin{aligned} x_1 - 3x_2 - 2x_3 + x_4 - 4x_5 &= 0 \\ -x_1 + 2x_2 + 3x_3 \qquad + x_5 &= 0 \\ -x_1 \qquad + 5x_3 + 2x_4 - 5x_5 &= 0 \end{aligned}$$

d) $$\begin{aligned} x_1 + 3x_2 + 2x_3 + x_4 - 3x_5 &= 0 \\ -x_1 + x_2 \qquad + 2x_4 + x_5 &= 0 \\ 2x_1 + 8x_2 + 2x_3 - x_4 + 2x_5 &= 0 \\ 6x_1 + 2x_2 + 22x_3 - 3x_4 + 8x_5 &= 0 \end{aligned}$$

e) $$\begin{aligned} 3x_1 - x_2 + 5x_3 &= 0 \\ 4x_1 + 7x_2 - x_3 &= 0 \\ -5x_1 - x_2 + 6x_3 &= 0 \end{aligned}$$

2. Zeigen Sie: Die Basisdarstellung eines Vektors ist eindeutig. Anleitung: Führen Sie das Gegenteil der Behauptung auf einen Widerspruch!

2.5.3 Inhomogene lineare Systeme

Bei der Untersuchung inhomogener linearer Systeme

$$A\mathfrak{x} = \mathfrak{b} \wedge \mathfrak{b} \neq \mathfrak{o}$$

spielt neben der Koeffizientenmatrix $A \in \mathbb{R}^{(m,n)}$ die um die $\mathfrak{b}$-Spalte ergänzte Matrix A, die sogenannte *erweiterte Matrix*

$$(A, \mathfrak{b}) := \begin{pmatrix} a_{11} & a_{12} & \dots & a_{1n} & b_1 \\ a_{21} & a_{22} & \dots & a_{2n} & b_2 \\ - & - & - & - & - \\ a_{m1} & a_{m2} & \dots & a_{mn} & b_m \end{pmatrix}$$

eine entscheidende Rolle. Für die Existenz von Lösungen gilt hier der grundlegende

Satz

Inhomogene lineare Systeme sind lösbar genau dann, wenn der Rang der Koeffizientenmatrix gleich ist dem Rang der erweiterten Matrix

$$\boxed{L \neq \emptyset \Leftrightarrow \operatorname{rg} A = \operatorname{rg}(A, \mathfrak{b})}$$

Beweis: 1. $\Rightarrow$. Sei $\mathfrak{x} \in L$, d.h. $A\mathfrak{x} \equiv \mathfrak{b}$. Dann folgt

$$\operatorname{rg}(A, \mathfrak{b}) = \operatorname{rg}(\mathfrak{a}_1 \dots \mathfrak{a}_n \mathfrak{b}) = \operatorname{rg}\left(\mathfrak{a}_1 \dots \mathfrak{a}_n \mathfrak{b} - \sum_{i=1}^{n} x_i \mathfrak{a}_i\right)$$

$$= \operatorname{rg}(\mathfrak{a}_1 \dots \mathfrak{a}_n \mathfrak{O}) = \operatorname{rg}(\mathfrak{a}_1 \dots \mathfrak{a}_n) = \operatorname{rg} A$$

2. $\Leftarrow$. Sei $\operatorname{rg}(\mathfrak{a}_1 \dots \mathfrak{a}_n) =: r = \operatorname{rg}(\mathfrak{a}_1 \dots \mathfrak{a}_n \mathfrak{b})$ mit $r \leqq n$.
O.E.d.A. seien die ersten r Spalten linear unabhängig, dann müssen wegen $\operatorname{rg} A = r$ die $r + 1$ Vektoren $\mathfrak{a}_1 \dots \mathfrak{a}_r \mathfrak{b}$ linear abhängig sein

$$\bigvee_{x_1} \dots \bigvee_{x_r} \left[\mathfrak{b} = \sum_{i=1}^{r} x_i \mathfrak{a}_i \wedge (x_1 \dots x_r) \neq (0 \dots 0)\right]$$

$$\Rightarrow \bigvee_{x_1} \dots \bigvee_{x_n} \left[\mathfrak{b} = \sum_{i=1}^{n} x_i \mathfrak{a}_i \wedge (x_1 \dots x_n) \neq (0 \dots 0)\right]$$

$$\Rightarrow \mathfrak{b} \equiv A\mathfrak{x} \Rightarrow \mathfrak{x} \in L \Rightarrow L \neq \emptyset.$$

Beispiel

Ist das inhomogene System $A\mathfrak{x} = \mathfrak{b}$ gemäß

$$\begin{aligned} x_1 - 3x_2 + 7x_3 &= 1 \\ 2x_1 + 4x_2 - 13x_3 &= -2 \\ 5x_1 - 5x_2 + 8x_3 &= 4 \end{aligned}$$

lösbar? Wir untersuchen $\operatorname{rg}(A, \mathfrak{b})$ und $\operatorname{rg} A$:

$$\begin{pmatrix} 1 & -3 & 7 & 1 \\ 2 & 4 & -13 & -2 \\ 5 & -5 & 8 & 4 \end{pmatrix} \sim \begin{pmatrix} 1 & -3 & 7 & 1 \\ 0 & 10 & -27 & -4 \\ 0 & 10 & -27 & -1 \end{pmatrix} \sim \begin{pmatrix} 1 & -3 & 7 & 1 \\ 0 & 10 & -27 & -4 \\ 0 & 0 & 0 & 3 \end{pmatrix}$$

Hieraus liest man $\operatorname{rg} A = 2$ und $\operatorname{rg}(A, \mathfrak{b}) = 3$ (dritte und vierte Spalte der letzten Form vertauschen!) ab. Damit ist $L = \emptyset$.

Im folgenden betrachten wir nur noch die Fälle, in denen die Rangbedingung für die Lösbarkeit ($L \neq \emptyset$) des Systems erfüllt ist.

1. Fall („*CRAMER*") $\boxed{\operatorname{rg} A = \operatorname{rg}(A, \mathfrak{b}) = n}$

Wegen $r = \operatorname{rg} A \leqslant \operatorname{Min}(m, n)$ folgt daraus $m \geqslant n$, d.h. $m \geqslant r$.

1. Unterfall $\boxed{m = r}$

Das inhomogene System hat eine quadratische und reguläre Koeffizientenmatrix, es ist $\det A \neq 0$. In diesem Fall hat unser System eine eindeutige Lösung (Lösungsmenge ist einelementig). Wären nämlich $\mathfrak{x}_1$ und $\mathfrak{x}_2$ Lösungen, so folgte aus

$$A\mathfrak{x}_1 \equiv \mathfrak{b} \wedge A\mathfrak{x}_2 \equiv \mathfrak{b} \Rightarrow A(\mathfrak{x}_1 - \mathfrak{x}_2) \equiv \mathfrak{o}$$

wegen der Regularität von A $\mathfrak{x}_1 - \mathfrak{x}_2 = \mathfrak{o}$ und somit $\mathfrak{x}_1 = \mathfrak{x}_2$ (1. Fall, 1. Unterfall bei homogenen Systemen, vgl. 2.5.2). Bei Verwendung der CRAMERschen Regel kann die Lösung geschlossen angeschrieben werden[1]. Bedeutet A_i die Matrix, die aus der Koeffizientenmatrix A hervorgeht, wenn man dort die i-te Spalte durch die Spalte $\mathfrak{b}$ der rechten Seite („Absolutglieder") ersetzt, so lautet die Lösung

$$\boxed{\begin{gathered}\bigwedge_{i=1}^{n}\left[x_i = \frac{\det A_i}{\det A} = \frac{\det(\mathfrak{a}_1 \ldots \mathfrak{b} \ldots \mathfrak{a}_n)}{\det(\mathfrak{a}_1 \ldots \mathfrak{a}_i \ldots \mathfrak{a}_n)}\right] \\ \Rightarrow L = \{\mathfrak{x} \mid \mathfrak{x} = (x_1 \ldots x_n)'\}\end{gathered}}$$

Vgl. Abb. 156b

Beispiel

$$\begin{aligned} x_1 + 2x_2 - x_3 + 2x_4 &= -2 \\ 2x_1 - 3x_2 - 4x_3 + x_4 &= -2 \\ 3x_1 - x_2 + 2x_3 - x_4 &= 9 \\ 4x_1 + 4x_2 + x_3 - 3x_4 &= -7 \end{aligned}$$

$$(A, \mathfrak{b}) \sim \begin{pmatrix} 1 & 2 & -1 & 2 & -2 \\ 0 & -7 & -2 & -3 & 2 \\ 0 & -7 & 5 & -7 & 15 \\ 0 & -4 & 5 & -11 & 1 \end{pmatrix} \sim \begin{pmatrix} 1 & 2 & -1 & 2 & -2 \\ 0 & -7 & -2 & -3 & 2 \\ 0 & 0 & 7 & -4 & 13 \\ 0 & 0 & 43/7 & -65/7 & -1/7 \end{pmatrix}$$

$$\sim \begin{pmatrix} 1 & 2 & -1 & 2 & -2 \\ 0 & -7 & -2 & -3 & 2 \\ 0 & 0 & 7 & -4 & 13 \\ 0 & 0 & 0 & -283/49 & -566/49 \end{pmatrix} \Rightarrow \operatorname{rg}(A, \mathfrak{b}) = \operatorname{rg} A = 4$$

[1] Auch an dieser Stelle sei noch einmal betont, daß in dieser Eigenschaft der „Nutzen" der CRAMERschen Regel zu sehen ist, *nicht* in der Möglichkeit, damit die Lösung des Gleichungssystems berechnen zu können.

Man schreibt das gestaffelte System gemäß der Dreiecksform der letzten Matrix und erhält in dieser Reihenfolge

$$x_4 = 2, \quad x_3 = 3, \quad x_2 = -2, \quad x_1 = 1$$

und somit als Lösungsmenge

$$L = \{(1, -2, 3, 2)'\}$$

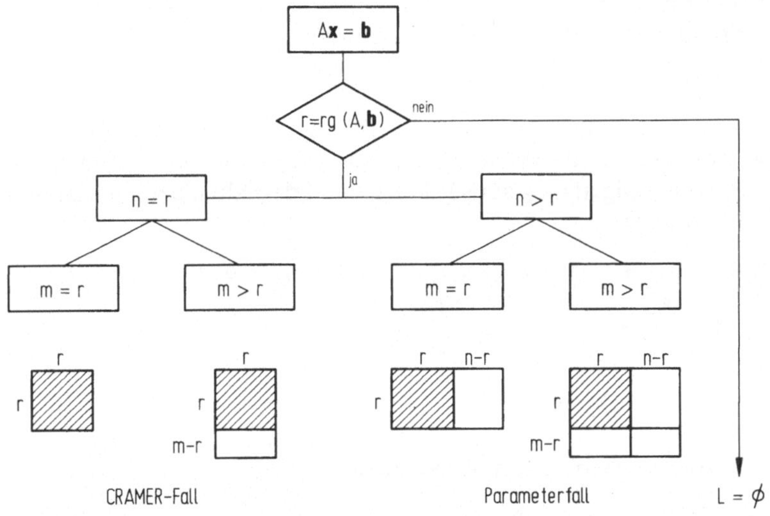

Abb. 156b

2. Unterfall $\boxed{m > r}$

Es muß wegen $r = \text{rg}\,A = \text{rg}(A, b) = n$ wenigstens eine n-reihige und von null verschiedene Determinante in A geben. Nötigenfalls durch Umstellen der Gleichungen kann man stets erreichen, daß die ersten n Zeilen von A linear unabhängig sind. Aus diesen „Ranggleichungen" ermittelt man gemäß dem 1. Unterfall die eindeutig existierende Lösung. Wegen der linearen Abhängigkeit der übrigen $m - n$ Gleichungen von den ersten n muß die Lösung der Ranggleichungen auch die nicht zur Lösungsberechnung herangezogenen Gleichungen erfüllen.

Beispiel

$$\left.\begin{aligned} 5x_1 - 3x_2 &= 11 \\ 2x_1 + 7x_2 &= -12 \\ 4x_1 - 27x_2 &= 58 \end{aligned}\right\} \quad (A, b) = \begin{pmatrix} 5 & -3 & 11 \\ 2 & 7 & -12 \\ 4 & -27 & 58 \end{pmatrix} \sim \begin{pmatrix} 5 & -3 & 11 \\ 0 & 8{,}2 & -16{,}4 \\ 0 & 0 & 0 \end{pmatrix} \sim A$$

d.h. $\text{rg}(A, b) = \text{rg}\,A = 2$, $m = 3$. Aus dem gestaffelten System folgt sofort

$$\left.\begin{aligned} 5x_1 - 3x_2 &= 11 \\ 8{,}2x_2 &= -16{,}4 \end{aligned}\right\} \Rightarrow \begin{aligned} x_2 &= -2 \\ x_1 &= 1 \end{aligned} \Rightarrow L = \left\{\begin{pmatrix} 1 \\ -2 \end{pmatrix}\right\}$$

2. Fall (*„Parameter“*) $\boxed{\operatorname{rg} A = \operatorname{rg}(A, \mathfrak{b}) < n}$

Das System hat mehr Unbekannte als die in A vorhandene und von Null verschiedene Determinante Spalten besitzt. Die $n - r$ verbleibenden Unbekannten werden als freie Unbekannte (Parameter) genommen:

$$x_{r+1} =: \lambda_1, \quad x_{r+2} =: \lambda_2, \ldots, x_n =: \lambda_{n-r} \quad (r := \operatorname{rg} A)$$

Jedes $(n - r)$tupel der freien Unbekannten bestimmt dann gemäß dem 1. Fall eine eindeutige Berechnung der r gebundenen Unbekannten

$$x_1, x_2, \ldots, x_r$$

aus dem Teilsystem, das eine quadratische und reguläre Koeffizientenmatrix besitzt. Dabei können wieder die beiden Unterfälle $m = r$ und $m > r$ auftreten, deren Behandlung aber völlig analog zum 1. Fall ist und deshalb nicht noch einmal erläutert zu werden braucht:

$$A\mathfrak{x} = x_1\mathfrak{a}_1 + \ldots + x_r\mathfrak{a}_r + x_{r+1}\mathfrak{a}_{r+1} + \ldots + x_n\mathfrak{a}_n = \mathfrak{b}$$

$$\sum_{i=1}^{r} x_i\mathfrak{a}_i = \mathfrak{b} - \sum_{\rho=1}^{n-r} x_{r+\rho}\mathfrak{a}_{r+\rho} = \mathfrak{b} - \sum_{\rho=1}^{n-r} \lambda_\rho \mathfrak{a}_{r+\rho}$$

$$\text{für} \quad \bigwedge_{\rho=1}^{n-r} [x_{r+\rho} =: \lambda_\rho \in \mathbb{R}]$$

Die allgemeine Lösung erscheint dann in der Form

$$\mathfrak{x} = \mathfrak{x}_0 + \lambda_1\mathfrak{b}_1 + \ldots + \lambda_{n-r}\mathfrak{b}_{n-r}$$

mit beliebig belegbaren $\lambda_1, \ldots, \lambda_{n-r} \in \mathbb{R}$ und linear unabhängigen $\mathfrak{b}_1, \ldots, \mathfrak{b}_{n-r}$. Eine Übersicht für alle Fälle des inhomogenen Systems zeigt Abb. 156b.

Beispiel

$$\begin{aligned} x_1 + 2x_2 - x_3 + 3x_4 + x_5 &= 4 \\ 2x_1 - x_2 - x_3 + 4x_4 - x_5 &= 3 \\ 4x_1 - 2x_2 - x_3 - 2x_4 + 3x_5 &= 5 \end{aligned}$$

$$(A, \mathfrak{b}) \sim \begin{pmatrix} 1 & 2 & -1 & 3 & 1 & 4 \\ 2 & -1 & -1 & 4 & -1 & 3 \\ 4 & -2 & -1 & -2 & 3 & 5 \end{pmatrix} \sim \begin{pmatrix} 1 & 2 & -1 & 3 & 1 & 4 \\ 0 & -5 & 1 & -2 & -3 & -5 \\ 0 & 0 & 1 & -10 & 5 & -1 \end{pmatrix} \sim A$$

$\Rightarrow \operatorname{rg}(A, \mathfrak{b}) = \operatorname{rg} A = 3, n = 5$; es sind $n - r = 2$ freie Unbekannte vorhanden, etwa

$$x_4 =: \lambda_1, \quad x_5 =: \lambda_2$$

Damit erhält man für die gebundenen Unbekannten

$$x_1 = \frac{7}{5} + \frac{19}{5}\lambda_1 - \frac{14}{5}\lambda_2, \quad x_2 = \frac{4}{5} + \frac{8}{5}\lambda_1 - \frac{8}{5}\lambda_2, \quad x_3 = -1 + 10\lambda_1 - 5\lambda_2$$

und die allgemeine Lösung bekommt die Form

$$\mathfrak{x} = \mathfrak{x}_0 + \lambda_1 \mathfrak{b}_1 + \lambda_2 \mathfrak{b}_2$$

mit beliebig wählbaren $\lambda_1 \in \mathbb{R}$, $\lambda_2 \in \mathbb{R}$ und

$$\mathfrak{x}_0 = \left(\frac{7}{5}, \frac{4}{5}, -1, 0, 0\right)'$$

$$\mathfrak{b}_1 = \left(\frac{19}{5}, \frac{8}{5}, 10, 1, 0\right)'$$

$$\mathfrak{b}_2 = \left(-\frac{14}{5}, -\frac{8}{5}, -5, 0, 1\right)'$$

Der Term $\sum \lambda_i \mathfrak{b}_i$ erinnert an die Form der allgemeinen Lösung eines homogenen linearen Systems. Tatsächlich besteht folgender wichtiger Zusammenhang zwischen den Lösungen eines inhomogenen Systems $A\mathfrak{x} = \mathfrak{b}$ und des zugehörigen homogenen Systems $A\mathfrak{x} = \mathfrak{O}$:

Satz

Ist $\mathfrak{x}_0$ eine spezielle Lösung des inhomogenen Systems $A\mathfrak{x} = \mathfrak{b}$ und

$$\mathfrak{x}_H := \lambda_1 \mathfrak{b}_1 + \ldots + \lambda_{n-r} \mathfrak{b}_{n-r}$$

die allgemeine Lösung des zugehörigen homogenen Systems $A\mathfrak{x} = \mathfrak{O}$, so stellt

$$\boxed{\mathfrak{x} = \mathfrak{x}_0 + \mathfrak{x}_H}$$

die *allgemeine Lösung* des inhomogenen Systems dar.

Beweis: 1) $\mathfrak{x} = \mathfrak{x}_0 + \mathfrak{x}_H$ ist Lösung von $A\mathfrak{x} = \mathfrak{b}$: Aus $A\mathfrak{x}_0 \equiv \mathfrak{b}$ und $A\mathfrak{x}_H \equiv \mathfrak{O}$ folgt sofort $A\mathfrak{x}_0 + A\mathfrak{x}_H = A(\mathfrak{x}_0 + \mathfrak{x}_H) \equiv \mathfrak{O} + \mathfrak{b} \equiv \mathfrak{b}$
2) Jede Lösung $\mathfrak{x}$ von $A\mathfrak{x}_0 = \mathfrak{b}$ muß in der Form $\mathfrak{x} = \mathfrak{x}_0 + \mathfrak{x}_H$ darstellbar sein: ist $\mathfrak{x}_0$ eine spezielle Lösung von $A\mathfrak{x} = \mathfrak{b}$, so folgt zusammen mit $A\mathfrak{x}_0 \equiv \mathfrak{b}$ durch Subtraktion $A(\mathfrak{x} - \mathfrak{x}_0) \equiv \mathfrak{O}$, d.h. $\mathfrak{x} - \mathfrak{x}_0 =: \mathfrak{x}_H$ ist Lösung des homogenen Systems; $\mathfrak{x} - \mathfrak{x}_0 = \mathfrak{x}_H \Rightarrow \mathfrak{x} = \mathfrak{x}_0 + \mathfrak{x}_H$ gilt somit für jede Lösung $\mathfrak{x}$ des inhomogenen Systems.

Wir erläutern jetzt noch zwei Aufgabenstellungen, die in der Praxis linearer Probleme besonders häufig auftreten und auf inhomogene Systeme führen.

1. *Anwendung*: *Matrixinversion nach GAUSS-JORDAN*[1]
Die numerische Behandlung linearer Systeme macht in vielen Fällen eine ökonomische Berechnung der inversen Matrix A^{-1} einer regulären Matrix A erforderlich. Das im Abschnitt 2.4.2 gezeigte Verfahren über die Adjunkten kommt bei umfangreicheren Systemen wegen seines großen Rechenaufwandes nicht infrage. Folgende

[1] C. JORDAN (1838–1922), franz. Mathematiker (Algebra, Analysis)

Überlegungen führen zu einem einfachen Rechenschema: Gegeben $A \in \mathbb{R}^{(n,n)}$ mit $\det A \neq 0$, gesucht $A^{-1} =: (\mathfrak{x}_1 \ldots \mathfrak{x}_n)$.

Wir schreiben die Beziehung $AA^{-1} = E$ in der Form

$$A(\mathfrak{x}_1 \ldots \mathfrak{x}_n) = (e_1 \ldots e_n)$$

$$\Rightarrow A\mathfrak{x}_1 = e_1, \quad A\mathfrak{x}_2 = e_2, \ldots, A\mathfrak{x}_n = e_n$$

Die Spalten $\mathfrak{x}_1 \ldots \mathfrak{x}_n$ der inversen Matrix ergeben sich als Lösungsvektoren von n inhomogenen linearen Systemen $A\mathfrak{x}_i = e_i$ mit jeweils gleicher Koeffizientenmatrix. Dies legt es nahe, die n Systeme auch rechentechnisch gleichzeitig zu behandeln. Dazu erweitert man das Rechenschema für den GAUSS-Algorithmus um die n Spalten e_i der Einheitsmatrix und setzt die systematische Nullenproduktion bis zur Normalform (kanonischen Form; vgl. 2.5.1) fort. Hat man wegen

$$\bigwedge_{i=1}^{n} [A\mathfrak{x}_i = e_i \Rightarrow E\mathfrak{x}_i = A^{-1}e_i]$$

an Stelle von A die Einheitsmatrix E hergestellt (da A regulär — und damit quadratisch — vorausgesetzt wird, bleiben rechts und unterhalb der Einsen nur Nullen übrig!), so müssen sich zugleich in den ursprünglichen e_i-Spalten die Vektoren $\mathfrak{x}_i$ der Kehrmatrix A^{-1} ergeben haben.

Beispiel

Man verfolge den Rechnungsgang für die Matrix A:

	1	3	2	1	0	0	
A	−1	−2	1	0	1	0	E
	2	5	2	0	0	1	
	1	3	2	1	0	0	
	0	1	3	1	1	0	
	0	−1	−2	−2	0	1	
$\cdot A^{-1}$	1	3	2	1	0	0	
	0	1	3	1	1	0	
	0	0	1	−1	1	1	
	1	3	0	3	−2	−2	
	0	1	0	4	−2	−3	$\cdot A^{-1}$
	0	0	1	−1	1	1	
	1	0	0	−9	4	7	
E	0	1	0	4	−2	−3	A^{-1}
	0	0	1	−1	1	1	

2. *Anwendung: Bestimmung von Eigenwerten*

Für $A \in \mathbb{R}^{(n,n)}$ und $\mathfrak{x} \in \mathbb{R}^n$ liefert die Transformation $A\mathfrak{x}$ wieder einen Vektor $\mathfrak{y} := A\mathfrak{x} \in \mathbb{R}^n$. Aber auch die äußere Multiplikation mit einem reellen Faktor k ergibt mit $k\mathfrak{x}$ einen Vektor aus $\mathbb{R}^n$. Damit entsteht folgende Frage: kann man bei gegebener Matrix A solche Werte für $k \in \mathbb{R}$ berechnen, daß das lineare System

$$\boxed{A\mathfrak{x} = k\mathfrak{x}}$$

auf nicht-triviale Weise erfüllt ist? Schreibt man das homogene System in der üblichen Form

$$(A - kE)\mathfrak{x} = \mathfrak{o}\ ,$$

so ist für die Existenz nicht-trivialer Lösungen $\mathfrak{x} \neq \mathfrak{o}$ notwendig und hinreichend, daß die Koeffizientenmatrix $A - kE$ singulär bzw.

$$\det(A - kE) = 0$$

ist. Damit haben wir die Bestimmungsgleichung für k gewonnen:

$$\begin{vmatrix} a_{11} - k & a_{12} & \dots & a_{1n} \\ a_{21} & a_{22} - k & \dots & a_{2n} \\ \hdashline a_{n1} & a_{n2} & \dots & a_{nn} - k \end{vmatrix} = 0 \quad (*)$$

Man nennt $(*)$ die *charakteristische Gleichung* der Matrix A. Entwickelt man die Determinante, so erhält man eine algebraische Gleichung (Polynomgleichung) n-ten Grades in k:

$$k^n + \alpha_{n-1}k^{n-1} + \dots + \alpha_2 k^2 + \alpha_1 k + \alpha_0 = 0\ ,$$

aus der sich nach dem Hauptsatz der Algebra genau n Werte für k berechnen lassen, falls man den Körper $\mathbb{C}$ der komplexen Zahlen zugrunde legt und mehrfache Lösungen entsprechend ihrer Vielfachheit zählt. Im Körper $\mathbb{R}$ der reellen Zahlen besitzt die charakteristische Gleichung höchstens n Lösungen. Jede Lösung der charakteristischen Gleichung heißt *Eigenwert* der Matrix A, die zugehörigen nicht-trivialen Lösungen des Systems $(A - kE)\mathfrak{x} = \mathfrak{o}$ werden die *Eigenvektoren* von A genannt:

$$\boxed{\begin{array}{l} k_i \text{ Eigenwert von } A :\Leftrightarrow \det(A - k_iE) \equiv 0 \\ \mathfrak{x}_i \neq \mathfrak{o} \text{ Eigenvektor von } A :\Leftrightarrow (A - k_iE)\mathfrak{x}_i \equiv \mathfrak{o} \end{array}}$$

Beispiele

1. $A = \begin{pmatrix} 1 & -6 \\ -2 & 5 \end{pmatrix} \Rightarrow \det(A - kE) = \begin{vmatrix} 1-k & -6 \\ -2 & 5-k \end{vmatrix} = k^2 - 6k - 7 = 0$

Eigenwerte von A sind demnach $k_1 = 7, k_2 = -1$. Die zugehörigen Eigenvektoren ergeben sich aus $(A - k_iE)\mathfrak{x} = \mathfrak{o}$;

a) für $k_1 = 7$:

$$\begin{matrix} -6x_1 - 6x_2 = 0 \\ -2x_1 - 2x_2 = 0 \end{matrix} \Rightarrow \mathfrak{x}_1 = \begin{pmatrix} 1 \\ -1 \end{pmatrix} \lambda \quad \text{mit} \quad \lambda \in \mathbb{R}$$

b) für $k_2 = -1$

$$\begin{matrix} 2x_1 - 6x_2 = 0 \\ -2x_1 + 6x_2 = 0 \end{matrix} \Rightarrow \mathfrak{x}_2 = \begin{pmatrix} 3 \\ 1 \end{pmatrix} \lambda \quad \text{mit} \quad \lambda \in \mathbb{R}$$

Zu jedem Eigenwert gibt es hier genau einen linear unabhängigen Eigenvektor und unendlich viele weitere, aber von diesem linear abhängige Eigenvektoren. Andererseits sind die zu *verschiedenen Eigenwerten* $k_1 \neq k_2$ *gehörenden Eigenvektoren* $\mathfrak{x}_1, \mathfrak{x}_2$ *stets linear unabhängig*: Setzt man allgemein

$$c_1 \mathfrak{x}_1 + c_2 \mathfrak{x}_2 = \mathfrak{O}$$

an und multipliziert mit der Matrix A von links:

$$A(c_1 \mathfrak{x}_1 + c_2 \mathfrak{x}_2) = c_1(A \mathfrak{x}_1) + c_2(A \mathfrak{x}_2) = c_1 k_1 \mathfrak{x}_1 + c_2 k_2 \mathfrak{x}_2 = \mathfrak{O},$$

so hat sich ein homogenes lineares System für $c_1 \mathfrak{x}_1$ und $c_2 \mathfrak{x}_2$ ergeben, dessen Koeffizientendeterminante wegen $k_1 \neq k_2$ stets

$$\begin{vmatrix} 1 & 1 \\ k_1 & k_2 \end{vmatrix} = k_2 - k_1 \neq 0$$

ist, woraus $c_1 = c_2 = 0$ und damit die lineare Unabhängigkeit von $\mathfrak{x}_1$ und $\mathfrak{x}_2$ folgt.

2. Für die Matrix

$$A = \begin{pmatrix} 5 & -1 \\ 1 & 3 \end{pmatrix}$$

liefert die charakteristische Gleichung

$$\det(A - kE) = \begin{vmatrix} 5-k & -1 \\ 1 & 3-k \end{vmatrix} = k^2 - 8k + 16 = 0$$

die Eigenwerte $k_1 = k_2 = 4$. Diese Doppellösung hat zur Folge, daß es nur einen linear unabhängigen Eigenvektor gibt:

$$\begin{pmatrix} 1 & -1 \\ 1 & -1 \end{pmatrix} \begin{pmatrix} x_1 \\ x_2 \end{pmatrix} = \mathfrak{O} \Rightarrow x_1 - x_2 = 0 \Rightarrow \mathfrak{x} = \begin{pmatrix} 1 \\ 1 \end{pmatrix} \lambda \wedge \lambda \in \mathbb{R}.$$

3. Für die *symmetrische Matrix*

$$A = \begin{pmatrix} 6 & 5 \\ 5 & -4 \end{pmatrix}$$

erhält man die Eigenwerte aus $k^2 - 2k - 49 = 0$

$$k_1 = 1 + 5\sqrt{2} \quad \text{und} \quad k_2 = 1 - 5\sqrt{2}$$

und damit die Eigenvektoren

a) für $k = k_1$

$$5\begin{pmatrix} 1-\sqrt{2} & 1 \\ 1 & -1-\sqrt{2} \end{pmatrix}\begin{pmatrix} x_1 \\ x_2 \end{pmatrix} = \mathfrak{o} \Rightarrow \mathfrak{x}_1 = \begin{pmatrix} 1 \\ -1+\sqrt{2} \end{pmatrix}\lambda$$

b) für $k = k_2$

$$5\begin{pmatrix} 1+\sqrt{2} & 1 \\ 1 & -1+\sqrt{2} \end{pmatrix}\begin{pmatrix} x_1 \\ x_2 \end{pmatrix} = \mathfrak{o} \Rightarrow \mathfrak{x}_2 = \begin{pmatrix} 1 \\ -1-\sqrt{2} \end{pmatrix}\lambda$$

Bemerkenswert ist die (auch allgemein gültige) *Orthogonalitätseigenschaft* der linear unabhängigen Eigenvektoren symmetrischer Matrizen

$$\mathfrak{x}_1'\mathfrak{x}_2 = (1\ [-1+\sqrt{2}])\begin{pmatrix} 1 \\ -1-\sqrt{2} \end{pmatrix} = 1^2 + (-1)^2 - (\sqrt{2})^2 = 0 = \mathfrak{x}_2'\mathfrak{x}_1$$

Normiert man zusätzlich die beiden linear unabhängigen Eigenvektoren auf den Betrag 1 gemäß

$$\mathfrak{x}_1 = \frac{1}{\sqrt{4-2\sqrt{2}}}\begin{pmatrix} 1 \\ -1+\sqrt{2} \end{pmatrix}, \quad \mathfrak{x}_2 = \frac{1}{\sqrt{4+2\sqrt{2}}}\begin{pmatrix} 1 \\ -1-\sqrt{2} \end{pmatrix},$$

so stellt das System $(\mathfrak{x}_1, \mathfrak{x}_2)$ ein orthonormales Einheitensystem, sprich eine Orthogonalmatrix dar.

Aufgaben zu 2.5.3

1. Geben Sie die Lösungsmengen folgender linearer Systeme an

a)
$$\begin{aligned} x_1 - 2x_2 + 4x_3 - x_4 - 2x_5 &= 5 \\ 3x_1 + x_2 - 2x_3 + 4x_4 - 6x_5 &= 8 \\ -9x_1 - 10x_2 + 20x_3 - 19x_4 + 18x_5 &= -17 \end{aligned}$$

b)
$$\begin{aligned} 2x_1 + 5x_2 - x_3 + 4x_4 &= -5 \\ -6x_1 + x_2 + 3x_3 + 2x_4 &= 9 \\ -4x_1 + 6x_2 + 2x_3 + 6x_4 &= 2 \\ -16x_1 - 8x_2 + 8x_3 - 4x_4 &= 3 \end{aligned}$$

c)
$$\begin{aligned} 4x_1 - 2x_2 - 5x_3 + 6x_4 &= -72 \\ 3x_1 + x_2 - 7x_3 + 8x_4 &= -84 \\ x_1 - 4x_2 + 2x_3 - 5x_4 &= 30 \\ -x_1 + x_2 - 4x_3 + 7x_4 &= -61 \end{aligned}$$

2. Invertieren Sie die Matrix

$$A = \begin{pmatrix} 1 & 3 & 2 \\ -1 & -2 & 2 \\ 2 & 5 & 2 \end{pmatrix}$$

mit dem GAUSS-JORDAN-Verfahren!

3. a) Bestimmen Sie die Eigenwerte und Eigenvektoren der Matrix

$$A = \begin{pmatrix} 2 & 8 \\ 6 & 4 \end{pmatrix}$$

b) Wie lautet der zum reellen Eigenwert der Matrix

$$A = \begin{pmatrix} 1 & 0 & 2 \\ 3 & 4 & 0 \\ -1 & -4 & 4 \end{pmatrix}$$

gehörende Eigenvektor?

2.5.4 Lineare Ungleichungssysteme

Wichtige Anwendungen der linearen Algebra führen auf Optimierungsprobleme, die durch lineare Ungleichungen beschreibbar sind. Bevor wir an die eigentliche Behandlung solcher Aufgaben gehen, wenden wir uns einigen grundsätzlichen Begriffsbildungen und deren anschaulichen Interpretationen zu.

Wir betrachten *Punktmengen* im $\mathbb{R}^n$. Jeden Punkt P des $\mathbb{R}^n$ können wir mit der Spitze des vom Ursprung O nach P verlaufenden Vektors $\overrightarrow{OP} = \mathfrak{x}$ identifizieren, so daß $\mathfrak{x} = (x_1, \ldots, x_n)'$ bzw. $\mathfrak{x}' = (x_1, \ldots, x_n)$ das Koordinaten-n-tupel von P darstellt; wir schreiben die Zuordnung

$$(x_1, \ldots, x_n) \mapsto P \quad \text{als} \quad P(x_1, \ldots, x_n) =: P(\mathfrak{x}')$$

Es seien nun $P_1(\mathfrak{r}_1')$ und $P_2(\mathfrak{r}_2')$ zwei Punkte des $\mathbb{R}^n$. Die *Gleichung der Geraden* durch diese Punkte ist dann nach Abb. 157 und 2.3.4 durch die Zuordnungsvorschrift

$$\mathfrak{x} = \mathfrak{r}_1 + (\mathfrak{r}_2 - \mathfrak{r}_1)\lambda = (1 - \lambda)\mathfrak{r}_1 + \lambda \mathfrak{r}_2$$

gegeben, wenn λ alle reellen Zahlen durchläuft. Die Menge $\overline{P_1 P_2}$ aller Punkte der *Verbindungsstrecke* von P_1 und P_2 erhalten wir aus der gesamten Punktmenge der Geraden, wenn wir den Laufbereich des reellen Parameters λ auf 0 bis 1 beschränken

$$\overline{P_1 P_2} = \{P(\mathfrak{x}') | \mathfrak{x} = (1 - \lambda)\mathfrak{r}_1 + \lambda \mathfrak{r}_2 \wedge 0 \leqq \lambda \leqq 1\}$$

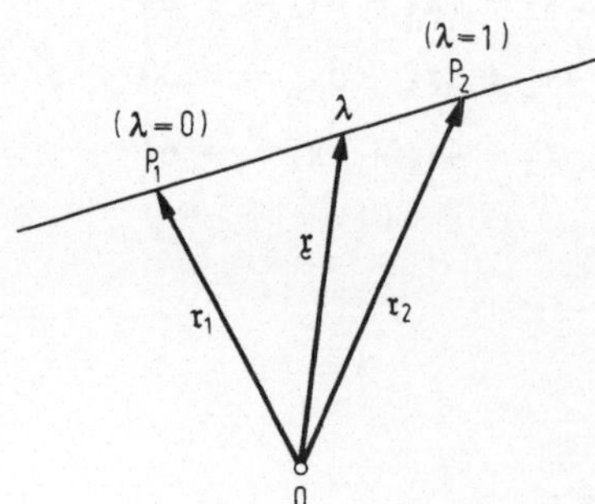

Abb. 157

Eine Punktmenge M heißt *konvex*, wenn sie mit je zwei ihrer Punkte auch die Verbindungsstrecke vollständig enthält:

$$\boxed{M \text{ konvex} :\Leftrightarrow [P_1 \in M \wedge P_2 \in M \Rightarrow \overline{P_1 P_2} \subset M]}$$

Abb. 158 zeigt konvexe, Abb. 159 nicht-konvexe Punktmengen des $\mathbb{R}^2$. Eine unmittelbare Konsequenz: Der Durchschnitt konvexer Punktmengen ist sicher wieder konvex (Abb. 160).

Wir wenden uns nun *linearen Funktionen* in n Variablen zu: Das sind Abbildungen $\mathbb{R}^{n-1} \to \mathbb{R}$, deren Elementezuordnung durch die in allen Argumenten x_i lineare Funktionsgleichung

$$\mathfrak{a}'\mathfrak{x} := a_1 x_1 + a_2 x_2 + \ldots + a_n x_n = b \left(\bigwedge_{i=1}^{n} a_i \in \mathbb{R}, b \in \mathbb{R}, \bigvee_{i=1}^{n} a_i \neq 0 \right)$$

bestimmt ist. Ihre Graphen heißen in der analytischen Geometrie *Hyperebenen* im $\mathbb{R}^n$. Für $n = 2$ sind mit

$$a_1 x_1 + a_2 x_2 = b$$

die Geraden Hyperebenen des $\mathbb{R}^2$, für $n = 3$ die üblicherweise als Ebenen bezeichneten Graphen der Gleichung

$$a_1 x_1 + a_2 x_2 + a_3 x_3 = b$$

Hyperebenen des $\mathbb{R}^3$. Diese Hyperebenen haben folgende grundlegende Eigenschaft:

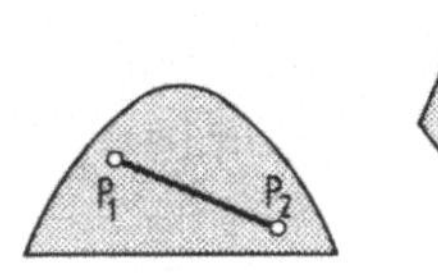

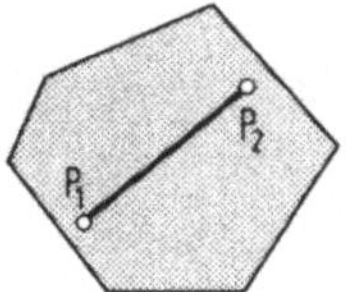

Abb. 158

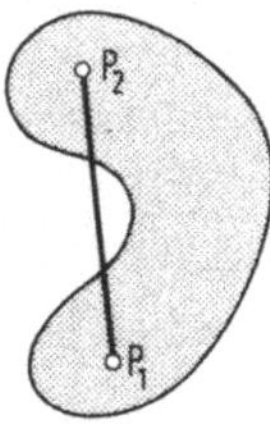

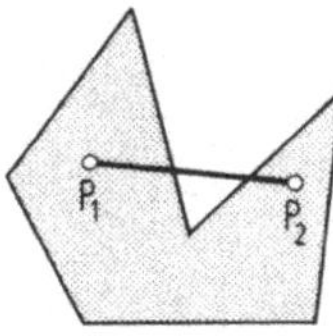

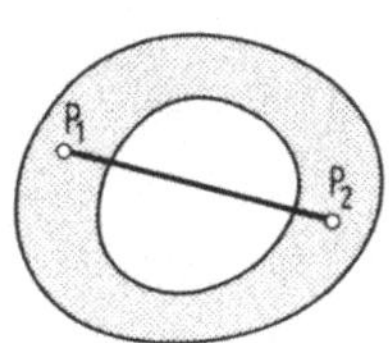

Abb. 159

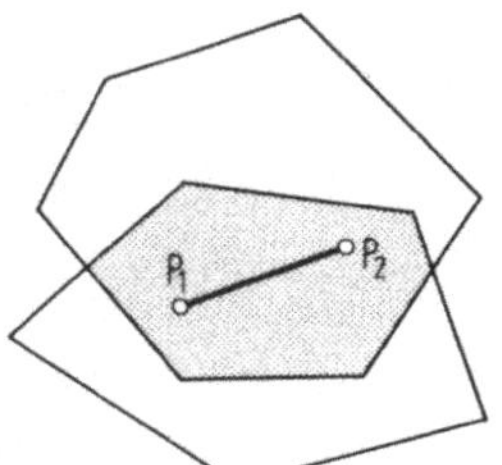

Abb. 160

Sie teilen für jedes $n \in \mathbb{N}$ den $\mathbb{R}^n$ in drei disjunkte Teilmengen auf:

$$M_1 = \{P(\mathfrak{x}') \mid \mathfrak{a}'\mathfrak{x} = b\}$$
$$M_2 = \{P(\mathfrak{x}') \mid \mathfrak{a}'\mathfrak{x} > b\}$$
$$M_3 = \{P(\mathfrak{x}') \mid \mathfrak{a}'\mathfrak{x} < b\}$$

M_1 ist die Hyperebene selbst, M_2 und M_3 heißen die von der Hyperebene M_1 begrenzten (offenen) *Halbräume* des $\mathbb{R}^n$. Entsprechend nennt man die durch $\mathfrak{a}'\mathfrak{x} \geqq b$ bzw. $\mathfrak{a}'\mathfrak{x} \leqq b$ erklärten Punktmengen abgeschlossene Halbräume. Aussageformen der Art

$$\mathfrak{a}'\mathfrak{x} > b, \quad \mathfrak{a}'\mathfrak{x} < b, \quad \mathfrak{a}'\mathfrak{x} \geqq b, \quad \mathfrak{a}'\mathfrak{x} \leqq b \quad (*)$$

werden *lineare Ungleichungen* genannt. *Halbräume kann man somit als Lösungsmengen linearer Ungleichungen erklären.* Abb. 161 zeigt eine Zerlegung des $\mathbb{R}^2$ durch die Gerade mit der Gleichung $x_1 + 2x_2 = 4$ in die beiden Halbräume (hier: Halbebenen) $x_1 + 2x_2 > 4$ „oberhalb" und $x_1 + 2x_2 < 4$ „unterhalb" der Geraden.

Die Konjunktion linearer Ungleichungen (*)

$$\left.\begin{array}{l} a_{11}x_1 + a_{12}x_2 + \ldots + a_{1n}x_n \leqq b_1 \\ a_{21}x_1 + a_{22}x_2 + \ldots + a_{2n}x_n \leqq b_2 \\ \ldots\ldots\ldots\ldots\ldots\ldots\ldots\ldots \\ a_{m1}x_1 + a_{m2}x_2 + \ldots + a_{mn}x_n \leqq b_m \end{array}\right\} \Leftrightarrow: A\mathfrak{x} \leqq \mathfrak{b}$$

bildet ein lineares Ungleichungssystem. Jeder Vektor $\mathfrak{x}$, der alle Ungleichungen erfüllt, heißt Lösungsvektor oder kurz Lösung des Systems. Die Spitze eines Lösungsvektors muß damit im Durchschnitt aller durch die einzelnen Ungleichungen bestimmten Halbräume liegen. Hierbei sind folgende Fallunterscheidungen zu beachten.

1. *Fall Die Ungleichungen des Systems* $A\mathfrak{x} \leqq \mathfrak{b}$ *sind miteinander unverträglich, die Lösungsmenge des Systems ist leer.*

Beispiel

Das lineare Ungleichungssystem

$$\begin{aligned} -x_1 + x_2 &\leqq 2 \\ 2x_1 + x_2 &\leqq 6 \\ -x_1 - 2x_2 &\leqq -10 \quad (\Leftrightarrow x_1 + 2x_2 \geqq 10) \end{aligned}$$

ist unverträglich; Abb. 162 zeigt, daß es keinen Punkt $P(x_1, x_2)$ gibt, der in allen drei Halbebenen zugleich liegt. Die Lösungsmenge ist $L = \varnothing$.

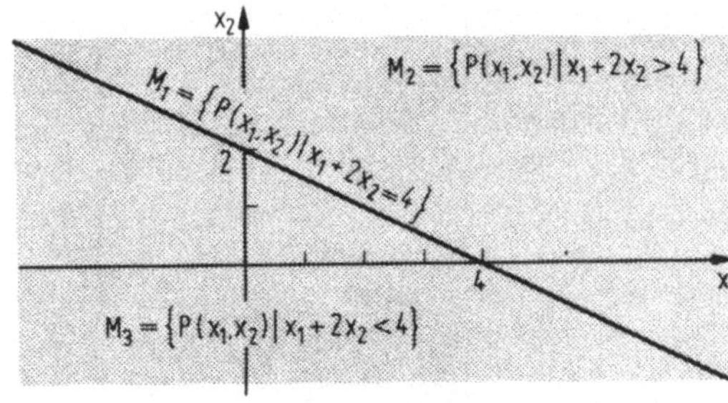

Abb. 161

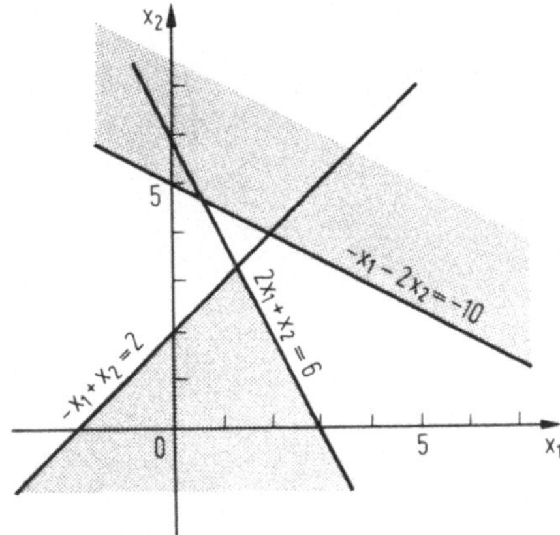

Abb. 162

2. *Fall* *Die Ungleichungen des Systems* $\mathfrak{A}\mathfrak{x} \leqslant \mathfrak{b}$ *sind miteinander verträglich, es gibt wenigstens einen Lösungsvektor:* $L \neq \emptyset$.

Beispiel

Durch die fünf linearen Ungleichungen

$$\begin{aligned} -x_1 + x_2 &\leqslant 2 \\ 4x_1 + 5x_2 &\leqslant 20 \\ 8x_1 + 3x_2 &\leqslant 32 \\ -x_1 &\leqslant 0 \quad (\Leftrightarrow x_1 \geqslant 0) \\ -x_2 &\leqslant 0 \quad (\Leftrightarrow x_2 \geqslant 0) \end{aligned}$$

wird das in Abb. 163 dargestellte konvexe Lösungspolygon bestimmt. Es ist allseits durch eine Hyperebene (Gerade) begrenzt und somit „beschränkt“. Dies ist der für die meisten Anwendungen relevante Normalfall. Die Möglichkeit redundanter (überflüssiger) Ungleichungen demonstriert Abb. 164, die ersten beiden Unglei-

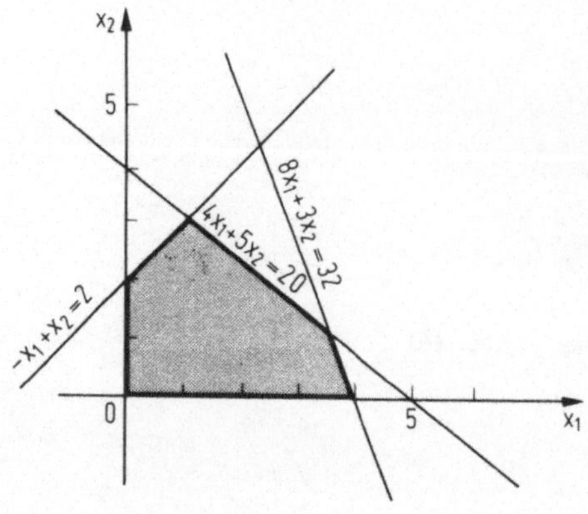

Abb. 163

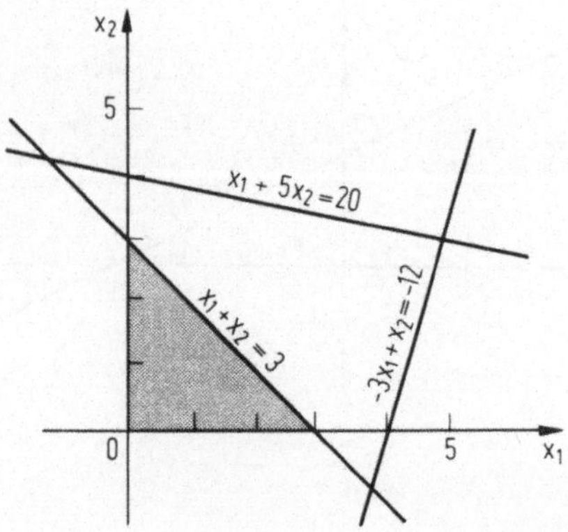

x2
5
0
5
x1
x1 + 5x2 = 20
x1 + x2 = 3
-3x1 + x2 = -12

Abb. 164

chungen des Systems

$$\begin{aligned} x_1 + 5x_2 &\leqslant 20 \\ 3x_1 - \ x_2 &\leqslant 12 \\ x_1 + \ x_2 &\leqslant \ 3 \\ -\ x_1 &\leqslant \ 0 \\ -\ x_2 &\leqslant \ 0 \end{aligned}$$

beeinflussen die Lösungsmenge nicht, denn diese ist bereits durch die letzten drei Ungleichungen vollständig bestimmt. Schließlich ist das System

$$\begin{aligned} x_1 + x_2 &\geqslant 2 & & & -x_1 - x_2 &\leqslant -2 \\ 2x_1 - x_2 &\geqslant 2 & &\Leftrightarrow & -2x_1 + x_2 &\leqslant -2 \\ x_2 &\geqslant 0 & & & -x_2 &\leqslant 0 \end{aligned}$$

ein Beispiel für verträgliche Ungleichungen, deren Lösungsmenge nicht allseitig

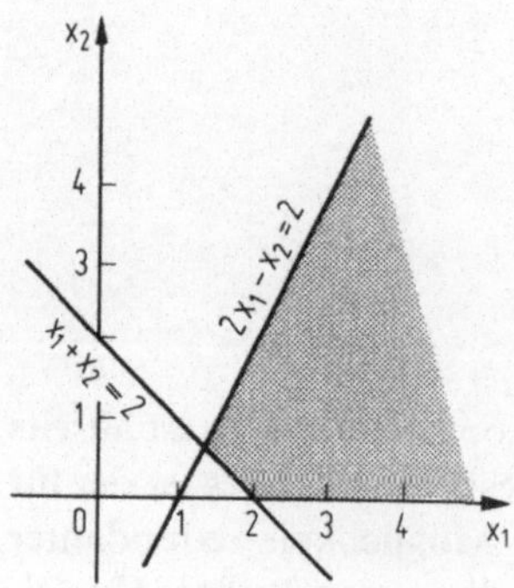

Abb. 165

begrenzt ist. Man spricht hier von einer „unbeschränkten“ Lösungsmenge (Abb. 165).

Lineare Funktionen über konvexen Punktmengen

Wir gehen jetzt einen Schritt weiter und untersuchen eine lineare Funktion

$$l: D \to \mathbb{R}$$

$$\text{mit } \mathfrak{x} \to l(\mathfrak{x}') = \sum_{i=1}^{n} c_i x_i = \mathfrak{c}'\mathfrak{x} ,$$

deren Definitionsbereich $D \subset \mathbb{R}^n$ *gleich der Lösungsmenge des linearen Ungleichungssystems*

$$A\mathfrak{x} \leqslant \mathfrak{b}$$

ist. Auf dieses mathematische Modell führen letztlich sämtliche Probleme der linearen Optimierung (Linearplanung). Gesucht werden diejenigen Vektoren $\mathfrak{x} \in D$, für welche $l(\mathfrak{x}')$ ein Maximum oder Minimum annimmt. Zum besseren Verständnis des Lösungsverfahrens erläutern wir drei für diese Optimierung grundlegende Sätze.

Satz

Ist die Funktion l über der Verbindungsstrecke $D = \overline{P_1 P_2}$ definiert, so wird ihr Wert $l(\mathfrak{x}')$ stets von den Werten an den Randpunkten eingeschlossen:

$$\boxed{[l(\mathfrak{r}'_1) \leqq l(\mathfrak{x}') \leqq l(\mathfrak{r}'_2)] \vee [l(\mathfrak{r}'_1) \geqq l(\mathfrak{x}') \geqq l(\mathfrak{r}'_2)]}$$

Beweis: Nach Abb. 157 und den Ausführungen am Anfang dieses Abschnitts ist $D = \overline{P_1 P_2}$ durch die Gleichung

$$\mathfrak{x} = (1-\lambda)\mathfrak{r}_1 + \lambda\mathfrak{r}_2 \wedge 0 \leqslant \lambda \leqslant 1$$

bestimmt. In $P_1(\mathfrak{r}'_1)$ sei $l(\mathfrak{r}'_1) = \mathfrak{c}'\mathfrak{r}_1$, in $P_2(\mathfrak{r}'_2)$ sei $l(\mathfrak{r}'_2) = \mathfrak{c}'\mathfrak{r}_2$, und in $P(\mathfrak{x}')$ sei $l(\mathfrak{x}') = \mathfrak{c}'\mathfrak{x}$. Stets ist $P \in \overline{P_1 P_2}$.

1. Teil Voraussetzung sei $l(\mathfrak{r}'_1) \leqslant l(\mathfrak{r}'_2)$.
Dann folgt wegen $\lambda \geqslant 0$ und $1 - \lambda \geqslant 0$

$$\begin{aligned} l(\mathfrak{r}'_1) &= \mathfrak{c}'\mathfrak{r}_1 = (1-\lambda)\mathfrak{c}'\mathfrak{r}_1 + \lambda\mathfrak{c}'\mathfrak{r}_1 \leqslant (1-\lambda)\mathfrak{c}'\mathfrak{r}_1 + \lambda\mathfrak{c}'\mathfrak{r}_2 \\ &= \mathfrak{c}'[(1-\lambda)\mathfrak{r}_1 + \lambda\mathfrak{r}_2] = \mathfrak{c}'\mathfrak{x} = l(\mathfrak{x}'); \\ l(\mathfrak{x}') &= \mathfrak{c}'[(1-\lambda)\mathfrak{r}_1 + \lambda\mathfrak{r}_2] \leqslant \mathfrak{c}'[(1-\lambda)\mathfrak{r}_2 + \lambda\mathfrak{r}_2] \\ &= \mathfrak{c}'\mathfrak{r}_2 = l(\mathfrak{r}'_2) \Rightarrow l(\mathfrak{r}'_1) \leqslant l(\mathfrak{x}') \leqslant l(\mathfrak{r}'_2) \end{aligned}$$

2. Teil Voraussetzung sei $l(\mathfrak{r}'_1) \geqslant l(\mathfrak{r}'_2)$: Beweis analog zu Teil 1.

Satz

Jeder Halbraum ist eine konvexe Punktmenge.

Beweis: Ist der Halbraum H durch

$$H = \{P(\mathfrak{x}') \mid \mathfrak{a}'\mathfrak{x} \leqslant \mathfrak{b}\}$$

gegeben, so haben wir die Implikation

$$P_1 \in H \wedge P_2 \in H \Rightarrow \overline{P_1 P_2} \subset H$$

zu zeigen. Sei $\mathfrak{a}'\mathfrak{r}_1 \leqslant \mathfrak{b}$ (für P_1) und $\mathfrak{a}'\mathfrak{r}_2 \leqslant \mathfrak{b}$ (für P_2). Ist dann $P(\mathfrak{x}')$ ein beliebiger Punkt der Verbindungsstrecke $\overline{P_1 P_2}$, so gilt nach dem vorangehenden Satz

$$[\mathfrak{a}'\mathfrak{r}_1 \leqslant \mathfrak{a}'\mathfrak{x} \leqslant \mathfrak{a}'\mathfrak{r}_2 \leqslant \mathfrak{b}] \vee [\mathfrak{a}'\mathfrak{r}_2 \leqslant \mathfrak{a}'\mathfrak{x} \leqslant \mathfrak{a}'\mathfrak{r}_1 \leqslant \mathfrak{b}]$$

In beiden Fällen ist aber $\mathfrak{a}'\mathfrak{x} \leqslant \mathfrak{b}$, mithin $P \in H$. Dies gilt für alle $P \in \overline{P_1 P_2}$, also ist $\overline{P_1 P_2} \subset H$ und somit der Halbraum H konvex.

Wir wissen bereits, daß der Durchschnitt konvexer Punktmengen wieder konvex ist. Damit ist auch der Durchschnitt endlich vieler Halbräume und somit die Lösungsmenge eines linearen Ungleichungssystem $A\mathfrak{x} \leqslant \mathfrak{b}$ wieder eine konvexe Punktmenge. Man nennt sie einen *konvexen Polyeder*, im $\mathbb{R}^2$ speziell ein konvexes Polygon. Im Falle verträglicher Ungleichungen wird der Polyeder von Hyperebenen begrenzt. Ist $A \in \mathbb{R}^{(m,n)}$, d.h. wird der Polyeder vom Durchschnitt von m Halbräumen bestimmt, so heißt ein Polyederpunkt Eckpunkt oder *Extrempunkt*, wenn er Durchschnitt von genau n Hyperebenen $\mathfrak{a}^i\mathfrak{x} = b_i$ ist[1]. Beispiele solcher Eckpunkte im $\mathbb{R}^2$ und $\mathbb{R}^3$ zeigt Abb. 166. Hat ein beschränkter (allseits begrenzter) konvexer Polyeder des $\mathbb{R}^n$ genau n + 1 Eckpunkte, so wird er *Simplex* genannt. Im $\mathbb{R}^2$ ist jedes Dreieck, im $\mathbb{R}^3$ jeder Tetraeder ein Simplex (Abb. 166a, c).

Zur Erläuterung betrachten wir den in Abb. 167 dargestellten Lösungspolyeder (Lösungspolygon) des Systems

$$\begin{aligned} -x_1 + x_2 &\leqslant 3 \\ 2x_1 + x_2 &\leqslant 6 \\ -x_1 &\leqslant 1 \quad (\Leftrightarrow x_1 \geqslant -1) \\ -x_2 &\leqslant 2 \quad (\Leftrightarrow x_2 \geqslant -2) \end{aligned}$$

Der Polyeder hat vier Eck-(Extrem-)punkte

$$P_1(-1; -2), \quad P_2(4; -2), \quad P_3(1; 4), \quad P_4(-1, 2);$$

man kann sie hier unmittelbar ablesen, allgemein sind sie als Lösungen von jeweils n Hyperebenengleichungen (hier: 2 Geradengleichungen) rechnerisch zu ermitteln. Hierbei ist allerdings darauf zu achten, daß die ermittelte Lösung ein Polyederpunkt ist!

---

[1] Es ist $\mathfrak{a}^i \in \mathbb{R}^{(1,n)}$ der ite Zeilenvektor von $A \in \mathbb{R}^{(m,n)}$

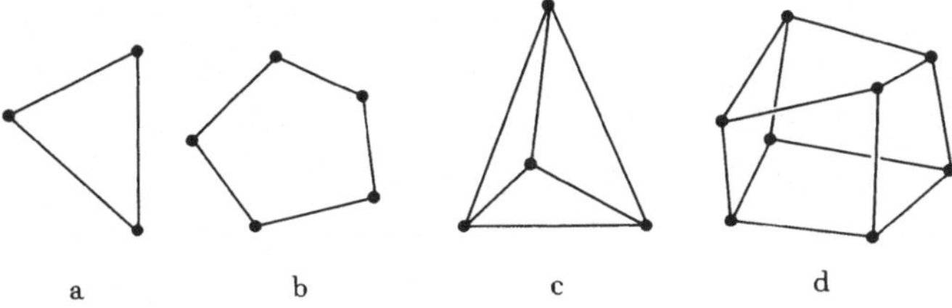

Abb. 166

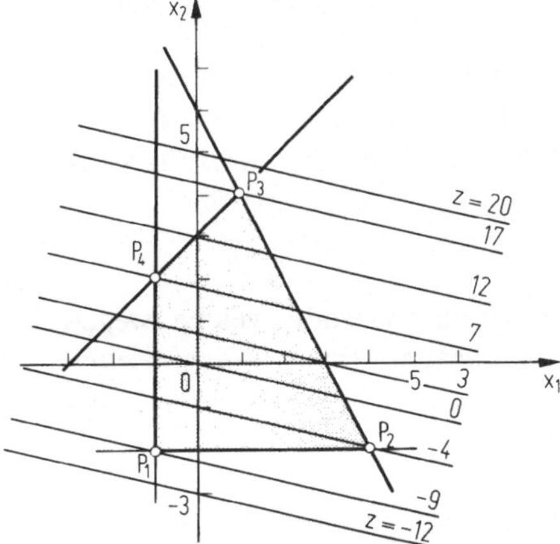

Abb. 167

— Wir untersuchen nun den Wert der linearen Funktion

$$(x_1 x_2) \mapsto z = l(x_1, x_2) = x_1 + 4x_2$$

über diesem Polyeder. Hierbei interpretieren wir z als reellen Parameter, der durch jedes Koordinatenpaar (x_1, x_2) eindeutig bestimmt ist. Mit $z = \lambda \in \mathbb{R}$ sind dann die Graphen von $x_1 + 4x_2 = \lambda$ parallele Geraden in der x_1x_2-Ebene. Jede solche Gerade ist durch einen Parameterwert gekennzeichnet, der als z-Wert angeschrieben ist. Exemplarisch sieht man, daß $l(x_1, x_2)$ seinen größten Wert mit $z = 17$ in P_3, seinen kleinsten Wert mit $z = -9$ in P_1 annimmt. Die Extremwerte von l über dem Polyeder der Abb. 167 werden also jeweils in einem Eckpunkt angenommen (daher auch der Name „Extrempunkt"). Dieser Sachverhalt gilt aber auch allgemein!

Satz

Eine auf einem beschränkten konvexen Polyeder erklärte lineare Funktion nimmt ihr Maximum oder Minimum in einem Eckpunkt (Extrempunkt) des Polyeders an.

Beweis: Sei $\mathfrak{P}$ ein solcher Polyeder des $\mathbb{R}^2$ (Abb. 168). Wir zeigen den Satz für $n = 2$ durch Zurückführung auf $n = 1$. Die Verallgemeinerung auf beliebiges $n \in \mathbb{N}$ läßt

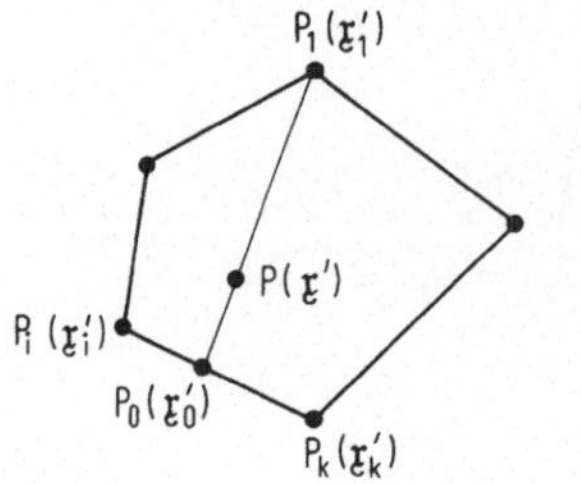

Abb. 168

sich in entsprechender Weise durch vollständige Induktion vollziehen. — Wir wollen mit $P_1(\mathfrak{x}'_1) \in \mathfrak{P}$ denjenigen Eckpunkt bezeichnen, an dem die auf $\mathfrak{P}$ erklärte lineare Funktion l ihren größten Werte annimmt[1]. Ist dann $P(\mathfrak{x}') \in \mathfrak{P}$ ein beliebiger Punkt, so haben wir

$$l(\mathfrak{x}') \leqslant l(\mathfrak{x}'_1)$$

nachzuweisen. Die Punkte P_1 und P bestimmen eine Gerade, welche (wegen der Beschränktheit) eine der begrenzenden Hyperebenen (hier: Polygonseiten) in $P_0(\mathfrak{x}'_0)$ durchstößt. Angenommen, es gelte $l(\mathfrak{x}'_1) < l(\mathfrak{x}')$. Dann folgte nach dem für $n = 1$ (Verbindungsstrecken) nachgewiesenen Satz

$$l(\mathfrak{x}'_1) < l(\mathfrak{x}') \leqslant l(\mathfrak{x}'_0)$$

und für $P_0(\mathfrak{x}'_0) \in \overline{P_i P_k}$ nach dem gleichen Satz

$$[l(\mathfrak{x}'_i) \leqslant l(\mathfrak{x}'_0) \leqslant l(\mathfrak{x}'_k)] \vee [l(\mathfrak{x}'_k) \leqslant l(\mathfrak{x}'_0) \leqslant l(\mathfrak{x}'_i)] .$$

Im ersten Fall bringt die Kette der Ungleichungen

$$l(\mathfrak{x}'_1) < l(\mathfrak{x}') \leqslant l(\mathfrak{x}'_0) \leqslant l(\mathfrak{x}'_k) \Rightarrow l(\mathfrak{x}'_1) < l(\mathfrak{x}'_k) ,$$

im zweiten Fall

$$l(\mathfrak{x}'_1) < l(\mathfrak{x}') \leqslant l(\mathfrak{x}'_0) \leqslant l(\mathfrak{x}'_i) \Rightarrow l(\mathfrak{x}'_1) < l(\mathfrak{x}'_i)$$

und damit beidemale einen Widerspruch zur Voraussetzung, nach der $l(\mathfrak{x}'_1)$ der maximale Eckenwert ist.

Beispiel

Die Fertigung von zwei Erzeugnissen E und F erfolge in vier Abteilungen A1, A2, A3, A4 eines Betriebes. Diese stehen für dieses Programm mit maximal 14 bzw. 16 bzw. 12 bzw. 21 Arbeitsstunden zur Verfügung. Die Herstellung von E benötigt in den vier Abteilungen 1, 2, 0 bzw. 3 Stunden, die von F 2, 1, 2 bzw. 0 Stunden. Zum

---

[1] Dabei setzen wir voraus, daß $\mathfrak{P}$ nur endlich viele Eckpunkte besitzt.

besseren Verständnis stellen wir die Daten in einer Übersicht zusammen:

Abteilung	Erzeugnis E	Erzeugnis F	Kapazität
A1	1	2	14
A2	2	1	16
A3	0	2	12
A4	3	0	21

Der Gewinn beim Verkauf der Erzeugnisse E bzw. F. betrage 3,-- DM bzw. 4,-- DM pro Stück. Gefragt ist nach denjenigen Stückzahlen (x_1, x_2), die einen maximalen Gewinn ermöglichen. Dazu formulieren wir die Bedingungen als lineare Ungleichungen

$$\begin{aligned} x_1 + 2x_2 &\leq 14 \\ 2x_1 + x_2 &\leq 16 \\ 2x_2 &\leq 12 \\ 3x_1 &\leq 21 \\ -x_1 &\leq 0 \quad (\Leftrightarrow x_1 \geq 0) \\ -x_2 &\leq 0 \quad (\Leftrightarrow x_2 \geq 0) \end{aligned}$$

Die beiden zuletzt aufgeführten Nicht-Negativitäts-Bedingungen erklären sich aus der praktischen Bedeutung dieser Variablen als Stückzahlen. Zeichnet man die Ungleichungen auf, so erhält man den in Abb. 169 dargestellten Polyeder. Die Ziel-bzw. Gewinnfunktion 1 wird durch den Term

$$z = 1(x_1, x_2) = 3x_1 + 4x_2$$

bestimmt. Die Berechnung von $1(x_1, x_2)$ in den 6 Eckpunkten des Polyeders

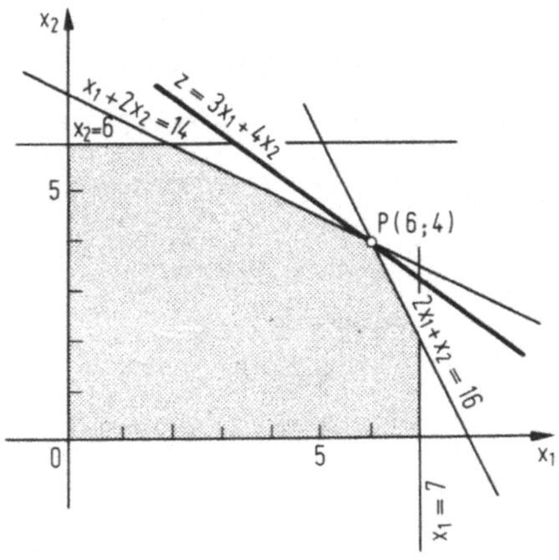

Abb. 169

(Polygons) liefert

x_1	0	0	2	6	7	7
x_2	0	6	6	4	2	0
z	0	24	30	34	29	21

d.h. die Zielfunktion nimmt ihr Maximum im Eckpunkt P(6; 4) an: produziert man jeweils 6 Einheiten vom Erzeugnis E und 4 von F, so wird damit der größte Gewinn erreicht.

Aufgaben zu 2.5.4

Gegeben sei das lineare Ungleichungssystem

$$\begin{aligned} x_1 + 5x_2 &\leqslant 26 \\ 2x_1 - x_2 &\leqslant 14 \\ -x_1 + x_2 &\leqslant 4 \\ 4x_1 + x_2 &\leqslant 28 \\ -x_1 &\leqslant 2 \\ -x_2 &\leqslant 2 \end{aligned}$$

a) Zeichnen Sie den zugehörigen Lösungspolyeder.
Sind die Ungleichungen miteinander verträglich?
b) Gibt es redundante Ungleichungen?
c) Berechnen Sie die Koordinaten der Eckpunkte
d) In welchen Eckpunkten nehmen die folgenden vier Zielfunktionen ihren größten bzw. kleinsten Wert an und wie lautet jeweils z_{max} und z_{min}?

d1) $z = l_1(x_1, x_2) = x_1 + x_2$ d2) $z = l_2(x_1, x_2) = x_1 - 3x_2$

d3) $z = l_3(x_1, x_2) = -2x_1 + 5x_2$ d4) $z = l_4(x_1, x_2) = -10x_1 - x_2$

3 Algebra komplexer Zahlen

3.1 Der komplexe Zahlenkörper

Quadratische Gleichungen der Form $x^2 + a = 0$ mit $a > 0$ lassen sich im Körper $\mathbb{R}$ der reellen Zahlen bekanntlich nicht lösen, da das Quadrat einer reellen Zahl stets positiv oder gleich null ist. Wir versuchen deshalb eine Erweiterungsstruktur zu finden, in der es auch Zahlen mit negativem Quadrat gibt.

Nun füllen die reellen Zahlen die Zahlengerade bereits lückenlos aus. Von daher liegt der Gedanke nahe, eine zweite Zahlengerade einzuführen und *Paare* reeller Zahlen $(a, b) \in \mathbb{R}^2$ zu bilden. Ähnlich geht man bei der Konstruktion des rationalen Zahlenkörpers $\mathbb{Q}$ vor: man bildet Paare ganzer Zahlen und erklärt Verknüpfungsregeln so, daß $\mathbb{Q}$ als Obermenge von $\mathbb{Z}$ Körperstruktur erhält.

Die folgenden Verabredungen für reelle Zahlenpaare werden so getroffen, daß die aus $\mathbb{R}$ bekannten Rechenregeln erhalten bleiben („Permanenzprinzip") und zugleich beliebige quadratische Gleichungen lösbar werden. Die Existenz von $\mathbb{R}$ wird hierbei vorausgesetzt.

Definition

Zwei reelle Zahlenpaare $(a_1, b_1) \in \mathbb{R}^2$ und $(a_2, b_2) \in \mathbb{R}^2$ sollen *äquivalent* heißen, wenn sie in den ersten Koordinaten und den zweiten Koordinaten übereinstimmen, in Zeichen

$$\boxed{(a_1, b_1) \sim (a_2, b_2) :\Leftrightarrow a_1 = a_2 \wedge b_1 = b_2}$$

Untersucht man die Eigenschaften dieser Relation „ $\sim$ ", so stellt man fest: „ $\sim$ " ist reflexiv, symmetrisch und transitiv, also eine Äquivalenzrelation. Die zugehörigen Äquivalenzklassen sind hier einelementig; jedes Paar repräsentiert damit eine Klasse, und die obige Definition kann durch eine Gleichheitserklärung für die Klassen ersetzt werden

$$(a_1, b_1) = (a_2, b_2) :\Leftrightarrow a_1 = a_2 \wedge b_1 = b_2$$

Definition

Zwei reelle Zahlenpaare werden addiert, indem man die entsprechenden Koordinaten *addiert*:

$$\mathbb{R}^2 \times \mathbb{R}^2 \to \mathbb{R}^2$$
$$((a_1, b_1), (a_2, b_2)) \mapsto (a_1, b_1) + (a_2, b_2) := (a_1 + a_2, b_1 + b_2)$$

Satz

Die algebraische Struktur $(\mathbb{R}^2, +)$ ist eine (additive) ABELsche Gruppe.

Beweis: Die Abgeschlossenheit von $\mathbb{R}^2$ bezüglich der Addition folgt unmittelbar aus der Definition: $(a_1, b_1) \in \mathbb{R}^2 \wedge (a_2, b_2) \in \mathbb{R}^2 \Rightarrow (a_1 + a_2, b_1 + b_2) \in \mathbb{R}^2$. Wegen der Zurückführung der Paaraddition auf die Koordinatenaddition übertragen sich Assoziativität und Kommutativität von $(\mathbb{R}, +)$ auf $(\mathbb{R}^2, +)$. Neutralelement ist das Nullenpaar (0, 0):

$$(a_1, b_1) + (0, 0) = (a_1 + 0, b_1 + 0) = (a_1, b_1) .$$

Schließlich ist $(-a_1, -b_1)$ inverses Element zu (a_1, b_1), denn

$$(a_1, b_1) + (-a_1, -b_1) = (a_1 - a_1, b_1 - b_1) = (0, 0) .$$

Definition

Ein reeller Faktor $r \in \mathbb{R}$ wird mit einem Zahlenpaar $(a, b) \in \mathbb{R}^2$ multipliziert, indem man jede Koordinate mit r *multipliziert*:

$$\mathbb{R} \times \mathbb{R}^2 \to \mathbb{R}^2$$
$$(r, (a, b)) \mapsto r(a, b) := (ra, rb)$$

Satz

Die ABELsche Gruppe $(\mathbb{R}^2, +)$ ist ein Vektorraum über $\mathbb{R}$ als Skalarkörper.

Beweis: Wir haben die Axiome des Vektorraums (2.3.1) für unsere Voraussetzungen zu überprüfen. Dabei können wir uns auf die Eigenschaften der äußeren Verknüpfung $\mathbb{R} \times \mathbb{R}^2 \to \mathbb{R}^2$ beschränken, da $(\mathbb{R}^2, +)$ bereits als kommutative Gruppe vorliegt.

(1) $1 \in \mathbb{R}$ ist Neutralelement: $1 \cdot (a, b) = (1 \cdot a, 1 \cdot b) = (a, b)$;

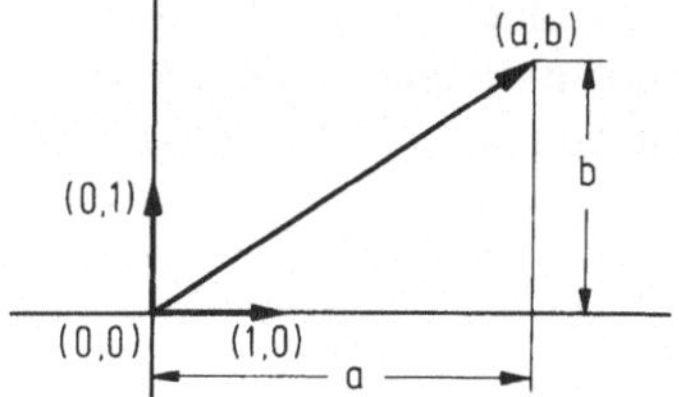

Abb. 170

(2) Distributivität der äußeren Multiplikation über der Skalaraddition:

$$\begin{aligned}[r_1 + r_2](a, b) &= ([r_1 + r_2]a, [r_1 + r_2]b) \\ &= (r_1 a + r_2 a, r_1 b + r_2 b) = (r_1 a, r_1 b) + (r_2 a, r_2 b) \\ &= r_1 \cdot (a, b) + r_2 \cdot (a, b) \quad \text{für} \quad r_1, r_2 \in \mathbb{R};\end{aligned}$$

(3) Distributivität der äußeren Multiplikation über der Addition in $\mathbb{R}^2$:

$$\begin{aligned}r[(a_1, b_1) + (a_2, b_2)] &= r(a_1 + a_2, b_1 + b_2) = (r[a_1 + a_2], r[b_1 + b_2]) \\ &= (ra_1 + ra_2, rb_1 + rb_2) = (ra_1, rb_1) + (ra_2, rb_2) = r(a_1, b_1) + r(a_2, b_2);\end{aligned}$$

(4) modifizierte Assoziativität:

$$\begin{aligned}r_1[r_2(a, b)] &= r_1(r_2 a, r_2 b) = (r_1 r_2 a, r_1 r_2 b) \\ &= ([r_1 r_2]a, [r_1 r_2]b) = [r_1 r_2](a, b)\,.\end{aligned}$$

Als Elemente des Vektorraumes $(\mathbb{R}^2, +)$ über $\mathbb{R}$ sind unsere reellen Zahlenpaare $(a, b) \in \mathbb{R}^2$ damit *Vektoren*. Aus der linearen Unabhängigkeit der Vektoren (1, 0) und (0, 1):

$$k_1(1, 0) + k_2(0, 1) = (k_1, 0) + (0, k_2) = (k_1, k_2) = (0, 0) \Rightarrow k_1 = k_2 = 0$$

$(k_1, k_2 \in \mathbb{R})$ und der Darstellbarkeit jedes Vektors $(a, b) \in \mathbb{R}^2$ gemäß

$$(a, b) = (a, 0) + (0, b) = a(1, 0) + b(0, 1)$$

folgt, daß $\{(1, 0), (0, 1)\}$ *Basis* ist und unser Vektorraum die *Dimension* 2 hat. Legen wir zwei Achsen orthogonal durch (0, 0), so bilden (1, 0) und (0, 1) Einheitsvektoren in den Achsen, und der Vektor $(a, b) \in \mathbb{R}^2$ läßt sich als gerichtete Strecke (Pfeil) vom Ursprung zum Punkt mit den Koordinaten a und b anschaulich darstellen (Abb. 170). Auf diese Art der geometrischen Darstellung kommen wir in 3.3 noch einmal zurück.

Definition

Zwei reelle Zahlenpaare werden gemäß folgender Festsetzung miteinander *multipliziert*:

$$\begin{gathered}\mathbb{R}^2 \times \mathbb{R}^2 \to \mathbb{R}^2 \\ ((a_1, b_1), (a_2, b_2)) \mapsto (a_1, b_1) \cdot (a_2, b_2) := (a_1 a_2 - b_1 b_2, a_1 b_2 + a_2 b_1)\end{gathered}$$

Die Multiplikation der Paare überträgt sich also nicht einfach auf die Multiplikation der Koordinaten; indes wird erst mit der Normalform die Sinnfälligkeit dieser Erklärung restlos deutlich werden. Zunächst untersuchen wir die Struktureigenschaften dieser Verknüpfung.

Satz

Die algebraische Struktur $(\mathbb{R}^2; +, \cdot)$ ist ein Körper.

Beweis: Wir wissen bereits, daß $(\mathbb{R}^2, +)$ ABELsche Gruppe ist, deshalb brauchen wir für die Körpereigenschaft (1.7) nur noch zu zeigen: $(\mathbb{R}^2 \setminus \{(0,0)\}, \cdot)$ ist ABELsche Gruppe und „$\cdot$" ist distributiv über „$+$". (1) Assoziativität von „$\cdot$":

$$\begin{aligned}(a_1, b_1)[(a_2, b_2)\cdot(a_3, b_3)] &= (a_1, b_1)(a_2 a_3 - b_2 b_3, a_2 b_3 + a_3 b_2)\\ &= (a_1 a_2 a_3 - a_1 b_2 b_3 - a_2 b_1 b_3 - a_3 b_1 b_2, a_1 a_2 b_3 + a_1 a_3 b_2\\ &\quad + a_2 a_3 b_1 - b_1 b_2 b_3)\\ &= ([a_1 a_2 - b_1 b_2]a_3 - [a_1 b_2 + a_2 b_1]b_3, [a_1 b_2 + a_2 b_1]a_3\\ &\quad + [a_1 a_2 - b_1 b_2]b_3)\\ &= [(a_1, b_1)\cdot(a_2, b_2)](a_3, b_3)\end{aligned}$$

(2) Die Auflösbarkeit von „$\cdot$" verlangt, daß es zu jedem $(a_1, b_1) \in \mathbb{R}^2 \setminus \{(0,0)\}$ und $(a_2, b_2) \in \mathbb{R}^2$ ein $(x_1, y_1) \in \mathbb{R}^2$ geben muß, so daß $(a_1, b_1)\cdot(x_1, y_1) = (a_2, b_2)$ gilt:

$$(a_1, b_1)(x_1, y_1) = (a_1 x_1 - b_1 y_1, a_1 y_1 + b_1 x_1) = (a_2, b_2)$$

$$\Rightarrow \begin{cases} a_1 x_1 - b_1 y_1 = a_2 \\ b_1 x_1 + a_1 y_1 = b_2 \end{cases}$$

Eine eindeutige Lösung dieses linearen Systems ist nach 2.2.1 an das Nichtverschwinden der Koeffizientendeterminante gebunden, genau diese Bedingung ist aber erfüllt:

$$\begin{vmatrix} a_1 & -b_1 \\ b_1 & a_1 \end{vmatrix} = a_1^2 + b_1^2 \neq 0 \Leftrightarrow (a_1, b_1) \neq (0,0)$$

Nach der CRAMERschen Regel ergibt sich dann sofort

$$x_1 = \frac{1}{a_1^2 + b_1^2} \cdot \begin{vmatrix} a_2 & -b_1 \\ b_2 & a_1 \end{vmatrix} = \frac{a_1 a_2 + b_1 b_2}{a_1^2 + b_1^2};$$

$$y_1 = \frac{1}{a_1^2 + b_1^2} \begin{vmatrix} a_1 & a_2 \\ b_1 & b_2 \end{vmatrix} = \frac{a_1 b_2 - a_2 b_1}{a_1^2 + b_1^2}$$

als eindeutige Lösung $(x_1, y_1) \in \mathbb{R}^2$.

(3) Die Distributivität von „·" über „ + ":

$$\begin{aligned}(a_1, b_1)\cdot[(a_2, b_2) + (a_3, b_3)] &= (a_1, b_1)(a_2 + a_3, b_2 + b_3)\\ &= (a_1a_2 + a_1a_3 - b_1b_2 - b_1b_3, a_1b_2 + a_1b_3 + a_2b_1 + a_3b_1)\\ &= (a_1a_2 - b_1b_2 + a_1a_3 - b_1b_3, a_1b_2 + a_2b_1 + a_1b_3 + a_3b_1)\\ &= (a_1a_2 - b_1b_2, a_1b_2 + a_2b_1) + (a_1a_3 - b_1b_3, a_1b_3 + a_3b_1)\\ &= (a_1, b_1)(a_2, b_2) + (a_1, b_1)(a_3, b_3)\,.\end{aligned}$$

Wir betrachten nun die Menge

$$M := \{(a, 0) \mid a \in \mathbb{R}\}$$

Offenbar ist $M \subset \mathbb{R}^2$. Man zeigt leicht, daß $(M; +, \cdot)$ ein Körper ist (Übungsteil!). Zwischen dieser Struktur und dem Körper $(\mathbb{R}; +, \cdot)$ der reellen Zahlen besteht ein enger Zusammenhang. Dazu erklären wir eine Abbildung

$$\varphi: \mathbb{R} \to M$$

$$\text{mit} \quad a \mapsto \varphi(a) = (a, 0)$$

und untersuchen deren Eigenschaften.

Satz

φ ist ein Isomorphismus bezüglich „ + " und „·", d.h. $\mathbb{R}$ und M sind *isomorphe Strukturen*:

$$\boxed{(\mathbb{R}; +, \cdot) \simeq (M; +, \cdot)}$$

Beweis: φ ist bijektiv, verknüpfungstreu bezüglich der Addition $(a, b \in \mathbb{R})$:

$$\varphi(a + b) = (a + b, 0) = (a, 0) + (b, 0) = \varphi(a) + \varphi(b)$$

und verknüpfungstreu bezüglich der Multiplikation:

$$\varphi(a \cdot b) = (a \cdot b, 0) = (a, 0)\cdot(b, 0) = \varphi(a)\cdot\varphi(b)$$

Auf Grund dieses Satzes wird verständlich, wenn wir solche Paare $(a, 0)$ in Zukunft mit a identifizieren, also

$$(a, 0) = a$$

schreiben. Insbesondere wird damit der Einheitsvektor

$$(1, 0) = 1\,,$$

also gleich der reellen Einheit. Analog dazu setzt man für den anderen Einheitsvektor

$$(0, 1) =: j$$[1]

[1] Statt j wird in der mathematischen Literatur i geschrieben; wir verwenden j, um Verwechslungen mit der Stromstärke i zu vermeiden.

und nennt j die *imaginäre Einheit*, sowie alle Paare

$$(0, b) = b(0, 1) = bj \quad (b \in \mathbb{R})$$

historisch bedingt *imaginäre Zahlen*. Genau diese haben die Eigenschaft, daß ihr Quadrat negativ (oder null für b = 0) ist:

$$(0, b)\cdot(0, b) = b^2(0, 1)(0, 1) = b^2(-1, 0) = -b^2$$

oder kürzer

$$(bj)^2 = b^2 j^2 = -b^2 ,$$

woraus speziell

$$\boxed{j^2 = -1}$$

folgt. Mit diesen Festsetzungen läßt sich jedes reelle Zahlenpaar $(a, b) \in \mathbb{R}^2$ in der Form

$$\begin{aligned}(a, b) &= (a, 0) + (0, b)\\ &= a(1, 0) + b(0, 1)\\ &= a\cdot 1 + b\cdot j\\ &= a + bj\end{aligned}$$

schreiben. Ersetzen wir dementsprechend in $\mathbb{R}^2$ die Paare (a, 0) durch a, (0, b) durch bj und allgemein die Paare (a, b) durch a + bj, so nennen wir die damit entstehende Menge $\mathbb{C}$ und geben die

Definition

Auf Grund der Äquivalenz

$$(a, b) \in (\mathbb{R}^2; +, \cdot) \Leftrightarrow: a + bj \in (\mathbb{C}; +, \cdot)$$

heißt $\mathbb{C}$ der komplexe Zahlenkörper

$$\mathbb{C} = \{z \mid z := a + bj \wedge (a, b) \in \mathbb{R}^2 \wedge j^2 = -1\} ,$$

und jedes Element von $\mathbb{C}$ heißt *komplexe Zahl*.

Aufgaben zu 3.1

1. Zeigen Sie, daß $(M; +, \cdot)$ mit

   $$M = \{(a, 0) \mid a \in \mathbb{R}\}$$

   einen Körper bildet.
2. Beweisen Sie: die Menge $(J, +)$ mit

   $$J = \{(0, b) \mid b \in \mathbb{R}\}$$

   ist eine ABELsche Gruppe. Warum hat J keine Körperstruktur?

3.2 Die Normalform komplexer Zahlen

Definition

Die Darstellung einer komplexen Zahl $z \in \mathbb{C}$ gemäß

$$z = a + bj \quad (a, b \in \mathbb{R})$$

heißt ihre *Normalform.* Man nennt

a den Realteil von z	: $a = \mathrm{Re}(z)$
b den Imaginärteil von z	: $b = \mathrm{Im}(z)$

Danach läßt sich die Normalform auch in der Gestalt

$$z = \mathrm{Re}(z) + \mathrm{Im}(z) \cdot j$$

schreiben. Für

$$a = \mathrm{Re}(z) = 0 \Rightarrow z = bj$$

ergeben sich die imaginären Zahlen als spezielle komplexe Zahlen mit verschwindendem Realteil, und für

$$b = \mathrm{Im}(z) = 0 \Rightarrow z = a$$

erscheinen die reellen Zahlen $\mathbb{R} \subset \mathbb{C}$ als Sonderfall der komplexen Zahlen mit verschwindendem Imaginärteil.

Wir kehren nun zu unserem ursprünglichen Problem, der *Lösung beliebiger quadratischer Gleichungen*, zurück. Zunächst führt die reinquadratische Gleichung

$$x^2 + a = 0 \quad \text{mit} \quad a > 0 \quad \text{auf} \quad x^2 = -a\,.$$

Ihre zwei Lösungen in $\mathbb{C}$ sind

$$x_1 = j\sqrt{a} \quad \text{und} \quad x_2 = -j\sqrt{a}\,,$$

denn es gilt

$$x_1^2 = (j\sqrt{a})^2 = j^2(\sqrt{a})^2 = -a = x_2^2$$

Man beachte hierbei die Definition von $\sqrt{a}$ für $a > 0$ als *eindeutig* existierende positive Zahl, deren Quadrat gleich a ist. Als formale Konsequenz halten wir fest:

$$\sqrt{-a} = \sqrt{-1} \cdot \sqrt{a} = j\sqrt{a} \quad (a > 0) \quad (*)$$

Dies ist, wohlbemerkt, kein Sonderfall des Wurzelgesetzes $\sqrt{a \cdot b} = \sqrt{a} \cdot \sqrt{b}$ für $b = -1$, da die aus dem Reellen bekannten Wurzelgesetze nicht für negative Radikanden gelten! Man verstehe (*) als Anweisung, wie man negative Radikanden von Quadratwurzeln in positive verwandeln kann. Erst auf positive Radikanden dürfen die Wurzelgesetze angewandt werden (andernfalls ergeben sich Widersprüche). Diese Umwandlung nimmt man deshalb stets vor! Wir erläutern diese Umwandlung an der Auflösung der quadratischen Gleichung

$$x^2 + ax + b = 0 \quad (a, b \in \mathbb{R}).$$

Bekanntlich kann man ihre Lösungen x_1, x_2 in der Form

$$x_{1,2} = -\frac{a}{2} \pm \frac{1}{2}\sqrt{a^2 - 4b} \quad (a^2 \geqq 4b)$$

schreiben. Ist der Radikand jedoch negativ, so setzen wir

$$\sqrt{a^2 - 4b} = j\sqrt{4b - a^2} \quad (a^2 < 4b)$$

und erhalten damit

$$x_{1,2} = -\frac{a}{2} \pm \frac{j}{2}\sqrt{4b - a^2}$$

als komplexe Lösungen:

$$\mathrm{Re}(x_1) = \mathrm{Re}(x_2) = -\frac{a}{2}; \quad \mathrm{Im}(x_1) = -\mathrm{Im}(x_2) = \frac{1}{2}\sqrt{4b - a^2}$$

Beispiele

1. $\sqrt{-u} \cdot \sqrt{-v} = j^2\sqrt{u} \cdot \sqrt{v} = -\sqrt{uv} \quad (u > 0, v > 0)$
2. $\sqrt{-a^4} = j\sqrt{a^4} = a^2 j$; aber $\sqrt{(-a)^4} = \sqrt{a^4} = a^2 \quad (a \in \mathbb{R})$
3. $j^0 = 1, j^1 = j, j^2 = -1, j^3 = -j, j^4 = 1 \Rightarrow$

   $j^{4n} = 1, j^{4n+1} = j, j^{4n+2} = -1, j^{4n+3} = -j \quad (n \in \mathbb{Z})$

Ausführung der Grundrechenoperationen mit der Normalform

Sind $z_1 := a_1 + b_1 j$ und $z_2 := a_2 + b_2 j$ zwei komplexe Zahlen in der Normalform, so sind die Verknüpfungen $z_1 + z_2$, $z_1 - z_2$ (Lösung z von $z_2 + z = z_1$), $z_1 \cdot z_2$ und $z_1 : z_2$ (Lösung z von $z_2 \cdot z = z_1$ für $z_2 \neq 0$) durch unsere Definitionen für reelle Zahlenpaare in 3.1 eindeutig festgelegt. Dabei stellt es sich jetzt heraus, daß diese Erklärungen nicht nur für den strukturellen Aspekt, sondern auch für das Operating höchst zweckmäßig gewählt wurden: man kann mit den Normalform-Termen so operieren, als wären es reelle Terme, wenn man nur $j^2 = -1$ beachtet! Damit ist auch unsere zweite Forderung nach Fortsetzung der formalen Rechenregeln von $(\mathbb{R}; +, \cdot)$ nach $(\mathbb{C}; +, \cdot)$ erfüllt.

0. *Gleichheit*

$$a_1 + b_1 j = a_2 + b_2 j \Leftrightarrow a_1 = a_2 \wedge b_1 = b_2$$

Zwei komplexe Zahlen sind gleich genau dann, wenn sie sowohl im Realteil als auch im Imaginärteil übereinstimmen.

1. *Addition*

$$z_1 + z_2 = a_1 + b_1 j + a_2 + b_2 j = (a_1 + a_2) + (b_1 + b_2) j.$$

Die Summe zweier komplexer Zahlen ist wieder eine komplexe Zahl. Dabei ist

$$\mathrm{Re}(z_1 + z_2) = \mathrm{Re}(z_1) + \mathrm{Re}(z_2)$$

$$\mathrm{Im}(z_1 + z_2) = \mathrm{Im}(z_1) + \mathrm{Im}(z_2)\,.$$

2. *Subtraktion*

$$z_1 - z_2 = a_1 + b_1 j - (a_2 + b_2 j) = (a_1 - a_2) + (b_1 - b_2)j\,.$$

Die Differenz zweier komplexer Zahlen ist wieder eine komplexe Zahl. Für diese gilt

$$\mathrm{Re}(z_1 - z_2) = \mathrm{Re}(z_1) - \mathrm{Re}(z_2)$$

$$\mathrm{Im}(z_1 - z_2) = \mathrm{Im}(z_1) - \mathrm{Im}(z_2)\,.$$

3. *Multiplikation*

$$z_1 \cdot z_2 = (a_1 + b_1 j)\cdot(a_2 + b_2 j) = a_1 a_2 + a_1 b_2 j + b_1 j a_2 + b_1 b_2 j^2$$

$$= (a_1 a_2 - b_1 b_2) + (a_1 b_2 + a_2 b_1)j\,.$$

Das Produkt zweier komplexer Zahlen ist wieder eine komplexe Zahl. Real- und Imaginärteil setzen sich jetzt komplizierter zusammen

$$\mathrm{Re}(z_1 \cdot z_2) = \mathrm{Re}(z_1)\cdot \mathrm{Re}(z_2) - \mathrm{Im}(z_1)\cdot \mathrm{Im}(z_2)$$

$$\mathrm{Im}(z_1 \cdot z_2) = \mathrm{Re}(z_1)\cdot \mathrm{Im}(z_2) + \mathrm{Re}(z_2)\cdot \mathrm{Im}(z_1)\,.$$

4. *Division* $(z_2 \neq 0)$

$$\frac{z_1}{z_2} = \frac{a_1 + b_1 j}{a_2 + b_2 j} = \frac{(a_1 + b_1 j)(a_2 - b_2 j)}{(a_2 + b_2 j)(a_2 - b_2 j)}$$

$$= \frac{(a_1 a_2 + b_1 b_2) + (a_2 b_1 - a_1 b_2)j}{a_2^2 + b_2^2}$$

$$= \frac{a_1 a_2 + b_1 b_2}{a_2^2 + b_2^2} + \frac{a_2 b_1 - a_1 b_2}{a_2^2 + b_2^2} j\,.$$

Der Quotient zweier komplexer Zahlen ist wieder eine komplexe Zahl. Die Division durch Null bleibt ausgeschlossen. Für Real- und Imaginärteil des Quotienten erhält man

$$\mathrm{Re}\left(\frac{z_1}{z_2}\right) = \frac{\mathrm{Re}(z_1)\cdot \mathrm{Re}(z_2) + \mathrm{Im}(z_1)\cdot \mathrm{Im}(z_2)}{[\mathrm{Re}(z_2)]^2 + [\mathrm{Im}(z_2)]^2}$$

$$\mathrm{Im}\left(\frac{z_1}{z_2}\right) = \frac{\mathrm{Re}(z_2)\cdot \mathrm{Im}(z_1) - \mathrm{Re}(z_1)\cdot \mathrm{Im}(z_2)}{[\mathrm{Re}(z_2)]^2 + [\mathrm{Im}(z_2)]^2}\,.$$

Beispiele

Stelle die Normalform her:

1. $(7 - 4j) + 3(j - 2) - j - (5 + 2j) = -4 - 4j$

2. $(3 - j)(-2 + 5j) = -6 + 5 + 2j + 15j = -1 + 17j$

3. $j(2 - j) + (1 - j)^2 - (j - 1)(1 + j)$

$= 2j + 1 + 1 - 2j - 1 - j + 1 + 1 + j = 3$

4. $\frac{5 - 4j}{3 + 2j} = \frac{(5 - 4j)(3 - 2j)}{(3 + 2j)(3 - 2j)} = \frac{7 - 22j}{9 + 4} = \frac{7}{13} - \frac{22}{13}j$

5. $\frac{(2 - 5j)^2}{(1 + j)^3} = \frac{4 - 20j - 25}{1 + 3j + 3j^2 + j^3} = \frac{-21 - 20j}{-2 + 2j}$

$= \frac{(21 + 20j)(2 + 2j)}{(2 - 2j)(2 + 2j)} = \frac{2 + 82j}{4 + 4} = \frac{1}{4} + \frac{41}{4}j\,.$

Aufgaben zu 3.2

1. Welche Lösungsmenge hat die Gleichung $2x^2 - 6x + 17 = 0$

   a) in $\mathbb{R}$, b) in $\mathbb{C}$?

2. Welche quadratische Gleichung hat die Lösungen

   $x_1 = 2 + j\sqrt{7}$, $x_2 = 2 - j\sqrt{7}$?

3. Zerlegen Sie den Term $a^4 - b^4 (a, b \in \mathbb{R})$ in vier Linearfaktoren in der Grundmenge $\mathbb{C}$!
4. Gegeben seien $z_1 = 1 - 2j$, $z_2 = 3 + 4j$. Wie lauten die Normalformen der Terme

   a) $z_1 + z_2$, b) $z_1 - z_2$, c) $z_1 \cdot z_2$, d) $z_1 : z_2$, e) z_1^3?

5. Wie lauten Real- und Imaginärteil der Lösungen der Gleichung

   $jx^2 + 2(-1 + j)x - 2 + 5j = 0$?

6. Sei $z = a + bj \in \mathbb{C} \setminus \{0\}$. Berechnen Sie

$$\sqrt{\left[\operatorname{Re}\left(\frac{a + bj}{a - bj}\right)\right]^2 + \left[\operatorname{Im}\left(\frac{a + bj}{a - bj}\right)\right]^2}$$

3.3 GAUSSsche Zahlenebene. Betrag. Konjugierung

Darstellung der komplexen Zahlen als Punkte

Wir beschriften die waagerechte Achse mit den reellen Zahlen und sprechen von der „reellen Achse“, die dazu senkrechte Achse mit den imaginären Zahlen und nennen diese die „imaginäre Achse“. Die von beiden Achsen aufgespannte Ebene heißt GAUSSsche oder *komplexe Zahlenebene.* Deutet man die Achsen als Koordinatenachsen, so kann man jedem Punkt der GAUSSschen Zahlenebene als Abszisse seinen (mit dem entsprechenden Vorzeichen versehenen) Abstand von der imaginären Achse und als Ordinate seinen (vorzeichenbehafteten) Abstand von der reellen Achse zuordnen. Der Punkt mit den Koordinaten (a, b) wird als Bild der

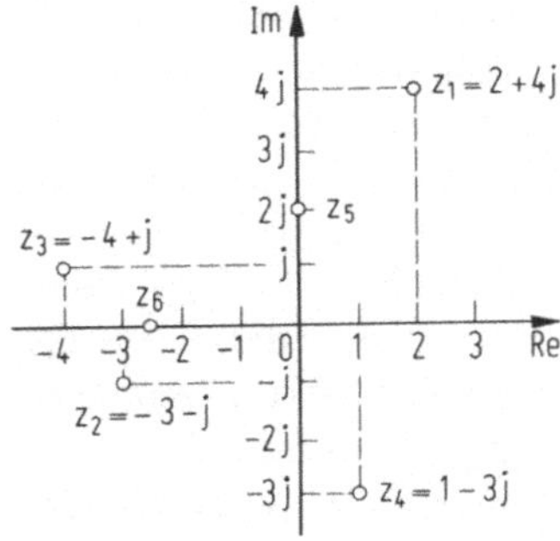

Abb. 171

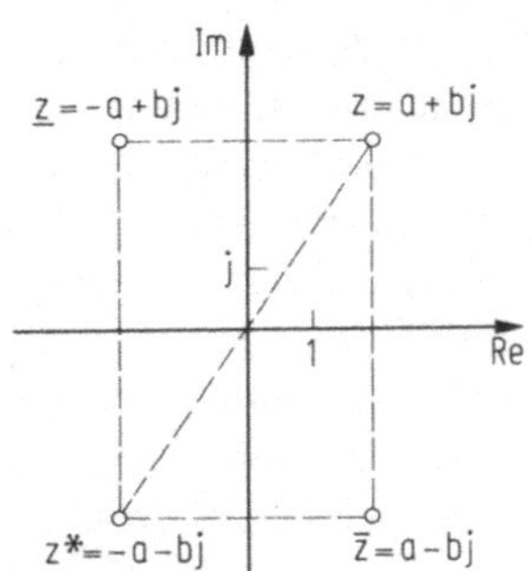

Abb. 172

durch dieses Zahlenpaar bestimmten komplexen Zahl angesehen und mit $z = a + bj$ beschriftet.

Die Zuordnung zwischen der Menge $\mathbb{C}$ der komplexen Zahlen und der Menge aller Punkte der GAUSSschen Zahlenebene ist umkehrbar eindeutig:

$$\mathbb{C} = \{z \mid z = a + bj\} \to \{P(a, b) \mid a = \mathrm{Re}(z), b = \mathrm{Im}(z)\}$$

Jeder komplexen Zahl z wird als Bild derjenige Punkt der komplexen Zahlenebene zugeordnet, der als Koordinaten Real- und Imaginärteil von z hat. Abb. 171 zeigt einige Beispiele. Ferner erkennt man an Abb. 172 wie sich die Spiegelung eines Punktes an der reellen oder imaginären Achse auf das Vorzeichen von Real- oder Imaginärteil auswirkt.

Darstellung der komplexen Zahlen als Vektoren (Zeiger)

Eingangs (3.1) haben wir gezeigt, daß die Menge $\mathbb{C}$ der komplexen Zahlen bezüglich der Addition einen Vektorraum über dem Körper $\mathbb{R}$ der reellen Zahlen bildet. Dieser Sachverhalt berechtigt uns dazu, statt des Bildpunktes $P(\mathrm{Re}(z), \mathrm{Im}(z))$ den vom Ursprung O nach P verlaufenden Vektor $\overrightarrow{OP}$ als geometrische Darstellung einer komplexen Zahl $z = \mathrm{Re}(z) + \mathrm{Im}(z) \cdot j$ zu nehmen. Auf Grund der umkehrbar eindeutigen Zuordnung

$$\mathbb{C} = \{z \mid z = a + bj\} \to \{\mathfrak{z} := \overrightarrow{OP} \mid P(\mathrm{Re}(z), \mathrm{Im}(z))\}$$

ist eine Aufzeichnung gemäß Abb. 173 möglich. Zweckmäßigerweise (aber algebraisch nicht notwendigerweise!) läßt man alle Vektoren der GAUSSschen Zahlenebene im Ursprung beginnen, d.h. man operiert mit dem im Ursprung O beginnen-

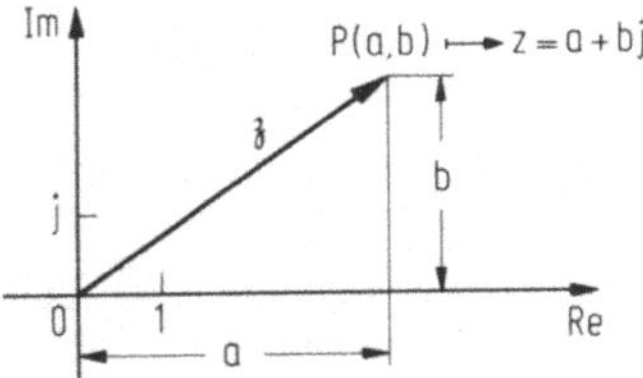

Abb. 173

den *Repräsentanten* des Freien Vektors $\mathfrak{z}$ und nennt diese „Zeiger". Dann nämlich sind die Koordinaten der Vektorspitze Real- und Imaginärteil von $z \mapsto \mathfrak{z}$.

In der Elektrotechnik ist es üblich, die Vektoren der komplexen Zahlenebene *Zeiger* zu nennen. Damit will man auf die unterschiedlichen Definitionen der multiplikativen Verknüpfungen bei komplexen Zahlen und Vektoren des Abschnittes 2.3 hinweisen. Dieser Sachverhalt berechtigt jedoch nicht dazu, komplexen Zahlen ihren Vektorcharakter abzusprechen! Vektoren sind stets Elemente von Vektorräumen und allein durch die Eigenschaften dieser Struktur bestimmt. Hinsichtlich weiterer Verknüpfungen bestehen keine Auflagen. Aus diesem Grunde orientiert man sich bei den multiplikativen Verknüpfungen der Vektoren des Abschnittes 2.3 (skalares und vektorielles Produkt etc.) nach physikalischen Gesichtspunkten (mechanische Arbeit, Drehmoment etc.), bei den Vektoren der komplexen Zahlenebene nach strukturellen und algebraischen Forderungen (Körpercharakter von $\mathbb{C}$, Lösbarkeit quadratischer Gleichungen).

Auf die graphische Ausführung von Rechenoperationen mit Zeigern wird in Abschnitt 3.7 ausführlich eingegangen.

Beispiel

Man gebe Bedingungen an, unter denen zwei Vektoren der komplexen Zahlenebene a) gleiche Länge, b) gleiche Richtung und gleichen Richtungssinn haben.

Lösung:

a) Aus Abb. 174 liest man ab (Satz des PYTHAGORAS)

$$\overline{OP}_1 = \overline{OP}_2 \Rightarrow \sqrt{a_1^2 + b_1^2} = \sqrt{a_2^2 + b_2^2}$$

b) In Abb. 175 sind $\mathfrak{z}_1$ und $\mathfrak{z}_2$ gemäß $\mathfrak{z}_1 \uparrow\uparrow \mathfrak{z}_2$ gezeichnet.
Nach dem „Strahlensatz" folgt daraus

$$a_1 : a_2 = b_1 : b_2 \Rightarrow a_1 b_2 - a_2 b_1 = \begin{vmatrix} a_1 & b_1 \\ a_2 & b_2 \end{vmatrix} = 0$$

Damit ist jedoch nur die Richtungsgleichheit gefordert. Für gleichen Richtungssinn ist zusätzlich die Vorzeichengleichheit der Realteile,

$$\operatorname{sgn} a_1 = \operatorname{sgn} a_2 \,,$$

vorauszusetzen.

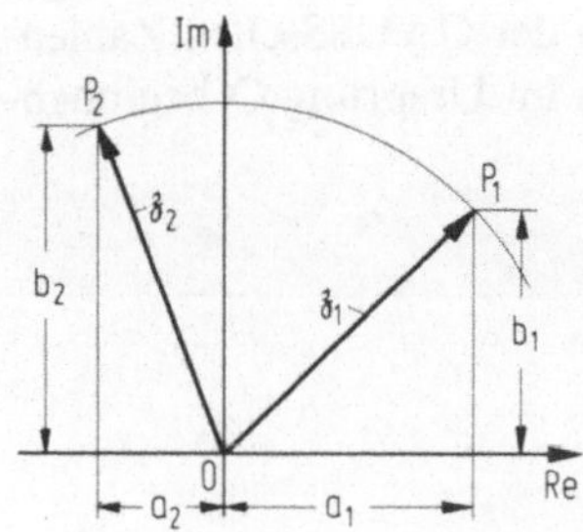

Abb. 174

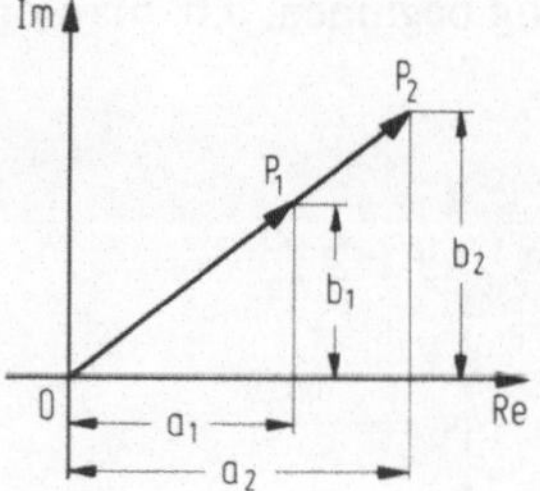

Abb. 175

Definition

Unter dem *Betrag* einer komplexen Zahl $z = a + bj$ versteht man den nichtnegativen Ausdruck

$$|z| = \sqrt{a^2 + b^2} = \sqrt{[Re(z)]^2 + [Im(z)]^2}$$

Der Betrag einer komplexen Zahl kann geometrisch als Länge des zugeordneten Zeigers oder als Abstand des (a, b) zugeordneten Bildpunktes vom Ursprung interpretiert werden. Vgl. Abb. 176.

Satz

Für $z_1 = a_1 + b_1 j$, $z_2 = a_2 + b_2 j$ gelten die Formeln

$$|z_1 + z_2| \leqq |z_1| + |z_2|$$
$$|z_1 \cdot z_2| = |z_1| \cdot |z_2|$$
$$|z_1 : z_2| = |z_1| : |z_2| \qquad (z_2 \neq 0)$$

Beweis:

(1): $\sqrt{(a_1 + a_2)^2 + (b_1 + b_2)^2} \leqslant \sqrt{a_1^2 + b_1^2} + \sqrt{a_2^2 + b_2^2}$

zeigen wir durch *äquivalente* Umformungen auf eine evident wahre Aussage.[1] Zweimaliges Quadrieren liefert:

$$(a_1 + a_2)^2 + (b_1 + b_2)^2 \leqslant a_1^2 + b_1^2 + a_2^2 + b_2^2 + 2\sqrt{(a_1^2 + b_1^2)(a_2^2 + b_2^2)}$$
$$\Leftrightarrow a_1 a_2 + b_1 b_2 \leqslant \sqrt{(a_1^2 + b_1^2)(a_2^2 + b_2^2)}$$
$$\Leftrightarrow 2a_1 a_2 b_1 b_2 \leqslant a_1^2 b_2^2 + a_2^2 b_1^2 \Leftrightarrow (a_1 b_2 - a_2 b_1)^2 \geqslant 0 \quad (*)$$

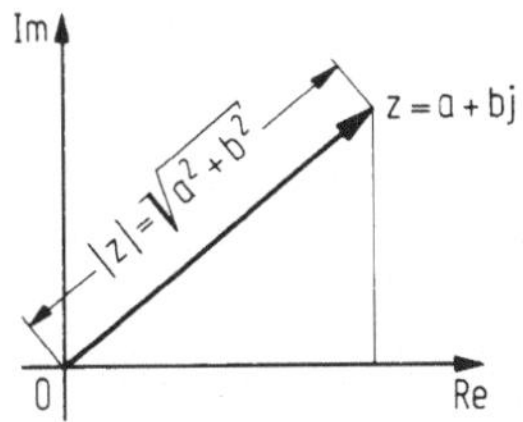

Abb. 176

[1] Man beachte, daß es für den Beweis entscheidend ist, daß die Schlußkette von (*) auch rückwärts zur angegebenen Ungleichung (1) durchlaufen werden kann!

(2): $|z_1 z_2| = \sqrt{(a_1 a_2 - b_1 b_2)^2 + (a_1 b_2 + a_2 b_1)^2}$

$= \sqrt{a_1^2 a_2^2 + b_1^2 b_2^2 + a_1^2 b_2^2 + a_2^2 b_1^2}$

$= \sqrt{(a_1^2 + b_1^2)(a_2^2 + b_2^2)}$

$= \sqrt{a_1^2 + b_1^2} \cdot \sqrt{a_2^2 + b_2^2} = |z_1| \cdot |z_2|,$

und ebenso zeigt man die dritte Formel.

Ist $z = a \in \mathbb{R}$ speziell reell, so geht mit

$$|z| = |a| = \sqrt{a^2} \geqslant 0$$

die Betragsdefinition in $\mathbb{C}$ in die bekannte Betragsdefinition in $\mathbb{R}$ über. Für imaginäre Zahlen $z = bj$ ($b \in \mathbb{R}$) wird

$$|z| = |bj| = |b| \cdot |j| = |b|,$$

da $|j| = 1$ ist. Aus diesem Grunde wird die imaginäre Zahl aj im gleichen Abstand vom Ursprung auf der imaginären Achse wie a auf der reellen Achse aufgetragen. Speziell sind die Beträge der beiden Einheiten mit $|1| = |j| = 1$ gleich.

Man beachte, daß $\mathbb{C}$ (im Gegensatz zu $\mathbb{R}$!) *kein angeordneter Körper* ist, es also Anordnungsbeziehungen ($<, >, \leqslant, \geqslant$) zwischen nicht-reellen komplexen Zahlen nicht gibt. Wohl aber existieren solche Relationen für die Beträge komplexer Zahlen, denn diese sind doch reelle Größen!

Anschaulich gesprochen vergleicht man damit die Längen der zugeordneten Vektoren (Zeiger).

Beispiel

Wir untersuchen, für welche Punkte P(x, y) der GAUSSschen Zahlenebene die Ungleichung $|z - j + 1| \geqslant 1$ erfüllt ist. Dazu setzen wir $z = x + jy$ an und beseitigen die Betragsstriche gemäß unserer Definition

$$|(x + 1) + (y - 1)j| = \sqrt{(x + 1)^2 + (y - 1)^2} \geqslant 1$$

$$\Rightarrow (x + 1)^2 + (y - 1)^2 \geqslant 1,$$

d.i. die Menge aller Punkte auf und außerhalb des Kreises um $M(-1; +1)$ mit Radius 1 (Abb. 177).

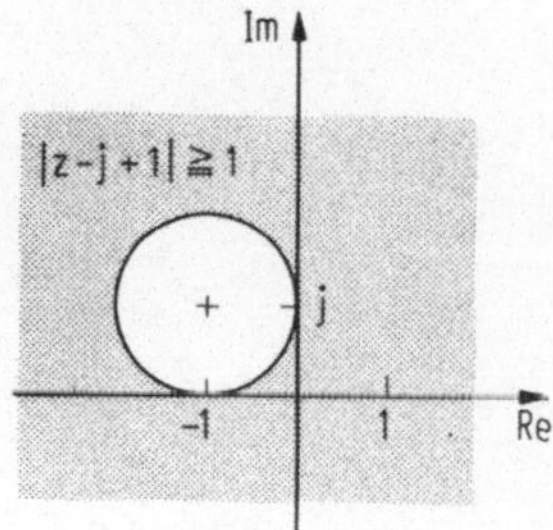

Abb. 177

Definition

Zwei komplexe Zahlen, die sich nur im Vorzeichen des Imaginärteils unterscheiden:

$$\boxed{z = a + bj, \quad \bar{z} = a - bj}$$

heißen *konjugiert komplexe Zahlen.*

Die Bilder konjugiert komplexer Zahlen liegen spiegelbildlich zur reellen Achse (Abb. 178). Deshalb gilt mit

$$\mathrm{Re}(z) = \mathrm{Re}(\bar{z}) \wedge \mathrm{Im}(z) = -\mathrm{Im}(\bar{z})$$

daß die Quadratsummen

$$[\mathrm{Re}(z)]^2 + [\mathrm{Im}(z)]^2 = [\mathrm{Re}(\bar{z})]^2 + [\mathrm{Im}(\bar{z})]^2$$

und damit die Beträge von z und $\bar{z}$ gleich sind:

$$|z| = |\bar{z}|\,.$$

Sind die Lösungen x_1, x_2 einer quadratischen Gleichung

$$x^2 + ax + b = 0 \wedge a, b \in \mathbb{R}$$

wegen $a^2 < 4b$ nicht reell, so sind sie stets konjugiert komplex:

$$x_1 = -\frac{a}{2} + \frac{j}{2}\sqrt{4b - a^2}, \quad x_2 = -\frac{a}{2} - \frac{j}{2}\sqrt{4b - a^2} = \bar{x}_1$$

Ohne Beweis sei erwähnt, daß dieser Sachverhalt für alle Polynomgleichungen mit reellen Koeffizienten gilt: nicht reelle Lösungen treten stets paarweise als konjugiert komplexe Lösungen auf.

Die *rationalen Verknüpfungen* von zwei konjugiert-komplexen Zahlen liefern

(1): $z + \bar{z} = (a + bj) + (a - bj) = 2a = 2\mathrm{Re}(z) \in \mathbb{R}$,
d.h. die Summe zweier konjugiert komplexer Zahlen ergibt stets eine reelle Zahl;

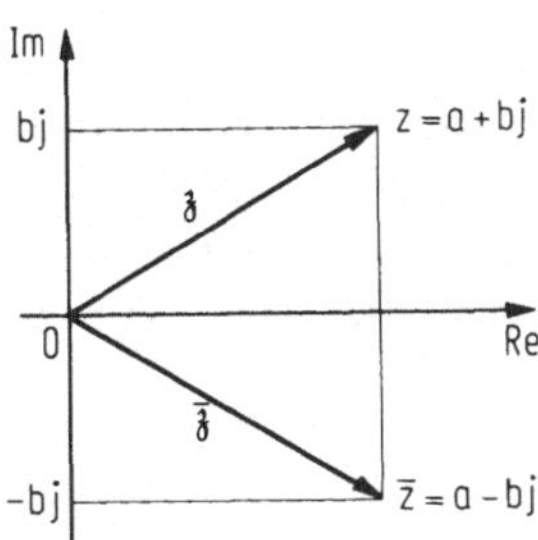

Abb. 178

(2): $z - \bar{z} = (a + bj) - (a - bj) = 2bj = 2j \cdot \mathrm{Im}(z)$,
d.h. die Differenz zweier konjugiert komplexer Zahlen ist stets eine imaginäre Zahl;

(3): $z \cdot \bar{z} = (a + bj)(a - bj) = a^2 + b^2 = |z|^2 \in \mathbb{R}^+ \cup \{0\}$,
d.h. das Produkt zweier konjugiert komplexen Zahlen liefert mit dem Betragsquadrat stets eine nichtnegative reelle Zahl;

(4): $\dfrac{z}{\bar{z}} = \dfrac{a + bj}{a - bj} = \dfrac{a^2 - b^2}{a^2 + b^2} + j\dfrac{2ab}{a^2 + b^2} \Rightarrow \left|\dfrac{z}{\bar{z}}\right| = 1 \quad (z \neq 0)$,
d.h. der Quotient zweier konjugiert komplexen Zahlen (ungleich null) ist eine komplexe Zahl vom Betrage 1.

Satz

Die Abbildung $\mathbb{C} \to \mathbb{C}$ mit $z \mapsto \bar{z}$ ist ein Automorphismus bezüglich Addition und Multiplikation, m.a.W. für alle $z_1 = a_1 + b_1 j$, $z_2 = a_2 + b_2 j \in \mathbb{C}$ gilt

$$\boxed{\overline{z_1 + z_2} = \bar{z}_1 + \bar{z}_2, \quad \overline{z_1 \cdot z_2} = \bar{z}_1 \cdot \bar{z}_2}$$

Beweis: Wegen $\bar{\bar{z}} = z$ ist die Abbildung bijektiv. Ferner ist

$$\begin{aligned}
\overline{z_1 + z_2} &= \overline{(a_1 + a_2) + (b_1 + b_2)j} = (a_1 + a_2) - (b_1 + b_2)j \\
&= (a_1 - b_1 j) + (a_2 - b_2 j) = \bar{z}_1 + \bar{z}_2; \\
\overline{z_1 \cdot z_2} &= \overline{(a_1 + b_1 j)(a_2 + b_2 j)} = \overline{(a_1 a_2 - b_1 b_2) + (a_1 b_2 + a_2 b_1)j} \\
&= (a_1 a_2 - b_1 b_2) - (a_1 b_2 + a_2 b_1)j \\
&= (a_1 - b_1 j)(a_2 - b_2 j) = \bar{z}_1 \cdot \bar{z}_2
\end{aligned}$$

Bijektivität und Verknüpfungstreue begründen nach Abschnitt 1.5.2 den Isomorphismus dieser Abbildung, wegen der Abbildung von $\mathbb{C}$ auf sich ist dieser sogar ein Automorphismus.

Aufgaben zu 3.3

1. Berechnen Sie mit $z_1 = 1 + j$, $z_2 = -2 + 3j$, $z_3 = 1 - 2j$ den Term $|(z_1 \cdot z_2) : z_3^2|$ exakt und numerisch auf drei Dezimalen genau!
2. Zeigen Sie die Gültigkeit von $\overline{z^n} = (\bar{z})^n$ für alle $n \in \mathbb{Z}$ und $z \in \mathbb{C}$ (ausgenommen $z = 0$ für $n < 0$)
3. Die Menge aller Punkte $P(x, y) \mapsto z = x + jy$, für die die Ungleichung $|2z - 3\bar{z} + 4 + j| < 3$ gilt, bilden das Innere einer Kegelschnittskurve. Bestimmen Sie diese nach Lage und Größe (Achsenlängen)!
4. Formen Sie die allgemeine Kreisgleichung

$$a(x^2 + y^2) + bx + cy + d = 0 \quad (a, b, c, d \in \mathbb{R}, a \neq 0)$$

auf Grund der Zuordnung $P(x, y) \mapsto z = x + jy$ so um, daß nur noch z oder $\bar{z}$ als Variablen auftreten! Welche Aussagen lassen sich über die neuen Koeffizienten machen?

5. Seien $z_1 = a_1 + b_1 j$, $z_2 = a_2 + b_2 j \in \mathbb{C}$. Dann sind

$$\varphi: \mathbb{C} \to \mathbb{R} \quad \text{mit} \quad \varphi(z_1, z_2) = \operatorname{Re}(\bar{z}_1 z_2)$$

$$\psi: \mathbb{C} \to \mathbb{R} \quad \text{mit} \quad \psi(z_1, z_2) = \operatorname{Im}(\bar{z}_1 z_2)$$

zwei Verknüpfungen, die dem „skalaren Produkt“ (2.3.2) bzw. dem Betrag des „vektoriellen Produktes“ (2.3.3) der Vektoralgebra (für die Ebene) entsprechen.

a) Darstellung von $\operatorname{Re}(\bar{z}_1 z_2)$ und $\operatorname{Im}(\bar{z}_1 z_2)$ durch die a_i und b_i?

b) Sei $z_1 = 5 + 2j$, $z_2 = 3 + 4j$. Welchen Winkel schließen die zugehörigen Vektoren ein? Wie groß ist die Maßzahl der vom Ursprung und den beiden zugehörigen Bildpunkten bestimmten Dreiecksfläche?

6. Begründen Sie, warum die Abbildung

$$\rho: \mathbb{C} \to \mathbb{C} \quad \text{mit} \quad \rho(z) = |z|$$

ein Endomorphismus bezüglich der Multiplikation ist!

3.4 Die trigonometrische Form komplexer Zahlen

Wir gehen von der Zeigerdarstellung einer komplexen Zahl aus (Abb. 173). Statt den Vektor, wie bisher, durch Realteil und Imaginärteil festzulegen, verwenden wir jetzt seine Länge $|z| := r$ und seine Richtung $\operatorname{arc} z := \varphi$[1].

Aus Abb. 179 können Sie folgende Beziehungen ablesen:

$$\operatorname{Re}(z) = a = r \cdot \cos\varphi, \quad \operatorname{Im}(z) = b = r \cdot \sin\varphi$$

$$\Rightarrow \quad z = a + bj = r \cdot \cos\varphi + r \cdot \sin\varphi \cdot j = r(\cos\varphi + j \cdot \sin\varphi)$$

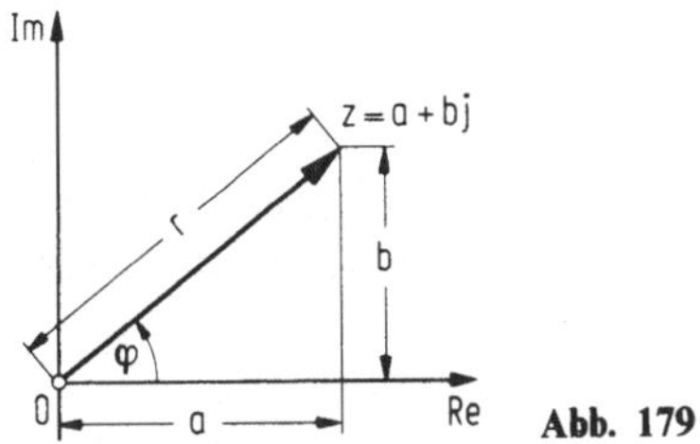

Abb. 179

[1] arc z wird „Arcus von z“ gelesen. Arcus bedeutet hier den Richtung und Richtungssinn implizierenden Winkel des Zeigers. φ kann im Grad- oder Bogenmaß angegeben werden. Die Größen r, φ heißen auch Polarkoordinaten des zugehörigen Punktes der Ebene.

Definition

Bei der *trigonometrischen* Form (Polarform, goniometrische Form)

$$z = r(\cos\varphi + j\sin\varphi)$$

ist eine komplexe Zahl z durch ihren Betrag r und ihren Winkel φ eindeutig bestimmt. Verabredungsgemäß sei

$$r = |z| \geqq 0$$
$$\varphi = \operatorname{arc} z, \quad -\pi < \varphi \leqq +\pi$$

Der Winkel φ werde also im I. und II. Quadranten positiv im Gegenzeigersinn von 0 bis π (0° bis 180°), im III. und IV. Quadranten dagegen negativ im Uhrzeigersinn von 0 bis $-\pi$ (0° bis $-180°$) gezählt.[1] Addition ganzer Vielfachen von 2π (360°) ändert an der Richtung nichts. Man nennt den im Bereich $-\pi < \varphi \leqslant \pi$ liegenden Winkelwert den *Hauptwert* von φ. Mit Ausnahme der Zahl $z = 0$, für die lediglich der Betrag $r = 0$, nicht aber der Winkel φ erklärt ist, liegt für jede komplexe Zahl z der Betrag r und der Winkel φ (im Hauptwertbereich) eindeutig fest.

Umrechnung von der Normalform in die trigonometrische Form

Gegeben: $z = a + bj$ (also a und b)

Gesucht: $z = r(\cos\varphi + j\sin\varphi)$ (also r und φ)

Aus Abb. 179 entnehmen Sie folgende Beziehungen

$$r = \sqrt{a^2 + b^2}, \quad \tan\varphi = \frac{b}{a}.$$

Der Quadrant, in dem φ liegt, wird durch die Vorzeichen von a und b eindeutig bestimmt.

Beispiele

1. Man verwandle $z = 4 + 2j$ in die trigonometrische Form!

Lösung: Man fertigt eine Skizze an (Abb. 180), aus der überschlagsmäßig r und φ ablesbar sind. Insbesondere sieht man, daß φ im I. Quadranten liegt (rechnerisch: $a = 4 > 0$, $b = 2 > 0$).

$$r = \sqrt{16 + 4} = \sqrt{20} = 4{,}47$$

$$\tan\varphi = \frac{2}{4} = 0{,}5 \Rightarrow \varphi = 26{,}56°.$$

[1] Die Winkelzählung ist hier also anders als in der Trigonometrie!

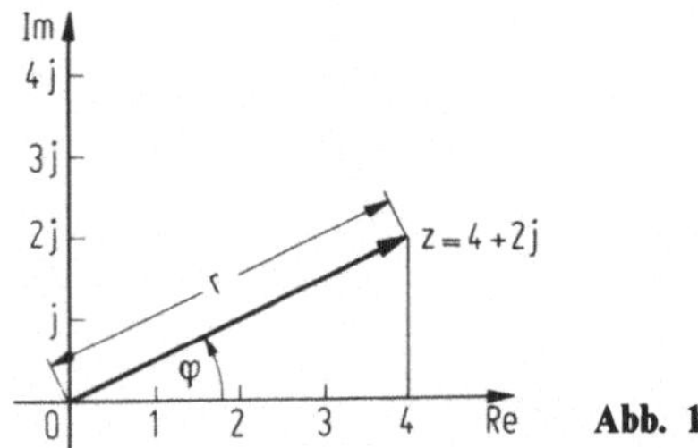

Abb. 180

Damit lautet die trigonometrische Form

$$z = 4{,}47(\cos 26{,}56^\circ + j\sin 26{,}56^\circ)\,.$$

2. Die komplexe Zahl $z = -7 + 5j$ soll in der trigonometrischen Form dargestellt werden (Abb. 181).
Lösung:

$$r = \sqrt{49 + 25} = \sqrt{74} = 8{,}60;$$

$a < 0$, $b > 0 \Rightarrow \varphi$ liegt im II. Quadranten und $\varphi > 0$:

$$\tan(180^\circ - \varphi) = \frac{5}{7} = 0{,}714$$

$$\Rightarrow 180^\circ - \varphi = 35{,}52^\circ$$

$$\varphi = 144{,}48^\circ$$

$$z = 8{,}60(\cos 144{,}48^\circ + j\sin 144{,}48^\circ)\,.$$

3. Wie lautet die trigonometrische Form der komplexen Zahl

$$z = -3{,}15 - 5{,}28j? \quad \text{(Abb. 182)}$$

Lösung:

$$r = \sqrt{37{,}8} = 6{,}15\,;$$

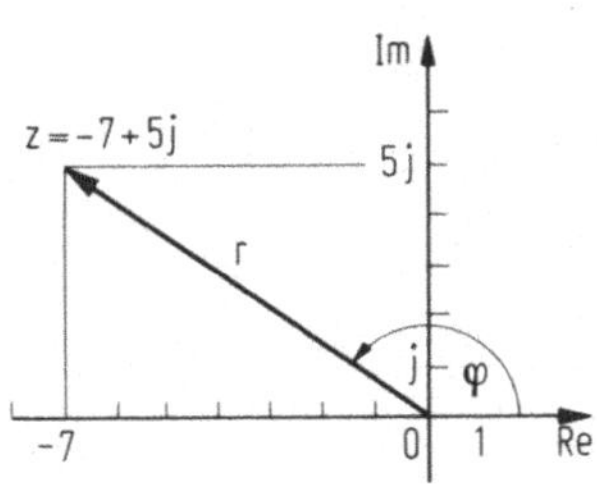

Abb. 181

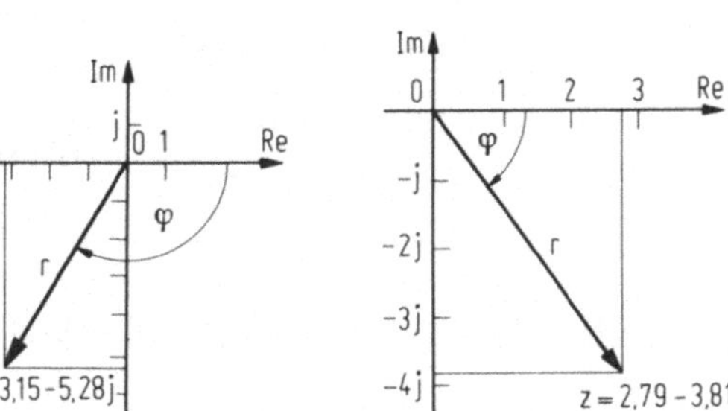

Abb. 182

Abb. 183

$a < 0,\ b < 0 \Rightarrow \varphi$ liegt im III. Quadranten und $\varphi < 0$

$$\tan(180^\circ + \varphi) = \frac{-5{,}28}{-3{,}15} = 1{,}676$$

$$\Rightarrow 180^\circ + \varphi = 59{,}18^\circ$$

$$\varphi = -120{,}82^\circ$$

$$z = 6{,}15[\cos(-120{,}82^\circ) + j\sin(-120{,}82^\circ)]\,.$$

Man pflegt dafür auch zu schreiben $z = 6{,}15\,(\cos 120{,}82^\circ - j\sin 120{,}82^\circ)$, doch ist zu beachten, daß dies nicht die oben definierte trigonometrische Form ist!

4. Die komplexe Zahl $z = 2{,}79 - 3{,}81j$ ist in der trigonometrischen Form darzustellen! (Abb. 183)

Lösung:

$$r = \sqrt{7{,}78 + 14{,}52} = \sqrt{22{,}30} = 4{,}72\,;$$

$a > 0,\ b < 0 \Rightarrow \varphi$ liegt im IV. Quadranten und $\varphi < 0$:

$$\tan(-\varphi) = \frac{3{,}81}{2{,}79} = 1{,}365$$

$$\Rightarrow -\varphi = 53{,}8^\circ$$

$$\varphi = -53{,}8^\circ$$

$$z = 4{,}72[\cos(-53{,}8^\circ) + j\sin(-53{,}8^\circ)]\,.$$

Wir stellen die vier grundsätzlichen Lagen des komplexen Vektors — den vier Quadranten entsprechend — noch einmal zusammen:

$a > 0,\ b > 0: \varphi > 0$; φ im I. Quadranten	$\Rightarrow$ Ansatz: $\tan\varphi = \frac{b}{a}$
$a < 0,\ b > 0: \varphi > 0$; φ im II. Quadranten	$\Rightarrow$ Ansatz: $\tan(180^\circ - \varphi) = \frac{b}{\lvert a\rvert}$
$a < 0,\ b < 0: \varphi < 0$; φ im III. Quadranten	$\Rightarrow$ Ansatz: $\tan(180^\circ + \varphi) = \frac{b}{a}$
$a > 0,\ b < 0: \varphi < 0$; φ im IV. Quadranten	$\Rightarrow$ Ansatz: $\tan(-\varphi) = \frac{\lvert b\rvert}{a}$

Umwandlung von der trigonometrischen in die Normalform

Gegeben: $z = r(\cos\varphi + j\sin\varphi)$ (also r und φ)

Gesucht: $z = a + bj$ (also a und b)

Als Umrechnungsformeln hat man (Abb. 179)

$$\boxed{\begin{aligned} a &= r\cos\varphi \\ b &= r\sin\varphi \,. \end{aligned}}$$

Beispiele

1. Wie lautet die Normalform der komplexen Zahl

$$z = 4{,}09(\cos 73{,}8^\circ - j\sin 73{,}8^\circ)?$$

Lösung: Als erstes beachte man, daß dies nicht die trigonometrische Form ist, vielmehr lautet diese

$$z = 4{,}09[\cos(-73{,}8^\circ) + j\sin(-73{,}8^\circ)]\,.$$

Es ist also $r = 4{,}09$; $\varphi = -73.8^\circ$!

Man lege sich jetzt eine Skizze (Abb. 184) an und rechne

$$a = 4{,}09 \cdot \cos(-73{,}8^\circ) = 1{,}141$$

$$b = 4{,}09 \cdot \sin(-73{,}8^\circ) = -3{,}926\,.$$

Demnach lautet die Normalform

$$z = 1{,}141 - 3{,}926j\,.$$

2. Verwandle $z = 2{,}055(\cos 1{,}94 + j\sin 1{,}94)$ in die Normalform!
Achtung: Der Winkel ist hier im *Bogenmaß* gegeben!
Lösung: Die Reduktion auf den I. Quadranten kann vorher (im Bogenmaß) oder auch nach der Umwandlung ins Gradmaß erfolgen.

Wegen $\pi > 1{,}94 > \frac{\pi}{2}$ liegt φ hier im II. Quadranten:

$$\cos 1{,}94 = -\cos(\pi - 1{,}94) = -\cos 1{,}202 = -0{,}3616$$

$$\sin 1{,}94 = +\sin(\pi - 1{,}94) = \sin 1{,}202 = 0{,}9323$$

$$\Rightarrow \begin{aligned} a &= r\cos\varphi = -2{,}055 \cdot 0{,}3616 = -0{,}743 \\ b &= r\sin\varphi = 2{,}055 \cdot 0{,}9323 = 1{,}915 \end{aligned}$$

$$z = -0{,}743 + 1{,}915j \quad \text{(Abb. 185)}\,.$$

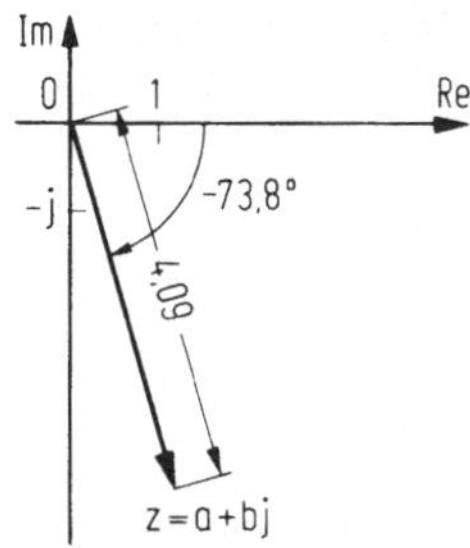

Abb. 184

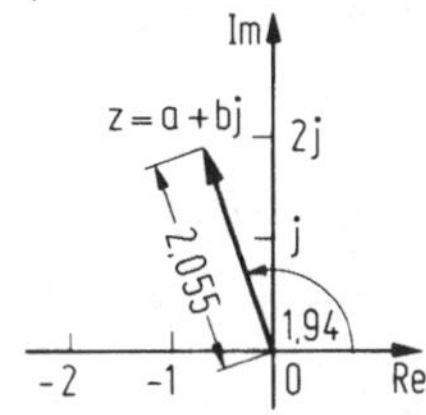

Abb. 185

Ausführung der vier Grundrechenoperationen mit der trigonometrischen Form
Vorgelegt seien die beiden komplexen Zahlen

$$z_1 = r_1(\cos\varphi_1 + j\sin\varphi_1)$$
$$z_2 = r_2(\cos\varphi_2 + j\sin\varphi_2)\,.$$

1. *Addition*

$$z_1 + z_2 = r_1\cos\varphi_1 + r_2\cos\varphi_2 + j(r_1\sin\varphi_1 + r_2\sin\varphi_2)$$
$$\Rightarrow \begin{cases} \mathrm{Re}(z_1 + z_2) = r_1\cos\varphi_1 + r_2\cos\varphi_2 \\ \mathrm{Im}(z_1 + z_2) = r_1\sin\varphi_1 + r_2\sin\varphi_2\,. \end{cases}$$

Setzt man $z_1 + z_2 = r(\cos\varphi + j\sin\varphi)$, so ergibt sich also

$$r = \sqrt{[\mathrm{Re}(z_1 + z_2)]^2 + [\mathrm{Im}(z_1 + z_2)]^2}$$
$$r = \sqrt{(r_1\cos\varphi_1 + r_2\cos\varphi_2)^2 + (r_1\sin\varphi_1 + r_2\sin\varphi_2)^2}$$
$$r = \sqrt{r_1^2 + r_2^2 + 2r_1\cdot r_2\cdot\cos(\varphi_1 - \varphi_2)}$$
$$\tan\varphi = \frac{\mathrm{Im}(z_1 + z_2)}{\mathrm{Re}(z_1 + z_2)}$$
$$\tan\varphi = \frac{r_1\sin\varphi_1 + r_2\sin\varphi_2}{r_1\cos\varphi_1 + r_2\cos\varphi_2}\,.$$

2. *Subtraktion*

$$z_1 - z_2 = r_1\cos\varphi_1 - r_2\cos\varphi_2 + j(r_1\sin\varphi_1 - r_2\sin\varphi_2)$$
$$= \begin{cases} \mathrm{Re}(z_1 - z_2) = r_1\cos\varphi_1 - r_2\cos\varphi_2 \\ \mathrm{Im}(z_1 - z_2) = r_1\sin\varphi_1 - r_2\sin\varphi_2 \end{cases}.$$

Setzt man $z_1 - z_2 = r(\cos\varphi + j\sin\varphi)$, so erhält man

$$r = \sqrt{(r_1\cos\varphi_1 - r_2\cos\varphi_2)^2 + (r_1\sin\varphi_1 - r_2\sin\varphi_2)^2}$$
$$r = \sqrt{r_1^2 + r_2^2 - 2r_1 r_2\cos(\varphi_1 - \varphi_2)}$$
$$\tan\varphi = \frac{r_1\sin\varphi_1 - r_2\sin\varphi_2}{r_1\cos\varphi_1 - r_2\cos\varphi_2}\,.$$

Wir stellen fest: Die Ausführung von Addition und Subtraktion in der trigonometrischen Form ergibt verhältnismäßig komplizierte Ausdrücke. Es empfiehlt sich also, diese beiden Rechenarten in der Normalform auszuführen.

3. *Multiplikation*

$$\begin{aligned} z_1\cdot z_2 &= r_1 r_2(\cos\varphi_1 + j\sin\varphi_1)\cdot(\cos\varphi_2 + j\sin\varphi_2) \\ &= r_1 r_2[(\cos\varphi_1\cos\varphi_2 - \sin\varphi_1\sin\varphi_2) \\ &\quad + j(\sin\varphi_1\cos\varphi_2 + \cos\varphi_1\sin\varphi_2)] \\ &= r_1 r_2[\cos(\varphi_1 + \varphi_2) + j\sin(\varphi_1 + \varphi_2)]\,. \end{aligned}$$

Setzen wir wieder $z_1 \cdot z_2 = r(\cos\varphi + j\sin\varphi)$, so liefert der Vergleich

$$\boxed{\begin{aligned} r &= r_1 \cdot r_2 \\ \varphi &= \varphi_1 + \varphi_2\,, \end{aligned}}$$

d.h. *zwei komplexe Zahlen werden in der trigonometrischen Form multipliziert, indem man ihre Beträge multipliziert und ihre Winkel addiert.*

4. *Division* $(z_2 \neq 0)$

$$\begin{aligned} \frac{z_1}{z_2} &= \frac{r_1(\cos\varphi_1 + j\sin\varphi_1)}{r_2(\cos\varphi_2 + j\sin\varphi_2)} \\ &= \frac{r_1(\cos\varphi_1 + j\sin\varphi_1)(\cos\varphi_2 - j\sin\varphi_2)}{r_2(\cos\varphi_2 + j\sin\varphi_2)(\cos\varphi_2 - j\sin\varphi_2)} \\ &= \frac{r_1}{r_2}\,\frac{(\cos\varphi_1\cos\varphi_2 + \sin\varphi_1\sin\varphi_2) + j(\sin\varphi_1\cos\varphi_2 - \cos\varphi_1\sin\varphi_2)}{\cos^2\varphi_2 + \sin^2\varphi_2} \\ &= \frac{r_1}{r_2}[\cos(\varphi_1 - \varphi_2) + j\sin(\varphi_1 - \varphi_2)]\,. \end{aligned}$$

Mit $z_1 : z_2 = z = r(\cos\varphi + j\sin\varphi)$ ergibt sich also

$$\boxed{\begin{aligned} r &= \frac{r_1}{r_2} \\ \varphi &= \varphi_1 - \varphi_2\,, \end{aligned}}$$

d.h. zwei komplexe Zahlen werden in der trigonometrischen Form dividiert, indem man ihre Beträge dividiert, ihre Winkel jedoch subtrahiert.

Also: Multiplikation und Division sind in der trigonometrischen Form sehr bequem auszuführen und damit dem Rechnen mit der Normalform vorzuziehen.

Aufgaben zu 3.4

1. Von den komplexen Zahlen

   a) $z_1 = 2{,}74(\cos 41{,}7° + j\sin 41{,}7°)$

      $z_2 = 5{,}81(\cos 69{,}2° - j\sin 69{,}2°)$

   b) $z_1 = 0{,}872(\cos 2{,}43 + j\sin 2{,}43)$

      $z_2 = 4{,}91\,(\cos 1{,}24 + j\sin 1{,}24)$

   gebe man $z_1 \cdot z_2$ und $z_1 : z_2$ in der trigonometrischen Form an! Man achte auf die Angabe der Winkel im Hauptwertbereich!
2. Wie lautet die trigonometrische Form (exakt!) von

   a) $\left(\dfrac{1+j}{1-j}\right)^3$

b) $-5{,}21(\cos 150° + j\sin 150°)$

c) $[2(\cos 1{,}1 + j\sin 1{,}1)]^4$

d) $\sin 1 + j\cdot\cos 1$

e) $\dfrac{1}{r(\cos\varphi + j\sin\varphi)} \wedge (r \neq 0)$

f) $\tan\alpha + j\cot\alpha$

3.5 Die Exponentialform komplexer Zahlen

Ohne Beweis sei vorangeschickt, daß sich $\sin\varphi$, $\cos\varphi$ und e^{φ} durch sogenannte unendliche Potenzreihen darstellen lassen:

$$\cos\varphi = 1 - \frac{\varphi^2}{2!} + \frac{\varphi^4}{4!} - \frac{\varphi^6}{6!} + \frac{\varphi^8}{8!} - + \ldots$$

$$\sin\varphi = \varphi - \frac{\varphi^3}{3!} + \frac{\varphi^5}{5!} - \frac{\varphi^7}{7!} + \frac{\varphi^9}{9!} - + \ldots$$

$$e^{\varphi} = 1 + \varphi + \frac{\varphi^2}{2!} + \frac{\varphi^3}{3!} + \frac{\varphi^4}{4!} + \frac{\varphi^5}{5!} + \ldots$$

Die Beziehungen gelten für alle (im Bogenmaß zu nehmenden) Werte von φ. Man sieht, daß in der Darstellung der geraden Kosinusfunktion nur gerade Potenzen, bei der ungeraden Sinusfunktion nur ungerade Potenzen auftreten. Die e-Funktion ist weder gerade noch ungerade.

Diese Reihen dienen in der Praxis zur numerischen Berechnung dieser Funktionen. Um die aus den Tafelwerken bekannten rationalen Näherungswerte zu erhalten, genügt es, von den Reihen eine endliche Anzahl von Gliedern zu nehmen, die unendlichen Reihen also durch Polynome zu ersetzen. Näheres darüber in Band 3, Abschnitt 2.4.3.

Ebenso wird die komplexe Zahl $e^{j\varphi}$ durch die Potenzreihe

$$e^{j\varphi} = 1 + j\varphi + \frac{(j\varphi)^2}{2!} + \frac{(j\varphi)^3}{3!} + \frac{(j\varphi)^4}{4!} + \frac{(j\varphi)^5}{5!} + \ldots$$

definiert. Auspotenzieren und Ordnen ergibt

$$\begin{aligned} e^{j\varphi} &= 1 + j\varphi - \frac{\varphi^2}{2!} - j\frac{\varphi^3}{3!} + \frac{\varphi^4}{4!} + j\frac{\varphi^5}{5!} - \ldots \\ &= \left(1 - \frac{\varphi^2}{2!} + \frac{\varphi^4}{4!} - + \ldots\right) + j\left(\varphi - \frac{\varphi^3}{3!} + \frac{\varphi^5}{5!} - + \ldots\right) \\ &= \cos\varphi + j\sin\varphi \end{aligned}$$

und die damit die außerordentlich wichtige

Formel von EULER [1]

Für die e-Potenz mit imaginärem Argument $j\varphi$ gilt die Normalformdarstellung

$$\boxed{e^{j\varphi} = \cos\varphi + j\sin\varphi\,.}$$

Multipliziert man die Identität beiderseits mit r, so steht rechts die trigonometrische Form $r(\cos\varphi + j\sin\varphi)$, links hingegen eine neue Darstellungsform für eine komplexe Zahl mittels der e-Potenz, nämlich $re^{j\varphi}$.

Definition

Die Darstellung einer komplexen Zahl z gemäß

$$\boxed{z = re^{j\varphi}}$$

heißt ihre *Exponentialform*. Darin bedeuten wie bei der trigonometrischen Form

$$r = |z|, \quad \varphi = \operatorname{arc} z \quad (-\pi < \varphi \leqslant +\pi)\,.$$

Siehe dazu Abb. 186

In der technischen Literatur hat sich für den Winkelfaktor $e^{j\varphi}$ die etwas kürzere Schreibweise $\underline{/\varphi}$ eingebürgert:

$$e^{j\varphi} =: \underline{/\varphi}, \quad e^{-j\varphi} =: \underline{/-\varphi}$$

Das Symbol $\underline{/\varphi}$ wird „*Versor* φ" gelesen, gelegentlich spricht man auch von einer *KENELLYschen Form.* Sie bringt im wesentlichen eine drucktechnische Rationalisierung mit sich.

In der Exponentialform ist eine komplexe Zahl durch dieselben Größen — nämlich Betrag r und Winkel φ — bestimmt wie in der trigonometrischen Form. Die Umrechnung von der Normalform in die Exponentialform und

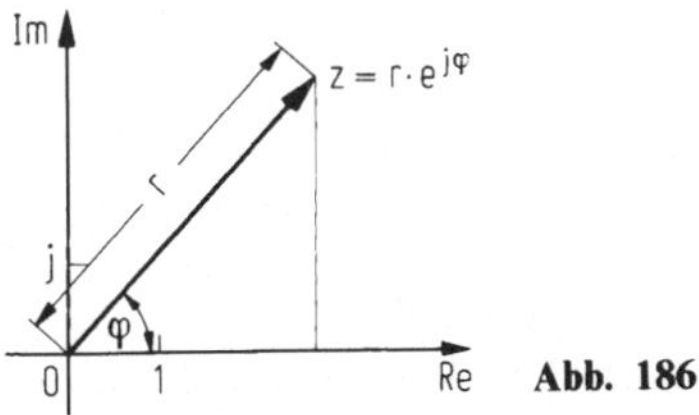

Abb. 186

[1] L. Euler (1707–1783), schweizer Mathematiker (Analysis, Algebra, Mechanik u.a.)

umgekehrt geht deshalb nach denselben Formeln und in der gleichen Weise vor sich wie die Umrechnung zwischen Normalform und trigonometrischer Form. Schließlich ist der Übergang zwischen Exponentialform und trigonometrischer Form lediglich eine Umschreibung, da in beiden Formen die gleichen Größen r und φ die komplexe Zahl bestimmen.

Beispiele

1. Die komplexe Zahl $z = \frac{1}{2}\sqrt{3} + \frac{1}{2}j$ ist in der Exponentialform darzustellen.
   Lösung: Es liegt φ im I. Quadranten:

$$r = \sqrt{\frac{1}{4} + \frac{3}{4}} = 1$$

$$\tan\varphi = \frac{1}{2} : \frac{1}{2}\sqrt{3} = \frac{1}{\sqrt{3}}$$

$$\Rightarrow \varphi = 30^\circ \quad \text{bzw.} \quad \varphi = \frac{\pi}{6}$$

$$\Rightarrow z = e^{j\frac{\pi}{6}} \quad \text{(Abb. 187)} .$$

2. Man gebe von $z = re^{j\varphi}$ Real- und Imaginärteil an!
   Lösung: Es ist $z = re^{j\varphi} = r(\cos\varphi + j\sin\varphi) = r\cos\varphi + jr\sin\varphi$, also

$$\mathrm{Re}(re^{j\varphi}) = r\cos\varphi$$

$$\mathrm{Im}(re^{j\varphi}) = r\sin\varphi .$$

3. Es sei $z = re^{j\varphi}$ gegeben. Wie drücken sich dann Betrag und Winkel der reziproken komplexen Zahl $\frac{1}{z}$ durch r und φ aus? Sei $z \neq 0$.
   Lösung:

$$z = re^{j\varphi} \Rightarrow \frac{1}{z} = \frac{1}{r}\frac{1}{e^{j\varphi}}$$

$$= \frac{1}{r}e^{-j\varphi} = \frac{1}{r}e^{j(-\varphi)}$$

$$\Rightarrow \begin{cases} \left|\frac{1}{z}\right| = \frac{1}{|z|} = \frac{1}{r} \\ \operatorname{arc}\frac{1}{z} = -\operatorname{arc} z = \operatorname{arc}\bar{z} = -\varphi \end{cases}$$

4. Darstellung eines Einheitsvektors in der komplexen Zahlenebene?
   Lösung: Es ist $r = 1$, φ beliebig (es gibt also beliebig viele — verschiedene — Einheitsvektoren!), somit

$$z = e^{j\varphi}$$

mit $|e^{j\varphi}| = 1$

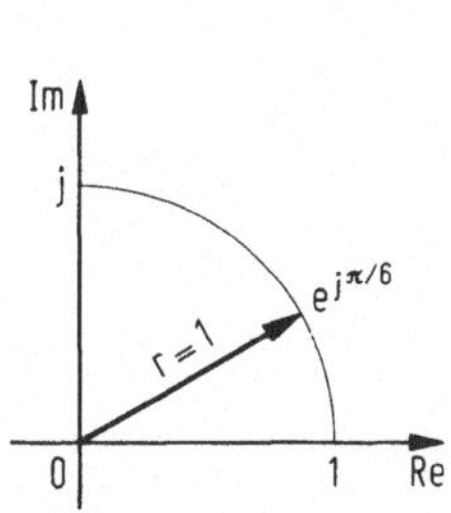

Abb. 187

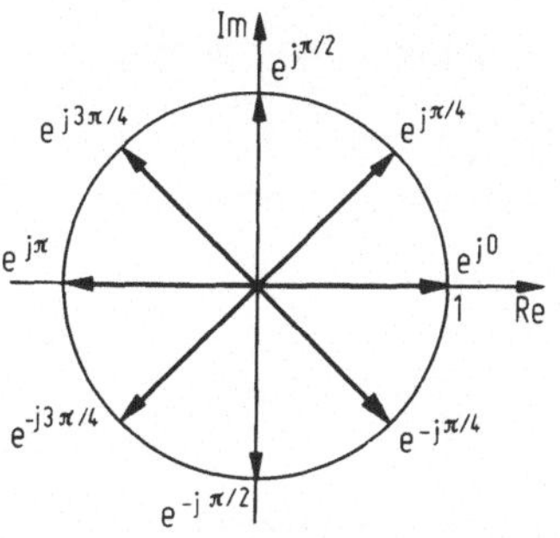

Abb. 188

Man merke sich besonders folgende häufig auftretende Einheitsvektoren und ihre Darstellung am komplexen Einheitskreis (Abb. 188)

$\varphi = 0$	$z = e^{j0}$	$= \cos 0 + j \sin 0$	$= 1$
$\varphi = \frac{\pi}{4}$	$z = e^{j\frac{\pi}{4}}$	$= \cos\frac{\pi}{4} + j\sin\frac{\pi}{4}$	$= \frac{1}{2}\sqrt{2} + j\frac{1}{2}\sqrt{2}$
$\varphi = \frac{\pi}{2}$	$z = e^{j\frac{\pi}{2}}$	$= \cos\frac{\pi}{2} + j\sin\frac{\pi}{2}$	$= j$
$\varphi = \frac{3\pi}{4}$	$z = e^{j\frac{3\pi}{4}}$	$= \cos\frac{3\pi}{4} + j\sin\frac{3\pi}{4}$	$= -\frac{1}{2}\sqrt{2} + j\frac{1}{2}\sqrt{2}$
$\varphi = \pi$	$z = e^{j\pi}$	$= \cos\pi + j\sin\pi$	$= -1$
$\varphi = -\frac{\pi}{4}$	$z = e^{-j\frac{\pi}{4}}$	$= \cos\frac{\pi}{4} - j\sin\frac{\pi}{4}$	$= \frac{1}{2}\sqrt{2} - j\frac{1}{2}\sqrt{2}$
$\varphi = -\frac{\pi}{2}$	$z = e^{-j\frac{\pi}{2}}$	$= \cos\frac{\pi}{2} - j\sin\frac{\pi}{2}$	$= -j$
$\varphi = -\frac{3\pi}{4}$	$z = e^{-j\frac{3\pi}{4}}$	$= \cos\frac{3\pi}{4} - j\sin\frac{3\pi}{4}$	$= -\frac{1}{2}\sqrt{2} - j\frac{1}{2}\sqrt{2}.$

5. Darstellung in der Exponentialform
a) einer reellen Zahl
b) einer imaginären Zahl
c) zweier konjugiert komplexen Zahlen?

Lösung:

a) $r > 0$, sonst beliebig; $\varphi = 0$ oder $\varphi = \pi$

$$\Rightarrow z = re^{j0}(= r), \quad z = re^{j\pi}(= -r)$$

b) $r > 0$, sonst beliebig; $\varphi = \frac{\pi}{2}$ oder $\varphi = -\frac{\pi}{2}$

$$\Rightarrow z = re^{j\frac{\pi}{2}} (= rj) \quad \text{bzw.} \quad z = re^{-j\frac{\pi}{2}} (= -rj)$$

c) $z = re^{j\varphi}$, $\bar{z} = re^{-j\varphi}$

$$(|z| = |\bar{z}|, \operatorname{arc} z = -\operatorname{arc} \bar{z}) .$$

Rechnen mit der Exponentialform

Wie bei der trigonometrischen Form empfiehlt sich das Addieren und Subtrahieren in der Exponentialform nicht. Dagegen bekommt man mit

$$z_1 = r_1 e^{j\varphi_1}, \quad z_2 = r_2 e^{j\varphi_2}$$

a) für die Multiplikation:

$$z_1 z_2 = r_1 r_2 e^{j\varphi_1} e^{j\varphi_2} = r_1 r_2 e^{j(\varphi_1 + \varphi_2)}$$

b) für die Division ($z_2 \neq 0$):

$$\frac{z_1}{z_2} = \frac{r_1 e^{j\varphi_1}}{r_2 e^{j\varphi_2}} = \frac{r_1}{r_2} e^{j(\varphi_1 - \varphi_2)}$$

Mit Versoren geschrieben lauten diese Formeln:

$$z_1 \cdot z_2 = r_1 \underline{/\varphi_1} \cdot r_2 \underline{/\varphi_2} = r_1 r_2 \underline{/\varphi_1 + \varphi_2}$$

$$\frac{z_1}{z_2} = \frac{r_1 \underline{/\varphi_1}}{r_2 \underline{/\varphi_2}} = \frac{r_1}{r_2} \underline{/\varphi_1 - \varphi_2}$$

Anwendung auf die Berechnung von Kreis- und Hyperbelfunktionen

Ersetzt man in der EULERschen Formel

$$e^{jx} = \cos x + j \sin x$$

x durch $-x$, so folgt mit $\cos(-x) = \cos x$, $\sin(-x) = -\sin x$ sofort

$$e^{-jx} = \cos x - j \sin x .$$

Addition bzw. Subtraktion beider Gleichungen ergibt

$$e^{jx} + e^{-jx} = 2 \cos x$$

$$e^{jx} - e^{-jx} = 2j \sin x ,$$

woraus die Darstellungen der Kreisfunktionen folgen:

$$\sin x = \frac{e^{jx} - e^{-jx}}{2j}$$

$$\cos x = \frac{e^{jx} + e^{-jx}}{2}$$

$$\tan x = \frac{1}{j}\frac{e^{jx} - e^{-jx}}{e^{jx} + e^{-jx}}$$

$$\cot x = j\frac{e^{jx} + e^{-jx}}{e^{jx} - e^{-jx}}.$$

Vergleichen wir diese Formeln mit den Definitionsgleichungen der Hyperbelfunktionen (vgl. Analysis, Teil 1, Abschnitt 1.8)

$$\mathbb{R} \to \mathbb{R} \wedge x \mapsto \sinh x := \frac{e^x - e^{-x}}{2}$$

$$\mathbb{R} \to \mathbb{R} \wedge x \mapsto \cosh x := \frac{e^x + e^{-x}}{2}$$

$$\mathbb{R} \to \mathbb{R} \wedge x \mapsto \tanh x := \frac{e^x - e^{-x}}{e^x + e^{-x}}$$

$$\mathbb{R}\setminus\{0\} \to \mathbb{R} \wedge x \mapsto \coth x := \frac{e^x + e^{-x}}{e^x - e^{-x}},$$

so stellen wir folgenden Zusammenhang fest

$\sin x = \frac{1}{j}\sinh jx$	$\sinh x = \frac{1}{j}\sin jx$
$\cos x = \cosh jx$	$\cosh x = \cos jx$
$\tan x = \frac{1}{j}\tanh jx$	$\tanh x = \frac{1}{j}\tan jx$
$\cot x = j\coth jx$	$\coth x = j\cot jx$.

Nennt man jx das zugehörige imaginäre Argument zu x, so kann man diese Beziehungen wie folgt in Worte fassen:

Satz

Der Kreiskosinus ist gleich dem Hyperbelkosinus des zugehörigen imaginären Argumentes und umgekehrt. Der Kreissinus (Kreistangens) ist gleich dem Hyperbelsinus (Hyperbeltangens) des zugehörigen imaginären Argumentes, dividiert durch die imaginäre Einheit, und umgekehrt. Der Kreiskotangens ist gleich dem Hyperbelkotangens des zugehörigen imaginären Argumentes, multipliziert mit der imaginären Einheit, und umgekehrt.

Ist z eine beliebige komplexe Zahl in der Normalform

$$z = x + iy\,,$$

so führt die Anwendung der Additionstheoreme[1] auf folgende Darstellungen

$$\begin{aligned}\sin z = \sin(x + iy) &= \sin x \cos jy + \cos x \sin jy \\ &= \sin x \cosh y + j \cos x \sinh y\,.\end{aligned}$$

Rechterseits steht die Normalform von sin z:

$$\boxed{\begin{aligned}\operatorname{Re}(\sin z) &= \sin x \cosh y \\ \operatorname{Im}(\sin z) &= \cos x \sinh y\,.\end{aligned}}$$

Entsprechend ergibt sich

$$\begin{aligned}\cos z = \cos(x + jy) &= \cos x \cos jy - \sin x \sin jy \\ &= \cos x \cosh y - j \sin x \sinh y\end{aligned}$$

$$\boxed{\begin{aligned}\operatorname{Re}(\cos z) &= \cos x \cosh y \\ \operatorname{Im}(\cos z) &= -\sin x \sinh y\,.\end{aligned}}$$

Ersetzt man in diesen Formeln y durch $-y$, so erhält man für die konjugiert komplexen Argumente $\bar{z} = x - jy$ mit

$$\sin(-y) = -\sin y,\ \sinh(-y) = -\sinh y$$

$$\cos(-y) = +\cos y,\ \cosh(-y) = +\cosh y$$

sofort

$$\sin \bar{z} = \sin x \cosh y - j \cos x \sinh y = \overline{\sin z}$$

$$\cos \bar{z} = \cos x \cosh y + j \sin x \sinh y = \overline{\cos z}\,.$$

Für die Hyperbelfunktionen gelten folgende Additionstheoreme ($x_1, x_2 \in \mathbb{R}$)

$$\boxed{\begin{aligned}\sinh(x_1 \pm x_2) &= \sinh x_1 \cosh x_2 \pm \cosh x_1 \sinh x_2 \\ \cosh(x_1 \pm x_2) &= \cosh x_1 \cosh x_2 \pm \sinh x_1 \sinh x_2\,,\end{aligned}}$$

welche man direkt mit den Definitionsgleichungen nachprüfen kann, z.B.

$$\begin{aligned}\sinh x_1 \cosh x_2 = \tfrac{1}{2}(e^{x_1} - e^{-x_1})\tfrac{1}{2}(e^{x_2} + e^{-x_2}) = \tfrac{1}{4}(&e^{x_1}e^{x_2} - e^{-x_1}e^{x_2} \\ &+ e^{x_1}e^{-x_2} - e^{-x_1}e^{-x_2})\end{aligned}$$

[1] Der Leser wolle sich mit der Feststellung begnügen, daß dies berechtigt ist.

$$\cosh x_1 \sinh x_2 = \tfrac{1}{2}(e^{x_1} + e^{-x_1})\tfrac{1}{2}(e^{x_2} - e^{-x_2}) = \tfrac{1}{4}(e^{x_1}e^{x_2} + e^{-x_1}e^{x_2} - e^{x_1}e^{-x_2} - e^{-x_1}e^{-x_2})$$

$$\Rightarrow \sinh x_1 \cosh x_2 + \cosh x_1 \sinh x_2 = \tfrac{1}{4}(2e^{x_1+x_2} - 2e^{-x_1-x_2}) = \tfrac{1}{2}(e^{x_1+x_2} - e^{-(x_1+x_2)}) = \sinh(x_1 + x_2)\,.$$

Setzt man jetzt für $z = x + jy$ $(x, y \in \mathbb{R})$ und

$$x_1 = x,\; x_2 = jy\,,$$

so folgt

$$\sinh z = \sinh(x + jy) = \sinh x \cosh jy + \cosh x \sinh jy = \sinh x \cos y + j \cosh x \sin y\,.$$

Rechts steht die Normalform von sinh z, so daß gilt

$$\mathrm{Re}(\sinh z) = \sinh x \cos y$$

$$\mathrm{Im}(\sinh z) = \cosh x \sin y\,.$$

Entsprechend ergibt sich

$$\cosh z = \cosh(x + jy) = \cosh x \cosh jy + \sinh x \sinh jy = \cosh x \cos y + j \sinh x \sin y$$

$$\mathrm{Re}(\cosh z) = \cosh x \cos y$$

$$\mathrm{Im}(\cosh z) = \sinh x \sin y\,.$$

Für die konjugierten Argumente folgt daraus

$$\boxed{\begin{aligned} \sinh \bar{z} &= \overline{\sinh z} \\ \cosh \bar{z} &= \overline{\cosh z}\,. \end{aligned}}$$

Mit diesen Formeln sind wir jetzt in der Lage, Kreis- und Hyperbelfunktionen von komplexen Argumenten zu berechnen.

Beispiele

1. Berechne $\sin(1{,}2 + 0{,}7j)$!
   Lösung: Mit $x = 1{,}2$ und $y = 0{,}7$ ergibt sich für

$$\mathrm{Re}(\sin z) = \sin 1{,}2 \cdot \cosh 0{,}7 = 0{,}9320 \cdot 1{,}2552 = 1{,}1698$$

$$\mathrm{Im}(\sin z) = \cos 1{,}2 \cdot \sinh 0{,}7 = 0{,}3624 \cdot 0{,}7586 = 0{,}2749$$

$$\Rightarrow \sin(1{,}2 + 0{,}7j) = 1{,}1698 + 0{,}2749j\,.$$

2. Bestimme $\cosh(3{,}3 - 0{,}2j)$!

Lösung: Mit $x = 3{,}3$ und $y = -0{,}2$ folgt für

$$\mathrm{Re}(\cosh z) = \cosh 3{,}3 \cos 0{,}2 = 13{,}5748 \cdot 0{,}9801 = 13{,}3047$$

$$\mathrm{Im}(\cosh z) = -\sinh 3{,}3 \sin 0{,}2 = -13{,}5379 \cdot 0{,}1987 = -2{,}6900$$

$$\Rightarrow \cosh(3{,}3 - 0{,}2\,j) = 13{,}3047 - 2{,}6900\,j\,.$$

Anwendung auf den Satz von MOIVRE[1]

Ausgehend von der EULERschen Formel

$$e^{j\varphi} = \cos\varphi + j\sin\varphi$$

erhalten wir durch beiderseitiges Potenzieren mit einem Exponenten $n \in \mathbb{Q}$ (unter der Voraussetzung, daß dies formal wie im Reellen geschieht)

$$(e^{j\varphi})^n = e^{j\varphi n} = e^{(n\varphi)j} = (\cos\varphi + j\sin\varphi)^n\,.$$

Andererseits ist aber ebenfalls nach EULER

$$e^{(n\varphi)j} = \cos(n\varphi) + j\sin(n\varphi)\,,$$

so daß sich durch Vergleich der rechten Seiten ergibt der

Satz von MOIVRE

$$\boxed{(\cos\varphi + j\sin\varphi)^n = \cos n\varphi + j\sin n\varphi\,.}$$

Das Potenzieren der komplexen Zahl $\cos\varphi + j\sin\varphi$ mit dem Exponenten $n \in \mathbb{Q}$ kann durch ein Multiplizieren des Winkels φ mit dem Faktor n ausgeführt werden.

Spezialfall für $n = 2$:

$$(\cos\varphi + j\sin\varphi)^2 = \cos^2\varphi + 2j\sin\varphi\cos\varphi - \sin^2\varphi\,.$$

Andererseits ist nach dem Satz von MOIVRE:

$$(\cos\varphi + j\sin\varphi)^2 = \cos 2\varphi + j\sin 2\varphi\,.$$

Hieraus folgt

$$\cos 2\varphi + j\sin 2\varphi = \cos^2\varphi - \sin^2\varphi + 2j\sin\varphi\cos\varphi\,,$$

also müssen die Realteile für sich und die Imaginärteile für sich gleich sein:

$$\boxed{\begin{aligned}\cos 2\varphi &= \cos^2\varphi - \sin^2\varphi\\ \sin 2\varphi &= 2\sin\varphi\cos\varphi\,.\end{aligned}}$$

Wir erhalten also die aus der Goniometrie bekannten Formeln für die Kreisfunktionen des doppelten Argumentes, jetzt aber auf einem ganz anderen Wege.

[1] A. de Moivre (1667–1754), franz. Mathematiker (Wahrscheinlichkeitstheorie).

Spezialfall für n = 3:

$$(\cos\varphi + j\sin\varphi)^3 = \cos^3\varphi + 3j\cos^2\varphi\sin\varphi - 3\cos\varphi\sin^2\varphi - j\sin^3\varphi$$

$$(\cos\varphi + j\sin\varphi)^3 = \cos 3\varphi + j\sin 3\varphi\,.$$

Daraus folgt

$$\cos 3\varphi = \cos^3\varphi - 3\cos\varphi\sin^2\varphi$$

$$\sin 3\varphi = -\sin^3\varphi + 3\cos^2\varphi\sin\varphi$$

oder, falls man in der ersten Formel $\sin^2\varphi = 1 - \cos^2\varphi$ und in der zweiten $\cos^2\varphi = 1 - \sin^2\varphi$ setzt

$$\boxed{\begin{aligned}\cos 3\varphi &= 4\cos^3\varphi - 3\cos\varphi\\ \sin 3\varphi &= -4\sin^3\varphi + 3\sin\varphi\,.\end{aligned}}$$

Aufgaben zu 3.5

1. Gegeben seien die komplexen Zahlen $z_1 = 1{,}2\underline{/0{,}3} = 1{,}2\cdot e^{0{,}3j}$ und $z_2 = 0{,}5\underline{/-0{,}2} = 0{,}5\cdot e^{-0{,}2j}$. Man berechne die Terme $z_1^2\cdot z_2^3$, $(z_1:z_2)^2$ und $z_1^{-3}\cdot z_2^4$ und gebe die Ergebnisse in der Exponential- und KENELLYschen Form an.
2. Sei $z = re^{jx} = r\underline{/x}$. Bestimmen Sie in der Exponentialform und in der Versorenschreibweise
   a) $z + \bar{z}$ b) $z - \bar{z}$ c) $z\cdot\bar{z}$ d) $z:\bar{z}$ (falls $z \neq 0$ ist).
3. Berechnen Sie auf 4 Dezimalen:
   a) sin(2,07 – 1,34j), b) sin(2,07 + 1,34j) und zwar a) in der Normalform,
   b) in Normal- und Exponentialform!
4. Beweisen Sie den Satz von MOIVRE für $n \in \mathbb{N}$ durch Vollständige Induktion!
5. Wie lauten Realteil und Imaginärteil von $\tanh(x + jy)$, ausgedrückt durch die Funktionen sin, cos, sinh, cosh in den Argumenten 2x bzw. 2y?

3.6 Potenzen, Wurzeln und Logarithmen im Komplexen

Definition

Für eine komplexe Zahl $z \in \mathbb{C}$ und eine beliebige ganze Zahl $n \in \mathbb{Z}$ erklären wir die *Potenz* $z^n \in \mathbb{C}$ in formaler Übereinstimmung mit der entsprechenden Definition im Reellen:

$$\boxed{z^n = \begin{cases} \overbrace{z\cdot z\cdot\ldots\cdot z}^{n\ \text{Faktoren}} & \text{für } n > 0\\ 1 & \text{für } n = 0\\ \dfrac{1}{z^{-n}} & \text{für } n < 0 \quad (z \neq 0)\end{cases}}$$

Im konkreten Fall geht man bei der Berechnung einer komplexen Potenz in folgenden drei Schritten vor:

1. Herstellung der trigonometrischen Form

$$z = a + bj \Rightarrow z = r(\cos\varphi + j\sin\varphi)\,.$$

2. Potenzieren mit dem Satz von MOIVRE

$$z^n = r^n(\cos\varphi + j\sin\varphi)^n = r^n(\cos n\varphi + j\sin n\varphi)\,.$$

3. Reduzieren des Winkels $n\varphi$ auf den Hauptwertbereich $-\pi < n\varphi \leqslant +\pi$ (bzw. $-180° < n\varphi \leqslant +180°$) durch geeignetes Addieren oder Subtrahieren ganzer Vielfachen von 2π (bzw. 360°) und Wiederherstellung der Normalform.

Beispiele

1. Man gebe die exakte Normalform von $z = (1-j)^{17}$ an!

1. Schritt: $1 - j = r(\cos\varphi + j\sin\varphi)$

$$= \sqrt{2}[\cos(-45°) + j\sin(-45°)]$$

$$= \sqrt{2}(\cos 45° - j\sin 45°)$$

2. Schritt: $(1-j)^{17} = (\sqrt{2})^{17}(\cos 17\cdot 45° - j\sin 17\cdot 45°)$

$$= 256\sqrt{2}[\cos(2\cdot 360° + 45°) - j\sin(2\cdot 360° + 45°)]$$

3. Schritt: $(1-j)^{17} = 256\sqrt{2}(\cos 45° - j\sin 45°)$

$$= 256\sqrt{2}(\tfrac{1}{2}\sqrt{2} - j\tfrac{1}{2}\sqrt{2})$$

$$\Rightarrow (1-j)^{17} = 256 - 256j\,.$$

2. Ermittle $(-1{,}57 - 2{,}08\,j)^5$!

1. Schritt: $-1{,}57 - 2{,}08\,j = r(\cos\varphi + j\sin\varphi)$

$$\tan(180° + \varphi) = 1{,}325,\quad \varphi = -127{,}04°$$

$$r = \sqrt{1{,}57^2 + 2{,}08^2} = \sqrt{6{,}791} = 2{,}606$$

$$-1{,}57 - 2{,}08\,j = 2{,}606(\cos 127{,}04° - j\sin 127{,}04°)$$

2. Schritt: $(-1{,}57 - 2{,}08\,j)^5 = 2{,}606^5(\cos 635{,}20° - j\sin 635{,}20°)$

$$= 120{,}2(\cos 635{,}20° - j\sin 635{,}20°)$$

3. Schritt: $(-1{,}57 - 2{,}08\,j)^5 = 120{,}2[\cos(-84{,}80°) - j\sin(-84{,}80°)]$

$$= 120{,}2(\cos 84{,}80° + j\sin 84{,}80°)$$

$$\Rightarrow (-1{,}57 - 2{,}08\,j)^5 = 10{,}89 + 119{,}7\,j\,.$$

Definition

Im Körper $\mathbb{C}$ der komplexen Zahlen verstehen wir unter der *Wurzel* $\sqrt[n]{z}$ ($n \in \mathbb{N}$, $z \in \mathbb{C}$) jede komplexe Zahl, deren n-te Potenz gleich z ist.

Man beachte: Die im reellen Zahlenkörper $\mathbb{R}$ gegebene Wurzeldefinition legt den eindeutig bestimmten nicht-negativen Wurzelwert fest. Im Gegensatz dazu meint das Symbol $\sqrt[n]{z}$ im Komplexen *jede* Zahl, deren n-te Potenz gleich z ist. Das hat beispielsweise zur Folge, daß in $\mathbb{R}$ $\sqrt{1} = 1$, in $\mathbb{C}$ hingegen $\sqrt{1} = +1$ und $\sqrt{1} = -1$ bedeutet. Eine an und für sich erforderliche äußere Unterscheidung der Wurzelsymbole ist nicht üblich. In Zweifelsfällen ist deshalb der zugrundeliegende Zahlenkörper anzugeben.

Rechnerische Ermittlung der Werte $\sqrt[n]{z}$

Die zu radizierende komplexe Zahl z wird zunächst in der trigonometrischen Form dargestellt, wobei man jetzt aber die Periodizität der Sinus- und Kosinusfunktion berücksichtigt:

$$z = r[\cos(\varphi + k \cdot 360^\circ) + j\sin(\varphi + k \cdot 360^\circ)] \wedge k \in \mathbb{Z}$$

Nach dem Satz von MOIVRE ist dann

$$\sqrt[n]{z} = z^{\frac{1}{n}} = r^{\frac{1}{n}}\left[\cos\left(\frac{\varphi}{n} + k \cdot \frac{360^\circ}{n}\right) + j\sin\left(\frac{\varphi}{n} + k \cdot \frac{360^\circ}{n}\right)\right].$$

Dabei werde unter $r^{\frac{1}{n}} = \sqrt[n]{r}$ der eindeutig bestimmte positive Wurzelwert verstanden. Setzt man für k nacheinander die Zahlen 0, 1, 2, ..., n − 1 ein, so ist für jeden dieser Werte

$$k \cdot \frac{360^\circ}{n} < 360^\circ$$

und man erhält für jedes solches k einen Wurzelwert von $\sqrt[n]{z}$. Setzt man dagegen $k \geqslant n$, etwa $k = n + k'$ ($k' = 0, 1, 2, \ldots$), so wird wegen

$$\cos\left[\frac{\varphi}{n} + (n + k')\frac{360^\circ}{n}\right] = \cos\left(\frac{\varphi}{n} + k' \cdot \frac{360^\circ}{n} + 360^\circ\right)$$

$$= \cos\left(\frac{\varphi}{n} + k' \cdot \frac{360^\circ}{n}\right)$$

$$\sin\left[\frac{\varphi}{n} + (n + k')\frac{360^\circ}{n}\right] = \sin\left(\frac{\varphi}{n} + k' \cdot \frac{360^\circ}{n} + 360^\circ\right)$$

$$= \sin\left(\frac{\varphi}{n} + k' \cdot \frac{360^\circ}{n}\right)$$

für jedes $n + k'$ sich der gleiche Wurzelwert ergeben wie vorher für k', d.h. die zuvor (für k = 0, 1, 2, ..., n − 1) erhaltenen n Werte von $\sqrt[n]{z}$ wiederholen sich. Zusammenfassend gilt demnach der folgende

Satz

Für die n-te Wurzel aus einer komplexen Zahl $z = r(\cos\varphi + j\sin\varphi)$ findet man mit

$$\sqrt[n]{z} = \sqrt[n]{r}\left[\cos\left(\frac{\varphi}{n} + k\cdot\frac{360^\circ}{n}\right) + j\sin\left(\frac{\varphi}{n} + k\cdot\frac{360^\circ}{n}\right)\right]$$
$$k \in \{0, 1, 2, \ldots, n-1\}$$

genau n verschiedene komplexe Werte.

Für $k = 0$ erhält man den Hauptwert von $\sqrt[n]{z}$:

$$\sqrt[n]{z} = \sqrt[n]{r}\left(\cos\frac{\varphi}{n} + j\sin\frac{\varphi}{n}\right).$$

Es soll stets $\sqrt[n]{r} \geqslant 0$ sein.

Beispiele

1. Man berechne sämtliche Werte von $\sqrt[3]{4-9j}$!

   Lösung: $4 - 9j = r(\cos\varphi + j\sin\varphi)$; $r = \sqrt{97} = 9{,}849$; $\varphi = -66{,}04^\circ$.

   $$\sqrt[3]{4-9j} = \sqrt[3]{9{,}849}\,[\cos(-22{,}01^\circ + k\cdot 120^\circ) + + j\sin(-22{,}01^\circ + k\cdot 120^\circ)]$$

   $$\begin{aligned} k = 0\colon z_0 &= 2{,}144(\cos 22{,}01^\circ - j\cdot\sin 22{,}01^\circ) \\ &= 2{,}144(0{,}927 - j\cdot 0{,}375) \\ &= \underline{1{,}988 - 0{,}804j} \text{ (Hauptwert)} \\ k = 1\colon z_1 &= 2{,}144(\cos 97{,}99^\circ + j\cdot\sin 97{,}99^\circ) \\ &= 2{,}144(-\sin 7{,}99^\circ + j\cdot\cos 7{,}99^\circ) \\ &= 2{,}144(-0{,}139 + j\cdot 0{,}9903) \\ &= \underline{-0{,}298 + 2{,}123j} \\ k = 2\colon z_2 &= 2{,}144(\cos 217{,}99^\circ + j\cdot\sin 217{,}99^\circ) \\ &= 2{,}144(-\cos 37{,}99^\circ - j\cdot\sin 37{,}99^\circ) \\ &= 2{,}144(-0{,}788 - j0{,}616) \\ &= \underline{-1{,}689 - 1{,}321j}\,. \end{aligned}$$

Trägt man die Bildpunkte der Wurzelwerte in die komplexe Zahlenebene ein, so erhält man Abb. 189.

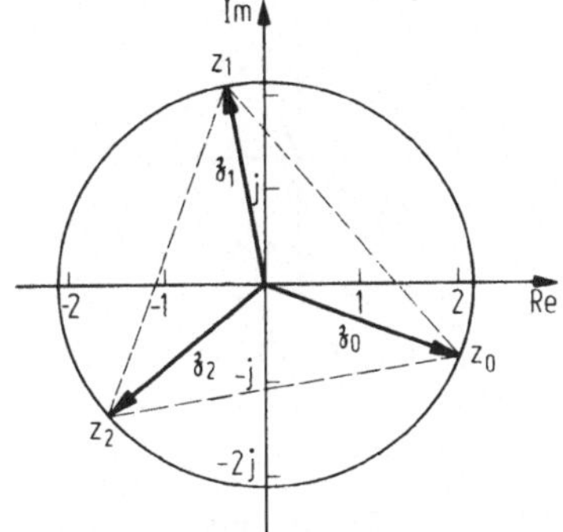

Abb. 189

Die Bildpunkte liegen auf einem Kreis um den Ursprung mit Radius $\sqrt[3]{r} = 2{,}144$ und bilden die Ecken eines gleichseitigen Dreiecks.

2. Man berechne die Werte von $\sqrt[n]{1}$, die sogenannten *n-ten Einheitswurzeln*, für n = 2 und 3 und zeichne ihre Bilder in der GAUSSschen Zahlenebene.
   Lösung: $1 = \cos 0° + j \sin 0° = \cos(k \cdot 360°) + j \cdot \sin(k \cdot 360°)$, allgemein gilt also für $n \in \mathbb{N}$

$$\boxed{\begin{gathered}\sqrt[n]{1} = \cos\left(k \cdot \frac{360°}{n}\right) + j \cdot \sin\left(k \cdot \frac{360°}{n}\right)\\ k \in \{0,\ 1,\ 2, \ldots,\ n-1\}\end{gathered}}$$

n = 2 (die zweiten Einheitswurzeln):

$$\sqrt{1} = \cos(k \cdot 180°) + j \sin(k \cdot 180°);\ k = 0;\ 1.$$

$$k = 0:\ \sqrt{1} = \cos 0° + j \cdot \sin 0° = +1 \text{ (Hauptwert)}$$

$$k = 1:\ \sqrt{1} = \cos 180° + j \cdot \sin 180° = -1\ .$$

n = 3 (die dritten Einheitswurzeln):

$$\sqrt[3]{1} = \cos(k \cdot 120°) + j \cdot \sin(k \cdot 120°);\ k = 0;\ 1;\ 2.$$

$$k = 0:\ \sqrt[3]{1} = \cos 0° + j \cdot \sin 0° = +1 \quad \text{(Hauptwert)}$$

$$k = 1:\ \sqrt[3]{1} = \cos 120° + j \cdot \sin 120° = -\cos 60° + j \cdot \sin 60°$$
$$= -\tfrac{1}{2} + j \cdot \tfrac{1}{2}\sqrt{3}$$

$$k = 2:\ \sqrt[3]{1} = \cos 240° + j \cdot \sin 240° = -\cos 60° - j \cdot \sin 60°$$
$$= -\tfrac{1}{2} - j \cdot \tfrac{1}{2}\sqrt{3}\ .$$

Geometrische Darstellung siehe Abb. 190.

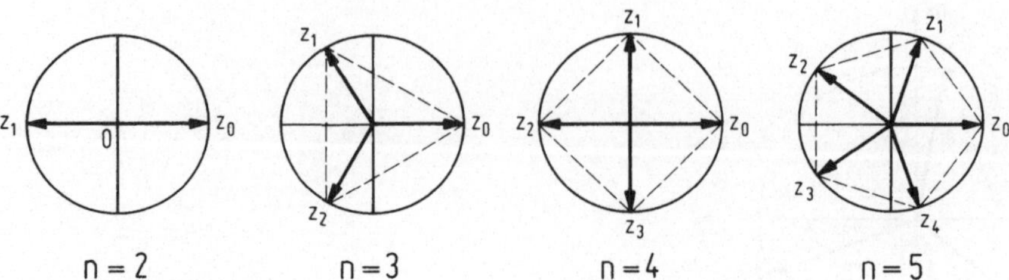

Abb. 190

Bei Berücksichtigung der Periodizität von Sinus- und Kosinusfunktion können wir für eine komplexe Zahl $z \in \mathbb{C}$ und $k \in \mathbb{Z}$ und φ im Bogenmaß

$$z = re^{j(\varphi + k \cdot 2\pi)} = r[\cos(\varphi + k \cdot 2\pi) + j \cdot \sin(\varphi + k \cdot 2\pi)]$$

schreiben. Falls wir von der Voraussetzung ausgehen, daß das Logarithmieren in $\mathbb{C}$ formal gleich ist wie in $\mathbb{R}$, so können wir folgende Erklärung geben.

Definition

Die natürlichen *Logarithmen* einer komplexen Zahl $z \neq 0$ berechnen sich gemäß

$$\boxed{\ln z = \ln r + j(\varphi + k \cdot 2\pi) \wedge k \in \mathbb{Z}}$$

Den sich für $k = 0$ ergebenden Wert von $\ln z$ nennt man seinen *Hauptwert* und schreibt gern

$$\mathrm{Ln}\, z = \ln r + j\varphi$$

Hierbei ist stets $\ln r \in \mathbb{R}$ zu verstehen.

Als Anwendung betrachten wir die Berechnung des Hauptwertes der allgemeinen Potenz z^w zweier komplexen Zahlen $z = re^{j\varphi}$ und $w = u + vj$. Auf Grund der Definitionsgleichung

$$z^w := e^{w \cdot \ln z}$$

ergibt sich mit $\ln z = \ln r + j(\varphi + k \cdot 2\pi)$ beim Einsetzen

$$\begin{aligned} z^w &= e^{(u + vj)[\ln r + j(\varphi + k \cdot 2\pi)]} \\ &= e^{u \cdot \ln r - v(\varphi + k \cdot 2\pi) + j[v \cdot \ln r + u(\varphi + k \cdot 2\pi)]}. \end{aligned}$$

Setzt man $k = 0$, so erhält man den Hauptwert der allgemeinen Potenz

$$z^w = e^{u \cdot \ln r - v\varphi + j(v \cdot \ln r + u\varphi)}$$

und damit die Exponentialform des Hauptwertes zu

$$z^w = r^u e^{-v\varphi} \cdot e^{j(v \cdot \ln r + u\varphi)}$$

$$|z^w| = r^u e^{-v\varphi} (\text{reell}), \quad \mathrm{arc}(z^w) = v \ln r + u\varphi$$

sowie die trigonometrische Form des Hauptwertes

$$z^w = r^u e^{-v\varphi}[\cos(v \cdot \ln r + u\varphi) + j\sin(v \cdot \ln r + u\varphi)]$$

und schließlich die *Normalform des Hauptwertes*

$$z^w = r^u e^{-v\varphi}\cos(v \cdot \ln r + u\varphi) + jr^u e^{-v\varphi}\sin(v \cdot \ln r + u\varphi)$$

$$\left.\begin{aligned} \operatorname{Re}(z^w) &= r^u e^{-v\varphi}\cos(v \cdot \ln r + u\varphi) \\ \operatorname{Im}(z^w) &= r^u e^{-v\varphi}\sin(v \cdot \ln r + u\varphi) \end{aligned}\right\} .$$

Aufgaben zu 3.6

1. Berechnen Sie die exakte Normalform von $(4 + 8j)^3$ auf zwei Wegen:
   a) durch Aufstellung der trigonometrischen Form und Verwendung des Satzes von MOIVRE (keine Näherungsrechnung!)
   b) durch direktes Entwickeln der dritten Potenz (binomischer Satz bzw. PASCALsches Dreieck verwenden, vgl. Analysis, Teil 1, Abschnitt 1.1.2).
2. Stellen Sie $\cos 5x$ als Polynom in $\cos x$ und entsprechend $\sin 5x$ als Summe von $\sin x$ – Potenzen dar!
3. Wie lauten die Normalformen der vierten und fünften Einheitswurzeln?
4. Bestimmen Sie von $\ln(2 + 3j)$ den Hauptwert und von $\ln(-1)$ den Hauptwert und die Nebenwerte für $k = 1, 2, 3$.
5. Wie heißt der Hauptwert
   a) von $\sqrt[j]{j}$ b) von $(1 + j)^{2-5j}$ jeweils in der Normalform?

3.7 Graphische Ausführung der Grundrechenarten mit Zeigern

Wir wissen, daß man jeder komplexen Zahl einen Vektor in der GAUSSschen Zahlenebene – sprich: einen Zeiger – eindeutig als geometrisches Bild zuordnen kann: Für

$$z_1 = a_1 + b_1 j \mapsto \mathfrak{z}_1, \quad z_2 = a_2 + b_2 j \mapsto \mathfrak{z}_2$$

soll im folgenden

$$\mathfrak{z}_1 = a_1 + b_1 j, \quad \mathfrak{z}_2 = a_2 + b_2 j$$

geschrieben werden.

Die vier rationalen Grundrechenoperationen mögen jetzt geometrisch-zeichnerisch mit den komplexen Vektoren $\mathfrak{z}_1$ und $\mathfrak{z}_2$ ausgeführt werden.

1. *Addition*

Die Summe der Vektoren $\mathfrak{z}_1$ und $\mathfrak{z}_2$ ist der vom Ursprung ausgehende *Diagonalenvektor* des durch $\mathfrak{z}_1$ und $\mathfrak{z}_2$ bestimmten Parallelogramms (Parallelogrammregel, vgl. 2.3.1) (Abb. 191).

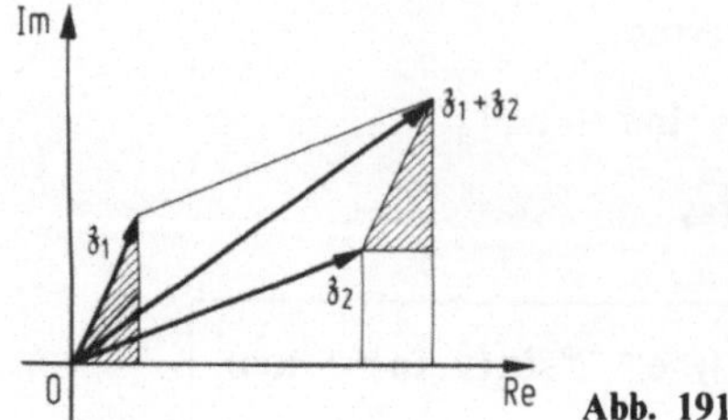

Abb. 191

Von der Richtigkeit dieser Konstruktionsvorschrift überzeugt man sich, indem man die Kongruenz der schraffierten Dreiecke nachweist und dann zeigt, daß

$$\boxed{\begin{aligned} \mathrm{Re}(\mathfrak{z}_1 + \mathfrak{z}_2) &= \mathrm{Re}(\mathfrak{z}_1) + \mathrm{Re}(\mathfrak{z}_2) \\ \mathrm{Im}(\mathfrak{z}_1 + \mathfrak{z}_2) &= \mathrm{Im}(\mathfrak{z}_1) + \mathrm{Im}(\mathfrak{z}_2) \end{aligned}}$$

gilt. Der Leser prüfe dies an Abb. 191 nach!

Folgerung: $|\mathfrak{z}_1 + \mathfrak{z}_2| \leqslant |\mathfrak{z}_1| + |\mathfrak{z}_2|$.

Das Gleichheitszeichen gilt dann und nur dann, wenn $\mathfrak{z}_1$ und $\mathfrak{z}_2$ gleiche Richtung und gleichen Richtungssinn haben, also $\operatorname{arc} \mathfrak{z}_1 = \operatorname{arc} \mathfrak{z}_2$ ist.

Setzt man

$$\mathfrak{z}_1 = r_1(\cos\varphi_1 + j\sin\varphi_1), \quad \mathfrak{z}_2 = r_2(\cos\varphi_2 + j\sin\varphi_2),$$

so hatten wir in 3.4 für den Betrag des Summenvektors erhalten

$$\boxed{|\mathfrak{z}_1 + \mathfrak{z}_2| = \sqrt{r_1^2 + r_2^2 + 2r_1r_2\cos(\varphi_1 - \varphi_2)}.}$$

Diese Beziehung kann man jetzt in Abb. 191 direkt nachprüfen. Man setze dazu für die Diagonale des aus den Seiten r_1 und r_2 bestehenden Parallelogramms den Kosinussatz an und beachte, daß der Gegenwinkel $180° - (\varphi_1 - \varphi_2)$ ist.

2. *Subtraktion*

Ist $\mathfrak{z} = a + bj$ ein beliebiger Zeiger, so soll mit $-\mathfrak{z} = -a - bj$ der aus $\mathfrak{z}$ durch Spiegelung am Nullpunkt entstehende Vektor verstanden werden.

Die Subtraktion eines Vektors $\mathfrak{z}_2$ von $\mathfrak{z}_1$ wird als *Addition* des *negativen Vektors* $-\mathfrak{z}_2$ zu $\mathfrak{z}_1$ ausgeführt:

$$\boxed{\mathfrak{z}_1 - \mathfrak{z}_2 = \mathfrak{z}_1 + (-\mathfrak{z}_2).}$$

Aus Abb. 192 ersieht man, daß der Differenzenvektor $\mathfrak{z}_1 - \mathfrak{z}_2$ der Diagonalenvektor des aus $\mathfrak{z}_1$ und $-\mathfrak{z}_2$ gebildeten Parallelogramms ist. Man kann sich $\mathfrak{z}_1 - \mathfrak{z}_2$

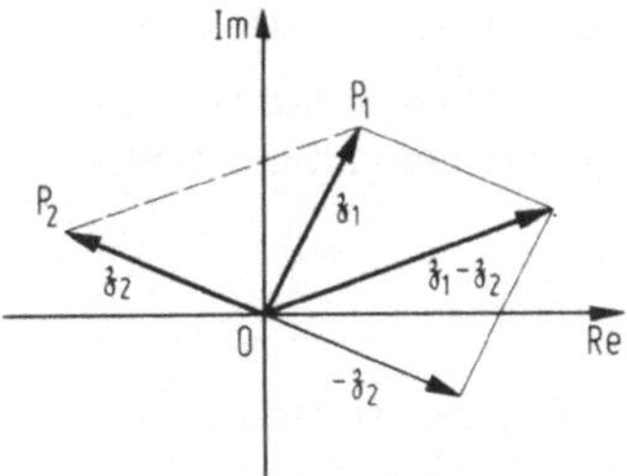

Abb. 192

durch Parallelverschiebung der gerichteten Strecke $\overrightarrow{P_2P_1}$ entstanden denken. Für die Länge des Differenzenvektors gilt

$$\boxed{|\mathfrak{z}_1 - \mathfrak{z}_2| = \sqrt{r_1^2 + r_2^2 - 2r_1r_2\cos(\varphi_1 - \varphi_2)}\,,}$$

was man auch unmittelbar aus Abb. 192 abliest.
Für $\mathfrak{z}_1 = \mathfrak{z}_2$ ergibt sich als Differenz der komplexe Nullvektor $\mathfrak{z}_1 - \mathfrak{z}_1 = \mathfrak{O}$.

3. *Multiplikation*

Schreibt man die Zeiger $\mathfrak{z}_1$ und $\mathfrak{z}_2$ in der Exponentialform

$$\mathfrak{z}_1 = r_1 e^{j\varphi_1}, \quad \mathfrak{z}_2 = r_2 e^{j\varphi_2}\,,$$

so hatten wir für ihr Produkt

$$\mathfrak{z}_1 \cdot \mathfrak{z}_2 = r_1 r_2 e^{j(\varphi_1 + \varphi_2)}$$

erhalten. Zeichnerisch wird die Multiplikation mit $\mathfrak{z}_2$ durch eine *Drehstreckung* von $\mathfrak{z}_1$ – Drehung um φ_2 und Streckung mit r_2 – ausgeführt (Abb. 193). Hierzu hat man nur

$$\operatorname{arc}(\mathfrak{z}_1\mathfrak{z}_2) = \operatorname{arc}\mathfrak{z}_1 + \operatorname{arc}\mathfrak{z}_2 = \varphi_1 + \varphi_2$$

und

$$|\mathfrak{z}_1\mathfrak{z}_2| = |\mathfrak{z}_1| \cdot |\mathfrak{z}_2|$$

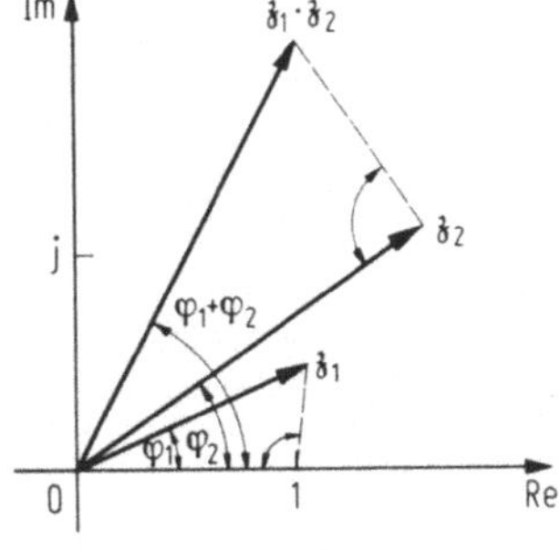

Abb. 193

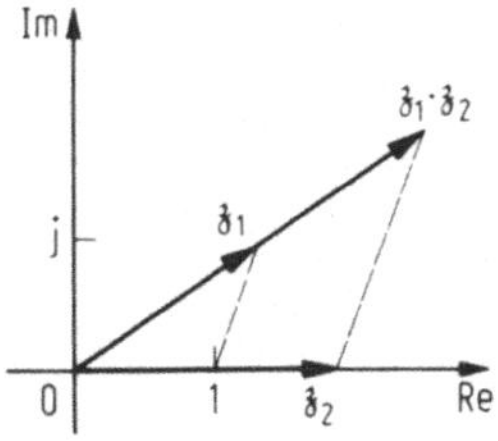

Abb. 194

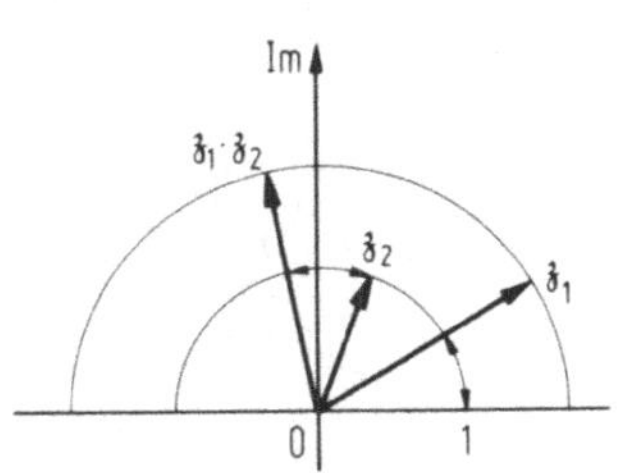

Abb. 195

zu zeichnen. Letzteres geschieht dadurch, daß man das durch $\mathfrak{z}_1 \cdot \mathfrak{z}_2$ und $\mathfrak{z}_2$ aufgespannte Dreieck ähnlich dem durch $\mathfrak{z}_1$ und $\overrightarrow{01}$ bestimmten Dreieck konstruiert. Dazu braucht man nur den Winkel an der Spitze von $\mathfrak{z}_2$ gleich dem an der Spitze von $\overrightarrow{01}$ zu machen.

Sonderfälle

a) Ist $\mathfrak{z}_2$ positiv reell: $\mathfrak{z}_2 = r_2 (\varphi_2 = 0)$, so folgt $\mathfrak{z}_1 \cdot \mathfrak{z}_2 = r_1 r_2 e^{j\varphi_1}$, das ist geometrisch eine *reine Streckung* für $r_2 > 1$ (Abb. 194) bzw. eine reine Stauchung[1] für $r_2 < 1$.

b) Ist $\mathfrak{z}_2$ ein Einheitsvektor: $|\mathfrak{z}_2| = 1$ (φ_2 beliebig), so folgt $\mathfrak{z}_1 \mathfrak{z}_2 = r_1 e^{j\varphi_1} e^{j\varphi_2} = r_1 e^{j(\varphi_1 + \varphi_2)}$, das ist geometrisch eine *reine Drehung* um den Winkel φ_2 (Abb. 195); der Einheitsvektor $\mathfrak{z}_2 = e^{j\varphi_2}$ wird danach auch „Dreher" genannt.

4. *Division*

Die Division $\mathfrak{z}_1$ durch $\mathfrak{z}_2$, wobei $\mathfrak{z}_2$ nicht der Nullvektor sein soll,

$$\frac{\mathfrak{z}_1}{\mathfrak{z}_2} = \frac{r_1}{r_2} e^{j(\varphi_1 - \varphi_2)},$$

bedeutet geometrisch ebenfalls eine *Drehstreckung* von $\mathfrak{z}_1$, nämlich eine Drehung um $-\varphi_2$ und eine Streckung mit dem Faktor $\frac{1}{r_2}$. Man konstruiere gemäß Abb. 196:

$$\operatorname{arc} \frac{\mathfrak{z}_1}{\mathfrak{z}_2} = \operatorname{arc} \mathfrak{z}_1 - \operatorname{arc} \mathfrak{z}_2 = \varphi_1 - \varphi_2, \quad \left| \frac{\mathfrak{z}_1}{\mathfrak{z}_2} \right| = \frac{|\mathfrak{z}_1|}{|\mathfrak{z}_2|}.$$

Die letzte Gleichung realisiert man geometrisch, indem man den Winkel an der Spitze von $\mathfrak{z}_1$ gleich dem an der Spitze von $\mathfrak{z}_2$ macht.

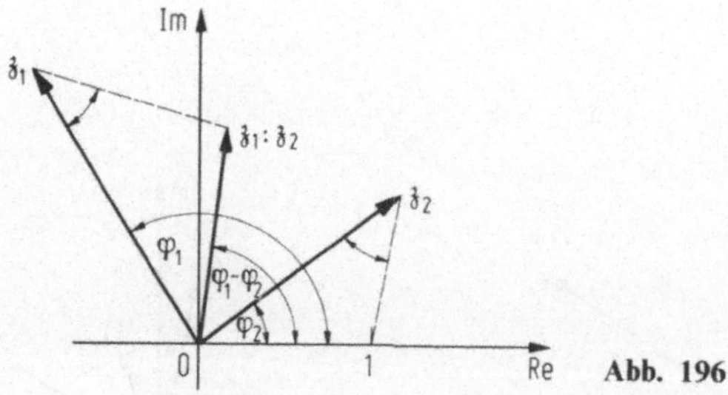

Abb. 196

[1] Streckung und Stauchung werden in der Mathematik gern einheitlich Streckung genannt.

Beispiele

1. Was bedeutet geometrisch die Multiplikation mit j?
   Lösung: Mit $z = re^{j\varphi}$ (beliebig) und $j = e^{j\frac{\pi}{2}}$ ergibt sich $zj = re^{j\left(\varphi + \frac{\pi}{2}\right)}$, d.h. die Multiplikation mit j wird durch eine reine Drehung um den Winkel $\frac{\pi}{2}$ ausgeführt.
2. Der Vektor $\mathfrak{z} = 2{,}74 - 3{,}05\,j$ werde um 45° gedreht und auf die dreifache Länge gestreckt.
   Wie heißt der neue Vektor?
   Lösung: $|\mathfrak{z}| = \sqrt{2{,}74^2 + 3{,}05^2} = \sqrt{16{,}81} = 4{,}10$.
   $\operatorname{arc}\mathfrak{z} = -48{,}1°$. Ist $\mathfrak{z}_1$ der gesuchte Zeiger, so gilt für diesen $|\mathfrak{z}_1| = 3|\mathfrak{z}| = 12{,}30$ und $\operatorname{arc}\mathfrak{z}_1 = \operatorname{arc}\mathfrak{z} + 45° = -3{,}1°$. Damit lautet dieser in der Exponentialform $\mathfrak{z}_1 = 12{,}30e^{-3{,}1° j}$.

4 Fuzzy-Algebra

4.1 Fuzzy-Mengen

4.1.1 Motivation

Aus der Sicht des Anwenders hat Mathematik die Aufgabe, Modelle zur formalen Beschreibung der Realität zu entwickeln. Die Forderung der Praxis nach einer guten Theorie und umgekehrt der Wunsch der Theoretiker nach einer möglichst breiten Anwendung führen dabei oft zur Konstruktion neuer mathematischer Disziplinen. Ein gutes Beispiel für die gegenseitige Befruchtung von Theorie und Praxis ist die Entstehung und Entwicklung der Fuzzy-Mathematik.[1]

Ausgangspunkt ist das Bestreben, bestimmte Wissensbereiche, deren sprachliche Beschreibung ein gewisses Maß an Unschärfe aufweisen, mathematisch zu formalisieren. Diese Unschärfe kann ganz unterschiedlicher Qualität sein. Liegt sie in der Unvorhersagbarkeit zufälliger Ereignisse begründet, so kann man sie mit Wahrscheinlichkeiten und statistischen Verfahren mathematisch recht befriedigend beschreiben. Eine andere Art der Unschärfe ist mit Informationen verbunden, denen zwar exakte Begriffsbildungen zugrundeliegen, die aber in der Praxis mehr oder wenig vage gehandhabt werden, weil dies aus technischen oder ökonomischen Gründen gar nicht anders möglich ist, z.B. Aussagen der Art: die Bewerberin für die ausgeschriebene Stelle ist „vertrauenswürdig“, das neue Kernkraftwerk ist „betriebssicher“, die medizinische Diagnose lautet „ohne Befund“.

Wieder eine andere Art von Unschärfe liegt in der subjektiven Einschätzung bestimmter sprachlicher Formulierungen begründet, die in der Alltagssprache, aber auch im Berufsleben, ständig vorkommen: die Bundesregierung erwartet auch in diesem Jahr einen „deutlichen“ Zuwachs des Bruttosozialproduktes, „die meisten“ deutschen Eltern lassen ihre Kinder christlich taufen, die Außenminister beider Länder sprachen sich für eine „verstärkte“ Zusammenarbeit aus etc.

Es ist wichtig zu wissen, daß solche Informativen bzw. subjektiven Unschärfen auch ein Mittel zur Bewältigung von Komplexität sind. Zwischenmenschliche Verständigung, nicht nur im politischen Raum, ist anders kaum noch möglich. Zusätzliches Nachfragen führt selbstverständlich zu präziseren Aussagen, produ-

[1] Fuzzy (engl.): flockig, verwischt, verschwommen, vage.

ziert aber sehr schnell eine solche Fülle weiterer Informationen, daß deren Bewältigung unpraktikabel wird. Der Leser mache sich diesen Sachverhalt an dem Satz klar: Die Rechner der fünften Generation verarbeiten „in zunehmendem Maße" „intelligentes" Wissen.

Es ist das Verdienst von ZADEH[1], für diese Form vagen Wissens einen einfachen mathematischen Ansatz gefunden zu haben, der sich als außerordentlich fruchtbar erwies. Seine 1965 veröffentlichte Arbeit mit dem Titel „Fuzzy Sets" war der Startschuß für eine neue mathematische Disziplin, die sich seitdem explosionsartig ausbreitet (heute schon über 5000 Publikationen). Zu ihren wichtigsten Anwendungen zählen Entscheidungs- und Optimierungssysteme, Steuerungsprozesse, Informatik und Künstliche Intelligenz, Ingenieur- und Wirtschaftswissenschaften, Medizin sowie Logik und Linguistik. Eine kleine Auswahl von Originaltiteln[2] soll diese Vielfalt der Anwendungen belegen:

Fuzzy systems in civil engineering.
Industrial applications of fuzzy control.
A fuzzy logic controller for aircraft flight control.
Some applications of fuzzy sets to meteorological forecasting.
A fuzzy representation of data for relational database.
Fuzzy reasoning and its applications.
Fuzzy techniques in pattern recognition.
Planing in management by fuzzy dynamic programming.
Decision making under fuzziness.
Fuzzy set theory in medical diagnosis.
Application of fuzzy sets in psychology.
From fuzzy logic to expert systems.
Fuzzy robot controls.

Die nachfolgende Einführung soll die grundlegenden Begriffe und Sätze vorstellen, wobei algebraische Konzepte (Menge, Relation . . .) im Vordergrund stehen und die Parallelität zur klassischen Algebra (Kapitel 1.1, 1.2) hervorgehoben wird. Zur Ergänzung sei auf die in der Fußnote 2 genannte Literatur hingewiesen.

4.1.2 Darstellung von Fuzzy-Mengen

Wie bei gewöhnlichen Mengen (1.1) gehen wir von einer Grundmenge G aus und bilden mit deren Elementen neue Mengen. Diese Mengen sollen unscharf (ungenau, vage, verschwommen) beschrieben sein, z. B.

---

[1] Lofti Asker Zadeh (geb. 1921 in Baku, seit 1944 in USA, Professor an der Universität in Berkeley/Cal.)

[2] Klirr, G.J., Folger, T.A.: Fuzzy Sets, Uncertainty, and Information. London 1988.
Weiterführende Literatur: Kaufmann, A.: Introduction to the Theory of Fuzzy Subsets. Orlando 1975; Zimmermann, H.J.: Fuzzy Set Theory and Its Applications. Boston-Dordrecht-Lancaster, 3. Auflage 1988. Rommelfanger, H.: Entscheiden bei Unschärfe. Fuzzy Decision Support Systeme, Berlin 1988. Auf diese Bücher und die Originalarbeiten von Zadeh nimmt Abschnitt 4 Bezug.

Die Menge der preisgünstigen Computer
Die Menge der nahe bei null gelegenen Zahlen
Die Menge der an Fuzzy-Algebra interessierten Studenten

Offensichtlich kann die Zugehörigkeit zu diesen Mengen nicht einfach durch Ja ($\in$) oder Nein ($\notin$) entschieden werden. Es sind Abstufungen möglich. Diese können wir am einfachsten durch eine Mitgliedsgradfunktion μ erfassen, die jedes Element der Grundmenge bezüglich seiner Zugehörigkeit bewertet, etwa mit den reellen Zahlen des Einheitsintervalls $[0; 1]$. Je größer $\mu(x)$ ausfällt, desto stärker sei die Zugehörigkeit des Elementes x zur betreffenden Menge. Die Grenzfälle $\mu(x) = 1$ bzw. $\mu(x) = 0$ beschreiben die klassischen Situationen „$\in$" bzw. „$\notin$".

Definition

Sei G Grundmenge, $\mu_A: G \to [0; 1]$ *Mitgliedsgrad-Funktion* (Bewertungsfunktion, Zugehörigkeitsfunktion, membership-function). Dann heißt

$$A = \{(x, \mu_A(x)) \mid x \in G, \mu_A(x) \in [0; 1]\}$$

eine auf G erklärte *Fuzzy-Menge* (unscharfe Menge, fuzzy set)

Erläuterungen

1. Fuzzy-Mengen sind nach dieser Definition Paarmengen im gewöhnlichen Sinne (1.2.1) in neuer Interpretation: *jedes* Element x der Grundmenge gehört samt seiner Bewertung $\mu_A(x)$ dieser Menge A an! M.a.W. die Fuzzy-Menge A ist durch die Grundmenge G und die Mitgliedsgrad-Funktion μ_A vollständig bestimmt. Eine Prädikatisierung kommt durch den Verlauf der Mitgliedsgrad-Funktion auf $[0; 1]$ zum Ausdruck.
2. Die Aufstellung der μ-Funktion bzw. die konkrete Zuordnung $x \mapsto \mu(x)$ kann definitorisch erfolgen, kann eine individuelle, subjektive Interpretation sein, kann das Ergebnis einer wissenschaftlichen Untersuchung zum Ausdruck bringen. Damit verbindet sich ein weites Feld empirischer und theoretischer Forschung, das u. a. zur Konzipierung unterschiedlicher Fuzzy-Maße geführt hat. Natürlich können die Mitgliedsgrad-Werte selbst wieder fuzzy sein, dann spricht man von Fuzzy-Mengen zweiter Ordnung (und noch höherer Ordnung, wenn man diese Überlegungen verallgemeinert). Auf dieses Problemfeld wollen wir zunächst keinen Bezug nehmen.
3. Wir bezeichnen Fuzzy-Mengen mit großen lateinischen Buchstaben, vornehmlich mit A, B, C, ..., desgl. auch gewöhnliche Mengen. Eine Verwechslung sollte auf Grund des Kontextes ausgeschlossen sein. Gelegentlich werden Namen wie NAHENULL, KLEIN etc. für Fuzzy-Mengen verwendet. Entsprechendes gilt für die Symbolik von Beziehungen ($=$, $\subset$) und Verknüpfungen ($\cap$, $\cup$, $-$, $*$ etc.). „Klassisch" bzw. „gewöhnlich" meint stets Begriffe der Algebra der Kapitel 1 bis 3 dieses Buches.

4. Elemente $x \in G$ mit $\mu(x) = 0$ können, sofern keine Mißverständnisse möglich sind, weggelassen werden. Die Nullzugehörigkeit zur Fuzzy-Menge entspricht der Nichtzugehörigkeit bei den gewöhnlichen Mengen. Die leere Fuzzy-Menge LEER (μ_{LEER} ist identisch null) können wir mit der gewöhnlichen leeren Menge $\emptyset$ gleichsetzen:

$$\text{LEER} = \{(x, 0) \mid x \in G\} =: \emptyset ,$$

und umgekehrt können wir die gewöhnliche Grundmenge G gleichsetzen der Fuzzy-Menge GRUNDMENGE (μ-Funktion ist identisch eins):

$$\text{GRUNDMENGE} = \{(x, 1) \mid x \in G\} =: G$$

Notationen

1. Notation endlicher Fuzzy-Mengen bei ZADEH

$$A = \mu_A(x_1)/x_1 + \mu_A(x_2)/x_2 + \cdots + \mu_A(x_n)/x_n = \sum_{i=1}^{n} \mu_A(x_i)/x_i$$

2. Notation unendlicher Fuzzy-Mengen bei ZADEH

$$A = \int_G \mu_A(x)/x$$

3. Klassische Notation als endliche Paarmenge, in aufzählender Form (in diesem Buch)

$$A = \{(x_1, \mu_A(x_1)), (x_2, \mu_A(x_2)), \ldots, (x_n, \mu_A(x_n))\}$$

oder durch geschlossene Angabe der Bewertungsfunktion (vgl. Definition, nachfolgendes Beispiel 2)

$$A = \{(x, \mu_A(x)) \mid x \in G \wedge \mu_A(x) \in [0, 1]\}$$

4. Tabellarische Darstellung für endliche Fuzzy-Mengen in waagrechter oder senkrechter Anordnung (vgl. nachfolgendes Beispiel 1)

Beispiele

1. Grundmenge G sei die Menge der Prozentzahlen

$$G = \{0, 10, 20, 30, 40, 50, 60, 70, 80, 90, 100\}$$

Darauf konstruieren wir Fuzzy-Mengen, welche durch bestimmte Quantisierungsprädikate erklärt sind. Verbal sind uns diese Ausdrücke durchaus geläufig; hier nun müssen wir sie durch Zuordnung der Mitgliedsgradwerte beschreiben. Dies ist bei ALLE X und KEIN X problemlos, denn das sind gewöhnliche Mengen (als spezielle Fuzzy-Mengen). In allen anderen Fällen sind die angegebenen μ-Werte durchaus subjektiv, der Leser mag sie ggf. anders wählen (Abb. 197).

x in %	ALLE X	KEIN X	VIELE X	SEHR VIELE X	WENIGE X	EINIGE X
0	0	1	0	0	0,5	0
10	0	0	0	0	1	0,5
20	0	0	0	0	0,5	0,9
30	0	0	0,1	0	0,3	1
40	0	0	0,2	0	0,1	1
50	0	0	0,4	0	0	0,5
60	0	0	0,8	0,1	0	0,1
70	0	0	1	0,3	0	0
80	0	0	1	0,5	0	0
90	0	0	1	0,9	0	0
100	1	0	1	1	0	0

2. Grundmenge sei das Kontinuum ℝ. Die unendlichen Fuzzy-Mengen

$$A = \left\{(x, \mu_A(x)) \mid x \in \mathbb{R} \wedge \mu_A(x) = \frac{1}{1+x^2}\right\} = \int_{\mathbb{R}} (1+x^2)^{-1}/x$$

$$B = \left\{(x, \mu_B(x)) \mid x \in \mathbb{R} \wedge \mu_B(x) = \frac{1}{(1+x^2)^4}\right\} = \int_{\mathbb{R}} (1+x^2)^{-4}/x$$

haben die Eigenschaft (Abb. 198)

$$\mu_A(0) = \mu_B(0) = 1, \quad \mu_A(x), \mu_B(x) \to 0 \quad \text{für } x \to \pm\infty ,$$

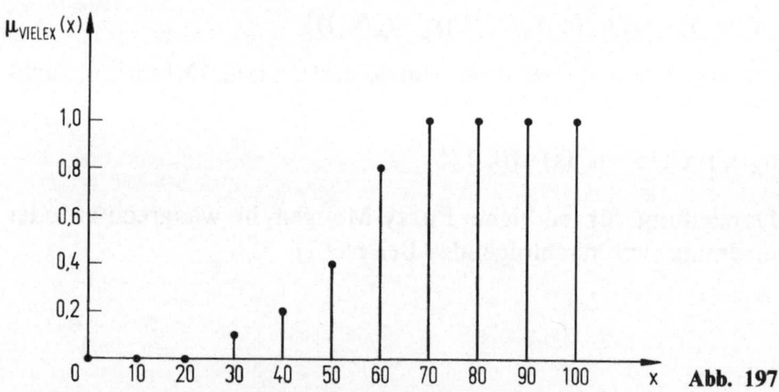

Abb. 197

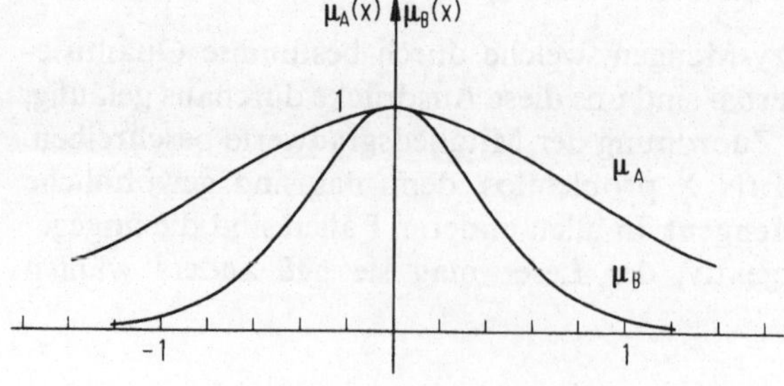

Abb. 198

so daß man sie mit den (typisch unscharfen) Namen

$$A = \text{NAHENULL}, \qquad B = \text{SEHRNAHENULL}$$

bezeichnen könnte. Damit käme verbal die Beziehung zum Ausdruck

$$\mu_B(x) \leqq \mu_A(x) \quad \text{für alle } x \in \mathbb{R} .$$

Diese Eigenschaft können Sie auch in Beispiel 1 feststellen:

$$\mu_{\text{SEHRVIELE X}}(x) \leqq \mu_{\text{VIELE X}}(x) \quad \text{für alle } x \in G .$$

Definition

Sei $\alpha \in [0; 1]$ und A eine Fuzzy-Menge über der Grundmenge G. Dann heiße die *gewöhnliche Menge* aller Elemente $x \in G$, deren Mitgliedsgrad mindestens α beträgt, die *α-Niveau-Menge* A_α von A:

$$\boxed{A_\alpha = \{x \mid x \in G \wedge \mu_A(x) \geqq \alpha\}}$$

Bei Verschärfung der Ungleichung zu „größer α" heißt

$$\boxed{A_\alpha^* = \{x \mid x \in G \wedge \mu_A(x) > \alpha\}}$$

die *strenge α-Niveau-Menge* von A und im Sonderfall $\alpha = 0$

$$\boxed{A_0^* =: S(A) = \{x \mid x \in G \wedge \mu_A(x) > 0\}}$$

die *stützende Menge* der Fuzzy-Menge A (Abb. 199).

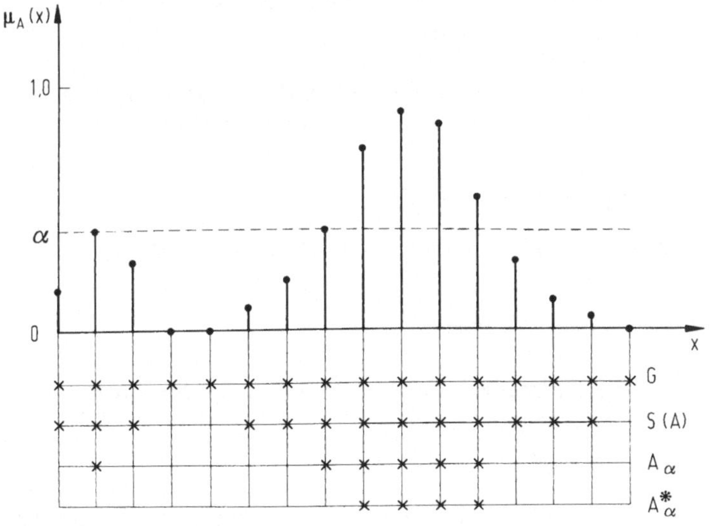

Abb. 199

Beispiele

1. Auf der Grundmenge $G = \{a, b, c, d\}$ sei die Fuzzy-Menge

$$A = \{(a; 0{,}5), (b; 0{,}1), (d; 0{,}9)\}$$

erklärt. Dann lautet die stützende Menge

$$S(A) = \{a, b, d\},$$

die α-Niveau-Mengen bzw. strengen α-Niveau-Mengen

$$A_{0,1} = \{a, b, d\}, \qquad A_{0,5} = \{a, d\}, \qquad A_{0,9} = \{d\}$$

$$A^*_{0,1} = \{a, d\}, \qquad A^*_{0,5} = \{d\}, \qquad A^*_{0,9} = \emptyset$$

woraus man allgemein erkennt

$$A^*_\alpha \subset A_\alpha$$

$$\alpha \geqq \beta \Rightarrow A_\alpha \subset A_\beta$$

für jede reelle Zahl $\alpha, \beta \in [0,1]$. Vgl. nochmals Abb. 199.

2. Niveau-Mengen können zur exakten Festlegung bestimmter Standards, etwa von Leistungsniveaus, herangezogen werden. Der Leser denke sich als Grundmenge die Studierenden der Fachrichtung Maschinenbau einer Hochschule. Im Rahmen der Diplomprüfung muß sich jeder Studierende in 5 Fächern schriftlich und in 3 Fächern mündlich einer Leistungskontrolle unterziehen. Damit bestimmen die Diplomanden, zusammen mit ihren Leistungsbewertungen 8 Fuzzy-Mengen

$$A^{(1)}, \ldots, A^{(5)}; \quad B^{(1)}, \ldots, B^{(3)}.$$

Nehmen wir an, daß die schriftlichen Prüfungen als „bestanden“ gelten, wenn wenigstens 40% der erreichbaren Punkte erbracht wurden, während bei den mündlichen Prüfungen das Niveau auf 30% festgelegt ist, so bedeuten

$$A^{(1)}_{0,4}, \ldots, A^{(5)}_{0,4}; \quad B^{(1)}_{0,3}, \ldots, B^{(3)}_{0,3}$$

die gewöhnlichen Mengen derjenigen Studierenden, die die Prüfungen in den betreffenden Fächern bestanden haben. Da üblicherweise die Prüfungen in allen Fächern bestanden sein müssen, ist

$$A^{(1)}_{0,4} \cap \ldots \cap A^{(5)}_{0,4} \cap B^{(1)}_{0,3} \cap \ldots \cap B^{(3)}_{0,3}$$

die gewöhnliche Menge der Studierenden, die das Diplom erwarben.

4.1.3 Beziehungen zwischen Fuzzy-Mengen

Wir wollen Gleichheits- und Teilmengenbeziehung für Fuzzy-Mengen erklären. Bei gewöhnlichen Mengen A, B gemäß

$$A = \{x \mid Px\}, \quad B = \{x \mid Qx\}$$

wird die Gleichheit auf die Äquivalenz, die Teilmengenbeziehung auf die Implikation der Prädikate zurückgeführt (1.1.2).

$$A = B \text{ genau dann, wenn } Px \Leftrightarrow Qx$$

$$A \subset B \text{ genau dann, wenn } Px \Rightarrow Qx$$

Bei Fuzzy-Mengen erfolgt der Rückgriff auf entsprechende Beziehungen zwischen den zugehörigen Mitgliedsgrad-Funktionen.

Definition

Seien A, B Fuzzy-Mengen über einer Grundmenge G. Dann erklären wir Gleichheit (=) und Teilmengenbeziehung ($\subset$) gemäß

$$A = B :\Leftrightarrow \mu_A(x) = \mu_B(x) \quad \text{für alle } x \in G$$

$$A \subset B :\Leftrightarrow \mu_A(x) \leqq \mu_B(x) \quad \text{für alle } x \in G$$

Folgerungen

(1) Die Fuzzy-Mengen-Gleichheit ist eine Äquivalenzrelation, d.h. für beliebige Fuzzy-Mengen A, B, C gilt

Reflexivität: $A = A$

Symmetrie: $A = B \Rightarrow B = A$

Transitivität: $A = B \wedge B = C \Rightarrow A = C$

(2) Die Fuzzy-Teilmengen-Beziehung ist eine Ordnungsrelation, d.h. für beliebige Fuzzy-Mengen A, B, C gilt

Reflexivität: $A \subset A$

Identitivität: $A \subset B \wedge B \subset A \Rightarrow A = B$

Transitivität: $A \subset B \wedge B \subset C \Rightarrow A \subset C$

(3) Die leere Fuzzy-Menge LEER ist Teilmenge jeder Fuzzy-Menge

$$\text{LEER} \subset A ,$$

denn es gilt doch für jedes x der Grundmenge

$$\mu_{\text{LEER}}(x) = 0 \leqq \mu_A(x) ,$$

und ebenso ist jede Fuzzy-Menge Teilmenge der Fuzzy-Grundmenge GRUNDMENGE:

$$\mu_A(x) \leqq 1 = \mu_{\text{GRUNDMENGE}}(x) \Leftrightarrow A \subset \text{GRUNDMENGE}$$

(4) Als „echte Teilmengen-Beziehung" zwischen Fuzzy-Mengen können wir erklären wie in der klassischen Mengenalgebra[1]

$$A \underset{\text{echt}}{\subset} B :\Leftrightarrow (A \subset B) \wedge (A \neq B)$$

$$\Leftrightarrow \mu_A(x) \leqq \mu_B(x) \quad \text{für alle} \quad x \in G \text{ und}$$

$$\mu_A(x) < \mu_B(x) \quad \text{für wenigstens ein } x \in G.$$

Beispiele

1. Grundmenge $G = \{x_1, x_2, x_3, x_4, x_5, x_6\}$.

$$A = \{(x_1; 0{,}5), (x_2; 0{,}8), (x_5; 0{,}1)\}$$

$$B = \{(x_1; 1), (x_2; 0{,}8), (x_3; 0{,}4), (x_5; 0{,}2), (x_6; 1)\}$$

$$C = \{(x_1; 0{,}5), (x_2; 0{,}8), (x_3; 0), (x_4; 0), (x_5; 0{,}1), (x_6; 0)\}$$

Sie bestätigen sofort

$$A \subset B, \quad A \underset{\text{echt}}{\subset} B, \quad A = C$$

2. Eine typische Teilmengenbeziehung besteht zwischen Fuzzy-Mengen, die durch das Verstärkungsattribut „sehr" sprachlich relationiert sind. Der Leser vergleiche die Beispiele 1 und 2 in 4.1.2:

$$\text{SEHRVIELE X} \subset \text{VIELE X}$$

$$\text{SEHRNAHENULL} \subset \text{NAHENULL}\,.$$

Anschaulich kommt in der Ungleichung der betreffenden Bewertungsfunktionen, z. B.

$$\mu_{\text{SEHRVIELE X}}(x) \leqq \mu_{\text{VIELE X}}(x)$$

zum Ausdruck, daß der Zugehörigkeitsgrad der „verstärkten" Fuzzy-Menge kleiner oder gleich dem der Vergleichsmenge ausfällt, denn die Verstärkung bedeutet doch das Anlegen eines strengeren Maßstabes an die μ-Funktion.

4.1.4 Verknüpfungen von Fuzzy-Mengen

Bei gewöhnlichen Mengen werden die wichtigsten Verknüpfungen auf entsprechende logische Operationen der Prädikate zurückgeführt (1.1.3):

Durchschnitts-Verknüpfung auf Konjunktion („und")

Vereinigungs-Verknüpfung auf Disjunktion („oder")

Komplement-Verknüpfung auf Negation („nicht") .

---

[1] Es sei darauf hingewiesen, daß die echte Teilmengen-Relation in Abweichung von unserer Definition gelegentlich durch „$\mu_A(x) < \mu_B(x)$ für alle $x \in G$" erklärt wird.

Der springende Punkt: Damit überträgt sich die BOOLEsche Struktur der Prädikate auf die Mengen und erzeugt dort eine Mengenalgebra.

Von solchen strukturalgebraischen Aspekten läßt man sich auch bei der Festsetzung entsprechender Verknüpfungen von Fuzzy-Mengen leiten. Allerdings sollten diese auch auf die „Fuzzy-Welt" passen, d.h. im Sinne zwischenmenschlicher sprachlicher Verständigung möglichst gut interpretierbar sein. Es wird sich zeigen, daß sich bei Rückgriff auf den Maximum- und Minimum-Operator Fuzzy-Mengen-Verknüpfungen definieren lassen, die die erste Forderung hervorragend, die zweite jedoch nur eingeschränkt erfüllen. Es gibt deshalb eine ganze Reihe von Ansätzen alternativer Erklärungen, die der subjektiven Vorstellung dieser Operationen eher zu entsprechen versuchen. Dessen ungeachtet ist die folgende, erstmals von ZADEH (1965) gemachte Definition vorherrschend.

Definition

Seien A, B Fuzzy-Mengen über einer Grundmenge G. Dann erklären wir hiermit folgende Operationen

Durchschnitt: $A \cap B = \{(x, \mu_{A \cap B}(x)) \mid \mu_{A \cap B}(x) = \mathrm{Min}(\mu_A(x), \mu_B(x))\}$

Vereinigung: $A \cup B = \{(x, \mu_{A \cup B}(x)) \mid \mu_{A \cup B}(x) = \mathrm{Max}(\mu_A(x), \mu_B(x))\}$

Komplement: $A' = \bar{A} = \{(x, \mu_{A'}(x)) \mid \mu_{A'}(x) = 1 - \mu_A(x)\}$

Beispiel 1: $A \cap B$ ist die „größte" Teilmenge von A und von B (Maximaleigenschaft des Durchschnitts) im folgenden Sinn: Es ist $\mathrm{Min}(\mu_A(x), \mu_B(x)) \leqq \mu_A(x)$, $\mathrm{Min}(\mu_A(x), \mu_B(x)) \leqq \mu_B(x)$ und für jedes X mit $X \subset A$ und $X \subset B$ folgt $X \subset A \cap B$.

Exemplarisch: $G = \{x_1, x_2, x_3, x_4, x_5\}$

	x_1	x_2	x_3	x_4	x_5	
A	0,7	0,5	1	0	0,3	
B	0,2	0,9	0,1	1	0,8	
$A \cap B$	0,2	0,5	0,1	0	0,3	
X	0,1	0,5	0,05	0	0,2	$X \subset A \wedge X \subset B$[1]

$\Rightarrow X \subset A \cap B$

Beispiel 2: $A \cup B$ ist die „kleinste" Obermenge von A und von B (Minimaleigenschaft der Vereinigung) im folgenden Sinne: Es ist $\mathrm{Max}(\mu_A(x), \mu_B(x)) \geqq \mu_A(x)$, $\mathrm{Max}(\mu_A(x), \mu_B(x)) \geqq \mu_B(x)$ und für jedes Y mit $Y \supset A$ und $Y \supset B$ folgt $Y \supset A \cup B$.

---

[1] X ist so konstruiert, daß $X \subset A$ und $X \subset B$ erfüllt ist, ansonsten kann man die $\mu_X(x)$-Werte beliebig wählen, entsprechendes gilt für Y.

Exemplarisch: $G = \{x_1, x_2, x_3, x_4, x_5\}$

	x_1	x_2	x_3	x_4	x_5	
A	0,3	1	0,2	0,7	0	
B	0,4	0,9	0,1	0,8	1	
$A \cup B$	0,4	1	0,2	0,8	1	
Y	0,5	1	0,3	0,8	1	$Y \supset A \wedge Y \supset B$

$\Rightarrow Y \supset A \cup B$

Der Leser beachte, daß diese Maximal- bzw. Minimaleigenschaft von „ ∩ " bzw. „ ∪ " auch bei gewöhnlichen Mengen gilt!

Satz: Gesetze für Fuzzy-Mengen A, B, C auf G

Name	Durchschnitt	Vereinigung
Kommutativität	$A \cap B = B \cap A$	$A \cup B = B \cup A$
Assoziativität	$A \cap (B \cap C) = (A \cap B) \cap C$	$A \cup (B \cup C) = (A \cup B) \cup C$
Distributivität	$A \cap (B \cup C) = (A \cap B) \cup (A \cap C)$	$A \cup (B \cap C) = (A \cup B) \cap (A \cup C)$
Absorption	$A \cap (A \cup B) = A$	$A \cup (A \cap B) = A$
Idempotenz	$A \cap A = A$	$A \cup A = A$
DE MORGAN	$(A \cap B)' = A' \cup B'$	$(A \cup B)' = A' \cap B'$
Gesetze für G, ∅ [1]	$A \cap \emptyset = \emptyset$	$A \cup G = G$
Neutralelemente	$A \cap G = A$	$A \cup \emptyset = A$
	$G' = \emptyset$	$\emptyset' = G$
Doppeltes Komplement	$A'' = A$	

Beweis: Kommutativität, Assoziativität, Distributivität, Absorption und Idempotenz folgen für die fuzzyalgebraischen Operationen unmittelbar aus den für Max und Min geltenden Verknüpfungseigenschaften (Vgl. Aufgabe 1b zu 1.5.1). Nicht selbstverständlich ist die Gültigkeit der DE MORGAN-Gesetze. Wir zeigen diese für den Durchschnitt:

Linke Seite: $\mu_{(A \cap B)'}(x) = 1 - \mu_{A \cap B}(x) = 1 - \operatorname{Min}(\mu_A(x), \mu_B(x))$

$$= \begin{cases} 1 - \mu_A(x) = \mu_{A'}(x) & \text{für } \mu_A(x) \leqq \mu_B(x) \\ 1 - \mu_B(x) = \mu_{B'}(x) & \text{sonst} \end{cases}$$

[1] Es sei noch einmal auf die Vereinbarung GRUNDMENGE = G, LEER = ∅ hingewiesen.

Rechte Seite: $\mu_{A' \cup B'}(x) = \text{Max}(\mu_{A'}(x), \mu_{B'}(x))$

$$= \text{Max}(1 - \mu_A(x), 1 - \mu_B(x))$$

$$= \begin{cases} 1 - \mu_A(x) = \mu_{A'}(x) & \text{für } 1 - \mu_A(x) \geqq 1 - \mu_B(x) \\ & \Leftrightarrow \mu_A(x) \leqq \mu_B(x) \\ 1 - \mu_B(x) = \mu_{B'}(x) & \text{sonst} \end{cases}$$

Ferner gilt: $\text{Min}(\mu_A(x), 0) = 0$, d.h. $A \cap \emptyset = \emptyset$

$\text{Min}(\mu_A(x), 1) = \mu_A(x)$, d.h. $A \cap G = A$

$1 - 1 = 0$, d.h. $G' = \emptyset$. Entsprechend zeigt man dies für „$\cup$".

und für das doppelte Komplement:

$$\mu_{A''}(x) = 1 - \mu_{A'}(x) = 1 - (1 - \mu_A(x)) = \mu_A(x)\,.$$

Beachte: Die sog. Komplementgesetze der klassischen Mengenalgebra gelten für Fuzzy-Mengen nicht! Für eine beliebige Fuzzy-Menge $A \neq \emptyset$ und $A \neq G$ hat die Mitgliedschaftsfunktion für wenigstens ein $x \in G$ einen Wert $\mu_A(x)$ mit $0 < \mu_A(x) < 1$. Damit ergibt sich aber für den Term $A \cap A'$:

$$\mu_{A \cap A'}(x) = \text{Min}(\mu_A(x), 1 - \mu_A(x)) \neq 0, \quad \text{während}$$

$$\mu_{\emptyset}(x) = 0 \quad \text{für alle } x \in G\,.$$

Damit bilden die Fuzzy-Mengen bezüglich Durchschnitts- und Vereinigungs-Verknüpfung einen distributiven Verband[1]. Mit diesen Gesetzen lassen sich fuzzymengenalgebraische Terme bilden, Umformungen und Vereinfachungen ausführen. Wegen dieser weitgehenden Übereinstimmung mit der Durchschnitts- und Vereinigungsoperation der klassischen Mengenalgebra darf man die auf dem Minimum-bzw. Maximum-Operator basierenden fuzzyalgebraischen Durchschnitts- bzw. Vereinigungsoperation als die im algebraischen Sinne besten Verallgemeinerungen des gewöhnlichen „$\cap$" und „$\cup$" ansehen. Allerdings muß stets darauf geachtet werden, daß trotz Gültigkeit der DE MORGANschen Identitäten die Komplementgesetze (und alle Folgerungen daraus!) nicht gelten.

Die VENN-Diagramme lassen sich auf Fuzzy-Mengen nicht übertragen. An ihre Stelle treten graphische Darstellungen der Mitgliedsgrad-Funktionen. Allerdings ermöglichen die Flächen unterhalb des μ-Graphen eine Veranschaulichung der fuzzyalgebraischen Operationen. Beschriften wir den Graphen der Mitgliedsgrad-Funktion μ_A in Abb. 200 mit A, so ist zu beachten, daß die Fläche unterhalb der Kurve aus μ-Graphen besteht, für die

$$\mu(x) \leqq \mu_A(x)$$

---

[1] Als Verband bezeichnet man eine algebraische Struktur mit zwei zweistelligen Verknüpfungen, für welche die Kommutativ-, Assoziativ- und Absorptionsgesetze gelten. Bei distributiven Verbänden gelten außerdem beide Distributivgesetze. Damit ist jede BOOLEsche Algebra zugleich ein distributiver Verband (aber natürlich nicht umgekehrt). Als Operationszeichen verwendet man gern „$\sqcap$" und „$\sqcup$", um die Ausdrücke übersichtlicher zu machen.

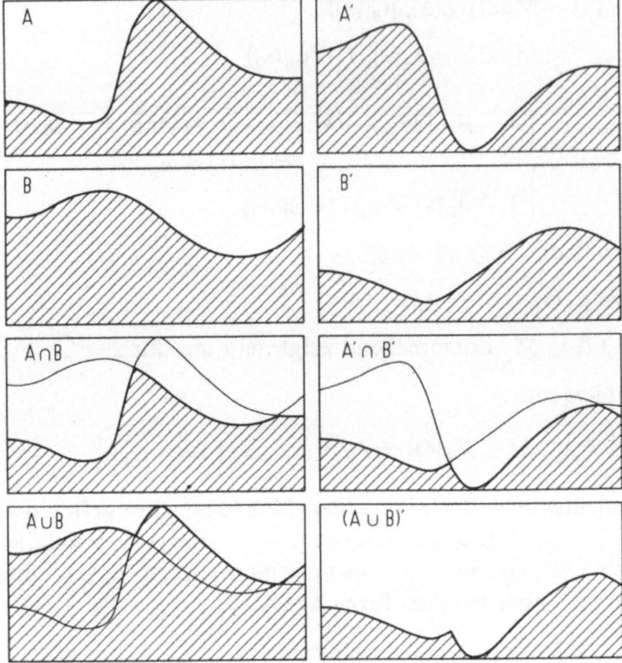

Abb. 200

für alle $x \in G$ gilt. Diese repräsentieren aber allesamt Teilmengen der Fuzzymenge A, und die Vereinigung aller dieser Teilmengen liefert auf Grund des Maximum-Operators wieder die Fuzzymenge A, die damit also für die schraffierte Fläche stehen kann. In Abb. 200 zeigen die linkerseits stehenden Diagramme die Entstehung der Flächen für $A \cap B$ und $A \cup B$, während rechterseits der graphische Nachweis des DE MORGANschen Gesetzes

$$(A \cup B)' = A' \cap B'$$

demonstriert wird. Der Leser wird bemerken, daß die Fläche für A' einfach durch Spiegelung der A-Fläche an der *Waagrechten* Geraden $y = \frac{1}{2}$ entsteht. Diese *Fuzzymengen-Diagramme* sind also auch geeignet, um allgemeine Gesetzmäßigkeiten (der hier erklärten Operationen) zu veranschaulichen.

Alternative Verknüpfungen

In der klassischen Mengenalgebra sind die zweistelligen Verknüpfungen Durchschnitt und Vereinigung mittels der logischen Konjunktion bzw. Disjunktion definiert und damit an das sprachliche UND und ODER gebunden. Während diese Begriffsbildungen praktisch ohne Konkurrenz sind, hat es in der Fuzzyalgebra von Anfang an alternative Konzepte zum Minimum- und Maximum-Operator gegeben. Die erste Alternative gab ZADEH[1] selbst an, er erklärte die zweistelligen Verknüpfungen „algebraische Summe A + B" mit

$$\mu_{A+B}(x) = \mu_A(x) + \mu_B(x) - \mu_A(x) \cdot \mu_B(x)$$

und „algebraisches Produkt A · B" mit

$$\mu_{A \cdot B}(x) = \mu_A(x) \cdot \mu_B(x)$$

sowie das Verknüpfungspaar „beschränkte Summe A ⊕ B" mit

$$\mu_{A \oplus B}(x) = \mathrm{Min}(1, \mu_A(x) + \mu_B(x))$$

und „beschränkte Differenz A⊖B" mit

$$\mu_{A \ominus B}(x) = \mathrm{Max}(0, \mu_A(x) + \mu_B(x) - 1)\,.$$

In den siebziger Jahren begannen empirische Untersuchungen über Beziehungen des subjektiven Sprachempfindens zum fuzzylogischen „und" und „oder"[2]. Dabei ergab sich, daß die auf dem Minimum- und Maximum-Operator basierenden Verknüpfungen umgangssprachliche Vorstellungen in vielen Fällen nicht befriedigend zum Ausdruck bringen. Dies gilt im besonderen Maße für den Durchschnitt zweier Fuzzymengen, der sprachlich intuitiv mit „und" assoziiert wird. Diskrepanzen zwischen Vorstellung und Rechnung entstehen besonders dann, wenn die Differenz $|\mu_A(x) - \mu_B(x)|$ groß ist. Der Leser denke sich einen Sammler, der auf der Suche nach einem „alten Meister in gut erhaltenem Zustand" ist. Beschreibt man die Fuzzymenge dieser Gemälde als Durchschnitt der Fuzzymengen ALTERMEISTER und GUTERHALTENER ZUSTAND, so bewertet diese der Minimum-Operator stets mit dem schlechtesten Zugehörigkeitsgrad, unabhängig vom Betrag des anderen μ-Wertes. Man stelle sich vor, es komme ein Bild unter den Hammer von einem berühmten Maler, etwa Rembrandt, das sich andererseits in einem relativ schlechten Zustand befindet, z.B.

$$\mu_{\mathrm{ALTERMEISTER}}(\mathrm{Rembrandt}) = 0{,}95$$

$$\mu_{\mathrm{GUTERHALTENERZUSTAND}}(\mathrm{Rembrandt}) = 0{,}2$$

Das führt auf die Gesamtbewertung 0,2 = Min(0,95; 0,2). Nun dürfte dieser schlechte Wert aber kaum der Realität entsprechen, da die subjektive Bewertung auf Grund des sehr hohen ersten μ-Wertes hier zu einer Art Ausgleich neigt — vorausgesetzt, der kleinere μ-Wert liegt noch über einer minimalen Akzeptanzschwelle. Die empirisch nachgewiesene Kompromißbereitschaft brachte die Mathematiker auf die Idee, sog. *kompensatorische Operatoren* zu definieren, die

---

1 Zadeh, L.: Fuzzy-Sets. Information und Control, 8. pp. 338–353, 1965

2 Rödder, W.: On „And" and „Or" Connectives in Fuzzy Set Theory. RWTH Aachen. Institut für Wirtschaftswissenschaften, Arb. Bericht Nr. 75/07, 1975.

diesen Ausgleich formalisieren. Die einfachsten Operatoren dieser Art sind

$$\text{arithmetisches Mittel } \tfrac{1}{2}(A + B): \mu_{\frac{1}{2}(A+B)}(x) = \tfrac{1}{2}(\mu_A(x) + \mu_B(x))$$

$$\text{geometrisches Mittel } \sqrt{A \cdot B}: \mu_{\sqrt{A \cdot B}}(x) = \sqrt{\mu_A(x) \cdot \mu_B(x)}$$

Einschlägige Untersuchungen zeigen, daß das geometrische Mittel die prognostizierten Werte besser approximiert als das arithmetische Mittel. Auf Grund der Umformung

$$\begin{aligned}\sqrt{\mu_A(x) \cdot \mu_B(x)} &= (\mu_A(x)^{1/2} \cdot \mu_B(x))^{1/2} \\ &= (\mathrm{Min}(\mu_A(x), \mu_B(x)))^{1/2} \cdot (\mathrm{Max}(\mu_A(x), \mu_B(x)))^{1/2}\end{aligned}$$

liegt es nahe, einen *kompensierenden Parameter* γ $(0 \leqq \gamma \leqq 1)$ anzubringen, der je nach Kompromißbereitschaft den größeren oder kleineren Zugehörigkeitswert verstärkt. Die beiden vorgeschlagenen Verknüpfungen sind, ausgedrückt durch die μ-Funktion[1]

$$[\mathrm{Min}(\mu_A(x), \mu_B(x))]^{1-\gamma} \cdot [\mathrm{Max}(\mu_A(x), \mu_B(x))]^{\gamma}$$

und

$$[\mu_{A \cdot B}(x)]^{1-\gamma} \cdot [\mu_{A+B}(x)]^{\gamma}$$

jeweils mit einem bel. $\gamma \in [0, 1]$. γ heißt auch *Kompensationsgrad.*

Aufgaben zu 4.1.

1. Konstruieren Sie diskrete Bewertungsfunktionen in tabellarischer Form für folgende Fuzzymengen über geeignet zu wählenden Grundmengen

   JUNGER MANN
   STÜRMISCH
   SCHNELL/SEHR SCHNELL
   KONZILIANT

2. Zeigen Sie formal und mit Fuzzymengen-Diagrammen die Gültigkeit der Absorptionsgesetze

   $$A \cup (A \cap B) = A$$

   $$A \cap (A \cup B) = A$$

   für Fuzzymengen A, B über einer Grundmenge G.
3. Modellieren Sie die Fuzzymenge

   UNGEFÄHR GLEICH 10

   auf der Grundmenge $G = [0; 20]$ der reellen Zahlen durch termdefinierte Mitgliedsgradfunktionen (3 Beispiele).

---

[1] Vgl. Rommelfanger a.a.o., Zimmermann, H.J.: Empirische Untersuchungen unscharfer Entscheidungen. DFG Arbeitsbericht Nr. ZI 104/7. RWTH Aachen 1979. Zimmermann, H.J. und Zysno, P.: Latent Connectives in Human Decision Making. FSS4, S. 37–51, 1980.

4. Untersuchen Sie die folgenden Fuzzy-Operatoren bezüglich ihren Wirkungsweise:

   — Konzentration einer Fuzzymenge A: $\text{Kon}(A) = \int_G (\mu_A(x))^2/x$

   — Dilatation einer Fuzzymenge A: $\text{Dil}(A) = \int_G \sqrt{\mu_A(x)}/x$

   — Intensivierung einer Fuzzymenge A: $\text{Int}(A) = \begin{cases} \text{Kon}(A) & \text{für } \mu_A(x) \leqq 0{,}5 \\ \text{Dil}(A) & \text{sonst} \end{cases}$

   Zeigen Sie formal die Gültigkeit der Formeln

   $$\text{Kon}(A \cup B) = \text{Kon}(A) \cup \text{Kon}(B)$$
   $$\text{Dil}(A \cap B) = \text{Dil}(A) \cap \text{Dil}(B)$$
   $$\text{Int}(A \cup B) = \text{Int}(A) \cup \text{Int}(B)\,.$$

5. Auf der Grundmenge G = {Karl, Otto, August, Peter} seien folgende Fuzzymengen erklärt

   LANGHAAR = {(Karl; 0,8), (August; 0,1), (Peter; 1)}
   UNRASIERT = {(Karl; 0,9), (Otto; 1), (August; 0,1), (Peter; 0,4)}
   GAMMLER = {(Karl; 0,9), (August; 1)}
   ARBEITER = {(Karl; 0,5), (Otto; 1), (August; 1), (Peter; 0,1)}

   Nach ZADEH erklären wir damit die Fuzzymenge HIPPIE durch folgenden Fuzzymengen-Term

   HIPPIE = (LANGHAAR ∪ UNRASIERT) ∩ GAMMLER ∩ (ARBEITER)′

   Welche Personen sind Hippies?

6. Es sei A eine endliche Fuzzymenge über der Grundmenge G, $\alpha_1, \ldots, \alpha_n$ die in A auftretenden Mitgliedsgradwerte ungleich null. Für jedes $i \in [1; n]$ bedeute

   $$\alpha_i A_{\alpha_i} = \{(x, \alpha_i) \mid x \in A_{\alpha_i}\}$$

   die Fuzzymenge, in der alle Elemente von A_{α_i} mit dem gleichen Mitgliedsgrad α_i auftreten:

   $$\mu_{\alpha_i A_{\alpha_i}}(x) = \alpha_i \mu_{A_{\alpha_i}}(x) = \alpha_i \quad (\mu_{A_{\alpha_i}}(x) = 1)$$

   Bestätigen Sie am Beispiel der Fuzzymenge A über G = {a, b, c, d, e} mit

   A = {(a; 0,9), (b; 0,3), (c; 0,4), (d; 1), (e; 0,1)}

   die (allgemeingültige) Zerlegungsformel

   $$A = \alpha_1 A_{\alpha_1} \cup \alpha_2 A_{\alpha_2} \cup \ldots \cup \alpha_n A_{\alpha_n}$$

7. Bestimmen Sie für die Fuzzymengen

$$A = \{(a; 1), (b; 0{,}5), (c; 0{,}1), (d; 0{,}4), (e; 0)\}$$
$$B = \{(a; 0), (b; 0{,}6), (c; 1), (d; 0{,}5), (e; 1)\}$$

die Verknüpfungsergebnisse von

(1) $A + B$	(5) $0.5(A + B)$
(2) $A \cdot B$	(6) $\sqrt{A \cdot B}$
(3) $A \oplus B$	(7) $A \cap B$
(4) $A \ominus B$	(8) $A \cup B$

Welche allgemeingültigen Beziehungen vermuten Sie?

4.2 Fuzzy-Relationen

4.2.1 Begriff. Darstellungsformen

Gewöhnliche Relationen R waren als Teilmengen kartesischer Produkte erklärt worden (vgl. 1.2.1). Die Zugehörigkeit eines n-tupels der Grundmenge zur Relation wurde durch ein n-stelliges Prädikat entschieden:

$$(x_1, \ldots, x_n) \in R \Leftrightarrow Rx_1 x_2 \ldots x_n, \quad \text{d.h. R ist erfüllt („wahr")}$$
$$(x_1, \ldots, x_n) \notin R \Leftrightarrow \neg Rx_1 x_2 \ldots x_n, \quad \text{d.h. R ist nicht erfüllt („falsch")}$$

Wie bei den Mengen erfolgt die Fuzzifikation der Relationen dadurch, daß wir eine n-stellige Mitgliedsgradfunktion μ_R so definieren, daß die Zugehörigkeit jedes n-tupels der Grundmenge mittels μ_R bewertet wird. Die klassischen Fälle „$\in$" bzw. „$\notin$" erscheinen dabei wieder als Extremwerte von μ_R:

$$\mu_R(x_1, x_2, \ldots, x_n) = \begin{cases} 1 & \text{für } (x_1, x_2, \ldots, x_n) \in R \\ 0 & \text{für } (x_1, x_2, \ldots, x_n) \notin R, \end{cases}$$

d.h. mit wachsendem μ_R-Wert wächst auch das Maß der Zugehörigkeit zur (Fuzzy-)Relation.

Definition

Mit den gwöhnlichen Mengen $X_1, X_2, \ldots, X_n$ sei $G = X_1 \times X_2 \times \ldots \times X_n$ als Grundmenge gegeben. Dann heiße die Paarmenge, interpretiert als bewertete n-tupel-Menge,

$$R = \{((x_1, \ldots, x_n), \mu_R(x_1, \ldots, x_n)) | \quad \text{alle } x_i \in X_i, \; \mu_R(x_1, \ldots, x_n) \in [0; 1]\}$$

eine *n-stellige Fuzzy-Relation* über der Grundmenge G.

In der Notation von ZADEH ist mit $\vec{x} := (x_1, \ldots, x_n)$

$$R = \sum \mu_R(\vec{x})/\vec{x} \quad \text{für endliche n-stellige Fuzzy-Relationen}$$

$$R = \int_G \mu_R(\vec{x})/\vec{x} \quad \text{für unendliche n-stellige Fuzzy-Relationen}$$

zu schreiben. Die Grenzfälle können wieder mit der gewöhnlichen Grundmenge G (als Fuzzy-Relation, in der alle $\vec{x}$ mit dem Mitgliedsgradwert 1 auftreten) und mit der leeren Menge $\varnothing$ (als Fuzzy-Relation ausschließlich mit $\mu_\varnothing(\vec{x}) = 0$) identifiziert werden. Damit wird jede Fuzzy-Relation R eine (Fuzzy-)Teilmenge der Grundmenge G, so wie in der klassischen Relationenalgebra

$$R \subset X_1 \times X_2 \times \ldots \times X_n = G$$

$$\mu_R(\vec{x}) \leqq \mu_{X_1 \times X_2 \times \ldots \times X_n}(\vec{x}) = 1$$

Die *binären Fuzzy-Relationen* bilden auch hier die wichtigste Klasse

$$R =: R(X, Y), \quad \text{d.h.} \quad R \subset X \times Y\ (= G)$$

$$R = \{((x, y), \mu_R(x, y)) \mid x \in X \wedge y \in Y \wedge \mu_R(x, y) \in [0, 1]\}$$

Wie bei den gewöhnlichen Relationen heißt X *Quellmenge* und Y *Zielmenge.*

Beispiele

1. Übliche Darstellungsformen einer binären Fuzzy-Relation

$$R \subset A \times A \text{ mit } A = \{a, b, c, d\};$$

(1) *ZADEHsche Notation*:

$R = 0{,}1/(a, a) + 0{,}5/(a, c) + 1/(b, a) + 0{,}3/(b, d) + 0{,}5/(c, c) + 0{,}9/(d, b) + 0{,}3/(d, d)$

(2) *Klassische Mengen-Notation*:

$R = \{((a, a); 0{,}1), ((a, c); 0{,}5), ((b, a); 1), ((b, d); 0{,}3), ((c, c); 0{,}5), ((d, b); 0{,}9), ((d, d); 0{,}3)\}$

(3) *Matrix-Darstellung* (quadratisches Schema)

R	a	b	c	d
a	0,1	0	0,5	0
b	1	0	0	0,3
c	0	0	0,5	0
d	0	0,9	0	0,3

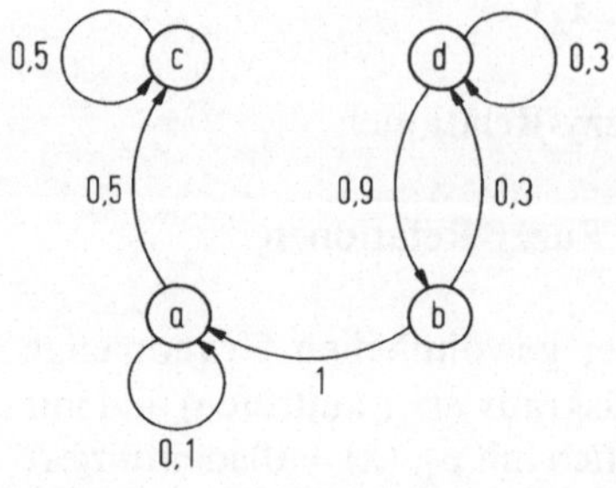

Abb. 201

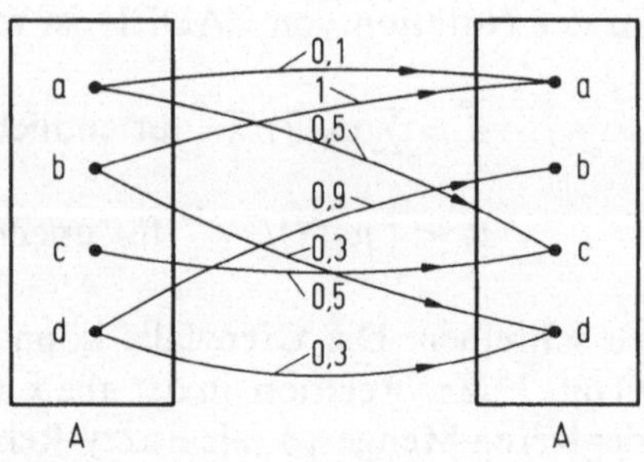

Abb. 202

(4) Darstellung als (gerichteter) Relationsgraph, hier: *Fuzzy-Graph* (Abb. 201) (Schlingen- bzw. Kantenbewertungen sind die zugehörigen Mitgliedsgradwerte, nullbewertete Schlingen bzw. Kanten sind weggelassen);

(5) Darstellung als waagrechte *Tabelle*

x	a	a	b	b	c	d	d
y	a	c	a	d	c	b	d
$\mu_R(x, y)$	0,1	0,5	1	0,3	0,5	0,9	0,3

(6) Darstellung als *Pfeildiagramm* (Pfeilbewertungen sind die zugehörigen Mitgliedsgrade, nullbewertete Pfeile entfallen): Abb. 202.

2. Für bestimmte Belange der Studienplangestaltung und der Studienfachwahl ist es zum Beispiel für Abiturienten von Interesse, in welchem Maß die einzelnen Studienfächer gemeinsame Inhalte aufweisen. Eine solche Relation möge durch das Prädikat „Viele gemeinsame Interessenfelder" bezeichnet werden; es ist zweifellos unscharf und erzeugt damit eine binäre Fuzzy-Relation. Auf der Grundmenge $G = X \times Y$ ist für einige Studienfächer X und Y diese Relation mit folgender Tafelmatrix intuitiv beschrieben

X \ Y	Jura	Pädagogik	Theologie	Medizin	Mathematik
Maschinenbau	0,1	0	0	0,2	0,7
Physik	0,1	0,1	0	0,3	1
Informatik	0,2	0,3	0	0,5	1
Wirtschaftswiss.	0,4	0	0	0	0,6
Psychologie	0	1	0,3	1	0,2
Medientechnik	0	0,5	0	0,1	0,1

Der Leser kann aus dieser Tafel — falls man einmal diese μ-Werte annimmt — für die hier ausgewählten Fächer einige typische Eigenschaften herauslesen, u. a. daß Mathematik oder Informatik stark interdisziplinär sind, im Gegensatz etwa zur Theologie.

3. Eine Teildisziplin innerhalb der Fuzzy-Mathematik beschäftigt sich mit der Entwicklung formaler Schlußregeln, die bei Anwendung auf vorgegebene Prämissen (d. s. Fuzzy-Relationen) zu korrekten Folgerungen führen (sog. approximate reasoning). Hier ein einfaches Beispiel

   R_1x: x ist eine kleine Zahl
   R_2xy: x ist näherungsgleich y

   R_3y : y ist eine mehr oder weniger kleine Zahl.

Weitere Begriffsbildungen für binäre Fuzzy-Relationen in sinngemäßer Fortsetzung entsprechender Erklärungen bei gewöhnlichen zweistelligen Relationen:

Sei $R = R(X, Y) = \{((x, y), \mu_R(x, y)) | x \in X \wedge y \in Y \wedge \mu_R(x, y) \in [0, 1]\}$.

Dann sei der *Vorbereich* V_R die Fuzzy-Menge

$$V_R = \{(x, \mu_{V_R}(x)) | x \in X \wedge \mu_{V_R}(x) = \operatorname*{Max}_{y \in Y} \mu_R(x, y)\}; \; V_R \subset X$$

sowie der *Nachbereich* N_R die Fuzzy-Menge

$$N_R = \{(y, \mu_{N_R}(y)) | y \in Y \wedge \mu_{N_R}(y) = \operatorname*{Max}_{x \in X} \mu_R(x, y)\}; \; N_R \subset Y .$$

Als Beispiel nehmen wir die Fuzzy-Relation $R(X, Y)$ mit $X = \{x_1, \ldots, x_5\}$ als Quellmenge und $Y = \{y_1, \ldots, y_6\}$ als Zielmenge und der Zuordnungstafel

R	y_1	y_2	y_3	y_4	y_5	y_6
x_1	0,5	0	0	1	0,7	0
x_2	1	0,5	0,2	0,4	0	1
x_3	0	0,5	0,3	0,5	0,1	0,7
x_4	0,2	0,6	0,4	0,7	0,1	0
x_5	0	0,1	0	0,5	0	0,9

Für diese ergibt sich als Vorbereich V_R die Fuzzy-Menge

$$V_R = \{(x_1; 1), (x_2; 1), (x_3; 0{,}7), (x_4; 0{,}7), (x_5; 0{,}9)\} ,$$

und als Nachbereich N_R die Fuzzy-Menge

$$N_R = \{(y_1; 1), (y_2; 0{,}6), (y_3; 0{,}4), (y_4; 1), (y_5; 0{,}7), (y_6; 1)\}$$

Wir sprechen ferner von einer *linkstotalen* Fuzzy-Relation $R(X, Y)$, falls die Stützmenge $S(V_R)$ des Vorbereichs V_R gleich ist der Quellmenge X (beachte: X und $S(V_R)$ sind gewöhnliche Mengen):

$$S(V_R) = X$$

und entsprechend heiße R *rechtstotal*, wenn die stützende Menge $S(N_R)$ des Nachbereichs N_R mit der Zielmenge übereinstimmt:

$$S(N_R) = Y$$

Wird eine (endliche) Fuzzyrelation als Matrix dargestellt, so erkennt man die Eigenschaft linkstotal/rechtstotal daran, daß keine Nullzeile/Nullspalte auftritt.

Die Fuzzy-Relation des voranstehenden Beispiels ist demnach links- und rechtstotal.

Schließlich nennen wir wie in der klassischen Algebra eine (binäre) Fuzzy-Relation $R = R(X, Y)$ *rechtseindeutig*, wenn es für jedes $x \in X$ höchstens einen Partner $y \in Y$ mit $\mu_R(x, y) > 0$ gibt, linkstotale und rechtseindeutige Fuzzy-Relationen heißen funktionell oder *Fuzzy-Abbildungen* von X nach Y. Die Fuzzy-Relation des voranstehenden Beispiels ist keine Abbildung, denn sie ist nicht rechtseindeutig.

4.2.2 Fuzzy-Relations-Verknüpfungen

Wir beschränken uns auf die Verallgemeinerung der aus der klassischen Algebra bekannten Operationen Umkehrung und Komposition. Beim Übergang von einer Fuzzy-Relation R zu ihrer Umkehrung R^{-1} wollen wir bei jedem Paar (x, y) lediglich die Elemente x, y vertauschen, den Mitgliedsgradwert $\mu_R(x, y)$ aber unverändert lassen. Das läuft im Pfeildiagramm und Relationsgraph auf eine Umkehrung der Pfeil- bzw. Kantenrichtungen bei gleicher Bewertung hinaus.

Definition

Als Umkehrung (Umkehr-Relation, inverse Relation) R^{-1} einer Fuzzy-Relation $R \subset X \times Y$ gemäß

$$R = \{((x, y), \mu_R(x, y)) | x \in X \wedge y \in Y \wedge \mu_R(x, y) \in [0, 1]\}$$

verstehen wir die Fuzzy-Relation $R^{-1} \subset Y \times X$ mit

$$\boxed{\mu_{R^{-1}}(y, x) = \mu_R(x, y)}$$

Einfache Folgerungen:

(1) $(R^{-1})^{-1} = R$ (3) $(R_1 \cup R_2)^{-1} = R_1^{-1} \cup R_2^{-1}$ (nachrechnen!)

(2) $V_{R^{-1}} = N_R$, $N_{R^{-1}} = V_R$ (4) $(R_1 \cap R_2)^{-1} = R_1^{-1} \cap R_2^{-1}$ (nachrechnen!)

Beispiel

Sei $R = R(X, Y)$ eine Fuzzy-Relation mit $X = \{x_1, x_2\}$, $Y = \{y_1, y_2, y_3\}$ und nachstehender Mitgliedsgradmatrix. Die entsprechende Matrix der Umkehrrelation R^{-1} ergibt sich dann einfach durch Transponierung (vgl. 2.4.2):

R	y_1	y_2	y_3
x_1	0,3	0	1
x_2	0,5	0,8	0,2

R^{-1}	x_1	x_2
y_1	0,3	0,5
y_2	0	0,8
y_3	1	0,2

Definition

Auf den gewöhnlichen Mengen X, Y, Z seien die endlichen binären Fuzzy-Relationen

$$R_1 = R_1(X, Y) \subset X \times Y$$

$$R_2 = R_2(Y, Z) \subset Y \times Z$$

erklärt. Dann verstehen wir unter der Komposition von R_1 mit R_2 (in dieser Reihenfolge) die Fuzzy-Relation

$$R_2 * R_1 = R_2 * R_1(X, Z) \subset X \times Z\,,$$

deren Paare (x, z) durch die Mitgliedsgrad-Funktion

$$\mu_{R_2 * R_1}(x, z) = \underset{y \in Y}{\mathrm{Max}}\,(\mathrm{Min}(\mu_{R_1}(x, y), \mu_{R_2}(y, z))$$

bestimmt sind.

Der Leser beachte, daß die Operanden der Komposition $R_2 * R_1$ von rechts nach links zur Ausführung kommen (vgl. die entsprechende Vereinbarung bei der klassischen Komposition in 1.2.5). Bei endlichen Fuzzy-Relationen kann die Berechnung der Komposition mit einem Verfahren durchgeführt werden, das an das FALK-Schema bei der Matrizenmultiplikation (vgl. 2.4.1) erinnert. Die Erweiterung dieser Kompositions-Verknüpfung auf unendliche Fuzzy-Relationen ist nicht ohne weiteres möglich, sondern bedarf zusätzlicher Voraussetzungen. Falls die Menge ein Supremum (kleinste obere Schranke) besitzt, kam der Max-Operator durch den Supremum-Operator sup ersetzt (verallgemeinert) werden.

Beispiel

Auf den gewöhnlichen Mengen

$$X = \{x_1, x_2, x_3\}, \quad Y = \{y_1, y_2, y_3, y_4\}, \quad Z = \{z_1, z_2, z_3, z_4, z_5, z_6\}$$

seien die Fuzzy-Relationen $R_1(X, Y)$ und $R_2(Y, Z)$ gemäß untenstehender Mitgliedsgrad-Matrix erklärt. Berechnung von $R_2 * R_1(X, Z)$, d.h. der Mitgliedsgrad-Matrix rechts unten im Schema

R_2	z_1	z_2	z_3	z_4	z_5	z_6
y_1	0	0,6	0,2	0,1	0	1
y_2	0,5	0,1	0,8	0,9	0,2	0,4
y_3	0,9	0,3	0,2	0,1	0,1	0,1
y_4	0,3	0,7	0,4	0,8	0,2	0,9

R_1	y_1	y_2	y_3	y_4
x_1	0,5	0,3	0,7	0
x_2	1	0	0,9	0,3
x_3	0,2	1	0,4	0

$R_2 * R_1$	z_1	z_2	z_3	z_4	z_5	z_6
x_1	0,7	0,5	0,3	0,3	0,2	0,5
x_2	0,9	0,6	0,3	0,3	0,2	1
x_3	0,5	0,3	0,8	0,9	0,2	0,4

Ausführliche Bestimmung des μ-Wertes für (x_1, z_1):

$$\begin{aligned}\mu_{R_2 * R_1}(x_1, z_1) &= \operatorname*{Max}_{y}\,(\mathrm{Min}(\mu_{R_1}(x_1, y), \mu_{R_2}(y, z_1)))\\ &= \mathrm{Max}(\mathrm{Min}(0{,}5; 0), \mathrm{Min}(0{,}3; 0{,}5), \mathrm{Min}(0{,}7; 0{,}9), \mathrm{Min}(0; 0{,}3))\\ &= \mathrm{Max}(0; 0{,}3; 0{,}7; 0)\\ &= 0{,}7\end{aligned}$$

Satz

Für die Komposition von Fuzzy-Relationen gelten folgende Eigenschaften

(1) Die Umkehrung des Kompositionsproduktes zweier Fuzzy-Relationen ist gleich der Komposition der Umkehrungen in entgegengesetzter Reihenfolge:

$$(R_2 * R_1)^{-1} = R_1^{-1} * R_2^{-1}$$

(2) Die Komposition ist links- und rechtsseitig distributiv über der Vereinigungs-Verknüpfung:

$$R_1 * (R_2 \cup R_3) = (R_1 * R_2) \cup (R_1 * R_3)$$
$$(R_1 \cup R_2) * R_3 = (R_1 * R_3) \cup (R_2 * R_3)$$

(3) Die Komposition ist assoziativ:

$$R_3 * (R_2 * R_1) = (R_3 * R_2) * R_1$$

(4) Die Komposition ist nicht kommutativ und nicht distributiv über der Durchschnittsverknüpfung.

Beweis: Der Nachweis der Sätze (1) bis (4) bietet dem Leser die Möglichkeit, die bislang vorgestellten Operationen methodisch geschickt anzuwenden. Deshalb ist das ausführliche Nach-Rechnen eine gute Übung. Wir beschränken uns auf (1) und

(4). Der Beweis von (3) wird als Übungsaufgabe gestellt. Es genügt, die Operationen beiderseits getrennt auszuführen und die Ergebnisse zu vergleichen. Setzen wir für (1)

$$R_1 \subset X \times Y, R_2 \subset Y \times Z$$

an, dann folgt für die linke Seite von (1)

$$R_2 * R_1 \subset X \times Z, (R_2 * R_1)^{-1} \subset Z \times X$$

und für die rechte Seite von (1)

$$R_1^{-1} \subset Y \times X, R_2^{-1} \subset Z \times Y, R_1^{-1} * R_2^{-1} \subset Z \times X$$

Damit erhalten wir für die Mitgliedsgrad-Funktion der linken Seite

$$\mu_{(R_2 * R_1)^{-1}}(z, x) = \mu_{R_2 * R_1}(x, z)$$

und für die der rechten Seite

$$\begin{aligned} \mu_{R_1^{-1} * R_2^{-1}}(z, x) &= \operatorname*{Max}_y (\operatorname{Min}(\mu_{R_2^{-1}}(z, y), \mu_{R_1^{-1}}(y, x)) \\ &= \operatorname*{Max}_y (\operatorname{Min}(\mu_{R_2}(y, z), \mu_{R_1}(x, y)) \\ &= \mu_{R_2 * R_1}(x, z) . \end{aligned}$$

(4) Es genügt die Angabe eines geeigneten Beispiels, um die Ungültigkeit des Kommutativgesetzes für die Komposition zu zeigen:

R_2

0,6	0,8
0,1	1

R_1

0,5	0,7
1	0

R_1

0,5	0,7
1	0

0,5	0,7
0,6	0,8

$R_2 * R_1$

R_2

0,6	0,8
0,1	1

0,8	0,6
1	0,1

$R_1 * R_2$

Ebenso zeigen wir wenigstens die erste der beiden Negationen

$$\neg[(R_3 \cap R_2) * R_1 = (R_3 * R_1) \cap (R_2 * R_1)]$$

$$\neg[R_3 * (R_2 \cap R_1) = (R_3 * R_2) \cap (R_3 * R_1)]$$

R_2

0,6	0,8
0,1	1

R_3

0,3	0,4
0,5	0,9

$R_3 \cap R_2$

0,3	0,4
0,1	0,9

R_1

0,5	0,7
1	0

0,5	0,7
0,6	0.8

$R_2 * R_1$

0,5	0,7
0,3	0,4

$R_3 * R_1$

0,5	0,7
0,3	0,4

$(R_3 * R_1) \cap (R_2 * R_1)$

0,3	0,7
0,3	0,4

$(R_3 \cap R_2) * R_1$

Abschließend wollen wir noch darauf hinweisen, daß neben unserer Komposition (auch „Max-Min-Komposition" genannt) weitere Kompositionsverknüpfungen definiert wurden. Am bekanntesten ist die *Max-Produkt-Komposition* $R_2 \circ R_1$ zweier binärer Fuzzy-Relationen $R_1(X, Y)$, $R_2(Y, Z)$, erklärt gemäß

$$\mu_{R_2 \circ R_1}(x, z) = \underset{y \in Y}{\mathrm{Max}} \, (\mu_{R_1}(x, y) \cdot \mu_{R_2}(y, z))$$

Sie ist noch leichter zu berechnen als die Max-Min-Komposition und ist ebenfalls assoziativ, nicht kommutativ und besitzt bezüglich der Umkehrung die Eigenschaft (1) des voranstehenden Satzes.

4.2.3 Eigenschaften binärer Fuzzy-Relationen

Als Vorbild dienen die im Abschnitt 1.2.2 erklärten Eigenschaften gewöhnlicher zweistelliger Relationen. Ihre fuzzyalgebraische Fortsetzung erfolgt unter dem Bestreben, möglichst viele klassische Struktureigenschaften auch bei Fuzzy-Relationen wiederzufinden. Daneben führt die Fuzzifikation auch hier zu neuen Erkenntnissen und Einsichten, die nicht zuletzt den Reiz dieses Gebietes ausmachen.

Definition

Eine Fuzzy-Relation $R \subset X \times X$ heißt *reflexiv*, wenn für ihre Mitgliedsgrad-Funktion μ_R gilt

$$\boxed{\mu_R(x, x) = 1 \text{ für alle } x \in X}$$

Bei endlichen Fuzzy-Relationen in Matrix-Darstellung erkennt man die Reflexivität daran, daß die Hauptdiagonale ausschließlich mit Einsen besetzt ist.

Beispiele

1. Sei $X = \{x_1, x_2, x_3, x_4\}$ und μ_R durch die Matrix

	x_1	x_2	x_3	x_4
x_1	1	0,3	0,2	0
x_2	0	1	0,9	0
x_3	0,4	0,9	1	1
x_4	0	0,1	1	1

   erklärt. Dann ist $\mu_R(x, x) = 1$ erfüllt, also R reflexiv.
2. Sei $X = \mathbb{R}$ und μ_R termdefiniert gemäß

$$\mu_R(x, y) = 10^{-|y-x|}$$

   Dann ist sicher $\mu_R(x, y) \in [0, 1]$ und $\mu_R(x, x) = 10^0 = 1$, d.h. R ist reflexiv.

Gewöhnliche Relationen hießen reflexiv, wenn für alle x der Grundmenge $(x, x) \in R$ galt, sonst bestanden keine Auflagen. $(x, x) \in R$ bedeutet fuzzyalgebraisch $\mu_R(x, x) = 1$. Diese Forderung wurde also übernommen, alle übrigen μ_R-Werte sind beliebige Zahlen aus $[0, 1]$.

Definition

Eine Fuzzy-Relation $R \subset X \times X$ heißt *symmetrisch*, wenn ihre Mitgliedsgrad-Funktion μ_R symmetrisch ist, d.h. wenn gilt

$$\boxed{\mu_R(x, y) = \mu_R(y, x) \text{ für alle } x, y \in X}$$

Liegen die μ_R-Werte einer (endlichen) symmetrischen Relation als Matrix vor, so ist diese ihrerseits symmetrisch (vgl. 2.4.2).

Beispiele

1. Sei $X = \{a, b, c\}$ und μ_R gegeben durch die Matrix

	a	b	c
a	0	1	0,1
b	1	0,3	0,4
c	0,1	0,4	1

so ist R symmetrisch, da die Matrix symmetrisch ist. Die Hauptdiagonale darf beliebig besetzt sein.

2. Sei $X = \mathbb{R}$ und μ_R termdefiniert gemäß

$$\mu_R(x, y) = \frac{1}{x^2 - xy + y^2 + 1},$$

dann gilt $\mu_R(y, x) = \mu_R(x, y)$ sowie $\mu_R(x, y) \in [0,1]$, d.h. R ist symmetrisch.

Bei Reduktion auf gewöhnliche symmetrische Relationen in Matrizendarstellung bleibt die Symmetrieeigenschaft der Matrix erhalten, die Felder sind aber nur mit Einsen oder Nullen besetzt: $(x, y) \in R \Leftrightarrow (y, x) \in R$ bzw. $(x, y) \notin R \Leftrightarrow (y, x) \notin R$.

Definition

Eine (endliche) Fuzzy-Relation $R \subset X \times X$ heißt *transitiv*, wenn ihre Komposition mit sich selbst zu einer (Fuzzy-)Teilmenge von R führt:

$$\boxed{R * R \subset R\,,}$$

d.h. wenn für die Mitgliedsgrad-Funktion μ_R die Ungleichung

$$\mu_{R*R}(x, y) \leqq \mu_R(x, y) \text{ für alle } x, y \in X$$

gilt.

Die Kompatibilität zur Transitivitäts-Definition gewöhnlicher Relationen (vgl. 1.2.2 und 1.2.5) ist offensichtlich, speziell der Zusammenhang mit der Kompositions-Verknüpfung. Die Entscheidung, ob eine Fuzzy-Relation transitiv ist, erfordert im allgemeinen eine Berechnung im Sinne obiger Definition, wobei wir uns wegen der Komposition auf endliche Fuzzy-Relationen beschränken.

Beispiel

Auf der Zahlenmenge X = {1, 2, 3, 4} werde die Fuzzy-Relation R: „x etwa gleich groß wie y" durch folgende μ-Matrix erklärt

	1	2	3	4
1	1	0,5	0,1	0
2	0,5	1	0,5	0,1
3	0,1	0,5	1	0,5
4	0	0,1	0,5	1

Berechnung der Max-Min-Komposition (FALK-Schema):

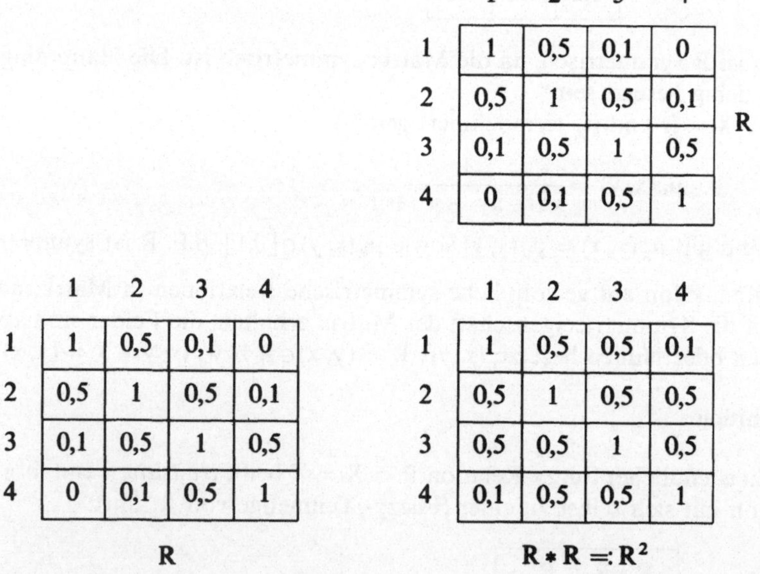

	1	2	3	4
1	1	0,5	0,1	0
2	0,5	1	0,5	0,1
3	0,1	0,5	1	0,5
4	0	0,1	0,5	1

R

	1	2	3	4
1	1	0,5	0,1	0
2	0,5	1	0,5	0,1
3	0,1	0,5	1	0,5
4	0	0,1	0,5	1

R

	1	2	3	4
1	1	0,5	0,5	0,1
2	0,5	1	0,5	0,5
3	0,5	0,5	1	0,5
4	0,1	0,5	0,5	1

$R * R =: R^2$

Da z.B. $\mu_{R*R}(3,1) > \mu_R(3,1)$ ist, ist $R * R$ keine Teilmenge von R, also R nicht transitiv! Führt man die Rechnung durch Bildung höherer Potenzen ($R^3 := R * R * R$ etc.) in Richtung „Transitive Hülle" (vgl. 1.2.2) weiter, so bekommt man mit

R^3 hier bereits eine transitive Relation:

R	1	2	3	4
1	1	0,5	0,1	0
2	0,5	1	0,5	0,1
3	0,1	0,5	1	0,5
4	0	0,1	0,5	1

R^3	1	2	3	4
1	1	0,5	0,5	0,5
2	0,5	1	0,5	0,5
3	0,5	0,5	1	0,5
4	0,5	0,5	0,5	1

	1	2	3	4
1	1	0,5	0,5	0,1
2	0,5	1	0,5	0,5
3	0,5	0,5	1	0,5
4	0,1	0,5	0,5	1

R^2

	1	2	3	4
1	1	0,5	0,5	0,5
2	0,5	1	0,5	0,5
3	0,5	0,5	1	0,5
4	0,5	0,5	0,5	1

R^3

	1	2	3	4
1	1	0,5	0,5	0,5
2	0,5	1	0,5	0,5
3	0,5	0,5	1	0,5
4	0,5	0,5	0,5	1

$R^3 * R^3 = R^3$

Der Leser überzeuge sich, daß in diesem Beispiel (aber nicht allgemein!)

$$\underset{\text{echt}}{R \subset} \underset{\text{echt}}{R^2 \subset} R^3 \quad \text{und damit} \quad R \cup R^2 \cup R^3 = R^3$$

gilt. Statt, wie hier geschehen, $R^3 * R^3 = R^3$ zu rechnen, hätte man die nächsthöhere Potenz R^4 bilden können und dabei $R^4 = R^3$ festgestellt. Dann sind auch alle höheren Potenzen gleich R^3, und es ist mit $R \cup R^2 \cup R^3$ die Transitive Hülle erreicht! Dieser Sachverhalt gilt allgemein und kann als „Abbruchkriterium" genommen werden.

Definition

Als *Transitive Hülle* $\hat{R}$ einer (endlichen) binären Fuzzy-Relation $R \subset X \times X$ erklären wir die Vereinigung über alle R-Potenzen (im Sinne der wiederholten Komposition) gemäß

$$\hat{R} = R \cup R^2 \cup R^3 \cup \ldots = \bigcup_{n \in \mathbb{N}} R^n$$

Satz

Die Transitive Hülle $\hat{R}$ einer binären Fuzzy-Relation R ist transitiv.

Beweis: Wir zeigen $\hat{R} * \hat{R} \subset \hat{R}$. Es ist bei Beachtung der Distributivität von „$*$" über „$\cup$" (vgl. 4.2.2)

$$\begin{aligned}\hat{R} * \hat{R} &= (R \cup R^2 \cup R^3 \cup \ldots) * (R \cup R^2 \cup R^3 \cup \ldots)\\ &= [(R \cup R^2 \cup R^3 \cup \ldots) * R] \cup [(R \cup R^2 \cup R^3 \cup \ldots) * R^2] \cup \ldots\\ &= [R^2 \cup R^3 \cup R^4 \cup \ldots] \cup [R^3 \cup R^4 \cup R^5 \cup \ldots] \cup \ldots\\ &= R^2 \cup R^3 \cup R^4 \cup R^5 \ldots\end{aligned}$$

Durch das Fehlen von R in $\hat{R}^2$ können sicher keine größeren Werte als in $\hat{R}$ auftreten, da „$\cup$" die Maximierung der μ-Werte verlangt. Ergänzend sei noch darauf hingewiesen, daß bei endlichen Fuzzy-Relationen (wie in der klassischen Algebra) die Transitive Hülle nach endlich vielen Schritten erreicht ist.

Beispiel

Vorgelegt sei eine binäre Fuzzy-Relation R als Fuzzy-Graph der Abb. 203

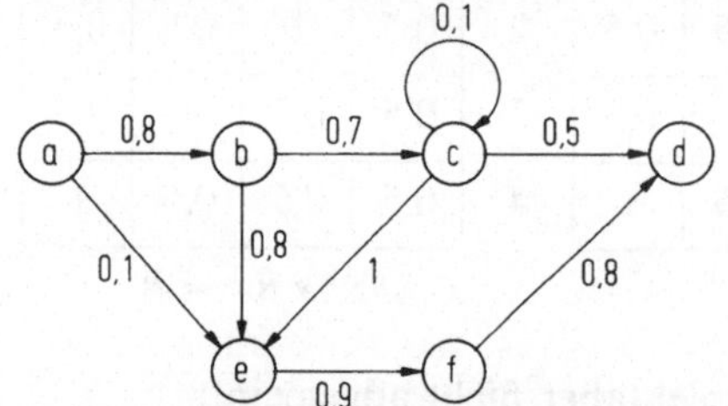

Abb. 203

Wir wollen mit diesem Graphen spielen. Dazu interpretieren wir die Knoten a, ..., f als Städte, die Kanten als Verbindungswege (Straßen). Ein LKW-Fahrer startet in a und will nach d fahren. Mögliche Wege sind

(1) abcd,
(2) abccd und allgemein abc^nd $(n > 1)$,
(3) abcefd,
(4) abccefd und allgemein abc^nefd $(n > 1)$,
(5) abefd,
(6) aefd.

Die Kantenbewertungen (d.s. die μ-Werte der Fuzzy-Relation) wollen wir als Tunnelhöhen deuten, d.h.

zwischen a und b ist ein Tunnel der Höhe 0,8,
zwischen b und c ist ein Tunnel der Höhe 0,7 etc.

Offensichtlich spielt dann bei jedem der Wege (1) bis (6) die Höhe h des niedrigsten Tunnels eine Rolle. Diese Höhen ergeben sich zu

(1) $h(abcd) = \text{Min}(\mu_R(a,b), \mu_R(b,c), \mu_R(c,d)) = \text{Min}(0{,}8;\ 0{,}7;\ 0{,}5) = 0{,}5$

(2) $h(abc^nd) = \text{Min}(0{,}8;\ 0{,}7;\ 0{,}1;\ \ldots,\ 0{,}1;\ 0{,}5) = 0{,}1$

(3) $h(abcefd) = \text{Min}(0{,}8;\ 0{,}7;\ 1;\ 0{,}9;\ 0{,}8) = 0{,}7$

(4) $h(abc^nefd)$ = Min(0,8; 0,7; 0,1; . . . ; 0,1; 1; 0,9; 0,8)
= 0,1

(5) h(abefd) = Min(0,8; 0,8; 0,9; 0,8)
= 0,8

(6) h(aefd) = Min(0,1; 0,9; 0,8)
= 0,1 .

Für den LKW-Fahrer ist (tunnelorientiert) der Weg am besten, auf dem die Höhe des niedrigsten Tunnels am größten ist. Nennen wir diesen Weg den „stärksten Weg", so ist in unserem Beispiel dies der Weg abefd und seine Höhe h* ist die Höhe des stärksten Weges von a nach d:

$$h^*(a, d) = \text{Max}(0{,}5; 0{,}1; 0{,}7; 0{,}1; 0{,}8; 0{,}1) = 0{,}8$$

Die hier auftretende Max-Min-Verknüpfung legt es nahe, die Komposition ins Spiel zu bringen. Wir schreiben R als Matrix und bestimmen die Transitive Hülle $\hat{R}$ von R (bitte nachrechnen!)

R	a	b	c	d	e	f
a	0	0,8	0	0	0,1	0
b	0	0	0,7	0	0,8	0
c	0	0	0,1	0,5	1	0
d	0	0	0	0	0	0
e	0	0	0	0	0	0,9
f	0	0	0	0,8	0	0

R^2	a	b	c	d	e	f
a	0	0	0,7	0	0,8	0,1
b	0	0	0,1	0,5	0,7	0,8
c	0	0	0,1	0,1	0,1	0,9
d	0	0	0	0	0	0
e	0	0	0	0,8	0	0
f	0	0	0	0	0	0

R^6	a	b	c	d	e	f
a	0	0	0,1	0,1	0,1	0,1
b	0	0	0,1	0,1	0,1	0,1
c	0	0	0,1	0,1	0,1	0,1
d	0	0	0	0	0	0
e	0	0	0	0	0	0
f	0	0	0	0	0	0

R^7	a	b	c	d	e	f
a	0	0	0,1	0,1	0,1	0,1
b	0	0	0,1	0,1	0,1	0,1
c	0	0	0,1	0,1	0,1	0,1
d	0	0	0	0	0	0
e	0	0	0	0	0	0
f	0	0	0	0	0	0

Das Abbruchkriterium $R^{k+1} = R^k$ ist mit $k = 6$ erstmalig erfüllt, damit ist die Transitive Hülle $\hat{R}$ von R gewonnen:

$$\hat{R} = R \cup R^2 \cup R^3 \cup R^4 \cup R^5 \cup R^6 .$$

$\hat{R}$	a	b	c	d	e	f
a	0	0,8	0,7	0,8	0,8	0,8
b	0	0	0,7	0,8	0,8	0,8
c	0	0	0,1	0,8	1	0,9
d	0	0	0	0	0	0
e	0	0	0	0,8	0	0,9
f	0	0	0	0,8	0	0

Die Tafel der Transitiven Hülle läßt sich vielseitig interpretieren:

a) $\mu_{\hat{R}}(x, y) = 0$: Es gibt keinen Weg von x nach y, speziell: nach a führt überhaupt kein Weg, von d geht kein Weg aus.

b) $\mu_{\hat{R}}(x, y) > 0$: Es gibt einen Weg von x nach y und $\mu_{\hat{R}}(x, y)$ gibt die minimale Tunnelhöhe des stärksten Weges von x nach y an. Zum Beispiel kann ein LKW, der höher als 0,9 und niedriger als 1 ist, nur von c nach e fahren.

c) $\mu_{R^n}(x, y) \geqq 0$: Für jedes n ($1 \leqq n \leqq 6$) liest man aus den Tafeln der Fuzzy-Relationen R^n die Höhen der stärksten Wege der Länge n ab (Länge des Weges = Anzahl der Kanten/Schlingen). Zum Beispiel bedeutet

$$\mu_{R^2}(b, e) = 0{,}7 ,$$

daß die Höhe des stärksten Weges von b nach e der Länge 2 gleich 0,7 beträgt, während

$$\mu_{R^6}(b, e) = 0{,}1$$

angibt, daß die Höhe des stärksten Weges von b nach e der Länge 6 (d.i. bccccce) nur 0,1 ist.

d) Schließlich finden die einzelnen Niveau-Mengen der Transitiven Hülle, hier als (gewöhnliche) Niveau-Relationen zu verstehen, eine anschauliche Erklärung.

$$(x, y) \in \hat{R}_\alpha \Leftrightarrow (x, y)\text{-Feld in } \hat{R}_\alpha \text{ ist mit 1 besetzt}$$

bedeutet: für alle LKW mit einer Höhe $\leqq \alpha$ gibt es einen Weg von x nach y (in der Praxis kann der Gleichheitsfall ggf. Schwierigkeiten machen!); wir demonstrieren dies für $\hat{R}_{0,8}$:

$\hat{R}_{0,8}$	a	b	c	d	e	f
a	0	1	0	1	1	1
b	0	0	0	1	1	1
c	0	0	0	1	1	1
d	0	0	0	0	0	0
e	0	0	0	1	0	1
f	0	0	0	1	0	0

Die (gewöhnliche) Niveau-Relation $\hat{R}_{0,8}$ besagt z.B., daß ein LKW mit 0,75 Höhe und allgemein alle LKWs mit 0,8 Höchsthöhe von a nach b, von a nach d, von a nach e und von a nach f fahren können, daß aber nicht alle diese LKWs von a nach c fahren können! Diese Aussagen kann man natürlich auch direkt aus dem Fuzzy-Relationsgraphen der Abb. 203 ablesen, mit der Fuzzy-Algebra kann man sie *berechnen* und damit auch auf den Rechner bringen. Eben das sollte demonstriert werden.

Definition

Eine binäre Fuzzy-Relation $R \subset X \times X$ heißt *identitiv* (*antisymmetrisch*), wenn für alle $(x, y) \in X \times X$ mit $x \neq y$

$$\begin{array}{ll} \text{entweder} & \mu_R(x, y) \neq \mu_R(y, x) \\ \text{oder} & \mu_R(x, y) = \mu_R(y, x) = 0 \end{array}$$

gilt. R heißt ferner *perfekt identitiv* (*perfekt antisymmetrisch*), wenn für alle $(x, y) \in X \times X$ mit $x \neq y$

$$\mu_R(x, y) > 0 \Rightarrow \mu_R(y, x) = 0$$

gilt.

Beispiel

Der Leser überzeuge sich, daß von den nachfolgenden Fuzzy-Relationen R_1 identitiv (antisymmetrisch) und R_2 perfekt identitiv (perfekt antisymmetrisch) ist:

R_1	a	b	c	d
a	0,7	1	0,6	0,9
b	0,4	1	0	1
c	0,2	0	0	0
d	1	0,1	0	0,4

R_2	a	b	c	d
a	1	0	0,9	0
b	0,6	0,2	0	0,4
c	0	0	0,3	0
d	0,7	0	0	0,7

Wir wollen jetzt die Fuzzy-Relationen definieren, denen in der klassischen Algebra die Äquivalenz- bzw. Ordnungsrelationen entsprechen. Es sind dies die Fuzzy-Ähnlichkeitsrelationen (similarity relations) bzw. Fuzzy-Ordnungsrelationen (order relations). Für beide Typen werden Reflexivität und Transitivität gefordert, zusätzlich Symmetrie für die Ähnlichkeitsrelationen bzw. Identitivität (Antisymmetrie) für die Ordnungsrelationen. Der Leser wird bemerken, daß die entsprechenden klassischen Relationen mit den gleichnamigen Eigenschaften definiert werden (vgl. 1.2.3 und 1.2.4) (Abb. 204).

Definition

Eine binäre Fuzzy-Relation mit den Eigenschaften reflexiv, transitiv und symmetrisch heißt eine *Fuzzy-Ähnlichkeits-Relation*[1].

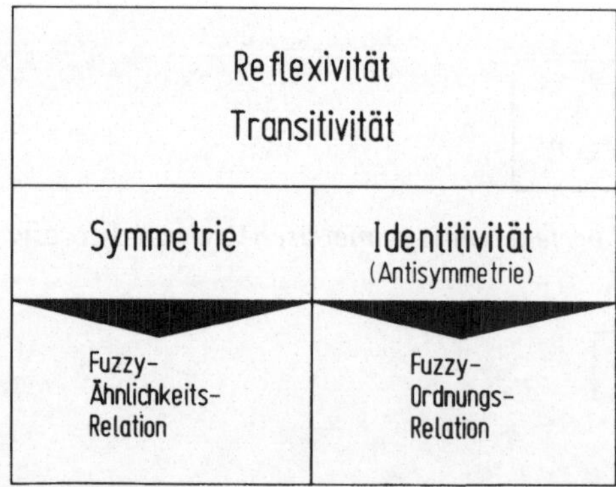

Abb. 204

[1] Bei KAUFMANN (a.a.O) auch Fuzzy-Äquivalenz-Relation (fuzzy equivalence relation) genannt

Beispiel

Auf der Grundmenge $X = \{a, b, c, d, e, f, g\}$ sei die nachstehende Fuzzy-Relation R erklärt (KLIRR/FOLGER, a.a.O., S. 84)

R	a	b	c	d	e	f	g
a	1	0,8	0	0,4	0	0	0
b	0,8	1	0	0,4	0	0	0
c	0	0	1	0	1	0,9	0,5
d	0,4	0,4	0	1	0	0	0
e	0	0	1	0	1	0,9	0,5
f	0	0	0,9	0	0,9	1	0,5
g	0	0	0,5	0	0,5	0,5	1

Der Leser erkennt die Reflexivität (alles Einsen in der Hauptdiagonalen) und die Symmetrie (spiegelbildlich zur Hauptdiagonalen liegende Felder sind mit dem gleichen μ_R-Wert belegt); die Transitivität muß nachgerechnet werden ($R * R \subset R$). Die für die klassischen Äquivalenzrelationen charakteristische *Klassenzerlegung* der Grundmenge findet ihre Entsprechung auf folgende Weise: wir bilden die (gewöhnlichen) α-Niveau-Relationen

$$R_{0,4}, R_{0,5}, R_{0,8}, R_{0,9}, R_1$$

$$\text{mit } R_\alpha = \{(x, y) \mid \mu_R(x, y) \geqq \alpha\}$$

und erhalten damit gewöhnliche Äquivalenz-Relationen, von denen für $\alpha' > \alpha$ stets $R_{\alpha'}$ eine *Verfeinerung* (vgl. 1.2.3) von R_α bedeutet; z.B. ist für $\alpha = 0,8$ aus der Matrix ablesbar

$$\begin{aligned} R_{0,8} = \{&(a, a), (a, b), (b, a), (b, b); \\ &(c, c), (c, e), (c, f), (e, c), (e, e), (e, f), (f, c), (f, e), (f, f); \\ &(d, d); \\ &(g, g)\} \end{aligned}$$

$X = [a, b] \cup [c, e, f] \cup [d] \cup [g]$ Vereinigung disjunkter Klassen[1]

Bildet man alle Niveau-Relationen und deren Klassenzerlegungen, so erhält man die in Abb. 205 dargestellten Verfeinerungen und ihre Baumstruktur (1.4).

---

[1] Es ist $[a, b] = \{a, b\}$ etc., mit Klassen sind die klassischen Äquivalenzklassen (vgl. (1.2.3)) gemeint, vgl. auch die Paarbildungen bei $R_{0,8}$.

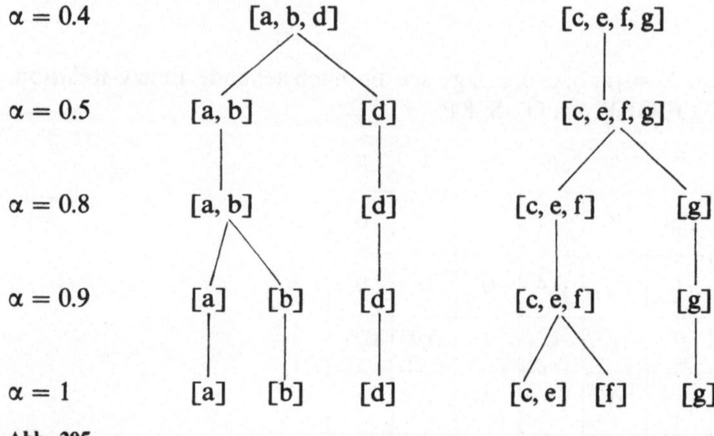

Abb. 205

Je höher das Niveau, desto feiner die Zerlegung. Diese von den klassischen Äquivalenzrelationen her bekannten Klassen sind nicht leer, paarweise disjunkt (elementefremd) und ergeben in der Vereinigung die Grundmenge X. Kritik: Es handelt sich um keine Fuzzy-Klassen. KLIRR/FOLGER geben deshalb noch eine andere Möglichkeit der Klassenbildung an: jedes Element x der Grundmenge X erzeugt eine Ähnlichkeitsklasse [x], nämlich die *Fuzzymenge* aller Elemente $y \in X$ mit $\mu_R(x, y)$ als Mitgliedsgrad:

$$\boxed{[x]_R = \{(y, \mu_R(x, y)) \mid y \in X, \mu_R(x, y) > 0\}}$$

Ist R eine endliche Fuzzy-Ähnlichkeitsrelation und, wie in unserem Beispiel, in Matrixform gegeben, so liest man diese Ähnlichkeitsklassen aus den Zeilen direkt ab:

$$[a] = \{(a, 1), (b; 0{,}8), (d; 0{,}4)\}$$
$$[b] = \{(a; 0{,}8), (b; 1), (d; 0{,}4)\}$$
$$- - - - - - - - - - - - - - -$$
$$[g] = \{(c; 0{,}5), (e; 0{,}5), (f; 0{,}5), (g, 1)\}$$

Diese (Fuzzy-)Klassen sind nicht leer (Reflexivität) und ihre (Fuzzy-)Vereinigung liefert mit

$$\{(a, 1), (b, 1), (c, 1), (d, 1), (e, 1), (f, 1), (g, 1)\} = X$$

die Grundmenge. Zwei Klassen können gleich sein (in unserem Beispiel: [c] = [e]), aber verschiedene Klassen sind im allgemeinen nicht elementefremd, in dieser letzten Eigenschaft unterscheiden sie sich von den gewöhnlichen Äquivalenzklassen. Das *Maß der Ähnlichkeit* jedes Elementes $x \in X$ mit den übrigen Elementen kann dann sehr einfach durch die Summe der Mitgliedsgrade aller Klassenelemente beschrieben werden, diese Größe

$$|[x]_R| = \sum_{y \in Y} \mu_R(x, y)$$

heißt auch die *Mächtigkeit der* (endlichen) Fuzzymenge. Für die Mächtigkeit der Ähnlichkeitsklassen gilt noch wegen der Reflexivität von R

$$|[x]_R| \geqq 1 .$$

Definition

Eine binäre Fuzzy-Relation mit den Eigenschaften reflexiv, transitiv und identitiv (antisymmetrisch) heißt eine *Fuzzy-Ordnungsrelation*[1].

Beispiel

Die nachfolgende Fuzzy-Relation R ist reflexiv und identitiv (antisymmetrisch) (aus der Matrix direkt ablesbar) und transitiv ($R * R = R$ nachzurechnen!), also liegt eine Fuzzy-Ordnungsrelation vor. Mit folgender Vorschrift können wir jeder Fuzzy-Ordnungsrelation R eine gewöhnliche Ordnungsrelation R_g eindeutig zuordnen:

(1) Sei $x \neq y$ und $\mu_R(x, y) > \mu_R(y, x)$, dann sei $(x, y) \in R_g$((x, y)-Feld mit „1" besetzt) und $(y, x) \notin R_g$((y, x)-Feld mit „0" besetzt);
(2) Sei $x \neq y$ und $\mu_R(x, y) = \mu_R(y, x) = 0$, dann sei $(x, y) \notin R_g$ und $(y, x) \notin R_g$;
(3) für $x = y$ und $\mu_R(x, x) = 1$ sei auch $(x, x) \in R_g$.

Damit ergibt sich die unten dargestellte gewöhnliche Ordnungsrelation (Transitivität nachrechnen!)

R	a	b	c	d
a	1	0,9	0	0
b	0,1	1	0	0
c	0,2	0,5	1	0,1
d	0	0	0	1

R_g	a	b	c	d
a	1	1	0	0
b	0	1	0	0
c	1	1	1	1
d	0	0	0	1

Zeichnet man die zugehörigen Graphen auf, so erkennt man, daß der Graph R_g aus dem Graphen von R durch Weglassen der niedriger bewerteten Kante einer Doppelkante hervorgeht (Abb. 206 und 207).

[1] In der Literatur auch Fuzzy-Halbordnung (partial ordering) genannt

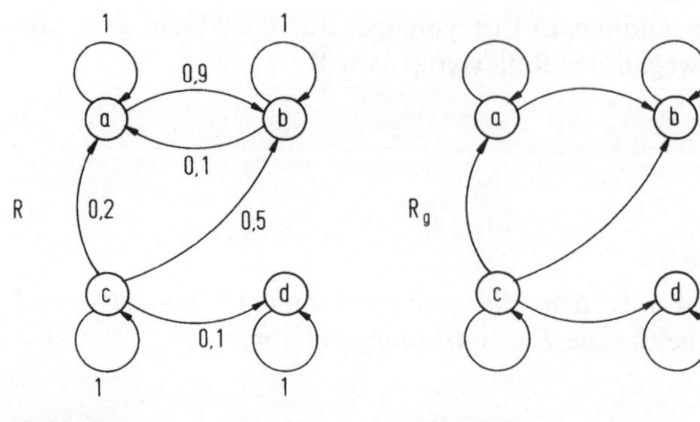

Abb. 206 Abb. 207

Definition

Eine Fuzzy-Ordnungsrelation R auf X × X heißt *linear* (total, vollständig), wenn für alle x, y ∈ X mit $x \neq y$

$$\text{entweder} \quad \mu_R(x, y) > 0$$

$$\text{oder} \quad \mu_R(y, x) > 0$$

gilt. Liegt R als Matrix vor, so erkennt man die Linearität daran, daß von zwei spiegelbildlich zur Hauptdiagonalen liegende Felder niemals beide mit Nullen besetzt sind.

Beispiel

Die auf X × X mit $X = \{x_1, x_2, x_3, x_4\}$ erklärte binäre Fuzzy-Relation R

R	x_1	x_2	x_3	x_4
x_1	1	0,6	0,6	0,6
x_2	0,4	1	0,5	1
x_3	0,4	1	1	1
x_4	0,4	0,5	0,5	1

R_g	x_1	x_2	x_3	x_4
x_1	1	1	1	1
x_2	0	1	0	1
x_3	0	1	1	1
x_4	0	0	0	1

ist eine lineare Fuzzy-Ordnungsrelation, desgl. ist die ihr zugeordnete gewöhnliche Ordnungsrelation R_g linear (vgl. 1.2.4). Letzteres erkennt der Leser am Graphen von R_g, der sich nach Weglassen der Schlingen sowie der transitiv bedingten Kanten als HASSE-Diagramm in Form einer Kette aufzeichnen läßt (Abb. 208 und 209). Die im vorangehenden Beispiel (Abb. 206, 207) betrachtete Ordnungsrelation ist übrigens nicht linear!

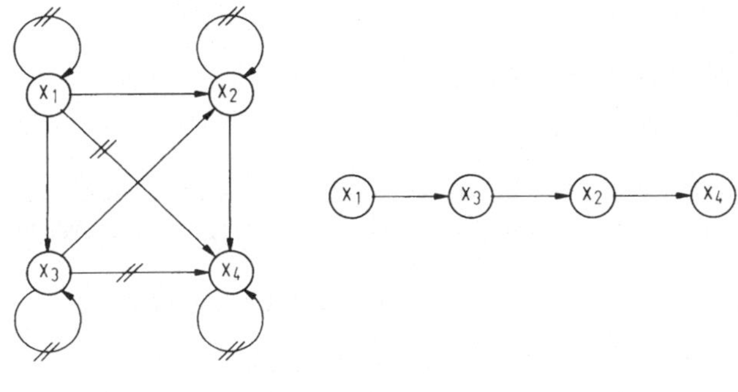

Abb. 208 **Abb. 209**

Wir weisen noch darauf hin, daß es weitere Typen von Fuzzy-Relationen gibt, die als Erweiterungen klassischer Relationen gelten können und jeweils bestimmte algebraische Eigenschaften aufweisen: Fuzzy-Vorordnungsrelationen (Fuzzy Preorder Relations), Fuzzy Toleranz-Relationen (Fuzzy Tolerance Relations, Fuzzy Compatibility-Relations), Fuzzy Quasiäquivalenz-Relationen (Fuzzy Quasi-Equivalence Relations), Perfekte Fuzzy-Ordnungsrelationen (Perfect Fuzzy Ordered Relations). Hierzu sei auf die oben angegebene weiterführende Literatur verwiesen.

Aufgaben zu 4.2

1. Der Leser konstruiere eine binäre Fuzzy-Relation $R \subset X \times Y$, in der X und Y jeweils eine Menge von Städten bedeutet. Die Bewertungsfunktion beschreibe die (Fuzzy-) Beziehung „sehr weit voneinander entfernt". Die Relation sollte zur Übung in allen im Text gebrachten Notationen dargestellt werden.
2. Für die Fuzzy-Relationen R_1, R_2, R_3 auf $X \times X$ mit $X = \{a, b, c, d\}$ gemäß der Matrix-Darstellungen

R_1	a	b	c	d
a	1	0	0,4	0,9
b	0	0,7	0,1	0,4
c	0,2	0	0	0,6
d	0,8	0	0,1	1

R_2	a	b	c	d
a	0,9	0,4	0,1	1
b	0	0	0	0,5
c	1	1	0,6	0,9
d	0,5	0,5	0,5	0

R_3	a	b	c	d
a	0,3	0,8	0,2	0
b	1	0,6	1	1
c	0	0,4	0,9	0,6
d	0,3	0,3	0,3	0,9

sollen das Assoziativgesetz

$$R_1 * (R_2 * R_3) = (R_1 * R_2) * R_3$$

sowie beide Distributivgesetze

$$R_1 * (R_2 \cup R_3) = (R_1 * R_2) \cup (R_1 * R_3)$$

$$(R_1 \cup R_2) * R_3 = (R_1 * R_3) \cup (R_2 * R_3)$$

exemplarisch überprüft werden. Der Leser beachte bei Ausführung der Komposition die Reihenfolge „von rechts nach links" unabhängig von der Wahl des Index!

3. Für die Fuzzy-Relationen R_1, R_2 auf $G = X \times X$ mit $X = \{a, b, c\}$ gemäß

$$R_1 = \{((a, a); 0{,}1), ((a, c); 1), ((b, c); 0{,}9), ((c, a); 0{,}5), ((c, c); 1)\}$$

$$R_2 = \{((a, a); 0{,}5), ((a, b); 1), ((a, c); 0{,}4), ((c, a); 0{,}6), ((c, b); 0{,}3)\}$$

zeige man die Beziehung

$$(R_1 \cap R_2)^{-1} = R_1^{-1} \cap R_2^{-1}$$

exemplarisch. Beweisen Sie

$$(R_1 \cup R_2)^{-1} = R_1^{-1} \cup R_2^{-1}$$

allgemein!

4. Zeigen Sie die Assoziativität der Fuzzy-Kompositions-Verknüpfung

$$(R_3 * R_2) * R_1 = R_3 * (R_2 * R_1)$$

für $R_1 \subset X \times Y$, $R_2 \subset Y \times Z$, $R_3 \subset Z \times U$ unter der Einschränkung

$$Y = \{y_1, y_2\}, \; Z = \{z_1, z_2\}$$

bei Verwendung einer Infix-Notation gemäß

$$\mathrm{Max}(a, b) =: a \sqcup b, \quad \mathrm{Min}(a, b) =: a \sqcap b$$

und mit den Abkürzungen

$$\mu_{R_1}(x, y) =: xy, \quad \mu_{R_2}(y, z) =: yz, \quad \mu_{R_3}(z, u) =: zu\,.$$

Dabei soll verwendet werden, daß „$\sqcup$" und „$\sqcap$" die Gesetze eines distributiven Verbandes erfüllen. *Anleitung*: Nach Umschreibung der einzelnen μ-Ausdrücke auf Infix-Notation und geeigneter Umformung gelangt man für

$$\mu_{(R_3 * R_2) * R_1}(x, u) \quad \text{und} \quad \mu_{R_3 * (R_2 * R_1)}(x, u)$$

auf die gleiche Zeichenkette (Normalform-Struktur).

5. Berechnen Sie die Transitive Hülle der Fuzzy-Relation R gemäß

	a	b	c
a	0,8	1	0,1
b	0	0,4	0
c	0,3	0	0,2

6. Zeigen Sie allgemein: Ist für eine binäre Fuzzy-Relation R

$$R^{k+1} = R^k$$

mit minimalem $k \in \mathbb{N}$ erfüllt, so ist

$$\hat{R} = R \cup R^2 \cup R^3 \cup \ldots \cup R^k$$

die Transitive Hülle von R.

7. Weisen Sie die Fuzzy-Relation R gemäß der Matrix

	a	b	c	d	e	f
a	1	0,2	1	0,6	0,2	0,6
b	0,2	1	0,2	0,2	0,8	0,2
c	1	0,2	1	0,6	0,2	0,6
d	0,6	0,2	0,6	1	0,2	0,8
e	0,2	0,8	0,2	0,2	1	0,2
f	0,6	0,2	0,6	0,8	0,2	1

als Fuzzy-Ähnlichkeitsrelation nach und stellen Sie die von den Niveau-Relationen $R_{0,2}$, $R_{0,6}$, $R_{0,8}$ und R_1 erzeugten Äquivalenzklassen in ihrer Verfeinerungshierarchie dar (ZIMMERMANN a.a.O., S. 78).

8. Weisen Sie die Fuzzy-Relation R gemäß der Matrix

	a	b	c	d	e
a	1	0,7	0	1	0,7
b	0	1	0	0,9	0
c	0,5	0,7	1	1	0,8
d	0	0	0	1	0
e	0	0,1	0	0,9	1

als Fuzzy-Ordnungsrelation nach! Wie lautet die zugehörige gewöhnliche Ordnungsrelation R_g? Ist R linear? Zeichnen Sie auch die Graphen und das HASSE-Diagramm auf (KLIRR/FOLGER a.a.O., S. 90).

4.3 Fuzzylogik

4.3.1 Mehrwertige Logiken

Mathematische Logik als klassische Aussagen- und Prädikatenlogik beruht auf dem Prinzip der Zweiwertigkeit: es gibt genau zwei Wahrheitswerte (wahr, falsch), und jeder Aussage kann man einen dieser Wahrheitswerte zuordnen.

Schwierigkeiten gibt es mit der konkreten Zuordnung der Wahrheitswerte. Aussagen über Ereignisse in der Zukunft sind natürlich auch entweder wahr oder falsch, aber zum gegenwärtigen Zeitpunkt läßt sich dies nicht entscheiden. In vielen Lebensbereichen müssen wir mit Wissen umgehen, das zwangsläufig unvollständig, ungenau oder unsicher ist. Der Leser denke an Planungs- und Entscheidungsdaten, an Fragen der Betriebssicherheit, an die medizinische oder technische Diagnostik, an Wettervorhersagen oder an unsere Erkenntnisse über die Veränderung unserer Umwelt. Bei der Konstruktion von Expertensystemen müssen wir schon heute Programme entwickeln, die mit unsicherem Wissen operieren und daraus Inferenzen (Schlußfolgerungen) ableiten können. Dafür können klassische Schlußregeln nicht verwendet werden. Es bedarf der Konzeption „nicht-klassischer Logiken", die mit mehr als zwei Wahrheitswerten operieren.

Modelle nicht-klassischer Logiken, auch Nichtstandard-Logiken genannt, sind beispielsweise die Modallogik (6 Modalitäten: wahr, notwendigerweise wahr, möglicherweise wahr sowie deren Negationen), die Temporallogik (operiert mit zeitabhängigen Aussagen) oder die nichtmonotonen Logiken, welche bei Erweiterung der Wissensbasis zu veränderten Schlußfolgerungen gelangen können.

Historischer Vorläufer der Fuzzylogik sind die von LUKASIEWICZ bereits um 1930 konzipierten mehrwertigen Logiken. Die einfachste ist die dreiwertige Logik, deren Wahrheitswerte wir mit 1 (wahr), 0 (falsch) und $\frac{1}{2}$ (ungewiß) bezeichnen wollen. Sie operiert, wie die klassische Aussagenlogik, mit Wahrheitswertetafeln. Die folgende Tafel definiert die klassischen Aussageverknüpfungen für a, b als Aussagevariablen:

a	b	$\neg a$	$a \wedge b$	$a \vee b$	$a \rightarrow b$	$a \leftrightarrow b$
1	1	0	1	1	1	1
1	$\frac{1}{2}$	0	$\frac{1}{2}$	1	$\frac{1}{2}$	$\frac{1}{2}$
1	0	0	0	1	0	0
$\frac{1}{2}$	1	$\frac{1}{2}$	$\frac{1}{2}$	1	1	$\frac{1}{2}$
$\frac{1}{2}$	$\frac{1}{2}$	$\frac{1}{2}$	$\frac{1}{2}$	$\frac{1}{2}$	1	1
$\frac{1}{2}$	0	$\frac{1}{2}$	0	$\frac{1}{2}$	$\frac{1}{2}$	$\frac{1}{2}$
0	1	1	0	1	1	0
0	$\frac{1}{2}$	1	0	$\frac{1}{2}$	1	$\frac{1}{2}$
0	0	1	0	0	1	1

An dieser Tafel prüfen Sie bitte nach:

(1) alle Zeilen, die den Wert $\frac{1}{2}$ nicht enthalten, stimmen überein mit den Definitionen der klassischen Aussagenlogik (vgl. 1.8.4);

(2) bezeichnet $|a| \in \{0, \frac{1}{2}, 1\}$ den Wahrheitswert der Aussagenvariablen a (vgl. 1.8.4), so lassen sich obige Verknüpfungen mit folgenden Vorschriften erfassen:

Negation:	$\lvert\neg a\rvert = 1 - \lvert a\rvert$
Konjunktion:	$\lvert a \wedge b\rvert = \mathrm{Min}(\lvert a\rvert, \lvert b\rvert)$
Disjunktion:	$\lvert a \vee b\rvert = \mathrm{Max}(\lvert a\rvert, \lvert b\rvert)$
Subjunktion:	$\lvert a \rightarrow b\rvert = \mathrm{Min}(1, 1 + \lvert b\rvert - \lvert a\rvert)$
Bijunktion:	$\lvert a \leftrightarrow b\rvert = 1 - \lvert\,\lvert a\rvert - \lvert b\rvert\,\rvert$[1]

Hierbei fällt die Parallelität zur Erklärung der Fuzzymengen-Verknüpfungen Komplement, Durchschnitt und Vereinigung auf. Dort wurden die μ-Werte in der gleichen Weise verknüpft wie hier die Wahrheitswerte.

Allgemeingültige Ausdrücke sind auch in der dreiwertigen LUKASIEWICZ-Logik dadurch ausgezeichnet, daß sie für alle Belegungen den Wert 1 liefern. Allgemeingültige Bijungate heißen Äquivalenzen und werden mit dem Symbol „$\Leftrightarrow$" formalisiert.

Beispiel

Untersuchung des Bijungats

$$(a \rightarrow b) \leftrightarrow (\neg b \rightarrow \neg a)$$

in der dreiwertigen Logik:

a	b	$a \rightarrow b$	$\neg b$	$\neg a$	$\neg b \rightarrow \neg a$	$(a \rightarrow b) \leftrightarrow (\neg b \rightarrow \neg a)$
1	1	1	0	0	1	1
1	$\frac{1}{2}$	$\frac{1}{2}$	$\frac{1}{2}$	0	$\frac{1}{2}$	1
1	0	0	1	0	0	1
$\frac{1}{2}$	1	1	0	$\frac{1}{2}$	1	1
$\frac{1}{2}$	$\frac{1}{2}$	1	$\frac{1}{2}$	$\frac{1}{2}$	1	1
$\frac{1}{2}$	0	$\frac{1}{2}$	1	$\frac{1}{2}$	$\frac{1}{2}$	1
0	1	1	0	1	1	1
0	$\frac{1}{2}$	1	$\frac{1}{2}$	1	1	1
0	0	1	1	1	1	1

Der Ausdruck $(a \rightarrow b) \leftrightarrow (\neg b \rightarrow \neg a)$ ist demnach allgemeingültig und stellt mit

$$a \rightarrow b \Leftrightarrow \neg b \rightarrow \neg a$$

das *Kontrapositionsgesetz* der dreiwertigen Logik dar.

[1] Die äußeren Striche sind Betragsstriche im Sinne der reellen Zahlen.

Beispiel

Der Ausdruck $a \vee \neg a$ ist in der dreiwertigen Logik keine Tautologie:

a	$\neg a$	$a \vee \neg a$
1	0	1
$\frac{1}{2}$	$\frac{1}{2}$	$\frac{1}{2}$
0	1	1

Es läßt sich zeigen, daß alle Tautologien der dreiwertigen Logik auch Tautologien der klassischen (zweiwertigen) Logik sind. Die Umkehrung gilt nicht!

Die dreiwertige Logik läßt sich in einfacher Weise zu einer n-wertigen Logik verallgemeinern, wenn man als Wahrheitswerte die n rationalen Zahlen

$$\frac{n-1}{n-1} = 1, \quad \frac{n-2}{n-1}, \quad \frac{n-3}{n-1}, \ldots, \frac{2}{n-1}, \quad \frac{1}{n-1}, \quad \frac{0}{n-1} = 0$$

nimmt. LUKASIEWICZ ging aber noch einen Schritt weiter, indem er auch unendliche Wahrheitswertemengen zuließ. Im Falle der Menge

$$[0, 1]_{\mathbb{R}} = \{x \mid x \in \mathbb{R}, \quad 0 \leqq x \leqq 1\}$$

spricht man von der Standard-LUKASIEWICZ-Logik L_1. Genau diese Menge haben wir bei den Fuzzymengen als Mitgliedsgradwertemenge genommen.

4.3.2 Linguistische Variable

Fuzzy-Logik hat es mit der Bewertung von Fuzzy-Aussagen zu tun. Ihr unscharfer Charakter kann sprachlich in verschiedener Weise zum Ausdruck kommen. Zu den bekanntesten Anwendungen zählen die Rating- und Ranking-Methoden in den Sozialwissenschaften. In den voranstehenden Beispielen erwähnten wir bereits:

— Fuzzy-Prädikate: alt, neu, reich, schnell, intelligent etc.
— Fuzzy-Quantifizierungen: viele, einige, die meisten, fast alle etc.
— Fuzzy-Wahrheitswerte: fast wahr, gänzlich falsch, halbwahr, mehr oder weniger falsch etc.

Um solche sprachlichen Gebilde mit den Mitteln der Fuzzy-Algebra in den Griff zu bekommen, hat ZADEH (1973)[1] das Konzept der linguistischen Variablen eingeführt. Es sieht folgende Stufen vor:

(1) Erklärung einer linguistischen Variablen L und der Menge A ihrer sprachlich üblichen Ausprägungen
(2) Interpretation dieser Ausprägungen als Fuzzy-Mengen über einer Grundmenge und Festlegung der zugehörigen Mitgliedsgradfunktionen
(3) Bewertung der μ-Werte aus (2) mit Fuzzy-Wahrheitswerte-Mengen.

---

[1] Zadeh, L.A.: The Concept of a Linguistic Variable and Its Application to Approximate Reasoning. Memorandum ERL-M 411, Berkeley 1973

Dazu betrachten wir die Fuzzy-Aussage

„Die Firma ist ein mittelständiger Betrieb"

1. *Schritt* Als linguistische Variable wählen wir den Oberbegriff

„Unternehmensgröße" .

In erster Näherung besitzt dieser die folgende (gewöhnliche) Menge von Ausprägungen

M = {KLEINBETRIEB, MITTELSTÄNDIGER BETRIEB, GROSSBETRIEB}

2. *Schritt* Wir interpretieren die Elemente von M als Fuzzymengen über der Grundmenge

$$G = \{x \mid x \in \mathbb{N}, \quad x \leqq 500\,000\},$$

deren Elemente die Anzahl der Betriebsangehörigen angibt. Die zugehörigen Mitgliedsgrad-Funktionen (vgl. 4.1.2)

$$\mu_{\text{KLEINBETRIEB}}, \quad \mu_{\text{MITTELSTÄNDIGER BETRIEB}}, \quad \mu_{\text{GROSSBETRIEB}}$$

als Abbildungen $G \to [0; 1]_{\mathbb{R}}$ mögen für unser Beispiel mit der Abb. 210 skizziert sein.

Damit lassen sich Aussagen der Art

„Die Firma Gerok ist mit 100 Angestellten ein mittelständiger Betrieb"

bewerten; aus Abb. 210 liest man ab

$$\mu_{\text{MITTELSTÄNDIGER BETRIEB}}(100) = 0,8$$

1. Lesart: Die Zugehörigkeit der Firma Gerok zur Fuzzymenge MITTELSTÄNDIGER BETRIEB wird mit 0, 8 bewertet

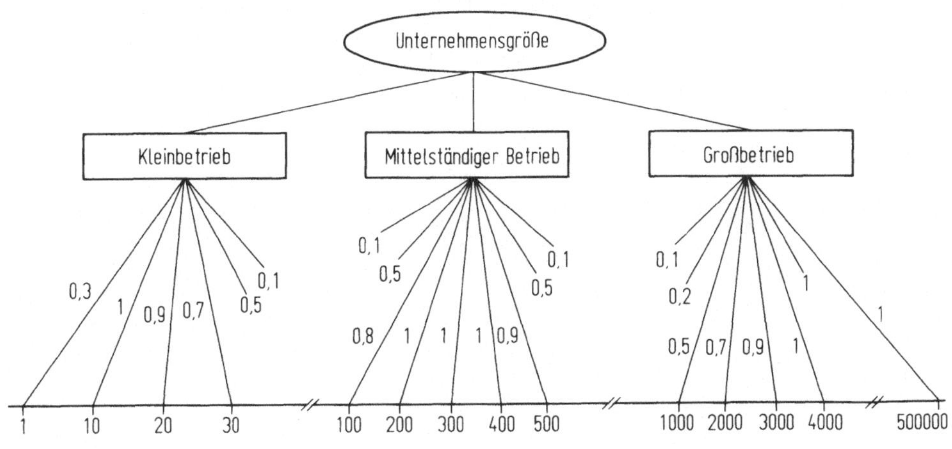

Abb. 210

2. Lesart: Die Aussage „Die Firma Gerok ist mit 100 Angestellten ein mittelständiger Betrieb“ erhält den Wahrheitswert 0, 8.

3. *Schritt* Die soeben erfolgte Bewertung bezieht sich nur auf die Zuordnung der Betriebe zu den Ausprägungs-Fuzzy-Mengen. Wir gehen jetzt einen Schritt weiter und bewerten diese Zahlen aus Schritt 2 nochmals, und zwar mit Fuzzy-Wahrheitsmengen. Dahinter steht das Konzept der Fuzzy-Mengen 2. Ordnung und allgemein n-ter Ordnung: eine Fuzzy-Menge heißt von der n-ten Ordnung (vom Typ n), wenn ihre Mitgliedsgradwerte Fuzzy-Mengen (n − 1)ter Ordnung (vom Typ n − 1) sind.

Bezeichnen wir in unserem Beispiel die Elemente von M (das sind also die Fuzzy-Ausprägungsmengen) mit Z, z.B. Z = KLEINBETRIEB, dann haben wir im 2. Schritt die Zahlen

$$\mu_Z(x) \quad \text{mit} \quad x \in G$$

berechnet. Jetzt nehmen wir als Grundmenge G* die Menge aller Zahlen $\mu_Z(x)$. d.h. aber doch, die Menge

$$G^* := [0; 1]_{\mathbb{R}},$$

und definieren *Fuzzy-Wahrheitsmengen*:

(1) zunächst die „Basismengen“ (Abb. 211)

$$\text{WAHR:} \quad \mu_{\text{WAHR}}(\mu_Z(x)) = \mu_Z(x)$$

$$\text{FALSCH:} \quad \mu_{\text{FALSCH}}(\mu_Z(x)) = 1 - \mu_Z(x)$$

(2) aus (1) abgeleitet die *Verschärfungen* (Konzentrationen) (Abb. 212)

$$\text{TOTAL WAHR:} \quad \mu_{\text{TOTAL WAHR}}(\mu_Z(x)) = (\mu_Z(x))^2$$

$$\text{TOTAL FALSCH:} \quad \mu_{\text{TOTAL FALSCH}}(\mu_Z(x)) = (1 - \mu_Z(x))^2$$

(3) aus (1) abgeleitet die *Abschwächungen* (Dilatationen) (Abb. 213)

$$\text{FAST WAHR:} \quad \mu_{\text{FAST WAHR}}(\mu_Z(x)) = \sqrt{\mu_Z(x)}$$

$$\text{FAST FALSCH:} \quad \mu_{\text{FAST FALSCH}}(\mu_Z(x)) = \sqrt{1 - \mu_Z(x)}$$

Vgl. dazu auch Aufgabe 4 in 4.1.

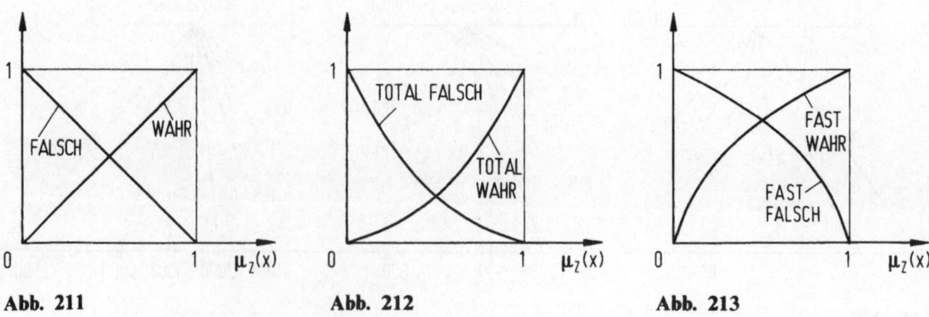

Abb. 211 **Abb. 212** **Abb. 213**

Für unser Beispiel ergibt sich:

„Die Aussage „Die Firma Gerok ist mit 100 Angestellten ein mittelständiger Betrieb“ ist fast wahr“

erhält die Bewertung

$$\mu_{\text{FAST WAHR}}(0{,}8) = \sqrt{0{,}8} = 0{,}89\ .$$

Der Leser wird bemerkt haben, daß diese Bewertung einer Bewertung nichts anderes als die Komposition zweier Mitgliedsgradsfunktionen darstellt. Selbstverständlich kann man die o.a. Wahrheitsfunktionen auch durch andere Vorschriften definieren. Die allgemeine Regel ist dabei: je schwächer die sprachliche Bewertung (ziemlich wahr, im großen und ganzen wahr, halbwahr, ...), desto höher der numerische Bewertungswert.

4.3.3 Der Fuzzylogik-Kalkül

Wie wir soeben gesehen haben, können wir jeder (Fuzzy-) Aussage einen Wahrheitswert aus der Menge $[0; 1]_{\mathbb{R}}$ zuordnen. Statt also zu sagen

„x gehört der Fuzzymenge A mit den Mitgliedsgradwert $\mu_A(x)$ an“,

formulieren wir jetzt die Aussage

„x ist A“

und geben ihr den Wahrheitswert $\mu_A(x)$. Um diesen Betrachtungswechsel deutlich zu machen, haben wir des öfteren schon Fuzzymengen nach Fuzzy-Prädikaten benannt, statt A also etwa KREDITWÜRDIG oder INTELLIGENT geschrieben.

Aus Gründen der Zweckmäßigkeit nehmen wir auch einen Bezeichnungswechsel vor. Für Fuzzy-Aussagenvariablen (fuzzylogische Variablen) wählen wir kleine lateinische Buchstaben, ggf. indiziert, ihre Bewertungen sollen durch den δ-Operator ausgedrückt werden. „δ“ soll an „Deutung“ (Interpretation) erinnern. Bei der Festlegung der fuzzylogischen Verknüpfungen übernehmen wir die aus der klassischen Logik bekannten Junktoren-Zeichen $\neg$, $\wedge$, $\vee$, $\rightarrow$ und $\leftrightarrow$, bezüglich des Verknüpfungswertes orientieren wir uns an den von LUKASIEWICZ (vgl. 4.3.1) eingeführten Definitionen, wobei hier $\delta(a) \in [0; 1]$ etc. gilt (d.h. wir haben es mit einer Logik zu tun, in der es überabzählbar unendlich viele Wahrheitswerte gibt).

Definition

Seien, a,b fuzzylogische Variablen und $\delta(a)$, $\delta(b) \in [0; 1]$. Dann erklären wir die fuzzylogischen Verknüpfungen

fuzzylogische Negation „$\neg$“: $\delta(\neg a) = 1 - \delta(a)$

fuzzylogische Konjunktion „$\wedge$“: $\delta(a \wedge b) = \text{Min}(\delta(a), \delta(b))$

fuzzylogische Disjunktion „$\vee$“: $\delta(a \vee b) = \text{Max}(\delta(a), \delta(b))$

fuzzylogische Subjunktion „→": $\delta(a \to b) = \mathrm{Min}(1, 1 + \delta(b) - \delta(a))$

fuzzylogische Bijunktion „↔": $\delta(a \leftrightarrow b) = 1 - |\delta(a) - \delta(b)|$

Seien ferner $\alpha(x_1, x_2, \ldots, x_n)$ und $\beta(x_1, x_2, \ldots, x_n)$ korrekt gebildete fuzzylogische Ausdrücke.
Dann heiße α eine *fuzzylogische Tautologie* (allgemeingültig, gültig), wenn gilt

$$\delta(\alpha) = 1 \text{ für alle Belegungen } (\delta(x_1), \delta(x_2), \ldots, \delta(x_n))$$

Ist speziell $\delta(\alpha \to \beta) = 1$, d.h. $\delta(\alpha) \leqq \delta(\beta)$ für alle Belegungen, so schreiben wir diese Aussage in der Form

$$\alpha \Rightarrow \beta$$

und nennen die allgemeingültige fuzzylogische Subjunktion eine *fuzzylogische Implikation.*

Ist speziell $\delta(\alpha \leftrightarrow \beta) = 1$, d.h. $\delta(\alpha) = \delta(\beta)$ für alle Belegungen, so schreiben wir dafür

$$\alpha \Leftrightarrow \beta$$

und nennen die allgemeingültige fuzzylogische Bijunktion eine *fuzzylogische Äquivalenz.*

Ist schließlich $\delta(\alpha) = 0$ für alle Belegungen, so heißt α eine *fuzzylogische Kontradiktion* (Inkonsistenz, ungültig).

Wir wollen auf der Grundlage dieser Begriffsbestimmungen wenigstens in exemplarischer Weise zwei typische Aufgaben vorstellen und Lösungswege erklären.

1. *Aufgabe*: *Untersuchung zweier fuzzylogischer Ausdrücke auf Äquivalenz*
Vermutet man keine Äquivalenz, so wählt man am besten ein geeignetes Gegenbeispiel und falsifiziert. Seien z.B. gegeben

$$\alpha(a, b) :\Leftrightarrow: a \to b$$

$$\beta(a, b) :\Leftrightarrow: \neg a \vee b\,.$$

Wähle $\delta(a) = 0{,}5$; $\delta(b) = 0{,}7$, so ergibt sich sofort

$$\delta(a \to b) = \mathrm{Min}(1, 1 + 0{,}7 - 0{,}5) = 1$$

$$\delta(\neg a \vee b) = \mathrm{Max}(1 - 0{,}5; 0{,}7) = 0{,}7;$$

d.h. die aus dem klassischen Aussagenkalkül bekannte Äquivalenz $a \to b \Leftrightarrow \neg a \vee b$ gilt in der Fuzzylogik nicht!

Die allgemeine Untersuchung kann man durch *Wahrheitswertetafeln* übersichtlich gestalten und systematisieren (und damit auch auf den Rechner bringen!) Wir demonstrieren das Verfahren am Nachweis der DE MORGANschen Äquivalenz, d.h. wir behaupten zunächst

$$\neg(a \wedge b) \Leftrightarrow \neg a \vee \neg b\,.$$

Zu zeigen ist die Gleichheit

$$\delta(\neg(a \wedge b)) = \delta(\neg a \vee \neg b)$$

für alle Belegungen $\delta(a), \delta(b) \in [0; 1]$. *Obgleich es unendlich viele Belegungen gibt, genügt es, acht Fälle zu prüfen!* Dies liegt an den Maximum- und Minimumoperatoren, die letztlich auf einen Vergleich der δ-Werte hinauslaufen. In der nachstehenden Wahrheitswertetafel sind in der vordersten Spalte diese acht Fälle aufgeführt, pro Zeile jeweils links der kleinste, rechts der größte δ-Wert. Der Leser mache sich klar, daß es nicht mehr als acht Fälle (bei zwei Variablen) gibt, z.B. hat $\delta(a) \leqq \delta(b)$ die Beziehung $\delta(\neg a) \geqq \delta(\neg b)$ zur Folge[1]. Wir setzen

$$\neg(a \wedge b) \Leftrightarrow: \alpha, \quad \neg a \vee \neg b \Leftrightarrow: \beta$$

(definierende fuzzylogische Äquivalenz) und lassen der Einfachheit halber innerhalb der Tafel die δ's weg.

$\delta(\ )\leqq$	$\delta(\ )\leqq$	$\delta(\ )\leqq$	$\delta(\ )$	$\delta(a \wedge b)$	$\delta(\neg(a \wedge b))$	$\delta(\neg a \vee \neg b)$	$\delta(\alpha \leftrightarrow \beta)$
a	b	¬b	¬a	a	¬a	¬a	1
a	¬b	b	¬a	a	¬a	¬a	1
¬a	b	¬b	a	b	¬b	¬b	1
¬a	¬b	b	a	b	¬b	¬b	1
b	a	¬a	¬b	b	¬b	¬b	1
b	¬a	a	¬b	b	¬b	¬b	1
¬b	a	¬a	b	a	¬a	¬a	1
¬b	¬a	a	b	a	¬a	¬a	1

2. *Aufgabe*: *Vereinfachung fuzzylogischer Ausdrücke*
Für diese Umformungen stehen folgende Äquivalenzen zur Verfügung

Kommutativgesetz	$a \wedge b \Leftrightarrow b \wedge a$	$a \vee b \Leftrightarrow b \vee a$
Assoziativgesetz	$a \wedge (b \wedge c) \Leftrightarrow (a \wedge b) \wedge c$	$a \vee (b \vee c) \Leftrightarrow (a \vee b) \vee c$
Absorptionsgesetz	$a \wedge (a \vee b) \Leftrightarrow a$	$a \vee (a \wedge b) \Leftrightarrow a$
Distributivgesetz	$a \wedge (b \vee c) \Leftrightarrow (a \wedge b) \vee (a \wedge c)$	$a \vee (b \wedge c) \Leftrightarrow (a \vee b) \wedge (a \vee c)$
Idempotenzgesetz	$a \wedge a \Leftrightarrow a$	$a \vee a \Leftrightarrow a$
DE MORGAN-Gesetz	$\neg(a \wedge b) \Leftrightarrow \neg a \vee \neg b$	$\neg(a \vee b) \Leftrightarrow \neg a \wedge \neg b$
Neutralelement	$a \wedge 1 \Leftrightarrow a$	$a \vee 0 \Leftrightarrow a$
0/1-Faktor	$a \wedge 0 \Leftrightarrow 0$	$a \vee 1 \Leftrightarrow 1$
Dopp. Komplement	$\neg\neg a \Leftrightarrow a$	

Bezüglich „∧" und „∨" liegt mit $[0; 1]_{\mathbb{R}}$ als Grundmenge ein distributiver Verband vor. Dieser ist nicht komplementär, d.h. die sog. Komplementärgesetze gelten in

[1] m.a.W. die Anordnung $ab\neg a\neg b$ kann in der Tafel nicht auftreten, und in entsprechender Weise ist das Fehlen der anderen Anordnungen zu erklären.

der Fuzzy-Logik nicht:

$$a \wedge \neg a \Leftrightarrow 0 \text{ gilt nicht!}$$

$$a \vee \neg a \Leftrightarrow 1 \text{ gilt nicht!}$$

Dies bedeutet, wie schon in der Fuzzymengen-Algebra erläutert, den Verzicht auf die kanonischen Normalformen. Hingegen sind nicht-kanonische Normalformen aus Ausdrücken in „$\wedge$", „$\vee$" und „$\neg$" durch Äquivalenz-Umformungen stets machbar. Wir zeigen dies exemplarisch für den fuzzylogischen Ausdruck

$$\alpha(a, b) :\Leftrightarrow (a \vee b) \wedge \neg(b \wedge (\neg a \vee \neg b))$$

$$\Leftrightarrow (a \vee b) \wedge (\neg b \vee \neg(\neg a \vee \neg b))$$

$$\Leftrightarrow (a \vee b) \wedge (\neg b \vee (a \wedge b))$$

$$\Leftrightarrow (a \vee b) \wedge (\neg b \vee a) \wedge (\neg b \vee b) \quad \text{konjunktive Normalform!}$$

Zur Herstellung einer disjunktiven Normalform formen wir wie folgt um

$$(a \vee b) \wedge (\neg b \vee (a \wedge b))$$

$$\Leftrightarrow [(a \vee b) \wedge \neg b] \vee [(a \vee b) \wedge (a \wedge b)]$$

$$\Leftrightarrow (a \wedge \neg b) \vee (b \wedge \neg b) \vee (a \wedge a \wedge b) \vee (b \wedge a \wedge b) \text{ disj. Normalform}$$

$$\Leftrightarrow (a \wedge \neg b) \vee (b \wedge \neg b) \vee (a \wedge b) \vee (a \wedge b) \text{ dito (vereinfacht)}$$

$$\Leftrightarrow (a \wedge \neg b) \vee (b \wedge \neg b) \vee (a \wedge b) \text{ dito (vereinfacht)}$$

In manchen Fällen gelingt noch eine weitere Vereinfachung auf Grund einer Zwischenüberlegung, insbesondere bei den Ausdrücken $a \wedge \neg a$ und $a \vee \neg a$. Der fuzzylogische Ausdruck

$$(a \wedge \neg a) \wedge (b \vee \neg b)$$

kann durch formale Umformung mittels der o.a. Äquivalenzen nämlich nicht weiter vereinfacht werden! Auf Grund folgender Überlegung ist dennoch eine Vereinfachung vorhanden:

$$\delta(a \wedge \neg a) = \text{Min}\,(\delta(a), 1 - \delta(a)) \leqq 0{,}5$$

$$\delta(b \vee \neg b) = \text{Max}\,(\delta(b), 1 - \delta(b)) \geqq 0{,}5$$

$$\delta[(a \wedge \neg a) \wedge (b \vee \neg b) = \text{Min}\,(\delta(a \wedge \neg a), \delta(b \vee \neg b))$$

$$= \delta(a \wedge \neg a),$$

denn wegen $\delta(b \vee \neg b) \geqq 0{,}5$ kommt dieser Wert bei der Minimumbildung nicht zum Zuge. Also gilt die Äquivalenz

$$(a \wedge \neg a) \wedge (b \vee \neg b) \Leftrightarrow a \wedge \neg a$$

In ähnlicher Weise oder einfach über die Wahrheitswertetafel bestätigt man z.B. die Vereinfachung

$$(a \wedge b) \vee (\neg a \wedge b) \vee (b \wedge \neg b) \Leftrightarrow (a \wedge b) \vee (\neg a \wedge b),$$

die allein durch formale Äquivalenzumwandlungen nicht nachweisbar ist.

Insgesamt sind bei zwei Variablen (Verteilung von a, $\neg$a, b, $\neg$b auf 8 Plätze)

$$4^8 = 65536$$

paarweise verschiedene Zuordnungen $(a, b) \mapsto \alpha(a, b)$ möglich. Die damit erfaßten fuzzylogischen Funktionen liegen zunächst nur als Zuordnungen gemäß unserer (achtzeiligen) Wahrheitstafel vor. Im Gegensatz zum klassischen Aussagenkalkül gibt es in der Fuzzylogik kein systematisches Verfahren (Algorithmus) zur Umwandlung einer tafeldefinierten Funktion in eine termdefinierte Funktion. Insbesondere kennt man keine Verknüpfungsbasen; Subjunktion und Bijunktion lassen sich nicht auf Konjunktion, Disjunktion und Negation zurückführen. Das Operieren im Kalkül der Fuzzylogik ist deshalb stark eingeschränkt. Dennoch wurden Erweiterungen auf eine Fuzzy-Prädikatenlogik sowie eine Fuzzy-Modallogik konstruiert, und die Forschung auf diesem Gebiet ist noch nicht abgeschlossen, sie hat eigentlich eben erst begonnen.

Aufgaben zu 4.3

1. Untersuchen Sie die Ausdrücke

   (1) $a \wedge (\neg a \vee b) \leftrightarrow a \wedge b$

   (2) $\neg(a \wedge b) \leftrightarrow \neg a \vee \neg b$

   (3) $a \wedge b \rightarrow a \vee b$

   in der dreiwertigen LUKASIEWICZ-Logik auf Allgemeingültigkeit!
2. Beschreiben Sie die linguistische Variable „Intelligenz" durch die Ausprägungen „gering", „normal", „gut", „sehr gut" auf einer Skala (Grundmenge) von IQ-Werten zwischen 0 und 140. Bewerten Sie geeignete Aussagen zusätzlich hinsichtlich ihres Wahrheitswertes (Wahrheitsmengen).
3. Beweisen Sie folgende fuzzylogische Äquivalenzen mit Wahrheitswertetafeln

   (1) $a \leftrightarrow b \Leftrightarrow (a \rightarrow b) \wedge (b \rightarrow a)$

   (2) $a \wedge (a \vee b) \Leftrightarrow a$

   (3) $(a \wedge b) \vee (\neg a \wedge b) \vee (b \wedge \neg b) \Leftrightarrow (a \wedge b) \vee (\neg a \wedge b)$

   (4) $(a \wedge b \wedge \neg b) \vee (\neg a \wedge b \wedge \neg b) \Leftrightarrow b \wedge \neg b$
4. Stellen Sie von dem fuzzylogischen Ausdruck

   $\neg [(a \wedge \neg b) \vee \neg a \vee c]$

   eine disjunktive und eine konjunktive Normalform auf!

5 Anhang: Lösungen der Aufgaben

1.1.1

1. a) $\{3\}$, b) $\{3, -5\}$, c) $\emptyset$
2. a) $\{x \mid x = a^2, a \in \mathbb{N}, a \leqslant 9\}$
   b) $\{x \mid x = 10^y + 1, y \in \mathbb{N}_0, y \leqslant 3\}$
   c) $\{x \mid x = (-1)^y, y \in \mathbb{N}\}$
3. nur a) ist richtig!

1.1.2

1. a) $A \neq B :\Leftrightarrow \bigvee_{x \in G} [(x \in A \wedge x \notin B) \vee (x \notin A \wedge x \in B)]$

   b) $A \underset{\text{echt}}{\subset} B :\Leftrightarrow (A \subset B) \wedge \left(\bigvee_{x \in G} [x \in B \wedge x \notin A] \right)$
2. $\mathbb{N} \subset \mathbb{N}_0 \subset \mathbb{Z} \subset \mathbb{Q} \subset \mathbb{R} \subset \mathbb{C}$
   $\mathbb{N} \subset \mathbb{R}^+ \subset \mathbb{R} \subset \mathbb{C}$
3. siehe Abbildung L1.

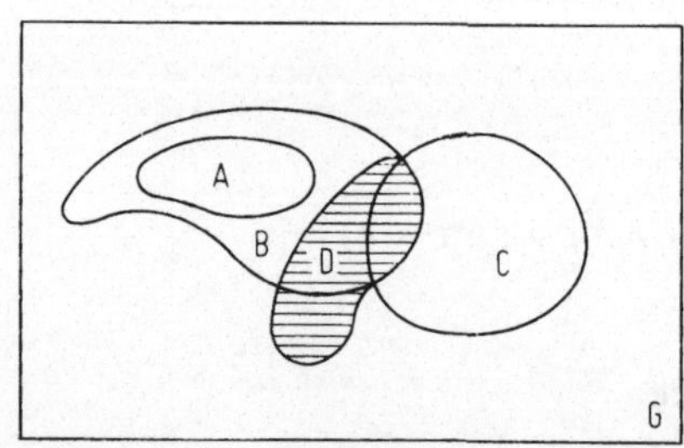

Abb. L1

4. a), b), c), f), h), k), l), n), o).
5. Etwa: $A = \{1\}$, $M = \{A\}$; dann ist $1 \in A$ und $A \in M$, aber $1 \notin M$.

1.1.3

1. Werkstücke mit Verarbeitungsfehlern : 21 Stück

Werkstücke nur mit Verarbeitungsfehlern: 9 Stück

$|A \cup B| = |A| + |B| - |A \cap B|$

$|A \cup B \cup C| = |A| + |B| + |C| - |A \cap B| - |A \cap C| - |B \cap C| + |A \cap B \cap C|$

2. VENN-Diagramm siehe Abb. L2!

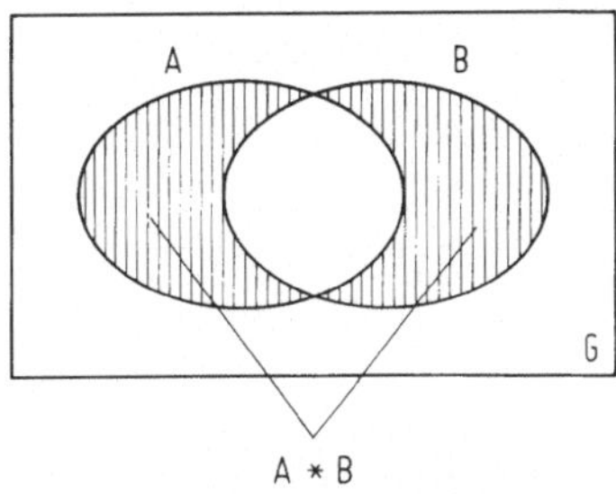

Abb. L2

$$A * B = \{x \mid (x \in A \wedge x \notin B) \vee (x \notin A \wedge x \in B)\}$$

$$A * B = (A \setminus B) \cup (B \setminus A) = (A \cup B) \setminus (A \cap B)$$

$$B * A = (B \cup A) \setminus (B \cap A) = (A \cup B) \setminus (A \cap B) = A * B,$$

denn „$\cap$“ und „$\cup$“ sind kommutativ.

3. $\mathfrak{z} = \{(A \cap B \cap C \cap D), (A' \cap B \cap C \cap D), (A \cap B' \cap C \cap D), (A \cap B \cap C' \cap D),$
$(A \cap B \cap C \cap D'), (A' \cap B' \cap C \cap D), (A' \cap B \cap C' \cap D), (A' \cap B \cap C \cap D'),$
$(A \cap B' \cap C' \cap D), (A \cap B' \cap C \cap D'), (A \cap B \cap C' \cap D'), (A' \cap B' \cap C' \cap D),$
$(A' \cap B' \cap C \cap D'), (A' \cap B \cap C' \cap D'), (A \cap B' \cap C' \cap D'), (A' \cap B' \cap C' \cap D')\}$

VENN-Diagramm siehe Abb. L3

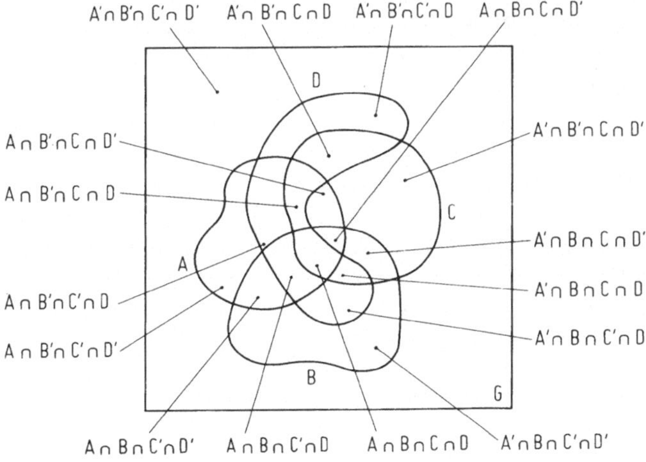

Abb. L3

4. $(A \cap B \cap C)' = [(A \cap B) \cap C]' = (A \cap B)' \cup C' = (A' \cup B') \cup C' = A' \cup B' \cup C'$
(Ausnutzung der Assoziativität von „$\cap$" und „$\cup$"!)

$$(A \cup B \cup C)' = K(A \cup B \cup C) = K(A \cup [B \cup C]) = K(A) \cap K(B \cup C)$$
$$= K(A) \cap [K(B) \cap K(C)] = K(A) \cap K(B) \cap K(C)$$

Allgemein für $n \in \mathbb{N}$ Mengen:

$$K\left(\bigcap_{i=1}^{n} A_i\right) = \bigcup_{i=1}^{n} K(A_i) \text{ bzw. } \left(\bigcap_{i=1}^{n} A_i\right)' = \bigcup_{i=1}^{n} A_i'$$

$$K\left(\bigcup_{i=1}^{n} A_i\right) = \bigcap_{i=1}^{n} K(A_i) \text{ bzw. } \left(\bigcup_{i=1}^{n} A_i\right)' = \bigcap_{i=1}^{n} A_i'$$

5. a) $A' \cap (B' \cap C) = [A \cup (B \cup C')]' = (A \cup B \cup C')'$

b) $(A' \cap B) \cup (C' \cup D') = [(A' \cap B)' \cap (C \cap D)]' = [(A' \cap B)' \cap C \cap D]'$

6. $T = A \cup B \cup C$ (kürzeste Form)

$T = (A \cap B \cap C) \cup (A' \cap B \cap C) \cup (A \cap B' \cap C) \cup (A \cap B \cap C')$

$\cup (A' \cap B' \cap C) \cup (A' \cap B \cap C') \cup (A \cap B' \cap C')$ (Normalform)

7. A: Menge aller arbeitsamen Frauen,

B: Menge aller begüterten Frauen,

C: Menge aller charmanten Frauen.

$T = (A \cap B \cap C) \cup (A' \cap B \cap C) \cup (A \cap B' \cap C) \cup (A \cap B \cap C') \cup (A' \cap B' \cap C)$ (Normalform)

$T = C \cup (A \cap B)$. In Worten: $x \in T$ wird geheiratet, wenn

x „charmant" oder „arbeitsam und begütert" ist.

8. a) Menge aller Rechtecke oder Rauten
b) Menge aller Quadrate (siehe Text-Beispiel!)
c) Menge aller Parallelogramme ohne Quadrate
d) Menge aller Parallelogramme ohne Rechtecke und ohne Rauten
e) Menge aller Rechtecke ohne Quadrate
f) Leere Menge

1.2.1

1. $R = \{(1, 1), (1, 2), (1, 3), (1, 4), (1, 5), (2, 1), (2, 3), (2, 5), (3, 1), (3, 2), (3, 4), (3, 5), (4, 1), (4, 3), (4, 5), (5, 1), (5, 2), (5, 3), (5, 4)\}$

2. a) $V_M = R$ (Deckung im Vorbereich)

b) $M = R \times S$

c) $P(R \times S)$ (Potenzmenge von $R \times S$)

d) $M = \emptyset$

e) $N_M = S$ (Deckung im Nachbereich)

(aber: aus $N_M = S$ folgt nicht, daß eine Reihe vollständig besetzt sein muß!)

3. a) $M^3 = \{(0,0,0), (0,0,1), (0,1,0), (1,0,0), (0,1,1), (1,0,1), (1,1,0), (1,1,1)\}$
   b) $R = \{(1,0,-1), (0,1,-1), (1,0,1), (0,1,1), (-1,0,1),$
   $(0,-1,1), (-1,0,-1), (0,-1,-1), (0,0,0)\}$
   c) $|A_1 \times A_2 \times \cdots \times A_n| = |A_1| \cdot |A_2| \cdot \ldots \cdot |A_n|$

   bzw. $\left| \bigtimes_{i=1}^{n} A_i \right| = \prod_{i=1}^{n} |A_i|$ (daher der Name „Produkt" menge!)

1.2.2

1.

	(a)	(b)	(c)	(d)	(e)	(f)	(g)
(1)	x		x	x	x	x	x
(2)	x					x	x
(3)		x		x	x		
(4)				x		x	x
(5)	x		x	x	x		
(6)	x						

2. a) identitiv
   b) $x \in \mathbb{N} \setminus \{4\} \wedge y \in \mathbb{N} \setminus \{1\}$
   c) $x = 2 \wedge y \in \mathbb{N} \setminus \{2, 3\}$
3. a) RMD, LMD
   b) RMD, LED
   c) RED, LMD
   d) RED, LED (und damit EED)
4. a) Siehe Abb. L4

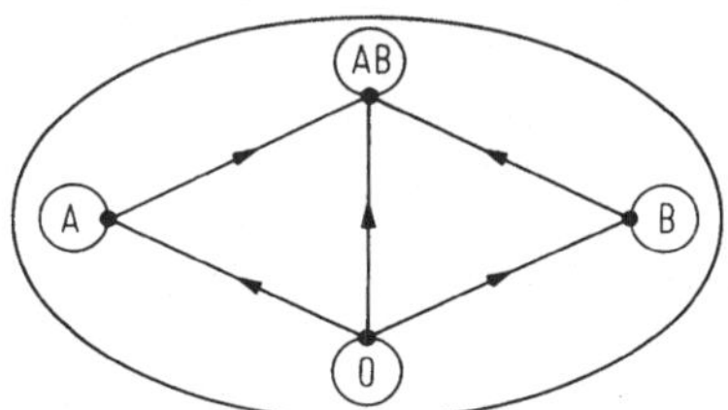

Abb. L4

   b) durch das Relationsbild $R[\{B\}] = \{B, AB\}$
   c) $\hat{R} = \{(\{A\}, \{A, AB\}), (\{B\}, \{B, AB\}), (\{AB\}, \{AB\}),$

$(\{0\}, \{A, B, AB, 0\}), (\{A, B\}, \{A, B, AB\}),$
$(\{A, AB\}, \{A, AB\}), (\{A, 0\}, \{A, B, AB, 0\}),$
$(\{B, AB\}, \{B, AB\}), (\{B, 0\}, \{A, B, AB, 0\}),$
$(\{AB, 0\}, \{A, B, AB, 0\}), (\{A, B, AB\}, \{A, B, AB\}),$
$(\{A, B, 0\}, \{A, B, AB, 0\}), (\{A, AB, 0\}, \{A, B, AB, 0\}),$
$(\{B, AB, 0\}, \{A, B, AB, 0\}), (\{A, B, AB, 0\}, \{A, B, AB, 0\}), (0, 0)\}$

5. $(x, x) \in R$ gilt nicht für alle $x \in M$: $(3, 3) \notin R$.

1.2.3

1. Relationsgraph siehe Abb. L5. Klassen sind

$$K_1 = \{4\}, K_2 = \{5\}, K_3 = \{3, 7\}, K_4 = \{1, 8, 9\}$$

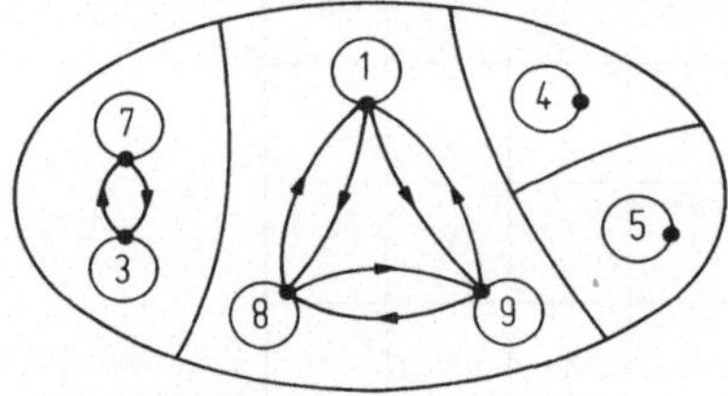

Abb. L5

2. a) Reflexivität: $R(a, b)(a, b) \Leftrightarrow a^2 + b^2 = a^2 + b^2$

Symmetrie: $R(a, b)(c, d) \Leftrightarrow a^2 + b^2 = c^2 + d^2$

$\Leftrightarrow R(c, d)(a, b)$

Transitivität: $R(a, b)(c, d) \wedge R(c, d)(e, f) \Leftrightarrow a^2 + b^2$

$= c^2 + d^2 = e^2 + f^2 \Rightarrow a^2 + b^2 = e^2 + f^2$
$\Rightarrow R(a, b)(e, f)$

b) Eine Äquivalenzklasse K_r besteht aus der Menge aller Paare (a, b), für die die Summe der Quadrate der Koordinaten konstant, etwa gleich der nichtnegativen Zahl r^2 ist:

$$K_r = \{(a, b) | a^2 + b^2 = r^2\}$$

Zu jedem $r \in \mathbb{R}^+ \cup \{0\}$ gibt es eine Äquivalenzklasse, insgesamt also (überabzählbar) unendlich viele.

c) Trägt man a als Abszisse, b als Ordinate in ein kartesisches Koordinatensystem ein, so sind $a^2 + b^2 = r^2$ Kreise um 0 mit Radius r. Jede Äquivalenzklasse besteht aus allen Punkten eines solchen Kreises (Abb. L6).

3. $R = \{(a, a), (a, b), (b, a), (b, b), (c, c), (d, d)\}$
4. R_1 zerlegt M in lauter einelementige Klassen, ihre Menge ist

$$K_1^* = \{\{x\} | x \in M\}$$

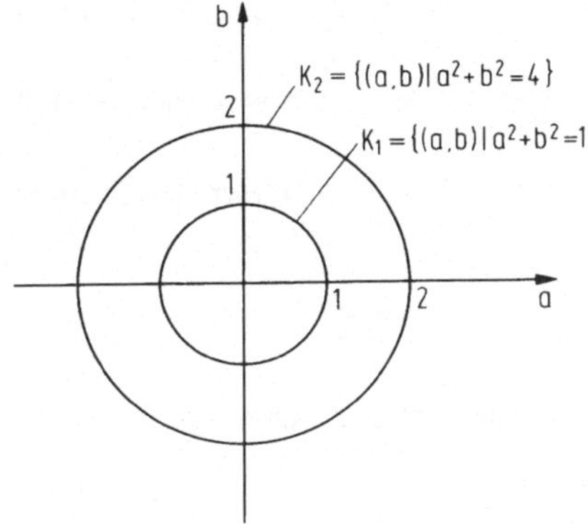

Abb. L6

R_2 zerlegt M in nur eine Klasse, nämlich in die Menge, die nur aus M besteht:

$$K_2^* = \{M\}$$

Es ist z.B. $R_1 = \{(x,y) | x \in M \wedge y \in M \wedge x = y\}$

$$R_2 = M \times M = \{(x,y) | x \in M \wedge y \in M\} .$$

1.2.4

1.

	a)	b)	c)
(1)	x		
(2)		x	
(3)	x		x
(4)		x	x
(5)	x		

2. $R = \{(1,4), (1,5), (1,6), (4,5), (2,3), (2,4), (2,5), (3,4), (3,5)\}$
3. $R' = \{(1,1), (2,2), (3,3), (4,4), (5,5), (6,6), (1,2), (1,3), (1,4), (1,5), (1,6), (2,4), (2,6), (3,6)\}$;

   $Rxy \Leftrightarrow$ „x ist Teiler von y“.

1.2.5

1. $R_1 = \{(E,P), (0,P), (K,H), (K,E), (T,B), (T,W)\}$
2. $R_1 * R_1 = \{(K,P)\}$; $(R_1 * R_1)xy \Leftrightarrow x$ ist Enkel (väterlicherseits) von y
3. $R_2 = \{(B,H), (B,E)\}$
4. $R_2 * R_2 = \emptyset$; $(R_2 * R_2)xy \Leftrightarrow x$ ist Tochter der Tochter von y (Enkelin mütterlicherseits)

5. $R_1 * R_2 = \{(B, P)\}$; $(R_1 * R_2)xy \Leftrightarrow x$ ist Tochter des Sohnes von y (Enkelin väterlicherseits)
6. $R_2 * R_1 = \{(T, E), (T, H)\}$; $(R_2 * R_1)xy \Leftrightarrow x$ ist Sohn der Tochter von y (Enkel mütterlicherseits)
7. $R_1 * R_2 * R_1 = \{(T, P)\}$; $(R_1 * R_2 * R_1)xy \Leftrightarrow x$ ist Sohn der Tochter des Sohnes von y (Urenkel)
8. $R_3 = \{(P, E), (H, B), (H, K), (B, T), (P, 0)\}$
9. $R_3 * R_1 = \{(E, E), (0, 0), (0, E), (E, 0), (K, B), (K, K), (T, T)\}$;
   $(R_3 * R_1)xy \Leftrightarrow x$ ist Sohn der Mutter von y
10. $R_3 * R_3 = \{(H, T)\}$; $(R_3 * R_3)xy \Leftrightarrow x$ ist Großmutter mütterlicherseits von y

1.3.1

1. R_1, R_4, R_6

   R_2 ist keine Abbildung, da z.B. $x = \frac{\pi}{2} \in \mathbb{R}$ kein Bildelement hat.

   R_3 ist keine Abbildung, da $x = 1$ und $x = -1$ kein Funktionswert zugeordnet werden kann.

   R_5 ist keine Abbildung, da z.B. die Paare (3, 4) und (3, −4) beide die Relationsvorschrift $x^2 + y^2 = 25$ erfüllen, womit die Rechtseindeutigkeit verletzt ist.

2. 1. *Fall*: Keine Deckung von Quellmenge und Vorbereich. Dann Einschränkung der Quellmenge. Bei R_2 ersetze man die Quellmenge $\mathbb{R}$ durch $\mathbb{R}\setminus L$, wenn

   $$L = \left\{x \mid x = (2n + 1)\frac{\pi}{2} \wedge n \in \mathbb{Z}\right\}$$

   bedeutet (für alle $x \in L$ ist $\tan x$ nicht erklärt). Entsprechend schränke man bei $R_3[-1; 1]$ auf $]-1; 1[$ ein (beiderseits offenes Intervall: $\{x \mid x \in \mathbb{R} \wedge -1 < x < 1\} =:]-1; 1[$).

   2. *Fall*: Fehlende Rechtseindeutigkeit. Dann spalte man die Relation in die Vereinigung zweier (oder allgemein mehrerer) rechtseindeutiger Teilrelationen (Abbildungen) auf.

   Bei R_5: $R_5 = R_5' \cup R_5''$ mit

   $$R_5' := \{(x, y) \mid x \in [-5; 5] \wedge x \mapsto y = \sqrt{25 - x^2}\} =: f_1$$

   $$R_5'' := \{(x, y) \mid x \in [-5; 5] \wedge x \mapsto y = -\sqrt{25 - x^2}\} =: f_2$$

   Geometrisch: Aufteilung des Gesamtkreises in oberen und unteren Halbkreis (Abb. L7).

1.3.2

1. $f^*: A^* \to B^*$, $A^* = \left\{x \mid -\frac{\pi}{4} \leqslant x \leqslant \frac{3\pi}{4} \wedge x \in \mathbb{R}\right\} \subset A$

   $B^* = \{y \mid -\sqrt{2} \leqslant y \leqslant \sqrt{2} \wedge y \in \mathbb{R}\} \subset B$. Siehe Abb. L8.

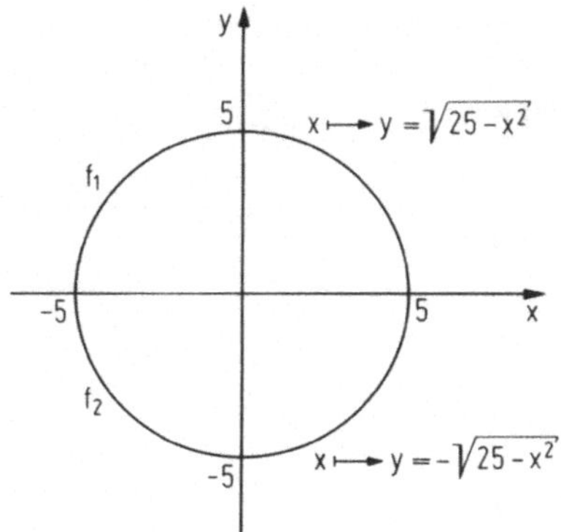

Abb. L7

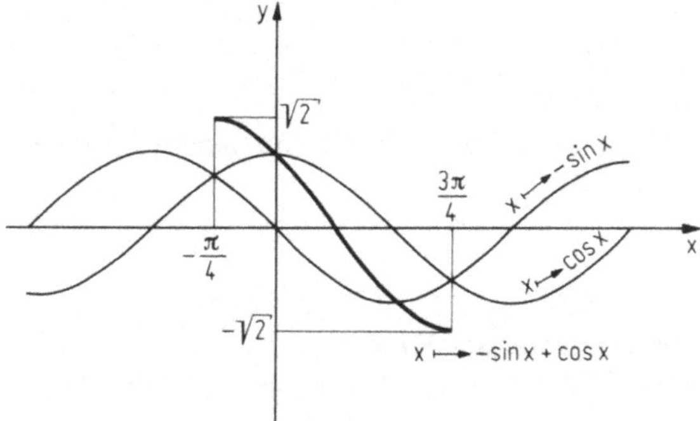

Abb. L8

2. $\begin{vmatrix} a_{11} & a_{12} \\ a_{21} & a_{22} \end{vmatrix} =: D \neq 0$, denn genau dann ist das (inhomogene lineare) Gleichungssystem nach x_1 und x_2 eindeutig auflösbar und es gilt

$$x_1 = \frac{a_{22}}{D} y_1 + \frac{-a_{12}}{D} y_2$$

$$x_2 = \frac{-a_{21}}{D} y_1 + \frac{a_{11}}{D} y_2$$

3. Zum Beispiel: A*: Menge aller Bundesbürger, die *genau ein* Kraftfahrzeug angemeldet haben

B*: Menge aller amtlichen Kennzeichen zugelassener Wagen von Haltern ohne Zweitwagen

(es gibt auch noch andere Lösungen!).

1.3.3

1. $p + q: \mathbb{R} \to \mathbb{R}$ mit $x \mapsto 2x^2 + 7x - 4$
   $p - q: \mathbb{R} \to \mathbb{R}$ mit $x \mapsto 2x^2 + 3x - 2$
   $p \cdot q \;: \mathbb{R} \to \mathbb{R}$ mit $x \mapsto 4x^3 + 8x^2 - 11x + 3$

   $\frac{p}{q} \;: \mathbb{R} \backslash \{\frac{1}{2}\} \to \mathbb{R}$ mit $x \mapsto x + 3$

   $p * q: \mathbb{R} \to \mathbb{R}$ mit $x \mapsto 8x^2 + 2x - 6$
   $q * p: \mathbb{R} \to \mathbb{R}$ mit $x \mapsto 4x^2 + 10x - 7$
2. $x \mapsto (f_1 * f_2)(x)$: „$(f_1 * f_2)(x)$ ist Vater von x"
   $x \mapsto (f_2 * f_1)(x)$: „$(f_2 * f_1)(x)$ ist Schwiegermutter von x"
   $x \mapsto (f_2 * f_2)(x)$: „$(f_2 * f_2)(x)$ ist Großmutter (mütterlicherseits) von x"
3. Genau die symmetrischen Abbildungen (im Sinne symmetrischer Relationen).
   Beispiele: $f = \{(1;2), (2;1), (3;3)\}$,

   $$f^* = \left\{x \mid x \in \mathbb{R} \backslash \{0\},\ x \mapsto \frac{1}{x}\right\}.$$
4. a) $x \mapsto y = f_1(x) \Leftrightarrow$ „die Wohnung x (etwa definiert durch ihre genaue Adresse) hat $f_1(x)$ Quadratmeter Wohnfläche";
   $y \mapsto z = f_2(y) \Leftrightarrow$ „y Quadratmeter Wohnfläche kosten $f_2(y)$ D-Mark Miete im Monat";
   $x \mapsto (f_2 * f_1)(x) \Leftrightarrow$ „die Wohnung x kostet $f_2(f_1(x))$ D-Mark Miete im Monat".
   b) $x \mapsto f_1(x) = y \Leftrightarrow$ „y ist die Hubraumgröße des KFZ x";
   $y \mapsto f_2(y) = z \Leftrightarrow$ „z ist die Jahres-KFZ-Steuer für die Hubraumgröße y";
   $x \mapsto (f_2 * f_1)(x) \Leftrightarrow$ „$(f_2 * f_1)(x)$ ist die KFZ-Steuer für den Wagen x".
5. a) $x \mapsto \sin(x^2)$, b) $x \mapsto \sin^2 x$, c) $x \mapsto \sin\sqrt{x}$, d) $x \mapsto \sqrt{\sin x}$, e) $x \mapsto x$,
   f) $x \mapsto \sin x$, g) $x \mapsto \sqrt{\sin(x^2)}$, h) $x \mapsto x^4$, i) $x \mapsto \sqrt[8]{x}$

1.4

1. a) Siehe Abb. L9;
   b) ungerichteter, zusammenhängender Graph ohne Kreise (Baum);
   c) $38 = 2 \cdot 19$;
   d) 2, 2.2, 2.3, 2.4, 2.5;
   e) sämtliche Block-Teilgraphen sind einkantig und zweiknötig (Begrenzungsknoten);
   f) die Seitenanzahl der betreffenden Abschnitte bzw. Unterabschnitte (es gibt aber noch viele andere Bewertungsmöglichkeiten!)

2. a) Siehe Abb. L10;
   b) schwach zusammenhängender gerichteter Graph;
   c) zusammenhängender Graph;
   d) nur 1 ist Artikulation!
   e) es gibt zwei gleichwertige Lösungen, die eine mit fetter Kante 13, die andere mit strichlierter Kante 26 (vgl. Abb. L11)

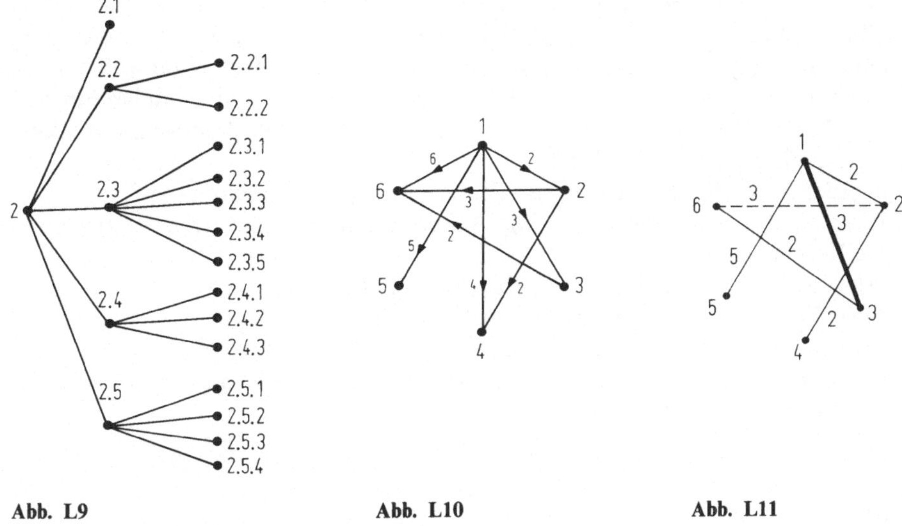

Abb. L9 Abb. L10 Abb. L11

1.5.1

1. a) m ist kommutativ, nicht assoziativ, ohne Neutralelement, idempotent, auflösbar: $m(a, x) = b \Rightarrow x = 2b - a \in \mathbb{R}$
   b) Max ist kommutativ, assoziativ (Fallunterscheidung: 6 Fälle sind zu prüfen!), mit $e = 0$ als Neutralelement, indempotent, nicht auflösbar.
2. M ist Neutralelement von „$\cap$": $A \cap M = A$ für alle $A \in P(M)$
   $\emptyset$ ist Neutralelement von „$\cup$": $A \cup \emptyset = A$ für alle $A \in P(M)$.
3. φ ist kommutativ, assoziativ, mit $e = 0$ als Neutralelement, nicht idempotent, nicht auflösbar; ψ ist kommutativ, assoziativ, mit $e = -1$ als Neutralelement, nicht idempotent, auflösbar: $\psi(m, x) = n \Rightarrow x = n - m - 1 \in \mathbb{Z}$.
   Ferner ist φ distributiv über ψ, ψ nicht distributiv über φ (wegen der Kommutativität von φ und ψ braucht nicht zwischen links- und rechtsseitiger Distributivität unterschieden zu werden).
4. Es gibt genau 5 mögliche Klammerungen, die zu unterschiedlichen Interpretationen führen können (dahinter die jeweiligen Werte nach Teil b) der Aufgabe!)

   $((a * b) * c) * d \quad (= 64)$
   $(a * (b * c)) * d \quad (= 4)$
   $(a * b) * (c * d) \quad (= 512)$
   $a * ((b * c) * d) \quad (= 2)$
   $a * (b * (c * d)) \quad (= 2)$
5. Kommutativität: Symmetrie des Elementeschemas bezüglich der Hauptdiagonalen (durch die Neutralelemente);
   Assoziativität: „Dreier-Verknüpfungen" $x * y * z$ $(x, y, z \in M)$ bezüglich der Unabhängigkeit von einer Klammersetzung untersuchen. Klar, falls eines dieser Elemente e ist, desgl. falls zwei übereinstimmen; sind x, y, z paarweise verschie-

den, so ist $x * y * z = e$ stets. Daß e Neutralelement ist, sieht man an der Übereinstimmung der ersten Zeile mit der Kopfzeile sowie der ersten Spalte mit der Außenspalte. Ein allgemeines Verfahren findet sich in Band 4, S. 83. Auflösbarkeit: Für alle, $a, b \in M$ ist $a * x = b$ mit $x = a * b$ lösbar, denn bei Einsetzen der „Lösung" wird $a * (a * b) = (a * a) * b = e * b \equiv b$. Die Auflösbarkeit erkennt man auch direkt an der Tafel:
in jeder Zeile (Spalte) tritt jedes Element aus M genau einmal auf!

6. Ist $m' := \frac{1}{2}(a_1 + a_2)$ die *zwei*stellige Verknüpfung Arithmetisches Mittel, so gilt die Beziehung
$m(a_1, a_2, a_3) = \frac{1}{3}[m'(a_1, a_2) + m'(a_1, a_3) + m'(a_2, a_3)]$
Max. Wegen der Assoziativität von Max gilt
$\text{Max}\{a_1, a_2, a_3, a_4\} = \text{Max}'\{\text{Max}'\{a_1, a_2\}, \text{Max}'\{a_3, a_4\}\}$,
worin Max' die zweistellige Verknüpfung von $\mathbb{R}^2 \to \mathbb{R}$ mit der gleichen Bedeutung wie Max ist.

1.5.2

1. $\neg(|a + b| = |a| + |b|) \Rightarrow \rho$ ist nicht verknüpfungstreu bzgl. „+";
$\rho(a \cdot b) = |ab| = |a| \cdot |b| = \rho(a) \cdot \rho(b) \Rightarrow \rho$ ist verknüpfungstreu bzgl. „·". ρ ist nicht injektiv $(-2 \mapsto 2, 2 \mapsto 2)$, daher ein Endomorphismus von $\mathbb{R}$ in sich.
2. Die Verknüpfungstafeln für „∗" und „∘" auf $P(M) = \{M, \emptyset\}$ lauten

A	B	A ∗ B
∅	∅	∅
∅	M	M
M	∅	M
M	M	∅

A	B	A ∘ B
∅	∅	M
∅	M	∅
M	∅	∅
M	M	M

$\rho: PM) \to P(M)$ mit $\rho(\emptyset) = M \wedge \rho(M) = \emptyset$, z.B.
$\rho(\emptyset * M) = \rho(M) = \emptyset = \emptyset \circ M = M \circ \emptyset = \rho(\emptyset) \circ \rho(M)$
ρ ist ein Automorphismus von P(M) auf sich.
3. $(1,2)\rho_1: \mathbb{C} \to \mathbb{C}$ mit $z \mapsto \rho_1(z) =: \text{Re}(z)$ (Realteil von z)
$\rho_1(z_1 \pm z_2) = \text{Re}(z_1 \pm z_2) = \text{Re}(z_1) \pm \text{Re}(z_2) = \rho_1(z_1) \pm \rho_1(z_2)$
$(3,4)\rho_2: \mathbb{C} \to \mathbb{C}$ mit $z \to \rho_2(z) =: \text{Im}(z)$ (Imaginärteil von z)
$\rho_2(z_1 \pm z_2) = \text{Im}(z_1 \pm z_2) = \text{Im}(z_1) \pm \text{Im}(z_2) = \rho_2(z_1) \pm \rho_2(z_2)$
(5) $\rho_3: \mathbb{C} \to \mathbb{C}$ mit $z \mapsto \rho_3(z) =: |z|$ (Betrag von z)
$\rho_3(z_1 \cdot z_2) = |z_1 \cdot z_2| = |z_1| \cdot |z_2| = \rho_3(z_1) \cdot \rho_3(z_2)$
(6) $\rho_4: \mathbb{C}\backslash\{0\} \to \mathbb{C}$ mit $z \mapsto \rho_4(z) = |z|$
$$\rho_4\left(\frac{z_1}{z_2}\right) = \left|\frac{z_1}{z_2}\right| = \frac{|z_1|}{|z_2|} = \frac{\rho_4(z_1)}{\rho_4(z_2)} \quad \text{(d.h. } \rho_3 \neq \rho_4!)$$
ρ_1 bis ρ_4 sind Endomorphismen von $\mathbb{C}$ in sich.
4. Durch Ausrechnen der Determinante der Produktmatrix
$(a_{ik}) \cdot (a'_{ik})$ sieht man

$$\rho((a_{ik})(a'_{ik})) = \begin{vmatrix} a_{11}a'_{11} + a_{12}a'_{21} & a_{11}a'_{12} + a_{12}a'_{22} \\ a_{21}a'_{11} + a_{22}a'_{21} & a_{21}a'_{12} + a_{22}a'_{22} \end{vmatrix}$$

$$= \begin{vmatrix} a_{11} a_{12} \\ a_{21} a_{22} \end{vmatrix} \cdot \begin{vmatrix} a'_{11} a'_{12} \\ a'_{21} a'_{22} \end{vmatrix}$$

$= \rho(a_{ik}) \cdot \rho(a'_{ik}) \cdot \rho$ ist nicht injektiv, da z.B.

$$\begin{pmatrix} 4 & 5 \\ 6 & 12 \end{pmatrix} \mapsto 18, \quad \begin{pmatrix} 8 & 10 \\ 3 & 6 \end{pmatrix} \mapsto 18 \quad \text{gilt.}$$

5. $\rho(x + y) = -(x + y) = -x - y = -x + (-y) = \rho(x) + \rho(y)$
   $\rho(x - y) = -(x - y) = -x + y = -x - (-y) = \rho(x) - \rho(y)$
   $\rho(x \cdot y) = -(x \cdot y) = (-x) \cdot y$, d.h. $\neg [\rho(x \cdot y) = \rho(x) \cdot \rho(y)]$
   ρ ist verknüpfungstreu bzgl. „ + “ und „ − “.
6. ρ: $M \to W$ mit $\rho(0) = w$, $\rho(L) = f$. Damit ist z.B.
   $\rho(L \cdot L) = \rho(L) = f = f \vee f = \rho(L) \vee \rho(L)$

1.5.3

1. f) ist keine algebraische Struktur bezüglich $*$ und $\circ$, da z.B. $3 \circ 4 = \text{kgV}(3; 4) = 12 \notin M$ ist. $\circ$ ist also keine innere Verknüpfung auf M.
2. $L = \{\varepsilon_0, \varepsilon_1, \varepsilon_2\}$, $\varepsilon_0 = 1$, $\varepsilon_1 = -\frac{1}{2} + \frac{1}{2}\sqrt{3}j$,
   $\varepsilon_2 = -\frac{1}{2} - \frac{1}{2}\sqrt{3}j$

Verknüpfungstafel:

$\cdot$	ε_0	ε_1	ε_2
ε_0	ε_0	ε_1	ε_2
ε_1	ε_1	ε_2	ε_0
ε_2	ε_2	ε_0	ε_1

1.6.1

1. a) $(a * b) * (b^{-1} * a^{-1}) = [a * (b * b^{-1})] * a^{-1} = (a * e) * a^{-1} = a * a^{-1} = e$, d.h. $b^{-1} * a^{-1}$ ist invers zu $a * b \Rightarrow b^{-1} * a^{-1} = (a * b)^{-1}$
   b) $-(a + b) = (-b) + (-a)$
   c) $a * b = b * a$, d.h. $(G, *)$ muß ABELsch sein
   d) $(a_1 * \ldots * a_n)^{-1} = a_n^{-1} * \ldots * a_1^{-1}$. Beweis mit vollständiger Induktion:
   $(a_1 * \ldots * a_n * a_{n+1})^{-1} = [(a_1 * \ldots * a_n) * a_{n+1}]^{-1}$
   $= a_{n+1}^{-1} * (a_1 * \ldots * a_n)^{-1} = a_{n+1}^{-1} * a_n^{-1} * \ldots * a_1^{-1}$
2. $a, b \in G$: $(a * b) * (a * b) = e = a * (b * a) * b$; von links mit a, von rechts mit b verknüpft liefert
   $a * [a * (b * a) * b] * b = (a * a) * (b * a) * (b * b)$
   $= e * (b * a) * e = b * a = a * e * b = a * b$.
3. Assoziativität: $a := 10^n$, $b := 10^m$, $c := 10^p$ $(n, m, p \in \mathbb{Z})$,
   $a \cdot (b \cdot c) = 10^n \cdot (10^m \cdot 10^p) = (10^n \cdot 10^m) \cdot 10^p = (a \cdot b) \cdot c = 10^{n+m+p}$;

Auflösbarkeit: $a = 10^n$, $x = 10^t$, $b = 10^m \Rightarrow a \cdot x = b$:
$10^{n+t} = 10^m \Rightarrow t = m - n$
$x = 10^{m-n} \in M$ ist Lösung.

4.

$\odot$	$\bar{0}$	$\bar{1}$	$\bar{2}$	$\bar{3}$	$\bar{4}$
$\bar{0}$	$\bar{0}$	$\bar{0}$	$\bar{0}$	$\bar{0}$	$\bar{0}$
$\bar{1}$	$\bar{0}$	$\bar{1}$	$\bar{2}$	$\bar{3}$	$\bar{4}$
$\bar{2}$	$\bar{0}$	$\bar{2}$	$\bar{4}$	$\bar{1}$	$\bar{3}$
$\bar{3}$	$\bar{0}$	$\bar{3}$	$\bar{1}$	$\bar{4}$	$\bar{2}$
$\bar{4}$	$\bar{0}$	$\bar{4}$	$\bar{3}$	$\bar{2}$	$\bar{1}$

$\odot$	$\bar{1}$	$\bar{2}$	$\bar{3}$	$\bar{4}$
$\bar{1}$	$\bar{1}$	$\bar{2}$	$\bar{3}$	$\bar{4}$
$\bar{2}$	$\bar{2}$	$\bar{4}$	$\bar{1}$	$\bar{3}$
$\bar{3}$	$\bar{3}$	$\bar{1}$	$\bar{4}$	$\bar{2}$
$\bar{4}$	$\bar{4}$	$\bar{3}$	$\bar{2}$	$\bar{1}$

„$\odot$" ist assoziativ ($\bar{x} \odot (\bar{y} \odot \bar{z}) = (\bar{x} \odot \bar{y}) \odot \bar{z}$ nachrechnen!)
„$\odot$" auf R_5: nicht auflösbar (1. Zeile), also $(R_5, \odot)$ keine Gruppe.
„$\odot$" auf $R_5 \setminus \{\bar{0}\}$: auflösbar! Also ist $(R_5 \setminus \{\bar{0}\}, \odot)$ Gruppe, die zyklische Vierergruppe, z.B. ist $\bar{2}$ erzeugendes Element:

$\bar{2}, \bar{2} \odot \bar{2} = \bar{4}, \quad \bar{2} \odot \bar{2} \odot \bar{2} = \bar{3}, \quad \bar{2} \odot \bar{2} \odot \bar{2} \odot \bar{2} = \bar{1}.$

5.

*	a_1	a_2	b_1	b_2
a_1	b_2	b_1	a_2	a_1
a_2	b_1	b_2	a_1	a_2
b_1	a_2	a_1	b_2	b_1
b_2	a_1	a_2	b_1	b_2

KLEINsche Vierergruppe!
b_2 ist Neutralelement.
Komposition ist assoziativ!
Jedes Element ist selbstinvers.

6. a) $X * Y = XY' + X'Y = X'Y + XY' = YX' + Y'X = Y * X$, d.h. „*" ist kommutativ.
$(X * Y) * Z = XYZ + XY'Z' + X'YZ' + X'Y'Z$ (kanon. disjunktive Normalform!)
$X * (Y * Z) = XYZ + XY'Z' + X'YZ' + X'Y'Z = (X * Y) * Z$ (Assoziativität)
Neutralelement ist die leere Menge $\emptyset$: $X * \emptyset = X\emptyset' + X'\emptyset = XM + \emptyset = X$.
Jede Menge hat sich selbst als Inverses: $X^{-1} = X \Leftrightarrow X * X^{-1} = XX' + X'X = \emptyset + \emptyset = \emptyset$.

b) $X = X^{-1} \Rightarrow X * X = X^2 = \emptyset$ für alle $X \in P(M)$.
$A * B * X * C = B * \emptyset = B$, beiderseits von links mit $A * B$ verknüpft ergibt
$[(A * B) * (A * B)] * X * C = (A * B) * B = A * (B * B) = A * \emptyset = A$
$\emptyset * X * C = X * C = A \Rightarrow X * C * C = A * C \Rightarrow X * \emptyset = X = A * C$.

c)

*	$\emptyset$	A	B	M
$\emptyset$	$\emptyset$	A	B	M
A	A	$\emptyset$	M	B
B	B	M	$\emptyset$	A
M	M	B	A	$\emptyset$

d. i. die KLEINsche Vierergruppe!

7. Die Gruppentafel lautet:

	*	f_1	f_2	f_3	f_4	f_5	f_6	(rechter Operand)
	f_1	f_1	f_2	f_3	f_4	f_5	f_6	
	f_2	f_2	f_1	f_6	f_5	f_4	f_3	
(linker	f_3	f_3	f_5	f_1	f_6	f_2	f_4	
Operand)	f_4	f_4	f_6	f_5	f_1	f_3	f_2	
	f_5	f_5	f_3	f_4	f_2	f_6	f_1	
	f_6	f_6	f_4	f_2	f_3	f_1	f_5	

1.6.2

1. a) (13472)(68)(5) = (13472)(68)

b) (13)(12)(24)(27)(68), d.h. p ist ungerade

c) $p^{-1} = \begin{pmatrix} 12345678 \\ 27135846 \end{pmatrix} = (12743)(68) = (68)(27)(24)(12)(13)$

(Transpositionen von p in der entgegengesetzten Reihenfolge!)

d) $p * p = \begin{pmatrix} 12345678 \\ 43725618 \end{pmatrix} = (14237)$

e) $x = \begin{pmatrix} 12345678 \\ 78246153 \end{pmatrix} = (1756)(283)$

2

∘	(1)	(12)(34)	(13)(24)	(14)(23)
(1)	(1)	(12)(34)	(13)(24)	(14)(23)
(12)(34)	(12)(34)	(1)	(14)(23)	(13)(24)
(13)(24)	(13)(24)	(14)(23)	(1)	(12)(34)
(14)(23)	(14)(23)	(13)(24)	(12)(34)	(1)

3. $A_3 = \{p_1, p_2, p_3\}$, $p_1 = (1)$, $p_2 = (12)(13)$, $p_3 = (12)(23)$,

*	p_1	p_2	p_3
p_1	p_1	p_2	p_3
p_2	p_2	p_3	p_1
p_3	p_3	p_1	p_2

vgl. Abb. 90. Assoziativität klar, da bereits in S_3 vorhanden, Auflösbarkeit geht aus der Tafel hervor!

4. $\rho: \{p_1, p_2, p_3, p_4, p_5, p_6\} \to \{d_1, d_2, d_3, k_1, k_2, k_3\}$
[k_i ist die Spiegelung (Umklappung) um die Höhe durch die Ecke i]
$d_1 \mapsto \rho(d_1) = p_1$, $d_2 \mapsto \rho(d_2) = p_2$, $d_3 \mapsto \rho(d_3) = p_3$,
$k_1 \mapsto \rho(k_1) = p_4$, $k_2 \mapsto \rho(k_2) = p_5$, $k_3 \mapsto \rho(k_3) = p_6$ (vgl. Abb. 90)

$$p^1 = p,\ p^2 = (135)(246),\ p^3 = (14)(25)(36),\ p^4 = (153)(264),$$

$$p^5 = (165432),\ p^6 = (1) =: p^0 \text{ (Neutralelement)}.\ p^7 = p,\ p^8 = p^2 \text{ etc.}$$

bringen nichts neues! Verknüpfungstafel:

$*$	p^0	p^1	p^2	p^3	p^4	p^5
p^0	p^0	p^1	p^2	p^3	p^4	p^5
p^1	p^1	p^2	p^3	p^4	p^5	p^0
p^2	p^2	p^3	p^4	p^5	p^0	p^1
p^3	p^3	p^4	p^5	p^0	p^1	p^2
p^4	p^4	p^5	p^0	p^1	p^2	p^3
p^5	p^5	p^0	p^1	p^2	p^3	p^4

Aus der Tafel ablesbar: Abgeschlossenheit, Auflösbarkeit. Assoziativität bekannt, da die Komposition von Abbildungen allgemein assoziativ ist. Übrigens: p^k ist Inverses von p^i, wenn $i + k = 6$ bzw. $i = k = 0$ ist. Ferner liest man die Kommutativität ab (Symmetrie zur Hauptdiagonalen!). Es gilt das Potenzgesetz

$$p^i * p^k = \begin{cases} p^{i+k} & \text{für } i + k < 6 \\ p^{i+k-6} & \text{für } i + k \geqq 6 \end{cases}$$

Insgesamt ist $(\{p^0, p^1, p^2, p^3, p^4, p^5\}, *)$ eine (ABELsche[1]) zyklische Gruppe der Ordnung 6, p ist erzeugendes Element. Die Trägermenge der p-Potenzen ist eine Teilmenge der S_6 und isomorph zur additiven Restklassengruppe modulo 6: $(R_6, \oplus)$. Beachte: S_6 hat die Ordnung $|S_6| = 6!$, d.h. 720 Permutationen!

1.6.3

1. Beweis: $b = a \Rightarrow a * a^{-1} \in U \Rightarrow e \in U$. $e * a^{-1} = a^{-1} \in U$.
$a, b \in U \Rightarrow a, b^{-1} \in U \Rightarrow a * (b^{-1})^{-1} = a * b \in U$. D.h. „$*$" ist abgeschlossen in U, jedes Element besitzt ein Inverses in U, damit folgt nach Satz (1) von 1.6.3 die Behauptung.
2. $(U_1, *)$ mit $U_1 = \{(135)(246), (153)(264), (1)\}$, $(U_2, *)$ mit $U_2 = \{(1), (14)(25)(36)\}$.
Beachte: $|U_1| = 3$, $|U_2| = 2$
3. $e \in U_1$, $e \in U_2 \Rightarrow e \in U_1 \cap U_2$. $a, b \in U_1$; $a, b \in U_2 \Rightarrow a^{-1}$, $b^{-1} \in U_1$; a^{-1}, $b^{-1} \in U_2$. $a * b \in U_1$, $a * b \in U_2 \Rightarrow a * b \in U_1 \cap U_2$, $b^{-1} * a^{-1} = (a * b)^{-1} \in U_1 \cap U_2$. Assoziativität vorhanden, da in G gültig.

---

[1] Eine zyklische Gruppe ist stets ABELsch!

1.7

1. „$\cap$“ ist nicht auflösbar; z.B. ist die Gleichung $\{1,2\} \cap X = \{1,2,3\}$ auf der Menge $M = \{1,2,3\}$ nicht lösbar.
2. $(P(M), *)$ ist Gruppe: $A, B \in P(M) \Rightarrow A * B \in P(M)$; $A*(B*C) = [(A*B) \cap K(C)] \cup [K(A*B) \cap C]$ auf die (eindeutige!) Normalform bringen: $[A \cap K(B) \cap K(C)] \cup [K(A) \cap B \cap K(C)] \cup [K(A) \cap K(B) \cap C] \cup [A \cap B \cap C]$; diese ergibt sich auch bei Entwicklung von $(A*B)*C$; $A*B = [A \cap K(B)] \cup [K(A) \cap B] = [B \cap K(A)] \cup [K(B) \cap A] = B*A$; neutrales Element ist $\emptyset$, invers zu A ist A selbst.
   $(P(M), \cap)$ ist Halbgruppe: Abgeschlossenheit und Assoziativität bekannt! Distributivität von „$\cap$“ über „$*$“: $A \cap (B*C) = A \cap [(B \cap K(C)) \cup (K(B) \cap C)] = [A \cap B \cap K(C)] \cup [A \cap K(B) \cap C] = (A \cap B)*(A \cap C)$.
3. $a, b \in M \Rightarrow a', b' \in M \wedge a \cdot a' = b \cdot b' = 1 \in M$; $\Rightarrow (a \cdot a') \cdot (b \cdot b') = (a \cdot b) \cdot (a' \cdot b') = 1 \Rightarrow a \cdot b \in M$. Sei $a \in M \Rightarrow a^{-1} \in R \wedge a \cdot a^{-1} = a^{-1} \cdot a = 1 \Rightarrow a^{-1} \in M$; Assoziativität in M, da in R.
4. $$\frac{a}{b} \cdot \frac{a'}{b'} = (a \cdot b^{-1}) \cdot (a' \cdot b'^{-1}) = (a \cdot a')(b'^{-1} \cdot b^{-1})(a \cdot a')(b \cdot b')^{-1}$$
   $$= \frac{a \cdot a'}{b \cdot b'}; \frac{a}{b} + \frac{a'}{b'} = (a \cdot b^{-1}) + (a' \cdot b'^{-1}) = a \cdot (b' \cdot b'^{-1}) \cdot b^{-1} +$$
   $$a' \cdot (b \cdot b^{-1}) \cdot b'^{-1} = (a \cdot b') \cdot (b^{-1} \cdot b'^{-1}) + (a' \cdot b) \cdot (b^{-1} \cdot b'^{-1})$$
   $$= (a \cdot b' + a' \cdot b)(b^{-1} \cdot b'^{-1}) = (a \cdot b' + a' \cdot b) \cdot (b \cdot b')^{-1}$$
   $$= \frac{a \cdot b' + a' \cdot b}{b \cdot b'}$$

1.8.1

1. Sei $a \in B \wedge a = a'$ $(a \neq 0, a \neq 1)$. Aus Axiom (4) folgt: $a \cdot a' = a \cdot a = a = 0$ (bzw. $a + a' = 1 = a + a = a$) jeweils im Widerspruch zur Voraussetzung. Ferner $0' = 1$, $1' = 0$.
2. Die Komplementbildung $K: B \to B$ ist eine Bijektion von B auf sich, bei der stets Paare (a, a') mit $a \neq a' \wedge a \mapsto a' \wedge a' \mapsto a$ zugeordnet werden. Bei $|B| = 5$ (allgemein $2n + 1 \wedge n \in \mathbb{N}$) bliebe ein Paar gleicher Elemente übrig, was wegen $a \neq a'$ unmöglich ist. Vgl. Abb. L12.

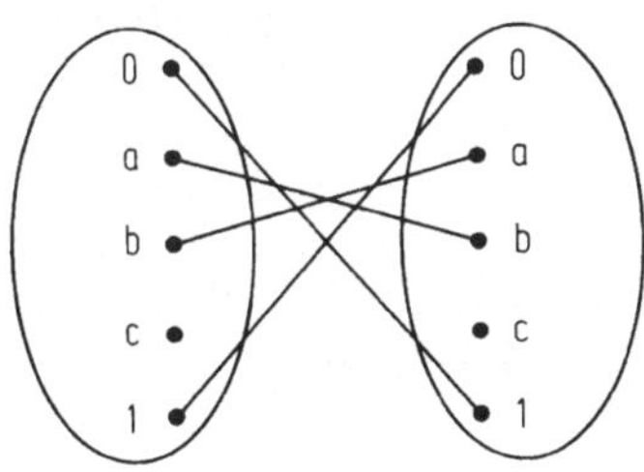

Abb. L12

3. Reflexivität: $Raa \Leftrightarrow a \cdot a = a$ richtig für alle $a \in B$.
   Identitivität: $Rab \wedge Rba \Leftrightarrow a \cdot b = b \wedge b \cdot a = a = a \cdot b \Leftrightarrow a = b$.
   Transitivität: $Rab \wedge Rbc \Leftrightarrow a \cdot b = b \wedge b \cdot c = c \Leftrightarrow a \cdot c = a \cdot (b \cdot c)$
   $= (a \cdot b) \cdot c = b \cdot c = c \Leftrightarrow Rac$
4. $a + b = a \cdot b + b \overset{[3]}{=} b$; $\quad a' + b = a' + (a + b) = (a' + a) + b \overset{(4)}{=} 1 + b \overset{(3)}{=} 1$;

   $a \cdot b' \overset{[6]}{=} (a' + b)' = 1' \overset{[8]}{=} 0$.
5. $a'b' = a'b' \cdot 1 + 0 = a'b' \cdot [(a + b) + (a + b)'] + (a + b)(a + b)'$
   $= a'b'(a + b)' + (a + b)(a + b)' = (a'b' + a + b)(a + b)'$
   $= (a' + a + b)(b' + a + b)(a + b)' = (1 + b)(1 + a)(a + b)'$
   $= 1 \cdot 1(a + b)' = (a + b)'$

1.8.2

1. a) $(a' + b')c$, b) $xy + z$, c) $a(b + c'd')$, d) 1, e) $x + y'z'$
2. a) bleibt, b) $ab + a'c$, bc expandieren! c) $a + bc$, ab' expandieren! d) bleibt
3. a) $T(x, y) = xy' + xy + x'y$, b) $T(a, b, c) = a'bc + a'bc' + ab'c'$
   c) $T(x_1, x_2, x_3) = x_1x_2x_3 + x_1'x_2x_3 + x_1x_2'x_3 + x_1x_2x_3' + x_1'x_2'x_3 + x_1'x_2x_3'$
   $+ x_1'x_2'x_3'$
   d) $T(u, v, w) = uvw + u'vw + uv'w + uvw' + u'v'w + u'vw' + uv'w' + u'v'w'$
4. (0, 1, 1, 0), (0, 1, 1, 1), (1, 0, 0, 1), (1, 0, 1, 1) (1, 1, 1, 1)
5. $$T(x_1, \ldots, x_n) = \prod_{(k_1, \ldots, k_n) \in B^n} \left[T(k_1, \ldots, k_n) + \sum_{i=1}^{n} x_i^{k_i} \right]$$

   Es bleiben nur solche „Faktoren“ stehen, bei denen $T(k_1, \ldots, k_n) = 0$ ist, für alle anderen Belegungen wird $T = 1$. Hierbei ist zu setzen $x_i^1 := x_i'\, x_i^0 := x_i$!
   a) $T_1(a, b) = (a' + b)(a + b')$
   b) $T_2(x, y, z) = (x + y + z)(x + y + z')(x' + y + z)$
   Verfahren: Disjunktive Normalform des dualisierten Terms $\delta(T)$ bilden, anschließend entdualisieren ($\delta(\delta(T)) = T$)
6. $(a * b) * c = a * (b * c) = abc + a'b'c + a'bc' + ab'c'$
7. $T(x_1, x_2, x_3, x_4) = (x_1' + x_2' + x_3' + x_4)(x_1' + x_2' + x_3 + x_4')(x_1' + x_2 + x_3' + x_4')$
   $(x_1 + x_2' + x_3' + x_4')(x_1' + x_2' + x_3' + x_4')$
   Die konjunktive Normalform hat hier nur 5 Maxterme, die disjunktive hingegen 11 Minterme (in der Tabelle hat T fünfmal den Wert 0 und elfmal den Wert 1).

1.8.3

1. $T(a, b, c) = (ab + c + a'b' + a'bc')(a + b + c) = b + c$
2. $x' = NAND(x, x) = x \bar{\wedge} x$; $x \wedge y = NAND(NAND(x, y), NAND(x, y))$
   $= (x \bar{\wedge} y) \bar{\wedge} (x \bar{\wedge} y)$; $x \vee y = NAND(NAND(x, x), NAND(y, y))$
   $= (x \bar{\wedge} x) \bar{\wedge} (y \bar{\wedge} y)$
3. $x \bar{\wedge} (y \bar{\wedge} z) = x' \vee (y \wedge z)$; $(x \bar{\wedge} y) \bar{\wedge} z = (x \wedge y) \vee z'$; für
   $(x, y, z) = (1, 0, 0)$ wird $x \bar{\wedge} (y \bar{\wedge} z) = 0$, $(x \bar{\wedge} y) \bar{\wedge} z = 1$.

4. $T(a,b,c,d) = abcd + abcd' + abc'd + a'bcd$ (disj. Normalform)
   $T(a,b,c,d) = b[ad + c(a + d)] = b[ac + d(a + c)] = b[cd + a(c + d)]$
   (Abb. L13). 5 Gatter

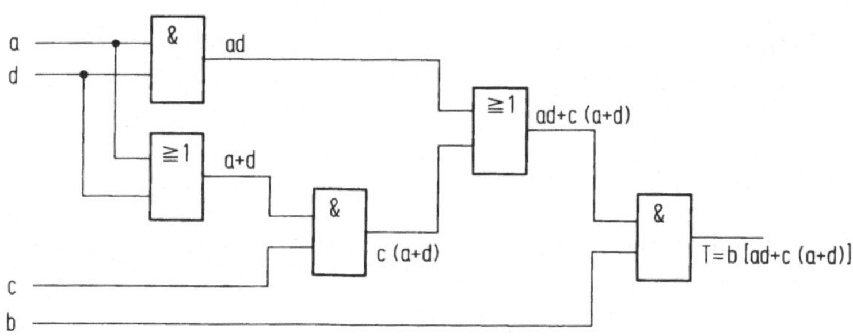

Abb. L13

5. $R(x,y,z) = x'yz + xy'z + xyz' + xyz$; $S(x,y,z) = x' + y' + z'$;
   $T(x,y,z) = x'yz + xy'z + xyz'$.
   Umformung: $R = T + S'$, $S = (xyz)'$, $T = x'yz + xy'z + xyz'$.
   Abb. L14.

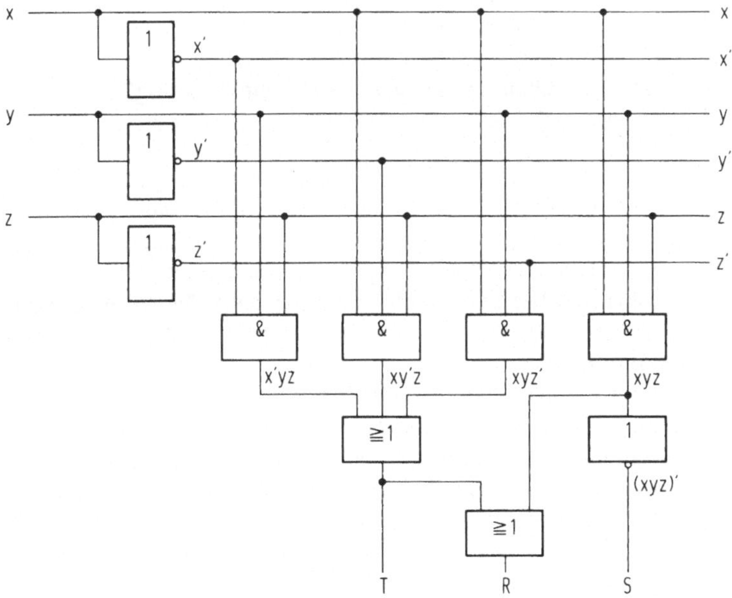

Abb. L14

1.8.4

1. a) f b) w c) f d) w e) w
2. a) Tautologie, b) keine Tautologie, c) Tautologie

3. $(A \to B) \wedge (B \to C) \to (A \to C)$
$\Leftrightarrow \neg((\neg A \vee B) \wedge (\neg B \vee C)) \vee (\neg A \vee C)$
$\Leftrightarrow (A \wedge \neg B) \vee (B \wedge \neg C) \vee \neg A \vee C$
$\Leftrightarrow [\neg A \vee (A \wedge \neg B)] \vee [C \vee (B \wedge \neg C)]$
$\Leftrightarrow [(\neg A \vee A) \wedge (\neg A \vee \neg B)] \vee [(C \vee B) \wedge (C \vee \neg C)]$
$\Leftrightarrow [w \wedge (\neg A \vee \neg B)] \vee [(C \vee B) \wedge w]$
$\Leftrightarrow \neg A \vee \neg B \vee B \vee C \Leftrightarrow \neg A \vee (B \vee \neg B) \vee C$
$\Leftrightarrow \neg A \vee w \vee C$
$\Leftrightarrow w$

4. Beide Erklärungen verbalisieren Subjunktionen mit vertauschtem Vorder- und Hintersatz! Formalisierung:

a: es ist Montag, b: es ist Ruhetag

Restaurant 1: $a \to b$, Restaurant 2: $b \to a$ (das ist die Pointe!)

a	b	$a \to b$	$b \to a$	Interpretation
w	w	w	w	Montag! Ruhetag!
w	f	f	w	Montag! Kein Ruhetag!
f	w	w	f	Dienstag bis Sonntag! Ruhetag!
f	f	w	w	Dienstag bis Sonntag! Kein Ruhetag!

Legende für $a \to b$: Der w-f-Verlauf macht für den Montag eine eindeutige Aussage (Zeilen 1, 2), für Dienstag bis Sonntag (Zeilen 3, 4) haben wir eine nicht-linkseindeutige Zuordnung: $(f, w) \mapsto w$, $(f, f) \mapsto w$. Interpretation: an diesen Tagen kann Ruhetag, aber auch nicht Ruhetag sein! Die Wenn- dann-Verknüpfung liefert für diesen Vordersatz keine verbindliche Festlegung (Klassische Logik: „ex falso quodlibet").
Legende für $b \to a$: Der w-f-Verlauf macht für Dienstag bis Sonntag eine eindeutige Aussage (Zeilen 3, 4): Kein Ruhetag! Für Montag bleibt es unentschieden, ob Ruhetag oder nicht Ruhetag ist, beides ist möglich ($(w, w) \mapsto w$, $(w, f) \mapsto w$). Eindeutige Aussage also nur bei *nicht erfülltem Vordersatz*: dies ist charakteristisch für die Nur-dann-Wenn-Aussagen! Ergebnis (Ruhetag: „zu", nicht-Ruhetag: „offen"):

	Mo	Die	Mi	Do	Frei	Sa	So
Restaurant 1	zu	offen/zu	offen/zu	offen/zu	offen/zu	offen/zu	offen/zu
Restaurant 2	offen/zu	offen	offen	offen	offen	offen	offen

Zusammengefaßt: Interpretiert man eine Subjunktion inhaltlich als Verknüpfung zwischen einer Bedingung a und einem Sachverhalt b, so gilt:

(1) Wenn Bedingung erfüllt, dann Sachverhalt erfüllt: $a \rightarrow b$, a heißt *hinreichend* für b, eindeutige Aussage nur bei erfüllter Bedingung („dann-Bedingung")

(2) Wenn Bedingung nicht erfüllt, dann Sachverhalt nicht erfüllt $\neg a \rightarrow \neg b \Leftrightarrow b \rightarrow a$. a heißt *notwendig* für b, eindeutige Aussage also nur bei nicht erfüllter Bedingung („nur-dann-Bedingung")

5. Kanon. konjunktive Normalform von (1) ist $A \vee B \vee \neg C$
   (2): $(\neg A \vee B \vee C) \wedge (\neg A \vee \neg B \vee C) \wedge (A \vee \neg B \vee C)$
   Keine Äquivalenz zu (1), (2) impliziert auch nicht (1), da $A \vee B \vee \neg C$ in (2) nicht auftritt!
   (3): $A \vee B \vee \neg C$, d.h. Äquivalenz zu (1)
   (4): $A \vee \neg B \vee C$, d.h. keine Äquivalenz, keine Implikation
   (5): $A \vee B \vee \neg C$, d.h. Äquivalenz zu (1)
   (6): $(A \vee B \rightarrow C) \wedge (C \rightarrow A \vee B) \Leftrightarrow$
   $(A \vee B \vee \neg C) \wedge (A \vee \neg B \vee C) \wedge (\neg A \vee B \vee C) \wedge (\neg A \vee \neg B \vee C)$
   (6) impliziert (1): der Teilausdruck (1): $A \wedge B \vee \neg C$ kommt in (6) vor. Also ist mit (6) zugleich auch (1) bewiesen. Allerdings hat man „zuviel" gezeigt, nämlich auch die Gegenrichtung $C \rightarrow A \vee B$, was vom beweistechnischen Standpunkt aus nicht üblich ist.

2.2.1

1. a) $\begin{vmatrix} x & -y \\ 1 & 1 \end{vmatrix}$ b) $\begin{vmatrix} x & 1 \\ y & 1 \end{vmatrix}$ c) $\begin{vmatrix} x & 0 \\ 0 & y \end{vmatrix}$ d) $\begin{vmatrix} x & -y \\ y & x \end{vmatrix}$ e) $\begin{vmatrix} x & 1 \\ -5 & x-4 \end{vmatrix}$

2. $\tan(x-y) = \dfrac{\sin(x-y)}{\cos(x-y)} = \dfrac{\sin x \cos y - \cos x \sin y}{\cos x \cos y + \sin x \sin y}$

$$= \begin{vmatrix} \sin x & \cos x \\ \sin y & \cos y \end{vmatrix} : \begin{vmatrix} \cos x & -\sin x \\ \sin y & \cos y \end{vmatrix}$$

3. $x = a_{21}b_{11} + a_{22}b_{21},\ y = a_{21}b_{12} + a_{22}b_{22}$

4. $x^2 + y^2 = 0 \Leftrightarrow (x, y) = (0, 0)$

5. a) $L = \{(-5; -9)\}$, b) $L = \emptyset$, c) $L = \{(x_1, x_2) | x_1 = \lambda \in \mathbb{R}$
   $\wedge\ x_2 = \frac{1}{3}(2\lambda + 5)\}$, d) $L = \{(0, 0)\}$, e) $L = \{(x_1, x_2) | x_1 = \lambda \in \mathbb{R} \wedge x_2 = 3\lambda\}$

6. Einen Körper, nämlich den Körper $\mathbb{R}$ der reellen Zahlen (jede Determinante ist eine reelle Zahl).

2.2.2

1. $(x_1, x_2, x_3) = (1; -1; 2)$
2. Entwicklung nach der ersten Zeile

$$\begin{vmatrix} a_{11} + ka_{i1} \dots a_{1n} + ka_{in} \\ a_{21} \quad \dots \quad a_{2n} \\ \text{-----------------} \\ a_{n1} \quad \dots \quad a_{nn} \end{vmatrix} = (a_{11} + ka_{i1})A_{11} + \dots + (a_{1n} + ka_{in})A_{1n}$$

$$= (a_{11}A_{11} + \dots + a_{1n}A_{1n}) + k(a_{i1}A_{11} + \dots + a_{in}A_{1n})$$

$$= \begin{vmatrix} a_{11} \dots a_{1n} \\ a_{21} \dots a_{2n} \\ \text{--------} \\ a_{n1} \dots a_{nn} \end{vmatrix} + k \begin{vmatrix} a_{i1} \dots a_{in} \\ a_{21} \dots a_{2n} \\ \text{--------} \\ a_{n1} \dots a_{nn} \end{vmatrix} = \begin{vmatrix} a_{11} \dots a_{1n} \\ a_{21} \dots a_{2n} \\ \text{--------} \\ a_{n1} \dots a_{nn} \end{vmatrix}$$

(die zweite Determinante ist null, da $\mathfrak{z}_1 = \mathfrak{z}_i$ ist)

3. $$\begin{vmatrix} 1 & a & a^2 \\ 1 & b & b^2 \\ 1 & c & c^2 \end{vmatrix} = \begin{vmatrix} 0 & a-b & a^2-b^2 \\ 0 & b-c & b^2-c^2 \\ 1 & c & c^2 \end{vmatrix} = (a-b)(b-c)\begin{vmatrix} 1 & a+b \\ 1 & b+c \end{vmatrix}$$

$$= (a-b)(b-c)(c-a)$$

4. -16
5. Ordnet man die Faktoren so an, daß die Zeilenindizes in der natürlichen Reihenfolge stehen, so bilden die Spaltenindizies mit (51423) eine gerade Permutation:

$$(51423) = (15)(35)(23)(34)$$

Deshalb ist das Vorzeichen des Produktes positiv. Die Anzahl der Produkte ist allgemein n!, hier also 120.
6. Ja, denn mit $s = g_1^1 g_2^0 g_3^0$, $v = g_1^1 g_2^{-1} g_3^0$, $W = g_1^1 g_2^0 g_3^1$ ist die Determinantenbedingung mit -1 erfüllt!

2.3.1

1. Siehe Abb. L15. $\mathfrak{a} + \mathfrak{b} \perp \mathfrak{a} - \mathfrak{b} \Leftrightarrow |\mathfrak{a}| = |\mathfrak{b}|$ (Raute!)

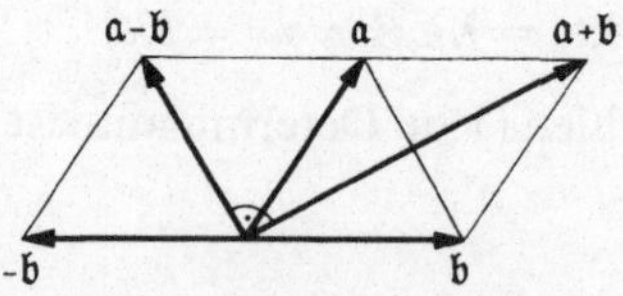

Abb. L15

2. $\mathfrak{F}_1 + \dots + \mathfrak{F}_n = \sum_{i=1}^{n} \mathfrak{F}_i = \mathfrak{o}$ (Nullvektor!)

3. Gruppeneigenschaft von (V, +) impliziert Kürzungsregel. Oder: beiderseits $-\mathfrak{a}$ addieren: $-\mathfrak{a}+\mathfrak{a}+\mathfrak{b}=-\mathfrak{a}+\mathfrak{a}+\mathfrak{c} \Rightarrow (-\mathfrak{a}+\mathfrak{a})+\mathfrak{b}=(-\mathfrak{a}+\mathfrak{a})+\mathfrak{c} \Rightarrow \mathfrak{O} + \mathfrak{b} = \mathfrak{O} + \mathfrak{c} \Rightarrow \mathfrak{b}=\mathfrak{c}$.
4. a) Sei $k_1 \neq 0$, dann ist $\mathfrak{v}_1 = (-k_2:k_1)\mathfrak{v}_2 + (-k_3:k_1)\mathfrak{v}_3$ und somit Diagonale des durch $(-k_2:k_1)\mathfrak{v}_2$ und $(-k_3:k_1)\mathfrak{v}_3$ aufgespannten Parallelogramms, d.h. aber, $\mathfrak{v}_1, \mathfrak{v}_2, \mathfrak{v}_3$ liegen in einer Ebene (sind „komplanar"). Ebene Vektoren sind im Falle der linearen Abhängigkeit parallel, da z.B. $\mathfrak{v}_1 = (-k_2:k_1)\mathfrak{v}_2$ gilt.
   b) $\mathfrak{v}_1, \mathfrak{v}_2, \mathfrak{v}_3$ lin. unabhängig $\Rightarrow \mathfrak{v}_1, \mathfrak{v}_2, \mathfrak{v}_3$ spannen (bei gleichem Anfangspunkt) ein Parallelepiped, im Fall der Ebene ein Parallelogramm auf.
5. $(\mathbb{N}, +)$ ist keine Gruppe (etwa, weil $0 \notin \mathbb{N}$)
6. a) Gruppeneigenschaft von (F, +). $f_1(x) = a_1x + b_1$, $f_2(x) = a_2x + b_2$, $f_1(x) + f_2(x) = (a_1 + a_2)x + (b_1 + b_2) \Rightarrow f_1 + f_2 \in F$; Kommutativität und Assoziativität von „ + " gelten, da diese für die Addition in $\mathbb{R}$ bestehen!
   Auflösbarkeit: $f_1(x) + g(x) = f_2(x) \Rightarrow g(x) = (a_2 - a_1)x + (b_2 - b_1) \Rightarrow g \in F$.
   [Oder: Nullelement ist $f(x) = 0$ $(a = 0 \wedge b = 0)$, invers zu $f(x) = ax + b$ ist $-f(x) = -ax - b$].
   b) $kf(x) = (ka)\cdot x + (kb) \Rightarrow kf \in F$; $k = 1 \Rightarrow 1\cdot f(x) = f(x)$;
   $(k_1 + k_2)f(x) = (k_1 + k_2)ax + (k_1 + k_2)b = (k_1a)x + (k_1b) + (k_2a)x + (k_2b)$
   $= k_1f(x) + k_2f(x)$;
   $k[f_1(x) + f_2(x)] = k(a_1x + b_1 + a_2x + b_2) = k(a_1x + b_1) + k(a_2x + b_2)$
   $= kf_1(x) + kf_2(x)$; $(k_1k_2)f(x) = (k_1k_2)ax + (k_1k_2)b$
   $= k_1[(k_2a)x + k_2b] = k_1(k_2f(x))$.
7. Die Gruppe $(F, *)$ ist nicht abelsch:
   $(f_1 * f_2)(x) = f_1(f_2(x)) = (a_1a_2)x + (a_1b_2 + b_1)$,
   $(f_2 * f_1)(x) = f_2(f_1(x)) = (a_1a_2)x + (a_2b_1 + b_2)$,
   $\neg(a_1b_2 + b_1 = a_2b_1 + b_2) \Rightarrow \neg(f_1 * f_2 = f_2 * f_1)$.

2.3.2

1. $-|\mathfrak{a}|^2 + |\mathfrak{d}|^2$ $(= d^2 - a^2)$
2. $(\mathfrak{a} - \mathfrak{b})\cdot(\mathfrak{c} - \mathfrak{d}) = 0 \Rightarrow \mathfrak{a} = \mathfrak{b} \vee \mathfrak{c} = \mathfrak{d} \vee \mathfrak{a} - \mathfrak{b} \perp \mathfrak{c} - \mathfrak{d}$
3. Vor.: $\mathfrak{a} + \mathfrak{b} + \mathfrak{c} = \mathfrak{O} \wedge \mathfrak{a}\cdot\mathfrak{b} = 0$. Beh.: $c^2 = a^2 + b^2$.
   Bew.: $\mathfrak{c} = -(\mathfrak{a} + \mathfrak{b}) \Rightarrow \mathfrak{c}\cdot\mathfrak{c} = c^2 = (\mathfrak{a} + \mathfrak{b})\cdot(\mathfrak{a} + \mathfrak{b}) = a^2 + 2\mathfrak{a}\mathfrak{b} + b^2 = a^2 + b^2$
4. Vor.: $\mathfrak{a} + \mathfrak{b} + \mathfrak{c} = \mathfrak{O} \wedge r = \frac{1}{2}a$. Beh.: $\mathfrak{b}\cdot\mathfrak{c} = 0$.
   Bew.: $\mathfrak{b} = -\frac{1}{2}\mathfrak{a} + \mathfrak{r}$, $\mathfrak{c} = -\frac{1}{2}\mathfrak{a} - \mathfrak{r} \Rightarrow \mathfrak{b}\cdot\mathfrak{c} = \frac{1}{4}a^2 - r^2 = 0$.

2.3.3

1. $(\mathfrak{b} + 3\mathfrak{c}) \times \mathfrak{a}$
2. $\mathfrak{a} \times \mathfrak{b} = |\mathfrak{a}||\mathfrak{b}|\cdot(\mathfrak{a} \times \mathfrak{b})^\circ$, $|\mathfrak{a} \times \mathfrak{b}| = |\mathfrak{a}||\mathfrak{b}| = \mathrm{Max}\{|\mathfrak{a} \times \mathfrak{b}|, \mathfrak{a} \in V \wedge \mathfrak{b} \in V\}$
3. 1. Teil. Vor.: $\mathfrak{a} + \mathfrak{b} + \mathfrak{c} + \mathfrak{d} = \mathfrak{O} \wedge \mathfrak{a} = -\mathfrak{c}$. Beh.: $\mathfrak{b} \,||\, \mathfrak{d}$.
   Bew.: $(\mathfrak{a} + \mathfrak{c}) + (\mathfrak{b} + \mathfrak{d}) = \mathfrak{b} + \mathfrak{d} = \mathfrak{O} \Rightarrow \mathfrak{b} = -\mathfrak{d} \Rightarrow \mathfrak{b} \,||\, \mathfrak{d}$.
   2. Teil. Vor.: $\mathfrak{a} + \mathfrak{b} + \mathfrak{c} + \mathfrak{d} = \mathfrak{O} \wedge \mathfrak{a} \,||\, \mathfrak{c} \wedge \mathfrak{b} \,||\, \mathfrak{d}$.
   Beh.: $a = c$. Bew.: $\mathfrak{b} \times (\mathfrak{a} + \mathfrak{b} + \mathfrak{c} + \mathfrak{d}) = \mathfrak{b} \times (\mathfrak{a} + \mathfrak{c}) = \mathfrak{O}$
   $\Rightarrow \mathfrak{a} + \mathfrak{c} = \mathfrak{O} \Rightarrow \mathfrak{a} = -\mathfrak{c} \Rightarrow a = c$.

4. $n = 1$: $\mathfrak{a} \times \mathfrak{b}_1 = \mathfrak{a} \times \mathfrak{b}_1$ (richtig). Induktionsvoraussetzung für $n = k$: $\mathfrak{a} \times (\mathfrak{b}_1 + \mathfrak{b}_2 + \ldots + \mathfrak{b}_k) = \mathfrak{a} \times \mathfrak{b}_1 + \mathfrak{a} \times \mathfrak{b}_2 + \ldots + \mathfrak{a} \times \mathfrak{b}_k$ (sei richtig!). Induktionsschluß auf $n = k + 1$: $\mathfrak{a} \times \mathfrak{b}_1 + \ldots + \mathfrak{a} \times \mathfrak{b}_k + \mathfrak{a} \times \mathfrak{b}_{k+1}$
$= \mathfrak{a} \times (\mathfrak{b}_1 + \ldots + \mathfrak{b}_k) + \mathfrak{a} \times \mathfrak{b}_{k+1}$
$= \mathfrak{a} \times [(\mathfrak{b}_1 + \ldots + \mathfrak{b}_k) + \mathfrak{b}_{k+1}] = \mathfrak{a} \times (\mathfrak{b}_1 + \ldots + \mathfrak{b}_k + \mathfrak{b}_{k+1})$.

2.3.4

1. a) $3i - j + k$, b) $-i - 3j + 7k$, c) -12, d) $2i + 11j + 5k$ e) $135°$, f) 6, $12(= \frac{1}{2}|\mathfrak{a} \times \mathfrak{b}|)$
2. $y(t_1) = a_y + b_y t_1 = 0 \Rightarrow t_1 = -a_y : b_y$, falls $b_y \neq 0$ ist (g verläuft dann nicht parallel zu E).
$x(t_1) = (a_x b_y - a_y b_x) : b_y, \; y(t_1) = 0, \; z(t_1) = (a_z b_y - a_y b_z) : b_y$
3. $\mathfrak{b} \times \mathfrak{c}$ ist Normalenvektor auf E; $|\mathfrak{d}| = |\mathfrak{a} \cdot (\mathfrak{b} \times \mathfrak{c})^\circ|$
4. $$\mathfrak{a} = \begin{pmatrix} 1 \\ 0 \\ 0 \end{pmatrix}, \mathfrak{b} = \overrightarrow{OQ} - \overrightarrow{OP} = \begin{pmatrix} 0 \\ 1 \\ 0 \end{pmatrix} - \begin{pmatrix} 1 \\ 0 \\ 0 \end{pmatrix} = \begin{pmatrix} -1 \\ 1 \\ 0 \end{pmatrix};$$
$$\mathfrak{c} = \overrightarrow{OR} - \overrightarrow{OP} = \begin{pmatrix} 0 \\ 0 \\ 1 \end{pmatrix} - \begin{pmatrix} 1 \\ 0 \\ 0 \end{pmatrix} = \begin{pmatrix} -1 \\ 0 \\ 1 \end{pmatrix}$$
$$\mathfrak{r}(s, t) = \mathfrak{a} + \mathfrak{b}s + \mathfrak{c}t = \begin{pmatrix} 1 \\ 0 \\ 0 \end{pmatrix} + \begin{pmatrix} -1 \\ 1 \\ 0 \end{pmatrix} s + \begin{pmatrix} -1 \\ 0 \\ 1 \end{pmatrix} t;$$
$$(\mathfrak{b} \times \mathfrak{c})^\circ = \frac{1}{\sqrt{3}} \begin{pmatrix} 1 \\ 1 \\ 1 \end{pmatrix}; \; |(\mathfrak{b} \times \mathfrak{c})^\circ \cdot \mathfrak{a}| = d = \frac{1}{\sqrt{3}} = 0{,}577.$$
5. Drei skalare Gleichungen aufstellen, (t_1, t_2) aus zweien ggf. berechnen und prüfen, ob das Lösungspaar auch die dritte Gleichung erfüllt: dies ist hier der Fall für $(t_1, t_2) = (1; -3)$: $\mathfrak{r}(1) = \mathfrak{s}(-3) = 5\mathfrak{i} - \mathfrak{j} + 17\mathfrak{k}$.

2.3.5

1. a) linear unabhängig, $V = -4$;
   b) linear abhängig;
   c) linear unabhängig, $V = -34$;
   d) linear abhängig.
2. $(\mathfrak{a} \cdot \mathfrak{c})\mathfrak{b} - (\mathfrak{a} \cdot \mathfrak{b})\mathfrak{c} + (\mathfrak{a} \cdot \mathfrak{b})\mathfrak{c} - (\mathfrak{b} \cdot \mathfrak{c})\mathfrak{a} + (\mathfrak{b} \cdot \mathfrak{c})\mathfrak{a} - (\mathfrak{a} \cdot \mathfrak{c})\mathfrak{b} \equiv \mathfrak{o}$
3. nein, denn $\mathfrak{a} \times (\mathfrak{b} \times \mathfrak{c})$ stellt einen Vektor in der von $\mathfrak{b}$, $\mathfrak{c}$ aufgespannten Ebene dar, $(\mathfrak{a} \times \mathfrak{b}) \times \mathfrak{c} = -\mathfrak{c} \times (\mathfrak{a} \times \mathfrak{b})$ ist ein Vektor in der von $\mathfrak{a}$ und $\mathfrak{b}$ aufgespannten Ebene!

4. $(\mathfrak{c} \times \mathfrak{d}) \times (\mathfrak{b} \times \mathfrak{a}) = [(\mathfrak{c} \times \mathfrak{d}) \cdot \mathfrak{a}]\mathfrak{b} - [(\mathfrak{c} \times \mathfrak{d}) \cdot \mathfrak{b}]\mathfrak{a}$
$= (\mathfrak{c}\mathfrak{d}\mathfrak{a})\mathfrak{b} - (\mathfrak{c}\mathfrak{d}\mathfrak{b})\mathfrak{a} = (\mathfrak{a}\mathfrak{c}\mathfrak{d})\mathfrak{b} - (\mathfrak{b}\mathfrak{c}\mathfrak{d})\mathfrak{a}$;
$(\mathfrak{a} \times \mathfrak{b}) \times (\mathfrak{c} \times \mathfrak{d}) = (\mathfrak{a}\mathfrak{b}\mathfrak{d})\mathfrak{c} - (\mathfrak{a}\mathfrak{b}\mathfrak{c})\mathfrak{d}$;
$(\mathfrak{b}\mathfrak{c}\mathfrak{d})\mathfrak{a} - (\mathfrak{a}\mathfrak{c}\mathfrak{d})\mathfrak{b} + (\mathfrak{a}\mathfrak{b}\mathfrak{d})\mathfrak{c} - (\mathfrak{a}\mathfrak{b}\mathfrak{c})\mathfrak{d} = \mathfrak{o}$

$$\begin{vmatrix} \mathfrak{a} & \mathfrak{b} & \mathfrak{c} & \mathfrak{d} \\ a_x & b_x & c_x & d_x \\ a_y & b_y & c_y & d_y \\ a_z & b_z & c_z & d_z \end{vmatrix} = \mathfrak{o}$$

2.4.1

1. $(A + B)^2 = A^2 + AB + BA + B^2$; $(A + B)(A - B) = A^2 + BA - AB - B^2$

$$(A + B)^2 = \begin{pmatrix} 62 & -11 & -64 \\ 62 & -16 & 7 \\ -101 & -34 & 150 \end{pmatrix}$$

$$(A + B)(A - B) = \begin{pmatrix} -32 & 55 & -24 \\ -52 & 36 & -21 \\ -51 & -30 & 12 \end{pmatrix}$$

2. $ABCD = \begin{pmatrix} 5 & 4 & -35 & 9 \\ -53 & -62 & 28 & -66 \end{pmatrix}$

3. Jede Matrix $X = \begin{pmatrix} \lambda & \mu \\ -\lambda & -\mu \end{pmatrix}$ mit beliebigen $\lambda, \mu \in \mathbb{R}$ ist Lösung. Für $AB = BA$ ist $X = A + B$ Lösung.

4. $KAB + KBA = AKB + BKA = ABK + BAK = (AB + BA)K$

5. $\left.\begin{aligned} 2b_{11} - b_{21} &= 0 \\ -6b_{11} + 3b_{21} &= 0 \end{aligned}\right\}$ Homogenes System, Koeff. determinante = 0 Unendlich viele nicht-triviale Lösungen!

Etwa: $b_{11} \in \mathbb{R}$ (beliebig wählbar) $\Rightarrow b_{21} = 2b_{11}$
Das gleiche Gleichungssystem ergibt sich für b_{22} und b_{12}:
Etwa $b_{12} \in \mathbb{R}$ (beliebig wählbar) $\Rightarrow b_{22} = 2b_{12}$.

2.4.2

1. a) $x_1 = \frac{8}{55} y_1 - \frac{14}{165} y_2 + \frac{1}{15} y_3$

$$x_2 = -\frac{2}{11} y_1 + \frac{3}{11} y_2$$

$$x_3 = -\frac{9}{55} y_1 + \frac{2}{165} y_2 + \frac{2}{15} y_3$$

b) existiert nicht, da Koeffizientendeterminante = 0 ist.

2. $\det(AA^{-1}) = \det A \cdot \det(A^{-1}) = \det E = 1 \Rightarrow \det(A^{-1}) = 1 : \det A = (\det A)^{-1}$.
3. Sei $A = A'$ und $\det A \neq 0$. $(A')^{-1} = (A^{-1})'$ (siehe Text);
   $(A')^{-1} = A^{-1}$ (lt. Voraussetzung) $\Rightarrow (A^{-1})' = A^{-1}$.
4. $A^{-1}B^{-1} = (BA)^{-1} = (AB)^{-1} = B^{-1}A^{-1}$
   $A'B' = (BA)' = (AB)' = B'A'$
5. Bedingung: $B - C$ regulär ($\Leftrightarrow C - B$ regulär).

   Lösung: $(X, Y) = (A - (C - B)^{-1}(D - BA), (C - B)^{-1}(D - BA))$
   $= ((B - C)^{-1}(D - CA), A - (B - C)^{-1}(D - CA))$
   $= ((B - C)^{-1}(D - CA), (B - C)^{-1}(BA - D))$

6. $A = A_s + A_t$, $A_s = A_s'$, $A_t = -A_t'$

$$A_s = \begin{pmatrix} 2 & 0 & 2 & -\frac{1}{2} \\ 0 & 3 & \frac{5}{2} & 0 \\ 2 & \frac{5}{2} & 1 & -\frac{1}{2} \\ -\frac{1}{2} & 0 & -\frac{1}{2} & 2 \end{pmatrix} \quad A_t = \begin{pmatrix} 0 & 1 & -2 & -\frac{1}{2} \\ -1 & 0 & -\frac{5}{2} & 0 \\ 2 & \frac{5}{2} & 0 & -\frac{1}{2} \\ \frac{1}{2} & 0 & \frac{1}{2} & 0 \end{pmatrix}$$

7. $$T = \begin{pmatrix} a & \frac{1}{2}d & \frac{1}{2}f \\ \frac{1}{2}d & b & \frac{1}{2}e \\ \frac{1}{2}f & \frac{1}{2}e & c \end{pmatrix}$$

2.4.3

1. a) $x \in \mathbb{R}$, $y \in \mathbb{R}$ (beliebig); b) für kein $x, y \in \mathbb{R}$; c) $x = y = 0$
2. $|\mathfrak{x} + \mathfrak{y}|^2 = \sum (x_i + y_i)^2 = \sum (x_i^2 + 2x_i y_i + y_i^2) = |\mathfrak{x}|^2 + 2\mathfrak{x}'\mathfrak{y} + |\mathfrak{y}|^2$
3. $B'B = [(E - A)^{-1}]'(E + A)'(E + A)(E - A)^{-1} = [(E - A)']^{-1}(E - A)$
   $\cdot (E + A)(E - A)^{-1} = [(E + A)^{-1}(E + A)] \cdot [(E - A)(E - A)^{-1}] = E \cdot E = E$
4. $A, B \in M \Rightarrow AB \in M$, da $\det A \cdot \det B = (+1)(+1) = 1$ ist. Ferner ist mit $\det A = 1$ auch $\det A^{-1} = \det A' = \det A = 1 \Rightarrow A^{-1} \in M$.

5. $$A = \begin{pmatrix} 1 & 3 - \frac{1}{2}j & \frac{5}{2} + j \\ 3 + \frac{1}{2}j & 0 & -1 + \frac{1}{2}j \\ \frac{5}{2} - j & -1 - \frac{1}{2}j & 1 \end{pmatrix} + \begin{pmatrix} j & -2 - \frac{1}{2}j & -\frac{1}{2} \\ 2 - \frac{1}{2}j & -j & 1 - \frac{1}{2}j \\ \frac{1}{2} & -1 - \frac{1}{2}j & 0 \end{pmatrix}$$

6. $A^*A = (U + jV)^*(U + jV) = (U + jV) \cdot (U + jV) = U^2 - V^2$
   $+ j(UV + VU) \in \mathbb{C}^{(n,n)}$ $A^*A \in \mathbb{R}^{(n,n)} \Leftrightarrow UV + VU = \mathcal{O}$, d.h. $UV = -VU$.
7. $k = \pm \frac{1}{5}$

2.5.1

1. a) $L = \{(k_1, k_2, k_3) | k_1 = -3\lambda, k_2 = 5\lambda, k_3 =: \lambda \in \mathbb{R}\}$; $\mathfrak{a}_3 = 3\mathfrak{a}_1 - 5\mathfrak{a}_2$
   b) $\det(\mathfrak{a}_1, \mathfrak{a}_2, \mathfrak{a}_3) = -237 \neq 0$
2. Linear abhängig! $n = 5$, $m = 4 : n > m$ (fünf Vektoren im $\mathbb{R}^4$; vgl. Satz).

3. $\sum_{i=1}^{n} k_i \mathfrak{a}_i = \mathfrak{o} \wedge \neg \left(\bigwedge k_i = 0 \right) \Rightarrow \sum_{i=1}^{p} k_i \mathfrak{a}_i = \sum_{i=1}^{n} k_i \mathfrak{a}_i + \sum_{i=n+1}^{p} k_i \mathfrak{a}_i$

$= \mathfrak{o} \wedge \neg \left(\bigwedge_{i=1}^{p} k_i = 0 \right) \Rightarrow \mathfrak{a}_1, \ldots, \mathfrak{a}_p$ sind linear abhängig.

4. a) $\operatorname{rg} A = 3$, b) $\operatorname{rg} B = 2$

5. $N_A = \begin{pmatrix} 1 & 0 & 0 & 0 \\ 0 & 1 & 0 & 0 \\ 0 & 0 & 0 & 0 \end{pmatrix}$; $\operatorname{rg} N_A = \operatorname{rg} A = 2$

2.5.2

1. a) $L = \{\mathfrak{x} | \mathfrak{x} = \lambda \mathfrak{b} \wedge \mathfrak{b} = (1, 2, 0)' \wedge \lambda \in \mathbb{R}\}$ (2. Fall, 1. Unterfall)
   b) $L = \{\mathfrak{o}\}$ (1. Fall, 2. Unterfall)
   c) $L = \left\{ \mathfrak{x} | \mathfrak{x} = \sum_{i=1}^{3} \lambda_i \mathfrak{b}_i \wedge \mathfrak{b}_1 = (5, 1, 1, 0, 0)' \wedge \mathfrak{b}_2 = (2, 1, 0, 1, 0)' \wedge \mathfrak{b}_3 \right.$
   $\left. = (-5, -3, 0, 0, 1)' \wedge \bigwedge_{i=1}^{3} \lambda_i \in \mathbb{R} \right\}$ (2. Fall, 2. Unterfall)
   d) $L = \{\mathfrak{x} | \mathfrak{x} = \lambda \mathfrak{b} \wedge \mathfrak{b} = (6, -1, -\frac{3}{2}, 3, 1)' \wedge \lambda \in \mathbb{R}\}$ (2. Fall, 1. Unterfall)
   e) $L = \{\mathfrak{o}\}$ (1. Fall, 1. Unterfall)

2. Seien $\mathfrak{x} = \sum_{i=1}^{r} k_i \mathfrak{b}_i$ und $\mathfrak{x} = \sum_{i=1}^{r} k_i' \mathfrak{b}_i$ zwei verschiedene Basisdarstellungen von $\mathfrak{x}$ bezügl. der Basis $B := \{\mathfrak{b}_1 \ldots \mathfrak{b}_r\}$, d.h. $(k_1 \ldots k_r) \neq (k_1' \ldots k_r')$. Dann folgt durch Subtraktion $\mathfrak{x} - \mathfrak{x} = \mathfrak{o} = \sum_{i=1}^{r} (k_i - k_i') \mathfrak{b}_i \Rightarrow \bigwedge_{i=1}^{r} k_i - k_i' = 0 \Rightarrow \bigwedge_{i=1}^{r} k_i = k_i'$ (wegen der Unabhängigkeit der $\mathfrak{b}_i$).

2.5.3

1. a) $L = \left\{ \mathfrak{x} | \mathfrak{x} = \mathfrak{x}_0 + \sum_{i=1}^{3} \lambda_i \mathfrak{b}_i \wedge \bigwedge_{i=1}^{3} \lambda_i \in \mathbb{R} \right\}$

   mit $\mathfrak{x}_0 = (3, -1, 0, 0, 0)'$, $\mathfrak{b}_1 = (0, 2, 1, 0, 0)'$, $\mathfrak{b}_2 = (-1, -1, 0, 1, 0)'$, $\mathfrak{b}_3 = (2, 0, 0, 0, 1)'$.
   b) $L = \emptyset$ $(\operatorname{rg}(A, \mathfrak{b}) = 4, \operatorname{rg} A = 2)$
   c) $L = \{(-1, 3, 4, -7)'\}$

2. $A^{-1} = \begin{pmatrix} -7 & 2 & 5 \\ 3 & -1 & -2 \\ -0{,}5 & 0{,}5 & 0{,}5 \end{pmatrix}$

3. a) $k_1 = -4, k_2 = 10; \mathfrak{x} = \begin{pmatrix} -4 \\ 3 \end{pmatrix} \lambda$ (zu k_1), $\mathfrak{x} = \begin{pmatrix} 1 \\ 1 \end{pmatrix} \lambda$ (zu k_2)
   b) $k_1 = 0$ ($k_2, k_3 \notin \mathbb{R}$), $\mathfrak{x} = (-4, 3, 2)'\lambda$.

2.5.4

a) Ungleichungen sind verträglich; b) $-x_1 + 8x_2 \leqslant 48$ ist redundant
c) $P_1(-2; 2)$, $P_2(-2; -4)$, $P_3(5; -4)$, $P_4(7; 0)$, $P_5(6; 4)$, $P_6(1; 5)$
d) $l_1 : z_{max} = 10$ in P_5, $z_{min} = -6$ in P_2
   $l_2 : z_{max} = 17$ in P_3, $z_{min} = -14$ in P_6
   $l_3 : z_{max} = 23$ in P_6, $z_{min} = -30$ in P_3
   $l_4 : z_{max} = 24$ in P_2, $z_{min} = -70$ in P_4

3.1

1. $(a_1, 0) + (a_2, 0) = (a_1 + a_2, 0) \in M$,
   $(a_1, 0) \cdot (a_2, 0) = (a_1 a_2, 0) \in M \Rightarrow$ Abgeschlossenheit bezgl. „+" und „·"; Assoziativität und Kommutativität besteht in M, da in $\mathbb{R}^2$ vorhanden und $M \subset \mathbb{R}^2$; (0, 0) und (1, 0) sind Neutralelemente bezgl. „+" bzw. „·"; $(-a, 0)$ ist invers zu $(a, 0)$ bezgl. „+"; $\left(\frac{1}{a}, 0\right)$ ist invers zu (a, 0) bezgl. „·" in $M \setminus \{(0, 0)\}$; Distributivität gilt in M, da in $\mathbb{R}^2$.
2. $(0, b_1) + (0, b_2) = (0, b_1 + b_2) \in J \Rightarrow$ Abgeschlossenheit bezgl. „+"; $(0, b_1) \cdot (0, b_2) = (-b_1 b_2, 0) \notin J \Rightarrow J$ ist kein Körper! Assoziativität und Kommutativität gilt in J, da in $\mathbb{R}^2$ und $J \subset \mathbb{R}^2$; (0, 0) ist Neutralelement; (0, − b) ist invers zu (0, b) bezgl. „+".

3.2

1. a) $L = \emptyset$, b) $L = \{\frac{1}{2}(3 + 5j), \frac{1}{2}(3 - 5j)\}$
2. $x^2 - 4x + 11 = 0$ (Satz von VIETA benutzen!)
3. $(a + bj)(a - bj)(a + b)(a - b)$
4. a) $4 + 2j$, b) $-2 - 6j$, c) $11 - 2j$, d) $-\frac{1}{5} - \frac{2}{5}j$, e) $-11 + 2j$
5. $\mathrm{Re}(x_1) = \mathrm{Re}(x_2) = -1$, $\mathrm{Im}(x_1) = -1 + \sqrt{5}$, $\mathrm{Im}(x_2) = -1 - \sqrt{5}$
6. 1

3.3

1. $\frac{1}{5}\sqrt{26} = 1{,}020$
2. Vollständige Induktion für $n \in \mathbb{N}$:

$$\overline{z^{n+1}} = \overline{z^n \cdot z} = \overline{z^n} \cdot \bar{z} = (\bar{z})^n \cdot \bar{z} = (\bar{z})^{n+1};$$

$$\overline{z^{-n}} = \overline{\left(\frac{1}{z}\right)^n} = \left(\overline{\frac{1}{z}}\right)^n = \left(\frac{1}{\bar{z}}\right)^n = (\bar{z}^{-1})^n = \bar{z}^{-n}.$$

3. $\frac{(x-4)^2}{9} + \frac{(y+0{,}2)^2}{0{,}36} < 1$: Inneres einer Ellipse mit dem Mittelpunkt $M(4; -0{,}2)$ und den Halbachsen 3 und 0,6.

4. $z = x + jy,\ \bar{z} = x - jy \Rightarrow x = \frac{1}{2}(z + \bar{z}),\ y = \frac{1}{2j}(z - \bar{z}),\ x^2 + y^2 = z\bar{z};$

   $Az\bar{z} + Bz + C\bar{z} + D = 0$ mit $A = a \in \mathbb{R}\setminus\{0\},\ B = \frac{1}{2}b - \frac{1}{2}cj \in \mathbb{C},\ C = \bar{B},\ D = d \in \mathbb{R}.$

5. a) $\mathrm{Re}(\bar{z}_1 z_2) = a_1 a_2 + b_1 b_2,\ \mathrm{Im}(\bar{z}_1 z_2) = \begin{vmatrix} a_1 & b_1 \\ a_2 & b_2 \end{vmatrix}$

   b) $\cos \sphericalangle(\mathfrak{z}_1, \mathfrak{z}_2) = (a_1 a_2 + b_1 b_2) : \sqrt{(a_1^2 + b_1^2)(a_2^2 + b_2^2)}\ ;\ \sphericalangle(\mathfrak{z}_1, \mathfrak{z}_2) = 31{,}3°;$
   Dreiecksfläche $= \frac{1}{2}|a_1 b_2 - a_2 b_1| = 7.$

6. Verknüpfungstreue: $\rho(z_1 z_2) = |z_1 z_2| = |z_1| \cdot |z_2| = \rho(z_1) \cdot \rho(z_2)$; ρ ist nicht bijektiv, da weder surjektiv noch injektiv!

3.4

1. a) $z_1 \cdot z_2 = 15{,}92[\cos(-27{,}5°) + j\sin(-27{,}5°)]$
   $z_1 : z_2 = 0{,}472(\cos 110{,}9° + j\sin 110{,}9°)$

   b) $z_1 \cdot z_2 = 4{,}28[\cos(-2{,}61) + j\sin(-2{,}61)]$
   $z_1 : z_2 = 0{,}1776(\cos 1{,}19 + j\sin 1{,}19)$

2. a) $\cos\left(-\frac{\pi}{2}\right) + j\sin\left(-\frac{\pi}{2}\right),$

   b) $5{,}21[\cos(-30°) + j\sin(-30°)]$

   c) $16(\cos(-1{,}88) + j\sin(-1{,}88)$

   d) $\cos\left(\frac{\pi}{2} - 1\right) + j\sin\left(\frac{\pi}{2} - 1\right)$

   e) $\frac{1}{r}[\cos(-\varphi) + j\sin(-\varphi)]$

   f) $r\cos\varphi = \tan\alpha, \quad r\sin\varphi = \cot\alpha$

   $$\Rightarrow r = \sqrt{\tan^4\alpha + 1} : \tan\alpha$$

   $$\cos\varphi = \tan^2\alpha : \sqrt{\tan^4\alpha + 1}, \quad \sin\varphi = 1 : \sqrt{\tan^4\alpha + 1}$$

3.5

1. $z_1^2 z_2^3 = 0{,}28\,e^{j0} = 0{,}28\underline{/0};\quad (z_1 : z_2)^2 = 5{,}76e^{j} = 5{,}76\underline{/1};$
   $z_1^{-3} z_2^4 = 0{,}0362\,e^{-1{,}7j} = 0{,}0362\underline{/-1{,}7}$

2. a) $2r\cos x \cdot e^{0j} = 2r\cos x\underline{/0},$

   b) $2r\sin x \cdot e^{\frac{\pi}{2}j} = 2r\sin x\underline{/\pi/2}$

   c) $r^2 e^{0j} = r^2\underline{/0}$

   d) $e^{2xj} = \underline{/2x}$

3. a) $1{,}7914 + 0{,}8515\,j$
   b) $1{,}7914 - 0{,}8515\,j = 1{,}9833\underline{/-0{,}4437}$
4. $(\cos x + j\sin x)^0 = \cos(0\cdot x) + j\sin(0\cdot x) = \cos 0 = 1;$
   $(\cos x + j\sin x)^{n+1} = (\cos x + j\sin x)^n\cdot(\cos x + j\sin x)$
   $= [\cos(nx) + j\sin(nx)](\cos x + j\sin x)$
   $= [\cos((n+1)x) + j\sin((n+1)x)]$
5. $\mathrm{Re}(\tanh(x+jy)) = \sinh 2x : (\cosh 2x + \cos 2y)$
   $\mathrm{Im}(\tanh(x+jy)) = \sin 2y : (\cosh 2x + \cos 2y)$

3.6

1. $-704 - 128\,j$
2. $\cos 5x = 16\cos^5 x - 20\cos^3 x + 5\cos x$
   $\sin 5x = 16\sin^5 x - 20\sin^3 x + 5\sin x$
3. $n = 4: +1, j, -1, -j;$
   $n = 5: 1;\ 0{,}309 + 0{,}951\,j,\ -0{,}809 + 0{,}588\,j,\ -0{,}809 - 0{,}588\,j,\ 0{,}309 - 0{,}951\,j$
4. $\mathrm{Ln}(2 + 3j) = 1{,}282 + 0{,}983\,j;\ \mathrm{Ln}(-1) = \pi j;$
   Nebenwerte: $3\pi j (k = 1),\ 5\pi j (k = 2),\ 7\pi j (k = 3)$

5 a) $4{,}81\left(= e^{\frac{\pi}{2}}\right)$, b) $100{,}2 - 16{,}4\,j$

4.1

1. JUNGERMANN: Grundmenge G = [0; 50]: Alter

x	0	5	10	15	20	25	30	35	40	45	50
$\mu(x)$	0	0	0,1	0,5	0,9	1	1	0,8	0,3	0	0

STÜRMISCH: Grundmenge G = [0; 12]: Windstärken

x	0	1	2	3	4	5	6	7	8	9	10	11	12
$\mu(x)$	0	0	0	0	0,1	0,3	0,7	0,8	0,9	1	1	1	1

SCHNELL, SEHR SCHNELL: Grundmenge [0; 250]: Geschwindigkeiten eines KFZ in km/h auf der Autobahn

x	0	25	50	75	100	125	150	175	200	225	250
$\mu_1(x)$	0	0	0	0,2	0,6	0,9	1	1	1	1	1
$\mu_2(x)$	0	0	0	0	0,1	0,3	0,6	0,8	0,9	1	1

KONZILIANT: Grundmenge G = {anständig, ..., versöhnlich}

x	$\mu_{KONZILIANT}(x)$
anständig	0,3
fair	0,5
fleißig	0
freundlich	1
höflich	0,3
hilfreich	0,1
intelligent	0
kooperativ	0,1
tolerant	0,5
umgänglich	1
verbindlich	1
versöhnlich	1

2. $$\mu_{A\cup(A\cap B)}(x) = \mathrm{Max}(\mu_A(x), \mathrm{Min}(\mu_A(x), \mu_B(x)))$$
$$= \begin{cases} \mathrm{Max}(\mu_A(x), \mu_B(x)) = \mu_A(x) & \text{für} \quad \mu_A(x) \geqq \mu_B(x) \\ \mathrm{Max}(\mu_A(x), \mu_A(x)) = \mu_A(x) & \text{sonst} \end{cases}$$
$$= \mu_A(x) \Rightarrow A \cup (A \cap B) = A$$
$$\mu_{A\cap(A\cup B)}(x) = \mathrm{Min}(\mu_A(x), \mathrm{Max}(\mu_A(x), \mu_B(x)))$$
$$= \begin{cases} \mathrm{Min}(\mu_A(x), \mu_A(x)) = \mu_A(x) & \text{für} \quad \mu_A(x) \geqq \mu_B(x) \\ \mathrm{Min}(\mu_A(x), \mu_B(x)) = \mu_A(x) & \text{sonst} \end{cases}$$
$$= \mu_A(x) \Rightarrow A \cap (A \cup B) = A.$$

3. $A = \{(x, \mu_A(x)) \mid x \in [0; 20] \wedge \mu_A(x) \in [0; 1]\}$ Drei mögliche Ansätze für μ_A sind

a) $\mu_A(x) = \dfrac{1}{1 + (x - 10)^2}$, b) $\mu_A(x) = \dfrac{1}{1 + (x - 10)^4}$ (etc.),

c) $$\mu_A(x) = \begin{cases} \dfrac{1}{1 + (x - 10)^2} & \text{für} \quad x \in [7; 13] \\ 0 & \text{für} \quad x \in [0; 20] \setminus [7; 13] \end{cases}$$

4. Durch Kon werden die Mitgliedsgrade näher gegen 0 gerückt, Dil hingegen rückt die Mitgliedsgrade näher gegen 1. Vergleiche dazu Abschnitt 4.3.2 und speziell die Abbildungen 211–213. Die Kontrast-Intensivierung erhöht die Mitgliedsgrade, die größer als 0,5 sind und erniedrigt die Mitgliedsgrade, die kleiner oder gleich 0,5 sind (sie macht aus hellen Farben noch hellere und aus dunklen Farben noch dunklere). Abb. L16!

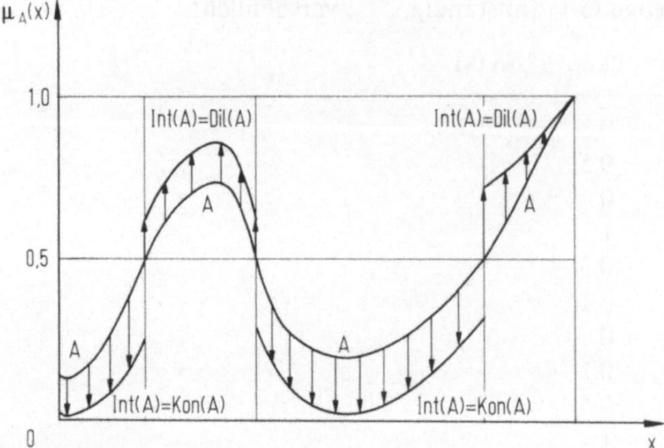

Abb. L16

$$\mu_{\mathrm{Kon}(A)\cup\mathrm{Kon}(B)}(x) = \mathrm{Max}(\mu_{\mathrm{Kon}(A)}(x), \mu_{\mathrm{Kon}(B)}(x))$$
$$= \mathrm{Max}((\mu_A(x))^2, (\mu_B(x))^2)$$
$$= \begin{cases} (\mu_A(x))^2 & \text{für} \quad \mu_A(x) \geqq \mu_B(x) \\ (\mu_B(x))^2 & \text{sonst.} \end{cases}$$

$$\mu_{\mathrm{Kon}(A\cup B)}(x) = (\mu_{A\cup B}(x))^2$$
$$= (\mathrm{Max}(\mu_A(x), \mu_B(x)))^2$$
$$= \begin{cases} (\mu_A(x)^2 & \text{für} \quad \mu_A(x) \geqq \mu_B(x) \\ (\mu_B(x))^2 & \text{sonst} \end{cases}$$

$$\Rightarrow \mathrm{Kon}(A \cup B) = \mathrm{Kon}(A) \cup \mathrm{Kon}(B).$$

$$\mu_{\mathrm{Dil}(A)\cap\mathrm{Dil}(B)}(x) = \mathrm{Min}(\mu_{\mathrm{Dil}(A)}(x), \mu_{\mathrm{Dil}(B)}(x))$$
$$= \mathrm{Min}(\sqrt{\mu_A(x)}, \sqrt{\mu_B(x)})$$
$$= \begin{cases} \sqrt{\mu_B(x)} & \text{für} \quad \mu_A(x) \geqq \mu_B(x) \\ \sqrt{\mu_A(x)} & \text{sonst} \end{cases}$$

$$\mu_{\mathrm{Dil}(A\cap B)}(x) = \sqrt{\mathrm{Min}(\mu_A(x), \mu_B(x))}$$
$$= \begin{cases} \sqrt{\mu_B(x)} & \text{für} \quad \mu_A(x) \geqq \mu_B(x) \\ \sqrt{\mu_A(x)} & \text{sonst} \end{cases}$$

$$\Rightarrow \mathrm{Dil}(A \cap B) = \mathrm{Dil}(A) \cap \mathrm{Dil}(B) .$$

5. HIPPIE = {(Karl; 0,5)}, d.h. lediglich Karl ist ein („halber") Hippie.
6. $\alpha_1 = 1$: $A_1 = \{d\}$, $\quad \alpha_1 A_1 = \{(d, 1)\}$

$\alpha_2 = 0{,}9$: $A_2 = \{a, d\}$, $\alpha_2 A_2 = \{(a; 0{,}9), (d; 0{,}9)\}$

$\alpha_3 = 0{,}4$: $A_3 = \{a, c, d\}$, $\alpha_3 A_3 = \{(a; 0{,}4), (c; 0{,}4), (d; 0{,}4)\}$

$\alpha_4 = 0{,}3$: $A_4 = \{a, b, c, d\}$, $\alpha_4 A_4 = \{(a; 0{,}3), (b; 0{,}3), (c; 0{,}3), (d; 0{,}3)\}$

$\alpha_5 = 0{,}1$: $A_5 = G$, $\alpha_5 A_5 = \{(a; 0{,}1), (b; 0{,}1), (c; 0{,}1), (d; 0{,}1), (e; 0{,}1)\}$

$$\Rightarrow \bigcup_{i=1}^{5} \alpha_i A_{\alpha_i} = \{(a; 0{,}9), (b; 0{,}3), (c; 0{,}4), (d; 1), (e; 0{,}1)\} = A \quad (!)$$

Beachte: für jedes i ist $\alpha_i : A_i \subset A$, d.h. A wird in Teilmengen zerlegt, aber i.a. gilt *nicht*: $\alpha_i A_i \cap \alpha_j A_j = \emptyset$ für $i \neq j$.

7.

x	a	b	c	d	e
$\mu_A(x)$	1	0,5	0,1	0,4	0
$\mu_B(x)$	0	0,6	1	0,5	1
$\mu_{A+B}(x)$	1	0,8	1	0,7	1
$\mu_{A \cdot B}(x)$	0	0,3	0,1	0,2	0
$\mu_{A \oplus B}(x)$	1	1	1	0,9	1
$\mu_{A \ominus B}(x)$	0	0,1	0,1	0	0
$\mu_{0,5(A+B)}(x)$	0,5	0,55	0,55	0,45	0,5
$\mu_{\sqrt{A \cdot B}}(x)$	0	0,55	0,32	0,45	0
$\mu_{A \cap B}(x)$	0	0,5	0,1	0,4	0
$\mu_{A \cup B}(x)$	1	0,6	1	0,5	1

Einige allgemeingültige Zusammenhänge (A, B: Fuzzymengen über G):

$$\sqrt{A \cdot B} \subset \tfrac{1}{2}(A + B) \subset A + B$$
$$A \cdot B \subset A \cap B$$
$$A \cup B \subset A + B$$
$$A \ominus B \subset A \cdot B$$
$$A + B \subset A \oplus B$$
$$A \oplus A' = G$$
$$A \ominus A' = \emptyset$$

4.2

1.

	Berlin	Moskau	Peking
Bonn	0	0,3	1
Paris	0,1	0,4	1
Madrid	0,2	0,5	1

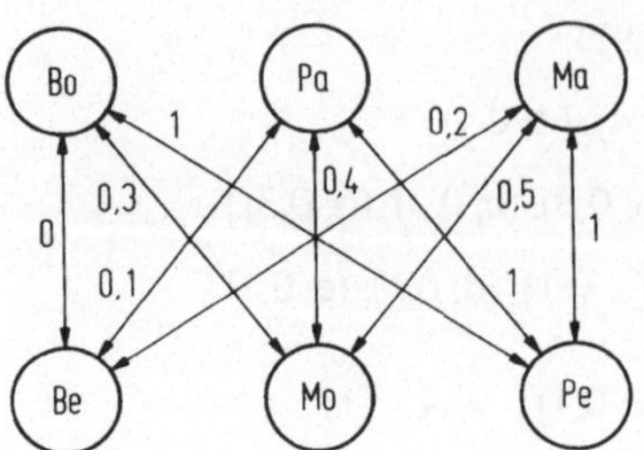

Abb. L17

2. Assoziativgesetz: Zwischenrechnungen mit FALK-Schema

$R_2 * R_3$

0,3	0,3	0,2	0,5
1	1	0,6	1
0,9	0,9	0,6	0,9
0,5	0,5	0,5	0,3

$R_1 * R_2$

0,9	0,4	0,4	1
0,5	0	0,1	0,5
1	0,7	0,4	0,9
0,5	0,5	0,4	0,5

$R_1 * (R_2 * R_3) = (R_1 * R_2) * R_3$

0,5	0,3	0,3	0,5
1	0,7	0,4	1
0,9	0,7	0,4	0,9
0,5	0,5	0,4	0,5

Distributivgesetze:

$R_2 \cup R_3$

0,9	0,8	0,2	1
1	0,6	1	1
1	1	0,9	0,9
0,5	0,5	0,5	0,9

$R_1 * R_3$

0,3	0,7	0,3	0,4
1	0,6	0,4	1
0,6	0,4	0,1	0,6
0,8	0,3	0,3	0,9

$R_1 * (R_2 \cup R_3) = (R_1 * R_2) \cup (R_1 * R_3)$

0,9	0,7	0,4	1
1	0,6	0,4	1
1	0,7	0,4	0,9
0,8	0,5	0,4	0,9

$R_1 \cup R_2$

1	0,4	0,4	1
0	0,7	0,1	0,5
1	1	0,6	0,9
0,8	0,5	0,5	1

$(R_1 \cup R_2) * R_3 = (R_1 * R_3) \cup (R_2 * R_3)$

0,3	0,7	0,3	0,5
1	1	0,6	1
0,9	0,9	0,6	0,9
0,8	0,5	0,5	0,9

3. $(R_1 \cap R_2)^{-1} = R_1^{-1} \cap R_2^{-1} = \{((a, a); 0{,}1), ((a, c); 0{,}5), ((c, a); 0{,}4)\}$. Beweis für $(R_1 \cup R_2)^{-1} = R_1^{-1} \cup R_2^{-1}$:

$$\mu_{R_1^{-1}}(y, x) = \mu_{R_1}(x, y), \quad \mu_{R_2^{-1}}(y, x) = \mu_{R_2}(x, y)$$

$$\begin{aligned}\mu_{R_1^{-1} \cup R_2^{-1}}(y, x) &= \mathrm{Max}(\mu_{R_1^{-1}}(y, x), \mu_{R_2^{-1}}(y, x)) \\ &= \mathrm{Max}(\mu_{R_1}(x, y), \mu_{R_2}(x, y)) \\ &= \mu_{R_1 \cup R_2}(x, y) = \mu_{(R_1 \cup R_2)^{-1}}(y, x)\end{aligned}$$

4. $\mu_{R_2 * R_1}(x, z) = (xy_1 \sqcap y_1 z) \sqcup (xy_2 \sqcap y_2 z)$

$$\mu_{R_3 * (R_2 * R_1)}(x, u) = \underset{z}{\mathrm{Max}}(\mathrm{Min}(\mu_{R_2 * R_1}(x, z), \mu_{R_3}(z, u)))$$

$$= (xy_1 \sqcap y_1 z_1 \sqcap z_1 u) \sqcup (xy_2 \sqcap y_2 z_1 \sqcap z_1 u) \sqcup (xy_1 \sqcap y_1 z_2 \sqcap z_2 u) \sqcup (xy_2 \sqcap y_2 z_2 \sqcap z_2 u)$$

$$\mu_{R_3 * R_2}(y, u) = (yz_1 \sqcap z_1 u) \sqcup (yz_2 \sqcap z_2 u)$$

$$\mu_{(R_3 * R_2) * R_1}(x, u) = \underset{y}{\mathrm{Max}}(\mathrm{Min}(xy, (yz_1 \sqcap z_1 u) \sqcup (yz_2 \sqcap z_2 u)))$$

$$= (xy_1 \sqcap y_1 z_1 \sqcap z_1 u) \sqcup (xy_2 \sqcap y_2 z_1 \sqcap z_1 u) \sqcup (xy_1 \sqcap y_1 z_2 \sqcap z_2 u) \sqcup (xy_2 \sqcap y_2 z_2 \sqcap z_2 u)$$

$$= \mu_{R_3 * (R_2 * R_1)}(x, u) .$$

5. Die Transitive Hülle $\hat{R}$ von R ist hier $\hat{R} = R \cup R^2$; Kontrolle: $\hat{R} * \hat{R} \subset \hat{R}$ (d.h. $\hat{R}$ ist transitiv):

$\hat{R}$	a	b	c
a	0,8	1	0,1
b	0	0,4	0
c	0,3	0,3	0,2

$\hat{R}^2$	a	b	c
a	0,8	0,8	0,1
b	0	0,4	0
c	0,3	0,3	0,2

6. $R^{k+1} = R^k \Rightarrow R * R^{k+1} = R^{k+2} = R * R^k = R^{k+1} = R^k \Rightarrow R^{k+2} = R^k$ und ebenso $R^{k+3} = R^{k+4} = \ldots = R^k$. Die Transitive Hülle $\hat{R}$ ist damit

$$\hat{R} = R \cup R^2 \cup R^3 \cup \ldots \cup R^k \cup R^k \cup R^k \cup \ldots$$

Wegen der Gültigkeit des Idempotenzgesetzes für die Vereinigung von Fuzzy-Mengen ist $R^k \cup R^k \cup R^k \cup \ldots = R^k$ und damit

$$\hat{R} = R \cup R^2 \cup R^3 \cup \ldots \cup R^k$$

die Transitive Hülle von R.

7. Reflexivität und Symmetrie sind aus der Matrix ablesbar, Transitivität folgt aus $R * R \subset R$ (nachrechnen!). Klassenzerlegung der Niveau-Relationen

$R_{0,2}$:	[a, b, c, d, e, f]	(1 Klasse)
$R_{0,6}$:	[a, c, d, f], [b, e]	(2 Klassen)
$R_{0,8}$:	[a, c], [d, f], [b, e]	(3 Klassen)
R_1:	[a, c], [d], [f], [b], [e]	(5 Klassen)

8. Reflexivität und Antisymmetrie (Identitivität) sind aus der Matrix ablesbar. Transitivität folgt aus $R * R \subset R$ (nachrechnen!)

R_g:

	a	b	c	d	e
a	1	1	0	1	1
b	0	1	0	1	0
c	1	1	1	1	1
d	0	0	0	1	0
e	0	1	0	1	1

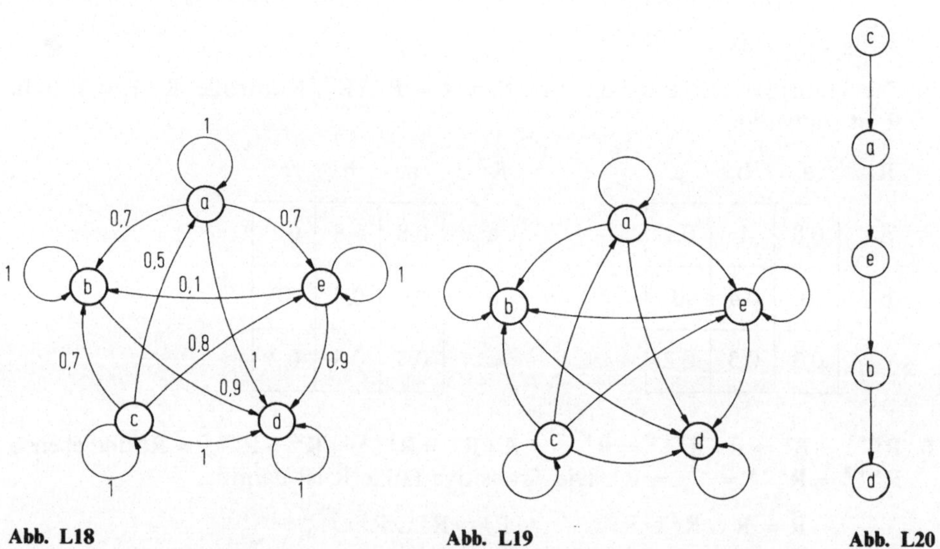

Abb. L18 Abb. L19 Abb. L20

R ist linear! R_g ist linear! Relationsgraphen: Abb. L18, L19. HASSE-Diagramm von R_g: Abb. L20.

4.3

1. (1) nicht allgemeingültig!
   (2) allgemeingültig, d.h. $\neg(a \wedge b) \Leftrightarrow \neg a \vee \neg b$
   (3) allgemeingültig, d.h. $a \wedge b \Rightarrow a \vee b$

2. Abb. L21

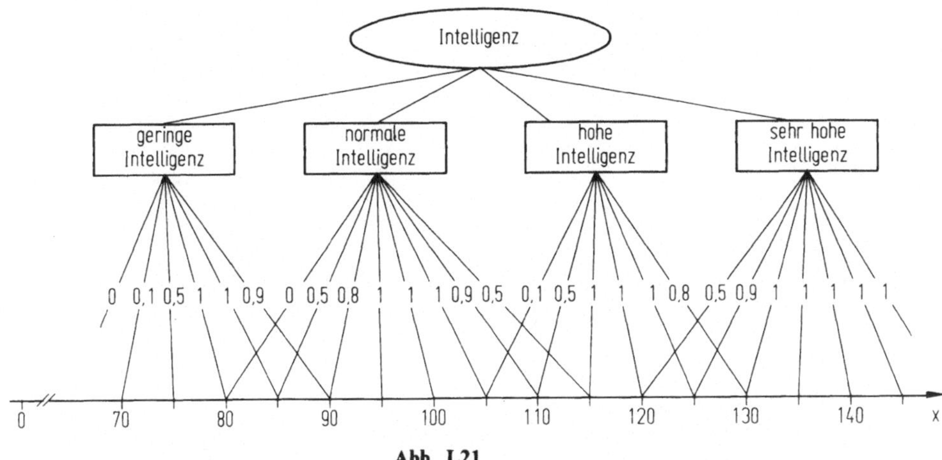

Abb. L21

3. δ-Tafeln anlegen; Schlußspalte enthält ausschließlich Einsen.
4. $\neg(a \wedge \neg b) \wedge \neg\neg a \wedge \neg c \Leftrightarrow (\neg a \vee \neg\neg b) \wedge a \wedge \neg c$
   $\Leftrightarrow (\neg a \vee b) \wedge a \wedge \neg c$: Konjunktive Normalform
   $\Leftrightarrow (\neg a \vee b) \wedge (a \vee a) \wedge (\neg c \vee \neg c)$: dito (Idempotenz!)
   $(\neg a \vee b) \wedge a \wedge \neg c \Leftrightarrow (\neg a \wedge a \wedge \neg c) \vee (b \wedge a \wedge \neg c)$: Disjunktive Normalform

Sachverzeichnis

Springer-Verlag
Berlin
Heidelberg
New York
London
Paris
Tokyo
Hong Kong
Barcelona
Budapest